“十二五”普通高等教育本科国家级规划教材
科学出版社“十四五”普通高等教育本科规划教材
南开大学化学系列教材

物理化学

（第七版）（下册）

南开大学化学学院物理化学教研室
朱志昂　阮文娟　郭东升　编著

国家级教学成果奖一等奖
首批天津市高校课程思政优秀教材

科学出版社
北　京

内 容 简 介

本书是“十二五”普通高等教育本科国家级规划教材，是“南开大学化学系列教材”之一。本书分上、下两册，上册内容包括：气体、热力学第一定律、热力学第二定律、热力学函数规定值、统计力学基本原理、混合物和溶液、化学平衡，共7章；下册内容包括：相平衡、化学动力学、基元反应速率理论、几类特殊反应的动力学、电化学、界面现象和胶体化学，共7章。本书内容丰富、重点突出，基本概念、基本原理和基本方法阐述清楚。

本书可作为高等学校化学、应用化学、材料化学、分子科学与工程等专业的物理化学教材，也可供工科院校和高等师范院校相关专业参考使用。

图书在版编目(CIP)数据

物理化学：全2册/朱志昂，阮文娟，郭东升编著. —7版. —北京：科学出版社，2023.3

“十二五”普通高等教育本科国家级规划教材 科学出版社“十四五”普通高等教育本科规划教材·南开大学化学系列教材

ISBN 978-7-03-075154-6

Ⅰ.①物… Ⅱ.①朱… ②阮… ③郭… Ⅲ.①物理化学-高等学校-教材 Ⅳ.①O64

中国国家版本馆CIP数据核字(2023)第044920号

责任编辑：丁 里 / 责任校对：杨 赛

责任印制：张 伟 / 封面设计：陈 敬

科学出版社 出版

北京东黄城根北街16号

邮政编码：100717

http://www.sciencep.com

北京中科印刷有限公司 印刷

科学出版社发行 各地新华书店经销

*

1984年4月第一版 湖南教育出版社出版

1991年8月第二版 湖南教育出版社出版

2004年9月第三版 开本：880×1230 1/16

2008年6月第四版 印张：21

2014年3月第五版 字数：649 000

2018年3月第六版 2023年3月第七版

2024年1月第十五次印刷

定价：168.00元(上、下册)

(如有印装质量问题，我社负责调换)

目　录

第8章 相平衡

本章重点、难点

(1) 相数、独立组分数、自由度数的确定。

(2) 相律及其应用。

(3) 克拉佩龙-克劳修斯方程的应用。

(4) 由实验数据绘制单组分体系相图，用相律分析相图中点、线、面的物理意义。

(5) 根据实验数据绘制二组分气-液平衡体系相图，用相律分析相图中点、线、面的物理意义，理解精馏原理和水蒸气蒸馏原理。

(6) 杠杆规则用于计算两相平衡体系中各相的量。

(7) 用溶解度法和热分析法绘制二组分固-液平衡体系相图，掌握几种典型相图的点、线、面和步冷曲线的物理意义。

本章实际应用

(1) 最常用的分离、提纯方法是结晶、蒸馏、萃取和吸收等。采用这些方法可以从各种天然资源中分离出所需要的成分、对各种粗产物进行提纯。相平衡原理是这些方法的理论基础。

(2) 根据相平衡原理，当相变化达到平衡时，就是分离的相对极限。研究相平衡、了解给定条件下相变化的方向和限度、进而计算平衡产率的高低，对于判断分离效能、选择最适宜的分离方法和操作条件以及进行分离设备的设计等都是非常重要的。

(3) 从熔化的金属混合物中形成合金、从熔融的岩石中形成矿物质、从盐水和卤水中析出各种盐类、从熔融的氧化物中得到无机非金属材料等，其理论基础均是固-液相平衡原理。

(4) 多相体系的相平衡是生产和研究合金、超导体、超流体等材料性能与组成的关系以及金相分析的理论依据。

(5) 三组分体系相图是萃取、结晶分离的基础。

8.1 引 言

冰融化成水，水气化成水蒸气，石墨转变成金刚石，在饱和糖水溶液中析出糖晶体等的变化称为聚集状态变化或相变化。这些变化的特征是在某一固定温度和压力下，体系的某些性质发生飞跃式不连续变化。例如，水气化成水蒸气，体系的密度、折光率、摩尔热容等性质发生突变。相变化有别于化学变化，体系内没有化学反应，但与化学反应一样，也有热效应，统称为相变热(如潜热、溶解热等)。本章研究的对象是处于热平衡、力学平衡、相平衡和化学平衡的体系,可分为单组分体系、二组分体系和三组分体系。

对化学工作者来说,原料和产品纯度都有一定的要求,因此常需要对原料和产品进行必要的分离和提纯。最常用的分离、提纯方法是结晶、蒸馏、萃取和吸收等。根据相平衡的原理,当相变达到平衡时,就是分离的相对极限。因此,研究相平衡、了解给定条件下相变化的方向和限度、进而计算平衡产率的高低,对于判断分离效能、选择最适宜的分离方法和操作条件以及进行分离设备的设计等都是非常重要的。相平衡是各种分离过程的理论基础。此外,金属与非金属材料的相组成与材料性能密切相关。因此,研究多相体系的相平衡是生产研究合金、超导体、超流体等材料的性能与组成关系的理论依据。

研究相平衡的方法之一是用热力学基本公式推导出体系的温度、压力及各相浓度之间的定量关系。另一种方法是将温度、压力及各相组成的关系用几何图形表示出来。这种几何图形称为相图(phase diagram)。这两种方法有其内在的联系,从第一种方法的数学公式可直接绘制成相图。但对较复杂的体系,很难找到准确的数学表达式,而相图可直接根据实验数据绘制,所以相图是研究相平衡的重要工具。

本章学习的重点是相律及其应用,相图的绘制、分析及应用。在定量计算方面:①要掌握单组分体系两相平衡时,T 与 p 之间关系的克拉佩龙方程;②多组分体系两相平衡时,利用杠杆规则计算出两相的相对量。

8.2 相　　律

相律是相平衡的基本定律。吉布斯在 1875～1876 年根据热力学基本关系式导出了相平衡体系中的物种数、相数和独立变量个数之间的定量关系,此定量关系称为相律。相律是物理化学中最具普遍性的规律之一。

8.2.1 几个基本概念

1. 相及相数

在体系内部,在分子级水平上物理性质和化学性质完全相同、均匀一致的部分称为相(phase)。相与相之间有明显的物理界面,可以用机械方法将它们分开。越过相界面时,物理或化学性质发生突变。体系中所包含的相的总数称为相数,以符号 Φ 表示。

在不发生化学反应的情况下,任何气体均能无限混溶,因此在平衡时,无论体系内部有多少种气体,只能形成一个相。对于液体来说,需视液体间的互溶程度而定,可以有一个、两个或两个相以上共存于一个平衡体系中。例如,乙醇和水可以任意比例互溶,总是形成一个液态均匀体系;苯和水不能以任意比例互溶,可以形成两个液相平衡体系,一个是苯相(水微溶于苯中),另一个是水相(苯微溶于水中)。一般来说,晶体结构相同的固体便是一个相,但晶体结构不同的同一单质或化合物,则可成为不同的相,如石墨和金刚石、单斜硫和正交硫等。固态溶液是一个相(固相),因为它与液态溶液一样,粒子的分散程度是呈分子状态分散,合金便是固态溶液。晶体结构相同的同一种固体，不因其形状和粉碎程度的不同而成为不同的相。

体系内部只有一个相的体系称为均相(单相)体系(homogeneous system)。含两个或两个以上的相的体系称为非均相(多相)体系(heterogeneous system)。在非均相体系中，若发生一个相变过程，则物质将从一个相转移到另一个相。例如，在糖饱和水溶液中，糖在固相与液相之间转移。在一定温度和压力下，如果物质在各相之间的转移的净速率等于零(从宏观角度来说，物质停止转移)，各相中的物质组成不随时间而变，则可认为相变过程已达平衡，这种平衡称为相平衡。在相平衡时，体系内各相可以平衡共存，某一物质在各相的化学势相等。

2. 物种数和独立组分数

知识点讲解视频

独立组分数与物种数之间的关系

(朱志昂)

体系中所含的化学物质的种类数称为体系的物种数，用符号 S 表示。应注意，不同聚集态的同一种化学物质不能算两个物种。例如，水和水蒸气两相体系中，其物种数 $S=1$ 而不是 2。确定平衡体系中所有各相组成所需要的最少独立物种数称为独立组分数(number of independent component)或简称组分数，用符号 C 表示。应注意，独立组分数和物种数是两个不同的概念，有时二者是不同的，而在多相平衡中，重要的是独立组分数这一概念。

如果体系中没有化学反应发生，则在平衡体系中就没有化学平衡存在，这时一般来说

$$\text{独立组分数}=\text{物种数}$$

即

$$C=S$$

如果在体系中发生一个独立的、实际发生的(不是可能会发生的)化学反应，则平衡体系还必须满足化学平衡条件，即

$$\sum_{\mathrm{B}} \nu_{\mathrm{B}}\mu_{\mathrm{B}}=0$$

这样，独立物种数要减少一个。如果有 R 个这样的化学反应发生，则减少 R 个物种数。例如，由 PCl_5、PCl_3 及 Cl_2 三种物质构成的体系，由于有下列化学平衡：

$$PCl_5(g) \rightleftharpoons PCl_3(g)+Cl_2(g)$$

虽然体系中物种数为 3，但独立组分数却为 2。因为只任意确定两种物质，则第三种物质就必然存在，而且组成可由平衡常数所确定，并不在于起始时是否放入此种物质。在这种情况下

$$\text{独立组分数}=\text{物种数}-\text{独立化学平衡个数}$$

即

$$C=S-R$$

式中，R 是独立化学平衡的个数。要注意“独立”二字，如在某一气相体系中有下列三个化学反应同时发生：

$$CO+H_2O = CO_2+H_2 \qquad \text{(i)}$$

$$CO+\frac{1}{2}O_2 = CO_2 \qquad \text{(ii)}$$

$$H_2+\frac{1}{2}O_2 \xlongequal{} H_2O \qquad (iii)$$

但是其中只有两个是独立的(任意两个),因为(ii)=(iii)+(i),所以 $R=2$。

如果化学平衡体系中还有其他独立的限制条件,如浓度限制条件和体系保持电中性条件,则独立组分数还要减少。例如,在上述 PCl_5 的分解反应中,若指定 PCl_3 与 Cl_2 的物质的量之比为 1∶1,或一开始只有 PCl_5 存在,则平衡时 PCl_3 与 Cl_2 的比例一定为 1∶1,这时就存在一浓度关系的限制条件。因此体系的独立组分数既不是 3 也不是 2,而是 1。如果化学平衡中这种独立的浓度限制条件的数目用 R' 表示,则任意一体系的独立组分数和物种数应有下列关系:

独立组分数=物种数－独立化学平衡个数－独立浓度限制条件的数目

即

$$C=S-R-R'$$

必须指出,上述化学平衡的浓度限制条件必须是几种物质同处于同一相中,并有一个浓度依赖关系,才能作为限制条件计入 R' 中。例如,$CaCO_3(s)$、$CaO(s)$ 和 $CO_2(g)$ 三种物质所组成的体系,其中发生化学反应 $CaCO_3(s) \xlongequal{} CaO(s)+CO_2(g)$,即使它们的物质的量相同,但因它们处于不同的相,没有公式可以把它们的浓度联系起来,每一相都是纯物质,摩尔分数不是 0 就是 1,都是固定不变的,所以 $R'=0$。但是,对于 $NH_4Cl(s) \xlongequal{} NH_3(g)+HCl(g)$ 的化学反应则不然,由于 NH_3 和 HCl 同处于一个气相,故可以有浓度限制。应该指出,R' 是指化学平衡中的浓度限制条件,或电解质溶液中独立的电中性条件数目。

下面举例说明独立组分数的概念。以 $H_2O(l)$、$H_2(g)$ 和 $O_2(g)$ 组成的两相平衡体系为例,如果只研究 H_2 和 O_2 在水中的溶解度,则在这个体系中有三种物质,没有实际发生的化学反应,也没有什么限制条件,故独立组分数为 3。如果在高温下,水全部气化为水蒸气,气相中实际发生了下列化学反应:

$$H_2O(g) \xlongequal{} H_2(g)+\frac{1}{2}O_2(g)$$

则由于平衡时,$\mu(H_2O)=\mu(H_2)+\frac{1}{2}\mu(O_2)$,故 $R=1$。如果在体系中开始时没有 H_2 和 O_2,只有水蒸气(H_2 和 O_2 全部来自 H_2O 的分解),则 $[H_2]=2[O_2]$,$R'=1$。因此,$C=S-R-R'=3-1-1=1$。如果在体系中开始时已有任意比例的 H_2 和 O_2,则 $[H_2]=2[O_2]$ 的浓度限制条件不再存在,$R'=0$,故 $C=3-1=2$。如果在常温下,对由 $H_2O(l)$、$H_2(g)$ 和 $O_2(g)$ 组成的二相平衡体系,考虑 H_2O 的电离反应的实际存在:

$$2H_2O \xlongequal{} H_3O^++OH^-$$

此时平衡体系中有 H_2O、H_2、O_2、H_3O^+ 和 OH^- 五种物质存在,$S=5$,$R=1$,但为了保持体系的电中性,$[H_3O^+]=[OH^-]$,$R'=1$,故 $C=5-1-1=3$。再以 NaCl(s) 溶于水中所组成的体系为例,若只考虑溶解度,则 $S=2$(NaCl 和 H_2O),没有什么限制条件,故 $C=2$。若考虑 NaCl 和 H_2O 的电离平衡,则 $S=6$(NaCl、Na^+、Cl^-、H_2O、H_3O^+ 和 OH^-),但是 $R=2$,$R'=2$($[Na^+]=[Cl^-]$,$[H_3O^+]=[OH^-]$),故 $C=6-2-2=2$。

3. 自由度

在保持相的数目和相的形态不发生变化的条件下，能独立变动的强度性质的数目称为体系的自由度(degree of freedom)，用符号 f 表示。或者将体系的自由度理解为确定热力学平衡体系的状态所需的最少的独立强度性质的数目。

8.2.2 相律推导

在相平衡时，如何描述每一相的状态？在多相平衡体系中，在不改变其相的数目的条件下，还能有几个强度性质可以独立变动？必须指出，体系中每一相的容量性质(广度性质)，如体积或质量不影响相平衡。这是因为相平衡条件是物质在各相的化学势相等，化学势是一强度性质。例如，在一定温度和压力下，固态 NaCl 和 NaCl 饱和水溶液所形成的两相平衡体系，其中饱和水溶液的平衡浓度(NaCl 在水中的溶解度)与固态 NaCl 的多少无关，也与饱和水溶液的体积无关。如果在多相平衡体系中，各相之间的界面不是刚性绝热的，则各相的温度和压力必定相等。但各相的温度和压力相等不是相平衡的必要条件。若各相之间的界面是刚性绝热的，则在相平衡时各相的温度和压力可以不相等。因为相平衡条件只要求物质在各相中的化学势相等，而物质的化学势是温度、压力和组成的函数，即如果用绝热的、刚性的或不能渗透的壁隔开这些相，达到相平衡时，式(8-1)相律表达式不一定成立。

相律就是在相平衡体系中，联系体系内相数、独立组分数、自由度及影响物质性质的外界因素(如温度、压力、重力场、磁场、表面能等)之间关系的规律。在只考虑温度和压力因素的影响时，平衡体系中相数、独立组分数和自由度之间的关系可表示为下列形式：

$$f=C-\Phi+2 \tag{8-1}$$

知识点讲解视频

相律

(朱志昂)

式中，f 表示体系的自由度；C 表示独立组分数；Φ 表示相数；2 即为温度和压力两变量。式(8-1)就是吉布斯相律。若平衡体系两相的压力不相等(如渗透平衡体系)，则要增加一个压力变量，相律表达式变为

$$f=C-\Phi+3 \qquad (3 \text{ 指 } T、p_1、p_2)$$

在相律的推导中应用的代数定理是 n 个方程能限制 n 个变量。因此，确定体系状态的总变量数与关联变量的方程数之差就是独立变量数，也就是自由度，即

自由度＝总变量数－变量之间的关系式数

设有一个多相平衡体系包含 S 种物质，分布在 Φ 个相中。对于其中某一个相(如 α 相)，除了它的物质的量 n^α 外，还必须知道温度 T^α、压力 p^α 和摩尔分数 $x_1^\alpha, x_2^\alpha, \cdots, x_{S-1}^\alpha$，才能确定 α 相的状态[x 是摩尔分数，由于各组分的摩尔分数之和为 1，因此只要知道$(S-1)$个组分的摩尔分数，就能确定该相的组成]。n^α 是广度性质，它的大小不影响相平衡。强度性质 T^α、p^α 和 x^α 决定 α 相的平衡状态，一共有$(S-1)+2=S+1$ 个强度性质。此平衡体系中共有 Φ 个相，似乎需要$\Phi(S+1)$个强度性质，才能确定整个多相平衡体系的状态。但由于体系处于热力学平衡状态，如果各相之间的界面不是刚性和绝热的，则

必须满足下列平衡条件：

(1) 热平衡条件：各相温度相等，即

$$T^{\alpha}=T^{\beta}=\cdots=T^{\Phi}$$

共有$(\Phi-1)$个等式。

(2) 力学平衡条件：各相压力相等，即

$$p^{\alpha}=p^{\beta}=\cdots=p^{\Phi}$$

共有$(\Phi-1)$个等式。

(3) 相平衡条件：每种物质在各相的化学势相等，即

$$\left.\begin{array}{c}\mu_1^{\alpha}=\mu_1^{\beta}=\cdots=\mu_1^{\Phi}\\ \mu_2^{\alpha}=\mu_2^{\beta}=\cdots=\mu_2^{\Phi}\\ \vdots\\ \mu_S^{\alpha}=\mu_S^{\beta}=\cdots=\mu_S^{\Phi}\end{array}\right\}$$

共有$S(\Phi-1)$个等式。

(4) 化学平衡条件：设有 R 个独立的化学平衡，则有 R 个关系式

$$\sum_{\mathrm{B}}\nu_{\mathrm{B}}\mu_{\mathrm{B}}=0$$

(5) 同一相中若有 R' 个浓度限制条件，则

$$变量间关系式数=S(\Phi-1)+2(\Phi-1)+R+R'$$

$$\begin{aligned}f&=\Phi(S+1)-S(\Phi-1)-2(\Phi-1)-R-R'\\&=(S-R-R')-\Phi+2=C-\Phi+2\end{aligned}$$

这就推得相律的表达式。如果有某一组分 i 不存在于某一相 δ 中，由于 $x_i^{\delta}=0$，故强度性质的数目减少一个。但是相平衡条件中该物质在各相化学势相等的方程也相应地减少了一个。因此，无论每一组分是否存在于每一个相中，式(8-1)仍然成立。

在式(8-1)中的 2 是指外界条件只有温度和压力可影响体系的平衡状态，如果我们指定了温度或指定了压力，则式(8-1)应改写为

$$f^{*}=C-\Phi+1 \tag{8-2}$$

式中，f^{*} 称为条件自由度。如果温度、压力均已指定，则

$$f^{**}=C-\Phi \tag{8-2a}$$

如果除温度、压力外，还需考虑其他外界因素(电场、磁场等)，假设共有 n 个因素要考虑，则相律可写成更普遍的形式为

$$f=C-\Phi+n \tag{8-2b}$$

在只考虑外界因素 T、p 的条件下，若除独立化学平衡限制条件 R 及浓度限制条件(或电中性限制条件)R'以外，还有其他限制条件 N 个时，有一个限制条件，独立变量就减少一个，则相律形式为

$$f=C-\Phi+2-N \tag{8-2c}$$

例 8-1 碳酸钠与水可组成下列化合物：$Na_2CO_3 \cdot H_2O$，$Na_2CO_3 \cdot 7H_2O$，$Na_2CO_3 \cdot 10H_2O$。试说明：

(1) 在 101 325Pa 下，与碳酸钠水溶液和冰共存的含水盐最多可以有多少种？

(2) 在 30℃时，可与水蒸气平衡共存的含水盐最多可有多少种？

解 此体系由 Na_2CO_3 及 H_2O 构成，$S=2$。虽然可有多种固体含水盐存在，但每形成一种含水盐，物种数增加 1 的同时，增加 1 个化学平衡关系式，因此独立组分数仍为 2。

(1) 指定 101 325Pa 下，相律变为

$$f^* = C - \Phi + 1 = 2 - \Phi + 1 = 3 - \Phi$$

相数最多时自由度最少，$f^* = 0$ 时 $\Phi = 3$。因此，与 Na_2CO_3 水溶液及冰共存的含水盐最多只能有一种。

(2) 指定 30℃时，相律变为

$$f^* = C - \Phi + 1 = 2 - \Phi + 1 = 3 - \Phi$$

$f^* = 0$ 时，$\Phi = 3$。因此，与水蒸气共存的含水盐最多可有两种。

例 8-2 求下列情况下体系的独立组分数及自由度：

(1) 固体 NaCl、KCl、$NaNO_3$、KNO_3 的混合物与水振荡直至达平衡；

(2) 固体 NaCl 和 KNO_3 与水振荡直至达平衡。

解 (1) $S=9$，NaCl(s)、KCl(s)、$NaNO_3$(s)、KNO_3(s)、H_2O(l)、Na^+、Cl^-、K^+、NO_3^-

$$R=3$$

$$NaCl(s) \rightleftharpoons Na^+ + Cl^- \qquad K_1 = [Na^+][Cl^-]$$

$$KCl(s) \rightleftharpoons K^+ + Cl^- \qquad K_2 = [K^+][Cl^-]$$

$$NaNO_3(s) \rightleftharpoons Na^+ + NO_3^- \qquad K_3 = [Na^+][NO_3^-]$$

$$KNO_3(s) \rightleftharpoons K^+ + NO_3^- \qquad K_4 = [K^+][NO_3^-] = \frac{K_2 K_3}{K_1}$$

上述四个化学反应中，独立的只有三个，故 $R=3$。

$$R'=1$$

$$[Na^+] + [K^+] = [Cl^-] + [NO_3^-]$$

电中性

$$C = S - R - R' = 9 - 3 - 1 = 5$$

$$\Phi = 5$$

$$f = C - \Phi + 2 = 5 - 5 + 2 = 2$$

(2) $S=7$，NaCl(s)、KNO_3(s)、H_2O(l)、Na^+、Cl^-、K^+、NO_3^-

$$R=2$$

$$NaCl(s) \rightleftharpoons Na^+ + Cl^-$$

$$KNO_3(s) \rightleftharpoons K^+ + NO_3^-$$

$$R'=2$$

$$[Na^+] = [Cl^-] \quad [K^+] = [NO_3^-]$$

$$[Na^+] + [K^+] = [Cl^-] + [NO_3^-]$$

这三个浓度限制条件中，独立的只有两个，故 $R'=2$。

$$C = S - R - R' = 7 - 2 - 2 = 3$$

$$\Phi = 3$$

$$f = 3 - 3 + 2 = 2$$

8.3 单组分体系

单组分体系就是由纯物质所组成的体系。如果体系内没有化学反应发生,则对于这种体系,$C=1$,根据相律

$$f=1-\Phi+2=3-\Phi$$

可能有下列三种平衡体系:

$\Phi=1,f=2$,称为双变量体系

$\Phi=2,f=1$,称为单变量体系

$\Phi=3,f=0$,称为无变量体系

由此可知,单组分体系最多只能有三个相平衡共存,而自由度最多等于2。因此,常取压力 p 和温度 T 两个独立变量作为坐标,绘制成平面图来表示体系的相平衡状态(广度性质除外),这种状态图就是相图。相图上的每一个点代表一定的 T 和 p,用来描述单组分体系的相应的每一个平衡状态(不考虑相中物质的量)。

8.3.1 水的相图

纯水的 p-T 相图如图 8-1 所示。

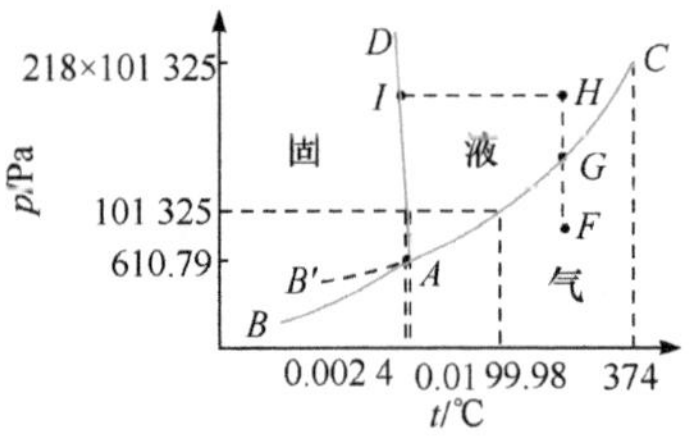

图 8-1 水的相图

图 8-1 中"气""液""固"三个区域为单相区,分别代表气相区、液相区和固相区。单相区内自由度为 2,即必须用 p 和 T 两个变量来确定体系的状态。

图 8-1 中曲线表示有两个相平衡共存,自由度为 1;确定了 T,p 也随之而定,才能保持两相平衡共存。例如,在气-液两相平衡体系中,我们可以沿 AC 曲线(A 和 C 两点除外)任意改变 T;但一旦 T 被确定后,p(在 T 时水的平衡蒸气压)也随之而固定不变;反之亦然。一定压力 p 下的液体的沸点就是平衡蒸气压等于 p 时的平衡温度。而液体的正常沸点是指液体的平衡蒸气压等于 101 325Pa 的平衡温度。曲线 AC 表示水的沸点与平衡蒸气压(也称饱和蒸气压)的函数关系。AC 线可向高温区延伸,但不能任意延长,它终止于临界点(647.4K,2.2×10^7Pa)。在临界点液体的密度与蒸气的密度相等,液态和气态的界面消失。

在一定压力下,固体的熔点是在该压力 p 时固-液两相平衡共存的平衡温度。曲线 AD 表示水的固-液两相平衡曲线,亦即冰的熔点与平衡蒸气压的函数关系。由图 8-1 可知,冰的熔点随压力的升高而缓慢下降。固体的正常熔点是压力为 101 325Pa 时的熔点。冰的正常熔点是 0.0024℃。冰点 0.000 11℃是 101 325Pa 下,冰与饱和了空气的水成两相平衡时的平衡温度(水中溶解的空气降低了纯水的凝固点)。对于纯物质来说,在一定压力下,液体的凝固点等于固体的熔点。

曲线 AB 表示固-气两相平衡,在低于 610.79Pa 压力下加热冰,冰升华成水蒸气而不熔化成液态水。AB' 代表过冷水的饱和蒸气压与温度关系曲线。

图 8-1 中 A 点称为三相点(triple point),在此点冰、水和水蒸气平衡共存,$f=0$。单组分体系的三相点出现在一定 T 和 p。水的三相点的温度作为热力学温标 T 的固定参考点,并规定为 273.16K。根据摄氏温标 t 的定义:$t/℃\equiv T/\mathrm{K}-273.15$,水的三相点的 $t=0.01$℃,平衡蒸气压为 610.79Pa。应

知识点讲解视频

水的三相点与冰点的区别

(朱志昂)

当指出，不应把水的三相点和水的冰点相混淆。水的冰点是指被101 325Pa下的空气所饱和了的水（已不是单组分体系）与冰呈平衡的温度，此时固相和液相所受的压力是101 325Pa，它是空气和水蒸气的总压力。压力的增加及水中溶有空气均使水的凝固点下降。当体系压力由610.79Pa增加到101 325Pa时，可由克拉佩龙方程算得水的凝固点下降了0.007 47℃；而由于水中溶有空气，可由稀溶液的凝固点下降公式算得水的凝固点降低了0.002 42℃。这两种效应之和0.007 47+0.002 42=0.009 89，即水的冰点比水的三相点降低了0.009 89℃。既然规定水的三相点为0.01℃(273.16K)，则水的冰点为0.000 11℃，通常近似当作0℃。

我国物理化学家、北京大学黄子卿教授对水的三相点的测定做出了突出贡献。1934年，黄子卿在美国麻省理工学院随热力学名家贝蒂(Beattie)教授做热力学温标的实验研究，重新测定水的三相点。黄子卿先生测量得到的水的三相点温度为(0.009 80±0.000 05)℃。从热力学理论计算出的水三相点的温度值为(0.0099±0.0001)℃，测量结果和理论分析的吻合程度达到令人满意的地步。美国国家标准局(NBS)曾专门组织人力，重复验证黄子卿先生测定的水三相点，结果完全一致。黄子卿的结果被美国哲学学会主席斯廷森(Stimson)推崇为水的三相点的可靠数据之一。1954年，第10届国际计量大会正式决定用水三相点的一个固定点温度值来定义热力学温标，即定义水三相点的热力学温度为273.16K。1968年，国际实用温标IPTS-68规定水的三相点温度为273.16K(0.01℃)，即选定水的三相点作为热力学温标的基准固定点。同时规定：热力学温度是基本温度，符号是T，其单位是开尔文，单位符号为K。开尔文是水三相点热力学温度的1/273.16。

在高压下，冰具有不同的晶体结构，其相图如图8-2所示，图中普通冰以Ⅰ表示。纯水的不同相之间所形成的三相点列于表8-1。

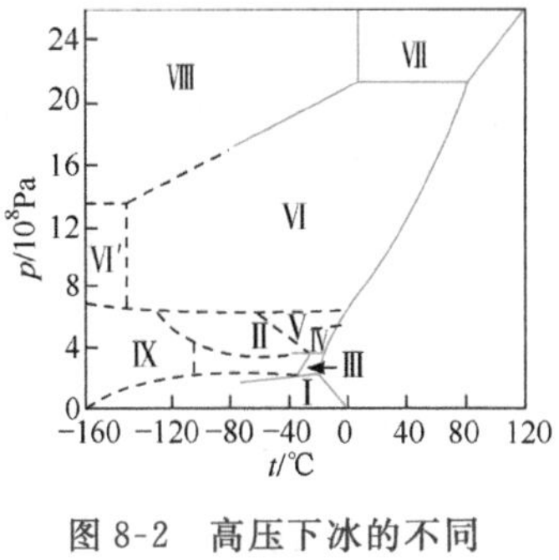

图8-2 高压下冰的不同晶形的相图

表8-1 纯水的三相点

平衡相	压力 p/Pa	温度 t/℃
冰Ⅰ-液-气	610.79	+0.01
冰Ⅰ-液-冰Ⅲ	2.115×10^8	−22.0
冰Ⅰ-冰Ⅱ-冰Ⅲ	2.170×10^8	−34.7
冰Ⅱ-冰Ⅲ-冰Ⅴ	3.510×10^8	−24.3
冰Ⅲ-液-冰Ⅴ	3.530×10^8	−17.0
冰Ⅴ-液-冰Ⅵ	6.380×10^8	+0.16
冰Ⅵ-液-冰Ⅶ	22.400×10^8	+81.6

假设将一定量水置于用活塞封闭的容器中，并将此容器置于200℃恒温浴中，活塞上的压力为50 662.5Pa，这个平衡状态相当于图8-1中的F点。F点的状态是气态，因此无论原先放入容器中的是冰、水或水蒸气，达到平衡态时在200℃和50 662.5Pa下均为水蒸气。在保持温度不变条件下，慢慢增加活塞上的压力，到达压力为G点所代表的数值时，水蒸气开始凝结成液态水，在恒温恒压下继续凝结，直至所有水蒸气都凝结成水。在凝结过程中，体系的体积缩小，G点上水和水蒸气的相对量改变。在前面已经

指出过，相中物质的量的改变并不影响相平衡。因此，在恒温、恒压下的凝结过程中，水与水蒸气始终保持两相平衡共存。一旦水蒸气全部凝结成水后，此时两相状态变成单相状态，在恒温下继续增加压力至 H 点，在 G 与 H 之间只有一个液相(水)存在。如果在 H 点把容器从恒温浴中取出，并在恒压下冷却至 I 点，液体水开始凝固成冰，出现固-液两相平衡共存状态，温度将保持不变，直至所有水都凝固成冰为止。在恒压下冷却冰，只降低单相体系(冰)的温度。

如果在 G 点慢慢加热密封体系，并保持体系的体积不变，则体系的温度和压力将继续上升。因为是保持气-液两相平衡共存，加热过程是可逆的，所以体系的平衡状态由 G 沿 AC 曲线移至 C 点。在此过程中，T 和 p 同时在相应地增加，并观察到液相密度降低，气相密度增加，体系始终处于平衡状态。到达 C 点时，液相密度等于气相密度，两相体系变成单相体系，气-液平衡曲线到此为止，C 点称为物质的临界点(critical point)。单组分体系的临界点出现在一定的 T 和 p，分别称为临界温度 T_c 和临界压力 p_c。水的 $T_c=647\text{K}$，$p_c=22\ 088.85\times10^3\text{Pa}$。在临界温度 T_c 以上的任何温度下，气-液两相不能平衡共存，用恒温加压方法不能使气体变成液体。应当指出，我们可以用改变 T 和 p 的方法，从 F 点出发，绕过临界点 C，不与 AC 曲线相交，达到 H 点，从而不会发生两相平衡共存的凝结过程。在这样的过程中，体系始终保持单相，其密度不发生突变，而是均匀连续地增加，蒸气渐渐变成液体。用流体(fluid)来称呼此连续变化中的气体或液体。通常把温度在 T_c 以下、摩尔体积在 V_c 以下的流体称为液体，不符合这两个条件的流体称为气体。温度在临界温度以下，摩尔体积在 V_c 以上的气体也称为蒸气。

8.3.2 CO_2 的相图

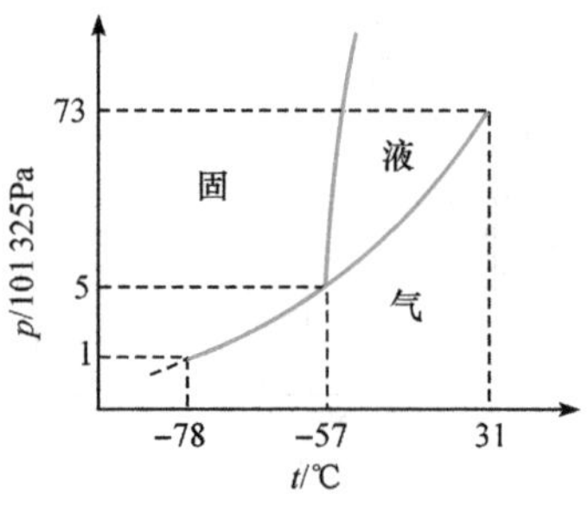

图 8-3 CO_2 的相图

图 8-3 表示 CO_2 的相图。CO_2 的熔点随压力增加而升高，与冰的情况相反。CO_2 的三相点压力为 $5.1\times101\ 325\text{Pa}$，温度为 -57℃。因此，在 101 325Pa下，固态 CO_2 直接气化成 CO_2 气体，而不熔化成液态 CO_2。这是把固态 CO_2 称为干冰(dry ice)的由来。

在很高压力下，冰有各种不同的晶形。这种现象也出现在其他纯物质中，如硫、磷等，称为同质多晶(polymorphism)现象。同质多晶现象分为两类：对映现象(enantiotropy)和单变现象(monotropy)。

8.3.3 硫的相图

硫有两种晶形：正交硫和单斜硫。正交硫在常温下稳定，单斜硫在高温下稳定。两种固态硫和液态、气态硫可以四种不同的单相存在，并能导致下列两类多相平衡：

两相平衡	三相平衡
(1) S(正交)-S(g)	(1) S(正交)-S(单斜)-S(l)
(2) S(单斜)-S(g)	(2) S(正交)-S(l)-S(g)
(3) S(正交)-S(l)	(3) S(单斜)-S(l)-S(g)
(4) S(单斜)-S(l)	(4) S(正交)-S(单斜)-S(g)
(5) S(l)-S(g)	

(6) S(正交)-S(单斜)

由相律可知，在硫的相图上得到四个双变量单相区，六条单变量两相平衡曲线和四个无变量三相点。因为 $f=0$，$\Phi=3$，所以单组分体系不可能有四相平衡共存的情况，即不可能有 S(正交)-S(单斜)-S(l)-S(g)平衡体系。

图 8-4 表示硫的相图。四个单相区已在图中标出。曲线 *OP* 和 *PK* 分别是正交硫和单斜硫的升华曲线(气-固平衡)，*KU* 是液态硫的饱和蒸气压曲线(气-液平衡)。在 *P* 点(95.5℃)，正交硫转变为单斜硫，是无变量三相点，相当于S(正交)-S(单斜)-S(g)三相平衡。在 *K* 点(120℃)，单斜硫熔化为液态硫，也是无变量三相点，相当于 S(单斜)-S(l)-S(g)三相平衡。因此，*K* 点不是二相平衡的硫的熔点。*PS* 表示两种晶形硫的转变温度与压力的关系曲线，是 S(正交)-S(单斜)二相平衡。*KS* 表示单斜硫的熔点与压力的关系曲线，是 S(单斜)-S(l)二相平衡。*PS* 和 *KS* 相交于 *S* 点，此点是 S(正交)-S(单斜)-S(l)三相平衡(151℃)。最后，*SW* 表示正交硫的熔点与压力的关系曲线，是 S(正交)-S(l)二相平衡。以上都是可以得到的稳定相平衡体系。在 *PS*、*PK* 和 *KS* 三条曲线所包围的区域内，单斜硫可以稳定地存在。压力在 *OP*、*PK* 和 *KU* 曲线以上，温度在临界温度 *U* 以下不可能稳定地存在硫蒸气。温度在 *U* 点以上，无论在多高压力下，不可能存在稳定的液态硫。

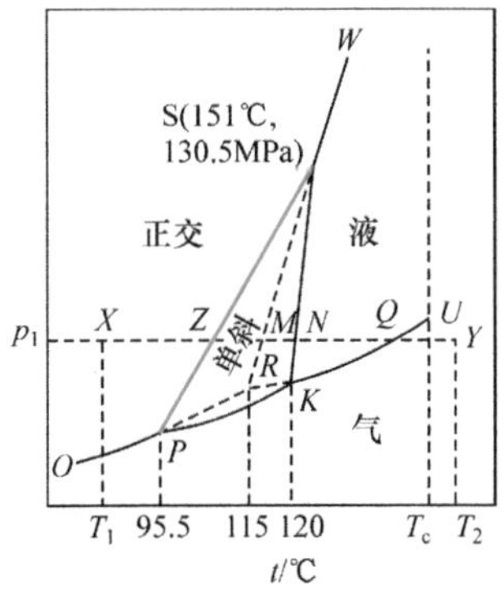

图 8-4　硫的相图

其余可能出现的相平衡都是亚稳定的。例如，迅速加热可使正交硫处于亚稳状态，沿虚线 *PR* 至 *R* 点(115℃)熔化，*R* 点是三相点，即 S(正交)-S(l)-S(g)三相平衡。在 *PR* 虚线上正交硫与硫蒸气处于亚稳二相平衡。同样，在 *KR* 虚线上液态硫与硫蒸气处于亚稳二相平衡。*RS* 虚线表示正交硫的亚稳熔点与压力的关系曲线。显而易见，当这些亚稳相平衡发生变化时，都不可能出现单斜硫，而是正交硫沿 *RS* 虚线直接变为液态硫，或者沿 *PR* 虚线直接变为硫蒸气，都不经过单斜硫晶形阶段。

在 95.5℃(*P* 点)时两种晶形硫与硫蒸气同时平衡共存，此温度称为转变温度(transition temperature)，处在两种硫的熔点以下，因此转变可以向任一方向进行。这种可逆型的相转变是对映现象的特征。硫的正常沸点是 444.6℃。

8.3.4　磷的相图

磷的同质多晶现象属于这样一种类型，其相转变只能在一个方向上进行，是不可逆的。这类物质的熔点低于转变温度，即在到达转变温度以前，物质就已经熔化了。众所周知，磷有红磷和白磷两种晶形。白磷在所有压力和温度下都是亚稳的，所以比红磷具有更高的蒸气压。蒸气压较高，自由能也高，因此比较不稳定。图 8-5 表示磷的相图。由图 8-5 可知，转变温度 t_{tr} 处在熔点 t_m 以上，所以相转变只能在一个方向进行，即由白磷转变为红磷。这种不可逆型的相转变是单变现象的特征。

气-液两相平衡曲线终止在临界点，已如上所述。人们会问，固-液两相平衡曲线在高压下是否也会出现临界点？这个问题目前还无法回答。但至今还未曾发现固-液的临界点。

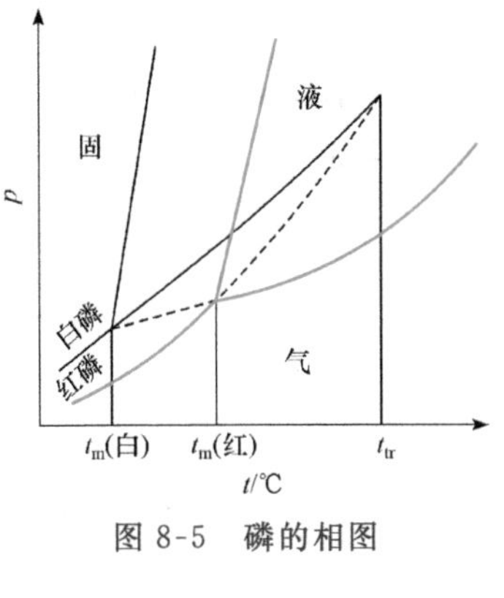

图 8-5　磷的相图

从理论上来说，在任意两相平衡共存下，允许出现临界点。当单组分的任意两相 1 和 2 平衡共存时，有下列五个方程：

$$\left.\begin{aligned} &p_1=p_2\\ &T_1=T_2\\ &\mu_1(T_1,p_1)=\mu_2(T_2,p_2)\end{aligned}\right\}\text{相平衡条件}$$

$$\left.\begin{aligned} &p_1=p_1(V_{m,1},T_1)\\ &p_2=p_2(V_{m,2},T_2)\end{aligned}\right\}\text{状态方程}$$

共有六个变量：p_1、$V_{m,1}$、T_1、p_2、$V_{m,2}$、T_2，因此六个变量中只有一个是独立的。例如，在气-液平衡曲线上，平衡蒸气压随平衡温度而变，自由度 $f=1$。如果在某一温度下，$V_{m,1}=V_{m,2}=V_c$，此温度就是临界温度 T_c。此时两相性质相同(同时具有相同的对称性)，成为单相，相应的压力和体积分别称为临界压力 p_c 和临界体积 V_c。在临界点上没有一个变量是独立的，所以体系的自由度为零，$f=0$。应该指出，在固-固和液-液平衡中，有时虽然两种晶体或液体在某一温度和压力下具有相同的摩尔体积，但其结构不同，此时体系的状态仍然不是临界状态。

在气-液平衡的临界点上

$$\left(\frac{\partial p}{\partial V}\right)_{T=T_c}=0 \qquad \left(\frac{\partial^2 p}{\partial V^2}\right)_{T=T_c}=0$$

因为在平衡时任何物质的 $\left(\frac{\partial V}{\partial p}\right)_T<0$，所以

$$\lim_{\substack{T\to T_c\\ V\to V_c}}\left[-\frac{1}{V}\left(\frac{\partial V}{\partial p}\right)_T\right]=\infty$$

这就是说，在临界点上，任何物质的恒温压缩系数 κ 变成 $+\infty$。

8.4 克拉佩龙方程

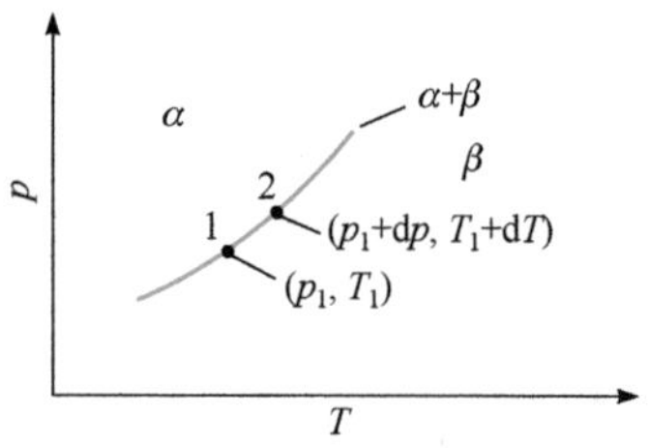

图 8-6 单组分体系中两相平衡曲线上的相邻两点

在单组分体系的 p-T 相图中，曲线代表两相平衡共存。我们考虑这种两相平衡曲线上的两个非常接近的点 1 和 2 (图 8-6)。曲线可以代表任意两相平衡共存，用 α 和 β 代表任意两相。单组分体系中两相平衡的条件是

$$\mu^\alpha=\mu^\beta$$

单组分体系的 $\mu=G_m$，因此

$$G_m^\alpha=G_m^\beta$$

在点 1 上

$$G_{m,1}^\alpha=G_{m,1}^\beta$$

在点 2 上

$$G_{m,2}^\alpha=G_{m,2}^\beta \quad \text{或} \quad G_{m,1}^\alpha+dG_m^\alpha=G_{m,1}^\beta+dG_m^\beta$$

从点 1 到点 2，各相摩尔自由能变化相等，体系仍处于两相平衡，即

$$dG_m^\alpha=dG_m^\beta$$

因为

$$dG_m=-S_m dT+V_m dp$$

所以

$$-S_m^{\alpha}dT+V_m^{\alpha}dp=-S_m^{\beta}dT+V_m^{\beta}dp \tag{8-3}$$

式中，dT 和 dp 分别代表从点 1 变到点 2，体系的温度和压力的微小变化。将式(8-3)改写成

$$(V_m^{\beta}-V_m^{\alpha})dp=(S_m^{\beta}-S_m^{\alpha})dT$$

$$\frac{dp}{dT}=\frac{S_m^{\beta}-S_m^{\alpha}}{V_m^{\beta}-V_m^{\alpha}}=\frac{\Delta S_m}{\Delta V_m}=\frac{\Delta S}{\Delta V} \tag{8-4}$$

式中，ΔS_m 和 ΔV_m 分别代表物质从 α 相变到 β 相时相变过程中体系摩尔熵变和摩尔体积变化(当然，从 β 相变到 α 相时，ΔS_m 和 ΔV_m 的符号都改变，但它们的比值的符号不变，因此可以不必考虑相变化的方向)。式(8-4)就是克拉佩龙方程，它给出两相平衡曲线的斜率，亦即平衡压力与平衡温度的函数关系的具体形式。

由于相变过程中体系处于平衡状态，过程是可逆的，因此 $\Delta S_m=\Delta H_m/T$，代入式(8-4)得

$$\frac{dp}{dT}=\frac{\Delta H_m}{T\Delta V_m}=\frac{\Delta H}{T\Delta V} \tag{8-5}$$

式(8-5)是克拉佩龙方程的另一种形式。在推导式(8-4)和式(8-5)时，我们没有引入任何近似假定，因此对于单组分体系的任意两相平衡来说，此两式的结果是绝对正确的。

对于液→气相变过程来说，$\Delta_{vap}H_m$ 和 $\Delta_l^gV_m$ 均为正值，故 dp/dT 是正值，在 p-T 相图中，气-液平衡曲线的斜率是正的。对于固→气相变过程来说，情况也相同。对于固→液相变过程，$\Delta_{fus}H_m$ 总是正值，Δ_s^lV 对绝大多数物质来说是正值，但对极少数物质存在是负值的情况。例如，冰融化成水，摩尔体积减小，故水的固液平衡曲线的斜率是负的，曲线向左倾斜。Ga 和 Bi 的固-液平衡曲线的斜率也是负的。

对于有气相参与的相变过程，如液→气和固→气相变过程，$V_m^g \gg V_m^l$(或 V_m^s)，故 $\Delta V_m \approx V_m^g$。假定气相具有理想气体性质，则 $V_m^g=RT/p$。在上述情况下，克拉佩龙方程变为

$$\frac{d\ln p}{dT}=\frac{\Delta H_m}{RT^2} \tag{8-6}$$

式(8-6)为近似式，称为克拉佩龙-克劳修斯方程，它只适用于固-气和液-气平衡。式(8-6)不适用于高蒸气压的情况，因为在此种情况下，蒸气不服从理想气体状态方程，固体或液体的体积与蒸气体积相比，也不能忽略不计。式中，ΔH_m 是摩尔相变热，与相转变温度有关。一旦转变温度 T 确定后，转变压力 p 随之而定，所以 p 不是两相平衡中的独立变量。

再假定在两相平衡的温度变化范围内 ΔH_m 是一常数，则积分式(8-6)得

$$\ln\frac{p_2}{p_1}=-\frac{\Delta H_m}{R}\left(\frac{1}{T_2}-\frac{1}{T_1}\right) \tag{8-7}$$

令 $p_1=101\ 325\text{Pa}$，则 $T_1=T_0$(液体的正常沸点或固体的正常升华点)，式(8-7)变为

$$\lg\frac{p}{p_1}=\frac{\Delta H_m}{2.303R}\frac{1}{T_0}-\frac{\Delta H_m}{2.303R}\frac{1}{T}$$

令

$$A \equiv -\frac{\Delta H_m}{2.303R} \qquad B \equiv \frac{\Delta H_m}{2.303RT_0}$$

则

$$\lg \frac{p}{p_1} = \frac{A}{T} + B \tag{8-8}$$

式(8-8)就是常用的饱和蒸气压与温度的关系式。若已从实验测定得一系列平衡压力与平衡温度的相应数据，则可利用式(8-8)以 $\lg p$ 对 $\frac{1}{T}$ 作图，所得直线的斜率为 $-\frac{\Delta H_m}{2.303R}$，这是测定物质的气化热或升华热的一种方法。必须指出，ΔH 是温度的函数，只能假定它在某一合理的温度范围内是一常数。因此，式(8-8)不适用于较大的温度范围。不同温度下，水的摩尔气化热(单位为 $4.184\text{kJ} \cdot \text{mol}^{-1}$)为 10.8(0℃)，9.7(100℃)，8.4(200℃)，6.0(300℃)，3.8(350℃)，1.9(370℃)，0(374℃)。在接近水的临界温度 374℃时，ΔH_m 很快下降。根据克拉佩龙方程

$$\Delta_{vap}H_m = T(V_m^g - V_m^l)\left(\frac{dp}{dT}\right)$$

当 $T=T_c$ 时，$V_m^g = V_m^l$，因此 $\Delta_{vap}H_m = 0$，即

$$\lim_{T \to T_c} \Delta_{vap}H_m = 0$$

我们也可证明

$$\left(\frac{d\Delta_{vap}H_m}{dT}\right)_{T=T_c} = -\infty$$

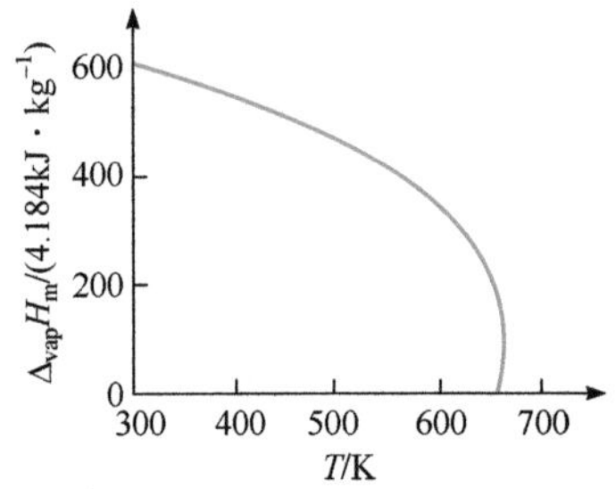

图 8-7 水的气化热与温度的关系

图 8-7 的实验结果证实了上述理论预言。

在应用式(8-7)和式(8-8)求算单组分体系气-液平衡时 T 与 p 的关系时，需要知道液体的摩尔蒸发热。当缺乏蒸发热数据时，可以用经验规则进行估算。例如，对于正常液体(非极性液体，液体分子不缔合)有下列规则：

$$\frac{\Delta_{vap}H_m}{T_b} \approx 88\text{J} \cdot \text{mol}^{-1} \cdot \text{K}^{-1}$$

即特鲁顿(Trouton)规则。其中的 T_b 为正常沸点。应注意此规则不能用于极性较强的液体。

例 8-3 正己烷的正常沸点为 69℃，估算其 60℃的蒸气压。

解 用特鲁顿规则计算摩尔蒸发热 $\Delta_{vap}H_m$

$$\Delta_{vap}H_m = 88 \times (273.15 + 69) = 30.11(\text{kJ} \cdot \text{mol}^{-1})$$

应用式(8-7)得

$$\lg \frac{101\ 325\text{Pa}}{p_1} = \frac{30.11 \times 10^3 \times 9}{2.303 \times 8.314 \times 333.15 \times 342.15} = 0.1242$$

$$\frac{101\ 325\text{Pa}}{p_1} = 1.331$$

$$p_1 = 76\ 126.97\text{Pa}$$

*8.5 二级相变化

如上所述，当单组分相变过程在恒温恒压下达平衡时，两相的摩尔自由能相等。但是，在两相之间存在着体积 V、熵 S 和焓 H 的不连续变化。因为 V、S 和 H 是自由能 G 的一阶导数，即

$$V=\left(\frac{\partial G}{\partial p}\right)_T \qquad S=-\left(\frac{\partial G}{\partial T}\right)_p \qquad H=-T^2\left(\frac{\partial \frac{G}{T}}{\partial T}\right)_p$$

所以在相转变温度 $T=T_{tr}$时

$$\Delta V=\left(\frac{\partial \Delta G}{\partial p}\right)_{T_{tr}}=\left(\frac{\partial G^{\beta}}{\partial p}\right)_{T_{tr}}-\left(\frac{\partial G^{\alpha}}{\partial p}\right)_{T_{tr}}\neq 0$$

$$\Delta H=T\Delta S=-T\left[\left(\frac{\partial G^{\beta}}{\partial T}\right)_p-\left(\frac{\partial G^{\alpha}}{\partial T}\right)_p\right]\neq 0$$

这种相变化称为一级相变化(first order phase transition)。在一级相变化中，体系与环境之间有热交换，$Q_p=\Delta H\neq 0$。由于 T_{tr}保持不变，故 $C_p\equiv\left(\frac{\partial H}{\partial T}\right)_p$ 变为无限大。图 8-8 表示在一级相变化中，V、H、G_m、S 和 C_p 分别与 T 的变化关系。总之，在一级相变化中有自由能的一阶导数的不连续变化。

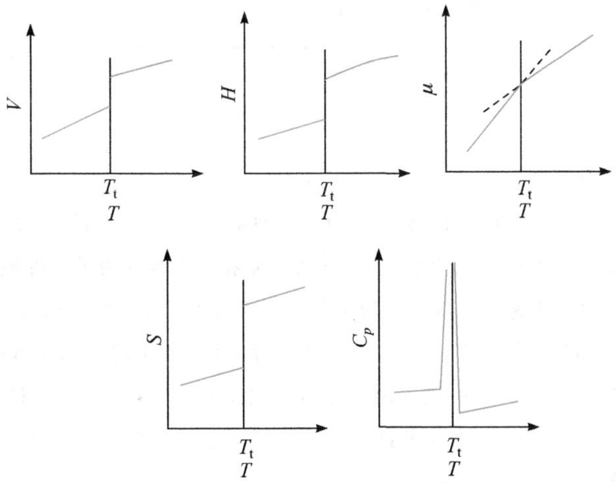

图 8-8 一级相变化

另有一种相变化，其中自由能的一阶导数是连续变化的，即 $\Delta V=0$，$\Delta S=0$，$Q_p=\Delta H=T\Delta S=0$，$\Delta U=\Delta(H-pV)=\Delta H-p\Delta V=0$，但是自由能的二阶导数是不连续变化的。例如

$$C_p\equiv\left(\frac{\partial H}{\partial T}\right)_p=-\frac{\partial\left(\dfrac{T^2\partial \frac{G}{T}}{\partial T}\right)_p}{\partial T}=-T\left(\frac{\partial^2 G}{\partial T^2}\right)_p$$

$$\kappa\equiv-\frac{1}{V}\left(\frac{\partial V}{\partial p}\right)_T=-\frac{1}{V}\left(\frac{\partial^2 G}{\partial p^2}\right)_T$$

$$\alpha\equiv\frac{1}{V}\left(\frac{\partial V}{\partial T}\right)_p=\frac{1}{V}\left[\frac{\partial}{\partial T}\left(\frac{\partial G}{\partial p}\right)_T\right]_p$$

此时克拉佩龙方程当然没有意义了。这种相变化称为二级相变化。例如，某些金属在其居里点(Curie point)下由铁磁性转变为反磁性(由有序变为无序)；某些金属(如 Hg 和 Pb)在低温下转变为超导体(电阻为零)，Hg 在 101 325Pa 下的转变温度为 4.2K，Pb 在 101 325Pa 下的转变温度为 7.2K；某些高聚物的转变等。在二级相变化中，V、S、H、G

的变化是连续的，但 C_p、κ 和 α 的变化是不连续的。图 8-9 表示二级相变化中，V、H、G_m、S、C_p、κ 和 α 分别与 T 的变化关系。总之，在二级相变化中有自由能的二阶导数的不连续变化。

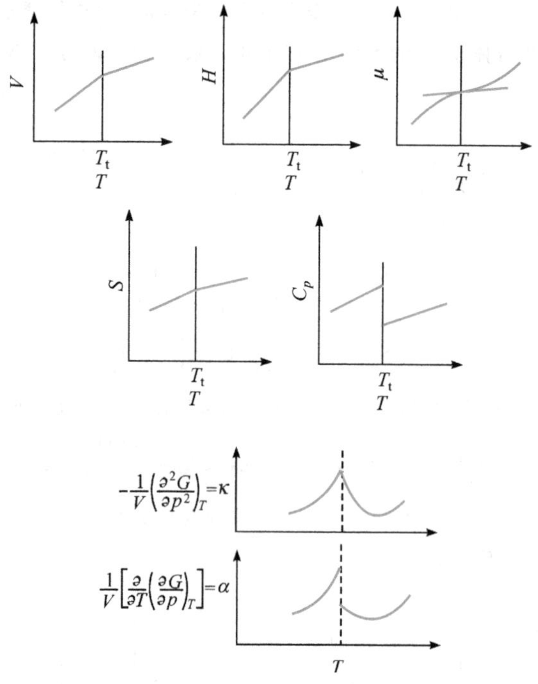

图 8-9 二级相变化

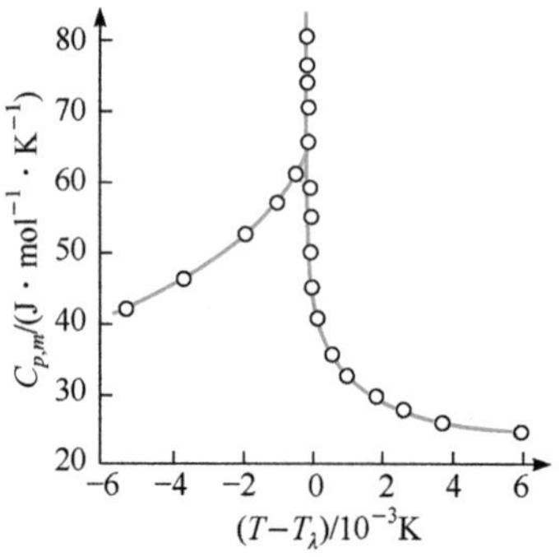

图 8-10 He 的 λ 曲线

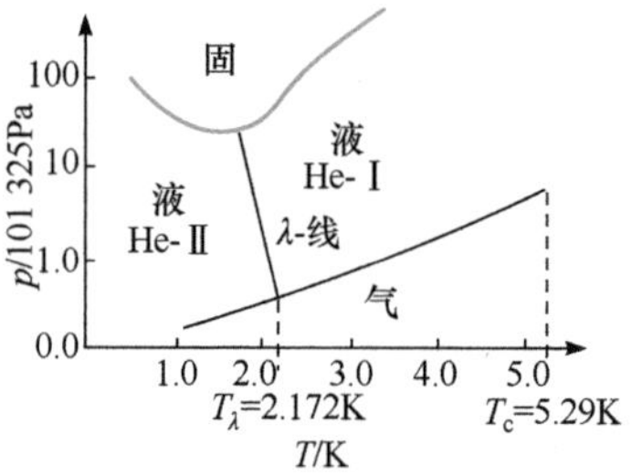

图 8-11 He 的相图

还有一种 λ 相变化(λ phase transition)，其中 $\Delta H=T\Delta S=0$，$\Delta V=0$，但是在转变温度 T_λ 下，C_p 趋于无限大，如图 8-10 所示。由于这种相变化中体系的 C_p-T 曲线形状如希腊字母 λ(lambda)，故命名为 λ 相变化。He 从一种液态 Ⅰ 转变为另一种液态 Ⅱ 是 λ 相变化。在转变温度 T_λ(称为 λ 点)以下，液态氦 Ⅱ 具有特殊的流动性质，没有熵或黏度，称为超流体(superfluid)。氦在 $T\rightarrow 0$ 时，仍以液态存在(高压下除外)，图 8-11 表示 He 的相图。氦是已知纯物质中唯一能以两种不同的各向同性(isotropic)液体平衡共存的物质。许多有机液体也能以两种不同的液态存在。但是，只有其中之一是各向同性的，而另一种是各向异性的(anisotropic)。

*8.6 外压或惰性气体对液体蒸气压的影响

相律告诉我们，纯液体的饱和蒸气压只与温度有关。这就是说，一定温度下纯液体与其自身蒸气平衡共存时蒸气的压力(饱和蒸气压)只取决于气-液两相所处的平衡温度。但是，如果在液面上施加外压或在蒸气中加入一种不溶于该液体的惰性气体，则液体的饱和蒸气压就会升高。在液面上施加外压可用刚性透热半透膜来实现，这种半透膜只允许蒸气透过，而不允许液体透过。根据相平衡条件

$$\mu^g(T,p_s)=\mu^l(T,p)$$

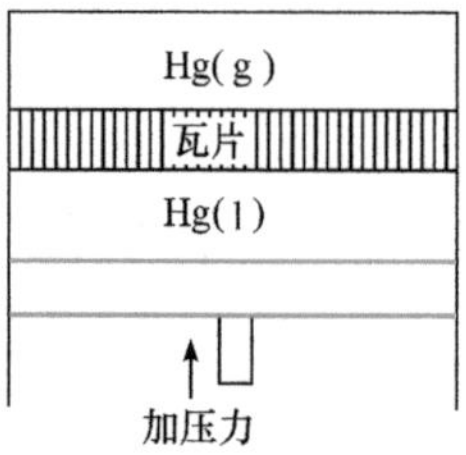

图 8-12 两相压力不等的相平衡

式中，μ^g 代表气相中物质的化学势，它是温度 T 和该物质的饱和蒸气压 p_s 的函数；μ^l 代表液相中物质的化学势，它是温度 T 和液面上所受压力 p 的函数。应该指出，气相的压力 p_s 不等于液相的压力 p，这是因为两相界面是刚性的。但是这并不影响相平衡的存在，因为两相压力相等不是相平衡的必要条件(图 8-12)。

对于纯物质来说，$\mu=G_m$，故

$$G_m^g(T,p_s)=G_m^l(T,p)$$

写成微分式

$$dG_m^g = dG_m^l$$

在恒温条件下有

$$V_m^g dp_s = V_m^l dp$$

重排上式得

$$\frac{dp_s}{dp} = \frac{V_m^l}{V_m^g}$$

由于 $V_m^l \ll V_m^g$，故蒸气压受外压影响很小（临界点附近除外）。假定气相具有理想气体性质，则

$$V_m^g = \frac{RT}{p_s}$$

代入后得

$$\frac{dp_s}{dp} = \frac{V_m^l}{\frac{RT}{p_s}} \qquad d\ln p_s = \frac{V_m^l}{RT}dp$$

因为 V_m^l 随压力变化不大，故可视作常数，积分上式得

$$\ln\frac{p_s}{p_s^*} = \frac{V_m^l}{RT}(p - p_s^*) \tag{8-9}$$

式中，p_s^* 代表当外压不存在（液面上只有自身蒸气存在）时，纯液体在温度为 T 时的饱和蒸气压；p 代表有外压存在时液面上所受的压力；p_s 代表在 p 压力下纯液体在温度为 T 时的饱和蒸气压。纯液体的饱和蒸气压同时与温度和压力有关，这与相律并不矛盾。相律表示式(8-2)只适用于平衡体系中各相压力相等的情况。现在所讨论的体系是两相处于不同的压力，因此相律的表示式应为

$$f = C - \Phi + 3 = 1 - 2 + 3 = 2$$

这种体系的自由度为 2。

下面考虑惰性气体对液体蒸气压的影响。这是利用不溶于液体中的气体作为传递压力的介质，对液体施加压力的方法。此时气相中就不止一个组分了，成为混合气体（蒸气和惰性气体）。相平衡时

$$\mu_i^g(T, p_s) = \mu_i^l(T, p)$$

式中，μ_i^g 是气相中物质 i 的化学势，它是温度 T 和该物质的蒸气分压 p_s 的函数；μ_i^l 是液相中物质 i 的化学势，它是温度 T 和液面上的总压 p（蒸气压力和惰性气体压力之和）的函数。

$$\mu_i^g = \mu_i^g(T, p, x_i)$$

$$d\mu_i^g = \left(\frac{\partial \mu_i^g}{\partial T}\right)_{p,n} dT + \left(\frac{\partial \mu_i^g}{\partial p}\right)_{T,n} dp + \left(\frac{\partial \mu_i^g}{\partial x_i}\right)_{T,p} dx_i = -S_i dT + V_i dp + \left(\frac{\partial \mu_i^g}{\partial x_i}\right)_{T,p} dx_i$$

在恒温下，$dT = 0$，故

$$d\mu_i^g = V_i dp + \left(\frac{\partial \mu_i^g}{\partial x_i}\right)_{T,p} dx_i$$

由于液相是纯物质 i，故 $\mu_i^l = G_{m,i}^l$，$V_i^l = V_{m,i}^l$，$dx_i = 0$。因此，在恒温下

$$d\mu_i^l = V_i^l dp = V_{m,i}^l dp$$

相平衡时

$$d\mu_i^g = d\mu_i^l$$

代入得

$$V_i \mathrm{d}p + \left(\frac{\partial \mu_i^{\mathrm{g}}}{\partial x_i}\right)_{T,p} \mathrm{d}x_i = V_{\mathrm{m},i}^{\mathrm{l}} \mathrm{d}p$$

若气相具有理想气体性质，则

$$V_i = V_{\mathrm{m},i} = \frac{RT}{p}$$

由于

$$\mu_i = \mu_i^{\ominus} + RT\ln x_i$$

$$\left(\frac{\partial \mu_i}{\partial x_i}\right)_{T,p} \mathrm{d}x_i = RT\mathrm{d}\ln x_i$$

代入得

$$RT\frac{\mathrm{d}p}{p} + RT\mathrm{d}\ln x_i = V_{\mathrm{m},i}^{\mathrm{l}}\mathrm{d}p$$

$$RT\mathrm{d}\ln p + RT\mathrm{d}\ln x_i = V_{\mathrm{m},i}^{\mathrm{l}}\mathrm{d}p$$

$$RT\mathrm{d}\ln x_i p = V_{\mathrm{m},i}^{\mathrm{l}}\mathrm{d}p \qquad (x_i p = p_{\mathrm{s}})$$

$$RT\mathrm{d}\ln p_{\mathrm{s}} = V_{\mathrm{m}}^{\mathrm{l}}\mathrm{d}p \qquad (V_{\mathrm{m}}^{\mathrm{l}} = V_{\mathrm{m},i}^{\mathrm{l}})$$

积分得

$$\ln\frac{p_{\mathrm{s}}}{p_{\mathrm{s}}^*} = \frac{V_{\mathrm{m}}^{\mathrm{l}}}{RT}(p - p_{\mathrm{s}}^*) \tag{8-10}$$

式中，p_{s}^* 是当惰性气体不存在时纯液体在温度 T 的饱和蒸气压；p_{s} 是有惰性气体存在时，总压为 p 时纯液体在温度 T 的饱和蒸气压(混合气体中的蒸气分压)。$p_{\mathrm{s}}=x_i p$，这里 x_i 是混合气体中物质 i 的摩尔分数。与外加压的情况不同，这里气、液两相的压力相同，都是 p，故相律的表示式为 $f=C-\Phi+2$。但气相是二组分的，液相是单组分的，相律表示式(8-1)仍适用，$C=2$，故 $f=2-2+2=2$，这种体系的自由度也是 2。

8.7 二组分体系

对于二组分体系，根据相律，$C=2$，则

$$f=2-\Phi+2=4-\Phi$$

由于体系至少有一个相，故二组分体系的自由度最多等于 3，即体系的状态最多可以由三个独立强度性质所确定。通常采用温度、压力和组成(摩尔分数)作为三个独立变量。对于二组分体系，可能有下列四种平衡体系：

$\Phi=1$，$f=3$，称为三变量体系

$\Phi=2$，$f=2$，称为双变量体系

$\Phi=3$，$f=1$，称为单变量体系

$\Phi=4$，$f=0$，称为无变量体系

由此可知，二组分体系最多可以有四个相平衡共存，此时体系的温度、压力和组成完全确定，自由度为零。描述二组分平衡体系的相图需要用具有三个直角坐标轴的立体图。为了观察相图方便起见，通常采用保持一个变量为常量，而得到立体图的截面图。这种截面图可以有三种：p-x 图(T 不变)，T-x 图(p 不变)和 T-p 图(x 不变)。在截面图上最大的自由度为 2，平衡共存的相数最多为 3。

二组分体系的相图种类很多，大致可以分为三种类型：①气-液平衡；②液-液平衡；③固-液平衡。每一种平衡体系的相图又可划分为若干种类。

- 二组分体系相图
  - 气-液平衡
    - 理想液态混合物
    - 非理想液态混合物
      - 液相完全互溶
      - 液相部分互溶
      - 液相完全不互溶
  - 液-液平衡
    - 部分互溶双液系
      - 具有最高临界溶解温度
      - 具有最低临界溶解温度
      - 同时具有最高、最低临界溶解温度
      - 不具有临界溶解温度
    - 完全不互溶
  - 固-液平衡（液相完全互溶）
    - 固相完全互溶
    - 固相部分互溶
    - 固相完全不互溶
      - 具有简单低共熔点
      - 有化合物生成
        - 生成稳定化合物
        - 生成不稳定化合物

8.7.1　气-液平衡

1. 理想液态混合物

1）恒温下的理想液态混合物 p-x 图

设有由两种液体 A 和 B 形成的一个理想混合物。保持体系的温度在 A 和 B 的凝固点以上某一数值 T 不变。令 x_A 为体系中(气相和液相)组分 A 的摩尔分数，即

$$x_A=\frac{n_A^l+n_A^g}{n_A^l+n_A^g+n_B^l+n_B^g}$$

式中，n_A^l 和 n_B^l 分别是液相中 A 和 B 的物质的量；n_A^g 和 n_B^g 分别是气相中 A 和 B 的物质的量。对于一个封闭体系来说，虽然 n_A^l 和 n_A^g 可以变化，但 x_A 却固定不变。

将上述二组分体系密封在一个带活塞的圆筒中，并将圆筒浸入温度为 T 的恒温浴中，如图 8-13(a)所示。开始时活塞上的压力 p 足够大，以致体系完全处于液态，如 C 点[图 8-13(b)]。然后将压力降低至 D 点，开始出现气相，在 D 点由于气相刚刚出现，只有微小量的液体气化，故可以认为 D 点的 $x_A^l=x_A$，根据拉乌尔定律和道尔顿定律

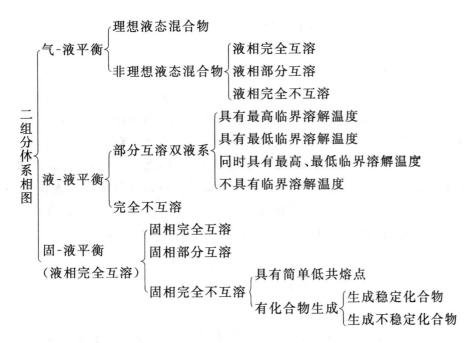

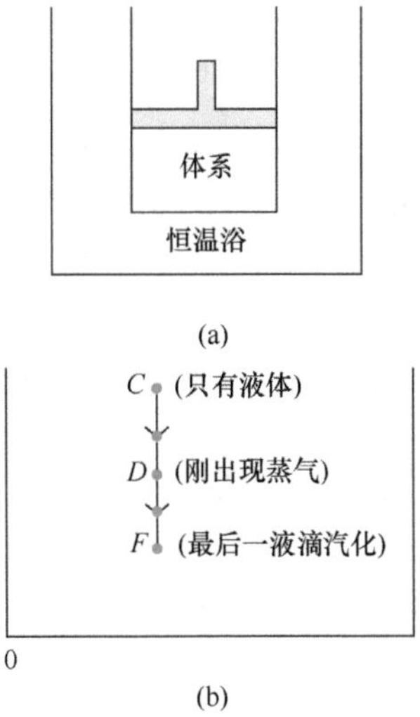

图 8-13　多组分体系的恒温减压过程

$$x_A^g=\frac{p_A^*}{p}x_A^l \qquad x_B^g=\frac{p_B^*}{p}x_B^l$$

式中，x_A^g 和 x_B^g 分别是气相中 A 和 B 的摩尔分数；x_A^l 和 x_B^l 分别是液相中 A 和 B 的摩尔分数；p_A^* 和 p_B^* 分别是 T 时纯液体 A 和 B 的饱和蒸气压；p 是体系的压力，$p=p_A+p_B$，p_A 和 p_B 分别是气相中 A 和 B 的分压。

$$\frac{x_A^g}{x_B^g}=\frac{x_A^l}{x_B^l}\frac{p_A^*}{p_B^*} \tag{8-11}$$

假设 $p_A^*>p_B^*$，则 $\frac{x_A^g}{x_B^g}>\frac{x_A^l}{x_B^l}$

$$\frac{x_A^g}{x_A^g+x_B^g}>\frac{x_A^l}{x_A^l+x_B^l}$$

因为 $x_A^g + x_B^g = 1, x_A^l + x_B^l = 1$，所以

$$x_A^g > x_A^l$$

这就是说，气相中所含的A比液相中所含的A多，即在 T 时A比B易挥发。

如果在恒温下降低压力至 F 点，则最后一滴液体将要气化。在 D 和 F 之间的压力范围内，体系始终处于气-液两相平衡，只是两相的组成和相对量随压力而变。式(8-11)适用于气-液两相平衡的二组分体系。

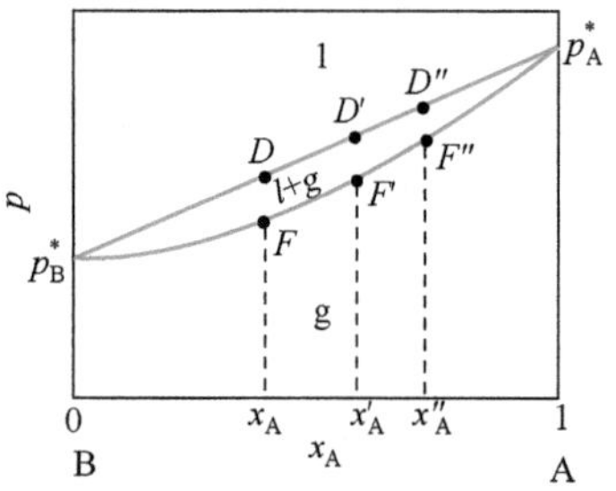

图 8-14 二组分理想液态混合物的 p-x 图

可以改变体系的组成，做多次不同组成的上述实验，获得不同的 D 点和 F 点。连接这些不同的 D 点和 F 点，绘出如图 8-14 所示的气-液平衡相图。$DD'D''$线上的每一点代表组成相应地为 $x_A, x'_A, x''_A, \cdots$ 的二元液态混合物刚开始气化，其液相组成相应地为 $x_A^l, x_A^{l\prime}, x_A^{l\prime\prime}, \cdots$，混合物上面的平衡压力为

$$\begin{aligned} p &= p_A + p_B = x_A^l p_A^* + x_B^l p_B^* \\ &= x_A^l p_A^* + (1 - x_A^l) p_B^* \\ &= p_B^* + (p_A^* - p_B^*) x_A^l \end{aligned} \tag{8-12}$$

$x_A^l = 0, p = p_B^*$；$x_A^l = 1, p = p_A^*$。$DD'D''$线称为液相线，对于理想液态混合物来说，它是一条直线。在 $DD'D''$线上的所有混合物刚刚开始气化，所以液相组成 x_A^l 等于混合物的总组成 x_A。$DD'D''$线表示混合物上面的总蒸气压 p 与 x_A^l 的函数关系，其关系式就是式(8-12)。

$FF'F''$线上的每一点代表最后一滴液体将要气化掉，气相组成为 x_A^g，$x_A^{g\prime}, x_A^{g\prime\prime}, \cdots$，等于相应混合物的总组成 $x_A, x'_A, x''_A, \cdots$，由式(8-11)得

$$\frac{x_A^g}{1 - x_A^g} = \frac{x_A^l}{1 - x_A^l} \frac{p_A^*}{p_B^*}$$

$$x_A^l = \frac{x_A^g p_B^*}{x_A^g (p_B^* - p_A^*) + p_A^*}$$

代入式(8-12)得

$$p = \frac{p_A^* p_B^*}{x_A^g (p_B^* - p_A^*) + p_A^*} \tag{8-13}$$

式(8-13)代表 p 与 x_A^g 的函数关系，即代表 $FF'F''$曲线，此线称为气相线。

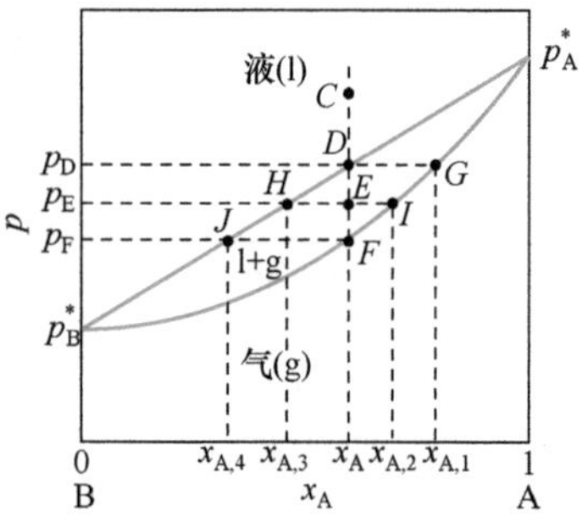

图 8-15 理想液态混合物的气-液平衡 p-x 图

上述过程是一个恒温减压相变过程。体系自始态 C 点(图 8-15)开始，在 C 点体系由于压力足够高而完全处于液态，没有气体存在，是一个单相二组分体系。根据相律，$f^* = 2$，因为温度已被固定。当压力降至 D 点时，开始有一点蒸气出现，此时体系的压力为 p_D。与 D 点(液相)成相平衡的气相的状态是气相线上的 G 点，其组成为 $x_{A,1}$，这就是开始出现的一点蒸气中A的摩尔分数。由于体系是封闭体系，因此虽然气-液两相的组成在恒温下随压力而变，但体系的总组成 x_A 却保持不变。因此整个恒温减压相变过程为 p-x_A 相图上的一条垂直线所代表。D 点和 G 点分别代表体系压力为 p_D 时液相和气相的平衡状态，其组成分别为 x_A 和 $x_{A,1}$。因为体系中只有一点蒸气，可以认为液相组成 x_A^l 与总组成 x_A 相同。当体系的压力降至 E 点时，压力为 p_E，此时 H 点和 I 点分别代表体系压力为 p_E 时液相和气相的平衡状态，其组成分别为 $x_{A,3}$ 和 $x_{A,2}$。E 点代表整个体系的平衡状态，其总组成保持不变，仍为 x_A，称为物系点，而 H 点和 I 点称为相点，分别代表两相平衡体系中液相和气相的平衡状态。HEI 水平线称为结线(tie line)。当体系的压力降至 F 点时，

最后一滴液体将要气化，体系的压力为 p_F，液相为 J 点，其组成为 $x_{A,4}$，气相为 F 点，其组成可认为与总组成 x_A 相同。压力在 F 点以下，体系完全处于气态，成为单相体系，其组成为 x_A。由于体系是封闭的，故 x_A 保持不变。但液相组成在恒温减压相变过程中沿液相线自 D 点的 x_A 降至 J 点的 $x_{A,4}$；气相组成沿气相线自 G 点的 $x_{A,1}$ 降至 F 点的 x_A。在液相线以上，体系完全处于液态；在气相线以下，体系完全处于气态；在液相线与气相线之间，体系处于气-液两相平衡。

在气-液平衡共存的两相区内，根据相律，$f=4-\Phi=4-2=2$，但温度已固定不变，故条件自由度 $f^*=1$。这就是说，一旦体系的压力再确定后，体系的自由度为零，即气相和液相的组成也随之而定，成为无变量体系。

2）杠杆规则

体系的总组成 x_A 确定了气、液两相的相对量。如图 8-15 所示，在体系的压力为 p_E 下，虽然处于 HEI 结线上的各物系点所对应的气、液两相的组成相同，但不同的 x_A 值就有不同的气、液两相的相对量。当 x_A 确定后，如何求出气、液两相的相对量呢？对二组分两相平衡体系来说，令 n_A、n^l 和 n^g 分别为体系中 A 的总物质的量、液相中 A 和 B 的总物质的量和气相中 A 和 B 的总物质的量，n_A^l 和 n_A^g 分别为液相和气相中 A 的物质的量，则

$$x_A=\frac{n_A}{n^l+n^g}\qquad n_A=n_A^l+n_A^g$$

$$n_A=x_A(n^l+n^g)=n_A^l+n_A^g=x_A^l n^l+x_A^g n^g$$

$$x_A n^l+x_A n^g=x_A^l n^l+x_A^g n^g$$

$$n^l(x_A-x_A^l)=n^g(x_A^g-x_A)$$

$$n^l\,\overline{HE}=n^g\,\overline{EI}\tag{8-14}$$

式(8-14)称为杠杆规则(lever rule)。它适用于二组分体系的任意两相平衡，并不只限于气-液两相平衡。式中，$\overline{HE}$和$\overline{EI}$分别是自物系点 E 至相点 H 和 I 的长度。若用质量分数代替摩尔分数来表示体系的组成，此时杠杆规则变成

$$m^l\,\overline{HE}=m^g\,\overline{EI}\tag{8-15}$$

式中，m^l 和 m^g 分别是液相和气相的质量。当物系点 E 靠近相点 H 时，$\overline{HE}\ll\overline{EI}$，即 $n^l\gg n^g$（或 $m^l\gg m^g$）。当 E 点与 H 点重合时，$\overline{HE}\to 0$，$n^g\to 0$，体系中几乎完全是液体，只存在微小量的蒸气。

3）恒压下的理想液态混合物 T-x 相图

现在我们讨论恒压下两种互溶液体组成的理想液态混合物的气-液两相平衡。体系的压力不变，绘制体系温度 T 对混合物总组成 x_A 的相图，如图 8-16 所示。令 $p_A^*(T)$ 和 $p_B^*(T)$ 分别为与温度有关的纯液体 A 和 B 的饱和蒸气压，p 为固定不变的体系压力，$p=p_A+p_B$，这里 p_A 和 p_B 分别为气相中 A 和 B 的分压。根据拉乌尔定律

$$p=x_A^l p_A^*(T)+(1-x_A^l)p_B^*(T)$$

$$x_A^l=\frac{p-p_B^*(T)}{p_A^*(T)-p_B^*(T)}\tag{8-16}$$

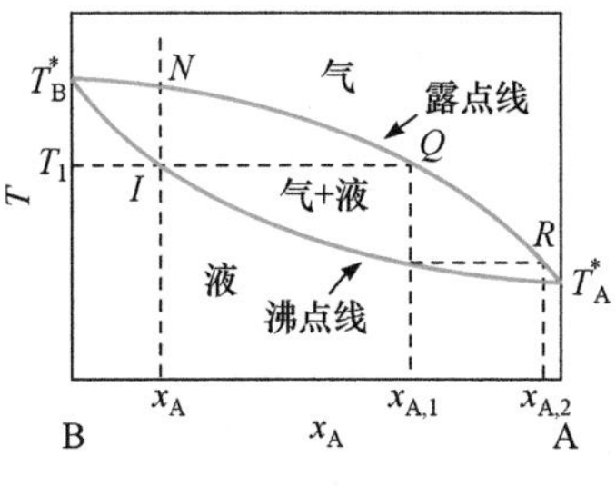

图 8-16　理想液态混合物的气-液平衡 T-x 图

利用式(8-16)，我们可以任意固定某一数值的压力 p(如 101 325Pa)后，求出不同温度时的 x_A^l，因为不同温度 T 的 $p_A^*(T)$和 $p_B^*(T)$为已知。这样就可以绘出如图 8-16 所示的液相线，亦即压力 p 下的混合物的沸点线。T_A^* 和 T_B^* 分别为压力 p 下的纯液体 A 和 B 的沸点。

根据道尔顿定律

$$x_A^g = \frac{p_A}{p} \qquad p_A = x_A^l p_A^*(T)$$

$$x_A^g = \frac{p_A^*(T)}{p} x_A^l$$

将式(8-16)代入上式得

$$x_A^g = \frac{p_A^*(T)}{p}\left[\frac{p - p_B^*(T)}{p_A^*(T) - p_B^*(T)}\right] \tag{8-17}$$

利用式(8-17)，可以求出某一固定 p 下的不同温度时的 x_A^g，从而绘出如图 8-16所示的气相线(也称露点线)。必须注意，式(8-16)和式(8-17)分别与式(8-12)和式(8-13)等同，只是 T 和 p 的固定变量不同而已。气相线在 T-x 图上处在液相线的上面，但在 p-x 图上处在液相线的下面，这是由于高温低压对气相有利。

知识点讲解视频

分馏的基本原理

(朱志昂)

4) 分馏的基本原理

在恒压 p 下，加热组成为 x_A 的封闭二组分体系。当温度到达图 8-16 中的 I 点时，开始出现气相，其组成为 Q 点所代表的 $x_{A,1}$。继续升高温度，则形成更多的蒸气，液相中含较多的低挥发、高沸点的 B 组分。到达 N 点时，最后一滴液体将要气化，气相组成变为 x_A。如果将 Q 点所代表的蒸气全部凝结成液体，其组成仍为 $x_{A,1}$。再将这些液体加热，其刚出现的气相组成为 R 点所代表的 $x_{A,2}$，$x_{A,2} > x_{A,1}$。如此重复气化和凝结，最后可得纯 A($x_A=1$)。这种操作称为分馏(fractional distillation)。

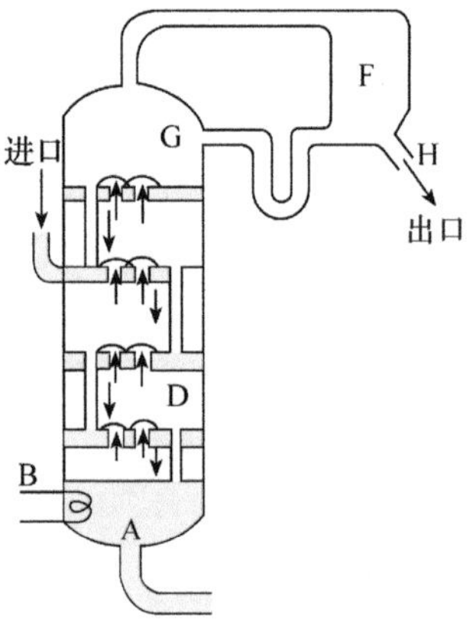

图 8-17 分馏装置示意图

图 8-17 是分馏装置示意图，主要由三个部件构成：蒸馏瓶 A，其中有加热器 B；蒸馏柱 D，其中有许多块塔板，其构造如图所示；以及冷凝器 F。在塔板上，向下流动的液体与向上流动的蒸气通过泡罩充分接触。蒸气由一个塔板上升到上一块塔板，必须以气泡形式通过每一块塔板上的液层。在蒸气与液体充分接触中，蒸气中难挥发的组分冷凝，冷凝过程放出的热量用于蒸发液体中易挥发的组分。这样，到达上一块塔板的蒸气中就含较多量的易挥发组分，到达下一块塔板上的液体中就含较多量的难挥发组分。总的结果是冷凝和蒸发过程中易挥发组分和难挥发组分在气、液两相之间的重新分配。因为此过程在每一块塔板上重复进行，所以在足够多的塔板上，有可能使二组分液态混合物中的两个组分因挥发度不同而彼此分开。挥发度高的组分在塔(柱)顶通过冷凝器 F，冷凝出来；挥发度低的组分留在蒸馏瓶 A 中。挥发度高的组分蒸气在冷凝器 F 中冷凝成液体后，一部分通过出口 H 取出，另一部分通过回流孔 G 返回到塔(柱)中。返回部分与取出部分之比称为回流比。回流比可以影响蒸馏产品的质量。回流比越小，蒸馏质量越高。

2. 非理想液态混合物

1) 杜安-马居尔方程

非理想液态混合物不服从拉乌尔定律。我们先导出杜安-马居尔(Margules)方程,然后说明非理想液态混合物的气-液平衡相图。

根据吉布斯-杜安方程[式(6-18)]

$$\sum_B n_B d\mu_B + SdT - Vdp = 0$$

在恒温条件下,上式变为

$$\sum_B n_B d\mu_B = Vdp \tag{8-18}$$

式中,V 是液态混合物的体积;p 是液态混合物所受的总压;n_B 是液态混合物中组分 B 的物质的量;μ_B 是液态混合物中组分 B 的化学势。式(8-18)对于任何多组分均相体系都适用,把它用于液态混合物相,气-液平衡时

$$\mu_B^l = \mu_B^g = \mu_B^\ominus + RT\ln\frac{p_B}{p^\ominus}$$

式中,p_B 是混合物上面混合蒸气中组分 B 的分压。

$$d\mu_B = RTd\ln p_B$$

代入式(8-18)得

$$RT\sum_B n_B d\ln p_B = Vdp$$

上式两边除以混合物中各组分的物质的量之和$n=\sum_B n_B$,得

$$\sum_B x_B d\ln p_B = \frac{V_m^l dp}{pV_m^g} = \frac{V_m^l}{V_m^g}d\ln p \tag{8-19}$$

若 $V_m^g \gg V_m^l$,或 $V_m^l/V_m^g \ll 1$,则式(8-19)可写成

$$\sum_B x_B d\ln p_B = 0 \tag{8-20}$$

如果 p 保持不变,即在恒温恒压条件下,则式(8-20)是严格正确的。如果蒸气不服从理想气体定律,则用逸度 f_B 代替压力 p_B。

对于二组分液态混合物,式(8-20)可写成

$$x_A d\ln p_A + x_B d\ln p_B = 0$$

在恒温恒压条件下,分压只与摩尔分数有关,即

$$d\ln p_i = \left(\frac{\partial \ln p_i}{\partial x_i}\right)_{T,p} dx_i$$

故上式可写成

$$x_A\left(\frac{\partial \ln p_A}{\partial x_A}\right)_{T,p} - x_B\left(\frac{\partial \ln p_B}{\partial x_B}\right)_{T,p} = 0 \qquad (dx_A = -dx_B)$$

或

$$\left(\frac{\partial \ln p_A}{\partial \ln x_A}\right)_{T,p} = \left(\frac{\partial \ln p_B}{\partial \ln x_B}\right)_{T,p}$$

或

$$\frac{x_A}{p_A}\left(\frac{\partial p_A}{\partial x_A}\right)_{T,p} = \frac{x_B}{p_B}\left(\frac{\partial p_B}{\partial x_B}\right)_{T,p} \tag{8-21}$$

式(8-19)~式(8-21)均称为杜安-马居尔方程,它表明气相中各组分的分压与

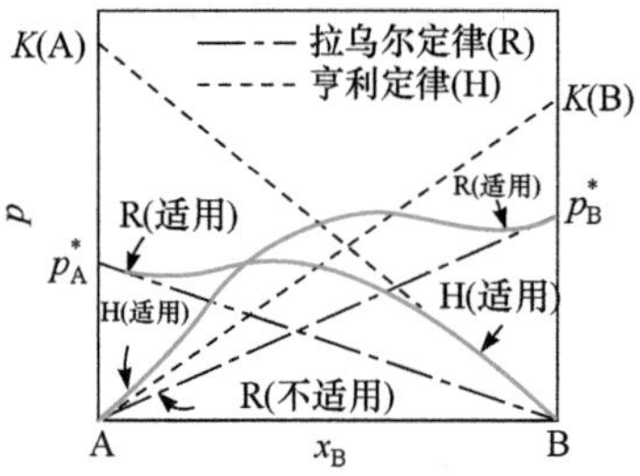

(a)

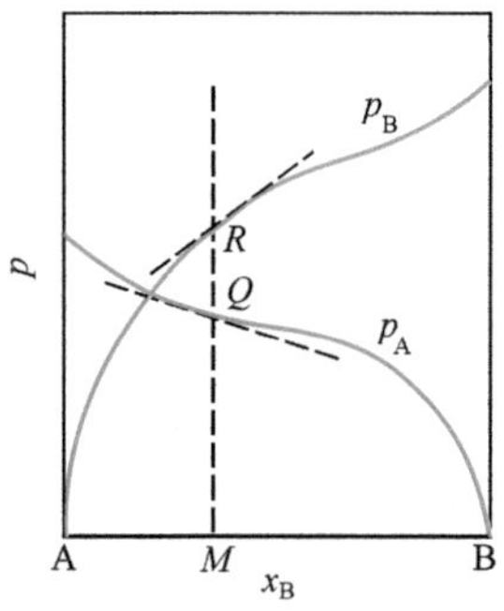

(b)

图 8-18 拉乌尔定律(R)和亨利定律(H)适用范围(a)和杜安-马居尔方程的应用(b)

液相中各组分的摩尔分数的依赖关系。

根据杜安-马居尔方程,可得以下规律:

(1) 若二组分液态混合物中组分 A 在某一组成范围内服从拉乌尔定律,则在同一组成范围内,组分 B 必服从亨利定律。

根据拉乌尔定律,$p_A = x_A p_A^*$

$$\mathrm{d}\ln p_A = \mathrm{d}\ln x_A$$

$$\left(\frac{\partial \ln p_A}{\partial \ln x_A}\right)_{T,p} = 1$$

根据杜安-马居尔方程

$$\left(\frac{\partial \ln p_B}{\partial \ln x_B}\right)_{T,p} = 1$$

$$p_B = K x_B$$

这个结论与实验事实符合,如图 8-18(a)所示。

(2) 混合物中某一组分的浓度增加后,它在气相中的分压升高,则另一组分的分压必下降。因为在式(8-21)中

$$\frac{x_A}{p_A}\left(\frac{\partial p_A}{\partial x_A}\right)_T = \frac{x_B}{p_B}\left(\frac{\partial p_B}{\partial x_B}\right)_T$$

x_A、x_B、p_A、p_B 均为正值,所以若 $\left(\frac{\partial p_A}{\partial x_A}\right)_T > 0$,则 $\left(\frac{\partial p_B}{\partial x_B}\right)_T > 0$,但 $\mathrm{d}x_A = -\mathrm{d}x_B$(增加 A 的浓度,必降低 B 的浓度),故 $\left(\frac{\partial p_B}{\partial x_A}\right)_T < 0$,即 B 的分压随 x_A 的增加而下降,如图 8-18(b)所示。在任意组成 M 处

$$\frac{p_A}{x_A} = \frac{MQ}{BM} \qquad \frac{\mathrm{d}p_A}{\mathrm{d}x_A} = Q\text{ 点的斜率}$$

$$\frac{p_B}{x_B} = \frac{MR}{AM} \qquad \frac{\mathrm{d}p_B}{\mathrm{d}x_B} = R\text{ 点的斜率}$$

这两点的斜率必须满足式(8-21)。

(3) 若二组分液态混合物中组分 A 对拉乌尔定律发生正偏差($p_A > x_A p_A^*$),则组分 B 也发生正偏差($p_B > x_B p_B^*$);反之亦然。若组分 A 发生正偏差,则

$$p_A > x_A p_A^*$$

$$\ln p_A > \ln x_A + \ln p_A^*$$

$$\mathrm{d}\ln p_A > \mathrm{d}\ln x_A \qquad \left(\frac{\partial \ln p_A}{\partial \ln x_A}\right)_T > 1$$

根据杜安-马居尔方程,应有

$$\left(\frac{\partial \ln p_B}{\partial \ln x_B}\right)_T > 1 \qquad p_B > x_B p_B^*$$

(这个结论并非完全正确,参见化学通报 1983 年第 1 期第 49 页)

以上讨论的是二组分体系中蒸气分压与液态混合物组成的关系。下面讨论二组分体系的总压与组成的关系。假定气相没有惰性气体,并具有理想气体性质。根据道尔顿定律,应有

$$p_A = x_A^g p \qquad p_B = x_B^g p = (1 - x_A^g) p$$

代入式(8-19)得

$$x_A^l \mathrm{d}\ln x_A^g p + (1-x_A^l)\mathrm{d}\ln(1-x_A^g)p = \frac{V_m^l}{V_m^g}\mathrm{d}\ln p$$

$$x_A^l \frac{\mathrm{d}x_A^g}{x_A^g} + x_A^l \frac{\mathrm{d}p}{p} + (1-x_A^l)\frac{\mathrm{d}(1-x_A^g)}{1-x_A^g} + (1-x_A^l)\frac{\mathrm{d}p}{p} = \frac{V_m^l}{V_m^g}\mathrm{d}\ln p$$

$$\frac{x_A^l}{x_A^g}\mathrm{d}x_A^g - \frac{(1-x_A^l)}{(1-x_A^g)}\mathrm{d}x_A^g = \left(\frac{V_m^l}{V_m^g} - 1\right)\mathrm{d}\ln p$$

$$\left(\frac{\partial \ln p}{\partial x_A^g}\right)_T = \frac{x_A^g - x_A^l}{x_A^g(1-x_A^g)\left(1-\frac{V_m^l}{V_m^g}\right)} \approx \frac{x_A^g - x_A^l}{x_A^g(1-x_A^g)} \tag{8-22}$$

因 $x_A^g(1-x_A^g)>0$，故$\left(\frac{\partial \ln p}{\partial x_A^g}\right)_T$ 与$(x_A^g - x_A^l)$的正、负号应相同。可以有以下三种情况：

(1) 若$\left(\frac{\partial \ln p}{\partial x_A^g}\right)_T>0$，则$(x_A^g - x_A^l)>0$，$x_A^g>x_A^l$，即气相中组分 A 增加，总压升高，气相中组分 A 的浓度大于液相中组分 A 的浓度。

(2) 若$\left(\frac{\partial \ln p}{\partial x_A^g}\right)_T<0$，则$(x_A^g - x_A^l)<0$，$x_A^g<x_A^l$，即气相中组分 A 增加，总压降低，气相中组分 A 的浓度小于液相中组分 A 的浓度。

(3) 若$\left(\frac{\partial \ln p}{\partial x_A^g}\right)_T=0$，则$(x_A^g - x_A^l)=0$，$x_A^g=x_A^l$，即在总压与组成无关的情况下，$p$-$x$ 相图上曲线出现最高点或最低点，气相中组分 A 的浓度等于液相中组分 A 的浓度。Коновалов 最早从实验总结出上述规则，可称为 Коновалов 规则，现在可用热力学原理证明其正确性。

2) 气-液平衡相图

上述根据热力学原理对二组分体系的气-液平衡的分析，从实验上也得到了证实。实验结果表明存在三种形式的气-液平衡相图。

第一种正偏差或负偏差都不很大，总压处在纯液体 A 和 B 的饱和蒸气压之间，如图 8-19 所示。图 8-19中 p-x 曲线(实线)不是直线，虚线(直线)表示符合拉乌尔定律的情况。属于这种情况的体系有：CCl_4-C_6H_6，$CHCl_3$-$(C_2H_5)_2O$，CH_3OH-H_2O，C_6H_6-$(CH_3)_2CO$，CS_2-CCl_4 等。图 8-19(a)代表 CCl_4-C_6H_6 体系，属于正偏差情况；图 8-19(b)代表 $CHCl_3$-$(C_2H_5)_2O$ 体系，属于负偏差情况。

第二种正偏差很大，p-x 曲线上出现最高点，如图 8-20 所示。属于这种情况的体系有：C_6H_6-C_6H_{12}，CH_3OH-$CHCl_3$，CS_2-$(CH_3)_2CO$，H_2O-C_2H_5OH 等。由于蒸气压高，沸点就低，故 p-x 曲线上有最高点，T-x 曲线上就有最低点，这个最低点称为最低共沸点，其相应组成的混合物称为共沸混合物(azeotrope)。共沸混合物类似于纯化合物，在一定压力下有一个固定的沸点，用恒压蒸馏方法不能将其组分分离。但是，共沸混合物又不同于纯化合物，共沸混合物的组成与总压有关，而纯化合物的组成不随压力而变。共沸混合物只是气-液平衡两相有相同组成而已。

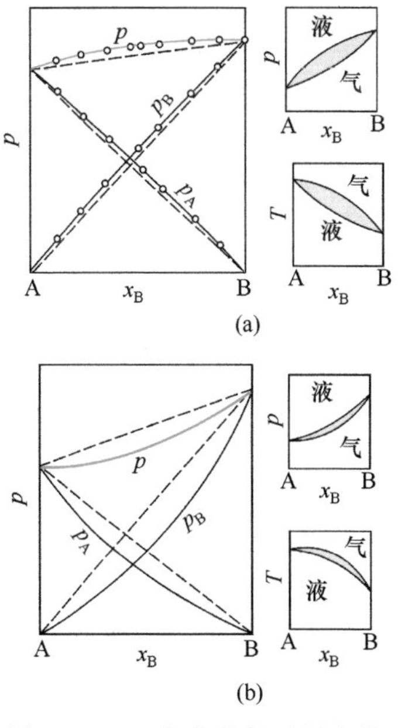

图 8-19 正、负偏差都不很大的非理想液态混合物

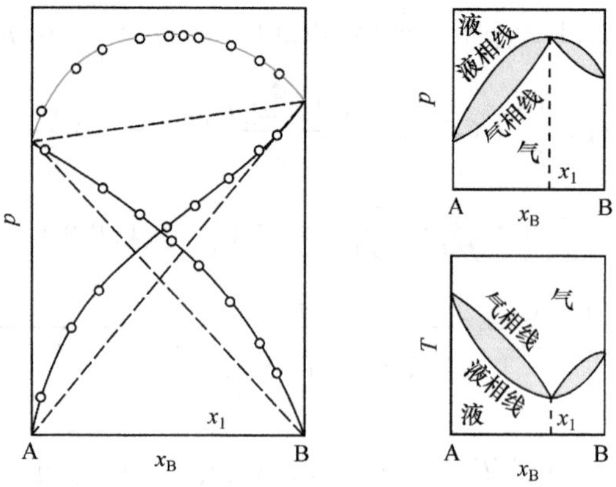

图 8-20 正偏差很大的非理想液态混合物

知识点讲解视频

共沸点特征

(朱志昂)

若有一个二组分液态混合物，其组成x_B'介于纯组分 A(或 B)和共沸混合物的组成 x_1 之间，则用恒压蒸馏方法分离，最后只能得到一个纯组分 A(或 B)和一个共沸混合物，而不可能同时得到纯组分 A 和纯组分 B。例如，在 101 325Pa下，H_2O-C_2H_5OH 体系的最低共沸点为 78.13℃，共沸混合物中含乙醇 95.57%。若分馏含乙醇小于 95.57%的乙醇水溶液，则得不到纯乙醇。对具有最低共沸点的混合物来说，分馏结果，馏出物总是共沸混合物。

第三种负偏差很大，p-x 曲线上出现最低点，如图 8-21 所示。属于这种情况的体系有：$CHCl_3$-$(CH_3)_2CO$，$HCHO$-H_2O，HNO_3-H_2O，HCl-H_2O 等。同理，p-x 曲线上有最低点，T-x 曲线上有最高点，这个最高点称为最高共沸点。具有最高共沸点的共沸混合物的性质与具有最低共沸点的一样，所不同的是，若用分馏方法分离具有最高共沸点的共沸混合物，分馏结果的馏出物是纯组分 A 或 B。HCl-H_2O 体系的最高共沸点在 101 325Pa 下是 108.5℃，共沸混合物中含 HCl 20.24%，可以用作定量分析的标准溶液。应该注意，共沸混合物的组成与压力有关，压力变了，组成也变。例如，压力(Pa)分别为 97 324、98 657、99 990、101 325 和 102 658 时，HCl-H_2O 共沸混合物中 HCl 的质量分数(%)分别为 20.314、20.290、20.266、20.242 和 20.218。

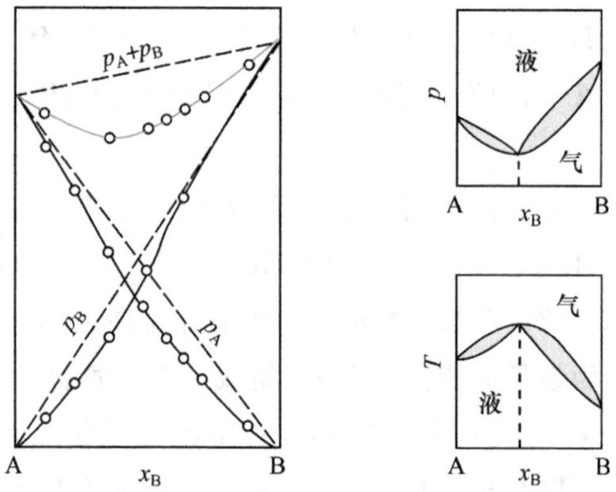

图 8-21 负偏差很大的非理想液态混合物

对于给定体系，在一定压力下，在共沸点温度，平衡的气、液两相的组成相同，即有“额外的”限制条件 $N=1$，根据式(8-2c)，共沸点的条件自由度 $f^*=2-2+1-1=0$。

8.7.2　液-液平衡

1. 部分互溶双液系

1）液-液平衡

我们考虑两种部分互溶的液体 A 和 B 所组成的体系，而不考虑气相的存在。这种体系称为凝聚体系（condensed system），即没有气相或不考虑气相存在的体系。部分互溶是指液体 A 在液体 B 中的溶解是有限的，反之亦然，两种液体不能以任意比例互溶。当压力 p 固定不变时，如在 101 325Pa 下，液-液平衡的 T-x 图有以下四种形式：

（1）具有最高临界溶解温度。如图 8-22 所示，在固定压力 p 时，保持体系温度在 T_1 不变条件下，在纯液体 B 中逐渐加入纯液体 A。图中 F 点表示纯液体 B，体系从 F 点开始沿水平线向右变动，在 FC 线段上体系是单相，是溶质 A 在溶剂 B 中的稀溶液。C 点表示在 T_1 时溶液已达饱和，其组成 $x_{A,1}$ 代表 A 在 B 中的溶解度。再加入 A，则体系变成两个液相，相 1 是 A 在 B 中的饱和溶液（称为 B 相），其组成为 $x_{A,1}$；相 2 是 B 在 A 中的饱和溶液（称为 A 相），其组成为 $x_{A,2}$。如果两相平衡体系的总组成在 D 点，D 的组成为 $x_{A,3}$，则两相的相对量可用杠杆规则求出。继续加入 A，当体系的总组成为 E 点的组成 $x_{A,2}$ 时，体系成为足够量的 A 将所有 B 都溶于其中，是 B 在 A 中的饱和溶液。从 E 点开始在恒温 T_1 下再加入 A，则体系变成单相，是 B 在 A 中的未饱和溶液。到达 H 点，需要加入无限大量的 A，B 在 A 中的浓度趋近于零。

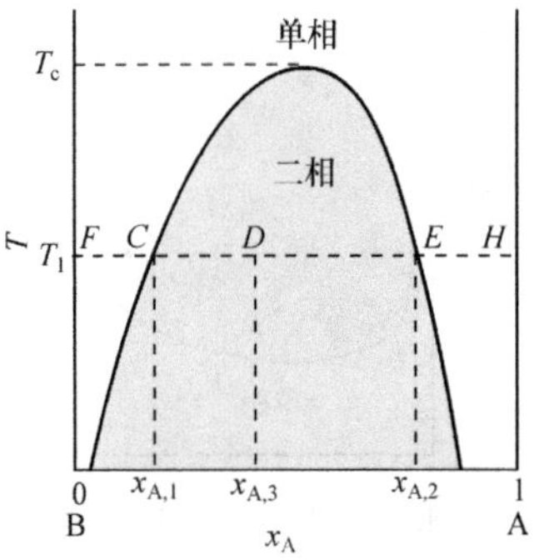

图 8-22　部分互溶液体的液-液平衡 T-x 图

根据相律，二组分两相平衡体系的自由度 $f=2-2+2=2$。但是在 CE 水平线上，p 和 T 都被固定，$f=0$。这就是说，在 CE 线上每一相的组成固定不变。两相的相对量随体系的总组成而变，但不影响两相的平衡共存。

升高体系的温度可以增加两种液体的互溶性。温度升至 T_c 时，两种液体完全互溶，此时的温度称为临界溶解温度（critical solution temperature）。在临界溶解温度以上，两种液体可以按任意比例互溶。因此，临界溶解温度的高低反映两种液体的互溶性。与单组分体系的气-液平衡的临界温度相似，在临界点，平衡两相的性质完全相同，体系由两相变为单相。二组分体系的临界点又称会溶点，临界点的热力学稳定性应满足下列两个限制条件：化学势的一阶导数为零，二阶导数也为零。

$$\left(\frac{\partial \mu_A}{\partial n_A}\right)_{T,p,n_B}=\left(\frac{\partial \mu_B}{\partial n_B}\right)_{T,p,n_A}=0$$

$$\left(\frac{\partial^2 \mu_A}{\partial n_A^2}\right)_{T,p,n_B}=\left(\frac{\partial^2 \mu_B}{\partial n_B^2}\right)_{T,p,n_A}=0$$

这就是临界点的两个独立的“额外的”限制条件，即式(8-2c)中的 $N=2$，则临界点的条件自由度 $f^*=2-1+1-2=0$。也有观点认为，随着温度的升高，实验测得的两个共轭液相组成的差异逐渐减小，温度升至临界点 T_c 时，两个液相的组成相等，即有一个“额外的”限制条件($N=1$)。根据式(8-2c)，临界点的条件自由度 $f^*=2-2+1-1=0$。这就是说，指定的二组分部分互溶液体的临界溶解温度在一定压力(通常是101 325Pa)下具有确定的数值，是该两种部分互溶液体的特性温度。水-苯胺、水-苯酚等双液系属于这种情况。

（2）具有最低临界溶解温度。某些部分互溶的一对液体的互溶性会随温

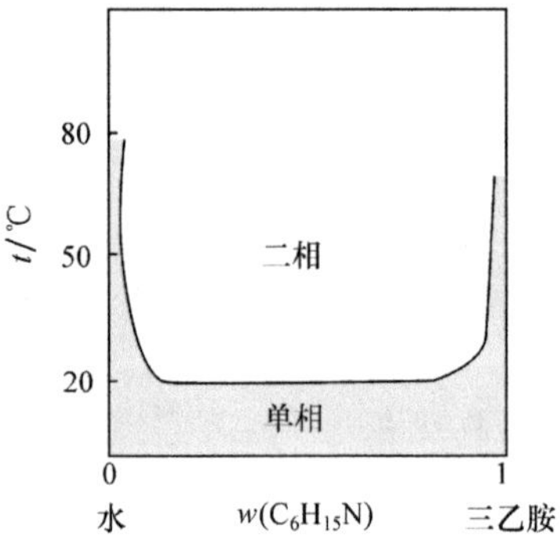

图 8-23 水-三乙胺体系

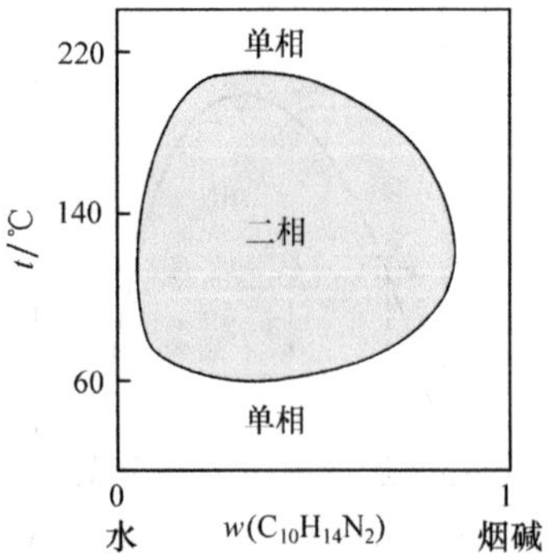

图 8-24 水-烟碱体系

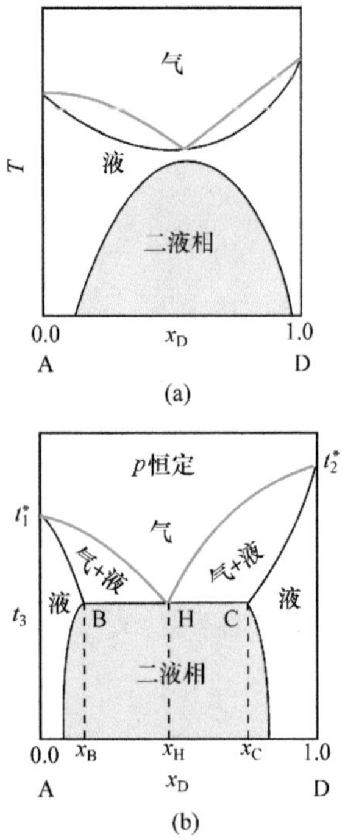

图 8-25 两种部分互溶液体的气-液平衡 T-x 图

度的降低而增加，如水-三乙胺体系(图 8-23)。在 101 325Pa 下，水与三乙胺在 18℃以下能以任意比例互溶。但在 18℃以上却是部分互溶的，而且随温度的增加，互溶性反而降低，在 T-x 相图上出现最低临界溶解温度。

(3) 同时具有最高和最低临界溶解温度。水和烟碱组成的双液系(图 8-24)，在 60.8℃以下和 208℃以上，两种液体能以任意比例互溶；在 60.8～208℃却是部分互溶的。两相平衡曲线是完全封闭式的。间甲苯胺和甘油组成的双液系也属于这种情况。

(4) 不具有临界溶解温度。乙醚和水构成的双液系属于这种类型。在它们成为溶液存在的温度范围内一直是彼此部分互溶的，但没有临界溶解温度存在。

2) 气-液平衡

现在考虑有气相存在的情况。图 8-25(a)表示在固定压力 p 下，部分互溶两种液体的气-液和液-液平衡的 T-x 图。图 8-25(a)中下半部是低温下的液-液平衡曲线，上半部是高温下具有最低共沸点的气-液平衡曲线。压力改变时，由于其对液-液平衡的影响较小，因此液-液平衡曲线变化不大；但压力对气-液平衡曲线的影响很大，故气-液平衡曲线的位置将随压力降低而向下移。当压力降至某一压力时，气-液平衡曲线与液-液平衡曲线相交，如图 8-25(b)所示。

在图 8-25(b)中，沸点线 BHC 以下，只有两个液相平衡共存。但在沸点($t-t_3$)时，液面上出现蒸气相。处在 BHC 线上的体系为三相平衡体系，两个液相和一个气相，根据相律式(8-1)，此体系的自由度为 1。因此，在固定压力下，体系的温度和三相的组成都是固定不变的。两液相组成分别为 x_B 和 x_C，平衡气相的组成为 x_H。

如果部分互溶双液系的总组成介于 x_B 和 x_H 之间，则蒸馏时，总组成向左移动。最后到达 B 点时，组成为 x_C 的液相消失。继续蒸馏，则情况与均相二组分溶液相同。反之，如果总组成介于 x_H 和 x_C 之间，则蒸馏时总组成向右移动。最后到达 C 点时，组成为 x_B 的液相消失，体系成为均相二组分溶液。

2. 完全不互溶双液系及水蒸气蒸馏

两种液体的互溶性如果非常小，以致可以忽略不予考虑，则这两种液体实际上是彼此不互溶的。此时这两种液体虽然平衡共处在一个体系中，但彼此不受影响，各自的性质与它们单独存在时一样。在任何温度下，体系的总蒸气压是两纯液体的饱和蒸气压之和，即

$$p=p_A^*+p_B^*$$

体系的沸点是总蒸气压等于外压时的温度。因此，两种不互溶的液体共处在一个体系中，与它们单独存在时相比，在较低温度下就能达到所需的总蒸气压。这就是说，任何两种不互溶的液体混合物的沸点低于每一种纯液体的沸点。图 8-26(a)表示不同温度下，两种不互溶液体(其中之一是水，另一种是有机物)的蒸气压的加和性，图中曲线 a 表示水的蒸气压与温度的函数关系(不按实际比例画出)，曲线 b 表示与水不互溶的任意有机液体的蒸气压

与温度的函数关系,曲线 c 表示总蒸气压与温度的函数关系。显然,在任何外压(如 101 325Pa)下,混合液体的沸点总是低于任一纯液体的沸点。利用这种性质的蒸馏过程称为水蒸气蒸馏(steam distillation)。如果某种有机液体在其正常沸点下容易分解,则可以利用它与水的不溶性,采取水蒸气蒸馏法,在 101 325Pa 时低于 100℃的温度下将其蒸馏出。水蒸气蒸馏可以达到与低压蒸馏相同的效果。

图 8-26(b)表示两种不互溶液体体系的气-液平衡 T-x 图。气相中两种组分的质量比可按下式计算:

$$p_A = p_A^* = x_A^g p \qquad p_B = p_B^* = x_B^g p$$

$$\frac{p_A^*}{p_B^*} = \frac{x_A^g}{x_B^g} = \frac{n_A^g}{n_B^g} = \frac{m_A M_B}{m_B M_A}$$

$$\frac{m_A}{m_B} = \frac{p_A^* M_A}{p_B^* M_B} \tag{8-23}$$

式(8-23)表示馏出物中两组分的质量比与两纯组分的摩尔质量和饱和蒸气压的关系。

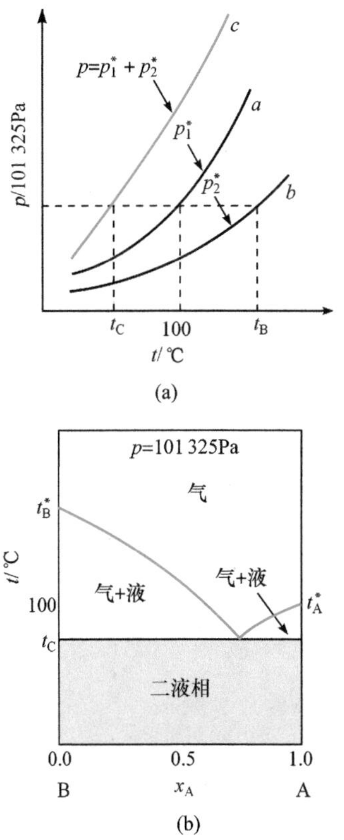

图 8-26 两种不互溶液体的气-液平衡

8.7.3 固-液平衡

在这部分我们只讨论液相完全互溶类型的相图。根据构成体系的两固相间的相互溶解程度,相图可分为固相不互溶、固相完全互溶和固相部分互溶三种类型。另外,还包括形成化合物的相图。

1. 固相不互溶

考虑两种物质 A 和 B 在液相中能以任意比例互溶,但在固相中却完全不互溶的情况。混合任何数量比的液体 A 和 B,可以得到 A 加 B 的均相二组分混合物。由于固态 A 和 B 是完全不互溶的,故冷却二组分 A 加 B 的液态混合物,可导致纯 A 或纯 B 凝固析出。这种二组分体系的典型的固-液平衡 T-x 图如图 8-27 所示,其形状与图 8-26(b)相似,图中 T_A^* 和 T_B^* 分别为纯 A 和纯 B 的凝固点。

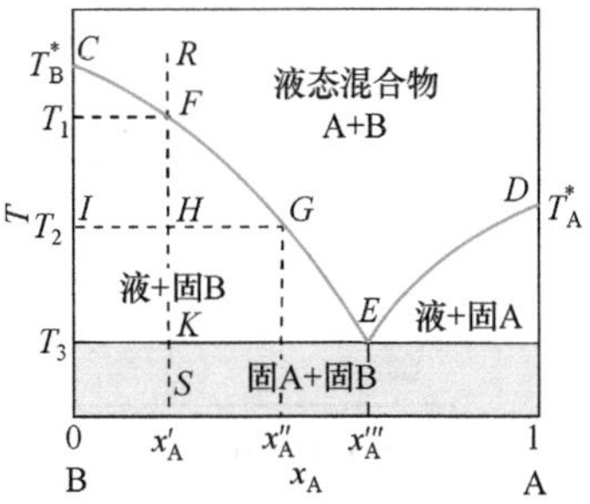

图 8-27 液相互溶而固相不互溶的固-液平衡 T-x 图

分析相图可知:在低温下,体系呈两个纯固相 A 和 B。在高温下,体系呈 A 加 B 的均相液态混合物。如果某一均相液态混合物,其 x_A^l 接近 1(在相图的右边),则冷却该液态混合物至某一温度,纯 A 就开始凝固出来。体系呈两相,一相是纯固相 A,另一相是 A 和 B 的饱和溶液。曲线 DE 表示 A(溶剂)由于 B(溶质)的存在其凝固点的降低。同样,如果某一液态混合物,其 x_A 接近零(在相图的左边),则冷却该液态混合物至某一温度,纯 B 就开始凝固出来。体系呈两相,一相是纯固相 B,另一相是 A 和 B 的饱和溶液。曲线$CFGE$ 表示 B(溶剂)由于 A(溶质)的存在其凝固点的降低。如果两相体系继续冷却,最后液态混合物全部凝固,得到纯固相 A 和纯固相 B 混合物。两条凝固点曲线相交于 E 点。液态混合物的组成在 E 点的左边,降低温度先凝固出纯 B;在 E 点的右边,先凝固出纯 A。如果液态混合物的温度和组成在 E 点所代表的 T_3 和 x'''_A,则冷却后,纯固相 A 和纯固相 B 同时凝固出来。E 点称为低共熔点(eutectic point),是一个三相平衡共存的状态。

假设有一个由液体 A 和 B 所组成的液态混合物，其状态如图 8-27 中的 R 所代表的。恒压下冷却此液态混合物。由于体系是封闭的，总组成 x'_A 保持不变，在恒压冷却过程中，体系的状态沿垂直虚线变动。当温度降至 T_1 时，纯固相 B 开始凝固出来。随着 B 析出，溶液中 x_A 增加(这里 A 是溶质)，溶液的凝固点降低。为了使更多的 B 析出，必须进一步降低体系的温度。在体系的温度为 T_2 时，物系点在 H 点。纯固相 B($x_A=0$，I 点)与它平衡共存的溶液相在 G 点，其组成为 x''_A。根据杠杆规则，$n_B^s\,\overline{IH}=(n_A^l+n_B^l)\overline{HG}$($n_B^s$ 是纯固相 B 的物质的量，n_A^l 和 n_B^l 分别是与纯固相 B 成平衡的溶液中 A 和 B 的物质的量)。由杠杆规则可知，体系的状态由 F 点变到 K 点的过程中，纯固相 B 的物质的量沿 $CFGE$ 线增加。

低共熔点 E 的温度为 T_3，此时体系的状态处于 K，平衡溶液的组成为 E 点所代表的 x'''_A，纯固相 B 和 A 同时析出。在两种纯固相同时析出过程中，体系的温度保持不变。低共熔溶液的组成也保持不变。在 K 点，体系是三相平衡共存，两个纯固相 A 和 B，一个低共熔溶液相，杠杆规则不适用于三相平衡体系。根据相律式(8-1)，二组分三相平衡体系的自由度 $f=2-3+2=1$，现在压力已固定，故条件自由度为零。因此，在二组分三相平衡体系中，温度将保持不变(在固定压力下)，直至所有溶液都凝固后，体系变成两相(纯固相 A 和 B)，体系的温度才会降低。

如果从 S 点出发，加热纯固相 A 和纯固相 B 的混合物，其组成为 S 点所代表的 x'_A，则当温度升至 T_3 时，开始出现的液相的组成为 x'''_A。当纯固相 A 完全熔化后，体系的温度才会开始上升。如果固态 A 和 B 的组成为 x'''_A，则加热至温度 T_3 时，固体会逐渐完全熔化成液体，温度维持不变，如同纯化合物的熔化过程。在显微镜下观察低共熔混合物(eutectic mixture)，可发现它是微晶 A 和 B 的均匀混合物，虽然也有一个确定的熔点，但不是纯化合物，其组成随压力而变。上述体系称为简单低共熔体系，属于这类体系的有 Pb-Sb、Bi-Cd、苯-萘、Si-Al、KCl-AgCl、C_6H_6-CH_3Cl、氯仿-苯胺等。

2. 固相完全互溶

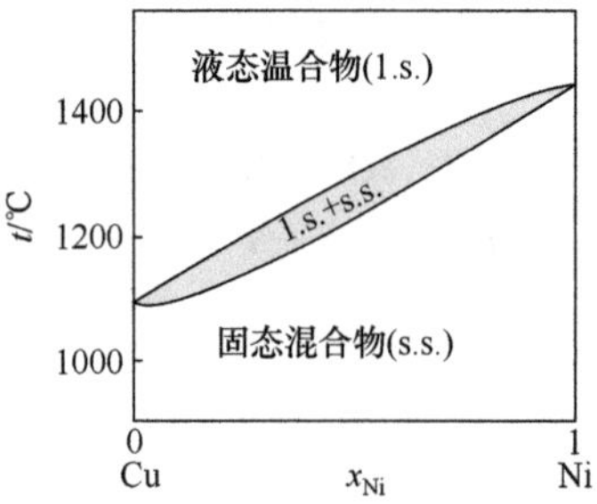

图 8-28 Cu-Ni 的固-液平衡 t-x 图

某些二组分体系的液态和固态都是完全互溶的，如 Cu-Ni、Sb-Bi、Pd-Ni、KNO_3-$NaNO_3$、d-$C_{10}H_{14}NOH$-l-$C_{10}H_{14}NOH$ 等。这类体系的固-液平衡相图与上面讨论过的气-液平衡相图完全相似。图 8-28 表示 Cu-Ni 体系的 t-x 图。

如果在恒压下冷却任一组成的 Cu 和 Ni 的互溶熔化物(melt)，当温度降至某一值时，固溶体开始凝固出来，其 Ni 含量高于熔化物中的含量。固溶体和熔化物构成的两相平衡体系继续被冷却时，两相中的 Ni 含量降低，最后所形成的固溶体的组成与原来熔化物的组成完全相同。由于少量 Ni 的存在，Cu 的凝固点升高。在第 6 章中曾讨论过溶剂的凝固点降低的问题。假定固相不互溶，只有纯溶剂凝固出来。在固相是完全互溶的情况下，低熔点的组分可以由于第二组分的加入，其熔点升高。

下面证明在固态混合物(固溶体)中，物质的凝固点也可由于加入其他物质而升高的问题。根据相平衡条件，$\mu_i^l=\mu_i^s$。假定液态混合物和固态混合物都是理想混合物，则

$$\mu_{i,l}^* + RT\ln x_{i,l} = \mu_{i,s}^* + RT\ln x_{i,s}$$

重排后得

$$\frac{\mu_{i,l}^* - \mu_{i,s}^*}{RT} = \frac{\Delta_{fus}G_{m,i}}{RT} = \frac{\Delta_{fus}H_{m,i}}{RT} - \frac{\Delta_{fus}S_{m,i}}{R} = \ln\frac{x_{i,s}}{x_{i,l}}$$

式中，T 是液态混合物的凝固点。对于可逆相变化，有 $\Delta_{fus}S_{m,i}^* = \Delta_{fus}H_{m,i}^*/T_i^*$。假定$\Delta_{fus}H_{m,i} \approx \Delta_{fus}H_{m,i}^*$，则有

$$\ln\frac{x_{i,s}}{x_{i,l}} = \frac{\Delta_{fus}H_{m,i}^*}{R}\left(\frac{1}{T} - \frac{1}{T_i^*}\right)$$

式中，T_i^* 是纯组分 i 的凝固点。解 T 得

$$T = T_i^* \frac{\Delta_{fus}H_{m,i}^*}{\Delta_{fus}H_{m,i}^* + RT_i^* \ln\dfrac{x_{i,s}}{x_{i,l}}} \tag{8-24}$$

当 $x_{i,s} > x_{i,l}$时（也包括 $x_{i,s}=1$，即纯固态 i 从溶液中凝固析出），$T < T_i^*$，此即凝固点降低。当 $x_{i,s} < x_{i,l}$时，$T > T_i^*$，此即凝固点升高。$\Delta T = T - T_i^*$ 的值取决于$x_{i,s}/x_{i,l}$的值。

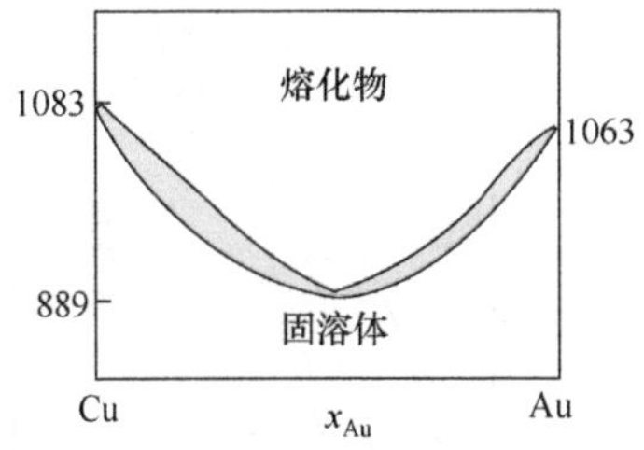

图 8-29 Cu-Au 的固-液平衡 t-x 图

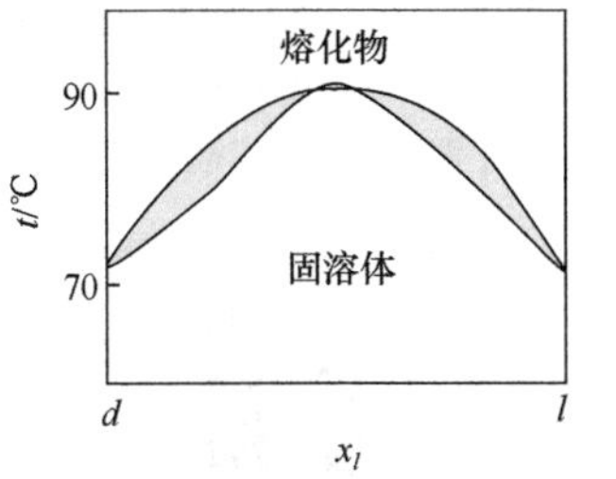

图 8-30 d-$C_{10}H_{14}NOH$-l-$C_{10}H_{14}NOH$ 的固-液平衡 t-x 图

如果所形成的固溶体接近理想固溶体，则固-液平衡相图如图 8-28 所示。但是，如果偏离理想固溶体很大，则相图上也会出现最低或最高点。图 8-29表示 Cu-Au 体系，具有最低共熔点；图 8-30 表示 d-$C_{10}H_{14}NOH$-l-$C_{10}H_{14}NOH$体系，具有最高共熔点。在具有最高共熔点的情况下，一个组分的凝固点由于另一个组分的存在而升高。

3. 固相部分互溶

知识点讲解视频

固相部分互溶的固-液相图（朱志昂）

1）具有低共熔点的熔点-组成图

某些二组分体系在液态时是完全互溶的，而在固态时却是部分互溶的。例如，Ag-Cu 体系其固-液平衡 t-x 图如图 8-31 所示。如果有某一熔化物，其组成为图中 R 点所代表的$x_{Cu}=0.2$，则冷却至 S 点时，固相（α 相）开始析出，其组成为 Y 点所代表的 Cu 在 Ag 中的饱和固溶体。继续冷却两相平衡体系，固溶体中的 Cu 含量增加。当体系冷却至 U 点时，熔化物被两个固相（α 相-Cu在 Ag 中的饱和固溶体，β 相-Ag 在 Cu 中的饱和固溶体）所饱和，此时两个固相同时析出，呈三相平衡共存，即 α 相（组成为 F），β 相（组成为 G），熔化物（组成为 E）。E 点为两个固相同时熔化的低共熔点。体系的温度降至 U 点以下，则成为两个固相（α 相和 β 相）平衡体系，如 V 点，用杠杆规则可以确定其相对量。这类体系的固-液平衡相图与部分互溶双液系的气-液平衡相图相似（图 8-25）。相图属于这一类的体系还有 KNO_3-$NaNO_3$，AgCl-CuCl，Pb-Sb，KNO_3-$TiNO_3$等。

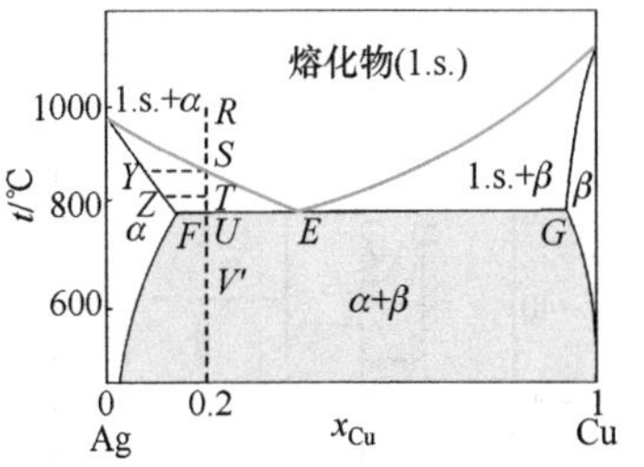

图 8-31 Ag-Cu 的固-液平衡 t-x 图

2）具有转熔温度的熔点-组成图

图 8-32 是 Hg-Cd 体系的相图。图 8-32 中 BCE 是固溶体（Ⅱ）与熔化物的两相共存区，CDA 是固溶体（Ⅰ）与熔化物的两相区，$FDEG$ 区是固溶体（Ⅰ）和固溶体（Ⅱ）的两相共存区。在 455K 时三相共存。这个温度称为转熔温度，在此点有下列平衡存在：

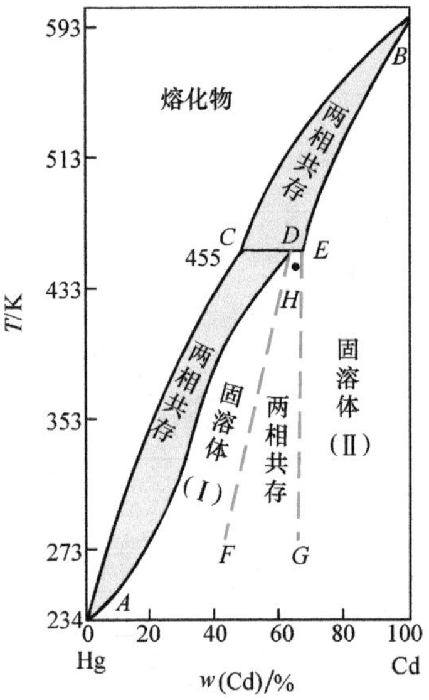

图 8-32 Hg-Cd 的相图

知识点讲解视频

形成化合物的固-液相图

(朱志昂)

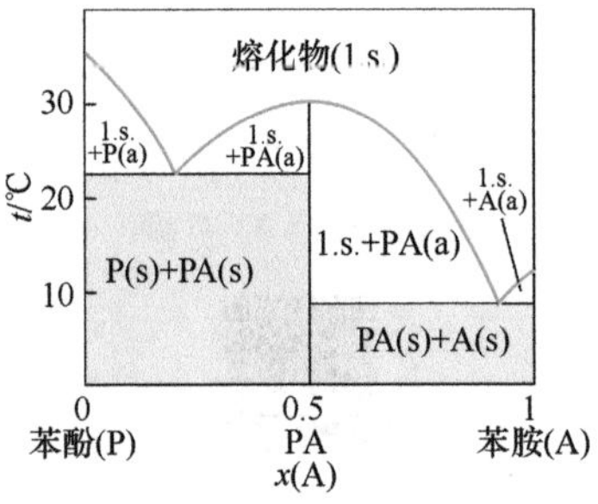

图 8-33 苯酚(P)-苯胺(A)的固-液平衡 t-x 图

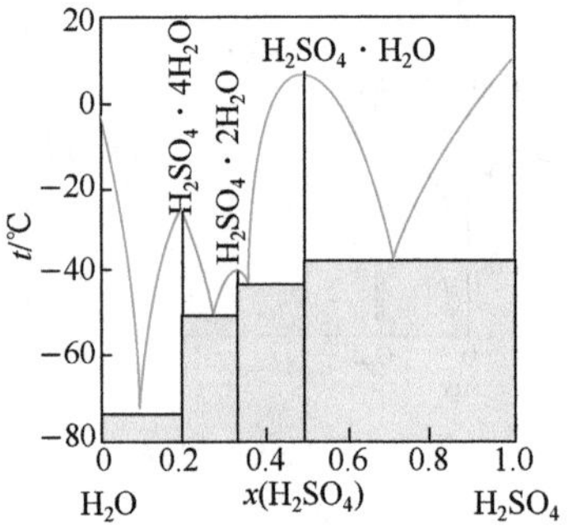

图 8-34 H_2SO_4-H_2O 体系

固(Ⅰ) $\rightleftharpoons$ 固(Ⅱ) $\rightleftharpoons$ 熔化物

(组成为D)　(组成为E)　(组成为C)

当物系点为 H 点时，体系中有两个固溶体(Ⅰ)和(Ⅱ)平衡共存。若对此体系加热，使温度升到 455K，则有液相出现，液相的相点为 C 点。因为这是三相平衡共存的无变量体系，所以虽对体系加热，但温度并不上升，只是相点为 D 点的固溶体(Ⅰ)在恒温下转变为相点为 E 的固溶体(Ⅱ)及相点为 C 点的熔化物，455K 是两个固溶体的转熔温度。

从 Hg-Cd 的相图可知，为什么在镉标准电池中，镉汞齐电极的浓度为含Cd 5%～14%，在常温下，此时体系是处于熔化物和固溶体(Ⅰ)两相平衡区。就组分 Cd 而言，它在两相中均有一定的浓度。此时，即使体系中 Cd 的总量发生微小的变化，也只不过改变两相的相对质量，而不会改变两相的浓度，因此电极电势可保持不变的数值。属于这类体系的实例有 AgCl-LiCl，$AgNO_3$-$NaNO_3$ 等。

4. 形成化合物——液相互溶而固相不互溶

1) 形成稳定化合物

某些二组分体系可以形成稳定的固态化合物，并能与液相平衡共存，如苯酚(P)和苯胺(A)可以形成 $C_6H_5OH \cdot C_6H_5NH_2$ 化合物(PA)。在此种情况下，虽然体系的物种数 $S=3$，但是有一个独立的化学反应存在，$R=1$，故独立组分数 $C=3-1=2$，仍是二组分体系。固相 P、A 和 PA 彼此间均不互溶，图 8-33 所示的相图可以看作是由两个简单低共熔体系的相图合并而成，一个是 P-PA 体系，另一个是 PA-A 体系。液相是 P、A 和 PA 的平衡均相熔化物。根据熔化物的组成，在冷却过程中，当温度降至低共熔点时，固态 P 和 PA 或 A 和 PA 同时析出。如果熔化物的组成为 $x_A=0.5$，则冷却后只有纯固态化合物 PA 凝固出来，而且温度保持在 31℃不变，直至所有熔化物完全凝固为止，体系如同单组分体系，因为对这种体系来说，$R'=1$，$C=3-1-1=1$。

某些二组分体系可以形成几种化合物，如水和硫酸体系可以形成三种化合物，如图 8-34 所示，其中有四个简单低共熔体系的相图。如果形成 n 种化合物，则其相图可以看作由$(n+1)$个简单低共熔体系的相图组成。图 8-35表示Fe_2Cl_6-H_2O体系，形成四种水合物。

2) 形成不稳定化合物

在某些情况下，所形成的固态化合物不能稳定地到达其熔点。当加热这种固态化合物时，在未达其熔点以前它即分解成新的固相和组成不同于原来固态化合物的液相。这种固态化合物具有异成分熔点(incongruent melting point)，称为转熔点(peritectic point)，有别于同成分熔化(congruent)(液态熔化物的组成与固态化合物的组成相同)，这种分解过程称为转熔反应(peritectic reaction)。因为在转熔反应中，三相(两个固相和一个液相)平衡共存于一个体系中，所以体系的自由度在固定压力下为零，温度和各相的组成都固定不变。属于这种情况的二组分体系有：Na_2SO_4-H_2O、SiO_2-Al_2O_3、CaF_2-$CaCl_2$、Na-K 等。

Na-K 体系的固-液平衡 t-x 相图如图 8-36 所示。加热固态化合物 Na_2K 后，在到达低于其熔点的转熔点 t_p(℃)时，Na_2K 按下式分解成纯固态 Na 和组成不同于 Na_2K 的熔化物：

$$Na_2K(s) \rightleftharpoons Na(s) + 熔化物$$

当固态化合物 Na_2K 全部分解完后，体系变成两相，条件自由度为 1，体系的温度才能变动(上升)。在转熔点以上，熔化物只与纯固态 Na 平衡共存。

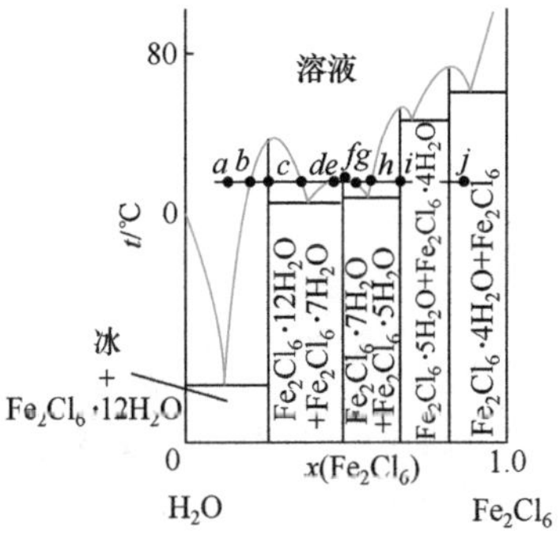

图 8-35　Fe_2Cl_6-H_2O 体系

如果冷却组成为 y 的均相熔化物，则到达 M 点时，纯固态 Na 开始从熔化物中析出，熔化物中 K 含量增加，熔化物的组成在继续冷却过程中沿 MP 曲线变化。当温度到达转熔点 t_p(℃)时，固态 Na 与熔化物反应，生成固态化合物 Na_2K，体系成为三相平衡体系，条件自由度为零。当转熔反应完成后，体系成为含纯固态 Na 和固态化合物 Na_2K 的两相平衡体系时，体系的温度才能继续下降。

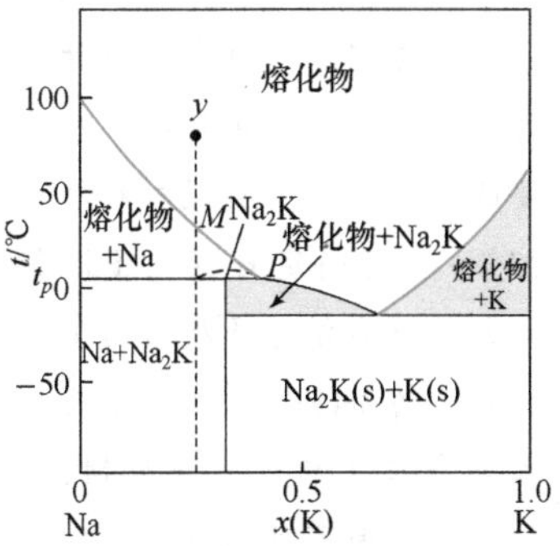

图 8-36　Na-K 体系的固-液平衡 t-x 图

当考察一个凝聚体系的相图时，应该注意下列情况：低共熔点、固态混合物、固态化合物、转熔反应等。任何更为复杂的相图都可以根据上述情况得到解释。Fe-C 相图是钢铁工业中的一个重要相图，如图 8-37 所示的相图是 Fe-C 相图中的一部分。纯铁有三个晶形：α-Fe(体心立方)、γ-Fe(面心立方)和 δ-Fe(体心立方)。α-Fe 与 γ-Fe 的转变温度是 910℃(图中 G 点)，γ-Fe 与 δ-Fe 的转变温度 1401℃(图中 N 点)。δ-Fe 可以一直稳定至其熔点 1539℃。C 在 α-Fe 中的固态混合物存在于图中 QP 曲线与 PG 曲线所包围的区域内，称为 α-铁素体(ferrite)。C 在γ-Fe 中的固态混合物存在于图中 $GSEJN$ 区中，称为奥氏体(austenite)。GPS 区中是 α 铁素体与奥氏体的两相平衡共存区。图中 S 点是三相点，三个固相：组成为 P 的 α-铁素体、组成为 S 的奥氏体和固态化合物 Fe_3C(渗碳体 cementite)。S 点具有低共熔性质(液相被第三个固相取代)，称为类低共熔体(eutectoid)。组成为 S 的 α-铁素体和渗碳体的混合物称为珠光体(pearlite)。D 点为 γ-Fe_3C-熔液的三相点，其中奥氏体 γ 与 Fe_3C 形成低共熔混合物，又称莱氏体。由图可看出钢和铸铁的不同性质。含碳量低于 2% 的铁称为钢(steel)，钢可以加热到获得均相固态混合物奥氏体。含碳量高于 2% 的铁称为铸铁(cast iron)，不能加热到获得均相固态混合物奥氏体。

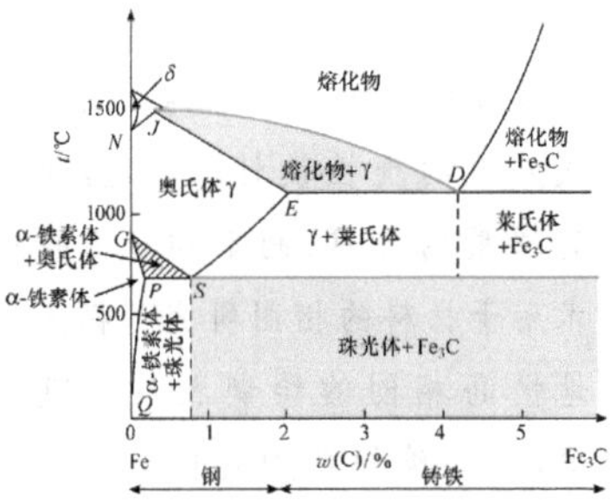

图 8-37　Fe-C 体系的固-液相图

知识点讲解视频

具有最低共熔点的固-液相图（朱志昂）

5. 实验分析方法

绘制固-液平衡相图的主要实验方法有两种：热分析法和溶解度法。

1) 热分析法

采用热分析法绘制固-液平衡相图时，实验任务是测定二组分体系熔化物在冷却过程中体系的温度与时间的关系，即绘制步冷曲线(cooling curve)。图 8-38 表示不同组成的熔化物的步冷曲线。对于简单低共熔体系来说，当将纯 B 的熔化物冷却至其凝固点 T_B^* 时，体系的温度在凝固过程中保持不变，步冷曲线呈水平线段(曲线 1)，直至所有熔化物都完全凝固成纯固态 B 后，温度才能继续下降。如果冷却组成为 R 点的熔化物(图 8-27)，则当温度冷却至 T_1 时，开始凝固出纯固态 B，步冷曲线的斜率改变，出现折点(曲线 2)。当温度冷却至低共熔点 T_3 时，体系温度保持不变，步冷曲线呈水平线段，直至熔化物完全凝固成纯固态 A 和 B 后，温度才能继续下降。

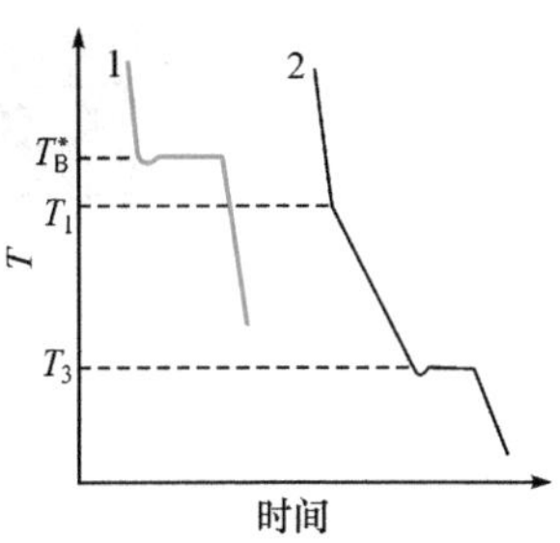

图 8-38　步冷曲线

前沿拓展：相平衡与二元相图

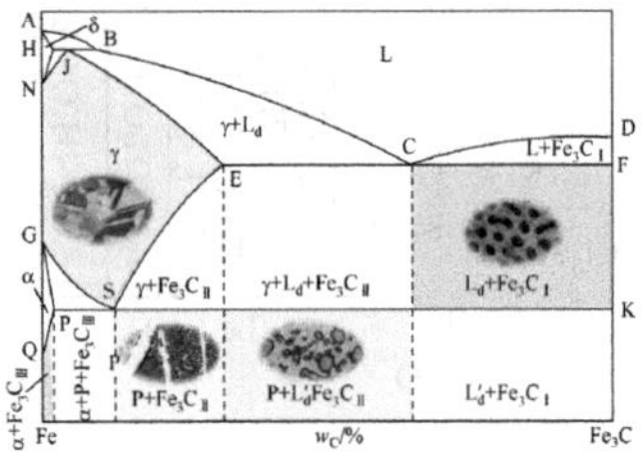

附图 8-1　铁碳合金二元相图

相与相变的研究对于材料的开发、设计、优化具有十分重要的意义。为了实现材料的可控制备，需确定材料在不同制备条件下的相变及相结构生长行为。例如，附图 8-1 展示的铁碳合金二元相图是研究钢、生铁(铸铁)等不可或缺的基本工具。通过对材料相图的理解，有助于准确认识材料的相变并明晰正确的合成条件，从而实现目标材料的晶体结构及其合成方案的理性设计。因此，将高通量的计算、制备和表征技术用于材料的相图研究可极大地提高相图的绘制精度和速度，从而缩短新型功能材料的研发周期。值得一提的是，各种日趋成熟的技术在空间分辨率、时间分辨率、能量分辨率等方面不断取得突破，并成功地应用于体相、表面相、界面相的结构、组成及其演化的研究中[Energy & Environmental Science, 2009, 2(6): 589]。(苏乃强)

扫描右侧二维码观看视频

将不同组成的熔化物的步冷曲线上的转折温度与所对应的 x_A 作图，即可绘制出如图 8-27 所示的 T-x 图。图 8-39 表示 Bi-Cd 体系的步冷曲线和由此所得的相图。

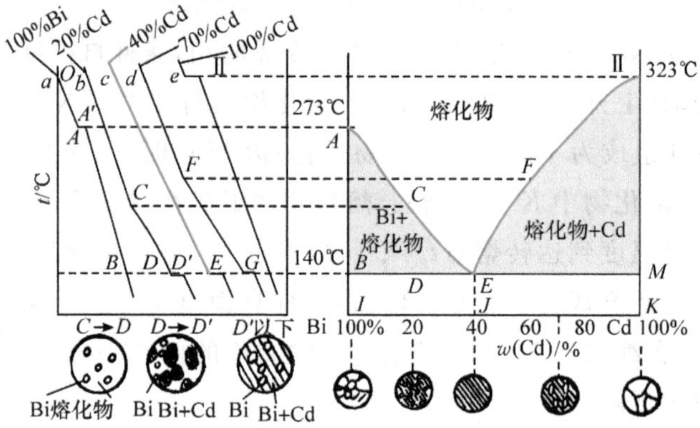

图 8-39　Bi-Cd 体系的步冷曲线和相图

2) 溶解度法

在 25℃和 101 325Pa 下，纯萘是固体，纯苯是液体，萘在苯中的饱和溶液的组成为 1mol 苯中含 0.4mol 萘。假定在上述饱和溶液中加入微量固态萘，则成为固态萘与饱和溶液的两相平衡体系(称为体系Ⅰ)。在101 325Pa 下，纯萘和纯苯的熔点分别为 80℃和 5.5℃。根据萘在苯中的饱和溶解度与温度的关系绘制的萘-苯体系的 t-x 相图如图 8-40 所示。

若将比 0.4mol 多一点的固态纯萘在 101 325Pa 下加热至 80℃完全熔化，然后在熔化物中加入 1mol 纯苯，这个体系相当于图 8-40 中的 R 点。现将此体系冷却至 25℃(S 点)。在 S 点有少量固态纯萘析出，并与 1mol 苯中含 0.4mol 萘的饱和溶液平衡共存，此体系称为体系Ⅱ。

虽然用两种不同方法制得两种体系Ⅰ和Ⅱ，但是这两种体系的温度、压力和各相组成是完全等同的，实际上是同一种体系。体系Ⅰ的制备方法是假定我们已确定了在 25℃时萘在苯中的溶解度是 0.4mol 萘在 1.0mol 苯中，即已知溶解度。因为图 8-40 中的 CE 线是萘(由于加入苯)的凝固点降低曲线，所以体系Ⅱ的制备方法是假定我们已确定了由于 1.0mol 苯加入 0.4mol 萘中，使萘的凝固点降至 25℃，即已知凝固点降低。因此，“溶解度”和“凝固点降低”是同一件事物的不同名称。在这两种情况中都是固相 X 与液态溶液 X+Y 成平衡共存的两相体系。X(作为溶质)在 Y(作为溶剂)中的溶解度可以解释为由于 Y(作为溶质)的加入，X(作为溶剂)的凝固点降低。图 8-40 中的 CE 曲线既可以看作由于苯(作为溶质)的加入，萘(作为溶剂)的凝固点降低曲线，也可以看作萘(作为溶质)在苯(作为溶剂)中的溶解度与温度的关系曲线。例如，从 CE 曲线上可查得，在 60℃时萘在苯中的溶解度是x(萘)=0.7。同样，DE 曲线既可以看作由于萘(作为溶质)的加入，苯(作为溶剂)的凝固点降低曲线，也可以看作苯(作为溶质)在过冷液体萘(作为溶剂)中的溶解度曲线(这种说法当然奇特一点，因为萘在常温下是固体)。

下面讨论无机盐在水中的溶解度曲线。图 8-41 表示 $NaNO_3$-H_2O 的 t-x相图。$NaNO_3$ 的熔点是 307℃，图中 CE 曲线表示由于 $NaNO_3$ 的溶入，水的凝固点降低曲线，也是固态水(冰)在过冷液体 $NaNO_3$ 中的溶解度曲线(这样的说法虽然是正确的，但通常不用)。DE 曲线表示由于水的加入，液态 $NaNO_3$ 的凝固点降低曲线，也是不同温度下固态 $NaNO_3$ 在水中的溶解度曲线。后一种说法是常用的，通常配制盐水溶液，就是将盐类溶于水中，而不是冷却熔化盐加水。通常研究 DE 曲线也不超过 100℃。

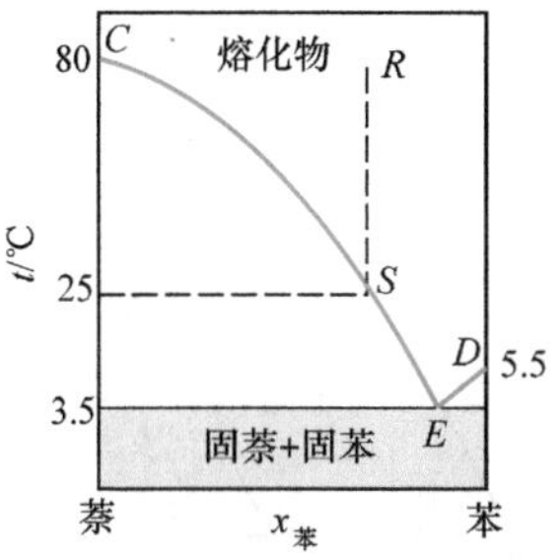

图 8-40　萘-苯体系的固-液平衡 t-x 图

假定将水和冰的平衡混合物在 0℃下装入保温瓶中(图 8-41 中 C 点)，然后再加入一些固态 $NaNO_3$。由于 $NaNO_3$ 溶入水中，水的凝固点降至 0℃以下的某一温度 T_f。在 0℃时冰与水溶液不再成平衡，冰就融化成水。由于体系是绝热的，冰的融化所需的热力学能消耗来自水分子的动能降低，故体系的温度必然降低。体系的温度降至 T_f 时，体系才恢复平衡。$NaNO_3$ 的加入可使体系的温度最低能降至 -18℃(E 点)。在此温度下，冰、固体 $NaNO_3$ 和 $NaNO_3$ 饱和水溶液三相平衡共存，成为低共熔混合物，它是一种制冷剂。$NaCl$-H_2O 体系的低共熔点为 -21℃，$CaCl_2\cdot 6H_2O$-H_2O 体系的低共熔点为 -50℃。

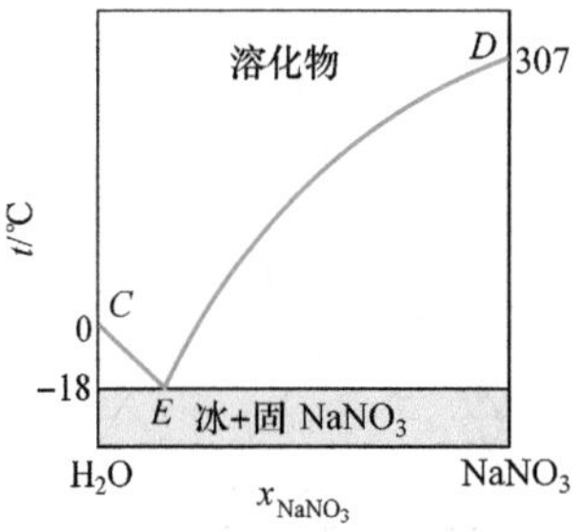

图 8-41　$NaNO_3$-H_2O 体系的 t-x 相图

无机盐在水中的溶解度一般随温度的升高而增加，但也有例外。例如，Li_2SO_4 在水中的溶解度在 160℃以下时，是随温度的升高而减小的，如图 8-42 所示。在某一组成范围内的 Li_2SO_4 水溶液，当加热时，Li_2SO_4 先从水溶液中沉淀出来，而后又会溶入水中。

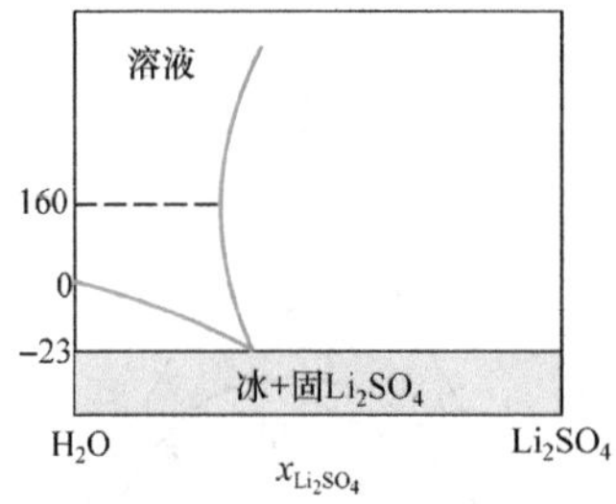

图 8-42　Li_2SO_4-H_2O 体系的 t-x 相图

由于凝固点降低和溶解度是同一现象，故我们可以将凝固点降低公式用于溶解度。式(6-94)是联系固态 A 与(A+B)溶液成平衡共存的温度 T_f 与 x_A 的关系。由于 A 通常指溶剂，我们在这里将 A 和 B 对调一下，A 指溶质，B 指溶剂，则式(6-94)变成

$$R\ln\gamma_B x_B = \Delta_{fus}H_{m,B}\left(\frac{1}{T_{f,B}^*}-\frac{1}{T}\right) \tag{8-25}$$

式(8-25)给出在温度 T 时固体 B 在 A 中的溶解度(x_B)。应用时需先求得 γ_B 值。若假定 $\gamma_B=1$，可以近似地求算 x_B。

*8.8　三组分体系

8.8.1　等边三角形坐标表示法

对于三组分体系，$C=3$，根据相律式(8-1)，$f=3-\Phi+2=5-\Phi$。由于体系至少有一个相，故三组分体系的自由度最多等于 4，即 T、p、x_A 和 x_B(因为 $\sum_{i=1}^{3} x_i=1$)。通常固定 T 和 p，以便绘制平面相图。目前已广泛采用斯托克斯(Stokes)和 Roozeboom 提出的平面等边三角形法来表示三个组分 A、B 和 C 的组成。图 8-43 所表示的平面等边三角形的三个顶角点分别代表纯组分 A、B 和C($x_i=1$)。三角形的每一边 AB、BC 和 CA 分别代表二组分体系 A-B、B-C 和 C-A 的组成。例如，BC 边上的 D 点表示二组分 B-C 体系中含 B 30%，C 70%。三角形内的任一点代表三组分体系 A-B-C 的组成。通过三角形内任一点 E，作平行于三角形各边的平行线。根据平面几何学原理，$Ea+Ec+Ef=AB=BC=CA$ 或 $Af+Ca+Bc=AB=BC=CA$。因此，任一三组分体系的组成 E 点可用 Af、Ca 和 Bc 的长度来表示。如果将三角形的每一边等分为 100 份，则通常用反时针方向在三角形的三个边上分别标出 A、B、C 三个组分的质量分数或摩尔分数，即 Ca 表示 A

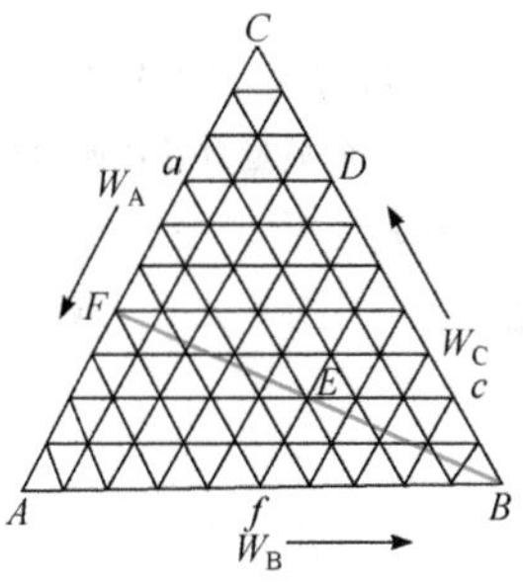

图 8-43　三组分体系的组成表示法

的组成，Af 表示 B 的组成，Bc 表示 C 的组成。例如，图 8-43 中 E 点的组成为 30%A、50%B 和 20%C。

用等边三角形法表示三组分体系的组成，其特点如下：

(1) 如果有一组三组分体系，其组成落在平行于等边三角形的某一边(如 AB)的直线(如 Ec)上，则这一组体系所含由顶角点所代表的组分(如 C)的组成都彼此相等。

(2) 凡位于通过顶角点 B(或 A 或 C)到其对面等边三角形边 AC 的任一直线(如 BEF)上的三组分体系中，B 的含量不同(在 F 点上 B 的含量为零，在 B 点上 B 的含量为 100%)，但其他两组分 A 和 C 之间的百分数之比则相同。

(3) 如果有两个三组分体系 D 和 E(图 8-44)，由这两个三组分体系所构成的新三组分体系的组成必位于 D、E 两点之间的连线上。杠杆规则在这里仍可使用，即 D 的量$\times\overline{OD}=E$ 的量$\times\overline{OE}$。因此，E 的量越大，则代表新体系的组成 O 点的位置越靠近 E 点。

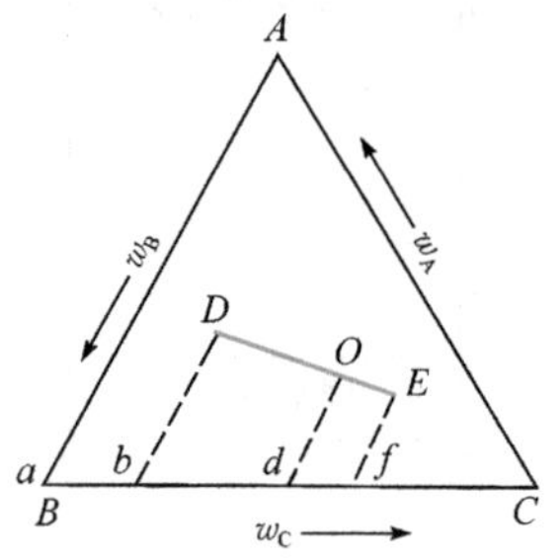

图 8-44 两个三组分体系的杠杆规则

(4) 由三个三组分体系 D、E、F 混合而成的新三组分体系(图 8-45)，其物系点 H 可通过下法求得。先依杠杆规则求出 D 和 E 两个三组分体系混合而成的体系的物系点 G，然后再依杠杆规则求出 G 和 F 混合而成的体系的物系点 H。

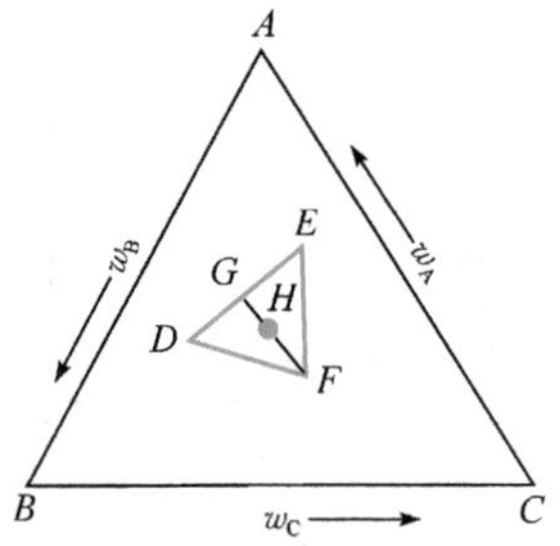

图 8-45 三个三组分体系的杠杆规则

8.8.2 部分互溶的三液体体系

三组分体系可分为许多种类型，在此我们讨论三液体体系。在三液体体系中，三对液体间可以是一对部分互溶、两对部分互溶或三对部分互溶的。

1. 一对部分互溶的三液体体系

在 30℃和 101 325Pa 下，丙酮-水-乙醚三液体体系中，水和丙酮、乙醚和丙酮都分别是完全互溶的一对液体，但水和乙醚却是部分互溶的一对液体，其相图如图 8-46 所示。在 $CFKHD$ 曲线以上是单相区，表示这三种液体完全互溶在一起；曲线以下是两相区。两相区内成平衡共存的每一相(三组分体系)的组成落在曲线上，用结线连起来，如图中的 FH。G 点为由两相构成的三组分体系的物系点，F、H 为相点，代表每一相中三组分体系的组成。结线不一定是平行于三角形的边的水平线，如图中结线 FH 不平行于 DC。F 点代表水多、醚少的水相的组成，H 点代表醚多、水少的醚相的组成。FH 的倾斜度取决于丙酮在这两相中的相对含量。如果丙酮在这两相中的含量相等，则结线是水平线。当丙酮加入水-乙醚二组分体系中时，水和醚的互溶性增加。继续加入丙酮，使平衡两相的组成彼此接近，结线缩短。最后，在 K 点上两相组成相同，体系变为单相，它可以看作是由结线缩短而成为点。K 点称为褶点(plait point)，它不一定是溶解度曲线上的最高点。

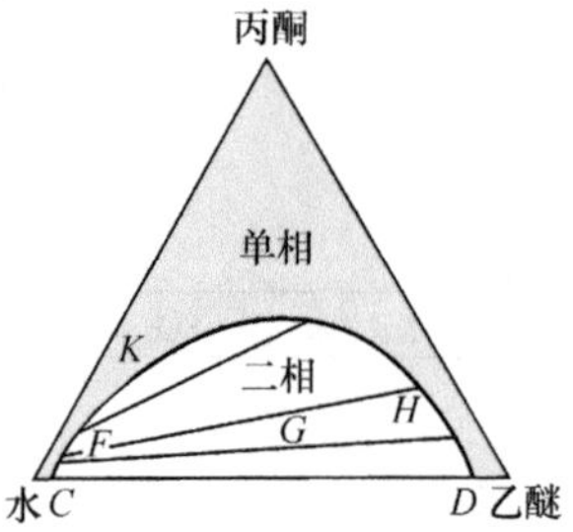

图 8-46 30℃和 101 325Pa 下丙酮-水-乙醚体系的液-液平衡相图

杠杆规则也适用于三组分体系的两相平衡。将式(8-14)写成任意两相 α 和 β 的平衡的形式

$$n^{\alpha}(x_A - x_A^{\alpha}) = n^{\beta}(x_A^{\beta} - x_A) \tag{8-26}$$

式中，n^{α} 和 n^{β} 分别是 α 相中和 β 相中所有组分的物质的量之和；x_A、x_A^{α} 和 x_A^{β} 分别是两相体系中 A 的总摩尔分数、α 相中 A 的摩尔分数和 β 相中 A 的摩尔分数。图 8-47 表示某一三组分体系的相图，其中 FH 是连接平衡两相 α(F 点)和 β(H 点)的结线。G 点是物系点，体系中 A 的总摩尔分数 x_A 等于$\overline{GS}$。F、H 点是相点，分别代表 α 相、β 相的组成，所以 $x_A^{\alpha}=\overline{FR}$，$x_A^{\beta}=\overline{HT}$①。因此，式(8-26)变成

$$n^{\alpha}(\overline{GS}-\overline{FR}) = n^{\beta}(\overline{HT}-\overline{GS})$$

或

$$\frac{n^{\alpha}}{n^{\beta}} = \frac{\overline{HK}}{\overline{GM}}$$

① 假定 D 是等边三角形内的任一点，从 D 点向三角形的每一边作垂直线(见下图)，则此三条垂直线的长度之和等于此等边三角形的高 h，即 $\overline{DE}+\overline{DF}+\overline{DG}=h$。若将高 h 等分为 100 份，则$\overline{DE}$、$\overline{DF}$和$\overline{DG}$分别等于 D 点所代表的某一三组分体系中组分 A、B 和 C 的质量分数或摩尔分数 x_A、x_B 和 x_C

$\overline{DE}=x_A$　　$\overline{DF}=x_B$　　$\overline{DG}=x_C$

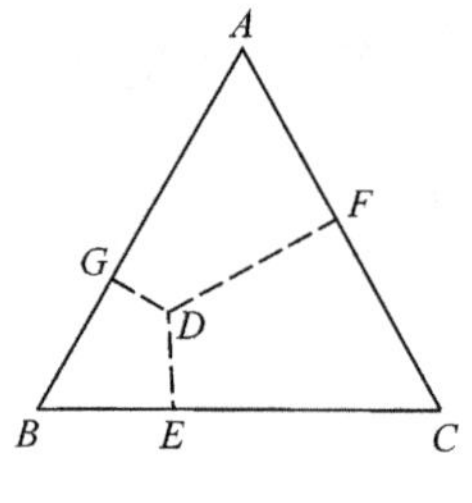

由图 8-47 可知，$\sin\theta=\dfrac{\overline{HK}}{\overline{GH}}=\dfrac{\overline{GM}}{\overline{FG}}$，因此

$$\frac{n^{\alpha}}{n^{\beta}}=\frac{\overline{GH}}{\overline{FG}}$$

或

$$n^{\alpha}\,\overline{FG}=n^{\beta}\,\overline{GH}$$

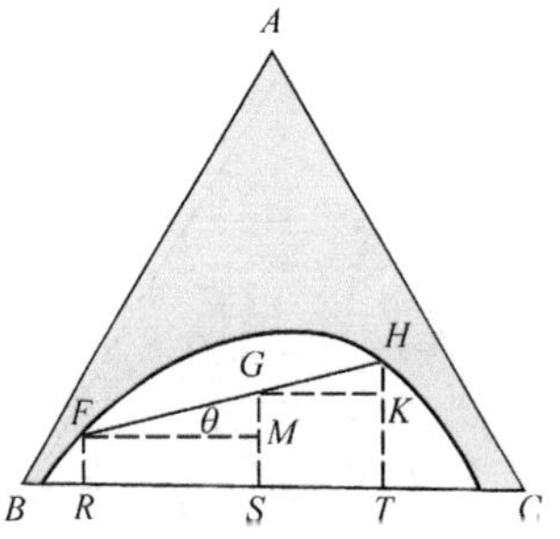

图 8-47 三组分体系中杠杆规则的应用

2. 两对和三对部分互溶的三液体体系

含有两对和三对部分互溶的三液系的相图如图 8-48 所示。图 8-48(a)表示两个两相区不重叠；(b)表示两个两相区重叠，成为一个两相区，这种情况取决于体系的性质和温度；(c)表示三个两相区不重叠；(d)表示三个两相区重叠，图中区域 1 是单相，2 是两相，3 是三相平衡共存。在三相区内，根据相律式(8-2)，$f^{**}=0$，即在三相区内的任一混合物都是三相平衡体系，物系点虽可不同，但在固定的 T 和 p 下，每一相的三组分体系的组成都不变，都分别为 D、E、F 点所代表的组成。设有一三液系，其物系点在三相区内的 P 点；连接 E、P，并延长至 DF 上的 G 点，连接 F、P，并延长至 DE 上的 H 点，则三个相的相对量之比仍可依杠杆规则求出(图 8-49)，即

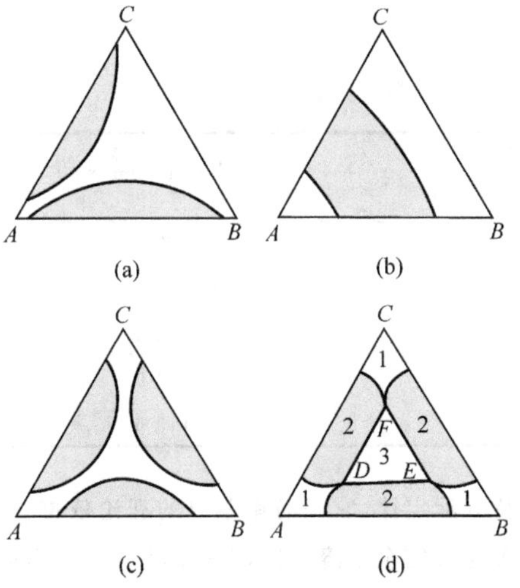

图 8-48 含两对和三对部分互溶三液系

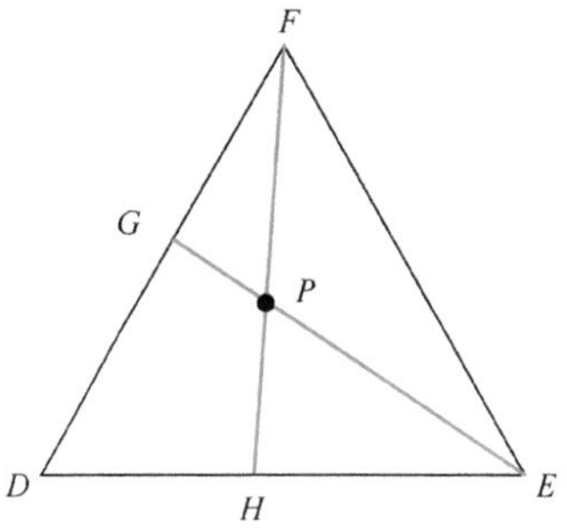

图 8-49 三相区内杠杆规则的应用

$$D\text{ 相的量}\times\overline{DH}=E\text{ 相的量}\times\overline{EH}$$

$$D\text{ 相的量}\times\overline{DG}=F\text{ 相的量}\times\overline{FG}$$

由于温度影响溶解，故溶解度曲线的形状随温度而变。有许多体系在一个温度下是多相的，而在另一温度下则变为单相。图 8-50 表示水-苯酚-苯胺体系的溶解度曲线的形状随温度而变的情况。在低温下，水-苯胺、水-苯酚都是部分互溶的。随着温度的升高，溶解度增加，两相区缩小，最后在高温(约 180℃)下缩小成一点，体系变为单相。图 8-51表示在一定压力下，以温度为纵坐标的三角棱柱体相图和截面投影图。由图 8-51可知，若把不同温度下的溶解度曲线组合起来，则在空间中便构成一个曲面。每一个溶解度曲线上有一个折点 D，把这些折点连接起来，便得到一条空间中的曲线。代表在某一温度下，三液体完全互溶的 K 点的投影位置随三组分体系而不同，但是都在等边三角形之内，不可能在等边三角形的边上。

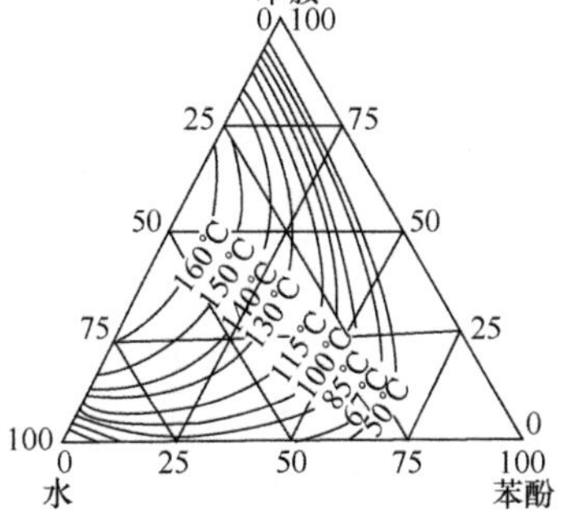

图 8-50 苯胺-苯酚-水体系的溶解度曲线

3. 相图的应用——萃取

1) 简单萃取

首先讨论溶质在两个不互溶液体中的分配问题。假定有一个三组分体系，其中两个

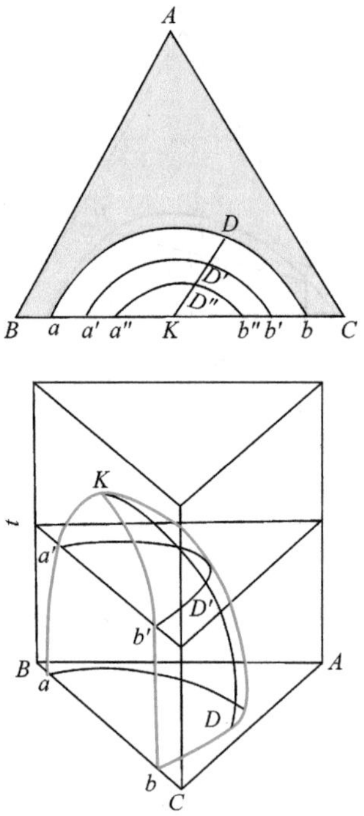

图 8-51 三棱柱相图和投影图

组分 A 和 C 是完全不互溶的，第三组分 B 能溶于 A 和 C 之中。B 在 A 和 C 之间的分配必须满足热力学的要求，即

$$\mu_B^A = \mu_B^C$$

$$\mu_B^{\ominus,A} + RT\ln a_B^A = \mu_B^{\ominus,C} + RT\ln a_B^C$$

$$\ln\frac{a_B^C}{a_B^A} = \frac{\mu_B^{\ominus,A} - \mu_B^{\ominus,C}}{RT}$$

由于 $\mu_B^{\ominus,A}$ 和 $\mu_B^{\ominus,C}$ 均与组成无关，因此在恒温恒压下

$$\ln\frac{a_B^C}{a_B^A} = 常数$$

$$K_a = \frac{a_B^C}{a_B^A} \tag{8-27}$$

在低浓度时，浓度 c 可用来代替活度 a。因此

$$K_c = \frac{c_B^C}{c_B^A} \tag{8-28}$$

式中，K_a 或 K_c 称为分配系数(distribution coefficient)，通常与温度、压力和浓度有关，在低浓度时只与温度有关。应该指出，如果组分 B 在 A 或(和)C 中解离或缔合，则式(8-27)和式(8-28)不适用。表 8-2 列出 25℃时 I_2 在 H_2O 和 CCl_4 中的分配系数，以供参考。

表 8-2 25℃时 I_2 在 H_2O 和 CCl_4 中的分配系数

$c_{H_2O}/(mol \cdot dm^{-3})$	$c_{CCl_4}/(mol \cdot dm^{-3})$	$K_c = \frac{c_{H_2O}}{c_{CCl_4}}$
0.000 322	0.027 45	0.011 7
0.000 503	0.042 9	0.011 7
0.000 763	0.065 4	0.011 7
0.001 15	0.101 0	0.011 4
0.001 34	0.119 6	0.011 2

式(8-28)称为能斯特分配定律，它是简单萃取的理论依据。设溶质 B 与溶剂 C 完全互溶，加入萃取剂 A，A 与 C 完全不溶，实际上是部分互溶，溶质 B 与萃取剂 A 完全互溶，当溶质在两液层中浓度不大时，遵守式(8-28)。由此可计算简单萃取的效果。设原始溶液 C 的体积为 V_1，含溶质 B 为 Y_0(mol)，加入萃取剂 A 的体积为 V_2，萃取达平衡时，萃取剂 A 中含溶质 Y(mol)。一次萃取后，原溶液中剩余溶质 B 的分数为 F_1，则

$$F_1 = \frac{Y_0 - Y}{Y_0} \tag{8-29}$$

根据式(8-28)，则有

$$K_c = \frac{\dfrac{Y_0 - Y}{V_1}}{\dfrac{Y}{V_2}} \tag{8-30}$$

将式(8-30)代入式(8-29)，得

$$F_1 = \frac{K_c V_1}{V_2 + K_c V_1} \tag{8-31}$$

若知道 K_c、V_1、V_2，即可求得一次萃取后原溶液中剩余溶质的物质的量 Y_0F_1(mol)。若是 n 次萃取，每次均用 V_2 体积的萃取剂，则有

$$F_n = \left(\frac{K_c V_1}{V_2 + K_c V_1}\right)^n \tag{8-32}$$

原溶液中剩余溶质 B 的物质的量为 Y_0F_n(mol)。

知识点讲解视频

连续多级萃取的基本原理

(朱志昂)

2) 连续多级萃取

当溶质在两液层中的浓度较大时，分配定律已不适用。这时利用三组分液-液平衡

相图最为方便。下面举例说明。石油中含大量的烷烃，经铂重整后得到的重整油内含芳烃($C_6 \sim C_8$)约 30%，烷烃($C_6 \sim C_9$)约 70%。芳烃和烷烃常形成恒沸物，用普通蒸馏的方法无法分离。近年来找到了一些选择性好、萃取效率高的溶剂如二甘醇、三甘醇、环丁砜、二甲亚砜等，因而在芳香烃生产中大都采用萃取法。为简便起见，以含量较多的庚烷代表烷烃，以苯代表芳烃，以二甘醇作为萃取剂，用苯-二甘醇-正庚烷体系的相图(图 8-52)来说明工业上的连续多级萃取过程。

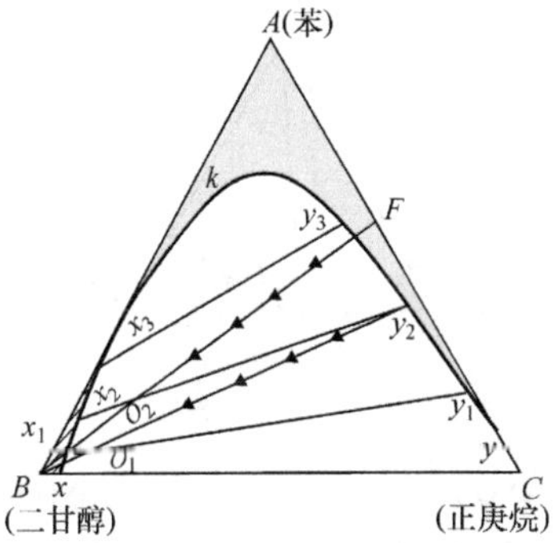

图 8-52 苯-二甘醇-正庚烷体系相图及萃取过程系统图

工业上的萃取过程在萃取塔中进行。如图 8-53 所示，芳烃与烷烃的混合物由塔靠下部引入，萃取剂二甘醇则从顶部附近送入，在下降时与上升的液相充分混合，芳烃就不断溶解在二甘醇中，由塔底作为萃取液排出。脱除了芳烃的烷烃则作为萃余液从塔顶溢出。这里进行的是一个连续过程，实际上是一个多级萃取。这个多级萃取过程可用图 8-52 表示。设有一个原始组成为 F 的料液，加入二甘醇后总组成点沿 FB 线移动，因为在这条线上苯与正庚烷的比例不变。若二甘醇的加入量越多，则总组成点越接近 B。当总组成为 O_2 点时，二甘醇与料液的数量比按杠杆规则为 $\frac{\overline{O_2F}}{\overline{O_2B}}$。这时体系分为两相，$x_2$ 与 y_2。y_2 中苯的含量比原料液 F 中为少。上升的 y_2 遇到由塔上部流下来的二甘醇时，其总组成沿 y_2B 线改变，设至 O_1 点。相遇的液体互相混合达到平衡后又分为新的两相：x_1 与 y_1。y_1 中苯的含量又减少了。y_1 继续上升，又遇到由塔上部流下来的二甘醇，反复多次，则萃余相(上升的正庚烷层)逐渐趋于 y，即变成基本不含苯的正庚烷层，因而实现分离。

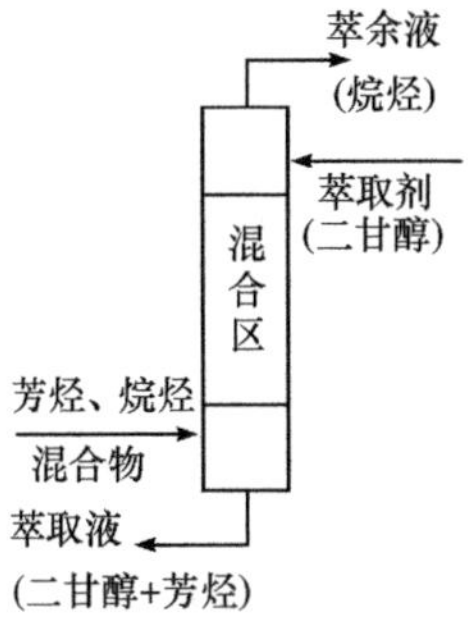

图 8-53 萃取塔中萃取过程示意图

知识点讲解视频

三组分固-液相图的应用
(朱志昂)

8.8.3 三组分固-液平衡体系

属于此类体系很多，现只讨论两个固体盐与水体系，且两种盐有一共同离子，如 NH_4Cl-NH_4NO_3-H_2O、KNO_3-$NaNO_3$-H_2O 等。

1. 两个固体与一个液体的简单水盐体系

固态是组分 A 和 B，液体(水)是组分 C，相图的形式如图 8-54 所示，图中 D 点表示体系中不存在 B 时，A 在 C 中的溶解度；F 点表示体系中不存在 A 时，B 在 C 中的溶解度。由于 B 的加入，A 在 C 中的溶解度沿 DE 曲线变化。同样，由于 A 的加入，B 在 C 中的溶解度沿 FE 曲线变化。E 点代表 A 和 B 在 C 中都饱和的溶液的组成。在 $CDEFC$ 区内为单相未饱和溶液。在 ADE 区内，如 M 点代表两相平衡共存，一相为纯固相 A，另一相为饱和溶液(对 A 饱和，对 B 不饱和)N。在 BFE 区内，如 O 点代表两相平衡共存，一相为纯固相 B，另一相为饱和溶液(对 B 饱和，对 A 不饱和)P。在三角形 ABE 内，如 Q 点代表三相平衡共存，纯固相 A，纯固相 B 和对 A 和 B 都饱和的溶液 E。这类相图对于结晶过程特别有用，可以求算用来分离 A 和 B 混合物所需溶剂 C 的量。

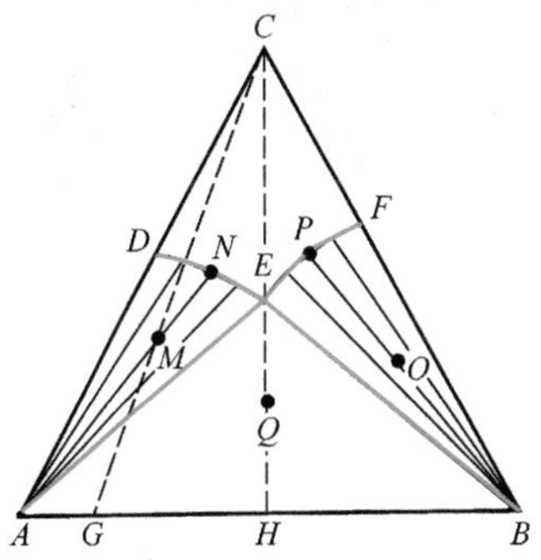

图 8-54 三组分体系(A 和 B 是固体，C 是液体)的相图

此外还可用此相图来讨论有关盐类的纯化问题。例如，若有固态 A 和 B 的混合物，组成为图 8-54 中的 G 点，欲使 A 分离出来，可加入水使物系点沿 GC 线移动，当物系点进 ADE 区后，固态 B 全部溶解，余下固态纯 A 与饱和溶液两相平衡共存。过滤即能分离出纯固态 A。根据杠杆规则，加水使物系点进 ADE 区域后，物系点越接近 AE 线，则所得到的纯固体 A 的量越多。若原始物系点在 CH 线以右，只能得到纯固态 B。同理，若物系点在 CH 线以左，只能得到纯固态 A。此时要想得到纯固态 B，必须在加水过程中使物系点位置移到 CH 线以右。要改变物系点的位置，除了稀释、蒸发之外，还可以加入一种盐或含盐的溶液，以改变物系点的位置。

除了上述的用稀释的方法，根据相图达到分离盐类的方法外，还可利用不同温度下的相图，逐步进行循环以达到分离的目的。现以 $NaNO_3$-KNO_3-H_2O 相图为例说明。图 8-55中的 $CMADBL$ 是 25℃时的相图，$CM''AD''BL''$ 是 100℃时相图。可分为两种情况来讨论：

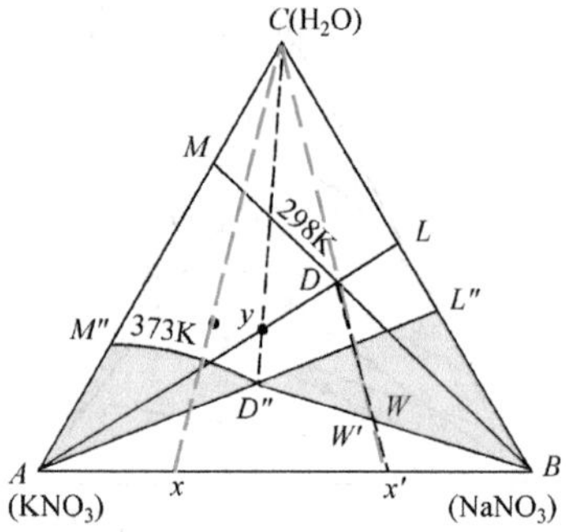

图 8-55 KNO_3-$NaNO_3$-H_2O 的相图

(1) 体系中含 KNO_3 较多的情况。设图 8-55 中 x 点的组成是 75%的 KNO_3 和 25%的 $NaNO_3$，在 25℃时加水使之溶解，物系点沿 xC 线向 C 点移动。加入足够量的水后，使物系点进入 $M''D''$线以上的 MDA 区。此时 $NaNO_3$ 全部溶解，剩余的固体是 KNO_3，但其中可能混有不溶性杂质(如泥沙等)。这时加热到 100℃，在该温度时，物系点位于液相区，在高温下滤去杂质。再把滤液冷却到 25℃，即有 KNO_3 的晶体析出。

(2) 体系中含 KNO_3 较少的情况。设图 8-55 中的 x'点的组成为 30%KNO_3 和 70%$NaNO_3$。加水不能使 KNO_3 晶体析出，但可以设法先去掉一些 $NaNO_3$，以获得含钾较丰富的溶液。其方法是，加水并升温至 100℃，使物系点恰进入该温度的 $NaNO_3$ 结晶区($L''D''B$ 区)，在图中用 W 点表示(实际上 W 点应稍高于$D''B$线)，此时 KNO_3 全部溶解，剩余的固体为 $NaNO_3$。在 100℃时滤去 $NaNO_3$，得到组分为 D''的溶液，其中含 KNO_3 较原来的多。但在冷却后，因 D''是 25℃的三相区，仍得不到纯 KNO_3，故需再加水使物系点进入 25℃的 KNO_3 结晶区，设为 y 点(实际上 y 点应稍高于 AD 线)，然后再冷却到 25℃就有 KNO_3 析出，所余母液的组成为 D。经上述两个步骤，初步分离了一部分 KNO_3 和 $NaNO_3$，剩下的母液可以再循环使用。用母液 D 来溶解原料(30%KNO_3 和 70%$NaNO_3$ 的混合物)使物系点移到 W'点，然后再加热到 100℃以除去固态 $NaNO_3$，此时溶液的浓度为 D''。以后的操作与上述相同。这就构成一个沿 $WD''YDW'D''$的循环，每循环一次就用掉一些原料，得到固体 KNO_3 和固体 $NaNO_3$ 以及浓度为 D 的母液。

在上述的循环操作中，实际上少量的其他可溶性杂质可能聚积在母液中，故循环到一定程度，必须对母液加以处理。

2. 有复盐形成的体系

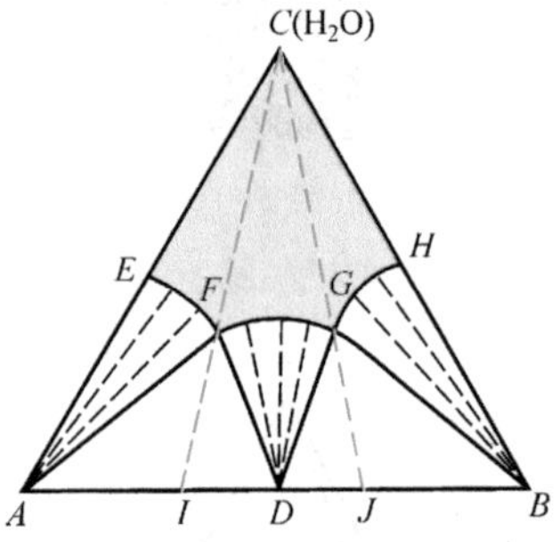

图 8-56 有复盐生成的体系

A、B 两种盐类能化合成复盐(A_mB_n)，在图 8-56 中用 D 来表示，FG 线为复盐在水溶液中的溶解度曲线，GH 线为 B 在水溶液中的溶解度曲线。F 和 G 点是三相点。F 点是固态 A、固态复盐 A_mB_n 和饱和水溶液三相平衡共存。G 点是纯固态 B、固态复盐 A_mB_n 和饱和水溶液。AFD 区和 BGD 区是三相平衡区。$CEFGH$ 是不饱和溶液的单相区。如连接 CD，把△ABC 分成两半，每一半都相当于一个简单的如图 8-54 所示的相图。

如果复盐的组成落在 IJ 之间，则当复盐加水后，物系点沿 DC 线上升，可得到稳定的复盐溶液。如果代表复盐组成的 D 点在 AI(或 JB)之间，则当复盐逐渐加水，在没有进入不饱和区以前，必将与 AF 线(或 GB)线相遇而发生分解。

相图属于这一类型的三组分体系有：NH_4NO_3-$AgNO_3$-H_2O 体系，所形成的复盐为($NH_4NO_3 \cdot AgNO_3$)；Na_2SO_4-K_2SO_4-H_2O 体系，所形成的复盐为$3K_2SO_4 \cdot Na_2SO_4$(又称硫酸钾石)等。

3. 有水合物生成的体系

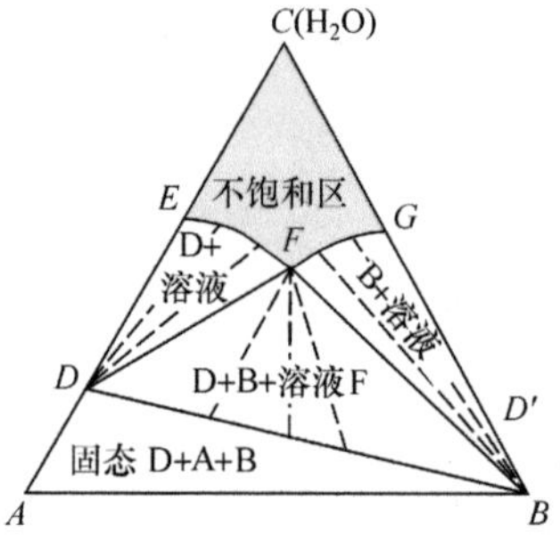

图 8-57 有水合物生成的体系

若组分 A 能形成水合物，其相图如图 8-57 所示，图中的 D 点表示水合物的组成，E 点是水合物在纯水中的溶解度，EF 线是水合物在含有 B 的溶液中的溶解度曲线，F 是三相点。此时，溶液同时被 D 和 B 所饱和。在 DB 线以上，其图形与图 8-54 相似。在 DB 线以下的 ADB 区域内，三个固态 D、B、A 同时共存。属于这一类的体系有 Na_2SO_4-$NaCl$-H_2O(水合物为 $Na_2SO_4 \cdot 10H_2O$)等。

如果组分 B 也形成水合物，则 FGB 区的连接线在 GB 之间的某一点相交，假设是 D'点，作 DD'线。在 DD'线以上的相图类似于图8-54。在 DD'线以下，则得到四边形 $DD'BA$，该四边形可以用对角线 AD'或 DB 分成两个三角形。究竟哪一条对角线是稳定的，只有通过实验来确定。属于这类的体系有 $MgCl_2$-$CaCl_2$-H_2O(0℃)，所形成的水合物为 $MgCl_2 \cdot 6H_2O$，$CaCl_2 \cdot 6H_2O$。

8.8.4 三组分固-固平衡体系

最后讨论与三液体体系相似的、在常温下三个组分均为固体的不互溶三固体体系(熔化液完全互溶)。图 8-58表示 Bi-Sn-Pb 体系的相图。图 8-58(a)表示在 101 325Pa 下不同温度的等边三角形相图,(b)表示在 101 325Pa 下,以温度为纵坐标的三角棱柱体相图,这个棱柱体的三个垂直表面各代表一个二组分简单低共熔体系的相图。三组分低共熔点是四相平衡共存状态,三个纯固相(Bi、Sn、Pb)和熔化液,其条件自由度为零。三组分低共熔点可以看作等边三角形相图中间的三角形单相熔液区随着温度的降低,到达低共熔温度时缩成一点。Bi-Sn-Pb 体系的低共熔点的温度为 96℃,低于这三种纯金属的各自熔点,在沸水中就能熔化,其低共熔混合物的组成为 53%Bi、15%Sn、32%Pb。冷却低共熔混合物的熔化液时,温度降至低共熔点(96℃),这三种金属以纯固态同时析出,温度维持不变,直至所有熔化液都凝固成三种纯金属的固态混合物后,温度才能下降。

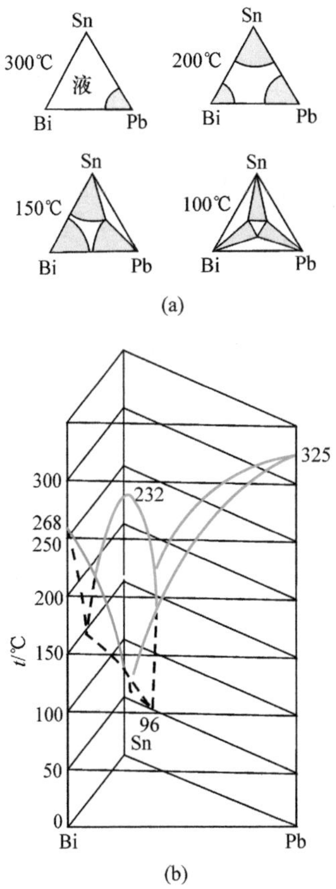

图 8-58 Bi-Sn-Pb 体系的相图

习 题

8-1 下列平衡体系的自由度为多少?

(1) 25℃,101 325Pa 下,NaCl(s)与其水溶液平衡共存;

(2) I_2(s)与 I_2(g)成平衡;

(3) 开始时用任意量的 HCl(g)和 NH_3(g)组成的体系中,反应 HCl(g)+NH_3(g)══NH_4Cl(s)达到平衡。

〔答案:(1) 0; (2) 1; (3) 2〕

8-2 在水-苯-苯甲酸体系中,若任意指定下列事项,体系中最多可有几相? (1) 定温;(2) 定温、定水中苯甲酸浓度;(3) 定温、定压、定苯中苯甲酸浓度。

〔答案:(1) 4;(2) 3;(3) 2〕

8-3 试求下述体系的自由度,如 $f\neq 0$,则指出变量是什么。

(1) 101 325Pa 下水与水蒸气成平衡;

(2) 水与水蒸气成平衡;

(3) 101 325Pa 下,I_2 在水中和在 CCl_4 中分配已达平衡,无 I_2(s)存在;

(4) NH_3(g)、H_2(g)、N_2(g)已达平衡;

(5) 101 325Pa 下,NaOH 水溶液与 H_3PO_4 水溶液混合后;

(6) 101 325Pa 下,H_2SO_4 水溶液与 $H_2SO_4\cdot 2H_2O$(s)已达平衡。

〔答案:(1) 0;(2) 1;(3) 2;(4) 3;(5) 3;(6) 1〕

8-4 液态砷的饱和蒸气压与温度的关系为

$$\lg\frac{p}{133.322\text{Pa}}=-\frac{2460\text{K}}{T}+6.69$$

固态砷的饱和蒸气压与温度的关系为

$$\lg\frac{p}{133.322\text{Pa}}=-\frac{6947\text{K}}{T}+10.8$$

试求砷的三相点的温度和压力。

〔答案:819℃,3.64×10^6Pa〕

8-5 2,2-二甲基丁醇的饱和蒸气压与温度的关系式为

$$\lg\frac{p}{133.32\text{Pa}}=-\frac{4849.3\text{K}}{T}-14.701\lg(T/\text{K})+53.1187$$

(1) 求摩尔气化热 $\Delta_{vap}H_m$ 与温度 T 的关系式;

(2) 计算 25℃时的摩尔气化热。

〔答案:(1) $\Delta_{vap}H_m/(\text{J}\cdot\text{mol}^{-1})=92\ 850.24-122.22T/\text{K}$;(2) 56 409.15$\text{J}\cdot\text{mol}^{-1}$〕

8-6 固态苯的饱和蒸气压与温度的关系为

$$\lg(p/\mathrm{Pa})=11.971-\frac{2310\mathrm{K}}{T}$$

液态苯的饱和蒸气压与温度的关系为

$$\lg(p/\mathrm{Pa})=10.087-\frac{1784\mathrm{K}}{T}$$

试计算苯的三相点的温度和压力、三相点的熔化热和熵。

〔答案:279.2K,4978Pa,10.07kJ·mol^{-1},36.07J·mol^{-1}·K^{-1}〕

8-7 25℃时水的饱和蒸气压为3167.7Pa。将0.36g水置于25℃的抽空容器中,若容器的体积为:(1) 10dm^3;(2) 20dm^3,则平衡时容器中存在哪些相? 每相中水的质量为多少?

〔答案:(1) 液相0.13g,气相0.23g;(2) 气相0.36g〕

8-8 25℃时水的饱和蒸气压为3167.7Pa。计算25~100℃水的平均摩尔气化热。

〔答案:42.74kJ·mol^{-1}〕

8-9 Hg在其正常熔点−38.9℃时的熔化热为11.8J·g^{-1}。Hg(s)和Hg(l)在−38.9℃、101 325Pa下的密度分别为14.93g·cm^{-3}和13.69g·cm^{-3}。求Hg在101.325×10^{5}Pa及810.6×10^{5}Pa下的熔点。

〔答案:235.47K,244.21K〕

8-10 在单组分两相平衡的p-T曲线上,摩尔相变热λ(潜热)与温度的关系为

$$\frac{\mathrm{d}\lambda}{\mathrm{d}T}=\Delta C_{p,\mathrm{m}}+\frac{\lambda}{T}-\lambda\left(\frac{\partial\ln\Delta V_\mathrm{m}}{\partial T}\right)_p$$

上式称为普朗克方程,式中$\lambda=\Delta H_\mathrm{m}$,试从

$$\mathrm{d}\lambda=\left(\frac{\partial\lambda}{\partial T}\right)_p\mathrm{d}T+\left(\frac{\partial\lambda}{\partial p}\right)_T\mathrm{d}p$$

导出普朗克方程。

〔答案:略〕

8-11 正交硫转变为单斜硫的$\Delta H_\mathrm{m}=292.88$J·mol^{-1}。在101 325Pa、115℃及10 132 500Pa、120℃下,正交硫与单斜硫平衡共存。这两种硫哪种的密度较大?

〔答案:正交硫〕

8-12 液体A和液体B形成理想溶液。含A 40%(摩尔分数)的混合蒸气被密封在带活塞的圆筒内。在恒定温度T下慢慢压缩上述混合蒸气。已知温度T时两液体的饱和蒸气压p_A^*和p_B^*分别为0.4×101 325Pa和1.2×101 325Pa。计算:(1) 刚出现液体凝结时的总压p和此液体的组成x_A^l;(2) 正常沸点为T的溶液的组成x_A。

〔答案:(1) 67 550Pa,0.67;(2) 0.25〕

8-13 在60℃时液体A和液体B的饱和蒸气压分别为4.0×10^{4}Pa和8.0×10^{4}Pa。两者能形成稳定的化合物AB,其60℃时的饱和蒸气压为101.3×10^{5}Pa。计算在60℃时含1mol A和4mol B的液体体系的蒸气压和蒸气组成。

〔答案:2.59×10^{6}Pa,$x_\mathrm{B}^\mathrm{g}=0.022$,$x_\mathrm{AB}^\mathrm{g}=0.978$〕

8-14 由A和B组成的某一非理想混合物的正常沸点为60℃。此混合物中的A和B的活度系数γ(以纯液体为标准态)分别为1.3和1.6。A的活度为0.60,60℃时的饱和蒸气压p_A^*为5.33×10^{4}Pa。试计算:(1) 与此混合物在60℃时成平衡的蒸气中A的摩尔分数;(2) 60℃时,纯液体B的饱和蒸气压p_B^*。

〔答案:(1) 0.316;(2) 8.05×10^{4}Pa〕

8-15 在20℃及101 325Pa下有空气自一种油中通过,已知油的相对分子质量约为120,其沸点为200℃。1m^{3}的空气最多能带出多少油?

〔答案:7.507g〕

8-16 试用杜安-马居尔方程证明:

(1) 在 p-x-y 图中，极大点处有 $x_B=y_B$；

(2) 若 B 为易挥发组分，则 $y_B>x_B$。

〔答案：略〕

8-17 在 101 325Pa 下蒸馏时，乙醇-乙酸乙酯体系有下列数据：

$x_{C_2H_5OH}$	$y_{C_2H_5OH}$	t/℃	$x_{C_2H_5OH}$	$y_{C_2H_5OH}$	t/℃
0	0	77.15	0.563	0.507	72.0
0.025	0.070	76.7	0.710	0.600	72.8
0.100	0.164	75.0	0.833	0.735	74.2
0.240	0.295	72.6	0.942	0.880	76.4
0.360	0.398	71.8	0.982	0.965	77.7
0.462	0.462	71.6	1.00	1.00	78.3

注：x 为液相组成，y 为气相组成。

(1) 根据下列数据画出此体系的沸点-组成图；(2) 将 $x_{C_2H_5OH}=0.80$ 的液态混合物蒸馏时，求最初馏出物的组成；(3) 蒸馏到液态混合物沸点为 75.1℃时，求整个馏出物的组成；(4) 蒸馏到最后一滴时，求液态混合物的组成；(5) 如果此液态混合物是在一带有活塞的密闭容器中平衡蒸发到最后一滴，求液态混合物的组成；(6) 将 $x_{C_2H_5OH}=0.80$ 的液态混合物完全分馏，能得到什么产物？

〔答案：(1) 略；(2) $y_{C_2H_5OH}=0.69$；(3) $x_{C_2H_5OH}\approx0.75$；(4) 纯 C_2H_5OH；(5) $x_{C_2H_5OH}=0.89$；(6) 最低恒沸混合物和纯 C_2H_5OH〕

8-18 由 A、B 组成的液态混合物，已知 $p_A^*>p_B^*$，p_A 对拉乌尔定律有很大负偏差，在 100℃、$0.5\times101\ 325$Pa、$x_B=0.6$ 时，物系点与相点重合，请画出 p-x 图及 T-x 图，并回答下列问题：(1) 恒沸物的组成；(2) 外压为 $0.5\times101\ 325$Pa时精馏，在塔顶可得到什么产物？当 $x_B=0.4$ 的液态混合物在某温度下气-液两相平衡时，试比较 x_B，x_B^g 和 x_B^l 的大小，并说明所得大小关系对 $0<x_B<1$ 是否成立，为什么？(3) 将 0.5mol $x_B=0.8$ 的液态混合物放入 $10dm^3$ 抽空的容器中，加热至 80℃时气-液平衡，气体的压力为 $0.5\times101\ 325$Pa，经分析测得 $x_A^l=0.25$，求气相的 n^g 及 x_B^g(溶液的体积可忽略不计)。

〔答案：(1) $x_A=0.4$，$x_B=0.6$；(2) $x_B^l>x_B>x_B^g(0<x_B<0.6)$，$x_B^g>x_B>x_B^l(0.6<x_B<1)$；(3) 0.173mol，0.895〕

8-19 在 101 325Pa 下，HNO_3-H_2O 体系的组成(摩尔分数)如下：

t/℃	$x^l_{HNO_3}$	$y^g_{HNO_3}$	t/℃	$x^l_{HNO_3}$	$y^g_{HNO_3}$
100	0.00	0.00	115	0.52	0.90
110	0.11	0.01	110	0.60	0.96
120	0.27	0.17	100	0.75	0.98
122	0.38	0.38	85.5	1.00	1.00
120	0.45	0.70			

(1) 画出此体系的沸点-组成图；(2) 将 3mol HNO_3 和 2mol H_2O 的混合气体冷却到 114℃，求互相平衡的两相组成和互比量；(3) 将 3mol HNO_3 和 2mol H_2O 的混合物蒸馏，待液态混合物沸点升高 4℃时，求整个馏出物的组成；(4) 将(3)中所给混合物进行完全蒸馏，能得到什么产物？

〔答案：(1) 略；(2) $n^g/n^l=0.20$；(3) 0.94；(4) 略〕

8-20 在 60℃时，部分互溶的苯酚-水双液系的水相含 16.8%(质量分数)苯酚，苯酚相含水 44.9%，如果此双液系含 90g 水和 60g 苯酚：(1) 试求各相的质量；(2) 在 60℃，在

100g 含 80%苯酚的双液系中需要加入多少克水，才能使溶液变浑浊？

〔答案：(1) $m_{水相}=59.14g$，$m_{酚相}=90.86g$；(2) 45.19g〕

8-21 为了从含非挥发性杂质的体系中提纯甲苯($C_6H_5CH_3$)，在 0.849×101 325Pa 下，用水蒸气蒸馏。已知在此压力下水-甲苯体系的共沸点为 80℃，80℃时水的饱和蒸气压为0.467×101 325Pa。试求：(1) 蒸气中甲苯的含量(摩尔分数)；(2) 蒸出 100kg 甲苯需消耗的水蒸气。

〔答案：(1) 0.450；(2) 23.9kg〕

8-22 水和一有机液体形成完全不互溶体系。此体系在 0.966×101 325Pa 下于 90℃沸腾，蒸馏液中含该有机化合物 70%(质量分数)。已知在 90℃时水的饱和蒸气压为 0.692×101 325Pa，试求：(1) 90℃时该有机液体的蒸气压；(2) 该有机化合物的相对分子质量。

〔答案：(1) 0.274×101 325Pa；(2) 106〕

8-23 苯(A)和二苯基甲醇(B)的正常熔点分别为 6℃和 65℃。两种纯固态物质不互溶，低共熔点为 1℃，低共熔液中含 20%(摩尔分数)的 B，能形成不稳定的固态化合物 AB_2，在 30℃下分解。根据上述数据，画出苯-二苯基甲醇的熔点-组成图，并指出图中各部分存在的平衡相。画出含 10%B 和 67%B 的溶液的步冷曲线。

〔答案：略〕

8-24 Na 和 K 的正常熔点分别为 98℃和 65℃，两者能形成不稳定的固态化合物 NaK，在 10℃下分解成纯固态 Na 和含 60%(摩尔分数)K 的熔化液。低共熔点为－5℃，低共熔液中含 75% K。根据上述数据，画出 Na-K 体系的熔点-组成图，并指出图中各部分存在的平衡相。画出含 40% K 和 55% K 熔化液的步冷曲线。

〔答案：略〕

8-25 金属 A 和 B 形成化合物 AB_3 和 A_2B_3。固态 A、B、AB_3 和 A_2B_3 彼此不互溶，但在液态下能完全互溶。A 和 B 的正常熔点分别为 600℃和 1100℃。化合物 A_2B_3 的同成分熔点为 900℃，与 A 形成的低共熔点为 450℃($x_B=0.2$)。化合物 AB_3 在 800℃下分解成化合物 A_2B_3 和熔化液($x_B=0.9$)，与 B 形成的低共熔点为 650℃($x_B=0.95$)。根据上述数据，画出 A-B 体系的熔点-组成图，并指出图中各部分存在的平衡相。画出含 B 的摩尔分数分别为 0.9 和 0.3 的熔化液的步冷曲线。

〔答案：略〕

8-26 指出下列二组分凝聚体系相图中各部分的相态及自由度数，并在图 1(c)上画出从 a、b 点冷却的步冷曲线。

〔答案：略〕

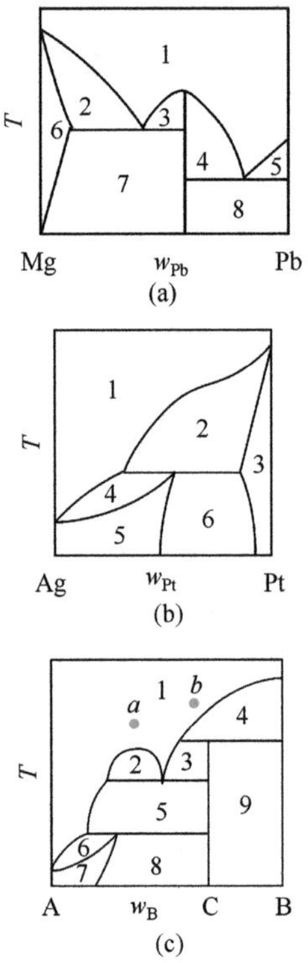

图 1 Mg-Pb(a)、Ag-Pt(b)和 A-B 二组分体系(c)相图

8-27 在 25℃时，H_2S 在 H_2O 和 C_6H_6 之间的分配系数 $K_c=[H_2S]_{H_2O}/[H_2S]_{C_6H_6}=0.167$。试计算在 25℃时，从 $1dm^3$ $0.1mol\cdot dm^{-3}$ H_2S 水溶液中用 C_6H_6 一次萃取出 90% H_2S 的最小体积。若分三次每次用等体积 C_6H_6 萃取出 90% H_2S，总共需用多少体积的苯？

〔答案：$1.503dm^3$，$0.579dm^3$〕

8-28 $HgCl_2$ 在 H_2O 与 C_6H_6 之间的分配系数 $K_c=12$，若分两次，每次用 $200cm^3$ 的 H_2O，则从 $600cm^3$ 苯中含 0.2g $HgCl_2$ 的苯溶液中，最多能萃取出多少克 $HgCl_2$？

〔答案：0.192g〕

8-29 某高原地区大气压只有 61.33kPa，如将下列四种物质在该地区加热，哪种物质将直接升华？

物质		汞	苯	氯苯	氩
三相点	T/K	234.28	278.62	550.2	93.0
	p/Pa	1.69×10^{-4}	4 813	5.73×10^{4}	6.87×10^{4}

〔答案：氩〕

8-30　图 2 为 Mg(A)-Pb(B)，图 3 为 Al(A)-Zn(B)体系的相图：(1) 标示图中各相态；(2) 指出相图中各水平线上的物系点是几相平衡，哪几个相；(3) 描绘物系点 a、b、c、d 的步冷曲线，指出步冷曲线上转折点处的相态变化(t_A^*、t_B^* 为相应物质的熔点)。

〔答案：略〕

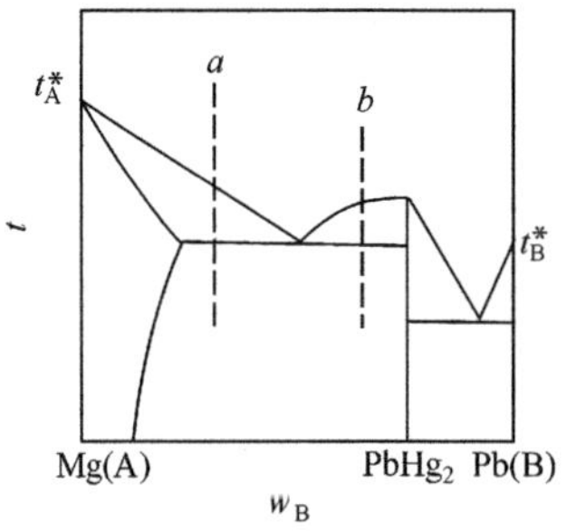

图 2

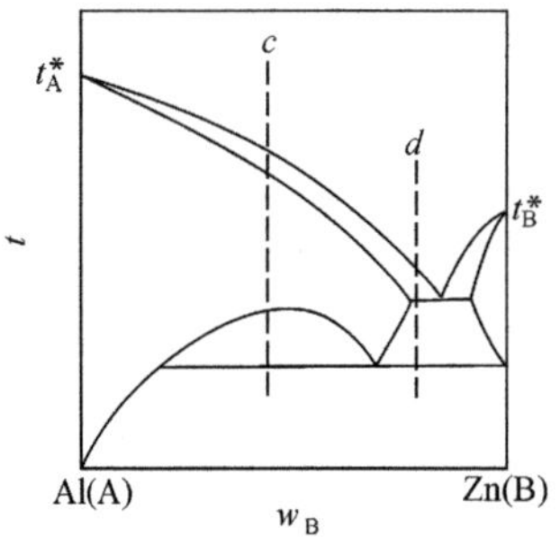

图 3

8-31　H_2O(A)-$NaNO_3$(B)-KNO_3(C)物系的溶解度如图 4 所示。(1) 指出图中各区域的相态，指出物系点 E 是几相平衡，哪几个相；(2) 今有一混合盐，其组成如 F 点所示，用加水溶解的方法能得到哪种纯净的固态盐？若物系点原在 F'，蒸发后能得到哪种固体盐？(提示：按相似三角形定理，在 AF 线上每一点 C 与 B 的比量相同)

〔答案：略〕

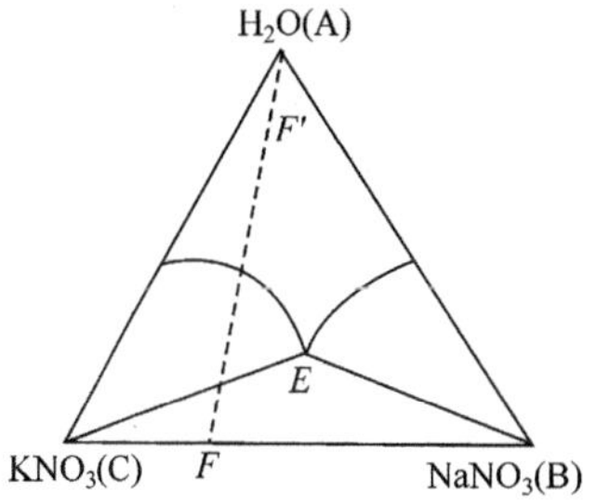

图 4

8-32　Au-Pt 及 Al-Zn 体系的温度-组成如图 5 所示。图 5(a)A 点所对应的温度是 Au 的熔点；图 5(b)B 点所对应的温度是 Al 的熔点。试指出两个相图中各区域的相态及自由度数。

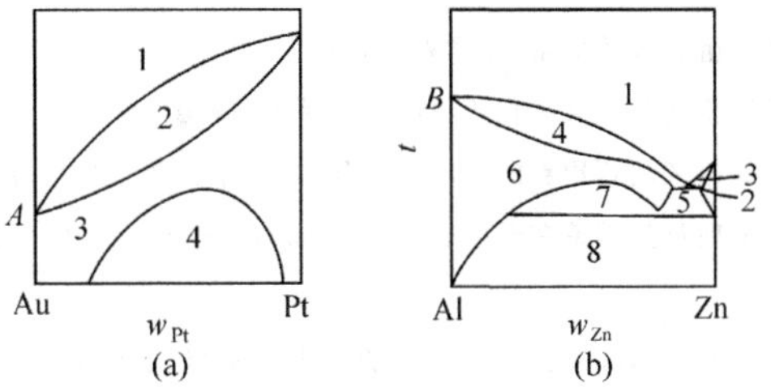

图 5

〔答案：略〕

8-33　图 6 是 298K 时，$(NH_4)_2SO_4$-Li_2SO_4-H_2O 三组分体系的相图。指出各区域的相态。若将组成相当于 x、y、z 点所代表的体系在 298K 时分别恒温蒸发，则最先析出何种晶体？

〔答案：略〕

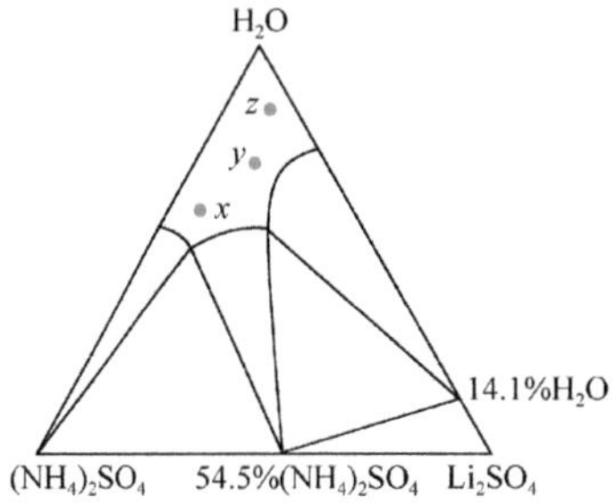

图 6

课外参考读物

蔡文娟. 1993. 丰富并深化相平衡图的热力学内涵. 大学化学，8(3)：15

褚德莹. 1981. 水的三相点与国际实用温标 IPTS-68. 化学通报，11：700

崔志娸，李竞庆. 1988. 杜亥姆定理及其应用——确定平衡物系的独立变量数. 化学通报，5：44

傅鹰. 1963. 化学热力学导论. 北京：科学出版社

傅玉普. 1985. 物化教学中一个值得商榷的问题. 教材通讯，6：21

高正虹，崔志娸. 2001. 用相律指导分析固体物质分解反应的同时平衡. 大学化学，16(2)：50

高执棣. 1991. 渗透平衡的三种效应及渗透压概念. 大学化学，6(4)：17

高执棣. 1991. 相变及化学反应体系的热容. 物理化学教学文集(二). 北京：高等教育出版社

高自立，孙思修，沈静兰. 1991. 溶剂萃取化学. 北京：科学出版社

巩育军，薛元英. 1996. 相平衡体系的通用关系式及其应用. 大学化学，11(6)：54

侯建武，徐洁. 1985. 从条件自由度数求算多相平衡体系的(最大)相数. 教材通讯，4：22

胡红旗，陈鸣才，黄玉惠，等. 1997. 超临界 CO_2 流体的性质及其在高分子科学中的应用. 化学通报，12：20

黄成新. 1987. 冷热的尺子. 北京：中国计量出版社

邝生鲁，蒋子铎，贡长生. 1985. 低温固液相变贮能. 化学通报，6：35

李文超，周国治. 1991. 利用二元相图计算物质的熔化潜热. 物理化学教学文集(二). 北京：高等教育出版社

廖兴树. 1986. 谈谈相律中的组分数. 化学通报，10：47

刘国杰,黑恩成,史济斌.2015.物理化学——理解·释疑·思考.北京:科学出版社
刘叔仪.1981.热力学 n 维相平衡图的分割原理(镶加原理).科学探索,1:1
刘艳,刘大壮,曾涛.1997.超临界化学反应的研究进展.化学通报,6:1
刘振海.1981.关于热分析术语及其科学定义.化学通报,4:43
潘锟.1987.关于相律中 R' 含义的意见.教材通讯,2:44
王文亮.1981.物理化学教育中的两个具体问题.化学教育(增刊),60
吴奇.2019.热力学简明教程.北京:高等教育出版社
伍法岳.1981.相变与临界现象(1)——临界现象引论.物理学进展,1:100
熊亚.1987.对"物化教学中一个值得商榷的问题"一文的补充.教材通讯,1:35
徐光宪.1995.稀土(上).北京:冶金工业出版社
叶于浦,顾菡珍,郑朝贵,等.1997.无机物相平衡(无机化学丛书第十四卷).北京:科学出版社
殷福珊.1988.反应体系中独立变量问题.化学通报,8:46
印永嘉,袁云龙.1989.关于相律中自由度的概念.大学化学,1:39
余世鑫.1988.是三相平衡线还是三相结线.大学化学,2:52
张云龙.1987.相图的计算方法与展望.化学通报,11:42
赵慕愚.1981.相律中独立组元数的确定.化学教育,5:1
赵慕愚.1981.相图中紧邻相区及其共同相边界的对应关系.硅酸盐学报,1:31
赵慕愚.1981.相图中紧邻相区及其边界的对应关系Ⅱ.高等学校化学学报,2:201
赵慕愚.1982.对应关系定理及其推论在温度、压强、组成均可独立变化的多元相图中的应用.中国科学(B辑),6:540
赵慕愚.1986.相图中有关紧邻相区及其边界关系的若干基本概念.物理化学教学文集.北京:高等教育出版社
赵慕愚.1988.相律的应用及其进展.长春:吉林科学技术出版社
赵慕愚.1991.恒压相图中有关紧邻相区及其边界关系理论的若干应用.物理化学教学文集(二).北京:高等教育出版社
赵慕愚,康鸿业,徐宝琨,等.1987.恒压相图中对应关系定理的应用.化学通报,4:1
赵慕愚,宋利珠.2004.相图的边界理论及其应用——相区及其边界构成相图的规律.北京:科学出版社
赵慕愚,肖良质.1984.相图中的对应关系定理及其与相律的关系.化学通报,10:16
赵善成.1986.相律中有关独立组分的若干问题.物理化学教学文集.北京:高等教育出版社
周公度.2002.谈谈水的结构化学.大学化学,17(1):54
周其凤,王新久.1988.液晶高分子.北京:科学出版社
朱吉庆.1990.热力学过剩函数与相图计算.大学化学,5(3):39
朱自强.1980.混合热和气液平衡数据间的相互推算.浙江大学学报,4:11
庄育智.1984.相图的研究动向与展望.自然杂志,8:574
Alper J S. 1999. The Gibbs phase rule revisited:"Enterrelationships between components and phases". J Chem Educ, 76:1567
Phelps C L, Smart N G, Wai C M. 1996. Parst, present and possible future applications of supercritical fluid extraction technology. J Chem Educ, 73(12):1163
Socrest D. 1996. Osmotic pressure and the effect of gravity on solution. J Chem Educ, 73:998
Zhao M, Wang Z, Xiao L. 1992. Determination the number of independent components by Binkly's method. J Chem Educ, 69:539

第9章 化学动力学

本章重点、难点

(1) 化学动力学的基本定理。

(2) 化学反应中各组元的消耗(或生成)速率、反应的反应速率的表示方法及速率方程、动力学方程、基元反应、总包反应(复合反应)、反应级数、反应分子数、反应机理、速率常数、活化能和指前因子等基本概念。

(3) 一级、二级、零级、n级等简单级数反应的特征。

(4) 根据实验测得的浓度随时间变化数据,采用积分法、半衰期法、微分法和孤立法等确定反应级数,建立速率方程。应用动力学方程求速率常数、反应转化率以及达到一定转化率所需要的时间。

(5) 温度对反应速率的影响;阿伦尼乌斯公式中各项的物理意义;从实验数据求E_a、A、k等物理量。运用阿伦尼乌斯公式从某一温度下的速率常数求算另一温度下的速率常数。

(6) 三种典型的复合反应,即对峙反应、平行反应和连续反应的动力学特点。

(7) 复合反应的两种近似处理方法:稳定态近似法和平衡态近似法。熟练运用这些方法从复合反应机理推导速率方程。

(8) 直链反应的基本特征;应用稳定态近似法导出其反应速率方程。

(9) 根据实验速率方程推测可能的反应机理。

本章实际应用

(1) 化学动力学将时间作为变量之一,主要考察化学反应随时间的变化过程和其中的规律。化学动力学的任务之一是研究各种因素,如浓度、温度、催化剂、溶剂以及光、电、磁、超声波等外场对反应速率的影响,从而为我们提供选择反应的条件,使化学反应按我们希望的速率进行。

(2) 化学动力学的另一个基本任务是揭示化学反应的机理(或称为历程),找出决定反应速率的所在,使主反应按照我们需要的方向进行,并使副反应以最小速率进行,从而在生产上达到多、快、好、省的目的。

(3) 实验室和工业生产中,化学反应一般都是在反应器中进行的,反应速率直接决定了特定尺寸的反应器在一定时间内所能达到的产率或产量。

(4) 生物体系的反应是在器官乃至细胞中进行,它们也可看作反应器。反应速率影响营养物质的转化、吸收以及生物体的生长和代谢。对于大地和地壳,反应在更大规模的空间进行,反应速率关系着臭氧层破坏、酸雨产生、废物降解、矿物形成等生态环境和资源的重大问题。化学动力学研究对于上述广泛领域有着重要意义。

9.1 引　　言

知识点讲解视频

动力学研究对象的三个层次

(朱志昂)

9.1.1 研究的对象

化学热力学是从相对静止的观点研究处于热力学平衡态的体系，解决化学反应的方向、限度及能量转换问题。它只能回答化学反应的可能性问题，而不能回答在给定条件下需要多长时间才可获得预期的产量，即不能回答化学反应现实性问题。化学动力学是从运动的绝对性研究化学反应的速率及机理的一门学科。它研究的对象可分为总包反应、基元反应和基元化学物理反应(又称态-态反应)三个层次。例如，溴化氢气体的合成，其总包反应(overall reaction)的化学计量方程为

$$H_2+Br_2 \longrightarrow 2HBr \tag{9-1}$$

这不意味着一个氢分子与一个溴分子直接反应生成两个溴化氢分子。事实上，它是由以下几个步骤所组成：

$$\left.\begin{aligned}&(1)\ Br_2+M \longrightarrow 2Br+M\\&(2)\ Br+H_2 \longrightarrow HBr+H\\&(3)\ H+Br_2 \longrightarrow HBr+Br\\&(4)\ H+HBr \longrightarrow H_2+Br\\&(5)\ Br+Br+M \longrightarrow Br_2+M\end{aligned}\right\} \tag{9-2}$$

式中，M是指反应器壁或其他第三体分子，它是惰性物质，只能起传递能量作用。这每一步骤的反应称为基元反应(elementary reaction)。在基元反应中，大量的反应物粒子在碰撞中一步直接转化为产物而不再经过任何中间步骤。基元反应可简称为一步反应。

参加基元反应的大量反应物(或产物)同种粒子其宏观性质完全相同，但每个粒子微观性质彼此不同，各处于不同的量子状态。分别处于某量子状态i，j的反应物分子反应为分别处于某量子状态k，l的生成物分子，这一反应过程称为基元化学物理反应(elementary chemi-physical reaction)，又称为态-态反应(state-state reaction)。例如，在上述基元反应(2)中，态-态反应是微观概念，而总包反应、基元反应是宏观概念。

$$Br(i)+H_2(j) \longrightarrow HBr(k)+H(l)$$

总包反应包含若干个基元反应，任一基元反应都是大量的态-态反应对所有可及的量子状态的统计平均。研究总包反应和基元反应的规律性属于宏观反应动力学的范畴。研究态-态反应则属于微观反应动力学(又称为分子反应动态学)的范畴。只含一种基元反应的总包反应称为简单反应(simple reaction)。总包反应包含两个或两个以上的基元反应时，以前称为复杂反应(complex reaction)，IUPAC推荐使用复合反应(composite reaction)这一术语。

9.1.2 化学动力学的任务和目的

化学动力学的基本任务之一是研究各种因素，如浓度、温度、催化剂、溶剂以及光、电、超声波等外场对反应速率的影响，从而为我们提供选择反应的条件，使化学反应按我们希望的速率进行。化学动力学的另一基本任务是揭示

化学反应的机理(或称为历程),找出决定反应速率的关键所在,使主反应按照我们所需要的方向进行,并使副反应以最小的速率进行,在生产上达到多快好省的目的。化学动力学的第三个基本任务是建立基元反应的速率理论,并研究物质的结构和反应能力之间的关系,以期预测各种反应的速率。近 20 年来由于实验技术和理论的发展,人们已经能够做到从分子能级的水平上来探索基元反应的规律。

9.1.3 化学动力学的发展史

如果以质量作用定律的建立作为化学反应动力学成为一门独立学科的开始,那么这门学科只有 110 年的历史。与化学热力学相比,它是一门比较年轻的学科,但它已成为内容广泛又有众多分支的十分活跃的学科。它的发展大致可分为三个阶段:

(1) 19 世纪后半叶到 20 世纪初的宏观动力学阶段。在这一阶段,研究的对象是总包反应,主要成就是质量作用定律和阿伦尼乌斯公式的建立。

(2) 20 世纪初至 60 年代的基元反应动力学阶段。在这一阶段,研究对象是基元反应,主要成就是发现了链反应和建立了反应速率理论(碰撞理论和过渡状态理论)。1956 年,英国人欣谢尔伍德(Hinshelwood)及苏联人谢苗诺夫(Semenov)因对化学反应机理和链式反应的研究的成就而获诺贝尔化学奖。德国人艾根(Eigen)、英国人诺里什(Norrish)和波特(Porter)三位教授因用弛豫法、闪光光解法研究快速化学反应的杰出贡献而获 1967 年诺贝尔化学奖。

(3) 20 世纪 60 年代以后的微观反应动力学阶段。研究对象是基元化学物理反应,其主要成就是分子束和激光技术的应用,从而开创了分子反应动力学这一新的分支学科。1986 年,美籍华人李远哲、美国人赫施巴克(Herschbach)、加拿大人波拉尼(Polanyi)因发展了交叉分子束技术、红外线发光法,对微观反应动力学研究作出的贡献而获诺贝尔化学奖。美国人泽韦尔(Zewail)因飞秒激光技术研究超快化学反应过程和过渡态的成就而获 1999 年诺贝尔化学奖。2001 年,美国人诺尔斯(Knowles)、日本人野依良治、美国人沙普利斯(Sharpless)因在不对称催化合成方面的杰出贡献而共享诺贝尔化学奖。

近百年来化学动力学已经取得惊人的发展,但是对动力学现象作出定量的解释还不十分令人满意,从原子、分子水平了解物质反应能力的研究工作还很不深入,分子反应动力学的研究,无论是从实验方面还是理论方面也仅仅是开始。因此,化学动力学正处于日新月异、迅速发展的阶段。

9.2 基本概念和基本定理

9.2.1 反应速率

1. 化学反应计量学

对于已知计量学的化学反应,一般在动力学中可以写成

$$-\nu_A A-\nu_B B-\cdots=\cdots+\nu_Y Y+\nu_Z Z \tag{9-3}$$

即以拉丁字母表上的前面字母代表反应物，后面字母代表产物。式中，ν 是化学计量系数，是一没有单位的纯数，对于反应物其值为负，对于产物其值为正。为了简单，式(9-3)有时也可以用一般通用式

$$0 = \sum_{B} \nu_B B \tag{9-4}$$

来表示。

在计量方程式中，一般使用不同的符号将反应物和产物关联起来。如果只是简单地涉及方程式的配平(balancing)问题，则使用等号。例如

$$H_2 + Br_2 = 2HBr \tag{9-5}$$

如果要强调反应是在平衡态(equilibrium state)，则使用两个半箭头。例如

$$H_2 + Br_2 \rightleftharpoons 2HBr \tag{9-6}$$

要是想指明反应发生在某个单方向，则使用单个全箭头。例如

$$H_2 + Br_2 \longrightarrow 2HBr \tag{9-7}$$

$$H_2 + Br_2 \longleftarrow 2HBr \tag{9-8}$$

如果在化学动力学中，对正方向上和逆方向上的反应均感兴趣，则使用两个全箭头。例如

$$H_2 + Br_2 \longleftrightarrow 2HBr \tag{9-9}$$

如果我们认为反应是基元反应，则使用单个全箭头。例如

$$H + Br_2 \longrightarrow HBr + Br \tag{9-10}$$

2. 消耗速率和生成速率

对于某种指定的反应物(reactant)来说，消耗速率(rate of consumption)或消失速率(rate of disappearance)r_r 定义为

$$r_r = -\frac{1}{V}\frac{dn_r}{dt} \tag{9-11}$$

式中，t 代表时间；V 代表体积；n_r 代表某反应物的物质的量。

对于某种指定的产物(product)来说，生成速率 r_p 定义为

$$r_p = \frac{1}{V}\frac{dn_p}{dt} \tag{9-12}$$

式中，n_p 代表某产物的物质的量。

如果在整个反应过程中体积保持不变，则 dn/V 可以用 dc 来代替，这里 c 为各种化学物质的物质的量浓度。对于反应式(9-3)来说，在定容下有

$$r_A = -\frac{1}{V}\frac{dn_A}{dt} = -\frac{dc_A}{dt} = -\frac{d[A]}{dt} \tag{9-13}$$

$$r_Z = \frac{1}{V}\frac{dn_Z}{dt} = \frac{dc_Z}{dt} = \frac{d[Z]}{dt} \tag{9-14}$$

式(9-13)和式(9-14)表示的速率不一定是相同的，且不应该称为反应速率。

知识点讲解视频

反应速率和动力学研究方法

(朱志昂)

3. 反应速率

对于反应式(9-4)，反应进度的定义是

$$d\xi = \nu_B^{-1} dn_B$$

则反应速率(rate of reaction)的定义是

$$\dot{\xi} = \frac{d\xi}{dt} = \nu_B^{-1}\frac{dn_B}{dt} \tag{9-15}$$

这样定义的反应速率与 B 的选择无关。例如，下列反应：

$$aA + bB + \cdots \longrightarrow eE + fF + \cdots \tag{9-16}$$

有

$$\dot{\xi} = -\frac{1}{a}\frac{dn_A}{dt} = -\frac{1}{b}\frac{dn_B}{dt} = \cdots$$

$$= \frac{1}{e}\frac{dn_E}{dt} = \frac{1}{f}\frac{dn_F}{dt} = \cdots \tag{9-17}$$

这样定义的反应速率总是正值，而且无论反应进行的条件如何，它总是正确的，如体积随时间变化的反应、包含两相或两相以上的反应以及在流动反应器中进行的反应，这个定义都是正确的。反应速率也可以用 J 来表示。$\dot{\xi}$ 或 J 的 SI 单位为 $mol \cdot s^{-1}$。

$\dot{\xi}$ 是广度性质，与体系的大小有关。单位体积的反应速率 r 定义为

$$r \equiv \frac{\dot{\xi}}{V} = \frac{1}{\nu_B V}\frac{dn_B}{dt} \tag{9-18}$$

式中，V 是反应体系的体积；r 是强度性质，与温度、压力和反应物质的浓度有关。如果反应体系的体积 V 保持不变或其变化可忽略不计，则

$$r = \frac{1}{\nu_B}\frac{d}{dt}\left(\frac{n_B}{V}\right) = \frac{1}{\nu_B}\frac{dc_B}{dt} = \frac{1}{\nu_B}\frac{d[B]}{dt} \tag{9-19}$$

在本章中只限于讨论 V 保持不变的情况。应强调指出，式(9-13)、式(9-14)和式(9-19)是有区别的。在前两个式中 r 的下标不能省略，它代表相应反应物的消耗速率和产物的生成速率，不是反应速率，一般它与所选择的物质有关。在式(9-18)和式(9-19)中的 r 没有下标，它代表反应速率，它与所选择的物质无关。例如，对反应式(9-16)，反应物的消耗速率为

$$r_A = -\frac{dc_A}{dt} \tag{9-20}$$

$$r_B = -\frac{dc_B}{dt} \tag{9-21}$$

产物的生成速率为

$$r_E = \frac{dc_E}{dt} \tag{9-22}$$

$$r_F = \frac{dc_F}{dt} \tag{9-23}$$

反应速率为

$$r = -\frac{1}{a}\frac{dc_A}{dt} = -\frac{1}{b}\frac{dc_B}{dt} = \frac{1}{e}\frac{dc_E}{dt} = \frac{1}{f}\frac{dc_F}{dt} \tag{9-24}$$

从上可得到 $r_A = ar, r_B = br, r_E = er, r_F = fr$，可用通式

$$r_B = |\nu_B| r \tag{9-25}$$

来表示。

反应速率 r 的 SI 单位为 $mol \cdot m^{-3} \cdot s^{-1}$ 或 $mol \cdot dm^{-3} \cdot s^{-1}$。凡是在说到反应速率时，必须同时给出反应的计量方程式，因反应速率定义中的 ν_B 取决于计量方程式的写法，反应速率的 SI 单位中的 mol 是与反应方程式有关的。

9.2.2　化学反应的速率方程

在一定温度下，反应速率往往可以表示成反应体系中各组分浓度的某种

函数关系式。这种关系式称为速率方程。速率方程可表示为微分形式和积分形式,其具体形式随不同反应而异,必须由实验来确定。

1. 速率方程和反应级数

速率方程的微分形式又简称为速率方程。对于反应式(9-16),其速率方程可表示为

$$r=-\frac{1}{a}\frac{\mathrm{d}c_{\mathrm{A}}}{\mathrm{d}t}=kc_{\mathrm{A}}^{\alpha}c_{\mathrm{B}}^{\beta}c_{\mathrm{E}}^{\gamma}c_{\mathrm{F}}^{\delta} \tag{9-26}$$

式中,指数 α、β、γ、δ 与浓度和时间无关,分别称为组分 A、B、E、F 的分级数(partial order),通常与化学计量系数 a、b、e、f 并不相等。这些级数均为实验量,且不一定都是整数。所有分级数 α、β、γ、δ 之和称为总级数(overall order),且一般以 n 来代表,有时简称级数。

$$n=\alpha+\beta+\gamma+\delta \tag{9-27}$$

反应级数只能通过实验测得。实验测得的速率方程可以有简单形式。例如,对于反应

$$\mathrm{H_2+I_2\longrightarrow 2HI} \tag{9-28}$$

实验测得速率方程为

$$r=\frac{1}{2}\frac{\mathrm{d[HI]}}{\mathrm{d}t}=k[\mathrm{H_2}][\mathrm{I_2}] \tag{9-29}$$

可看出这是二级反应。但对某些反应,实验测得的速率方程有复杂的形式。例如,对于反应

$$\mathrm{H_2+Br_2\longrightarrow 2HBr} \tag{9-30}$$

实验测得

$$r=\frac{1}{2}\frac{\mathrm{d[HBr]}}{\mathrm{d}t}=\frac{k[\mathrm{H_2}][\mathrm{Br_2}]^{1/2}}{1+k'\dfrac{[\mathrm{HBr}]}{[\mathrm{Br_2}]}} \tag{9-31}$$

此速率方程不具有简单浓度乘积形式,因此该反应没有简单的反应级数,反应的级数的概念对此反应就不适用。

2. 动力学方程

对速率方程的微分形式进行积分,得到浓度与时间的关系

$$c=f(T) \tag{9-32}$$

这一积分形式又称为动力学方程。由定义式(9-19)可知,实验测量反应速率需要知道 $\frac{\mathrm{d}c}{\mathrm{d}t}$ 的数值。如果在反应开始($t=0$)以后的不同时刻 t_1,t_2,…测出某一参加反应物种的浓度 c_1,c_2,…,以 c 对时间 t 作图,即可得到一条曲线,称为 c-t 曲线或动力学曲线。图 9-1 中,ABC 为反应物的动力学曲线,虚线为产物的动力学曲线。若在给定的时间(如 t_1)作曲线的切线,得到的斜率即为 $\left(\frac{\mathrm{d}c}{\mathrm{d}t}\right)_{t=t_1}$。因此,对一个化学反应的动力学研究,首先要获得动力学曲线,然后从图上求出不同反应时刻的 $\frac{\mathrm{d}c}{\mathrm{d}t}$。反应开始($t=0$)时的 $\left(\frac{\mathrm{d}c}{\mathrm{d}t}\right)_{t=0}$ 称为反应的初速,反应的初速在化学动力学中有时是很重要的数据。由图9-1可知,由于

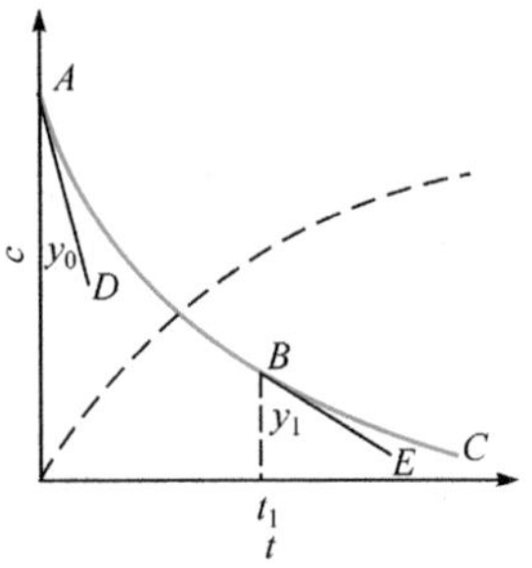

图 9-1　动力学曲线

反应物浓度不断下降，反应速率随时间增长而减慢，因而初速有最大值。

3. 速率常数

式(9-26)中 k 是一个与浓度无关的比例系数，称为速率常数(rate constant)。k 并不是一个绝对的常数，它与温度、反应介质、催化剂甚至有时与反应容器的器壁性质有关，只有当这些变量都确定时，k 才有确定的值。从式(9-26)可看出，k 是反应物种均为单位浓度时的反应速率，它是一个很重要的动力学量。要表征一个反应体系的速率特征，只有用 k 才能摆脱浓度的影响，否则必须注明在什么浓度时的反应速率。k 的大小直接反映了速率的快慢和反应的难易。

对于反应式(9-16)，反应物的消耗速率方程可表示为

$$r_A = -\frac{dc_A}{dt} = k_A c_A^{\alpha} c_B^{\beta} c_E^{\gamma} c_F^{\delta} \tag{9-33}$$

$$r_B = -\frac{dc_B}{dt} = k_B c_A^{\alpha} c_B^{\beta} c_E^{\gamma} c_F^{\delta} \tag{9-34}$$

式中，k_A、k_B 分别称为反应物 A、B 的消耗速率常数。产物的生成速率方程可表示为

$$r_E = \frac{dc_E}{dt} = k_E c_A^{\alpha} c_B^{\beta} c_E^{\gamma} c_F^{\delta} \tag{9-35}$$

$$r_F = \frac{dc_F}{dt} = k_F c_A^{\alpha} c_B^{\beta} c_E^{\gamma} c_F^{\delta} \tag{9-36}$$

式中，k_E、k_F 分别称为产物 E、F 的生成速率常数。为避免混淆，我们将 k 称为反应的速率常数，或简称速率常数。将式(9-33)～式(9-36)与式(9-26)比较得到

$$k_A = ak \qquad k_B = bk \qquad k_E = ek \qquad k_F = fk$$

或用下列通式表示：

$$k_B = |\nu_B|\, k \tag{9-37}$$

9.2.3　反应机理

1. 反应机理的含义

组成总包反应的基元反应以及它们发生的顺序称为该反应的反应机理。例如，对于总包反应式(9-1)，式(9-2)的五个基元反应就是该反应的反应机理。比较反应式(9-28)和反应式(9-30)，两者的化学计量方程形式上十分相似，但速率方程式(9-29)和式(9-31)恰有很大的差异，其内在原因在于反应机理的不同。而反应机理正是化学动力学所要研究的主要内容之一。

反应式(9-28)长期以来被认为是一简单反应。但根据较近的研究，人们认为此反应的机理至少包含下列三个基元反应：

$$\left.\begin{aligned} I_2 + M &\longrightarrow 2I\cdot + M \\ 2I\cdot + M &\longrightarrow I_2 + M \\ I\cdot + H_2 + I\cdot &\longrightarrow IH + HI \end{aligned}\right\} \tag{9-38}$$

式中，I· 是自由基；M 是其他惰性物质(包括不发生反应的 H_2、I_2、HI 分子)。从而可看出，反应速率方程的不同反映了反应机理的差异，而速率方程的相

似并不意味着反应机理的相似。更广义地说,反应机理也包含对于基元化学物理反应详细图式的探讨,而这类问题也常被称为分子机理。

知识点讲解视频

反应分子数的定义
(朱志昂)

2. 反应分子数

一个基元反应都是由宏观上相同而微观上彼此不同的基元化学物理反应所组成,作为反应物参加每一基元化学物理反应的化学粒子(分子、原子、自由基或离子)的数目称为反应分子数。其可能采取的数值为不大于三的正整数,当其值为1、2、3时分别称为单分子反应、双分子反应、三分子反应。最常见的是双分子反应,单分子反应次之,三分子反应较为罕见。

应该特别指出,反应级数与反应分子数是属于不同范畴的概念。反应级数是宏观概念,它表征总包反应的反应速率对浓度的依赖关系。而反应分子数是微观概念,是对微观的基元化学物理反应而言的。有的教材把反应分子数定义为参加基元反应的分子数,这是不妥的,因为基元反应是宏观概念,是大量分子行为的统计平均。不存在总包反应的分子数这一概念。反应级数可以采取整数、分数、零或负数。而反应分子数只能是不大于3的正整数。对于基元反应,反应级数和反应分子数两个概念均被引用,通常情况下,两者数值相等,但其意义是不同的。对于某一指定的基元反应,反应分子数是组成该反应的微观的各基元化学物理反应的分子数,其数值是固定不变的,但反应级数是该基元反应的宏观速率对反应物浓度的依赖,依反应条件而可能有所不同。

9.2.4 质量作用定理

质量作用定理是一经验定律,故又称为质量作用定律。1879年古德贝格和瓦格在总结了大量实验的基础上,提出"化学反应的速率和反应物的有效质量成正比"。这里的有效质量是指浓度,由于这一历史缘故,一直保留了"质量作用定理"一词。质量作用定理讨论的是在一定温度条件下,基元反应速率对于反应体系中各组分浓度的依赖关系,它只适用于基元反应。它可描述为:对于一个基元反应,反应物组分的反应级数与构成该基元反应的各个基元化学物理反应的反应分子数相等,而对其他组分级数均为零。根据质量作用定理,对于基元反应可直接写出它的速率方程,即基元反应的速率只与反应物的浓度有关,反应物的分级数就是计量方程中该反应物的计量系数。例如,设一基元反应

$$aA + bB \longrightarrow cC + dD \tag{9-39}$$

根据质量作用定理,其反应速率可直接写成

$$r = -\frac{1}{a}\frac{dc_A}{dt} = kc_A^a c_B^b \tag{9-40}$$

质量作用定理的另一适用条件是要求反应物浓度不是太大,而且反应速率由化学过程决定,而不是由其他过程(如扩散)所控制。

9.2.5 阿伦尼乌斯定理

1889年阿伦尼乌斯通过大量实验与理论的论证,揭示了在恒定浓度的条件下反应速率常数对温度的依赖关系,建立了著名的阿伦尼乌斯定理。阿伦尼乌

斯定理有三种不同的数学表达式：

指数式

$$k=A\exp\left(-\frac{E_a}{RT}\right) \tag{9-41}$$

对数式

$$\ln k=\ln A-\frac{E_a}{RT} \tag{9-42}$$

微分式

$$\frac{d\ln k}{dT}=\frac{E_a}{RT^2} \tag{9-43}$$

式中，A 和 E_a 是两个由反应本性决定而与温度、浓度无关的常数，A 称为指前因子(pre-exponential factor)，E_a 称为阿伦尼乌斯活化能(Arrhenius activation energy)。阿伦尼乌斯定理适用于基元反应。对某些复合反应有时也能适用，此时式中的 k 称为总包反应的表观速率常数，E_a 称为表观活化能。遵守阿伦尼乌斯定理的复合反应称为阿伦尼乌斯型反应，不遵守阿伦尼乌斯定理的复合反应称为反阿伦尼乌斯型反应。

9.2.6 反应独立共存原理

知识点讲解视频

反应独立共存原理

(朱志昂)

反应独立共存原理描述的是某一基元反应速率受同时存在的其他基元反应的影响。这是从已知各基元反应速率来推求总包反应速率的必须桥梁，十分重要而且被广泛应用，但通常被人们忽视。1898 年 Ostwood 学派对此原理做了大量工作。严格地说，此原理只描述基元反应，它可表述为“某一基元反应的反应速率常数和服从的基本动力学规律不因其他基元反应的存在与否而有所改变”。例如，有一基元反应 Ⅰ

$$A+B \longrightarrow C+D$$

根据质量作用定理，反应的速率 r_{I} 可表示为

$$r_{\mathrm{I}}=\left(-\frac{dc_A}{dt}\right)_{\mathrm{I}}=k_{\mathrm{I}}c_Ac_B \tag{9-44}$$

反应物 A 和 B 的消耗速率相等，可表示为

$$r_A=-\frac{dc_A}{dt}=r_B=-\frac{dc_B}{dt}=r_{\mathrm{I}}=k_{\mathrm{I}}c_Ac_B \tag{9-45}$$

当在反应 Ⅰ 体系中加入 X，发生另一独立的基元反应 Ⅱ

$$A+X \longrightarrow 2B+E$$

根据反应独立共存原理，当有基元反应 Ⅱ 存在时，基元反应 Ⅰ 的速率常数 k_1 不发生改变，而且基元反应 Ⅱ 的速率常数 k_2 也不受基元反应 Ⅰ 的影响。则有

$$r_{\mathrm{II}}=\left(-\frac{dc_A}{dt}\right)_{\mathrm{II}}=k_2c_Ac_X=\frac{1}{2}\left(\frac{dc_B}{dt}\right)_{\mathrm{II}} \tag{9-46}$$

但当基元反应Ⅰ和Ⅱ共存时，A 和 B 的消耗速率发生了变化。A 的消耗速率为

$$r_A=-\frac{dc_A}{dt}=\left(-\frac{dc_A}{dt}\right)_{\mathrm{I}}+\left(-\frac{dc_A}{dt}\right)_{\mathrm{II}}=r_1+r_2$$

$$=k_1c_Ac_B+k_2c_Ac_X \tag{9-47}$$

B的消耗速率为

$$\begin{aligned} r_B &= -\frac{dc_B}{dt} = (\text{B的消耗速率}) - (\text{B的生成速率}) \\ &= \left(-\frac{dc_B}{dt}\right)_{\mathrm{I}} - \left(\frac{dc_B}{dt}\right)_{\mathrm{II}} = r_1 - 2r_2 \\ &= k_1 c_A c_B - 2k_2 c_A c_X \end{aligned} \tag{9-48}$$

反应独立共存原理表明，一基元反应的速率常数及其指前因子、活化能不因其他组分或基元反应的存在与否有所改变。

9.2.7 微观可逆性原理

微观可逆性原理是指微观粒子体系具有时间反演的对称性，它是力学中的一个原理。在力学方程中把时间变量 t 用 $-t$ 代替，其力学方程不变，这称为力学方程的时间反演对称。时间反演对称意味着，对于每一个力学过程存在着一个完全逆转的过程，在逆过程中，体系经历正过程的所有状态，不过运动方向恰好相反。在化学动力学过程中，时间的反演对称性是指任一基元化学物理反应与其逆向的基元化学物理反应具有相同的反应途径但方向相反。因此，正向反应如是允许的，其逆向反应也被允许，而与反应体系本质是否处于平衡态无关。基元反应是大量的基元化学物理反应的统计平均，微观可逆性原理可表述为："一个基元反应的逆反应必然也是一个基元反应，而且正、逆反应应通过同样的过渡态。"

9.3 反应速率的测量

为了测量单位体积的反应速率 r，必须测定反应物或产物的浓度随时间而变的函数关系。测量浓度的方法可分为化学方法和物理方法两大类。用化学方法测量浓度时，将已知起始浓度(相同的或不同的)的反应物置于几个反应容器中，这些反应容器全都浸在一定温度的恒温浴中。在一定时间间隔内，将反应容器从恒温浴中取出，并立即使反应停止(用速冷、取出催化剂、稀释反应混合物等方法)，然后迅速用化学方法分析反应混合物的组成。气体反应混合物一般用质谱仪或气相色谱仪分析。

物理方法比化学方法更为准确而且比较方便。测定反应体系的某一与浓度呈线性关系的物理性质随时间而变的关系，可以使反应继续进行，不会因分析反应混合物而中断。对反应体系的总物质的量发生变化的气相反应，可以测量气体压力 p 随反应进度的变化(如果发生支反应，则总压的变化并不真正代表待测反应的进度)。如果反应物质之一具有特征吸收谱带，则可以测定此谱带的强度。如果有旋光性物质参与反应，则可以测定旋光度。1850年威廉米(Wilhelmy)曾用旋光仪做蔗糖水解反应的动力学实验，因为三种糖都是旋光性物质，但具有不同的旋光度。电解质溶液中的离子反应可以测定电导率。

研究化学反应动力学的方法可分为静态法和动态法两大类。静态法是将反应物混合后封闭在反应容器中。动态法是将反应物连续不断地进入反应容器(保持恒温)中，产物同时不断地从反应容器中流出。反应经过一段时间后达到稳态，出口浓度不随时间而变。测定几个不同进口浓度和流速的出口浓度，就可以求出速率方程和速率常数。上述动态法只能应用于半衰期(half-life)(反应物的浓度降低一半所需的时间)至少是几秒的所谓慢速反应。许多重要化学反应的半衰期为 $1\sim10^{-11}$ s，称为快速反应(fast reaction)。例如，反应物之一是自由基的气相反应以及水溶液中的离子反应等均属于快速反应。此外，许多生化反应也是快速反应，酶与小分子底物之间的配合物形成反应的速率常数是 $10^9\sim10^6\,dm^3\cdot mol^{-1}\cdot s^{-1}$。

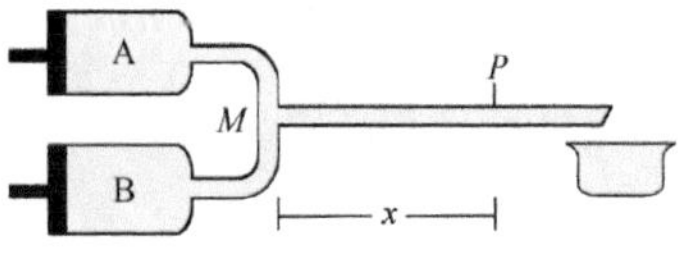

图 9-2　快速混合的连续流动体系

研究快速反应动力学的动态法之一是快速流动法(rapid-flow method)。图 9-2 表示液相连续流动反应体系。借助于弹簧活塞将反应物 A 和 B 快速推进到特制的混合室 M，在 0.5～1ms 发生混合。反应混合物在反应中流经狭长观察管。在沿观察管的某一点 P，用物理方法(如测量光吸收)测定某一反应物质的浓度。令反应混合物流经观察管的速率为 v，混合室 M 与 P 点的距离为 x，则在 P 点处反应经历的时间 $t=\dfrac{x}{v}$。如果 $v=1000\text{cm}\cdot s^{-1}$，$x=10\text{cm}$，则$t=10\text{ms}$。反应体系达稳态后，$P$ 点处的浓度保持不变。改变 x 和 v，就可求出不同时间的反应物浓度。

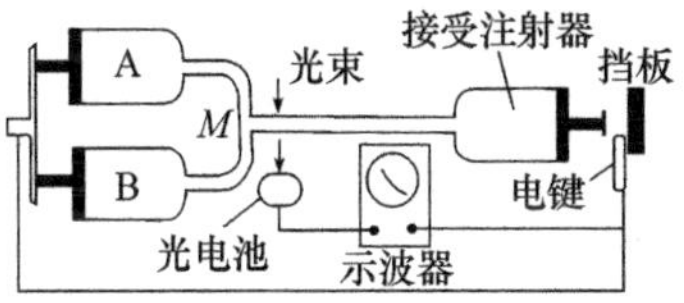

图 9-3　停流体系

连续流动法(continuous flow method)的改进是停流法(stopped-flow method)，如图 9-3 所示。反应物在 M 混合后，快速流经观察管进入接受注射器，推进柱塞，使挡板起停流作用。柱塞同时也击中电键，启动示波器扫描。利用光电池观察 P 点的光吸收与时间的函数关系。由于快速混合和流动，M 和 P 之间的距离较短，因此被观察的反应基本上处于起始阶段。停流法实际上是快速混合的静态法，而不是流动法。连续流动法和停流法可应用于半衰期为$10^{-3}\sim10$s的反应。

快速反应中的反应物的混合是一个重要问题，这可以用弛豫法(relaxation method)得到解决。弛豫法主要是在 1950 年以后由艾根等发展起来的，它对已处于反应平衡的体系突然改变决定平衡位置的变量之一，然后跟踪反应体系趋于新的平衡位置，从而求出速率常数(详细计算方法见 9.7 节)。弛豫法主要用于液相反应，“弛豫”一词的科学含义是反应平衡体系遭受干扰后，平衡被破坏，再恢复新的平衡位置的过程。测量反应体系的某些能快速并自动记录的物理性质，如光的吸收或电导，就能观测恢复平衡的速率。与反应的弛豫时间(描述扰动后恢复平衡的表观一级速率常数的倒数)相比，产生扰动的时间必须要更短。

最常见的弛豫法是温度跃变法(temperature-jump method)。此法是将高压电容器通过反应混合物突然放电，使混合物的温度在大约 $1\mu s(10^{-6}s)$内从 T_1 升至 T_2，(T_2-T_1)为 3～10℃。使反应混合物在 $1\mu s$ 内突然升高的另一种方法是脉冲微波辐射。还有其他弛豫法，如压力跃变法、电场跃变法和超声波法等。弛豫法只应用于能快速达到平衡的反应，在反应平衡时所有参与反应的物质均有可检测的物理量。快速流动法和弛豫法已应用于下列反应速率的测量：质子转移(酸-碱)反应、电子转移(氧化还原)反应、配离子形成反应、离子对形成反应和酶催化反应等。

艾根的弛豫法对反应体系的干扰比较小，反应体系受到干扰后不产生新的化学物质。闪光光解法(flash-photolysis)、脉冲射解法(pulse-radiolysis)和激波管法(shock-tube method)对反应体系的干扰较大,可以产生新的(一个或几个)反应物质。闪光光解法是在1950年以后由诺尔斯和波特发展的,可以用于气相和液相反应。在闪光光解时,反应体系受到一个持续时间极短(约10^{-6}s)的高强度可见和紫外光的闪光照射。反应物分子吸收光子后,或者解离成自由基,或者激发成高能态。通过照相方法或光电方法记录中间化合物的吸收光谱。闪光光解的初期工作主要是利用气体放电管产生的最初激发脉冲来进行的,后来选择了激光器作为这些实验的光源。激光光束具有高度方向性和单色性,所以光化学反应具有高度选择性。利用特殊激光技术,可以产生持续时间只有1ps(10^{-12}s)的激光脉冲。皮秒光谱仪(picosecond spectroscopy)已被应用于光合作用和接受视觉信号的机理研究。关于研究快速反应的实验技术可参阅有关专著,这方面的内容不在本书中介绍。

9.4 具有简单级数的反应

本节讨论的是具有简单级数的反应,介绍它的速率方程、动力学方程、半衰期等特征。应强调指出,简单级数的反应并不是指简单反应,它是指总包反应级数是简单的整数或分数,它可能是简单反应,也可能是复合反应。在本节讨论中,我们假定:①反应是在恒温条件下进行的,温度一定,速率常数k也一定;②反应体系的体积固定不变;③反应是不可逆的,即没有逆反应发生,这相当于平衡常数很大的反应。

9.4.1 一级反应

反应速率与反应物浓度的一次方成正比的反应称为一级反应。例如,热分解反应、异构化反应、放射性元素蜕变反应等属于一级反应。

1. 速率方程

设有某一级反应

$$
\begin{array}{lll}
 & a\mathrm{A} \longrightarrow & \mathrm{P} \\
t=0 & c_{\mathrm{A},0} & 0 \\
t=t & c_{\mathrm{A}} & c_{\mathrm{A},0}-c_{\mathrm{A}}
\end{array}
$$

反应的速率方程

$$r=-\frac{1}{a}\frac{\mathrm{d}c_{\mathrm{A}}}{\mathrm{d}t}=kc_{\mathrm{A}} \tag{9-49}$$

A的消耗速率方程

$$r_{\mathrm{A}}=-\frac{\mathrm{d}c_{\mathrm{A}}}{\mathrm{d}t}=k_{\mathrm{A}}c_{\mathrm{A}} \tag{9-50}$$

式中,$k_{\mathrm{A}}=ak$,它是A的消耗速率常数。k或k_{A}的单位是(时间)$^{-1}$,这是一级反应的第一个特征。

2. 动力学方程

将式(9-50)积分得

$$\int_{c_{\mathrm{A},0}}^{c_{\mathrm{A}}}\frac{\mathrm{d}c_{\mathrm{A}}}{c_{\mathrm{A}}}=-\int_0^t k_{\mathrm{A}}\mathrm{d}t$$

$$\ln \frac{c_A}{c_{A,0}} = -k_A t \quad \text{或} \quad c_A = c_{A,0}\exp(-k_A t) \tag{9-51}$$

对于一级反应，反应物 A 的浓度以指数随时间而降低(图 9-4)。以 $\ln c_A$ 对 t 作图，得一直线(图 9-5)，直线的斜率为 $-k_A$，这是一级反应的第二个特征。

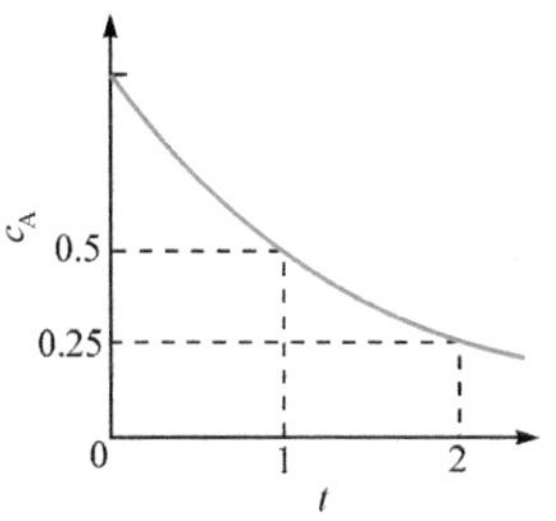

图 9-4 一级反应的浓度-时间曲线

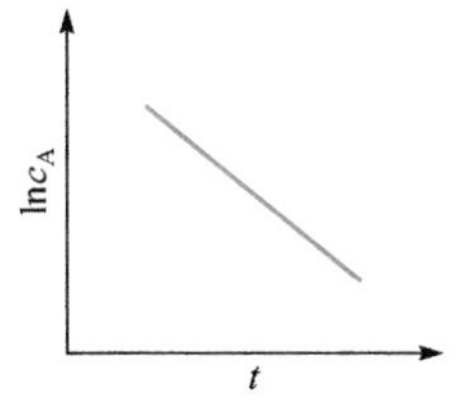

图 9-5 一级反应的直线关系

3. 半衰期

若设反应物 A 的转化率为 x_A，则 x_A 的定义为

$$x_A = \frac{c_{A,0} - c_A}{c_{A,0}} \tag{9-52}$$

或

$$c_A = c_{A,0}(1 - x_A) \tag{9-53}$$

将式(9-53)代入式(9-51)得

$$t = \frac{1}{k_A}\ln\frac{1}{1 - x_A} \tag{9-54}$$

因此，对于一级反应，达到一定转化率 x_A 所需要的时间与起始浓度 $c_{A,0}$ 无关。转化率 x_A 达到 1/2(反应物浓度降至起始浓度的一半)所需的时间称为半衰期，以 $t_{1/2}$ 表示。将 $x_A = \frac{1}{2}$ 代入式(9-54)，则得

$$t_{1/2} = \frac{\ln 2}{k_A} = \frac{0.693}{k_A} \tag{9-55}$$

因此，半衰期与起始浓度 $c_{A,0}$ 无关，这是一级反应的第三个特征。

根据式(9-54)，$x_A = \frac{3}{4}$ 与 $x_A = \frac{1}{2}$ 的时间之比为 $t_{3/4} : t_{1/2} = 2 : 1$。这是一级反应的第四个特征。上述每一个特征都可以用来鉴别某反应是否为一级反应。

例 9-1 ^{14}C 放射性蜕变的 $t_{1/2} = 5730a$，今在一木乃伊中测得 ^{14}C 占 C 含量的 72%。该木乃伊距今有多少年？

解 放射性蜕变为一级反应

$$k_A = \frac{\ln 2}{t_{1/2}} = 1.21 \times 10^{-4}(a^{-1}) \qquad 1 - x_A = 0.72$$

代入式(9-54)得 $t = 2715a$，则该木乃伊距今有 2715 年。

例 9-2 设有一级反应 $2A \longrightarrow 2B + C$，在 325s 后完成 35%。求：(1) 此反应的 k 和 k_A；(2) 此反应完成 90% 所需要的时间；(3) 此反应的 $t_{1/2}$。

解 (1) 将 $x_A = 35\%$ 代入式(9-54)，得

$$k_A = \frac{1}{t}\ln\frac{1}{1 - x_A} = \frac{1}{325s}\ln\frac{1}{1 - 0.35} = 1.33 \times 10^{-3}\,s^{-1}$$

$$k = \frac{1}{a}k_A = \frac{1}{2} \times 1.33 \times 10^{-3}\,s^{-1} = 0.665 \times 10^{-3}\,s^{-1}$$

(2) 将 $x_A = 90\%$ 代入式(9-54)得

$$t = \frac{1}{k_A}\ln\frac{1}{1 - x_A} = \frac{1}{1.33 \times 10^{-3}\,s^{-1}}\ln\frac{1}{1 - 0.90} = 1731s$$

(3) $t_{1/2} = \dfrac{0.693}{k_A} = \dfrac{0.693}{1.33 \times 10^{-3}\,s^{-1}} = 521s$

9.4.2 二级反应

反应速率与反应物浓度的二次方成正比的反应称为二级反应。二级反

应最为常见,如碘化氢、甲醛的热分解,氢与碘蒸气的化合,乙烯、丙烯、异丁烯的二聚反应,乙酸乙酯的皂化反应等。

1. *只有一种反应物的二级反应*

设有某二级反应

$$aA \longrightarrow 产物$$

反应的速率方程

$$r = -\frac{1}{a}\frac{dc_A}{dt} = kc_A^2 \tag{9-56}$$

A 的消耗速率方程

$$r_A = -\frac{dc_A}{dt} = k_A c_A^2 \tag{9-57}$$

从式(9-56)和式(9-57)可看出 k 及 k_A 的单位是浓度$^{-1}$ · 时间$^{-1}$,这是二级反应的第一个特征。

将式(9-57)积分得

$$-\int_{c_{A,0}}^{c_A}\frac{dc_A}{c_A^2} = \int_0^t k_A dt$$

$$\frac{1}{c_A} - \frac{1}{c_{A,0}} = k_A t \tag{9-58}$$

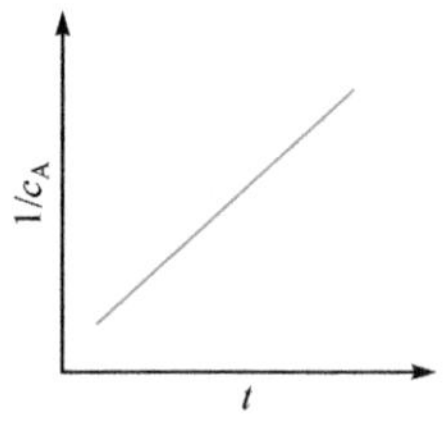

图 9-6 二级反应的直线关系

这就是二级反应的动力学方程(速率方程的积分形式)。以$\frac{1}{c_A}$对 t 作图(图 9-6)得一直线,直线斜率就是 k_A,这是二级反应的第二个特征。将式(9-53)代入式(9-58)得

$$t = \frac{1}{k_A c_{A,0}}\frac{x_A}{1-x_A} \tag{9-59}$$

利用式(9-59)可求得反应达到一定的转化率 x_A 所需要的时间。

将 $x_A = \frac{1}{2}$代入式(9-59)得

$$t_{1/2} = \frac{1}{k_A c_{A,0}} \tag{9-60}$$

半衰期与起始浓度成反比,这是二级反应的第三个特征。当 $x_A = \frac{3}{4}$时,代入式(9-59)得

$$t_{3/4} = \frac{3}{k_A c_{A,0}}$$

所以对二级反应有 $t_{3/4} : t_{1/2} = 3 : 1$。

2. *有两种反应物的二级反应*

	aA	+	bB	$\longrightarrow$ 产物
$t=0$	$c_{A,0}$		$c_{B,0}$	0
$t=t$	c_A		c_B	

若 A 和 B 的起始浓度与化学计量数成比例,即有

$$\frac{c_{A,0}}{c_{B,0}} = \frac{a}{b}$$

由于 A 与 B 必然以 a/b 的比例发生反应,因此每一时刻体系中 A 与 B 的浓

度比保持不变，即有

$$\frac{c_A}{c_B}=\frac{a}{b}\quad 或\quad c_B=\frac{b}{a}c_A$$

则速率方程为

$$r=-\frac{1}{a}\frac{dc_A}{dt}=kc_Ac_B$$

$$r_A=-\frac{dc_A}{dt}=(ak)c_Ac_B=k_Ac_A\left(\frac{b}{a}c_A\right)=\left(\frac{b}{a}k_A\right)c_A^2=k'_Ac_A^2 \tag{9-61}$$

这就得到与一种反应物的二级反应完全相同的消耗速率方程。要注意的是

$$k'_A=\frac{b}{a}k_A=bk$$

以同样方法可得到动力学方程和半衰期表达式

$$\frac{1}{c_A}-\frac{1}{c_{A,0}}=k'_At \tag{9-62}$$

$$t_{1/2}=\frac{1}{k'_Ac_{A,0}}=\frac{1}{bkc_{A,0}}=\frac{1}{akc_{B,0}} \tag{9-63}$$

若$\frac{c_{A,0}}{c_{B,0}}\neq\frac{a}{b}$，且 $c_{A,0}\neq c_{B,0}$，则速率方程

$$r=-\frac{1}{a}\frac{dc_A}{dt}=kc_Ac_B \tag{9-64}$$

$$r_A=-\frac{dc_A}{dt}=akc_Ac_B=k_Ac_Ac_B \tag{9-65}$$

为找出 c_A 与 c_B 之间的关系，我们设在 t 时刻已反应掉 A 的浓度为 x，$x=c_{A,0}-c_A$，则有

已反应掉 B 的浓度为

$$\left(\frac{b}{a}\right)x$$

体系中剩余 A 的浓度为

$$c_A=c_{A,0}-x$$

体系中剩余 B 的浓度为

$$c_B=c_{B,0}-\left(\frac{b}{a}\right)x=c_{B,0}-\left(\frac{b}{a}\right)c_{A,0}+\left(\frac{b}{a}\right)c_A \tag{9-66}$$

将式(9-66)代入式(9-65)得

$$-\frac{dc_A}{dt}=k_Ac_A\left(c_{B,0}-\frac{b}{a}c_{A,0}+\frac{b}{a}c_A\right) \tag{9-67}$$

将式(9-67)积分得

$$\int_{c_{A,0}}^{c_A}\frac{dc_A}{c_A\left(c_{B,0}-\frac{b}{a}c_{A,0}+\frac{b}{a}c_A\right)}=-\int_0^t k_A dt \tag{9-68}$$

查积分表有

$$\int\frac{1}{x(p+sx)}dx=-\frac{1}{p}\ln\frac{p+sx}{x}$$

令 $c_A=x$，$c_{B,0}-\frac{b}{a}c_{A,0}=p$，$\frac{b}{a}=s$，则式(9-68)积分得

$$\frac{1}{c_{B,0}-\frac{b}{a}c_{A,0}}\ln\frac{\frac{c_B}{c_{B,0}}}{\frac{c_A}{c_{A,0}}}=k_At=akt \tag{9-69}$$

或

$$\frac{1}{c_{B,0}-\frac{b}{a}c_{A,0}}\ln\frac{c_{A,0}\left(c_{B,0}-\frac{b}{a}x\right)}{c_{B,0}(c_{A,0}-x)}=k_At=akt \tag{9-70}$$

式(9-70)左方对 t 作图得一直线，直线斜率为 k_A，这是此类二级反应的特征之一。若在不同时刻 $t_1,t_2,\cdots$分别测得的 x 值为 $x_1,x_2,\cdots$，则有

$$\begin{aligned}k_A&=\frac{1}{t_1\left(c_{B,0}-\frac{b}{a}c_{A,0}\right)}\ln\frac{c_{A,0}\left(c_{B,0}-\frac{b}{a}x_1\right)}{c_{B,0}(c_{A,0}-x_1)}\\&=\frac{1}{t_2\left(c_{B,0}-\frac{b}{a}c_{A,0}\right)}\ln\frac{c_{A,0}\left(c_{B,0}-\frac{b}{a}x_2\right)}{c_{B,0}(c_{A,0}-x_2)}=\cdots\end{aligned} \tag{9-71}$$

这是特征之二。

由于 $c_{A,0}\neq c_{B,0}$，因此 A 和 B 的半衰期并不相同，这是特征之三。可以定义相对于 A 或 B 的半衰期。当 $x=\frac{1}{2}c_{A,0}$时

$$t_{1/2}(A)=\frac{1}{k_A\left(c_{B,0}-\frac{b}{a}c_{A,0}\right)}\ln\frac{2c_{B,0}-\frac{b}{a}c_{A,0}}{c_{B,0}} \tag{9-72}$$

9.4.3 零级反应

反应速率与物质浓度无关的反应称为零级反应。反应的总级数为零的反应并不多，已知的零级反应中最多的是在表面上发生的复相催化反应，如氧化亚氮在铂丝上的分解反应、高压下氨在钨丝上的分解反应。对于某一个参加反应的物种而言，级数是零的反应却是很常见的。

1. 速率方程

设某一零级反应

$$aA\longrightarrow P$$

速率方程为

$$r=-\frac{1}{a}\frac{dc_A}{dt}=kc_A^0=k \tag{9-73}$$

$$r_A=-\frac{dc_A}{dt}=k_Ac_A^0=k_A \tag{9-74}$$

零级反应的速率就等于其速率常数，这是零级反应的特征之一。

2. 动力学方程

积分式(9-79)得

$$c_A-c_{A,0}=-k_At \tag{9-75}$$

以 c_A 对 t 作图成直线，直线斜率为$(-k_A)$，这是零级反应的特征之二。当 $c_A=0$时，$t=\frac{c_{A,0}}{k_A}$，这说明只有对零级反应，反应完全所需的时间才是有限的，这是零级反应的特征之三。

3. 半衰期

当 $c_A=\frac{c_{A,0}}{2}$时

$$t_{1/2}=\frac{c_{A,0}}{2k_A} \tag{9-76}$$

半衰期与反应物的起始浓度成正比，这是零级反应的第四个特征。

9.4.4 假(准)级数反应

对于具有下列速率方程的反应：

$$r = kc_A^{\alpha}c_B^{\beta}$$

可以选择 A 和 B 的起始浓度，从而使实验上测得的反应级数降低。以下列二级反应为例：

$$A + B \longrightarrow P$$

$$r_B = -\frac{dc_B}{dt} = k_B c_A c_B \tag{9-77}$$

选择 $c_{A,0} \gg c_{B,0}$（至少大 20 倍以上），这样在反应进程中，A 的消耗相对于它的起始浓度可忽略不计，即可认为 $c_A \approx c_{A,0}$。式(9-77)可写成

$$-\frac{dc_B}{dt} = (k_B c_{A,0})c_B = k'_B c_B \tag{9-78}$$

这样，原来的二级反应降为一级反应，此一级反应称为假一级反应。它具有一级反应的所有特征。但假一级反应速率常数 k'_B的单位有所不同。从 k'_B与 $c_{A,0}$的函数关系可求得 k_B。动力学研究中常用此方法使问题大大简化，也是推导反应机理常用的手段之一。蔗糖水解，由于水大大过量，是一个典型的假一级反应。

9.4.5 n 级反应

1. 速率方程

仅讨论速率方程为下列形式的 n 级反应：

$$r_A = -\frac{dc_A}{dt} = k_A c_A^n \tag{9-79}$$

式中，n 可以是 0，1，2，3，…，整数，也可为非整数。在下列几种情况下，其速率方程具有上述通式：

(1) 只有一种反应物的反应，即 A $\longrightarrow$产物。

(2) 除一种组分(如 A)外，其余组分(如 B 和 C)保持大量过量，因为保持过剩的组分在反应中浓度几乎保持不变，可视为常数，则有

$$-\frac{dc_A}{dt} = k_A c_A^{\alpha} c_B^{\beta} c_C^{\gamma} = (k_A c_{B,0}^{\beta} c_{C,0}^{\gamma})c_A^{\alpha} = k'_A c_A^{\alpha} \tag{9-80}$$

式中，α 是 A 的分级数。

(3) 各组分的起始浓度与化学反应计量数成比例，即

$$\frac{c_{A,0}}{a} = \frac{c_{B,0}}{b} = \cdots$$

则反应的任一瞬间必定有

$$\frac{c_A}{a}=\frac{c_B}{b}=\cdots$$

那么速率方程为

$$-\frac{dc_A}{dt}=k_A c_A^{\alpha} c_B^{\beta}\cdots=k_A c_A^{\alpha}\left(\frac{b}{a}c_A\right)^{\beta}\cdots$$

$$=k_A\left(\frac{b}{a}\right)^{\beta}\cdots c_A^{\alpha+\beta+\cdots}=k'_A c_A^{\alpha+\beta+\cdots}=k'_A c_A^{n}$$

式中,n 是反应的总级数。

2. 动力学方程

对通式(9-79)进行积分,当 $n=1$,则得一级反应速率方程的积分式(9-51);若 $n\neq1$,则积分得

$$t=\int_0^t dt=\int_{c_{A,0}}^{c_A}-\frac{dc_A}{k_A c_A^n}=\frac{1}{(n-1)k_A}\left(\frac{1}{c_A^{n-1}}-\frac{1}{c_{A,0}^{n-1}}\right) \tag{9-81}$$

或

$$\frac{1}{n-1}\left(\frac{1}{c_A^{n-1}}-\frac{1}{c_{A,0}^{n-1}}\right)=k_A t \tag{9-82}$$

以式(9-82)左方对 t 作图,得到直线,斜率为 k_A。

3. 分数寿期

反应物 A 消耗了某一分数 θ 所需要的时间称为分数寿期 t_θ。在 $t=t_\theta$ 时,$c_A=(1-\theta)c_{A,0}$。当 $n=1$ 时,从式(9-51)得

$$t_\theta=\frac{1}{k_A}\ln\frac{1}{1-\theta} \tag{9-83}$$

当 $\theta=\frac{1}{2}$ 时,$t_{1/2}=\frac{\ln2}{k_A}$;当 $\theta=\frac{3}{4}$ 时,$t_{3/4}=\frac{\ln4}{k_A}$,得

$$t_{3/4}:t_{1/2}=2:1$$

当 $n\neq1$ 时,从式(9-82)得

$$t_\theta=\frac{1}{(n-1)k_A c_{A,0}^{n-1}}\left[\frac{1}{(1-\theta)^{n-1}}-1\right] \tag{9-84}$$

当 $\theta=\frac{1}{2}$ 时

$$t_{1/2}=\frac{1}{(n-1)k_A c_{A,0}^{n-1}}(2^{n-1}-1) \tag{9-85}$$

在 $n=2$ 时

$$t_{1/2}=\frac{1}{k_A c_{A,0}} \qquad t_{3/4}=\frac{3}{k_A c_{A,0}}$$

则有

$$t_{3/4}:t_{1/2}=3:1$$

为了对以上的讨论作个小结,现将式(9-79)应用于 0,1,2,3,n 级反应的结果列于表 9-1。

表 9-1　符合通式 $-\dfrac{dc_A}{dt}=k_A c_A^n$ 的各级反应及其特征

级数	速率方程		特征		
	微分式	积分式	$t_{1/2}$	直线关系	k_A 的单位
0	$-\dfrac{dc_A}{dt}=k_A$	$k_A t=-(c_A-c_{A,0})$	$\dfrac{c_{A,0}}{2k_A}$	c_A-t	(浓度)(时间)$^{-1}$
1	$-\dfrac{dc_A}{dt}=k_A c_A$	$k_A t=\ln c_{A,0}-\ln c_A$	$\dfrac{\ln 2}{k_A}$	$\ln c_A$-t	(时间)$^{-1}$
2	$-\dfrac{dc_A}{dt}=k_A c_A^2$	$k_A t=\dfrac{1}{c_A}-\dfrac{1}{c_{A,0}}$	$\dfrac{1}{k_A c_{A,0}}$	$\dfrac{1}{c_A}$-t	(浓度)$^{-1}$(时间)$^{-1}$
3	$-\dfrac{dc_A}{dt}=k_A c_A^3$	$k_A t=\dfrac{1}{2}\left(\dfrac{1}{c_A^2}-\dfrac{1}{c_{A,0}^2}\right)$	$\dfrac{3}{2k_A c_{A,0}^2}$	$\dfrac{1}{c_A^2}$-t	(浓度)$^{-2}$(时间)$^{-1}$
n	$-\dfrac{dc_A}{dt}=k_A c_A^n$	$k_A t=\dfrac{1}{(n-1)}\left(\dfrac{1}{c_A^{n-1}}-\dfrac{1}{c_{A,0}^{n-1}}\right)$	$\dfrac{2^{n-1}-1}{(n-1)k_A c_{A,0}^{n-1}}$	$\dfrac{1}{c_A^{n-1}}$-t	(浓度)$^{1-n}$(时间)$^{-1}$

9.5　速率方程的确定

以上主要讨论了速率方程及有关计算。本节讨论如何从动力学实验数据(c-t 数据)确定某一反应的速率方程。我们只讨论具有下列形式速率方程的情况：

$$r=kc_A^n \quad 或 \quad r=kc_A^{\alpha}c_B^{\beta}c_C^{\gamma}\cdots c_L^{\lambda}$$

在这种方程中,动力学参数只有速率常数 k 和反应级数 n,所谓确定速率方程就是确定这两个参数。但是,k 和 n 对速率方程的积分形式的影响不同,积分式只取决于 n 而与 k 无关,如表 9-1所示。n 不同,速率方程积分式(又称动力学方程)大不相同,k 只不过是式中的一个常数。所以关键是确定反应级数 n、α、β、γ、…、λ 的数值。求级数的方法有多种,下面只介绍几种常用的方法。

9.5.1　积分法

知识点讲解视频

积分法确定反应级数

(朱志昂)

积分法又称尝试法,若速率方程为 $r=kc_A^n$,将各组 c-t 实验数据代入不同级数的积分式中,看用哪个级数的方程算出的 k 相同。若将各组数据代入 α 级反应的积分式中算出的 k 都相同,则该反应就是 α 级。

也可用作图尝试法:将 c-t 数据化为 $\ln c_A$ 对 t 作图,如果得到很好的直线,则此反应为一级反应。否则,若以 $1/c_A^{n-1}$ 对 t 作图得一直线(n 可以为 1 以外的任意实数),则为 n 级反应。如果反应不只与一种反应物有关,而且起始浓度与化学反应计量数不成比例,则应先求出该级数的积分式,然后以积分式中一定的函数对 t 作图,看是否为直线,以判断反应的级数。

若按上述反应计算出的 k 值都不是常数,或者作图时得不到直线,则该反应就不是具有简单级数的反应,它可能是一个复杂的反应。尝试法的优点是选准级数则直线关系较好,而且直接可求出 k 值。这是常用的方法之一。缺点是若试不准则需要多次尝试,方法繁杂,而且如果实验的浓度范围不够大时,不同级数往往难以区分。积分法一般对反应级数是简单整数的反应结果较好。当级数是分数或小数时很难尝试成功,最好还是微分法或其他方法。

在积分法中,动力学测量的时间要足够长,通常应在 4 个半衰期以上,c-t 数据至少在 8 组数据以上,否则确定的反应级数不可靠。

在用实验 c-t 数据确定反应级数时，往往从实验上测得的不是直接的浓度数值，而是与浓度有关的物理量，如压力 p、体积 V、吸光度 A、摩尔电导率 Λ_m 等。现在先讨论浓度与这些物理量的关系，然后将浓度 c 对 t 的动力学方程变为这些物理量对时间 t 的函数关系，再用尝试法确定反应级数。

设有一反应，化学反应方程式为 $a\text{A}+b\text{B} = p\text{P}$，如果该反应平衡常数很大，反应实际可以进行到底，则在时间很长时，反应物 A 可以认为已消耗殆尽。现用物理化学方法测得体系在 0、t 和∞时刻的某物理量 ψ 的值分别为 ψ_0、ψ_t 和 ψ_∞，则该反应体系在不同时刻的物理量与反应物和产物的浓度的关系可表示如下：

	$a\text{A}$ +	$b\text{B}$	$\longrightarrow$ $p\text{P}$	
$t=0$	$c_{\text{A},0}$	$c_{\text{B},0}$	0	$\psi=\psi_0$
$t=t$	$c_{\text{A},0}-x$	$c_{\text{B},0}-\dfrac{b}{a}x$	$\dfrac{p}{a}x$	ψ_t
$t=\infty$	0	$c_{\text{B},0}-\dfrac{b}{a}c_{\text{A},0}$	$\dfrac{p}{a}c_{\text{A},0}$	ψ_∞

在任一时刻，物理量 ψ 的值可看作是反应体系中各种物质对该物理量的贡献之和

$$\psi=\psi_\text{M}+\psi_\text{A}+\psi_\text{B}+\psi_\text{P} \tag{9-86}$$

式中，ψ_M 表示反应介质等对物理量 ψ 的贡献。

如果各物种对 ψ 的贡献分别与它们的浓度成正比，即

$$\psi_\text{A}=\lambda_\text{A}c_\text{A} \qquad \psi_\text{B}=\lambda_\text{B}c_\text{B} \qquad \psi_\text{P}=\lambda_\text{P}c_\text{P} \tag{9-87}$$

式中，λ_i 是比例常数。将式(9-87)代入式(9-86)得

$t=0$

$$\psi_0=\psi_\text{M}+\lambda_\text{A}c_{\text{A},0}+\lambda_\text{B}c_{\text{B},0} \tag{9-88}$$

$t=t$

$$\psi_t=\psi_\text{M}+\lambda_\text{A}(c_{\text{A},0}-x)+\lambda_\text{B}\left(c_{\text{B},0}-\frac{b}{a}x\right)+\lambda_\text{p}\frac{p}{a}x \tag{9-89}$$

$t=\infty$

$$\psi_\infty=\psi_\text{M}+\lambda_\text{B}\left(c_{\text{B},0}-\frac{b}{a}c_{\text{A},0}\right)+\lambda_\text{p}\frac{p}{a}c_{\text{A},0} \tag{9-90}$$

由式(9-90)减去式(9-88)，可得

$$\psi_\infty-\psi_0=\left(\lambda_\text{p}\frac{p}{a}-\lambda_\text{B}\frac{b}{a}-\lambda_\text{A}\right)c_{\text{A},0}=\lambda c_{\text{A},0} \tag{9-91}$$

由式(9-89)减去式(9-88)，可得

$$\psi_t-\psi_0=\left(\lambda_\text{p}\frac{p}{a}-\lambda_\text{B}\frac{b}{a}-\lambda_\text{A}\right)x=\lambda x \tag{9-92}$$

式中

$$\lambda=\lambda_\text{p}\frac{p}{a}-\lambda_\text{B}\frac{b}{a}-\lambda_\text{A}$$

因此

$$\frac{x}{c_{\text{A},0}-x}=\frac{x}{c_\text{A}}=\frac{\psi_t-\psi_0}{\psi_\infty-\psi_t} \tag{9-93}$$

$$\frac{c_{\text{A},0}}{c_{\text{A},0}-x}=\frac{c_{\text{A},0}}{c_\text{A}}=\frac{\psi_\infty-\psi_0}{\psi_\infty-\psi_t} \tag{9-94}$$

式(9-93)和式(9-94)不仅适用于与浓度有正比关系的物理量，也适用于与浓度有线性关系的物理量。将式(9-94)代入一级动力学方程式(9-51)，可得

$$\ln\frac{\psi_\infty-\psi_0}{\psi_\infty-\psi_t}=k_At=|\nu_A|kt \tag{9-95}$$

或

$$\ln(\psi_\infty-\psi_t)=-k_At+\ln(\psi_\infty-\psi_0) \tag{9-96}$$

用实验测得 ψ_t-t 数据，当 $\psi_\infty>\psi_t$ 时，以 $\ln(\psi_\infty-\psi_t)$ 对 t 作图；当 $\psi_t>\psi_\infty$ 时，以 $\ln(\psi_t-\psi_\infty)$ 对 t 作图。若得一直线，则说明反应为一级反应，从直线斜率即可求得速率常数 k_A。

对于 n 级反应($n\neq1$)，将动力学方程式(9-82)两边乘以 $c_{A,0}^{n-1}$，整理后得

$$\left(\frac{c_{A,0}}{c_A}\right)^{n-1}=(n-1)k_Ac_{A,0}^{n-1}t+1$$

将式(9-99)代入得

$$\left(\frac{\psi_\infty-\psi_0}{\psi_\infty-\psi_t}\right)^{n-1}=(n-1)k_Ac_{A,0}^{n-1}t+1 \tag{9-97}$$

或

$$\frac{1}{(\psi_\infty-\psi_t)^{n-1}}=(n-1)k_A\left(\frac{c_{A,0}}{\psi_\infty-\psi_0}\right)^{n-1}t+\frac{1}{(\psi_\infty-\psi_0)^{n-1}} \tag{9-98}$$

以 $1/(\psi_\infty-\psi_t)^{n-1}$ 对 t 作图，选取合适的 n 使其为一直线，则此 n 值即为反应级数，从其斜率可求得 k 值。

9.5.2　微分法

若速率方程为 $r_A=-\dfrac{dc_A}{dt}=k_Ac_A^n$，取对数后得

$$\ln\left(-\frac{dc_A}{dt}\right)=\ln k_A+n\ln c_A \tag{9-99}$$

利用 c-t 数据，作出 c_A-t 曲线，在不同 c_A 处作切线，求出斜率 dc_A/dt，然后以 $\ln\left(-\dfrac{dc_A}{dt}\right)$ 对 $\ln c_A$ 作图，得一直线，其斜率就是 A 组分的反应级数 n，从截距可求得 k_A。或者将一系列的 $\left(-\dfrac{dc_A}{dt}\right)_i$ 和 $c_{A,i}$ 代入式(9-99)。例如

$$\ln\left(-\frac{dc_A}{dt}\right)_1=\ln k_A+n\ln c_{A,1}$$

$$\ln\left(-\frac{dc_A}{dt}\right)_2=\ln k_A+n\ln c_{A,2}$$

将两式相减得

$$n=\frac{\ln\left(-\dfrac{dc_A}{dt}\right)_1-\ln\left(-\dfrac{dc'_A}{dt}\right)_2}{\ln c_{A,1}-\ln c_{A,2}}$$

求出若干个 n，然后取其平均值。

有时反应的产物对反应速率有影响，为了排除产物的干扰，常采用起始浓度法，即取若干个不同的 $c_{A,0}$，测出各自的 c_A-t 曲线，在每条曲线的起始浓度 $c_{A,0}$ 处求出相应的斜率 $\dfrac{dc_{A,0}}{dt}$。再根据

$$\ln\left(-\frac{dc_{A,0}}{dt}\right)=\ln k_A+n\ln c_{A,0}$$

以 $\ln\left(-\frac{dc_{A,0}}{dt}\right)$ 对 $\ln c_{A,0}$ 作图，直线斜率即为组分 A 的级数，从截距求出 k_A。对于逆向也能进行的反应，起始浓度法显然更为可靠。

9.5.3 半衰期法

根据半衰期 $t_{1/2}$ 与起始浓度的关系，可确定速率方程 $r_A=k_Ac_A^n$ 的级数 n 值。当 $n=1$ 时，半衰期 $t_{1/2}$ 与起始浓度 $c_{A,0}$ 无关。当 $n\neq1$ 时，式(9-85)可表示为

$$t_{1/2}=\frac{(2^{n-1}-1)}{(n-1)k_Ac_{A,0}^{n-1}}=\frac{B}{c_{A,0}^{n-1}} \tag{9-100}$$

$$\frac{t_{1/2}}{t'_{1/2}}=\left(\frac{c'_{A,0}}{c_{A,0}}\right)^{n-1}$$

或

$$n=1+\frac{\ln\frac{t_{1/2}}{t'_{1/2}}}{\ln\frac{c'_{A,0}}{c_{A,0}}} \tag{9-101}$$

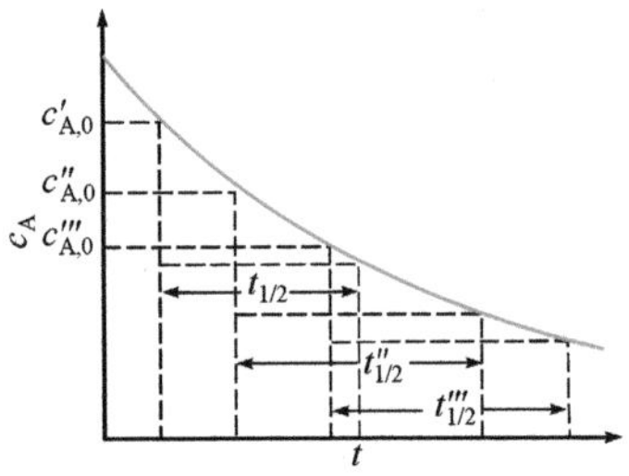

图 9-7 由 c-t 曲线求半衰期

由两组数据就可求出 n。若数据较多，也可用作图法。将式(9-100)取对数得

$$\ln t_{1/2}=\ln B+(1-n)\ln c_{A,0} \tag{9-102}$$

以 $\ln t_{1/2}$ 对 $\ln c_{A,0}$ 作图，从直线斜率求得 n，从截距求得 k_A。实际上，只要有 c_A-t 实验数据，从 c_A-t 曲线上取一系列不同 $c_{A,0}$，依次读出相应的一系列 $t_{1/2}$，如图9-7所示，再以 $\ln t_{1/2}$ 对 $\ln c_{A,0}$ 作图，如图 9-8 所示，从斜率求得 n。

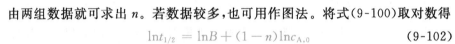

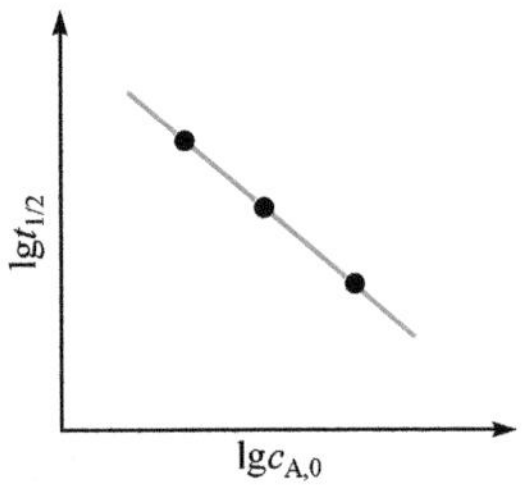

图 9-8 由半衰期求级数

此方法也适用于分数寿期，从式(9-84)可得

$$n=1+\frac{\ln\frac{t_\theta}{t'_\theta}}{\ln\frac{c'_{A,0}}{c_{A,0}}} \tag{9-103}$$

9.5.4 孤立法

当速率方程为 $r=kc_A^\alpha c_B^\beta c_C^\gamma\cdots$ 时，在实验中，使 $c_{A,0}\ll c_{B,0}$，$c_{A,0}\ll c_{C,0}$。在反应进程中，除 c_A 外，其他反应物的浓度基本上不随时间变化，则速率方程可表示为

$$r=(kc_{B,0}^\beta c_{C,0}^\gamma\cdots)c_A^\alpha=k'c_A^\alpha \tag{9-104}$$

用前面介绍的方法求得组分 A 的级数 α 及表观速率常数 k'。同理在 $c_{B,0}\ll c_{A,0}$，$c_{B,0}\ll c_{C,0}$ 的实验条件下求得组分 B 的级数 β 值，依此类推。求 β 的另一种方法是，保持其他反应起始浓度为定值，只改变 $c_{B,0}$ 至 $c'_{B,0}$。根据式(9-104)，有

$$\frac{k'}{k''}=\left(\frac{c_{B,0}}{c'_{B,0}}\right)^\beta$$

这样，β 值可由 k' 和 k'' 求得。这是“孤立”的意思，是指其他物质浓度不变，专门研究一种物质浓度变化的影响。此方法需配合前面介绍的各种方法一起使用。

例 9-3　设有反应 $A+2B \longrightarrow P$，A 保持大大过量，测出 B 的浓度随时间的变化如下：

实验序号	t/min	$c_B/(mol \cdot dm^{-3})$	
		(Ⅰ)$c_{A,0}=0.500mol \cdot dm^{-3}$	(Ⅱ)$c_{A,0}=0.25mol \cdot dm^{-3}$
0	0	1.00×10^{-3}	1.00×10^{-3}
1	4	0.75×10^{-3}	0.87×10^{-3}
2	8	0.56×10^{-3}	0.75×10^{-3}
3	12	0.42×10^{-3}	0.65×10^{-3}
4	16	0.32×10^{-3}	0.56×10^{-3}

试求反应级数。

解　设 $r=kc_A^{\alpha}c_B^{\beta}$　因 $c_A \approx c_{A,0}$，所以有

$$r=(kc_{A,0}^{\alpha})c_B^{\beta}=k'c_B^{\beta}$$

(1) 确定 B 的级数。

① 积分法：利用第(Ⅰ)组数计算结果如下：

i	设 $\beta=1$ $k'_i=\frac{1}{t_i}\ln\frac{c_{B,0}}{c_{B,i}}$	设 $\beta=2$ $k'_i=\frac{1}{t_i}\left(\frac{1}{c_{B,i}}-\frac{1}{c_{B,0}}\right)$
1	$k'_1=0.0719min^{-1}$	$k'_1=83dm^3 \cdot mol^{-1} \cdot min^{-1}$
2	$k'_2=0.0725min^{-1}$	$k'_2=98dm^3 \cdot mol^{-1} \cdot min^{-1}$
3	$k'_3=0.0723min^{-1}$	$k'_3=115dm^3 \cdot mol^{-1} \cdot min^{-1}$
4	$k'_4=0.0712min^{-1}$	$k'_4=133dm^3 \cdot mol^{-1} \cdot min^{-1}$

可见 $\beta=1$，$k'_{Ⅰ}=0.072min^{-1}$。

同理，用第(Ⅱ)数据也可证明 $\beta=1$，并得到 $k'_{Ⅱ}=0.036min^{-1}$。

② 半衰期法：分析题中第(Ⅱ)组数据，c_B 从 $1.0\times10^{-3}mol \cdot dm^{-3}$ 到 $0.87\times10^{-3}mol \cdot dm^{-3}$，即转化掉 13%时需要 4min；从 $0.87\times10^{-3}mol \cdot dm^{-3}$ 转化掉 13%时，$c_B=(0.87\times10^{-3}\times87\%)mol \cdot dm^{-3}=0.76\times10^{-3}mol \cdot dm^{-3}$，也需 4min；从 $0.65\times10^{-3}mol \cdot dm^{-3}$ 转化掉 13%时，$c_B=0.57\times10^{-3}mol \cdot dm^{-3}$，也约需 4min。由此可见，B 转化掉的分数与 B 的初始浓度无关，根据式(9-83)，这是一级反应的特征；分析第(Ⅰ)组数据时也可看到这一点，所以 $\beta=1$。

(2) 确定 A 的级数。

$$k'_{Ⅰ}=k(c_{A,0})_{Ⅰ}^{\alpha}\qquad k'_{Ⅱ}=k(c_{A,0})_{Ⅱ}^{\alpha}$$

所以

$$\frac{k'_{Ⅰ}}{k'_{Ⅱ}}=\left[\frac{(c_{A,0})_{Ⅰ}}{(c_{A,0})_{Ⅱ}}\right]^{\alpha}$$

即

$$\frac{0.072}{0.036}=\left(\frac{0.500}{0.250}\right)^{\alpha}$$

得 $\alpha=1$。因此，该反应的动力学方程为 $r=kc_Ac_B$。

上面介绍了几种确定反应级数的方法。如果实验数据比较充分而且偏差较小，则各种方法都能给出满意的结果。若起始浓度能在相当大范围内变动，则用半衰期法更好些。复杂反应的级数往往不是整数，联合使用孤立法和微分法似乎容易得出结果。有时用一种方法不能确定级数，就要采用另外的方法。

9.6 温度对速率常数的影响

前面讨论浓度对反应速率的影响时，我们规定温度等其他因素不变。现在专门讨论温度影响。温度对反应速率影响表现在速率常数随温度的变化上。

9.6.1 范特霍夫规则

1884 年范特霍夫在总结温度对反应速率影响时指出，温度每升高 10K，反应速率常数为原来的 2～4 倍，即

$$\frac{k_{T+10}}{k_T} \approx 2 \sim 4 \tag{9-105}$$

此经验规则是很粗略的，它说明温度对 k 的影响很大，但并非所有的反应都符合上述规则。

9.6.2 阿伦尼乌斯定理

1889 年，阿伦尼乌斯研究蔗糖水解速率与温度的关系时，在范特霍夫工作的启发下提出以下指数形式的经验方程：

$$k = A\exp\frac{-E_a}{RT} \tag{9-106}$$

式中，R 是摩尔气体常量；E_a 和 A 都是反应的特性常数，E_a 称为阿伦尼乌斯活化能，A 称为指前因子。E_a 的单位与 RT 一致，通常是 $J \cdot mol^{-1}$ 或 $kJ \cdot mol^{-1}$。应该指出，这里的每摩尔系指反应进度 $\Delta\xi = 1mol$。A 的单位与 k 相同。

阿伦尼乌斯认为速率常数与温度的关系或许相似于平衡常数与温度的关系，因此他写出

$$\frac{d\ln k}{dT} = \frac{E_a}{RT^2} \tag{9-107}$$

并假定 E_a 与 T 无关，式(9-107)积分后可得式(9-108)。将式(9-106)取对数，可得

$$\ln k = \ln A - \frac{E_a}{RT} \quad 或 \quad \lg k = \lg A - \frac{E_a}{2.303RT} \tag{9-108}$$

阿伦尼乌斯公式适用于几乎所有的基元均相反应和大多数复杂反应。

9.6.3 总包反应速率对反应温度的依赖

总包反应速率对反应温度 T 的依赖关系可分为阿伦尼乌斯型反应和反阿伦尼乌斯型反应，一些典型曲线示于图 9-9。

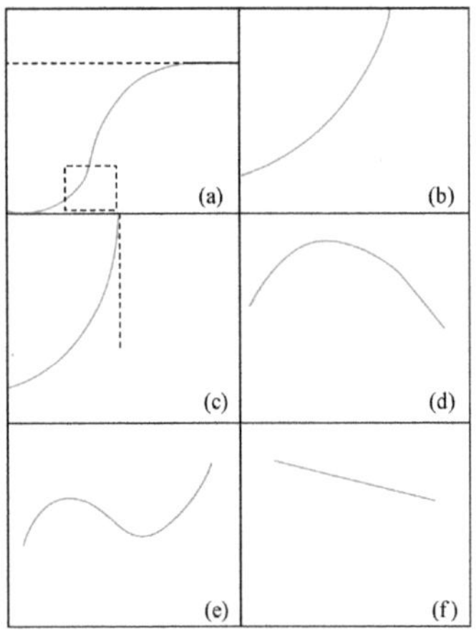

图 9-9 总包反应速率(r)对温度(T)依赖的几种不同情况

1. 阿伦尼乌斯型反应

图 9-9(a)表示依式(9-106)所得的完整的 S 形曲线。当 T 趋于零时，k 趋于零，总包反应速率 r 趋于零。当 T 趋于无穷大时，k 趋于 A，r 趋于定值。但一般实验只在有限的反应温度范围中进行。所得 r 对 T 的依赖曲线仅为其中的一部分，如图 9-9(a)中虚线方框的部分。

将此部分放大后如图 9-9(b)所示。接近此图情况的反应称为阿伦尼乌斯型反应。

2. 反阿伦尼乌斯型反应

图 9-9(c)～(f)所对应的反应统称为反阿伦尼乌斯型反应。图 9-9(c)出现在一些有爆炸极限的反应中，低温时，反应缓慢，基本符合阿伦尼乌斯定理，当达到一定温度极限时，反应以爆炸的高速率进行。图 9-9(d)常在一些受吸附速率控制的多相催化反应以及酶催化反应中出现。在温度不高的情况下，反应速率随温度增加而加快，但达到某一高度以后如再升高温度，将使反应速率下降。这可能是由于高温对催化剂性能有不利影响所致。图 9-9(e)出现在煤的燃烧反应中，不仅出现极大点，还出现了极小点，这可能是由于其反应机理包含了图 9-9(b)和图 9-9(d)所示两类反应的平行过程综合的结果。图 9-9(f)则出现在一氧化氮的氧化反应中，这是一个不需要活化能的三分子反应，其反应速率随温度升高而单调地下降，具有负的表观活化能。总包反应速率对温度的依赖关系还有其他形式，在此从略。

9.6.4 阿伦尼乌斯活化能

1. 阿伦尼乌斯活化能的定义及其物理意义

知识点讲解视频

活化能的物理意义

(朱志昂)

根据阿伦尼乌斯定理的微分式[式(9-107)]，任何速率过程的活化能 E_a 的普遍定义为

$$E_a \equiv RT^2 \frac{\mathrm{dln}k}{\mathrm{d}T} = -R\left(\frac{\mathrm{dln}k}{\mathrm{d}\frac{1}{T}}\right) \tag{9-109}$$

式(9-109)是由阿伦尼乌斯定理微分式推导得出，E_a 又称为微分活化能，或称为阿伦尼乌斯活化能，有时简称为活化能。这一定义式适用基元反应和阿伦尼乌斯型复杂反应。有时对于速率常数并不满足阿伦尼乌斯定理的反应，仍然可以利用式(9-109)决定活化能。

对于基元反应，阿伦尼乌斯活化能有明确的物理意义。阿伦尼乌斯认为，分子间要发生反应必须彼此接触、碰撞，但并不是每次碰撞都能发生反应，只有少数能量较大的分子碰撞后才能起作用，要使普通的分子变为活化分子所需的最小能量称为活化能。活化能的定义式可将速率常数与温度的关系同热力学中恒容条件下的范特霍夫方程联系起来。设有一正、逆向均可进行的基元对峙反应，令 k_f 和 k_b 分别为正向反应速率常数和逆向反应速率常数，其活化能分别为 $E_{a,f}$和 $E_{a,b}$。由于平衡常数 K_c 等于正向与逆向反应速率常数之比

$$K_c = \frac{k_f}{k_b}$$

即

$$\ln K_c = \ln k_f - \ln k_b$$

对 T 微分得

$$\frac{\mathrm{dln}K_c}{\mathrm{d}T} = \frac{\mathrm{dln}k_f}{\mathrm{d}T} - \frac{\mathrm{dln}k_b}{\mathrm{d}T}$$

将式(9-109)代入得

$$\frac{\mathrm{dln}K_c}{\mathrm{d}T} = \frac{(E_{a,f} - E_{a,b})}{RT^2} \tag{9-110}$$

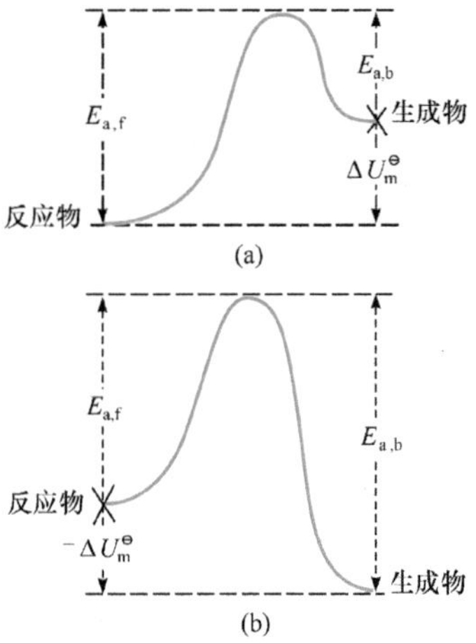

图 9-10 $E_{a,f}$、$E_{a,b}$ 和 $\Delta U_m^\ominus$ 的关系

在恒容条件下，热力学的范特霍夫方程为

$$\frac{\mathrm{d}\ln K_c^\ominus}{\mathrm{d}T} = \frac{\Delta U_m^\ominus}{RT^2}$$

两式相比，得

$$E_{a,f} - E_{a,b} = \Delta U_m^\ominus \tag{9-111}$$

$\Delta U_m^\ominus$是化学反应的标准摩尔热力学能的变化，它近似等于恒容反应热，所以对于基元反应，正向反应活化能与逆向反应活化能的差值就是恒容反应热 Q_V。这一关系如图 9-10 所示。

1925 年，托尔曼(Tolman)曾用统计力学方法证明对于基元反应，E_a 是 1mol 活化分子的平均能量与 1mol 反应物分子平均能量的差值(见 9.6.5)。

对于复杂反应，E_a 没有明确的物理意义，这时 E_a 称为该总包反应的表观活化能(apparent activation energy)，或称为总包反应的实验活化能。阿伦尼乌斯定理中的 A 称为表观指前因子。构成总包反应的每一个基元反应都可用图 9-10表示其活化能的意义。但对总包反应来说，却不能简单地用图 9-10 所示的能垒来表示其表观活化能。如果总包反应的速率常数与温度的关系服从阿伦尼乌斯公式，则总包反应的表观活化能与各基元反应活化能的关系由总包反应速率常数与各个基元反应的速率常数的关系所决定。例如，若

$$k = \frac{k_1 k_2}{k_3^{1/2}}$$

则有

$$k = \frac{A_1 \exp\dfrac{-E_{a,1}}{RT} A_2 \exp\dfrac{-E_{a,2}}{RT}}{\left(A_3 \exp\dfrac{-E_{a,3}}{RT}\right)^{1/2}} = \frac{A_1 A_2}{A_3^{1/2}} \exp\frac{-\left(E_{a,1} + E_{a,2} - \dfrac{1}{2}E_{a,3}\right)}{RT}$$

与 $k = A\exp(-E_a/RT)$ 相比得

$$E_a = E_{a,1} + E_{a,2} - \frac{1}{2}E_{a,3}$$

$$A = \frac{A_1 A_2}{A_3^{1/2}}$$

2. *E_a 对反应速率的影响*

从式(9-106)可看出，E_a 对 k 的影响比指前因子 A 显著。在相同的 T、A 条件下，反应的 E_a 越大，则反应速率常数 k 越小。在室温下发生某一反应，E_a 每增加 $4\mathrm{kJ \cdot mol^{-1}}$，$k$ 值降低 80%。若 E_a 下降 $4\mathrm{kJ \cdot mol^{-1}}$，则反应速率是原来的 5 倍；若降低 $8\mathrm{kJ \cdot mol^{-1}}$，则是原来的 25 倍。所以工业上总是选用催化剂以改变反应机理，降低活化能使反应速率大大加快。通常化学反应的活化能在 $40 \sim 400\mathrm{kJ \cdot mol^{-1}}$，若 $E_a < 40\mathrm{kJ \cdot mol^{-1}}$，则该反应在室温以下瞬时完成，这种快速反应的检测需用特殊的方法进行。若 $E_a > 100\mathrm{kJ \cdot mol^{-1}}$，则该反应需适当进行加热，$E_a$ 越大，要求的温度越高。设某反应 $E_a = 50\mathrm{kJ \cdot mol^{-1}}$，温度从 300K 升至 310K 时，由指数形式可得

$$\frac{k_{310}}{k_{300}} = \exp\left(-\frac{E_a}{R}\right)\left(\frac{1}{310} - \frac{1}{300}\right) \approx 2$$

这就得到范特霍夫经验规则。

设有两个不同的反应 1 和 2，速率常数分别为 k_1、k_2，活化能分别为 $E_{a,1}$、

$E_{a,2}$，则有

$$\frac{k_1}{k_2}=\frac{A_1\exp\dfrac{-E_{a,1}}{RT}}{A_2\exp\dfrac{-E_{a,2}}{RT}}=\frac{A_1}{A_2}\exp\frac{(E_{a,2}-E_{a,1})}{RT}$$

略去指前因子的影响，则有

$$\frac{\mathrm{dln}\dfrac{k_1}{k_2}}{\mathrm{d}T}=\frac{E_{a,1}-E_{a,2}}{RT^2}$$

若 $E_{a,1}>E_{a,2}$，则$\dfrac{\mathrm{dln}(k_1/k_2)}{\mathrm{d}T}>0$，当 T 升高时，$\dfrac{k_1}{k_2}$增大，即 k_1 随温度的增大值比 k_2 的增加值大。若 $E_{a,1}<E_{a,2}$，当 T 升高时，$\dfrac{k_1}{k_2}$减小，即 k_2 随温度的增加值大于 k_1。从而可看出，在两个不同的反应中，活化能较大的反应对温度升高更为敏感，即高温有利于活化能较大的反应，低温有利于活化能较小的反应。这一结论是温度对竞争反应速率影响的一般规则。

对 $n(n\neq1)$级反应的动力学方程，应用阿伦尼乌斯指数形式，可得到

$$\frac{1}{n-1}\left(\frac{1}{c_A^{n-1}}-\frac{1}{c_{A,0}^{n-1}}\right)=|\nu_A|\ kt=|\nu_A|\ A\left(\exp\frac{-E_a}{RT}\right)t \tag{9-112}$$

确定了反应级数 n 后，若知道了 A 和 E_a，要使反应在一定时间内达到一定的转化率，利用式(9-112)即可求得合适的反应温度 T 值。

归纳起来主要有以下三点：

(1) 在指定温度下，活化能低的反应，其反应速率大。

(2) 对于两个活化能不同的反应，升温有利于活化能高的反应。

(3) 对于一个给定反应，其在低温区反应速率随温度的变化比高温区敏感得多。

对于有多个反应同时发生的复合反应体系，通过对比各基元反应的活化能，可以确定对目标产物的生成最有利的反应温度。

3. E_a 的实验测定

根据阿伦尼乌斯积分式(9-108)，由实验测定不同温度下之 k 值，以 $\ln k$ 对$1/T$作图得一直线，从其斜率即可求得 E_a。若对阿伦尼乌斯微分式(9-107)作定积分(设 E_a 为常数)得

$$\ln\frac{k(T_2)}{k(T_1)}=-\frac{E_a}{R}\left(\frac{1}{T_2}-\frac{1}{T_1}\right) \tag{9-113}$$

由实验测得 T_1、T_2 时的 $k(T_1)$、$k(T_2)$值，用式(9-113)即可求得 E_a 值。以上方法适用于基元反应，也适用于非基元反应，但对非基元反应，求得的是表观活化能。

以上对阿伦尼乌斯微分式进行积分时，假定 E_a 为常数。当温度变化范围不是很大时，实验表明以 $\ln k$ 对 $1/T$ 作图可以得到较好的直线。但当温度变化范围很大时，更准确的实验表明，以 $\ln k$ 对 $1/T$ 作图不能得到很好的直线。这说明 E_a 是温度的函数，此时，式(9-106)可修正为含有三个参量的经验公式

$$k=AT^m\exp\left(-\frac{E}{RT}\right)\quad 或\quad \ln k=\ln A+m\ln T-\frac{E}{RT} \tag{9-114}$$

式中，A、E、m 均由实验确定。从式(9-114)可见，$\ln k$ 与 $\frac{1}{T}$ 线性关系的好坏取决于 $m\ln T$ 项，由于一般反应的 m 值较小，因此应用阿伦尼乌斯经验公式仍能与实验符合得较好。将式(9-114)对 T 微分并代入式(9-109)可得

$$E_a = E + mRT \tag{9-115}$$

式(9-115)表明阿伦尼乌斯活化能 E_a 与温度 T 之间的定量关系。

在 E_a 已知的条件下，利用式(9-113)可由一个温度的 $k_1(T_1)$ 值求出另一温度的 $k_2(T_2)$ 值。此外，若某一 n 级反应在一定的起始浓度下，在不同温度 T_1 和 T_2 时，要达到同一转化率所需时间具有以下关系：

根据 $-\frac{dc_A}{dt}=|\nu_A|kc_A^n$，设在 T_1 时速率常数为 k_1，则有

$$-\int_{c_{A,0}}^{c_A}\frac{dc_A}{c_A^n}=\int_0^{t_1}|\nu_A|k_1dt$$

设在 T_2 时速率常数为 k_2，则有

$$-\int_{c_{A,0}}^{c_A}\frac{dc_A}{c_A^n}=\int_0^{t_2}|\nu_A|k_2dt$$

由于起始浓度和反应程度都相同，因此上两式左方方程分值应相同。据此可得

$$k_1t_1=k_2t_2 \tag{9-116}$$

结合式(9-113)，可得到

$$\ln\frac{t_1}{t_2}=-\frac{E_a}{R}\left(\frac{1}{T_2}-\frac{1}{T_1}\right) \tag{9-117}$$

在反应物起始浓度相同、反应程度相同的条件下，应用式(9-117)可由一个温度下所需时间计算出另一温度下所需的时间。

例 9-4 溴乙烷的分解为一级反应，已知该反应的 $E_a=229.3\text{kJ}\cdot\text{mol}^{-1}$，在 650K 时的速率常数 $k=2.14\times10^{-4}\text{s}^{-1}$。现在要使该反应的转化率在 10min 时达到 90%，此反应的温度应控制在多少？

解 根据已知 650K 时的 k 值和 E_a 值(视为常数)，先求出指前因子 A

$$A=k\exp\frac{E_a}{RT}=2.14\times10^{-4}\text{s}^{-1}\exp\frac{229\ 300\text{J}\cdot\text{mol}^{-1}}{8.314\text{J}\cdot\text{mol}^{-1}\cdot\text{K}^{-1}\times650\text{K}}=6.7\times10^{14}\text{s}^{-1}$$

对于一级反应，有

$$\ln\frac{1}{1-x_A}=k'_At=|\nu_A|kt=kt=At\exp\frac{-E_a}{RT}$$

将 $x_A=0.90$，$t=600\text{s}$，$E_a=229\ 300\text{J}\cdot\text{mol}^{-1}$，$A=6.7\times10^{14}\text{s}^{-1}$ 代入，求得 $T=698\text{K}$，即欲使此反应在 10min 内转化 90%，温度应控制在 698K。

4. 基元反应活化能的估算

除用各种实验方法获得 E_a 的数值外，人们还提出一些经验规则，从反应所涉及的化学键的键能来估算基元反应的活化能，所得结果是比较粗糙的，但对分析反应速率问题是有帮助和启发的。

(1) 对基元反应

$$\text{A—A}+\text{B—B}\longrightarrow 2(\text{A—B})$$

反应需破坏的化学键 A—A 和 B—B 的键能分别为 ε_{AA} 和 ε_{BB}，则有

$$E_a \approx (\varepsilon_{AA} + \varepsilon_{BB}) \times 30\%$$

（2）对于分子分解为自由基的基元反应

$$A_2 + M \longrightarrow 2A\cdot + M$$

则有

$$E_a \approx \varepsilon_{AA}$$

（3）自由基的复合反应

$$A\cdot + A\cdot + M \longrightarrow A_2 + M$$

$E_a \approx 0$，因为自由基本来是很活泼的，复合时不需要破坏化学键，故不必吸收额外的能量，如果自由基是处于激发态的，则复合时还会放出能量，使表观上的 E_a 呈负值。

（4）对于自由基与分子之间的基元反应

$$A_2 + X\cdot \longrightarrow AX + A$$

放热方向上的活化能

$$E_a \approx 5.5\%(\varepsilon_{AA})$$

吸热方向上的活化能

$$E'_a \approx E_a + |\Delta H|$$

可由键能估算反应热

$$\Delta H = \sum(\text{反应物键能}) - \sum(\text{产物键能})$$

若 ΔH 为正，表示正向为吸热反应，逆向为放热反应。

*9.6.5　阿伦尼乌斯活化能的统计意义

1925 年托尔曼首先用统计力学对 E_a 作微观解释。设有基元反应 $A \longrightarrow P$，若此反应是在恒温恒容条件下进行的，从宏观测量可得到此反应的速率常数 k。根据 E_a 的定义式[式(9-109)]有

$$E_a \equiv RT^2 \frac{\mathrm{d}\ln k}{\mathrm{d}T} = -R\frac{\mathrm{d}\ln k}{\mathrm{d}\frac{1}{T}}$$

设反应物 A 有 N 个 A 分子，在分子的可及量子状态上有一定分布。若分子的能级是非简并的，则处于第 i 个量子状态上的能级为 ε_i，分子数为 N_i。在第 i 个量子状态上 N_i 个 A_i 分子分解为 P 的速率常数 k_i 应表示为

$$-\frac{\mathrm{d}N_i}{\mathrm{d}t} = k_i N_i \tag{9-118}$$

注意，k_i 是一个微观量，是在第 i 个量子状态上 A_i 分子分解为 P 的速率常数。根据宏观量是微观量对所有量子状态求平均的原理，则宏观速率常数 k 可表示为

$$k = \sum_i k_i P_i \tag{9-119}$$

式中，P_i 是第 i 个量子状态出现的概率，$P_i = \frac{N_i}{N}$。如果反应速率远小于分子间的能量传递速率，则可以认为反应进行过程中 A 分子的玻尔兹曼能量平衡分布仍能维持，即

$$P_i = \frac{N_i}{N} = \frac{\exp\frac{-\varepsilon_i}{k_B T}}{\sum_i \exp\frac{-\varepsilon_i}{k_B T}} \tag{9-120}$$

式中，k_B 是玻尔兹曼常量。将式(9-120)代入式(9-119)得

$$k = \frac{\sum_i k_i \exp\frac{-\varepsilon_i}{k_B T}}{\sum_i \exp\frac{-\varepsilon_i}{k_B T}} \tag{9-121}$$

$$\ln k=\ln\sum_i k_i\exp\frac{-\varepsilon_i}{k_B T}-\ln\sum_i\exp\frac{-\varepsilon_i}{k_B T} \tag{9-122}$$

将式(9-122)代入 E_a 的定义式得

$$E_a\equiv -R\frac{\mathrm{d}\ln k}{\mathrm{d}\frac{1}{T}}=-R\left(\frac{\mathrm{d}\ln\sum_i k_i\exp\frac{-\varepsilon_i}{k_B T}}{\mathrm{d}\frac{1}{T}}-\frac{\mathrm{d}\ln\sum_i\exp\frac{-\varepsilon_i}{k_B T}}{\mathrm{d}\frac{1}{T}}\right)$$

$$=-Lk_B\left[\frac{\sum_i k_i\left(\exp\frac{-\varepsilon_i}{k_B T}\right)\left(\frac{-\varepsilon_i}{k_B}\right)}{\sum_i k_i\exp\frac{-\varepsilon_i}{k_B T}}-\frac{\sum_i\left(\exp\frac{-\varepsilon_i}{k_B T}\right)\left(\frac{-\varepsilon_i}{k_B}\right)}{\sum_i\exp\frac{-\varepsilon_i}{k_B T}}\right]$$

$$=L\frac{\sum_i\varepsilon_i k_i\exp\frac{-\varepsilon_i}{k_B T}}{\sum_i k_i\exp\frac{-\varepsilon_i}{k_B T}}-L\frac{\sum_i\varepsilon_i\exp\frac{-\varepsilon_i}{k_B T}}{\sum_i\exp\frac{-\varepsilon_i}{k_B T}}$$

$$=L\langle\varepsilon_T^*\rangle(A^*)-L\langle\varepsilon_T\rangle(A)$$

$$=\langle E_T^*\rangle(A^*)-\langle E_T\rangle(A) \tag{9-123}$$

根据平均值的定义,式中

$$\langle\varepsilon_T\rangle(A)=\frac{\sum_i\varepsilon_i\exp\frac{-\varepsilon_i}{k_B T}}{\sum_i\exp\frac{-\varepsilon_i}{k_B T}}$$

是一个 A 分子的平均能量,它显然是温度 T 的函数,$\langle E_T\rangle(A)=L\langle\varepsilon_T\rangle(A)$是 1mol A 分子的平均能量。同理,式中

$$\langle\varepsilon_T^*\rangle(A^*)=\frac{\sum_i k_i\varepsilon_i\exp\frac{-\varepsilon_i}{k_B T}}{\sum_i k_i\exp\frac{-\varepsilon_i}{k_B T}}$$

由于式中求和号中乘了速率常数 k_i,因此$\langle\varepsilon_T^*\rangle(A^*)$是一个能发生反应的 A 分子(活化分子 A^*)的平均能量,它也是温度 T 的函数。$\langle E_T^*\rangle(A^*)=L\langle\varepsilon_T^*\rangle(A^*)$是 1mol A^* 分子的平均能量。因此;阿伦尼乌斯活化能 E_a 不是分子水平的微观量,而是一个统计平均量,即宏观量,它是 1mol 活化分子的平均能量与 1mol 一般分子的平均能量之差。因为$\langle E_T^*\rangle(A^*)$和$\langle E_T\rangle(A)$均与温度有关,所以 E_a 应当是温度的函数。

9.7 典型的复合反应

以上讨论的是简单级数的反应,而且是不可逆的,忽略了逆向反应。现在讨论由两个或两个以上的基元反应组成的复合反应。最简单的组合方式可分为三类:对峙反应、平行反应和连串反应。而这些又可以组成更复杂的反应。上述三种典型的复合反应的每一步可以是基元反应,也可以是简单级数的非基元反应,基元反应可直接应用质量作用定理,非基元反应的级数需实验测定。

9.7.1 对峙反应

在正方向和逆方向均发生的反应称为对峙反应(opposing reaction)。例如

$$A+B\rightleftharpoons Z \tag{9-124}$$

1. 特征

对峙反应又称可逆反应，但此处可逆与热力学上的可逆含义不同。这里的可逆是指逆反应以显著速率进行。原则上，一切反应都是对峙的，但是当偏离平衡态很远时，逆向反应往往可忽略不计。对峙反应的逆向反应速率不能忽略，它的特点是很容易达到平衡。对峙反应的例子有光气的合成与分解，碘化氢与其单质元素之间的转换，顺反异构化反应等。

2. 1-1 级对峙反应

以正、逆向均为一级反应为例：

$$\mathrm{A} \underset{k_{-1}}{\overset{k_1}{\rightleftharpoons}} \mathrm{B}$$

$$\begin{array}{lll} t=0 & c_{\mathrm{A},0} & 0 \\ t=t & c_{\mathrm{A}}=c_{\mathrm{A},0}-x & c_{\mathrm{B}}=x=c_{\mathrm{A},0}-c_{\mathrm{A}} \\ t=t_{\mathrm{e}} & c_{\mathrm{A,e}}=c_{\mathrm{A},0}-x_{\mathrm{e}} & c_{\mathrm{B,e}}=x_{\mathrm{e}}=c_{\mathrm{A},0}-c_{\mathrm{A,e}} \end{array}$$

在 t 时刻，正向反应速率 $r_+=k_1c_{\mathrm{A}}$，逆向反应速率 $r_-=k_{-1}c_{\mathrm{B}}$，反应物 A 的净消耗速率为

$$\begin{aligned} -\frac{\mathrm{d}c_{\mathrm{A}}}{\mathrm{d}t} &= r_+ - r_- = k_1c_{\mathrm{A}} - k_{-1}c_{\mathrm{B}} \\ &= k_1c_{\mathrm{A}} - k_{-1}(c_{\mathrm{A},0}-c_{\mathrm{A}}) \\ &= (k_1+k_{-1})c_{\mathrm{A}} - k_{-1}c_{\mathrm{A},0} \end{aligned} \tag{9-125}$$

对峙反应容易达到平衡，可利用平衡常数 K_c 求出 k_1 与 k_{-1} 的关系。平衡时，正向反应速率与逆向反应速率相等

$$k_1c_{\mathrm{A,e}} = k_{-1}c_{\mathrm{B,e}} = k_{-1}(c_{\mathrm{A},0}-c_{\mathrm{A,e}})$$

或

$$\frac{c_{\mathrm{B,e}}}{c_{\mathrm{A,e}}} = \frac{c_{\mathrm{A},0}-c_{\mathrm{A,e}}}{c_{\mathrm{A,e}}} = \frac{k_1}{k_{-1}} = K_c \tag{9-126}$$

则有

$$k_{-1}c_{\mathrm{A},0} = (k_1+k_{-1})c_{\mathrm{A,e}} \tag{9-127}$$

将式(9-127)代入式(9-125)得

$$-\frac{\mathrm{d}c_{\mathrm{A}}}{\mathrm{d}t} = -\frac{\mathrm{d}(c_{\mathrm{A}}-c_{\mathrm{A,e}})}{\mathrm{d}t} = (k_1+k_{-1})(c_{\mathrm{A}}-c_{\mathrm{A,e}}) \tag{9-128}$$

对式(9-128)积分得

$$\ln\frac{c_{\mathrm{A},0}-c_{\mathrm{A,e}}}{c_{\mathrm{A}}-c_{\mathrm{A,e}}} = (k_1+k_{-1})t = k_1\left(1+\frac{1}{K_c}\right)t \tag{9-129}$$

对 1-1 级对峙反应，以 $\ln(c_{\mathrm{A}}-c_{\mathrm{A,e}})$ 对 t 作图，得一直线，从直线斜率求出 (k_1+k_{-1})，再根据 $K_c=\frac{k_1}{k_{-1}}$，即可求得 k_1 和 k_{-1}。

定义 $c_{\mathrm{A}}=\frac{1}{2}(c_{\mathrm{A},0}+c_{\mathrm{A,e}})$ 所需的时间为半衰期 $t_{1/2}$，则有 $t_{1/2}=\frac{0.693}{k_1+k_{-1}}$。可看出对峙一级反应的特征与单向一级反应相似。

3. 2-2 级对峙反应

对峙反应中较普遍的是 2-2 级反应，其处理方法基本相同。

前沿拓展：二维单晶材料的可控制备

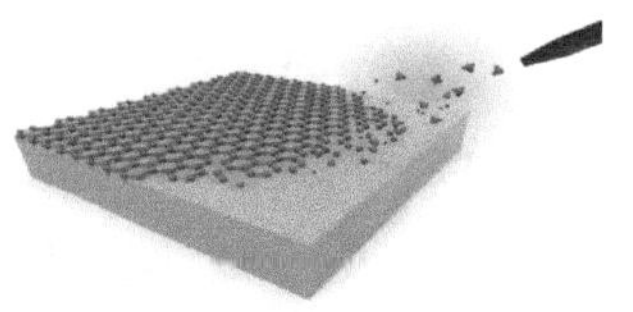

附图 9-1　二维材料生长示意图

二维晶体是指层内主要以共价键结合而形成的单个或少数原子层厚度的晶体材料，涵盖了石墨烯、过渡金属硫族化合物、拓扑绝缘体等材料，其具有优异的物理化学性质，被认为在纳电子器件及新型光电器件领域具有重要的应用前景。然而，要真正开发二维器件高集度成应用，必须先突破制备大尺寸二维单晶的技术难关。二维晶体的生长主要包括气相物种的传质、反应物种在衬底表面的吸附和分解、活性基团在衬底表面形成团簇成核、外延生长以及畴区拼接成连续薄膜等基元过程。通过调节温度、压力、生长衬底等参数，可有效地调控二维晶体的生长动力学过程，从而获得最佳的二维晶体尺寸（附图 9-1）。基于生长动力学认识，提高反应物种活化势垒以及减少反应物种浓度是降低二维材料的成核密度、提高单晶尺寸的两种有效途径。基于这种调控成核策略，科研人员已经成功制备了英寸级别的石墨烯大单晶（Nat Mater，2016，15：43；Nano Today，2018，22：7）。（王欢）

扫描右侧二维码观看视频

	A	+	B	$\underset{k_{-2}}{\overset{k_2}{\rightleftharpoons}}$	C	+	D
$t=0$	$c_{A,0}$		$c_{B,0}$		0		0
$t=t$	$c_A=c_{A,0}-x$		$c_B=c_{B,0}-x$		x		x
$t=t_e$	$c_{A,e}=c_{A,0}-x_e$		$c_{B,e}=c_{B,0}-x_e$		x_e		x_e

当 $c_{A,0}=c_{B,0}$ 时

$$-\frac{dc_A}{dt}=-\frac{d(c_{A,0}-x)}{dt}=\frac{dx}{dt}=k_2(c_{A,0}-x)^2-k_{-2}x^2 \tag{9-130}$$

达到平衡时,则有

$$k_2(c_{A,0}-x)^2=k_{-2}x_e^2$$

$$\frac{x_e^2}{(c_{A,0}-x_e)^2}=\frac{k_2}{k_{-2}}=K_c$$

代入式(9-130),并积分

$$\int_0^x \frac{dx}{(c_{A,0}-x)^2-\frac{1}{K_c}x^2}=\int_0^t k_2 dt$$

得

$$k_2 t=\frac{\sqrt{K_c}}{2c_{A,0}}\ln\left[\frac{c_{A,0}+(\beta-1)x}{c_{A,0}-(\beta+1)x}\right] \tag{9-131}$$

式中,$\beta=\sqrt{\frac{1}{K_c}}$。利用由实验测得的不同反应时刻反应物或生成浓度以及平衡常数 K_c,即可求得 k_2 及 k_{-2} 的数值。

知识点讲解视频

弛豫方法

(朱志昂)

4. 弛豫方法测量快速对峙反应的速率常数

对峙反应的平衡常数借助于热力学方法而很容易测得,但由于反应速率较快,很难用常规测定 c-t 的方法求出速率常数,通常借助于弛豫方法。弛豫方法的基本原理是:对于已达到平衡的对峙反应体系,在极短的时间(如 1μs)内给予体系一扰动,如使反应体系的温度快速升高 5℃。反应体系的浓度在这样短的时间内来不及跟随温度的变化而偏离了平衡,但它又趋于达到一个新的平衡,这个趋于新平衡的过程称为弛豫过程。由于扰动较小,偏离旧平衡也较小,可以认为趋于新平衡过程是线性的。利用测量达到新平衡的时间而求得速率常数。弛豫法只适用于能快速达到平衡的对峙反应体系,同时要求已知其平衡常数。对于温度跃变弛豫还要求反应体系导电。

以 1-1 级对峙反应为例,讨论用温度跃变法求得 k_1 及 k_{-1}。

	A	$\underset{k_{-1}}{\overset{k_1}{\rightleftharpoons}}$	B
在 T 时已达平衡当作 $t=0$	$c_{A,0}-x_e$		x_e
给予 ΔT 扰动 $t=t$	$c_{A,0}-x$		x
在 $T+\Delta T$ 时达新平衡 $t=t_e$	$c_{A,0}-x'_e$		x'_e

弛豫过程速率方程为

$$\frac{dx}{dt}=k_1c_A-k_{-1}c_B=k_1(c_{A,0}-x)-k_{-1}x \tag{9-132}$$

选择新平衡时浓度为参考态,令 $\Delta=x'_e-x$,则

$$x=x'_e-\Delta$$

代入式(9-132)得

$$\frac{dx}{dt}=-\frac{d\Delta}{dt}=k_1(c_{A,0}-x'_e)-k_{-1}x'_e+(k_1+k_{-1})\Delta$$

在新平衡时有 $k_1(c_{A,0}-x'_e)=k_{-1}x'_e$，则上式为

$$-\frac{d\Delta}{dt}=(k_1+k_{-1})\Delta \tag{9-133}$$

在 $t=0$ 时，$\Delta_0=x'_e-x_e$。对式(9-133)积分

$$-\int_{\Delta_0}^{\Delta}\frac{d\Delta}{\Delta}=\int_0^t(k_1+k_{-1})dt$$

得

$$\ln\frac{\Delta_0}{\Delta}=(k_1+k_{-1})t \tag{9-133$'$}$$

定义弛豫偏离值 Δ 降到最大偏离值 Δ_0 的 $\frac{1}{e}$ 时所需的时间为弛豫时间 τ，即当 $\Delta=\frac{\Delta_0}{e}$ 时，$t=\tau$，代入式(9-133′)得

$$\tau=\frac{1}{k_1+k_{-1}} \tag{9-134}$$

则式(9-133′)可写成

$$\Delta=\Delta_0 e^{-t/\tau} \tag{9-135}$$

实验上测量 Δ 对 t 的数据，求出 τ 即知道 (k_1+k_{-1}) 值，再利用平衡常数值 $K_c=\frac{k_1}{k_{-1}}$ 即可求得一级对峙反应的 k_1 和 k_{-1}。

9.7.2　平行反应

一种或多种相同的反应物能同时进行不同但相互独立的反应，这个反应的组合称为平行反应，或称联立反应(simultaneous reaction)。一般可区别为具有相同级数和不同级数的平行反应。在平行反应中，生成主要产品的反应称为主反应，其余的称为副反应。在化工生产中经常遇到平行反应，如苯酚硝化反应就是一具有相同级数的平行反应。

1. 速率方程

设两个平行发生的不可逆反应均为一级反应

$$C\xleftarrow{k_1}A\xrightarrow{k_2}D$$

反应物 A 的消耗速率方程为

$$-\frac{dc_A}{dt}=k_1c_A+k_2c_A=(k_1+k_2)c_A \tag{9-136}$$

这与一级反应速率方程式(9-50)相同，只是 k_A 换成 (k_1+k_2)。

2. 动力学方程

将式(9-136)积分得

$$\ln\frac{c_A}{c_{A,0}}=-(k_1+k_2)t \tag{9-137}$$

或

$$c_A = c_{A,0}e^{-(k_1+k_2)t} \tag{9-138}$$

以 $\ln c_A$ 对 t 作图得一直线，从斜率可求得(k_1+k_2)。

$$\frac{dc_C}{dt} = k_1c_A = k_1c_{A,0}\exp[-(k_1+k_2)t]$$

$$c_C = \frac{k_1c_{A,0}}{k_1+k_2}[1-e^{-(k_1+k_2)t}] \tag{9-139}$$

若反应开始时，$c_{C,0}=c_{D,0}=0$，则按化学反应计量关系可知

$$c_A + c_C + c_D = c_{A,0}$$

则

$$c_D = c_{A,0} - c_A - c_C$$

将式(9-138)和式(9-139)代入上式得

$$c_D = \frac{k_2c_{A,0}}{k_1+k_2}[1-e^{-(k_1+k_2)t}] \tag{9-140}$$

式(9-139)除以式(9-140)得

$$\frac{c_C}{c_D} = \frac{k_1}{k_2} \tag{9-141}$$

即任一瞬间二浓度之比等于二速率常数之比。在同一时刻 t，测出二浓度之比即可得 k_1/k_2，再由式(9-137)求出(k_1+k_2)，二者联立就能求出 k_1 和 k_2。

3. 表观活化能 $E_{a,obs}$

速率方程式(9-136)可表示为

$$-\frac{dc_A}{dt} = k_{obs}c_A$$

积分后可得

$$\ln\frac{c_A}{c_{A,0}} = -k_{obs}t$$

从 c_A-t 数据求得的是 k_{obs}，故 k_{obs}称为观测速率常数(observed rate constant)或称表观速率常数。式中 $k_{obs}=(k_1+k_2)$。若有 B 个平行进行的反应，则有

$$k_{obs} = \sum_B k_B \qquad (B = 1,2,3,\cdots)$$

根据式(9-109)，有

$$E_{a,obs} = -R\frac{d\ln k_{obs}}{d\frac{1}{T}} \tag{9-142}$$

式中，$E_{a,obs}$称为表观活化能。将式(9-141)代入得

$$E_{a,obs} = -R\frac{d\ln\sum_B k_B}{d\frac{1}{T}} = -\frac{R}{\sum_B k_B}\left(\sum_B\frac{dk_B}{d\frac{1}{T}}\right)$$

$$= \frac{1}{\sum_B k_B}\sum_B\left[k_B\left(-R\frac{d\ln k_B}{d\frac{1}{T}}\right)\right]$$

$$= \frac{\sum_B k_BE_{a,B}}{\sum_B k_B} \tag{9-143}$$

对我们所讨论的反应，则有

$$E_{a,obs}=\frac{k_1E_{a,1}+k_2E_{a,2}}{k_1+k_2}$$

因此,平行反应的表观活化能等于所包含各反应的活化能的带权平均值。

4. 控制条件提高主反应产率

对上述讨论的平行反应,若 C 为主要产物,根据式(9-141)有

$$\frac{c_C}{c_D}=\frac{k_1}{k_2}=\frac{A_1\exp\frac{-E_{a,1}}{RT}}{A_2\exp\frac{-E_{a,2}}{RT}}$$

若 $A_1\approx A_2$,$E_{a,1}>E_{a,2}$,则有

$$\frac{c_C}{c_D}=\exp\frac{-(E_{a,1}-E_{a,2})}{RT}$$

要提高$\frac{c_C}{c_D}$的值,有两个方法:

(1) 升高温度,因为 $E_{a,1}>E_{a,2}$,k_1 随 T 的增加比 k_2 快。

(2) 保持温度不变,加入催化剂使 $E_{a,1}$降低或提高 $E_{a,2}$。

若平行反应不是一级反应,则先设法使其变为假一级反应,然后进行类似的处理。

9.7.3 连串反应

有时反应是次序进行的。例如

$$A\xrightarrow{1}X\xrightarrow{2}Y\xrightarrow{3}Z \tag{9-144}$$

这些反应称为连串反应(consecutive reaction)。如果在某一步骤生成的物质影响了前面步骤的速率,则此时就将反应说成表现反馈(feedback)。例如

$$A\xrightarrow{1}X\xrightarrow{2}Y\xrightarrow{3}Z \tag{9-145}$$

中间物 Y 可以催化反应 1(正反馈),或阻止反应 1(负反馈)。如像中间产物一样,最终产物也可以产生反馈。

我们现在只讨论两个连续进行的不可逆一级反应,即

$$A\xrightarrow{k_1}B\xrightarrow{k_2}C \tag{9-146}$$

并假定各反应物质的计量数均为 1。

1. 速率方程

A、B、C 的浓度变化速率方程分别为

$$-\frac{dc_A}{dt}=k_1c_A \tag{9-147}$$

$$\frac{dc_B}{dt}=k_1c_A-k_2c_B \tag{9-148}$$

$$\frac{dc_C}{dt}=k_2c_B \tag{9-149}$$

假定 $t=0$ 时只有 A 存在于反应体系中,即 $c_{A,0}\neq0$,$c_{B,0}=0$,$c_{C,0}=0$,积分式(9-147)得

$$c_A=c_{A,0}e^{-k_1t} \tag{9-150}$$

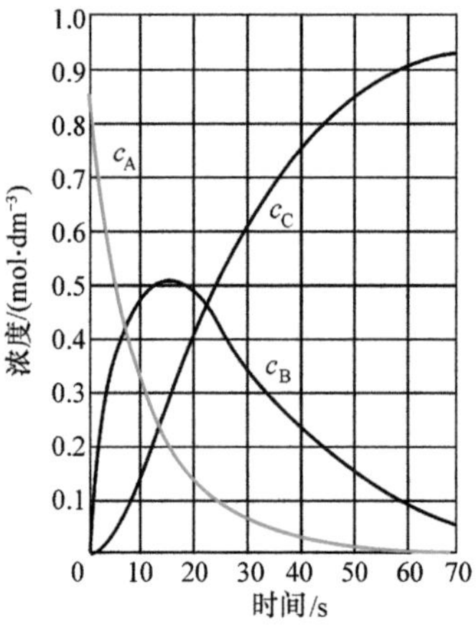

图 9-11 一级连串反应

代入式(9-148)得$\frac{dc_B}{dt}+k_2c_B=k_1c_{A,0}e^{-k_1t}$，这是一阶常微分方程，其解为

$$c_B=\frac{k_1c_{A,0}}{k_2-k_1}(e^{-k_1t}-e^{-k_2t}) \tag{9-151}$$

因为反应体系是封闭体系，反应物质总的物质的量不随时间而变化，应有

$$c_A+c_B+c_C=c_{A,0}$$

$$c_C=c_{A,0}-c_B-c_A$$

将式(9-150)和式(9-151)代入得

$$c_C=c_{A,0}\left(1-\frac{k_2}{k_2-k_1}e^{-k_1t}+\frac{k_1}{k_2-k_1}e^{-k_2t}\right) \tag{9-152}$$

图 9-11 表示了反应物质的浓度随时间的变化关系。

2. 特征

从图 9-11 可看出，中间物 B 的浓度在反应进程中具有极大值。若中间物 B 为目的产物，则 c_B 达到极大值的时间称为中间产物的最佳时间 t_m。反应到达最佳时就应停止，否则目的产物的浓度进一步下降。在极大点上，$\frac{dc_B}{dt}=0$，此时$t=t_m$，则

$$\frac{dc_B}{dt}=\frac{k_1c_{A,0}}{k_2-k_1}(k_2e^{-k_2t_m}-k_1e^{-k_1t_m})=0$$

$$t_m=\frac{\ln k_2-\ln k_1}{k_2-k_1} \tag{9-153}$$

将式(9-153)代入式(9-151)得

$$c_{B,m}=c_{A,0}\left(\frac{k_1}{k_2}\right)^{k_2/(k_2-k_1)} \tag{9-154}$$

式中，$c_{B,m}$是 B 在极大点的浓度；t_m 是相应的反应时间。

连串反应的另一特征是总包反应速率取决于速率常数小的步骤，此步骤称为速控步(rate controlling process)，简称 RCP。

对于复杂的连串反应，要从数学上严格求解许多联立微分方程，从而求出反应进程中各种物种的浓度随时间的变化关系是非常困难的，有的甚至是不可能的，所以动力学上一般采用一些近似方法，如稳定态近似法(见 9.8 节)等。

知识点讲解视频

复合反应的近似处理方法

(朱志昂)

9.8 复合反应的近似处理方法

若总包反应同时包含上述三种典型的复合反应时，数学上的处理是十分困难的。例如，对下列机理的复合反应：

$$\begin{array}{cccccc} & A & \underset{k_{-1}}{\overset{k_1}{\rightleftharpoons}} & B & \xrightarrow{k_2} & C \\ t=0 & c_{A,0} & & 0 & & 0 \\ t=t & c_A & & c_B & & c_C \end{array} \tag{9-155}$$

速率方程为

$$r_A=-\frac{dc_A}{dt}=k_1c_A-k_{-1}c_B \tag{9-156}$$

$$r_B = \frac{dc_B}{dt} = k_1 c_A - k_{-1} c_B - k_2 c_B \tag{9-157}$$

$$r_C = \frac{dc_C}{dt} = k_2 c_B \tag{9-158}$$

解联立微分方程求出 c_A、c_B、c_C 与 t 的动力学方程，数学上非常麻烦而且比较困难。在化学动力学的研究中经常用近似处理方法。下面介绍三种近似处理方法。

9.8.1 选取控制步骤法

前面讨论连串反应[式(9-146)]时，曾叙述过连串反应的速率取决于速控步的速率。只要求得速控步的速率就得到连串反应的总速率。这就大大简化速率方程的求解。控制步骤与其他各串联步骤的速率相差倍数越多，则此规律就越准确。例如，对连串反应式(9-146)，c_C 的精确解为式(9-152)，当 $k_1 \ll k_2$ 时，式(9-152)化简为

$$c_C = c_{A,0}(1 - e^{-k_1 t})$$

若采用控制步骤法得到同样的结果，但数学处理大大简化。因为 $k_1 \ll k_2$，表明第一步是最慢的一步，为控制步骤，所以总速率等于第一步的速率，即

$$\frac{dc_C}{dt} = -\frac{dc_A}{dt} = k_1 c_A$$

因此，$c_A = c_{A,0} e^{-k_1 t}$，同时因 $c_{A,0} = c_A + c_B + c_C$，由于 $k_1 \ll k_2$ 时，B 不可能积累，即 $c_B = 0$，故

$$c_C = c_{A,0} - c_A = c_{A,0} - c_{A,0} e^{-k_1 t} = c_{A,0}(1 - e^{-k_1 t})$$

可见用控制步骤法得到相同结果，但处理方法大为简化。但应看到，只有当速控步比其他连串的步骤慢很多时，其精确度才能更高。

9.8.2 稳定态近似法

如果中间物 B 存在的量总是比反应物的量少很多，其浓度的变化速率比反应物的浓度变化速率小很多，中间产物 B 的生成速率与消耗速率几乎相等，则非常近似地有

$$\frac{dc_B}{dt} = 0 \tag{9-159}$$

这时就将 B 说成处于稳定态(steady state)，用这种近似方法得到复合反应速率方程称为稳定态近似(steady-state approximation)或称稳定态处理(steady-state treatment)。例如，对于复合反应式(9-155)

$$A \underset{k_{-1}}{\overset{k_1}{\rightleftharpoons}} B \xrightarrow{k_2} C$$

精确解方程式(9-156)～式(9-158)是十分麻烦的，但在$(k_2 + k_{-1}) \gg k_1$ 的条件下，反应经过一定的诱导期后，中间物 B 达到稳定态，即

$$\frac{dc_B}{dt} = k_1 c_A - k_{-1} c_B - k_2 c_B \approx 0$$

得到

$$c_B = \frac{k_1 c_A}{k_{-1} + k_2} \tag{9-160}$$

如果稳定态近似成立，根据式(9-156)和式(9-158)，则总包反应速率方程为

$$\frac{dc_C}{dt}=k_2c_B=\frac{k_2k_1}{k_{-1}+k_2}c_A=k_{obs}c_A \tag{9-161}$$

$$\frac{-dc_A}{dt}=k_1c_A-k_{-1}c_B=k_1c_A-k_{-1}\left(\frac{k_1c_A}{k_{-1}+k_2}\right)=\left(k_1-\frac{k_{-1}k_1}{k_{-1}+k_2}\right)c_A$$

$$=\frac{k_1k_2}{k_{-1}+k_2}c_A=k_{obs}c_A$$

可看出在稳定态近似条件下，用不同的组元表达反应速率时，其结果相同。但通常对复合反应，用产物的生成速率表达更为合理。

积分可得

$$c_A=c_{A,0}e^{-k_{obs}t} \tag{9-162}$$

式中

$$k_{obs}=\frac{k_2k_1}{k_{-1}+k_2} \tag{9-163}$$

由于中间物 B 的浓度很小，$c_B\approx0$，则

$$c_C=c_{A,0}-c_A-c_B\approx c_{A,0}-c_A=c_{A,0}(1-e^{-k_{obs}t})$$

根据活化能的定义可求得总包反应的表观活化能 $E_{a,obs}$ 与各步反应活化能之间的关系

$$E_{a,obs}=-R\frac{d\ln k_{obs}}{d\frac{1}{T}}$$

将式(9-163)代入得

$$E_{a,obs}=-R\frac{d\ln k_1}{d\frac{1}{T}}-R\frac{d\ln k_2}{d\frac{1}{T}}+R\frac{d\ln(k_{-1}+k_2)}{d\frac{1}{T}}$$

$$=E_{a,1}+E_{a,2}-\frac{k_{-1}E_{a,-1}+k_2E_{a,2}}{k_{-1}+k_2}$$

在连串反应中才有可能应用稳定态近似。对于复合反应式(9-155)，稳定态近似成立的条件要求$(k_2+k_{-1})\gg k_1$，即 B 的消失反应要远较它的生成反应容易进行，保证一旦 B 生成即由于 B ⟶C 及 B ⟶A 反应消失，也就是 B 的生成速率近似等于它的消耗速率，而且 c_B 总是微小的。许多反应性能非常强的物种，如原子、自由基或激发态中间物分子，能符合这个要求。

9.8.3 平衡态近似法

在一个包含对峙反应的连串反应中，如果存在速控步，则可以认为对峙反应的正向和逆向间处于平衡，而且这种平衡关系可以继续保持而不受速控步影响。这样可利用对峙反应的平衡常数 K 及反应物浓度来表达中间产物的浓度，从而得到总包反应的速率方程。这种处理方法称为平衡态近似(equilibrium approximation)或称平衡假设(equilibrium hypothesis)，之所以称为近似是因为在化学反应进行的体系中，对峙反应的完全平衡是达不到的，这也仅是一种近似的处理方法。平衡态近似法得到的总包反应速率及表现速率常数仅取决于速控步及它以前的平衡过程，与速控步以后的快速反应步骤无关。

选取速控步、稳定态近似、平衡态近似都是化学动力学中的近似处理方法。对于复杂的反应机理，恰当应用这些方法可以免去求解复杂的联立微分方程，而很简单地由已知的反应机理得出能与实验结果相符的速率方程。

设有一总包反应 A+B ⟶P，其可能的反应机理为

$$A \underset{k_{-1}}{\overset{k_1}{\rightleftharpoons}} C \tag{i}$$

$$C + B \xrightarrow{k_2} P \tag{ii}$$

总包反应速率方程为

$$r=\frac{dc_P}{dt}=k_2c_Bc_C \tag{9-164}$$

如何用近似方法消去式(9-164)中的中间产物浓度项 c_C，则要视具体情况而定。

若 $k_{-1}+k_2c_B \gg k_1$，则可对中间产物 C 作稳定态近似，有

$$\frac{dc_C}{dt} = k_1c_A - k_{-1}c_C - k_2c_Cc_B = 0 \tag{9-165}$$

$$c_C = \frac{k_1c_A}{k_{-1}+k_2c_B} \tag{9-166}$$

代入式(9-164)得

$$r = \frac{dc_P}{dt} = \frac{k_1k_2c_Ac_B}{k_{-1}+k_2c_B} \tag{9-167}$$

如果进一步有 $k_{-1} \ll k_2c_B$，则式(9-167)可写成

$$r = \frac{dc_P}{dt} = k_1c_A \tag{9-168}$$

这表示 A ⟶C 是速控步，反应物 B 参加速控步后面的快反应，因此不影响反应速率。这与直接应用选取速控步法得到相同的结果。

如果满足下列条件：

$$k_{-1} \gg k_2c_B \tag{9-169}$$

及

$$k_{-1} \gg k_1 \tag{9-170}$$

此时就能应用平衡态近似，条件式(9-169)保证反应(i)的平衡能维持，条件式(9-170) 保证了平衡能很快建立，此时反应(ii)为速控步。根据平衡态假设，有

$$k_1c_A=k_{-1}c_C \quad 或 \quad c_C=\frac{k_1}{k_{-1}}c_A=Kc_A$$

代入式(9-164)得

$$r = \frac{dc_P}{dt} = \frac{k_1k_2}{k_{-1}}c_Ac_B \tag{9-171}$$

可看出平衡态近似法的要求更严格。在有连串反应的复合反应中才有可能用稳定态近似法。在有对峙反应的复合反应中才有可能用平衡态近似法。对存在速控步且其前面有对峙步骤的复合反应，既可以采用平衡态近似也可以采用稳定态近似。从这个意义上看，稳定态近似包括平衡态近似，而平衡态近似只是稳定态近似的一种特例，稳定态近似是基础，因此也更为重要。近似方法能否适用，处理的结果是否可靠，要看近似方法推导出的速率方程是否与实验结果一致。

9.9 链 反 应

在动力学中有一类反应，只要用任何方法使这个反应引发，它便能相继发生一系列的连续反应，使反应自动发展下去，此反应称为链反应或链式反应。链反应在化工生产中具有重要的意义。例如，橡胶的合成，塑料、高分子化合物的制备，石油的裂解，碳氢化物的氧化和卤化，一些有机化合物的热分解乃至燃烧，爆炸反应等都与链反应有关。

9.9.1 链反应的特征

链反应体系中均存在某些称为链载体(chain carriers)的活性中间物，一般为自由原子或自由基。它一方面与体系内稳定分子进行反应，使反应物转化为产物；另一方面，旧载体消亡而又生成新载体，只要链载体不消失，反应就一直进行下去，所以链载体的存在及其作用是确定链反应的特征所在。

所有的链反应都包括下列基本步骤：

(1) 链引发(chain initiation)。这是由起始分子生成链载体的过程，在这过程中需断裂分子中的化学键，因此它要求的活化能与断裂化学键所需能量是同一数量级。链引发的方法有热解离、光照射、放电或加入引发剂。

(2) 链增长(chain propagation)。这是链载体与分子相互作用的交替过程，此过程比较容易进行，当条件适宜时可以形成很长的反应链。

(3) 链终止(chain termination)。当链载体被消除时，链就终止。断链的方式可以是两个链载体(如自由基)结合成分子，也可以是器壁断链。改变反应器的形状或表面涂料及填充料等都可能影响反应速率，这种器壁效应也是链反应的特点之一。

链反应可分为直链反应和支链反应。直链反应是指每个链载体所参加的基元化学物理反应至多产生一个新的链载体。而支链反应是指每个链载体所参加的基元化学物理反应产生多于一个新的链载体。

9.9.2 直链反应

以 H_2 与 Cl_2 化合成 HCl 气体为例，研究链反应的特征以及如何从链反应机理推导出与实验结果吻合的速率方程。

$$H_2 + Cl_2 \xrightarrow{k_{obs}} 2HCl$$

从实验测得此总包反应的速率方程为

$$r_{HCl} = \frac{dc_{HCl}}{dt} = k_{HCl} c_{H_2} c_{Cl_2}^{1/2} = 2k_{obs} c_{H_2} c_{Cl_2}^{1/2} \qquad (9\text{-}172)$$

此反应必须有 Cl 原子的产生才能发生，人们推测是直链反应，其可能的反应机理如下：

(i) $Cl_2 + M \xrightarrow{k_1} 2Cl + M$ 链引发，Cl 为链载体

(ii) $Cl + H_2 \xrightarrow{k_2} HCl + H$

(iii) $H + Cl_2 \xrightarrow{k_3} HCl + Cl$

(ii)、(iii) 链增长，H 为新链载体

……

(iv) $2Cl+M \xrightarrow{k_4} Cl_2+M$ 链终止

根据这一机理可推导速率方程，HCl 的生成速率可表示为

$$\frac{dc_{HCl}}{dt} = k_2 c_{Cl} c_{H_2} + k_3 c_H c_{Cl_2} \tag{9-173}$$

H、Cl 是活泼的中间物，可用稳定态近似求出其浓度

$$\frac{dc_{Cl}}{dt} = 2k_1 c_{Cl_2} c_M - k_2 c_{Cl} c_{H_2} + k_3 c_H c_{Cl_2} - 2k_4 c_{Cl}^2 c_M = 0 \tag{9-174}$$

$$\frac{dc_H}{dt} = k_2 c_{Cl} c_{H_2} - k_3 c_H c_{Cl_2} = 0 \tag{9-175}$$

由式(9-175)得

$$k_3 c_H c_{Cl_2} = k_2 c_{Cl} c_{H_2} \tag{9-176}$$

将式(9-176)代入式(9-174)得

$$c_{Cl} = \left(\frac{k_1}{k_4} c_{Cl_2}\right)^{1/2} \tag{9-177}$$

将式(9-176)和式(9-177)代入式(9-173)得

$$\frac{dc_{HCl}}{dt} = 2k_2 \left(\frac{k_1}{k_4}\right)^{1/2} c_{Cl_2}^{1/2} c_{H_2} \tag{9-178}$$

这就得到与实验测得的速率方程式(9-172)一致的结果，并得到总包反应的表现速率常数 k_{obs} 与各基元反应的速率常数之间的关系

$$k_{obs} = k_2 \left(\frac{k_1}{k_4}\right)^{1/2} \tag{9-179}$$

根据阿伦尼乌斯公式，应有

$$\begin{aligned} k_{obs} &= k_2 \left(\frac{k_1}{k_4}\right)^{1/2} \\ &= \left[A_2 \left(\frac{A_1}{A_4}\right)^{1/2}\right] \exp\left[-\frac{E_{a,2} + \frac{1}{2}(E_{a,1} - E_{a,4})}{RT}\right] \\ &= A\exp\left(-\frac{E_a}{RT}\right) \end{aligned} \tag{9-180}$$

所以 H_2 和 Cl_2 的总包反应的表观指前因子 A 和表观活化能 E_a 分别为

$$A = A_2 \left(\frac{A_1}{A_4}\right)^{1/2} \tag{9-181}$$

$$E_a = E_{a,2} + \frac{1}{2}(E_{a,1} - E_{a,4}) \tag{9-181'}$$

根据基元反应活化能的估算，对基元反应(ii)，$\Delta H = \varepsilon_{HH} - \varepsilon_{HCl} = 435.1 - 431 = 4.1(\text{kJ} \cdot \text{mol}^{-1})$，说明该正向反应是吸热的，其逆向反应是放热的，可用 5%规则：

$$E'_{a,2} = 0.055 \times \varepsilon_{HCl} = 0.55 \times 431 = 23.7(\text{kJ} \cdot \text{mol}^{-1})$$

$$E_{a,2} = E'_{a,2} + |\Delta H| = 23.7 + 4.1 = 27.8(\text{kJ} \cdot \text{mol}^{-1})$$

则 $E_a = E_{a,2} + \frac{1}{2}(\varepsilon_{ClCl} - 0) = 27.8 + \frac{1}{2} \times 243 = 149.3(\text{kJ} \cdot \text{mol}^{-1})$

若 H_2 和 Cl_2 的反应是直接进行的基元反应而不是上述的链反应，则此基元反应活化能估算为

$$E_a = 0.3(\varepsilon_{HH} + \varepsilon_{ClCl}) = 0.3 \times (435.1 + 243) = 203.4(\text{kJ} \cdot \text{mol}^{-1})$$

显然反应会选择活化能较低的链反应方式进行，此外又由于 $\varepsilon_{ClCl}<\varepsilon_{HH}$，故一般链引发总是从 Cl_2 开始而不是从 H_2 开始。同理，H_2 与 Br_2 的反应根据式(9-2)的反应机理，可推导出与实验测得的速率方程式(9-31)一致的结果。

9.9.3 支链反应

在直链反应中，链增长具有下列普遍形式：

$$R+\cdots\longrightarrow R'+\cdots$$

式中，R 及 R′分别是两种自由基(或表示为 R· 及 R·′)。这里，一个自由基只是产生一个新的自由基，它不会改变自由基的数目，因此反应处于稳定态。

在支链反应中，链增长反应可以使自由基数目增加，即

$$R+\cdots\longrightarrow \alpha R'+\cdots$$

式中，$\alpha>1$。故链增长过程呈枝杈发射状，图 9-12 是 $\alpha=2$ 的支链反应示意图。由图 9-12 可见，自由基 R 随反应的增长是非常迅速的，因此对支链反应不能应用稳定态近似。如要控制支链反应的进行，必须及时销毁自由基。自由基的销毁有两种途径：①与器壁碰撞而失去活性，称为墙面销毁；②自由基在气相中相互碰撞或与惰性气体相碰而失去活性，称为气相销毁。许多氧化反应因不能及时销毁自由基，使反应失控而导致爆炸，如氢与氧的反应就是一个典型的例子。图 9-13 是分子比 2∶1 的氢、氧混合气体的支链爆炸受温度、压力影响的示意图。实验测出，这个反应并不是在所有情况下都发生爆炸，只有在图 9-13 中所示的爆炸半岛(阴影区)内才发生，即观察到三个爆炸界限——下限(*B* 点)、上限(*C* 点)和第三限(*D* 点)，这一实验现象可用下列反应机理给予解释：

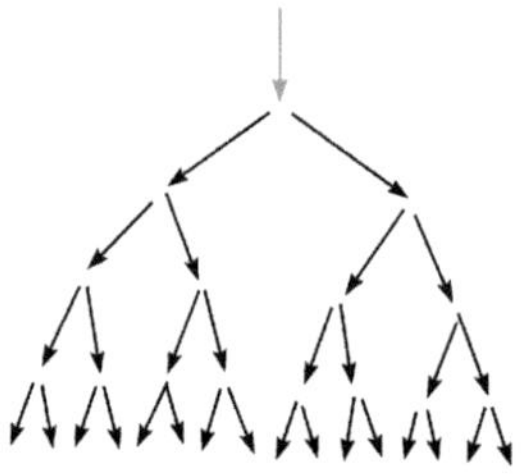

图 9-12 支链反应示意图

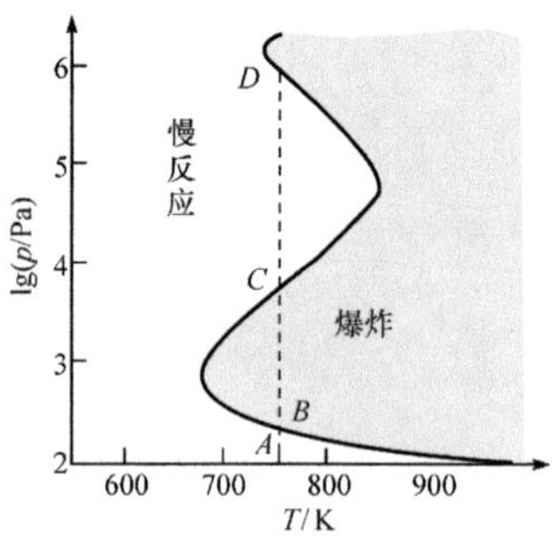

图 9-13 H_2 与 O_2 混合物(2∶1)的爆炸界限

(i) $H_2+O_2\longrightarrow 2OH\cdot$ } 链引发
(ii) $H_2+M\longrightarrow 2H\cdot+M$

(iii) $OH\cdot+H_2\longrightarrow H\cdot+H_2O$ 链增长

(iv) $H\cdot+O_2\longrightarrow O\cdot+OH\cdot$ } 支链的产生
(v) $O\cdot+H_2\longrightarrow H\cdot+OH\cdot$

(vi) $H\cdot\longrightarrow$ 墙面销毁 } 链终止
(vii) $H\cdot+O_2+M\longrightarrow HO_2\cdot+M$

(viii) $HO_2\cdot+H_2\longrightarrow H\cdot+H_2O_2$ } 通过低活性基 $HO_2\cdot$ 慢速传递反应
$HO_2\cdot+H_2O\longrightarrow OH\cdot+H_2O_2$

在很低的压力下(近于 *A* 点，此处总压 p 约 130Pa)，自由基很容易扩散到器壁上销毁，此时墙面销毁速率大于支链产生速率，因而反应进行较慢。当压力升高后(达到 *B* 点)，产生支链的速率加快，最后支链产生速率大于墙面销毁速率，就发生爆炸。进一步增加压力至 *C* 点以后，由于体系内分子浓度很高，容易发生如反应(vii)所示的三分子碰撞反应，使自由基销毁速率又超过支链产生速率，反应又进入慢速区。第三爆炸界限的存在与自由基 $HO_2\cdot$ 的性质有关。在 *CD* 的压力范围内，$HO_2\cdot$ 能一直扩散到器壁上而销毁，但当压力再升高时，因反应(viii)和(vi)开始同 $HO_2\cdot$ 的扩散竞争，并释放出自由基 H· 和 OH·。这两个反应在恒温下进行是放热的，若在接近绝热的条件下进行，将使反应混合物的温度升高，反应加快，从而温度进一步升高，压力急剧增大，最后发生了爆炸，这种爆炸称为热爆炸。由此可见，爆炸不仅与支

链反应密切相关，而且与热量的积聚有关。

很多可燃气体都是一定的爆炸界限。表 9-2 列出了工业上常见的一些气体的爆炸界限。因此，在使用这些气体时应十分注意，在适当位置装上含有化学传感器的警报器，以避免发生事故。

表 9-2　几种物质在空气中的爆炸界限

物　质	在空气中的爆炸界限（体积分数/%）		物　质	在空气中的爆炸界限（体积分数/%）	
	低　限	高　限		低　限	高　限
H_2	4.1	74	C_3H_8	2.4	9.5
NH_3	16	27	C_4H_{10}	1.9	8.4
CO	12.5	74	C_2H_2	2.5	80
CH_4	5.3	14	C_6H_6	1.2	9.5
C_2H_6	3.2	12.5	$(CH_3)_2CO$	2.5	13

*9.10　速率常数与平衡常数之间的关系

知识点讲解视频

速率常数与平衡常数之间的关系（朱志昂）

现在讨论反应的速率常数与平衡常数之间的关系，进而讨论动力学平衡常数与热力学平衡常数之间的关系。

9.10.1　基元反应

设有一对峙基元反应

$$aA + bB \underset{k_b}{\overset{k_f}{\rightleftharpoons}} cC + dD$$

当体系平衡时，从热力学可知平衡常数 K_c(热)表示为

$$K_c(\text{热}) = \frac{c_{C,e}^c c_{D,e}^d}{c_{A,e}^a c_{B,e}^b} \tag{9-182}$$

在动力学上，根据质量作用定理，有

正向反应速率

$$r_f = k_f c_A^a c_B^b$$

逆向反应速率

$$r_b = k_b c_C^c c_D^d$$

当达到平衡时有 $r_{f,e} = r_{b,e}$，则

$$k_f c_{A,e}^a c_{B,e}^b = k_b c_{C,e}^c c_{D,e}^d$$

在一定温度时，比值 k_f/k_b 为常数，定义为动力学平衡常数 K_c(动)，则有

$$K_c(\text{动}) = \frac{k_f}{k_b} = \frac{c_{C,e}^c c_{D,e}^d}{c_{A,e}^a c_{B,e}^b} \tag{9-183}$$

比较式(9-182)和式(9-183)得知，对于基元反应其热力学平衡常数和动力学平衡常数是相等的。

9.10.2　复合反应

对于复合(或称复杂)的反应，K_c(热)与 K_c(动)有时相等，有时不相等。

例如，在过氯酸水溶液中研究下列复杂的对峙反应：

$$2Fe^{2+} + 2Hg^{2+} \underset{k_b}{\overset{k_f}{\rightleftharpoons}} 2Fe^{3+} + Hg_2^{2+}$$

其热力学平衡常数为

$$K_c(\text{热}) = \frac{[Fe^{3+}]_e^2[Hg_2^{2+}]_e}{[Fe^{2+}]_e^2[Hg^{2+}]_e^2} \tag{9-184}$$

要得到动力学平衡常数 K_c(动)必须先求得正、逆向反应速率方程。从实验测得正向反应速率方程为

$$r_f = k_f[Fe^{2+}][Hg^{2+}]$$

测出逆向反应速率方程为

$$r_b = k_b[Fe^{3+}][Hg_2^{2+}]^{1/2}$$

平衡时有 $r_{f,e}=r_{b,e}$，则

$$K_c(\text{动}) = \frac{[Fe^{3+}]_e[Hg_2^{2+}]_e^{1/2}}{[Fe^{2+}]_e[Hg^{2+}]_e} = \frac{k_f}{k_b} \tag{9-185}$$

比较式(9-184)和式(9-185)得

$$K_c(\text{动}) = \frac{k_f}{k_b} = [K_c(\text{热})]^{1/2}$$

1957 年 Horiuti 从理论上证明了 K_c(热)与正、逆向反应速率常数的关系

$$K_c(\text{动}) = \frac{k_f}{k_b} = [K_c(\text{热})]^{1/S} \tag{9-186}$$

式中，S 称为速控步的化学计量数(stoichiometric number)。式(9-186)只适用于有速控步的复杂反应。它是为完成某一计量方程所表示的反应时，速控步所必须进行的次数。例如，对上述反应，可提出以下反应机理：

$$Fe^{2+} + Hg^{2+} \longrightarrow Fe^{3+} + Hg^{+} \qquad \text{速控步} \tag{i}$$

$$2Hg^{+} \rightleftharpoons Hg_2^{2+} \qquad \text{快速平衡} \tag{ii}$$

从机理可看出，完成一次总包反应时，速控步必须进行两次，即 $S=2$。

某反应在一定条件下其反应机理是唯一的，因而 K_c(动)的数值是确定的。但一个反应的计量方程可成倍地变化，速控步的化学计量数 S 也随之而变，于是 K_c(热)也相应地变化。化学计量数 S 可通过实验(如同位素方法)测定，因此平衡常数与速率常数的关系将为确定反应机理提供有价值的信息。

知识点讲解视频

拟定反应机理的方法

(朱志昂)

*9.11 拟定反应机理的方法

了解反应机理是化学动力学的主要任务之一。下面将介绍从实验数据拟定反应机理的一般方法和一些经验规则。

9.11.1 拟定反应机理的经典方法

确定一个反应的机理，往往需要经过以下几项工作：

(1) 实验测定各组分的反应级数及反应的速率常数，从而确定实验速率方程，并研究温度的影响。

(2) 根据实验速率方程并参考前人所得的关于反应机理的资料，拟定出各种可能的反应机理方案。在拟定反应机理时应考虑以下因素：①速率因素，所拟反应机理推导出的速率方程必须与实验速率方程一致；②能量因素，按所拟反应机理估算出来的表观活化能应与实验测定的活化能一致，在考虑若干个可能的反应机理时，一般遵循以下原则：活化能低者可能性大，对活化能处于同一水平时浓度高者可能性大；③结构因素，所设反应机理的中间物或过渡态应与结构化学规律(如分子轨道对称性守恒原理)相符合。

(3) 利用质量作用定理，写出各基元反应的速率方程，运用严格的或近似的数学运算(如稳定态近似、平衡态近似)，把方程中不稳定的中间物浓度消除，求得只包含有稳定组分的反应速率方程或进一步解出其反应动力学方程及其对温度的依赖关系。

(4) 将上述方程与实验数据比较，确定可能的反应机理的可靠性。在这种比较的过程中，方程的直线化和最佳化拟合是常用的手段。

(5) 设计进一步的实验来肯定某种反应机理的可靠性，同位素示踪是这类实验中常用的一种方法，或检查中间物来确定所设想的反应机理。

9.11.2　由速率方程推测反应机理的一些经验规则

知识点讲解视频

由速率方程推测反应机理的经验规则

(朱志昂)

1. 确定速控步反应物总组成和总价数的经验规则

若速率方程为

$$r = k\prod_{B}[R_B^{z_B}]^{n_B}$$

则速控步反应物总组成为 $\sum_B n_B R_B$，总价数为 $\sum_B n_B z_B$。式中，R_B 是体系中稳定组分 B；z_B 是组分 B 的价数；n_B 是组分 B 的分级数。速控步反应物总组成是指速控步的每一种反应物原子的总数目。总价数是速控步反应物所带的总 电荷。

例如，气相反应

$$2NO + O_2 \longrightarrow 2NO_2$$

实验测得速率方程

$$r = k[NO]^2[O_2]$$

如果设想一个包含速控步的反应机理，按此规则，速控步反应物的总组成为

$$\sum_B n_B R_B = 2NO + O_2 = 2N + 4O(\text{或写成 } N_2O_4)$$

速控步反应物总价数

$$\sum_B n_B z_B = 2\times 0 + 1\times 0 = 0$$

满足上述要求的反应机理可能有以下三种：

(1) $2NO + O_2 \longrightarrow 2NO_2$　　简单反应

(2) $2NO \rightleftharpoons N_2O_2$　　快速平衡

$N_2O_2 + O_2 \longrightarrow 2NO_2$　　速控步

(3) $NO + O_2 \rightleftharpoons NO_3$　　快速平衡

$NO_3 + NO \longrightarrow 2NO_2$　　速控步

从这三种机理均可推导出速率方程 $r=k[NO]^2[O_2]$，由此还不能确定哪种机理是正确的，必须还有其他的旁证才能确定最可能的反应机理。

就总包反应计量数与反应级数的关系而言，可以有以下两种情况：

(1) 若总包反应中某反应物的化学计量数的绝对值大于该反应物的分级数，则速控步后必有该反应物参加的反应存在。

例如，苯胺被有机过氧化物氧化的反应

$$\underset{(A)}{C_6H_5NH_2} + \underset{(B)}{2CH_3CO_3H} \longrightarrow C_6H_5NO + 2CH_3COOH + H_2O$$

其实验速率方程为

$$r = k[A][B]$$

$|\nu_B|=2$，$n_B=1$，$|\nu_B|>n_B$，其中的一个 B 必在速控步后参加反应(速控步后的反应对速率方程无贡献)。根据上述规则，速控步的反应物组成 $\sum_B n_B R_B = A + B$，总价数 $\sum_B n_B z_B = 0$。由此可知，可能的反应机理为

$$A + B \xrightarrow{k_1} CH_3COOH + C_6H_5NHOH \qquad \text{速控步}$$

$$B + C_6H_5NHOH \xrightarrow{k_2} CH_3COOH + C_6H_5NO + H_2O \quad \text{快速反应}$$

根据反应机理，得到速率方程 $r=k_1[\mathrm{A}][\mathrm{B}]$，与实验速率方程一致。

(2) 若某组元 B 在速率方程中存在，而在总包反应计量方程中不存在，即 $n_B\neq0$，$\nu_B=0$，则该组元一定是催化剂。若 $n_B>0$ 则为正催化剂，有加速反应作用，它或为速控步前平衡反应的反应物，或参加速控步反应，而在随后的快速反应中再生；若 $n_B<0$，即是负催化剂，它出现在速控步前平衡反应的产物一方，而在速控步后作为反应物被消耗。

例如，水溶液中的反应

$$OCl^- + I^- \longrightarrow IO^- + Cl^-$$

实验速率方程

$$r = k[OCl^-][I^-][OH^-]^{-1}$$

OH^- 在计量方程中不出现，其级数为负值，故为负催化剂。根据上述规则，它应出现在速控步前平衡产物一方，而在随后某一步被消耗。反应在水溶液中进行，OH^- 可来源于 H_2O(作为溶剂的水)，其浓度为一常数。按上述规则，速控步反应物总组成 $\sum_B n_B R_B = OCl + I - OH = Cl + I - H$，速控步反应物中 H 作为负值出现是不合理的，由于推测在速率方程中的 k 中可能包含$[H_2O]$，即 $k = k'[H_2O]$，此时实测的速率方程改写为

$$r = k'[H_2O][OCl^-][I^-][OH^-]^{-1}$$

则速控步反应物总组成

$$\sum_B n_B R_B = H_2O + OCl + I - OH = H + O + Cl + I$$

$$\sum_B n_B z_B = 1\times(-1) + 1\times(-1) - 1\times(-1) = -1$$

根据以上分析可推测反应机理如下：

$$H_2O + OCl^- \overset{K}{\rightleftharpoons} HOCl + OH^- \qquad 快速平衡$$

$$HOCl + I^- \xrightarrow{k_1} HOI + Cl^- \qquad 速控步$$

$$HOI + OH^- \xrightarrow{k_2} H_2O + OI^- \qquad 快速反应$$

由机理推导速率方程

$$r = k_1[HOCl][I^-] = k_1 K \frac{[H_2O][OCl^-]}{[OH^-]}[I^-] = k[OCl^-][I^-][OH]^{-1}$$

式中，$k=k_1K[H_2O]$，得到与实验一致的结果。

应特别指出，在确定速控步反应物总组成时，必须注意以下两种情况：

(1) 速率方程中，溶剂的反应级数往往没有明确指出，即出现准级数情况，此时可根据合理的需要在速控步的反应物中加上或减去若干个溶剂分子。

(2) 速率方程有时为几项之和，因而可能在同一反应机理中存在两个以上的平行的速控步或两个以上的平行的反应机理。

2. 反应机理与反应级数关系的经验规则

(1) 若反应级数大于 3，由于四分子反应不大可能，在气相中三分子反应极少，因而速控步前必有若干步快速平衡反应存在。

例如，用核磁共振研究 HCl 与丙烯的高压加成反应

$$CH_3-CH=CH_2 + HCl \longrightarrow CH_3-CH_2-CH_2Cl$$

其实验速率方程为

$$r = k[A][HCl]^3 \qquad (A = CH_3CHCH_2，下同)$$

由于 $n = 4$，根据此规则，在速控步前应有若干个快速平衡。根据上述规则，速控步反应物总组成 $\sum_B n_B R_B = A + 3HCl$，总价数 $\sum_B n_B z_B = 0$。因此，拟定可能的反应机理如下：

$$2HCl \underset{}{\overset{K_1}{\rightleftharpoons}} (HCl)_2 \qquad 快速平衡$$

$$A + HCl \underset{}{\overset{K_2}{\rightleftharpoons}} AHCl \qquad 快速平衡$$

$$AHCl + (HCl)_2 \xrightarrow{k_3} CH_3—CH_2—CH_2—Cl + 2HCl \quad 速控步$$

由所拟反应机理推导出速率方程

$$r = k_3[AHCl][(HCl)_2] = k_3K_2[A][HCl]K_1[HCl]^2$$

$$= k_3K_1K_2[A][HCl]^3 = k[A][HCl]^3$$

(2) 反应体系中某一组分 B 具有负级数($n_B<0$)时，则该组分必出现在速控步前平衡过程产物一方，而又不直接进入速控步反应中。

例如，液相反应

$$Cr^{3+} + 3Ce^{4+} \longrightarrow Cr^{6+} + 3Ce^{3+}$$

实验速率方程

$$r = k[Ce^{4+}]^2[Cr^{3+}][Ce^{3+}]^{-1}$$

Ce^{3+} 在速率方程中为负级数，根据上述规则，Ce^{3+} 应出现在速控步前平衡产物一方，由反应物写出平衡方程

$$Ce^{4+} + Cr^{3+} \overset{K}{\rightleftharpoons} Ce^{3+} + Cr^{4+} \qquad 快速平衡$$

Cr^{4+} 在速率方程中不出现，可作为中间物参加速控步。而速控步反应物的总组成及总价数为

$$\sum_B n_B R_B = 2 \times Ce + 1 \times Cr - 1 \times Ce = Ce + Cr$$

$$\sum_n n_B z_B = 2 \times (+4) + 1 \times (+3) - 1(\times 3) = 8$$

由此，速控步可能是

$$Ce^{4+} + Cr^{4+} \xrightarrow{k_2} Ce^{3+} + Cr^{5+} \qquad 速控步$$

Ce^{4+} 的总包反应化学计量数大于速率方程中 Ce^{4+} 的分级数，根据上述规则，它必须参加速控步后的快速反应。

$$Ce^{4+} + Cr^{5+} \xrightarrow{k_3} Ce^{3+} + Cr^{6+} \qquad 快速反应$$

根据上述反应机理，应用平衡态假设，可得

$$r = k_2K[Ce^{4+}]^2[Cr^{3+}][Ce^{3+}]^{-1}$$

与实验速率方程一致，且 $k=k_2K$。

(3) 在速率方程中，若某反应物 B 的分级数是分数，如 1/2,1/3,…，则在反应机理中的速控步前必有该反应物分子的解离平衡。

例如，液相反应

$$\frac{1}{2}Hg_2^{2+} + Fe^{3+} \longrightarrow Fe^{2+} + Hg^{2+}$$

实验速率方程

$$r = k[Fe^{3+}][Hg_2^{2+}]^{1/2}$$

Hg_2^{2+} 的分级数为分数 1/2，按上述规则，在速控步前存在 Hg_2^{2+} 的解离平衡

$$Hg_2^{2+} \overset{K}{\rightleftharpoons} 2Hg^+ \quad 解离平衡$$

Hg^+ 在速率方程中不出现，作为不稳定中间物参加速控步。根据上述规则，速控步反应物的总组成 $\sum_B n_B R_B = 1 \times Fe + \frac{1}{2} \times Hg_2 = Fe + Hg$，总价数 $\sum_n n_B z_B = 3 + \frac{1}{2} \times 2 = 4$。故速控步可能为

$$Hg^+ + Fe^{3+} \xrightarrow{k_1} Hg^{2+} + Fe^{2+} \qquad 速控步$$

根据解离平衡和速控步反应式推得速率方程

$$r = k_1[Hg^+][Fe^{3+}] = k_1K^{1/2}[Fe^{3+}][Hg_2^{2+}]^{1/2}$$

与实验结果一致，且 $k=k_1K^{1/2}$。

3. 由极限推广到一般的经验规则

若所研究的反应无简单级数，如速率方程分母是几项之加和，但其速率方程在不同的极限情况下可变为简单形式的速率方程。运用上述经验规则，根据极限情况下的速率方程推测极限情况下的反应机理，再由极限推广到一般。但此时必须选取独立的基元反应，将极限情况下的快速平衡变为非平衡的对峙反应，将速控步变为非速控步，将速控步后的快速反应变为一般反应。对不稳定中间物应用稳定态近似较为合适。

例如，气相反应

$$H_2 + Br_2 \longrightarrow 2HBr$$

实验测得速率方程

$$r = \frac{1}{2}\frac{d[HBr]}{dt} = k\frac{[H_2][Br_2]^{1/2}}{1 + k'\dfrac{[HBr]}{[Br_2]}} \tag{9-187}$$

首先讨论极限情况。

(1) 反应开始时，[HBr]≪[Br₂]，式(9-187)变为

$$r(\text{实验}) = k[H_2][Br_2]^{1/2} \tag{9-188}$$

式中，Br_2 的分级数为 1/2，根据上述规则，速控步前存在 Br_2 分子的解离平衡。速控步反应物总组成为 $\sum_B n_B R_B = 1\times H_2 + \frac{1}{2}Br_2 = H_2 + Br$，总价数 $\sum_B n_B z_B = 0$，据此推测，在此极限情况下，可能的反应机理为

$$Br_2 \underset{k_{-1}}{\overset{k_1}{\rightleftharpoons}} 2Br \qquad \text{快速平衡}$$

$$H_2 + Br \xrightarrow{k_2} HBr + H \qquad \text{速控步}$$

根据此机理导出速率方程

$$r = \frac{d[HBr]}{dt} = k_2[H_2][Br] = k_2\left(\frac{k_1}{k_{-1}}\right)^{1/2}[H_2][Br_2]^{1/2}$$

得到与极限实验速率方程式(9-188)一致的结果。

(2) 反应接近完成时，[HBr]≫[Br₂]，则有

$$\frac{k'[HBr]}{[Br_2]} \gg 1$$

方程式(9-187)变为

$$r(\text{实验}) = \frac{k}{k'}\frac{[H_2][Br_2]^{1/2}}{[HBr]}[Br_2] \tag{9-189}$$

Br_2 的分级数为 3/2，根据经验规则，在速控步前必有 Br_2 分子解离平衡。$n_{HBr} < 0$，HBr 出现在速控步前某一平衡的产物一方而又不直接进入速控步。根据规则，速控步反应物总组成 $\sum_B n_B R_B = 1\times H_2 + \frac{1}{2}\times Br_2 + 1\times Br_2 - 1\times HBr = H + Br_2$，总价数 $\sum_B n_B z_B = 0$。由此推测在此极限情况下的反应机理为

$$\left.\begin{aligned} Br_2 &\underset{k_{-3}}{\overset{k_3}{\rightleftharpoons}} 2Br \\ H_2 + Br &\underset{k_{-4}}{\overset{k_4}{\rightleftharpoons}} HBr + H \end{aligned}\right\} \text{快速平衡}$$

$$H + Br_2 \xrightarrow{k_5} HBr + Br \qquad \text{速控步}$$

由此机理推导速率方程

$$r = \frac{d[HBr]}{dt} = k_5[H][Br_2]$$

$[H] = \dfrac{k_4}{k_{-4}}\dfrac{[H_2][Br]}{[HBr]}$，而$[Br] = \left(\dfrac{k_3}{k_{-3}}\right)^{1/2}[Br_2]^{1/2}$，代入得

$$r = \frac{k_5 k_4}{k_{-4}} \left(\frac{k_3}{k_{-3}} \right)^{1/2} \frac{[H_2][Br]^{1/2}}{[HBr]} [Br_2]$$

得到与极限实验速率方程式(9-189)一致的结果。由极限推广到一般。

根据规则，将上述反应变为一般反应，选出独立的基元反应，即为一般情况下的反应机理。

$$\left.\begin{array}{l} Br_2 \underset{k_{-1}}{\overset{k_1}{\rightleftharpoons}} 2Br \\ H_2 + Br \underset{k_{-2}}{\overset{k_0}{\rightleftharpoons}} HBr + H \end{array}\right\} \text{非平衡的对峙反应}$$

$$H + Br_2 \xrightarrow{k_3} HBr + Br \quad \text{非速控步}$$

上述机理是有自由原子参加的链反应机理。k_1 步是链引发，Br_2 分子与任何物质 M 碰撞后获得能量分解为两个 Br 原子(链载体)。k_2、k_3 步是链增长。k_{-2} 步是链的抑止步骤，它破坏产物 HBr，使反应速率下降。k_{-1} 步是链终止。k_{-2} 步和 k_3 步是 HBr 和 Br_2 争夺 H 原子的竞争反应，这导致速率方程中 $k'[HBr]/[Br_2]$ 的出现。

由反应机理推导速率方程

$$\frac{d[HBr]}{dt} = k_2[H_2][Br] - k_{-2}[HBr][H] + k_3[H][Br_2]$$

对自由原子 H、Br 用稳定态近似得

$$\frac{d[H]}{dt} = k_2[Br][H_2] - k_{-2}[HBr][H] - k_3[H][Br_2] = 0$$

$$k_2[Br][H_2] = k_{-2}[HBr][H] + k_3[H][Br_2] \tag{9-190}$$

将式(9-190)代入式(9-189)得

$$\frac{d[HBr]}{dt} = 2k_3[H][Br_2] \tag{9-191}$$

$$\frac{d[Br]}{dt} = 2k_1[Br_2] - 2k_{-1}[Br]^2 - k_2[Br][H_2] + k_{-2}[HBr][H] + k_3[H][Br_2] = 0 \tag{9-192}$$

式(9-190)加式(9-192)得

$$2k_1[Br_2] - 2k_{-1}[Br]^{1/2} = 0$$

$$[Br] = \left(\frac{k_1}{k_{-1}} \right)^{1/2} [Br_2]^{1/2} \tag{9-193}$$

将式(9-193)代入式(9-190)得

$$[H] = \frac{k_2 \left(\frac{k_1}{k_{-1}} \right)^{1/2} [H_2][Br_2]^{-1/2}}{k_3 + k_{-2} \frac{[HBr]}{[Br_2]}} \tag{9-194}$$

将式(9-194)代入式(9-191)得

$$r = \frac{1}{2} \frac{d[HBr]}{dt} = \frac{k_2 \left(\frac{k_1}{k_{-1}} \right)^{1/2} [H_2][Br_2]^{1/2}}{1 + \frac{k_{-2}}{k_3} \frac{[HBr]}{[Br_2]}} \tag{9-195}$$

这就得到与实验速率方程式(9-189)一致的结果，而且有

$$k = k_2 \left(\frac{k_1}{k_{-1}} \right)^{1/2} \qquad k' = \frac{k_{-2}}{k_3}$$

4. 逆向反应的机理研究

如果总包反应的正向机理已确定，则逆向反应机理也就知道，因为逆向反应中的每一步必须是正向反应中的每一步的逆过程(假定温度、溶剂等不变)。但速控步不一定相同。

以上的经验规则在推测反应机理时是十分有用的，但实际反应的机理往往更为复杂。

例如，速率方程有时为几项之和，这可能在同一反应机理中存在两个以上平行的速控步，即可能存在两个以上的平行的反应机理。此外，在拟定反应机理过程中只考虑速率因素是远远不够的，用上述经验规则拟定反应机理所得出的结论并非是完全充分的。这主要表现在拟定不同的反应机理，可能得到同样形式的反应速率方程或反应动力学方程；也可能拟定不同的反应机理，可能得到在实验误差范围内同样符合的不同形式的反应速率方程或反应动力学方程。因此，要确定反应机理还需借助其他实验和理论进行验证。常用的方法是检测中间物来验证所设想的反应机理。如果中间物是比较稳定的，可用降低反应速率的方法(降温或稀释反应体系)，分析反应混合物中的中间物。对于不稳定的、难以分离出的活泼中间物，一般用光谱分析方法来检测。许多气相反应的中间物(如 OH、CH_2、CH_3、H、O、C_6H_5 等)可以用质谱仪来检测。具有未成对电子的中间物(自由基)可以用顺磁共振仪来检测。

通常在反应体系中加入适当物质，观察它对反应速率和产物的影响，以此来确定反应中间物。例如，在混合溶剂丙酮-水中烷基卤的水解

$$RCl + H_2O \longrightarrow ROH + H^+ + Cl^-$$

其速率方程为 $r=k[RCl]$。设想机理是速率较慢的速率决定步骤 $RCl \longrightarrow R^+ + Cl^-$ 的后面紧跟着一个快速步骤 $R^+ + H_2O \longrightarrow ROH + H^+$。中间物 R^+ 存在的证据是，当加入 N_3^- 后，速率常数和速率方程并不改变，但是有许多 RN_3 生成。在 RCl 解离反应(速率决定步骤)的后面有 N_3^- 与 R^+ 的结合步骤，但不影响反应速率。

用同位素取代物种有助于确定反应机理。例如，同位素示踪证实，在伯醇或仲醇与有机酸反应生成酯和水时，水分子中的氧来自有机酸

$$R^{18}OH + R'C(O)^{16}OH \longrightarrow R'C(O)^{18}OR + H^{16}OH$$

表明在反应机理中必定有酸分子中 C—OH 键的断裂。匈牙利科学家赫维西(Hevesy)利用同位素示踪研究化学反应而获得 1943 年诺贝尔化学奖。

反应物和产物的立体化学知识对确定反应机理十分有用，在现代有机化学教材中都讨论反应机理与立体化学的关系。Br_2 加到环烯上所得产物中的两个 Br 原子彼此反位配置，这表明在基元反应中 Br_2 不是加到双键上的。

对所拟定的反应机理持保留态度是非常必要的。例如，1890 年博登斯坦(Bodenstein)将反应 $H_2 + I_2 \longrightarrow 2HI$ 的速率方程确定为 $r=k[H_2][I_2]$。直至 1967 年，大多数化学动力学工作者仍认为反应机理是一步双分子反应 $H_2 + I_2 \longrightarrow 2HI$。1967 年，沙利文(Sullivan)提出有力的实验证据，认为反应机理中有中间物 I 原子存在，包含快速平衡步骤 $I_2 \rightleftharpoons 2I$ 和速率决定步骤三分子反应 $2I + H_2 \longrightarrow 2HI$。按这个机理所得的速率方程与实测速率方程也符合。沙利文的工作使大多数人认为一步双分子反应机理是错误的。但是，对沙利文的实验数据作进一步的理论分析和讨论，促使某些工作者认为这些数据与双分子反应机理有矛盾。因此，$H_2 + I_2 \longrightarrow 2HI$ 反应机理至今仍是一个尚未完全解决的问题。但应看到，从分子反应动力学理论的发展、分子束等实验技术的应用来看，直接证明反应机理的时代已经来到，可以预见，逐步揭开反应机理之谜一定能实现。

9.11.3 化学计量系数和化学计量数

化学计量系数是指在总包反应或基元步骤的化学反应方程式中反应物或产物前面的系数，用 ν_B 表示。化学计量数是指每个基元步骤形成总包反应时所需乘以的数值，也就是该基元步骤在完成总包反应时所需进行的反应的次数。化学计量数通常用 σ 表示。

例如，反应 $A_2 + B_2 \rightarrow 2AB$ 有以下反应机理：

	σ
(1) $A_2 \xrightarrow{k_1} 2A$(慢)	1
(2) $B_2 \underset{}{\overset{K_2}{\rightleftharpoons}} 2B$(快速平衡，$K_2$很小)	1

(3) $A+B \xrightarrow{k_3} AB$(快)　　　　　　　　2

在基元步骤(1)和(2)中,虽然产物中化学计量系数均为 2,但是对总包反应而言它仅需进行一次,因此其化学计量数为 1;而在基元步骤(3)中,虽然反应物和产物的化学计量系数都为 1,但是对总包反应而言它需要进行两次,因此其化学计量数为 2。

习　　题

9-1　请根据质量作用定理,写出下列基元反应的反应速率、反应物的消耗速率、产物的生成速率(试用各种物质分别表示)的表示式。

(1) $A+B \xrightarrow{k} 2P$

(2) $2A+B \xrightarrow{k} 2P$

(3) $A+2B \xrightarrow{k} P+2S$

(4) $2Cl+M \xrightarrow{k} Cl_2+M$

〔答案:略〕

9-2　某气相反应的速率表示式分别用浓度和压力表示时为 $r=k_c c_A$ 和 $r=k_p p_A$,试求 k_c 与 k_p 之间的关系,设气体为理想气体。

〔答案:$k_p=k_c(RT)^{1-n}=k_c$〕

9-3　理想气体反应 $2N_2O_5 \longrightarrow 4NO_2+O_2$ 在 25℃时的速率常数 k 是 $1.73\times10^{-5}\,s^{-1}$,速率方程为 $r=k[N_2O_5]$。(1) 计算在 25℃,$p(N_2O_5)=10\ 132.5$Pa 时,12.0dm³ 的容器中此反应的 r、ξ 以及 $d[N_2O_5]/dt$;(2) 计算在(1)的反应条件下,1s 内被分解的 N_2O_5 分子数;(3) 如果反应式写成 $N_2O_5 \longrightarrow 2NO_2+\frac{1}{2}O_2$,在(1)的反应条件下,$k$、$r$ 与 ξ 为多少?

〔答案:(1) $7.07\times10^{-5}\,mol\cdot m^{-3}\cdot s^{-1}$,$8.48\times10^{-7}\,mol\cdot s^{-1}$,
$-1.414\times10^{-4}\,mol\cdot m^{-3}\cdot s^{-1}$;(2) 1.02×10^{18};(3) $3.46\times10^{-5}\,s^{-1}$,
$1.414\times10^{-4}\,mol\cdot m^{-3}\cdot s^{-1}$,$1.697\times10^{-6}\,mol\cdot s^{-1}$〕

9-4　在气相反应动力学研究中,有时将速率方程中的浓度用压力来代替。设有反应 $aA \longrightarrow$ 产物,$-\frac{1}{a}\frac{dp_A}{dt}=k_p p_A^n$,式中,$k_p$ 是常数;p_A 是 A 的分压。(1) 试证明 $k_p=k(RT)^{1-n}$;(2) 此关系式是否适用于任何 n 级反应?(3) 计算 400K 时,$k=2.00\times10^{-4}\,dm^3\cdot mol^{-1}\cdot s^{-1}$ 的气相反应的 k_p。

〔答案:(1) 略;(2) 略;(3) $6.01\times10^{-11}\,Pa^{-1}\cdot s^{-1}$〕

9-5　反应 A 与反应 B 都是一级反应,而且在某一温度 T 时,$k_A>k_B$。在 T 时,r_A 是否必须大于 r_B?

〔答案:略〕

9-6　利用习题 9-3 的数据,(1) 计算 25℃时,N_2O_5 分解的半衰期;(2) 如果 N_2O_5 的起始浓度 $[N_2O_5]_0=0.010\,mol\cdot dm^{-3}$,反应温度为 25℃,试计算 24.0h 后 N_2O_5 的浓度。

〔答案:(1) 2×10^4s;(2) $5.03\times10^{-4}\,mol\cdot dm^{-3}$〕

9-7　某人工放射性元素放出 α 粒子,半衰期为 15min。多长时间后该试样分解了 80%?

〔答案:34.8min〕

9-8　蔗糖在稀酸溶液中按照下式水解:

$$C_{12}H_{22}O_{11}+H_2O \longrightarrow C_6H_{12}O_6(\text{葡萄糖})+C_6H_{12}O_6(\text{果糖})$$

当温度与酸的浓度一定时,反应速率与蔗糖的浓度成正比。今有一溶液,1dm³ 中含 0.300mol 蔗糖及 0.1mol HCl,在 48℃,20min 内有 32%的蔗糖水解。(1) 计算反应速率常数;(2) 计算反应开始($t=0$)时及 20min 时的反应速率;(3) 40min后有多少蔗糖水解?(4) 若 60%蔗糖发生水解,需多少时间?

〔答案:(1) 0.0193min^{-1};(2) $5.8\times10^{-3}\text{mol}\cdot\text{dm}^{-3}\cdot\text{min}^{-1}$,$3.9\times10^{-3}\text{mol}\cdot\text{dm}^{-3}\cdot\text{min}^{-1}$;(3) 54%;(4) 47.5min〕

9-9 硝基乙酸$(NO_2)CH_2COOH$在酸性溶液中的分解反应

$$(NO_2)CH_2COOH \longrightarrow CH_3NO_2 + CO_2(g)$$

为一级反应。25℃、101 325Pa 下,于不同时间测定放出的 CO_2 体积如下:

t/min	2.28	3.92	5.92	8.42	11.92	17.47	∞
V/cm^3	4.09	8.05	12.02	16.01	20.02	24.02	28.94

反应不是从 $t=0$ 开始的。求速率常数。

〔答案:0.107min^{-1}〕

9-10 稀溶液的电导与离子浓度成比例,因而产生离子的反应可通过电导测定来确定反应的进程。今有特戊基碘在乙醇水溶液中的水解反应

$$t\text{-}C_5H_{11}I + H_2O \longrightarrow t\text{-}C_5H_{11}OH + H^+ + I^-$$

为一级反应。在 25℃时,上述反应在 80%乙醇水溶液中进行,$t\text{-}C_5H_{11}I$ 的起始浓度约为 $0.02\text{mol}\cdot\text{kg}^{-1}$,各不同时间的电导数据如下:

t/min	0	1.5	4.5	9.0	16.0	22.0	∞
G/S	0.39	1.78	4.09	6.32	8.36	9.34	10.50

表中电导单位 S 为西门子。求速率常数 k。

〔答案:0.095min^{-1}〕

9-11 某气相反应 $2A \longrightarrow A_2$ 为二级反应,数据如下:

t/s	0	100	200	400	∞
$p_{总}$/Pa	41 329.9	34 397.2	31 197.4	27 331.1	20 665.0

求速率常数 k。

〔答案:$k_p=1.22\times10^{-7}\text{Pa}^{-1}\cdot\text{s}^{-1}$,$k_c=0.302\text{dm}^3\cdot\text{mol}^{-1}\cdot\text{s}^{-1}$〕

9-12 溶液反应

$$S_2O_8^{2-} + 2Mo(CN)_8^{4-} \longrightarrow 2SO_4^{2-} + 2Mo(CN)_8^{3-}$$

的速率方程为

$$-\frac{1}{2}\frac{d[Mo(CN)_8^{4-}]}{dt}=k[S_2O_8^{2-}][Mo(CN)_8^{4-}]$$

20℃时,反应开始只有两种反应物,其起始浓度分别为 $0.01\text{mol}\cdot\text{dm}^{-3}$ 和 $0.02\text{mol}\cdot\text{dm}^{-3}$,反应 26h 后,测定剩余的八氰基钼酸根离子的浓度$[Mo(CN)_8^{4-}]=0.015\ 62\ \text{mol}\cdot\text{dm}^{-3}$,求 k。

〔答案:$0.54\text{dm}^3\cdot\text{mol}^{-1}\cdot\text{h}^{-1}$〕

9-13 设有理想气体反应 $2NO_2 + F_2 \longrightarrow 2NO_2F$,27℃时速率常数 k 是 $38\text{dm}^3\cdot\text{mol}^{-1}\cdot\text{s}^{-1}$。此反应对 NO_2 是一级,对 F_2 也是一级。在 400dm^3 容器中,27℃时混合 2.00mol NO_2 和 3.00mol F_2。试求算 10.0s 后反应体系所含 NO_2、F_2 和 NO_2F 的物质的量。

〔答案:0.384mol,2.192mol,1.62mol〕

9-14 设有基元反应 $A \rightleftharpoons 2C$。试证明反应平衡体系经微扰后,$[A]-[A]_{eq}=([A]_0-[A]_{eq})e^{-t/\tau}$,式中,$\tau^{-1}=k_f+4k_b[C]_{eq}$。

〔答案:略〕

9-15 在 25℃时,基元气相反应 $N_2O_4 \longrightarrow 2NO_2$ 的速率常数是 $4.8\times10^4\text{s}^{-1}$。(1) 利用

反应物质的 $\Delta_f G_m^\ominus$ 数据，求算 25℃时，$2NO_2 \longrightarrow N_2O_4$ 的速率常数；(2) 利用习题 9-14 结果，求算101 325Pa下，25℃时反应平衡体系($NO_2+N_2O_4$)混合物的弛豫时间 τ。

〔答案：(1) $1.032\times10^4 m^3\cdot mol^{-1}\cdot s^{-1}$；(2) $1.89\times10^{-6}s$〕

9-16 反应 $2NOCl \longrightarrow 2NO+Cl_2$ 在 200℃下的动力学数据如下：

t/s	0	200	300	500
[NOCl]/($mol\cdot dm^{-3}$)	0.02	0.0159	0.0144	0.0121

反应开始只含有 NOCl，并认为反应能进行到底，求反应级数和速率常数。

〔答案：2，$0.065dm^3\cdot mol^{-1}\cdot s^{-1}$〕

9-17 在 $t=0$ 时，将丁二烯放入 326℃的抽空容器中，发生二聚反应 $2C_4H_6 \longrightarrow C_8H_{12}$，测得反应体系压力 p 与时间 t 的函数关系如下：

t/s	0	367	731	1038	1751
p/133.32Pa	632.0	606.6	584.2	567.3	535.4
t/s	2550	3 652	5 403	7 140	10 600
p/133.32Pa	509.3	482.8	453.3	432.8	405.3

求：(1) 此反应的级数；(2) 此反应在 326℃时的速率常数。

〔答案：(1) 2；(2) $1.42\times10^{-9}Pa^{-1}\cdot s^{-1}$〕

9-18 NO 与 H_2 进行以下反应：

$$2NO+2H_2 \longrightarrow N_2+2H_2O$$

在一定温度下，某密闭容器中等物质的量的 NO 与 H_2 混合物在不同初压下的半衰期如下：

p_0/133.32Pa	375	340.5	288	251	243	202
$t_{1/2}$/min	95	102	140	180	196	224

求反应的总级数。

〔答案：2.5〕

9-19 在 500℃及初压为 101 325Pa 时，某碳氢化合物的气相热分解反应的半衰期为 2s。若初压降为10 132.5Pa，则半衰期增为 20s。求速率常数。

〔答案：$4.93\times10^{-6}Pa^{-1}\cdot s^{-1}$〕

9-20 气相反应 $3H_2+N_2 \longrightarrow 2NH_3$，经实验测得数据如下：

$p_0(H_2)$/kPa	$p_0(N_2)$/Pa	r_0/($10^{-4}Pa\cdot s^{-1}$)
13.3	133	3.7
26.6	133	14.8
53.3	67	29.6

若反应速率方程 $r=kp_{H_2}^{\alpha}p_{N_2}^{\beta}$，请根据以上实验结果求 α 及 β 值。

〔答案：2，1〕

9-21 乳酸在酶作用下发生氧化反应，实验测得不同反应时间的乳酸浓度数据如下：

t/s	0	300	480	600	780	960
c/($mol\cdot dm^{-3}$)	0.3200	0.3175	0.3159	0.3149	0.3133	0.3113

请确定该反应的反应级数，并求反应速率常数 k 及半衰期 $t_{1/2}$。

〔答案：1，$2.95\times10^{-5}s^{-1}$，2.35×10^4s〕

9-22　A与B之间发生气相反应，反应中B是大过量，实验测定30℃时该反应的半衰期$t_{1/2}$随起始压力$p_{A,0}$、$p_{B,0}$变化。实验数据如下：

$p_{A,0}$/133.32Pa	20	20	40	30
$p_{B,0}$/133.32Pa	1000	500	500	250
$t_{1/2}$/min	160	320	160	426

若速率方程为$-\frac{dp_A}{dt}=k_A p_A^{\alpha} p_B^{\beta}$，试确定$\alpha$、$\beta$。

〔答案：2,1〕

9-23　对反应A+B⟶C+D做了两次实验测定，第一次$[A]_0=400\text{mmol}\cdot\text{dm}^{-3}$，$[B]_0=0.400\text{mmol}\cdot\text{dm}^{-3}$，测得的数据如下：

t/s	[C]/(mmol·dm^{-3})	t/s	[C]/(mmol·dm^{-3})
0	0	360	0.350
120	0.200	∞	0.400
240	0.300		

第二次$[A]_0=0.400\text{mmol}\cdot\text{dm}^{-3}$，$[B]_0=1000\text{mmol}\cdot\text{dm}^{-3}$，测得的数据如下：

$10^{-3}t$/s	[C]/(mmol·dm^{-3})	$10^{-3}t$/s	[C]/(mmol·dm^{-3})
0	0	485	0.350
69	0.200	∞	0.400
208	0.300		

试求此反应的速率方程和速率常数。

〔答案：$r=k[A]^2[B]$，$3.6\times10^{-2}\text{dm}^6\cdot\text{mol}^{-2}\cdot\text{s}^{-1}$〕

9-24　对反应A⟶产物做了一次实验测定，$[A]_0=0.600\text{mol}\cdot\text{dm}^{-3}$，测得的数据如下：

t/s	$[A]/[A]_0$	t/s	$[A]/[A]_0$
0	1	400	0.511
100	0.829	600	0.385
200	0.688	1000	0.248
300	0.597		

试求反应级数和速率常数。

〔答案：1，$1.33\times10^{-3}\text{s}^{-1}$〕

9-25　对反应2A+B⟶C+D+2E做了两次实验测定，第一次$[A]_0=800\text{mmol}\cdot\text{dm}^{-3}$，$[B]_0=2.00\text{mmol}\cdot\text{dm}^{-3}$，测得的数据如下：

t/s	$[B]/[B]_0$	t/s	$[B]/[B]_0$
0	1	30 000	0.582
8 000	0.836	50 000	0.452
14 000	0.745	90 000	0.318
20 000	0.680		

第二次$[A]_0=600\text{mmol}\cdot\text{dm}^{-3}$，$[B]_0=2.00\text{mmol}\cdot\text{dm}^{-3}$，测得的数据如下：

t/s	[B]/[B]$_0$	t/s	[B]/[B]$_0$
0	1	50 000	0.593
8 000	0.901	90 000	0.453
20 000	0.787		

试求此反应的速率方程和速率常数。

〔答案：$1.42\times10^{-8}\,\text{dm}^3\cdot\text{mmol}^{-1}\cdot\text{s}^{-1}$〕

9-26　504℃时，二甲醚分解反应

$$(CH_3)_2O \longrightarrow CH_4 + H_2 + CO$$

反应体系的总压 p 与反应时间 t 的函数关系如下：

t/s	0	390	777	1195	3155	∞
p/133.32Pa	312	408	488	562	779	931

计算：(1) 每一反应时间 t 的$(CH_3)_2O$分压和 CH_4 分压；(2) 分解反应的级数和速率常数。

〔答案：(1) 略；(2) 1，$4.4\times10^{-4}\,\text{s}^{-1}$〕

9-27　反应 A+B ⟶ 产物的起始浓度与初速 r_0 的动力学实验数据如下：

$[A]_0/(\text{mol}\cdot\text{dm}^{-3})$	1.0	2.0	3.0	1.0	1.0
$[B]_0/(\text{mol}\cdot\text{dm}^{-3})$	1.0	1.0	1.0	2.0	3.0
$r_0/(\text{mol}\cdot\text{dm}^{-3}\cdot\text{s}^{-1})$	0.15	0.30	0.45	0.15	0.15

若反应速率方程为 $r=k[A]^\alpha[B]^\beta$，求 α 及 β 的值。

〔答案：1，0〕

9-28　826℃时气相反应 $2NO+2H_2 \longrightarrow N_2+2H_2O$ 的起始速率经测定如下：

$(p_{H_2})_0=400\times133.32$Pa				$(p_{NO})_0=400\times133.32$Pa			
$(p_{NO})_0$/133.32Pa	359	300	152	$(p_{H_2})_0$/133.32Pa	289	205	147
$-(\text{d}p/\text{d}t)_0/(133.32\text{Pa}\cdot\text{s}^{-1})$	1.50	1.03	0.25		1.60	1.10	0.79

试求对各反应物的级数。

〔答案：$n_{NO}=2$，$n_{H_2}=1$〕

9-29　若 $r=k[A]^n$，证明

$$\lg t_\theta=\lg\frac{\theta^{1-n}-1}{(n-1)k_A}-(n-1)\lg[A]_0 \qquad (n\neq1)$$

$$t_\theta=-(\ln\theta)/k_A \qquad (n=1)$$

式中，t_θ 是分数寿期(fractional life)。

〔答案：略〕

9-30　设有$(CH_3)_2O$(物质 A)在 777K 时的分解反应，$[A]_0$ 降至 $0.69[A]_0$ 所需的时间 $t_{0.69}$ 与$[A]_0$ 的函数关系如下：

$10^3[A]_0/(\text{mol}\cdot\text{dm}^{-3})$	8.13	6.44	3.10	1.88
$t_{0.69}$/s	590	665	900	1140

求：(1) 此反应的级数；(2) $\text{d}[A]/\text{d}t=-k_A[A]^n$ 中的 k_A。

〔答案：(1) 1.5；(2) $5.78\times10^{-3}\,\text{dm}^{1.5}\cdot\text{mol}^{-0.5}\cdot\text{s}^{-1}$〕

9-31　下列水溶液中反应：

$$n\text{-}C_3H_7Br + S_2O_3^{2-} \longrightarrow C_3H_7S_2O_3^- + Br^-$$

对 $n\text{-}C_3H_7Br$ 是一级，对 $S_2O_3^{2-}$ 是一级。在 37.5℃时测得下列数据：

$[S_2O_3^{2-}]/(mmol \cdot dm^{-3})$	t/s	$[S_2O_3^{2-}]/(mmol \cdot dm^{-3})$	t/s
96.6	0	76.6	5 052
90.4	1 110	66.8	11 232
86.3	2 010		

$n\text{-}C_3H_7Br$ 的起始浓度是 $39.5mmol \cdot dm^{-3}$。试求此反应在 37.5℃时的速率常数。

〔答案：$1.61\times10^{-6}dm^3 \cdot mmol^{-1} \cdot s^{-1}$〕

9-32　试证明一级反应的转化率达到 50%、75%、87.5%所需的时间分别为 $t_{1/2}$、$2t_{1/2}$、$3t_{1/2}$。

〔答案：略〕

9-33　在 20℃时研究反应 $A+2B = 2C+D$，其速率方程为

$$r=k[A]^x[B]^y$$

(1) 当 A、B 的起始浓度分别为 $0.01mol \cdot dm^3$、$0.02mol \cdot dm^{-3}$ 时，测得反应物 B 在不同时刻的浓度数据如下：

t/h	0	90	217
$[B]/(mol \cdot dm^{-3})$	0.020	0.010	0.0050

求该反应的总反应级数。

(2) 当 A、B 的起始浓度均为 $0.02mol \cdot dm^{-3}$ 时，测得起始反应速率仅为实验(1)的 1.4 倍，试求 A、B 的反应级数 x、y 值。

(3) 求速率常数 k。

〔答案：(1) 1.5；(2) 0.5，1；(3) $1.28\times10^{-5}(mol \cdot dm^{-3})^{-1/2} \cdot s^{-1}$〕

9-34　65℃时 N_2O_5 气相分解的速率常数为 $0.292min^{-1}$，活化能为 $103.3\ kJ \cdot mol^{-1}$，求 80℃时 k 及 $t_{1/2}$。

〔答案：$1.39min^{-1}$，0.498min〕

9-35　乙醇溶液中进行以下反应：

$$C_2H_5I + OH^- \longrightarrow C_2H_5OH + I^-$$

实验测得不同温度下的 k 值如下：

$t/℃$	15.83	32.02	59.75	90.61
$k/(dm^3 \cdot mol^{-1} \cdot s^{-1})$	0.0503	0.368	6.71	119

求该反应的活化能。

〔答案：$91kJ \cdot mol^{-1}$〕

9-36　$I + H_2 \longrightarrow HI + H$，$Q = 138kJ \cdot mol^{-1}$，试用键能估算此反应的活化能，已知 $\varepsilon_{HI} = 297kJ \cdot mol^{-1}$，$\varepsilon_{HH} = 435kJ \cdot mol^{-1}$。

〔答案：$161.93kJ \cdot mol^{-1}$〕

9-37　某抗生素在人体血液中呈现简单级数的反应，如果给病人在上午 8 点注射一针抗生素，然后在不同时刻 t 测定抗生素在血液中的浓度 c，得到数据如下：

t/h	4	8	12	16
$c/[mg \cdot (100cm^3)^{-1}]$	0.480	0.326	0.222	0.151

(1) 确定反应级数；(2) 求反应的速率常数 k 及半衰期 $t_{1/2}$；(3) 若抗生素在血液中浓

度不低于 0.37mg·$(100cm^3)^{-1}$才为有效，则何时该注射第二针？

〔答案：(1) 1；(2) $0.0963h^{-1}$，7.20h；(3) 6.7h〕

9-38 气相反应 $2NO+H_2 \longrightarrow N_2O+H_2O$ 能进行完全，且有速率方程 $r=kp_{NO}^{\alpha}p_{H_2}^{\beta}$，实验结果如下：

$p_{NO,0}$/kPa	80	80	1.3	2.6	80
$p_{H_2,0}$/kPa	1.3	2.6	80	80	1.3
$t_{1/2}$/s	19.2	19.2	830	415	10
T/K	1093	1093	1093	1093	1113

求该反应级数 α 及 β，并计算实验活化能。

〔答案：2，1，330kJ·mol^{-1}〕

9-39 反应 $Co(NH_3)_5F^{2+}+H_2O \xrightarrow{H^+} Co(NH_3)_5(H_2O)^{3+}+F^-$ 被酸催化。若反应速率方程为

$$r=k[Co(NH_3)_5F^{2+}]^{\alpha}[H^+]^{\beta}$$

在一定温度及起始浓度条件下测得的分数寿期如下：

T/K	298	298	308
$[Co(NH_3)_5F^{2+}]_0/(mol\cdot dm^{-3})$	0.1	0.2	0.1
$[H^+]_0/(mol\cdot dm^{-3})$	0.01	0.02	0.01
$t_{1/2}/10^2s$	36	18	18
$t_{3/4}/10^2s$	72	36	36

计算：(1) 反应级数 α 及 β 值；(2) 反应速率常数 k 值；(3) 反应实验活化能 E_a 值。

〔答案：(1) 1，1；(2) 298K：$1.925\times10^{-2}dm^3\cdot mol^{-1}\cdot s^{-1}$，

308K：$3.85\times10^{-2}dm^3\cdot mol^{-1}\cdot s^{-1}$；(3) 52.9kJ·$mol^{-1}$〕

9-40 试推导 $A+B \longrightarrow P$ 为二级反应，$r=k[A][B]$时，其动力学方程为

$$\ln\left(1+\frac{\Delta_0}{[A]_0}\frac{\psi_0-\psi_\infty}{\psi_t-\psi_\infty}\right)=\ln\frac{[B]_0}{[A]_0}+\Delta_0kt$$

式中，ψ 是用物理仪器测定的体系的某种物理性质(如吸光度)，该性质与浓度有线性关系，$\Delta_0=[B]_0-[A]_0$。

若反应式为 $aA+bB \longrightarrow P$ 时，动力学方程又是什么？

$$\left\{答案：\ln\left[\frac{\Delta_0}{[A]_0}\left(\frac{\psi_0-\psi_\infty}{\psi_t-\psi_\infty}\right)+\frac{b}{a}\right]=\ln\frac{[B]_0}{[A]_0}+\Delta_0kt\right\}$$

9-41 25℃时乙酸甲酯的酸水解反应数据如下：

$$CH_3CO_2CH_3(A)+H_2O \longrightarrow CH_3CO_2H+CH_3OH$$

(1) 在水介质中，起始浓度是：0.1mol·dm^{-3} HCl，52.19mol·dm^{-3} H_2O，0.701 3mol·dm^{-3} A。

t/min	$([A]_0-[A])/(mol\cdot dm^{-3})$	t/min	$([A]_0-[A])/(mol\cdot dm^{-3})$
200	0.084 55	620	0.231 1
280	0.117 1	1 515	0.429 9
445	0.172 7	1 705	0.458 8

(2) 在丙酮介质中，起始浓度是：0.1mol·dm^{-3} H_2SO_4，0.933mol·dm^{-3} H_2O，2.511 mol·dm^{-3} A。

t/min	$([A]_0-[A])/(mol \cdot dm^{-3})$	t/min	$([A]_0-[A])/(mol \cdot dm^{-3})$
60	0.1379	180	0.3589
120	0.2611	240	0.4177

试求(1)和(2)两种反应介质中的反应级数和速率常数。

〔答案：(1) 1(MeAc)，$6.20\times10^{-4}min^{-1}$；(2) 2(MeAc 和 H_2O)，$1.13\times10^{-3}dm^3 \cdot mol^{-1} \cdot min^{-1}$〕

9-42　不同温度下气相反应 $H_2+I_2 \longrightarrow 2HI$ 的速率常数 k 如下：

T/K	$10^3k/(dm^3 \cdot mol^{-1} \cdot s^{-1})$	T/K	$10^3k/(dm^3 \cdot mol^{-1} \cdot s^{-1})$
599	0.54	666	14
629	2.5	683	25
647	5.2	700	64

试利用作图法求出 E_a 和 A。

〔答案：$1.62\times10^5 J \cdot mol^{-1}$，$6.78\times10^{10}dm^3 \cdot mol^{-1} \cdot s^{-1}$〕

9-43　反应 $2HI \longrightarrow H_2+I_2$ 在 700K 和 629K 的 k 值分别为 $1.2\times10^{-3}dm^3 \cdot mol^{-1} \cdot s^{-1}$ 和 $3.0\times10^{-5}\ dm^3 \cdot mol^{-1} \cdot s^{-1}$。试求算 E_a 和 A。

〔答案：$190.2kJ \cdot mol^{-1}$，$1.9\times10^{11}dm^3 \cdot mol^{-1} \cdot s^{-1}$〕

9-44　当 $T\rightarrow\infty$ 时，根据阿伦尼乌斯公式，k 应为何值？此结果的物理意义是否合理？

〔答案：略〕

9-45　反应 $Np^{3+}+Fe^{3+} \longrightarrow Np^{4+}+Fe^{2+}$。今用分光光度法进行动力学研究，样品池厚度 5cm，固定波长为 723nm，$T=298K$，用 $HClO_4$ 调节反应溶液，使其$[H^+]=0.400mol \cdot dm^{-3}$，离子强度 $I=2.00mol \cdot dm^{-3}$。当反应物起始浓度为$[Np^{3+}]_0=1.58\times10^{-4}mol \cdot dm^{-3}$，$[Fe^{3+}]_0=2.24\times10^{-4}mol \cdot dm^{-3}$时，测定反应体系在反应不同时刻的吸光度，数据如下：

t/min	吸光度	t/min	吸光度
0	0.100	7.0	0.300
2.5	0.228	10.0	0.316
3.0	0.242	15.0	0.332
4.0	0.261	20.0	0.341
5.0	0.277	∞	0.351

设 $r=k[Np^{3+}][Fe^{3+}]$。试应用习题 9-40 所得的公式求速率常数 k 值。

〔答案：$25.96dm^3 \cdot mol^{-1} \cdot s^{-1}$〕

9-46　已知蛋的主要组成卵白朊的热变化是一级反应，其活化能是 $85kJ \cdot mol^{-1}$，在 $h=0$ 处煮熟一个蛋要 10min，在 2213m 高的山顶煮熟一个蛋需多长时间(已知山顶、山脚均为 20℃，水的正常气化热为 $2778J \cdot g^{-1}$)？

〔答案：15.5min〕

9-47　在什么温度下，下列化合物的分解反应的半衰期等于 2h？

化合物	$\lg(A/s^{-1})$	$E_a/(kJ \cdot mol^{-1})$
CH_3CH_2Cl	13.45	230.12
$CH_3CHClCH_3$	13.4	211.29
乙酸特丁酯	13.34	169.45

〔答案:688K,634K,510K〕

9-48　反应 $2NO+O_2 \underset{k_{-1}}{\overset{k_1}{\rightleftharpoons}} 2NO_2$ 有下列数据:

T/K	600	645
$k_1/(dm^6 \cdot mol^{-2} \cdot min^{-1})$	6.63×10^5	6.52×10^5
$k_{-1}/(dm^3 \cdot mol^{-1} \cdot min^{-1})$	8.39	40.7

试求:(1) 这两个温度下反应的平衡常数;(2) 反应的 ΔU_m 和 ΔH_m;(3) 正向反应和逆向反应的活化能。

〔答案:(1) $7.90 \times 10^4 dm^3 \cdot mol^{-1}$, $1.60 \times 10^4 dm^3 \cdot mol^{-1}$;

(2) $-114kJ \cdot mol^{-1}$, $-119kJ \cdot mol^{-1}$;(3) $-1.20kJ \cdot mol^{-1}$, $113kJ \cdot mol^{-1}$〕

9-49　若 $A \underset{k_{-1}}{\overset{k_1}{\rightleftharpoons}} B$ 为对峙一级反应,A 的起始浓度为 a,时间为 t 时,A 和 B 的浓度分别为 $a-x$ 和 x。

(1) 试证明:

$$\ln \frac{a}{a - \dfrac{k_1 + k_{-1}}{k_1}x} = (k_1 + k_{-1})t$$

(2) 已知 $k_1 = 0.2s^{-1}$, $k_{-1} = 0.01s^{-1}$, $a = 0.4mol \cdot dm^{-3}$,求 100s 后的转化率。

〔答案:(1) 略;(2) 95%〕

9-50　对峙一级反应 $A \rightleftharpoons B$。

(1) 达到 $c_A = \dfrac{c_{A,0} + c_{A,e}}{2}$ 所需时间为半衰期 $t_{1/2}$,试证明:$t_{1/2} = \dfrac{\ln 2}{k_1 + k_{-1}}$;

(2) 若初速率为每分钟消耗 A 0.2%,平衡时有 80%A 转化为 B,求 $t_{1/2}$。

〔答案:(1) 略;(2) 4.62h〕

9-51　对于平行反应

$$B \overset{k_1}{\leftarrow} A \overset{k_2}{\rightarrow} C$$

若总反应的活化能为 E_a,试证明:

$$E_a = \frac{k_1 E_{a,1} + k_2 E_{a,2}}{k_1 + k_2}$$

〔答案:略〕

9-52　下列反应原则上应如何选择反应温度或其他条件,才对产物生成有利?

$$A \overset{E_1}{\longrightarrow} B(产物) \overset{E_2}{\longrightarrow} C$$
$$A \overset{E_3}{\longrightarrow} D$$

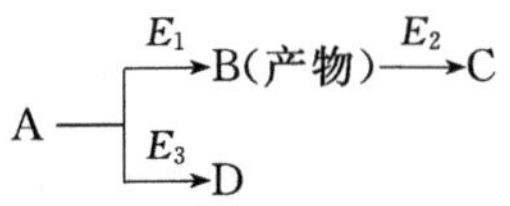

(1) 若 $E_1 > E_2$, $E_2 > E_3$;(2) 若 $E_2 > E_1 > E_3$。

〔答案:略〕

9-53　顺、反二氯乙烯间的单分子异构化反应是对峙反应

$$反-CHCl \!=\! CHCl \underset{k_{-1}}{\overset{k_1}{\rightleftharpoons}} 顺-CHCl \!=\! CHCl$$

动力学数据如下:

t/min	7.0	9.0	11.0	13.0	16.0	20.0
顺-CHCl=CHCl/%	6.1	8.0	9.3	11.4	13.3	15.7

如果反-CHCl=CHCl 的起始浓度为 a,$t = \infty$ 时顺-CHCl=CHCl 的浓度为 $a/2$,试求 k_1 及 k_{-1} 的值。

〔答案:$9.55 \times 10^{-3} min^{-1}$, $9.55 \times 10^{-3} min^{-1}$〕

9-54 求具有下列机理的某气相反应的速率方程：

$$A \underset{k_{-1}}{\overset{k_1}{\rightleftharpoons}} B$$

$$B + C \xrightarrow{k_2} D$$

与A、C及D的浓度相比，B的浓度很小，所以可用稳定态近似法。证明此反应在高压下为一级，低压为二级。

〔答案：$\frac{dc_D}{dt}=\frac{k_1k_2c_Ac_C}{k_{-1}+k_2c_C}$〕

9-55 若反应 $A_2+B_2 \longrightarrow 2AB$ 有如下三种机理，求各机理以 r_{AB} 表示的速率方程：

(1) $A_2 \xrightarrow{k_1} 2A$(慢)，$B_2 \overset{K_2}{\rightleftharpoons} 2B$(快速平衡，$K_2$ 很小)，$A+B \xrightarrow{k_3} AB$(快)

(2) $A_2 \overset{K_1}{\rightleftharpoons} 2A$，$B_2 \overset{K_2}{\rightleftharpoons} 2B$(均为快速平衡，$K_1$，$K_2$ 很小)，$A+B \xrightarrow{k_3} AB$(慢)

(3) $A_2+B_2 \xrightarrow{k_1} A_2B_2$(慢)，$A_2B_2 \xrightarrow{k_2} 2AB$(快)

〔答案：(1) $r_{AB}=k_1c_{A_2}$；(2) $r_{AB}=K_1^{1/2}K_2^{1/2}k_3c_{A_2}^{1/2}c_{B_2}^{1/2}$；(3) $r_{AB}=2k_1c_{A_2}c_{B_2}$〕

9-56 反应 $H_2+Cl_2 \longrightarrow 2HCl$ 的机理如下：

$$Cl_2+M \xrightarrow{k_1} 2Cl+M$$

$$Cl+H_2 \xrightarrow{k_2} HCl+H$$

$$H+Cl_2 \xrightarrow{k_3} HCl+Cl$$

$$2Cl+M \xrightarrow{k_4} Cl_2+M$$

试证明：

$$\frac{d[HCl]}{dt}=2k_2\left(\frac{k_1}{k_4}\right)^{1/2}[H_2][Cl_2]^{1/2}$$

〔答案：略〕

9-57 若反应 $3HNO_2 \longrightarrow H_2O+2NO+H^++NO_3^-$ 的机理如下：

$$2HNO_2 \overset{K_1}{=\!=} NO+NO_2+H_2O \qquad 快速平衡$$

$$2NO_2 \overset{K_2}{=\!=} N_2O_4 \qquad 快速平衡$$

$$N_2O_4+H_2O \xrightarrow{k_3} HNO_2+H^++NO_3^- \qquad 慢$$

求以 $r_{NO_3^-}$ 表示的速率方程。

〔答案：$\frac{d[NO_3^-]}{dt}=k_3K_1^2K_2\frac{[HNO_2]^4}{[NO]^2[H_2O]}$〕

9-58 有一氧化还原反应的反应机理为

$$Fe^{3+}+V^{4+} \underset{k_{-1}}{\overset{k_1}{\rightleftharpoons}} Fe^{2+}+V^{5+} \qquad (i)$$

$$V^{5+}+V^{3+} \xrightarrow{k_2} 2V^{4+} \qquad 速控步 \qquad (ii)$$

(1) 写出该反应的总反应计量方程，并推导总反应速率方程；(2) 若反应(i)的 $\Delta H_m^\ominus=-21\ kJ\cdot mol^{-1}$，总反应表观活化能 $E_a=50kJ\cdot mol^{-1}$，请求算反应(ii)的活化能 E_2；(3) 若 V^{5+} 为微量活性中间物，请用稳定态近似推导 $[V^{5+}]$ 的表达式。

〔答案：(1) $r=k_{obs}\frac{[Fe^{3+}][V^{3+}][V^{4+}]}{[Fe^{2+}]}$；(2) $71kJ\cdot mol^{-1}$；(3) $\frac{k_1[Fe^{3+}][V^{4+}]}{k_{-1}[Fe^{2+}]+k_2[V^{3+}]}$〕

9-59 25℃时水溶液中反应 $OCl^-+I^- \longrightarrow OI^-+Cl^-$ 的起始速率 r_0 与起始浓度的函数关系如下：

$10^3[ClO^-]_0/(mol \cdot dm^{-3})$	4.00	2.00	2.00	2.00
$10^3[I^-]_0/(mol \cdot dm^{-3})$	2.00	4.00	2.00	2.00
$10^3[OH^-]_0/(mol \cdot dm^{-3})$	1000	1000	1000	250
$10^3 r_0/(mol \cdot dm^{-3} \cdot s^{-1})$	0.48	0.50	0.24	0.94

(1) 试求速率方程和速率常数；(2) 试拟定一个与实测速率方程相符的反应机理。

〔答案：(1) $r=k[OCl^-][I^-][OH^-]^{-1}$，$60.3s^{-1}$；(2) 略〕

9-60　气相反应 $2NO_2+F_2 \longrightarrow 2NO_2F$ 的速率方程为 $r=k[NO_2][F_2]$。试拟定一个与此速率方程相符的反应机理。

〔答案：略〕

9-61　气相反应 $XeF_4+NO \longrightarrow XeF_3+NOF$ 的速率方程为 $r=k[XeF_4][NO]$。试拟定一个与此速率方程相符的反应机理。

〔答案：略〕

9-62　气相反应 $2Cl_2O+2N_2O_5 \longrightarrow 2NO_3Cl+2NO_2Cl+O_2$ 的速率方程为 $r=k[N_2O_5]$。试拟定一个与此速率方程相符的反应机理。

〔答案：略〕

9-63　臭氧的气相分解反应 $2O_3 \longrightarrow 3O_2$ 被认为具有如下反应机理：

$$O_3+M \underset{k_{-1}}{\overset{k_1}{\rightleftharpoons}} O_2+O+M$$

$$O+O_3 \xrightarrow{k_2} 2O_2$$

其中 M 是任何一种粒子。

(1) 求证 $d[O_2]/dt=2k_2[O][O_3]+k_1[O_3][M]-k_{-1}[O_2][O][M]$，并写出 $d[O_3]/dt$ 的类似表达式；

(2) 对[O]采用稳定态近似法，简化(1)中的表达式成为

$$d[O_2]/dt=3k_2[O_3][O] \qquad d[O_3]/dt=-2k_2[O_3][O]$$

(3) 证明：将对[O]的稳定态近似代入 $d[O_2]/dt$ 的表达式中，可得

$$r=\frac{k_1k_2[O_3]^2}{k_{-1}[O_2]+k_2[O_3]/[M]}$$

(4) 假定第一步接近平衡，则第二步是速率控制步骤，试从 $d[O_2]/dt$ 的表达式开始，导出 r 的表达式；

(5) 在什么条件下，稳定态近似法还原为平衡态近似法？

〔答案：略〕

9-64　N_2O_5 的气相分解反应的机理被认为如下：

$$N_2O_5 \underset{k_{-1}}{\overset{k_1}{\rightleftharpoons}} NO_2+NO_3 \tag{i}$$

$$NO_2+NO_3 \xrightarrow{k_2} NO+O_2+NO_2 \tag{ii}$$

$$NO+NO_3 \xrightarrow{k_3} 2NO_2 \tag{iii}$$

(1) 试证明 $r=k[N_2O_5]$，这里 $k\equiv k_1k_2/(k_{-1}+2k_2)$（提示：对上述两种中间物采用稳定态近似法）；

(2) 习题 9-62 中的反应速率常数 k 在数值上等于 N_2O_5 分解反应的速率常数，试拟定习题 9-62 中的反应的机理以解释此事实。

〔答案：略〕

9-65　已知反应 $2NO+O_2 \longrightarrow 2NO_2$，其反应速率方程 $r=k[NO]^2[O_2]$。试根据推测反应机理的经验规则，设想几种可能的反应机理，并讨论何者可能性更大。

〔答案：略〕

9-66　气相反应 $2NO_2Cl \longrightarrow 2NO_2+Cl_2$ 的速率方程为 $r=k[NO_2Cl]$，试拟定一个与此速率方程相符的反应机理。

〔答案：略〕

9-67　已知反应

$$[Cr(H_2O)_6]^{3+}+NCS^- \longrightarrow [Cr(H_2O)_5NCS]^{2+}+H_2O$$

其速率方程为

$$r=\frac{k}{A+[NCS^-]}[NCS^-][Cr(H_2O)_6^{3+}]$$

请推测可能的反应机理。

〔答案：略〕

9-68　对于基元反应 $I+H_2 \longrightarrow HI+H$，(1) 验证其热效应为 $\Delta_r H_m=138kJ\cdot mol^{-1}$，并说明为什么该反应的活化能 $E_{a,f}$ 一定不能小于此值；(2) 由于该逆反应为放热反应，请从有关键能数据和 5.5% 规则，估算逆反应的活化能 $E_{a,b}$；(3) 根据微观可逆性原理，从 $E_{a,b}$ 求 $E_{a,f}$。

〔答案：(1) 略；(2) $16.3kJ\cdot mol^{-1}$；(3) $154.3kJ\cdot mol^{-1}$〕

9-69　请估算下列基元反应的热效应 ΔH，并求算正、逆反应的活化能 $E_{a,f}$ 及 $E_{a,b}$。已知键能数据如下：

键　型	I—I	H—I	H—H	C—H	C—C
键能 $\varepsilon/(kJ\cdot mol^{-1})$	151	297	435	414	347

(1) $I_2+M \longrightarrow 2I+M$

(2) $I+H_2 \longrightarrow HI+H$

(3) $H+I_2 \longrightarrow HI+I$

(4) $2I+M \longrightarrow I_2+M$

(5) $H_2+M \longrightarrow 2H+M$

(6) $H+C_6H_5CH_3 \longrightarrow CH_4+C_6H_5$

(7) $H+C_6H_5CH_3 \longrightarrow C_6H_6+CH_3$

(8) $C_6H_5+H_2 \longrightarrow C_6H_6+H$

(9) $CH_3+H_2 \longrightarrow CH_4+H$

(10) $2H+M \longrightarrow H_2+M$

〔答案：(1) $151kJ\cdot mol^{-1}$，$151kJ\cdot mol^{-1}$，0；(2) $138kJ\cdot mol^{-1}$，$154.3kJ\cdot mol^{-1}$，$16.3kJ\cdot mol^{-1}$；(3) $-146kJ\cdot mol^{-1}$，$8.3kJ\cdot mol^{-1}$，$154.3kJ\cdot mol^{-1}$；(4) $-151kJ\cdot mol^{-1}$，0，$151kJ\cdot mol^{-1}$；(5) $435kJ\cdot mol^{-1}$，$435kJ\cdot mol^{-1}$，0；(6) $-67kJ\cdot mol^{-1}$，$19.1kJ\cdot mol^{-1}$，$86.1kJ\cdot mol^{-1}$；(7) $-67kJ\cdot mol^{-1}$，$19.1kJ\cdot mol^{-1}$，$86.1kJ\cdot mol^{-1}$；(8) $21kJ\cdot mol^{-1}$，$43.8kJ\cdot mol^{-1}$，$22.8kJ\cdot mol^{-1}$；(9) $21kJ\cdot mol^{-1}$，$43.8kJ\cdot mol^{-1}$，$22.8kJ\cdot mol^{-1}$；(10) $-435kJ\cdot mol^{-1}$，0，$435kJ\cdot mol^{-1}$〕

9-70　已知一级平行反应

$$C+D \xleftarrow{k_1} 2A \xrightarrow{k_2} E+F$$

实验Ⅰ：$T_1=500K$，$[A]_0=5mol\cdot dm^{-3}$，反应进行 10min 时，测得 $[D]=0.5mol\cdot dm^{-3}$，$[F]=0.25mol\cdot dm^{-3}$。

实验Ⅱ：$T_2=550K$，$[A]_0=5mol\cdot dm^{-3}$，反应进行 10min 时，测得 $[D]=1.6mol\cdot$

dm^{-3}，$[F]=0.4mol\cdot dm^{-3}$。

(1) 分别求 T_1 与 T_2 时的 k_1 和 k_2 值；

(2) 求活化能 $E_{a,1}$ 与 $E_{a,2}$；

(3) 若目的产物为 D，说明如何提高选择性。

〔答案：(1) T_1：0.023 78min^{-1}，0.011 89min^{-1}，T_2：0.1287min^{-1}，0.032 18min^{-1}；

(2) 77.22$kJ\cdot mol^{-1}$，45.53$kJ\cdot mol^{-1}$；(3) 升高温度，加催化剂〕

9-71 反应 $2Fe^{2+}+2Hg^{2+}\rightleftharpoons Hg_2^{2+}+2Fe^{3+}$，为求速率方程，今采用测量不同时刻光密度 D 的方法，353K 时测得Ⅰ、Ⅱ两组数据。Ⅰ组，$[Fe^{2+}]_0=[Hg^{2+}]_0=0.1mol\cdot dm^{-3}$；Ⅱ组，$[Fe^{2+}]_0=0.1mol\cdot dm^{-3}$，$[Hg^{2+}]_0=0.001\ mol\cdot dm^{-3}$。数据如下：

Ⅰ	$t/10^5 s$	0	1	2	3	∞	
	D	0.10	0.40	0.50	0.55	0.70	
Ⅱ	$t/10^5 s$	0	0.5	1	1.5	2	∞
	D	1	0.585	0.345	0.205	0.122	0

若反应速率方程为 $r=k[Fe^{2+}]^x[Hg^{2+}]^y$，请根据以上数据确定 x、y 值，并推测可能的反应机理。

〔答案：1，1〕

9-72 25℃在恒容密闭容器中盛有气体 A，其起始压力为 101 325Pa，气体 A 按下式分解：

$$A(g)\longrightarrow \frac{1}{2}B(g)+C(g) \qquad (i)$$

生成的 B(g)很快又生成 D，并建立平衡

$$B(g)\rightleftharpoons D(g) \qquad (ii)$$

其平衡常数 $K_2=10$，已知 A(g)分解为一级反应，其速率常数 $k_1=0.1min^{-1}$。求 10min 后密闭体系中 A、B、C、D 各物质的分压。

〔答案：37 275.4Pa，2911.35Pa，64 049.6Pa，29 113.5Pa〕

9-73 已知某反应的速率常数 $k=k_3\dfrac{K}{1+K}$，式中，k_3 是其中的基元反应(3)的速率常数；$K=k_1/k_2$ 是其中两个方向相反的基元反应(1)和(2)的速率常数之比，即平衡常数。试证明反应的活化能 $E=E_3+\dfrac{\Delta H_m^\ominus}{1+K}$。式中，$E_3$ 是基元反应(3)的活化能；$\Delta H_m^\ominus$是基元反应(1)的标准反应热。

〔答案：略〕

9-74 $C_2H_6+H_2\longrightarrow 2CH_4$ 的反应机理可能如下：

$$C_2H_6 \underset{k_{-1}}{\overset{k_1}{\rightleftharpoons}} 2CH_3\cdot$$

$$CH_3\cdot+H_2\xrightarrow{k_2}CH_4+H\cdot$$

$$H\cdot+C_2H_6\xrightarrow{k_3}CH_4+CH_3\cdot$$

(1) 此反应是否为链反应？(2) 利用习题 9-69 键能数据估算各步的活化能；(3) 推导反应速率方程；(4) 计算该反应的表观活化能。

〔答案：(1) 是；(2) $E_1=347kJ\cdot mol^{-1}$，$E_{-1}=0$，$E_2=43.77kJ\cdot mol^{-1}$，

$E_3=19.09kJ\cdot mol^{-1}$；(3) $r=2k_2\left(\dfrac{k_1}{k_{-1}}\right)^{1/2}[C_2H_6]^{1/2}[H_2]$；(4) 217.27$kJ\cdot mol^{-1}$〕

课外参考读物

白玉山. 1988. 平行一级二级反应动力学方程的线性化. 大学化学，1：30

陈瑞正. 1986. 用弛豫时间讲解准静态过程. 大学物理, 10:26
崔晓丽. 1997. 求活化能时速率常数可以用压力单位. 大学化学, 12(6):54
崔晓丽, 童汝亭. 1987. 气相反应的活化参数与标准态. 大学化学, 2:28
范清海, 路嫔. 2002. 关于动力学与热力学问题的讨论. 大学化学, 17(3):47
高盘良. 1983. 非链反应历程的推测. 化学通报, 12:38
高盘良. 1986. 在物理化学中如何加强基元反应的观点. 物理化学教学文集(一). 北京:高等教育出版社
高盘良. 1986. 直链反应历程的推测. 化学通报, 1:47
高倩蕾. 1991. 化学动力学中的稳态和速度控制步骤. 物理化学教学文集(二). 北京:高等教育出版社
郭荣. 1986. 关于连续反应中速度控制步骤的概念与判别. 化学通报, 5:54
韩德刚. 1981. 关于活化能的几个问题. 化学教育(增刊), 1:62
韩德刚. 1986. 化学反应活化能的主要参考文献. 物理化学教学文集. 北京:高等教育出版社
韩德刚, 高盘良. 1987. 化学动力学基础. 北京:北京大学出版社
黄俊. 1984. 关于化学反应活化能几个问题的探讨. 化学通报, 2:53
金玳, 张极安. 1989. 反应速率控制步骤定义的更新. 化学通报, 10:50
金家俊. 1975. 化学反应活化熵对反应速率的影响及其在推断反应机理上的应用. 化学通报, 6:56
孔繁敖, 熊轶嘉, 吴成印. 2000. 飞秒化学的先驱者——1999 年诺贝尔化学奖简介. 大学化学, 15(3):5
孔繁荣. 1986. 时钟反应. 化学通报, 2:48
李大珍. 1980. 关于活化能的两个问题. 化学教育, 5:14
李大珍. 1991. 快速研究方法简介. 物理化学教学文集(二). 北京:高等教育出版社
李远哲. 1987. 化学反应动力学的现状与将来. 化学通报, 1:1
林树西. 1987. 化学反应速率常数 K_c 和 K_p 关系式的修正. 化学通报, 12:44
林文修. 1989. 链反应图解. 大学化学, 3:54
林智信, 黄道行. 1988. 反应级数的唯象性. 化学通报, 2:34
刘君利. 1988. 稳态假设应用问题的讨论. 化学通报, 10:46
刘元方, 黄燕, 钱浩庆. 1985. 快化学进展, 3:1
罗考良, 戴元声, 许仲康. 1985. 化学反应速率常数手册(第一、二、三分册). 成都:四川科学技术出版社
罗渝然, Benson S W. 1989. 什么是热化学动力学. 化学通报, 8:1
马克勤, 翟元珠, 梁树森. 1987. 跳浓弛豫法测定反应速率常数. 化学通报, 9:40
梅平, 陈劲松. 1988. 对线性化方法筛选反应速率方程的讨论. 教材通讯, 2:31
穆尔 J W, 皮尔逊 R G. 1987. 化学动力学基础——均相化学反应的研究. 孙承鄂, 王之朴等译. 北京:科学出版社
阮文娟, 朱志昂. 2018. 关于反应分子数定义的讨论. 大学化学, 33(12):96
唐有祺. 1974. 化学动力学和反应器原理. 北京:科学出版社
陶克毅, 臧雅如. 1985. 求取反应速度的几种数学方法. 化学通报, 7:44
童汝亭, 金世勋. 1989. 微观可逆性原理和精细平衡. 大学化学, 4(6):31
王明华. 1984. 谈平行法及其表示法. 化学教育, 5:20
王琪. 1982. 化学动力学导论. 长春:吉林人民出版社
王玉和, 张昕, 徐柏庆. 2001. 新世纪的第一个诺贝尔化学奖. 化学通报, 12:745
夏幼南. 1988. 图形约化法在化学动力学稳定处理中的应用. 大学化学, 6:43
香雅正. 1988. 预平衡近似法从属于稳态近似法吗? 化学通报, 4:57
徐正. 1987. 化学反应速率理论. 南京:江苏科学技术出版社
徐政久, 李作骏. 1987. 论化学动力学的稳态处理. 化学通报, 6:47
许越. 2005. 化学反应动力学. 北京:化学工业出版社
许峥, 张继炎, 张鎏. 1997. 多相催化反应动力学的研究方法进展. 化学通报, 5:7
杨第伦, 张先满, 刘有成. 1988. 连续一级反应速率控制步骤的判据. 化学通报, 7:48
杨良准, 万学适. 1988. 对一氧化氮和氧反应机理的探讨. 大学化学, 4:48
尹力. 1987. 与半衰期 $t_{1/2}$ 有关问题的探讨. 大学化学, 5:51
余世鑫. 1986. 由细致平衡、质量有恒看速率常数和平衡常数及基元反应和总反应的关系. 化学通报, 4:52

张启衍，钟文士. 1987. 速度常数和活化参数. 大学化学，2:25

赵学庄. 1984. 化学反应动力学原理. 北京：高等教育出版社

郑宝贤. 1985. 化学反应速率及其表达式. 化学通报，8:60

周家驹，王乐珊. 1981. 原始文献中化学动力学数据的报道——CODATA“化学动力学数据”任务组报告. 化学通报，11:20

邹仁鋆. 1984. 关于反应速度的基本关系. 化学通报，6:49

邹文樵. 1984. 化学反应速率常数与平衡常数的关系. 化学通报，10:55

邹文樵. 1997. 化学动力学中的补偿效应. 大学化学，2:47

Nicastro A J. 1987. 卡诺循环的动力学模型. 大学物理，2:13

Strehlow H，Knoche W. 1985. 化学弛豫基础. 朱志昂译. 长沙：湖南教育出版社

第 10 章　基元反应速率理论

本章重点、难点

(1) 碰撞理论和过渡状态理论基本假设的要点及速率常数的计算公式。

(2) 临界能 E_c、零点活化能 $\Delta^{\neq}E_0$、势垒高 E_b、阿伦尼乌斯活化能 E_a 的不同物理意义及相互关系。

(3) 阿伦尼乌斯活化能 E_a 与活化焓 $\Delta^{\neq}H_{m,c}$ 及活化热力学能 $\Delta^{\neq}U_{m,c}$ 之间的关系。

(4) 活化焓、活化熵的物理意义，艾林公式及其应用。

(5) 用分子配分函数估算指前因子和方位因子。

本章实际应用

(1) 基元反应速率理论是在分子水平上阐明反应速率的本质，研究物质结构和反应能力的关系，可用于预测各种反应的速率。

(2) 基元反应速率理论可分为以下三个层次：

(i) 刚球碰撞理论不考虑分子的内部运动，将分子看作硬球。运用气体分子运动学说和玻尔兹曼分布定律，可导出反应速率常数与分子大小之间的关系式。

(ii) 过渡状态理论考虑了分子内部运动，但不考虑态-态反应细节。在势能面的基础上进行统计力学推导，并通过配分函数将反应速率常数与分子结构参数联系起来。

(iii) 分子反应动态学全面研究态-态反应的规律，将各种可能的态-态反应结果做统计平均，可以得到基元反应速率以及相应的动力学参数。分子反应动态学是化学动力学研究的最前沿，而且其正在成为化学中最活跃的研究领域之一。分子反应动态学的研究结果能够给出符合实际的反应速率，并可作为检验其他速率理论的标准。

速率理论所取得的成就，使人们加深了对反应速率的认识，至于预测动力学参数，远没有从理论上预测平衡常数那样成熟。

(3) 运用艾林公式可求得速控步的活化焓和活化熵。根据活化焓和活化熵的数值的大小和正负可以帮助验证所推测的反应机理是否合理。

第 9 章讨论了反应的动力学规律，在实验动力学数据的基础上，将基元反应按不同方式组合，构成各类复杂反应的反应机理，因而表现出各种不同的动力学特征。

在基元反应中原子和分子是如何发生反应的，如何从分子的性质用理论的方法求得基元反应的速率常数，这将是本章要研究的内容。本章将介绍碰撞理论、过渡状态理论以及 20 世纪 60 年代以后建立起来的分子反应动态学。

10.1 气相反应刚球碰撞理论

刚球碰撞理论是 1920 年前后借助气体分子运动论而建立起来的，又称为简单碰撞理论(simple collision theory，SCT)。它把气相中的双分子反应看作是两个分子激烈碰撞的结果。以刚球碰撞为模型，导出基元反应的宏观反应速率常数的表达式，适用于在气相或液相进行的双分子基元反应。

10.1.1 基本假设

以双分子基元反应 A+B ⟶ 产物为例，气体反应碰撞理论的基本假设如下：

(1) 把气体分子看作无结构的刚球。

(2) 分子 A 和分子 B 必须经过碰撞才能发生反应。因此，反应速率(单位时间单位体积内发生反应的分子数)与单位时间单位体积内分子 A 和分子 B 的碰撞次数 Z_{AB} 成比例。

(3) 不是所有的碰撞都能导致化学反应的发生，只有沿两个碰撞分子的联心线上的相对平动能 ε 大于阈能(threshold energy) ε_{thr} 的碰撞才能引起化学反应。阈能又称临界能(critical energy) ε_c，即

$$\frac{\varepsilon \geqslant \varepsilon_c \text{ 的碰撞数}}{\text{总碰撞数}} = \text{碰撞的有效分数}(q) \tag{10-1}$$

所以反应速率 $r = Z_{AB}q$。碰撞理论的核心是如何求 Z_{AB} 和 q 值。

(4) 在反应进行中，麦克斯韦-玻尔兹曼气体分子速率的平衡分布总是保持着的，即假设反应速率比分子间能量传递速率慢很多。

10.1.2 碰撞频率 Z_{AB}

单位时间单位体积内分子 A 与分子 B 的碰撞次数称为碰撞频率 Z_{AB}。先设 B 分子不动，一个 A 分子以相对速率 v_{AB} 运动时碰撞 B 的次数为 Z_{AB}。设 A 的半径为 r_A，B 的半径为 r_B。为了求算 Z_{AB}，可设想一个以 (r_A+r_B) 为半径的圆，这个圆的面积 $\pi(r_A+r_B)^2$ 称为碰撞截面。当这个以 A 的中心为圆心的碰撞截面沿 A 前进的方向运动时，单位时间内在空间要扫过一个圆柱形的体积 $\pi(r_A+r_B)^2 v_{AB}$。可以认为凡中心在此圆柱体内的 B 球，在单位时间内都能与 A 相碰撞，如图 10-1 所示。A 球碰到中心在圆柱体内的分子 B_1 和 B_2，而不能碰到中心在圆柱体外的分子 B_3。因此，一个 A 分子在单位时间热力学能碰到 B 分子的次数为

$$Z_{AB} = (\text{圆柱体积}) \times (\text{单位体积内分子 B 的数目 } N_B) = \pi(r_A+r_B)^2 v_{AB} N_B$$

若单位体积内 A 分子的数目为 N_A，则单位时间单位体积内分子 A 与分子 B 的碰撞总数(碰撞频率)为

$$Z_{AB} = \pi(r_A+r_B)^2 v_{AB} N_A N_B \tag{10-2}$$

根据假设(4)，在反应过程中，气体分子遵守麦克斯韦-玻尔兹曼分布定律，气体分子 A 和 B 的相对速率为

$$v_{AB} = \left(\frac{8k_BT}{\pi\mu}\right)^{1/2} \tag{10-3}$$

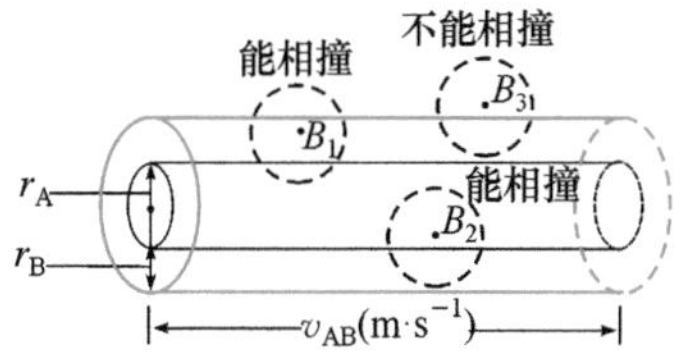

图 10-1 碰撞截面 $\pi(r_A+r_B)^2$ 在空间扫过的体积(圆柱体)

式中，k_B 是玻尔兹曼常量；$\mu=\frac{m_A m_B}{m_A+m_B}$，$m_A$ 和 m_B 分别是分子 A 和 B 的质量，μ 是这两个分子的折合质量。将式(10-3)代入式(10-2)得

$$Z_{AB}=\pi(r_A+r_B)^2\left(\frac{8k_BT}{\pi\mu}\right)^{1/2}N_AN_B=(r_A+r_B)^2\left(\frac{8\pi k_BT}{\mu}\right)^{1/2}N_AN_B \tag{10-4}$$

10.1.3 有效碰撞分数 q

沿联心线的每个分子有两个分速率，即 v_x 和 v_y。q 等于这个假想的二维气体中平动能 $\varepsilon\left(=\varepsilon_x+\varepsilon_y=\frac{1}{2}mv_x^2+\frac{1}{2}mv_y^2=\frac{1}{2}mv^2\right)$ 超过临界能 ε_c 的分子分数。根据麦克斯韦-玻尔兹曼分布定律，二维气体速率在 v 和 $v+dv$ 之间的分子分数为

$$\frac{dN}{N}=\left(\frac{m}{2\pi k_BT}\right)\exp\left(\frac{-mv^2}{2k_BT}\right)2\pi v dv=\left(\frac{m}{k_BT}\right)\exp\left(\frac{-mv^2}{2k_BT}\right)v dv$$

因为 $\varepsilon=\frac{1}{2}mv^2$，$d\varepsilon=mvdv$，所以能量在 ε 和 $\varepsilon+d\varepsilon$ 之间的分子分数为

$$\frac{dN}{N}=\left(\frac{1}{k_BT}\right)\exp\left(\frac{-\varepsilon}{k_BT}\right)d\varepsilon \tag{10-5}$$

从 ε_c 到∞积分式(10-5)，可得平动能超过 ε_c 的分子分数 q

$$q=\int_{\varepsilon_c}^{\infty}\frac{dN}{N}=\int_{\varepsilon_c}^{\infty}\left(\frac{1}{k_BT}\right)\exp\left(\frac{-\varepsilon}{k_BT}\right)d\varepsilon=\exp\left(-\frac{\varepsilon_c}{k_BT}\right)=\exp\frac{-E_c}{RT} \tag{10-6}$$

在反应判据 $\varepsilon\geqslant\varepsilon_c$ 的条件下，有效碰撞分数就是玻尔兹曼因子 $\exp\frac{-E_c}{RT}$。

10.1.4 速率常数的理论表达式

1. 异种双分子基元反应

$$A+B\longrightarrow 产物$$

$$r=-\frac{dN_A}{dt}=Z_{AB}q=(r_A+r_B)^2\left(\frac{8\pi k_BT}{\mu}\right)^{1/2}N_AN_B\exp\frac{-E_c}{RT} \tag{10-7}$$

代入物质的量浓度 $c_A=(N_A/L)\times(1000)^{-1}$，$c_B=(N_B/L)\times(1000)^{-1}$，式中，$L$ 是阿伏伽德罗常量，N_A 及 N_B 的单位是(分子数 · m^{-3})，c_A 及 c_B 的单位是 mol · dm^{-3}，则式(10-7)变为

$$r=-\frac{dc_A}{dt}=1000L(r_A+r_B)^2\left(\frac{8\pi k_BT}{\mu}\right)^{1/2}\exp\frac{-E_c}{RT}c_Ac_B \tag{10-8}$$

与质量作用定理速率方程 $r=kc_Ac_B$ 相比，得到 k 的碰撞理论表达式

$$k=1000L(r_A+r_B)^2\left(\frac{8\pi k_BT}{\mu}\right)^{1/2}\exp\frac{-E_c}{RT} \tag{10-9}$$

$$=1000L\pi(r_A+r_B)^2\left[\frac{8RT}{\pi}\left(\frac{1}{M_A}+\frac{1}{M_B}\right)\right]^{1/2}\exp\frac{-E_c}{RT} \tag{10-10}$$

式中，M_A、M_B 分别是 A、B 的相对分子质量；k 的单位是 $dm^3\cdot mol^{-1}\cdot s^{-1}$。

2. 同种双分子基元反应

$$A+A\longrightarrow 产物$$

在式(10-7)中，$\mu=\frac{m_A}{2}$，则有

$$r=-\frac{1}{2}\frac{dN_A}{dt}=8r_A^2\left(\frac{\pi k_B T}{m_A}\right)^{1/2}\exp\frac{-E_c}{RT}N_A^2$$

同理，得到此类基元反应 k 的理论表达式

$$k=1000L(8r_A^2)\left(\frac{\pi k_B T}{m_A}\right)^{1/2}\exp\frac{-E_c}{RT} \tag{10-11}$$

$$=1000L\left(\frac{\pi^{1/2}}{\sqrt{2}}d_A^2\right)\left(\frac{8RT}{M_A}\right)^{1/2}\exp\frac{-E_c}{RT} \tag{10-12}$$

根据式(10-9)和式(10-11)就可计算出宏观基元反应的速率常数 k 值。

10.1.5 碰撞理论与阿伦尼乌斯公式的比较

阿伦尼乌斯公式基本上与实验事实相符合，所以人们常将理论得到的速率常数表达式与阿伦尼乌斯公式相比较，这样一方面可以考验理论的正确性，另一方面可解释阿伦尼乌斯公式中 E_a 和 A 的物理意义。

1. 反应临界能 E_c 与阿伦尼乌斯活化能 E_a 的关系

根据 E_a 的定义

$$E_a=RT^2\frac{d\ln k}{dT}$$

将式(10-9)或式(10-11)代入得

$$E_a=RT^2\left(\frac{1}{2T}+\frac{E_c}{RT^2}\right)=E_c+\frac{1}{2}RT \tag{10-13}$$

式中，E_c 是摩尔临界能，是 1mol 反应物分子发生反应应具有的最低能值，它由分子的性质所决定，与 T 无关。而 E_a 是 1mol 活化分子的平均能量与 1mol 反应物分子能量的差值，根据式(10-13)，E_a 应与 T 有关。但在温度不太高(如 $T=300$K)时，$\frac{1}{2}RT=1.2\text{kJ}\cdot\text{mol}^{-1}$，而对一般反应，$E_c\approx100\text{kJ}\cdot\text{mol}^{-1}$，故可近似认为 $E_a\approx E_c$，因此理论结果与实验符合。但在温度很高时，$E_a\neq E_c$，根据式(10-9)，以 $\ln(k/\sqrt{T})$ 对 $\frac{1}{T}$ 作图应得直线，从斜率可求得 E_c，这也是实验求 E_c 的方法。

2. 指前因子 A

将 $E_c=E_a-\frac{1}{2}RT$ 代入式(10-9)得

$$k=1000Le^{1/2}(r_A+r_B)^2\left(\frac{8\pi k_B T}{\mu}\right)^{1/2}\exp\frac{-E_a}{RT} \tag{10-14}$$

与阿伦尼乌斯公式 $k=A\exp\frac{-E_a}{RT}$ 比较，得到指前因子 A 的理论表达式

$$A_{\text{理论}}=10^3 Le^{1/2}(r_A+r_B)^2\left(\frac{8\pi k_B T}{\mu}\right)^{1/2} \tag{10-15}$$

式中，分子碰撞半径 r_A 和 r_B 可由黏度实验求出，μ 由两个分子的相对分子质量求得，于是可得到 A 的理论值。

3. 方位因子

对于一般常见的反应，根据式(10-9)和式(10-15)理论计算得的 k 和 A 值与实验结果基本相符。但对不少反应，理论计算值比实验值要大，有时甚至大很多。表 10-1 列出一些气相反应的 $A_{理论}$、$A_{实验}$ 及活化能 E_a。从表 10-1 可看出，多数反应的指前因子的实验值小于理论值，碰撞理论遇到了困难。为解决这一困难，用方位因子(steric factor) P 或称概率因子来校正。

$$P=\frac{A_{实验}}{A_{理论}} \tag{10-16}$$

并用式(10-17)代替式(10-9)

$$k=10^3LP(r_A+r_B)^2\left(\frac{8\pi k_B T}{\mu}\right)^{1/2}\exp\frac{-E_c}{RT} \tag{10-17}$$

P 值的变化范围很大，一般为 $1\sim10^{-9}$。刚球碰撞理论认为，这是由于结构复杂的分子碰撞时有个方位的问题，即碰撞分子必须处在合适方位上才能发生反应。例如，对 $CO+O_2 \longrightarrow CO_2+O$ 反应的发生，必须是 CO 分子的 C 端而不是 O 端碰撞 O_2 分子。方位因子中包括了降低分子有效碰撞的各种因素。但是刚球碰撞理论的一个最大缺陷是理论本身无法预测 P 值的大小，只能从 A 的实测值和计算值之比求得。理论与实验的各种偏差是否都是由于反应物分子的几何因素引起的，表 10-1 中的 $P>1$，就无法进行解释。简单碰撞理论的上述缺陷都是由于把分子看成没有结构的刚球，模型过于简单。但碰撞理论对阿伦尼乌斯公式中的指数项、指前因子及临界能都提出了较为明确的物理意义，在反应速率理论中起到了一定的作用。它所提出的一些概念至今十分有用，为我们描绘了一幅虽然粗糙但十分明确的反应图像。近 30 年来交叉分子束技术的出现，给予碰撞理论以新的生命力。

表 10-1 一些气相反应的动力学参数

反应	$A/(dm^3\cdot mol^{-1}\cdot s^{-1})$		$E_a/(kJ\cdot mol^{-1})$	P
	实验值	理论值		
$2NOCl \longrightarrow 2NO+Cl_2$	1.0×10^{10}	6.3×10^{10}	103.0	0.16
$2NO_2 \longrightarrow 2NO+O_2$	2.0×10^{9}	4.0×10^{10}	111.0	5×10^{-2}
$2ClO \longrightarrow Cl_2+O_2$	6.3×10^{7}	2.5×10^{10}	0.0	2.5×10^{-3}
$K+Br_2 \longrightarrow KBr+Br$	1.0×10^{12}	2.1×10^{11}	0.0	4.8
$H_2+C_2H_4 \longrightarrow C_2H_6$	1.24×10^{6}	7.3×10^{11}	180.0	1.7×10^{-6}

10.2 过渡状态理论

碰撞理论虽然提出了“阈能”这一重要概念，然而它把两分子的反应仅仅看作硬球间的碰撞，实际上并未建立阈能与反应过程的内在联系。20 世纪 20 年代末，由于量子力学渗透到化学领域，人们已能在微观水平上认识分子的结构及其内部运动。20 世纪 30 年代，艾林等提出活化络合物理论(activated complex theory, ACT)，又称过渡状态理论(transition state theory, TST)。该理论分两个部分：①反应体系的势能面，运用量子力学计算反应分子相互逼近时的势能变化;②过渡状态理论的基本公式。根据提出的若干假设应用统计力学处理,从原则上提供了一个由反应分子的结构特征计算基元反应速率常数的方法。因此,有人称它为绝对反应速率理论(absolute rate theory,ART)。但是,对于一个近似的理论,冠以“绝对”二字并不十分确切。

10.2.1　势能面

1. 势能面简介

刚球碰撞理论过于简单,不能准确算出反应速率常数。准确的理论必须考虑反应分子间的相互作用力和分子的内部结构、分子的振动和转动。在化学反应中存在旧键的断裂和新键的形成,所以必须考虑作用在分子中原子上的力。在分子碰撞中,作用在原子上的力与分子内的力和分子间的力都有关系。不能分开研究每个碰撞分子,而必须考虑两个碰撞分子形成一个量子力学整体,我们称它为“超分子”(supermolecule)。超分子只存在于碰撞过程中,没有任何稳定性。作用在超分子中的原子上的力取决于超分子的势能 V,$F_{x,\mathrm{a}}=-\dfrac{\partial V}{\partial x_{\mathrm{a}}}$,这里 $F_{x,\mathrm{a}}$是作用在原子 a 上的 x 方向的分力。超分子的势能同样也可以用计算普通分子中核振动的势能求得。

如果超分子有 N 个原子,则有 $3N$ 个核坐标。一个非线形刚性分子有 3 个平动自由度和 3 个转动自由度,所以 V 是$(3N-6)$个变量的函数。如果 V 是两个变量 x 和 y 的函数,则可以画出 V 的三维图。此图是一个曲面,称为势能面,在此势能面上,距 xy 底面上 $x=a$,$y=b$ 的点的势能等于 $V(a,b)$。因为 V 通常是两个以上变量的函数,所以一般不能作这种图来表示。然而,V 的函数仍称为势能面,无论它是多少个变量的函数。

势能面被研究得最充分的反应是 $H+H_2 \longrightarrow H_2+H$。在实验中可以应用同位素($D+H_2 \longrightarrow DH+H$)或正氢和仲氢(H+仲 H_2 ⟶正 H_2+H)来研究此反应。超分子是 H_3。1931 年艾林和波拉尼首次用量子力学方法计算 H_3 势能面,直到 1960 年获得准确的结果。H_3 的 V 是 9－6＝3 个变量的函数。这三个变量可以取原子间的距离 R_{ab}和 R_{bc},以及碰撞角 θ (图 10-2),反应为 $H_a+H_bH_c \longrightarrow H_aH_b+H_c$。因为 V 是三个变量的函数,所以势能“面”必须用四维图表示。如果固定某一个 θ 值,则 V 只是 R_{ab}和 R_{bc}的函数。取 R_{ab}和 R_{bc}为平面上两个互相垂直的坐标轴,$V(R_{ab},R_{bc})$为垂直于平面的坐标轴,对某一个固定 θ 值作三维图,可得如图 10-3 所示的 $\theta=180°$的势能面。势能面是一个高低不平的曲面,其上的每一个点代表某一个相应 R_{ab}和 R_{bc}体系的势能。如果将势能相等的点投射到底平面上,凡势能相等的点用曲线连起来,这些曲线称为等势能线,如图 10-4 所示,图中的实线是等势能线。每条线上都标有它的 V 值。其他 θ 值也有类似的等势能线图。

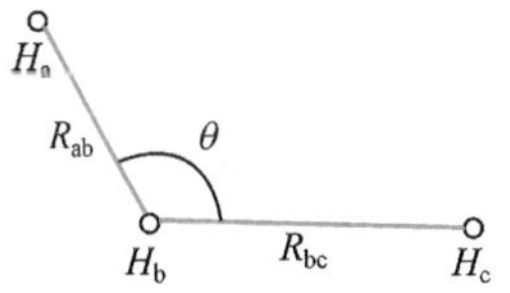

图 10-2　反应 $H+H_2$ 的变量

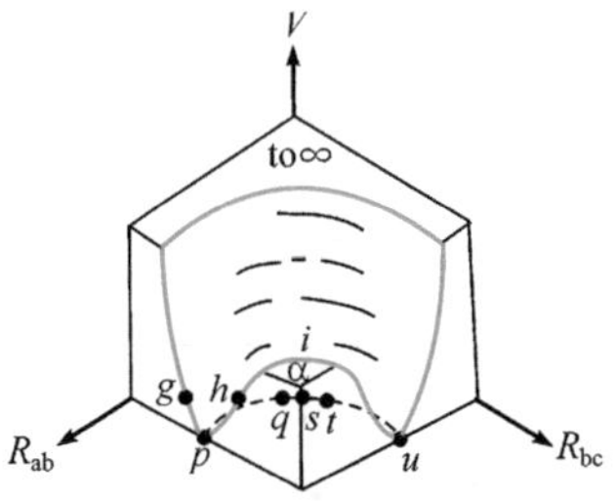

图 10-3　$\theta=180°$的势能面

图 10-4 中的 p 点表示 R_{bc}等于 H_2 中的平衡键长(0.74Å),R_{ab}值大表示 H_a 原子离 H_bH_c 分子远。p 点相当于反应物 $H_a+H_bH_c$。u 点的 R_{bc}值大,$R_{ab}=0.74$Å,相当于产物 $H_{ab}+H_c$。反应物 $H_a+H_bH_c$ 的能量取为零,所以 p 点的能量等于零。

i 点表示 R_{ab}和 R_{bc}都很大,相当于三个完全分开的 H 原子:$H_a+H_b+H_c$。i 点四周的区域近于一个平台,这表明改变 R_{ab}和 R_{bc},对 V 的影响不太大。i 点的

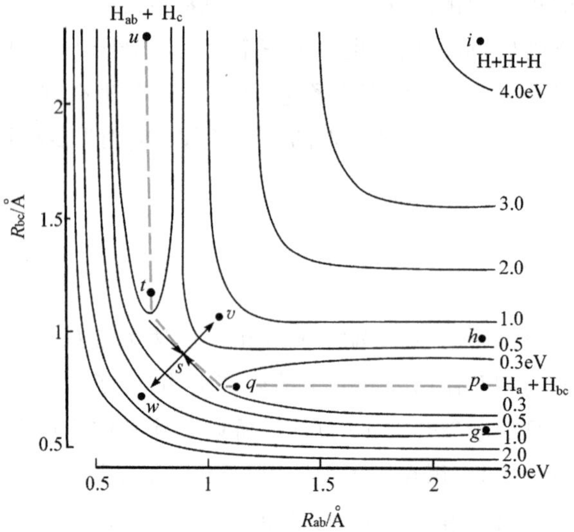

图 10-4 反应 $H+H_2$ 的 $\theta=180°$等势能线图

势能是 4.75eV(458.15kJ · mol^{-1})，高于 p 点的势能，它是 H_2 的平衡解离能 D_e。i 点四周的区域对反应 $H_a+H_bH_c \longrightarrow H_aH_b+H_c$ 不适用，它是三分子反应 $H+H+H \longrightarrow H_2+H$ 的反应物区。

在 g、p 和 h 点的连接线上，H_a 和 H_bH_c 分子之间的距离 R_{ab} 固定不变，但 H_bH_c 分子中的 R_{bc} 却不同，这就形成 H_2 的基态双原子势能曲线，如图 10-3 中 gph 曲线所示。从 p 到 g 或从 p 到 h，V 都是增加的，所以 p 处于能谷。u 处于 p 右边的另一个能谷。

2. 反应坐标

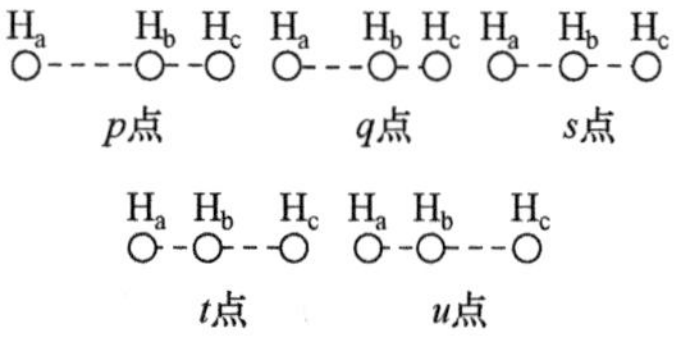

图 10-5 最低势能途径上某些点的超分子 H_3 的构型

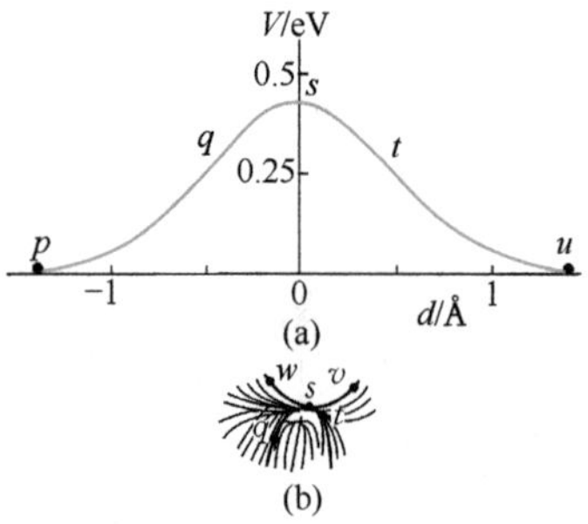

图 10-6 最低势能途径上势能变化(a)和鞍点 s 四周的势能面(b)

势能面上连接反应物(p 点)和产物(u 点)的最低势能途径(minimum energy path)是 $pqstu$(图 10-4 中的虚线所示)。这是一条能量最低的途径，从能量的观点看，化学反应应该大致循着这条途径进行。这条途径称为反应坐标。图 10-5 表示反应坐标上某些点的超分子 H_3 的构型。在 q 点上，H_a 原子已经靠近 H_bH_c 分子，键长 R_{bc} 已被拉长，表示 $H_b—H_c$ 键已被削弱。在 s 点上 $R_{ab}=R_{bc}$，表示 $H_a—H_b$ 键已形成一半，$H_b—H_c$ 键已断开一半。在 t 点上，H_c 原子已从新形成的 H_aH_b 分子开始脱离。u 点表示反应已完成。沿最低势能途径，势能从 p 开始增加，经 q 到达 s 为最大，然后开始降低，经 t 到达 u 为最小。如图 10-4中箭头方向所示，箭头方向表示势能的增加。图 10-6(a)表示最低势能途径上的势能变化。s 点是最低势能途径上的最高点，称为鞍点(saddle point)，因为 s 点四周的势能面的形状像马鞍，如图 10-6(b)所示。$V_s<V_v$，$V_s<V_w$，但是$V_s>V_q$，$V_s>V_t$。s 点的区域是从反应物能谷 p 点到产物能谷 u 点的捷径的最容易跨越处。从 p 点到 s 点的势能升高是从零逐渐升至 0.4eV(41.8kJ · mol^{-1})，而 i 点的势能是 4.75eV(458.15kJ · mol^{-1})。

3. 过渡状态

$\theta=180°$在能量上是最有利的角度，所以 s 点($\theta=180°$)是不同 θ 值和 vsw 曲线上的最低能量处。s 点上的超分子构型称为过渡状态(transition state)。对于$H+H_2$来说，过渡状态是线形对称的，每一个H—H距离等于 0.93Å(H_2

分子中的平衡键长 $R=0.74\text{Å}$)。过渡状态与反应物(忽略零点振动能)之间的势能差称为势垒高(barrier height)ε_b,即 $\varepsilon_b \equiv V_s - V_p$。对于H+$H_2$来说,量子力学从头计算给出 $\varepsilon_b \approx 0.425\text{eV}$ 和 $E_b \equiv L\varepsilon_b \approx 41.0 \pm 1.26\text{kJ} \cdot \text{mol}^{-1}$。由下面可知,势垒高 E_b 近似地(但并非绝对地)等于反应的活化能 E_a。

"过渡状态"一词不能理解成 s 点上的超分子具有任何稳定性。过渡状态仅是在连续进行的反应途径中从反应物到产物所经过的一个特殊点。反应 $H_a + H_bH_c \longrightarrow H_aH_b + H_c$ 的势垒高为 $41.8\text{kJ} \cdot \text{mol}^{-1}$,它远远小于断开 H_2 中 H—H 键($H_2 \longrightarrow 2H$)所需的能量 $460.24\text{kJ} \cdot \text{mol}^{-1}$。一般来说,实验测得的双分子反应的活化能只是完全断开有关化学键所需能量的一小部分。这是因为形成新化学键同时可以抵消一部分断开旧化学键所需的能量。H_a—H_b 键是随着 H_b—H_c 键的断裂而形成的,即旧键的断裂和新键的形成是同时进行的。若没有新化学键的形成,则活化能 E_a 将是十分大的。因此,如果产物中没有新化学键形成,则单分子分解反应的 E_a 较大,大致等于断开键的所需能量。

基元反应的速率常数和详细机理与整个势能面的形状有关。但是,如果势垒高和过渡状态的结构已经知道的话,则基元反应的主要特征就可以确定。因为势垒高和活化能相差不大,所以低势垒高的反应较快,而高势垒高的反应较慢。过渡状态出现在反应物和产物之间的最低能量途径上的最高点。相对于反应物的过渡状态的能量决定势垒高,过渡状态的几何结构决定产物的立体化学。例如,基元双分子反应 $I^- + RR'R''CBr \longrightarrow RR'R''CI + Br^-$(在有机化学中称为 S_N2 反应,双分子亲核取代反应),I^- 进攻烷基溴,可以发生在分子中的 Br 的同一面,也可以发生在 Br 的对面(图 10-7)。两种进攻方式所形成的过渡状态如图中的大括号内所示(过渡状态不是反应中间物,只是连续反应途径中的一个点)。两种进攻方式所形成的产物互为镜像。

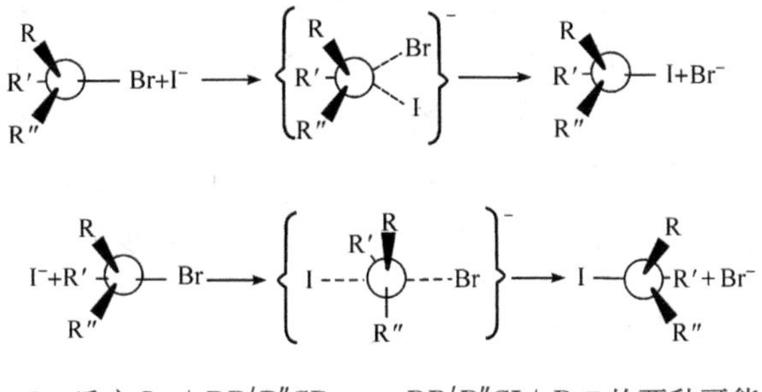

图 10-7　反应 $I^- + RR'R''CBr \longrightarrow RR'R''CI + Br^-$ 的两种可能机理

10.2.2　过渡状态理论速率常数的统计力学表达式

知识点讲解视频

过渡状态理论 k 的统计力学表达式

(朱志昂)

1. 过渡状态理论的基本假设

活化络合物理论或过渡状态理论是一个简单而近似的反应速率理论,它是在 1930 年由佩尔泽(Pelzer)-威格纳(Wigner),埃文斯(Evans)-波拉尼和艾林等发展起来的。活化络合物理论不需要全部反应体系内的势能面,而只需知道反应物区和过渡状态区的势能面。由图 10-4 可知,反应的势能面有反应物区和产物区,两者被势垒分隔开。活化络合物理论在反应物区和产物区之间选取一个临界分界面(critical dividing surface),并假定所有超分子跨过此界面后就变成产物分子。此临界分界面通过势能面的鞍点 s。H_3 等势能线图(图 10-4)上的临界分界“面”是一条直线,此直线起始于原点,通过 v、s 和 w 各点后延伸到 H+H+H 区内 i 点。大多数超分子在跨越临界分界线时离鞍点 s 不远。

过渡状态理论(或称活化络合物理论)的基本假设是:

(1) 所有超分子只要由反应物一侧跨越分界面后就变成产物分子。这个假设是合理的,因为超分子一旦跨越临界分界面后,它是顺下坡路到达产物区的。超分子又可称为活化络合物,因此反应速率就等于活化络合物越过分界面的速率。

(2) 在反应中反应物分子遵守玻尔兹曼能量分布定律。这个假设也被应用在碰撞理论中,一般也是合理的。

(3) 由反应物一侧跨越临界分界面的超分子也处于反应体系温度下的玻尔兹曼能量分布中。因为超分子是由反应物分子碰撞形成的,反应物分子遵守玻尔兹曼能量分布,所以这个假设也是合理的。

一个给定的活化络合物只是瞬间存在的,并非真正来回重复振动于“平衡”结构之间。因为超分子在不同点跨越临界分界面,所以任何给定活化络合物可以认为处于振动状态,此振动状态相当于跨越临界分界面上的点。活化络合物理论认为这些振动状态符合于玻尔兹曼分布。“过渡状态”一词常用作“活化络合物”的同义词,但是最好还是将“过渡状态”定义为鞍点构型,即活化络合物的“平衡”构型。

应该强调指出,活化络合物不是反应的中间物也不是亚稳态,它是基元反应进程中势垒顶点的瞬时状态,或者称之为过渡态,它存在的时间可能只有皮秒($1ps=10^{-12}s$)、飞秒($1fs=10^{-15}s$)数量级。从 20 世纪 80 年代开始,美国物理化学和化学物理学家泽韦尔(Zewail)利用超短脉冲激光技术,观察到化学反应过程细节,创立了飞秒化学,并因此获得 1999 年诺贝尔化学奖。1987 年,泽韦尔首次利用飞秒激光泵浦-探测技术观测了以下光解离反应:$ICN \longrightarrow I+CN$ 在 I—N 键即将断裂时的过渡态。这个反应在 200fs 内就完成了。这是人类历史上第一次直接从实验观测到化学反应过程。但是将飞秒光谱研究方法应用于复杂分子与巨分子系统还有不少困难。

2. 速率常数 k 的理论表达式的推导

设有基元理想气体反应

$$A+B+\cdots \longrightarrow D+E+\cdots$$

用符号 $X_f^{\neq}$ 代表活化络合物,将基元反应 $A+B+\cdots \longrightarrow D+E+\cdots$ 写成

$$A+B+\cdots \longrightarrow \{X_f^{\neq}\} \longrightarrow D+E+\cdots$$

$\{X_f^{\neq}\}$ 表示活化络合物不是一种稳定物质或反应中间物,仅仅是基元反应中从反应物变到产物的均匀连续过程中的一个状态。下标“f”表示从反应物到产物的正向(forward)反应中跨越临界分界面的活化络合物。如果在体系中发生逆反应 $D+E+\cdots \longrightarrow A+B+\cdots$,则也存在逆向(back)反应中跨越临界分界面的活化络合物 $\{X_b^{\neq}\}$,此处仅考虑正反应的速率常数。

活化络合物理论认为反应物 A、B、… 和活化络合物 $X_f^{\neq}$ 遵守玻尔兹曼分布。当物质 A、B、… 和活化络合物 $X_f^{\neq}$ 根据玻尔兹曼分布定律处于它们的热

平衡状态，根据式(7-62)，则有

$$\frac{N_{\mathrm{f}}^{\neq}}{N_{\mathrm{A}}N_{\mathrm{B}}\cdots}=\frac{q^{\neq}}{q_{\mathrm{A}}q_{\mathrm{B}}\cdots}\exp\frac{-\Delta^{\neq}\varepsilon_0}{k_{\mathrm{B}}T} \tag{10-18}$$

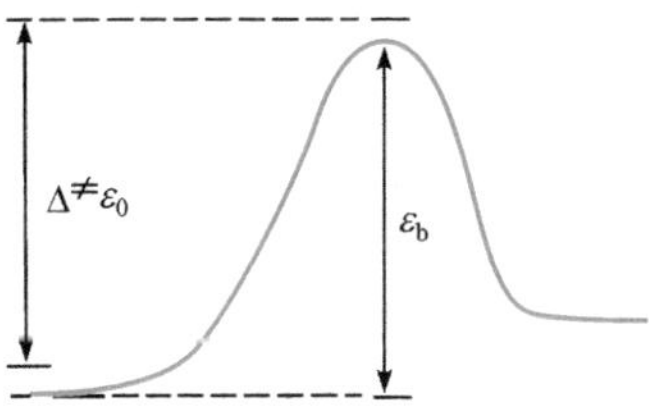

图 10-8　ε_b 与 $\Delta^{\neq}\varepsilon_0$ 的关系

式中，$N_{\mathrm{f}}^{\neq}$、N_{A}、N_{B}、…分别是 $X_{\mathrm{f}}^{\neq}$、A、B、…的分子数；$q^{\neq}$、q_{A}、q_{B}、…分别是 $X_{\mathrm{f}}^{\neq}$、A、B、…的分子配分函数；$\Delta^{\neq}\varepsilon_0\equiv\varepsilon_0(X^{\neq})-\varepsilon_0(\mathrm{A})-\varepsilon_0(\mathrm{B})-\cdots$ 是处于其最低能级的 $X_{\mathrm{f}}^{\neq}$ 的能量与处于它们的最低能级的反应物 A、B、…的能量之差。$\Delta^{\neq}\varepsilon_0$ 与 ε_b 稍有差异(图 10-8)，这是由于考虑了 $X_{\mathrm{f}}^{\neq}$、A、B、…的零点振动能的不同。

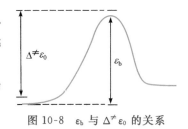

$\Delta^{\neq}\varepsilon_0=\varepsilon_b$＋活化络合物分子的零点能－反应物分子的零点能

$\Delta^{\neq}E_0=L\Delta^{\neq}\varepsilon_0=E_b$＋活化络合物的摩尔零点能－反应物的摩尔零点能

式中，$\Delta^{\neq}E_0$ 可称为零点摩尔活化能。

将式(10-18)中的每一个 N 除以 LV 后就变为物质的量浓度，并定义 K_{f} 为

$$K_{\mathrm{f}}\equiv\frac{[X_{\mathrm{f}}^{\neq}]}{[\mathrm{A}][\mathrm{B}]\cdots}=\frac{\dfrac{q^{\neq}}{LV}}{\dfrac{q_{\mathrm{A}}}{LV}\dfrac{q_{\mathrm{B}}}{LV}\cdots}\exp\frac{-\Delta^{\neq}\varepsilon_0}{k_{\mathrm{B}}T} \tag{10-19}$$

式中，K_{f} 似乎是一个平衡常数。通常说活化络合物理论假定活化络合物与反应物处于平衡，这种说法不甚恰当。"平衡"一词表示 $X_{\mathrm{f}}^{\neq}$ 分子一瞬间存在，然后有一部分变为产物，另一部分变回到反应物，但是这种情况是不会发生的。符号 $X_{\mathrm{f}}^{\neq}$ 代表从反应物一侧跨越临界分界面的超分子，并假定这些超分子总是能形成产物分子。这种假定是合理的，在低能量碰撞中所形成的超分子只爬到势垒高的一部分，没有跨越势垒，又滚回到反应物分子，这种超分子不是活化络合物，因为它们没有到达临界分界面。活化络合物与反应物不是真正处于化学平衡，而假定它与反应体系处于热平衡。

活化络合物分子的配分函数 $q^{\neq}$ 是各种运动形式配分函数的乘积

$$q^{\neq}=q_{\mathrm{t}}^{\neq}q_{\mathrm{r}}^{\neq}q_{\mathrm{v}}^{\neq}q_{\mathrm{e}}^{\neq} \tag{10-20}$$

若活化络合物分子为线形构型，则有 3 个平动自由度，2 个转动自由度，$(3n-5)$个振动自由度。n 是活化络合物分子所含原子的数目，式(10-20)可表示为

$$q^{\neq}=(f_{\mathrm{t}}^{\neq})^3(f_{\mathrm{r}}^{\neq})^2\Big(\prod_{v=1}^{3n-5}f_{\mathrm{v}}^{\neq}\Big)q_{\mathrm{e}}^{\neq} \tag{10-21}$$

若活化络合物分子为非线形构型，式(10-20)可表示为

$$q^{\neq}=(f_{\mathrm{t}}^{\neq})^3(f_{\mathrm{r}}^{\neq})^3\Big(\prod_{v=1}^{3n-6}f_{\mathrm{v}}^{\neq}\Big)q_{\mathrm{e}}^{\neq} \tag{10-22}$$

图 10-9　沿着反应坐标的振动

式中，$f_{\mathrm{v}}^{\neq}$ 是每个振动自由度的振动配分函数，可看作是一维谐振子的振动配分函数。在$(3n-5)$个或$(3n-6)$个振动自由度中，有一个是沿着反应坐标方向的振动自由度，它是一个如图 10-9 所示的不对称伸缩振动。这个振动很特殊，由于活化络合物处在反应坐标的势能极大点上，循着反应坐标方向的任何原子间距离的改变将引起势能的降低，而使活化络合物分子分解为产物分子，这是一个频率极低的松弛振动，它的振动频率就是活化络合物分子的分解频率 ν。这一沿反应坐标方向振动的配分函数 f_{rc} 仍可表示为一维谐振子的配分函数

$$f_{\mathrm{rc}}=\frac{1}{1-\exp\dfrac{-h\nu}{k_{\mathrm{B}}T}}$$

由于 ν 很小，一般均满足 $h\nu \ll k_B T$，则上式变为

$$f_{rc} = \frac{k_B T}{h\nu} \tag{10-23a}$$

将式(10-23a)代入式(10-21)或式(10-22)可得

$$q^{\neq} = \frac{k_B T}{h\nu} q^{\neq\prime} \tag{10-23b}$$

对线形构型络合物分子

$$q^{\neq\prime} = (f_t^{\neq})^3 (f_r^{\neq})^2 \left(\prod_{v=1}^{3n-6} f_v^{\neq}\right) q_e^{\neq} \tag{10-24}$$

对非线形构型络合物分子

$$q^{\neq\prime} = (f_t^{\neq})^3 (f_r^{\neq})^3 \left(\prod_{v=1}^{3n-7} f_v^{\neq}\right) q_e^{\neq} \tag{10-25}$$

根据过渡状态理论的基本假设(1)，反应速率就等于活化络合物的分解速率

$$r = \nu[X_f^{\neq}]$$

将式(10-19)和式(10-23b)代入得

$$\begin{aligned} r &= \nu K_f[A][B]\cdots \\ &= \nu\left(\frac{k_B T}{h\nu}\right)\frac{\dfrac{q^{\neq\prime}}{LV}}{\dfrac{q_A}{LV}\dfrac{q_B}{LV}\cdots}\exp\frac{-\Delta^{\neq}\varepsilon_0}{k_B T}[A][B]\cdots \\ &= \frac{k_B T}{h}\frac{\dfrac{q^{\neq\prime}}{LV}}{\dfrac{q_A}{LV}\dfrac{q_B}{LV}\cdots}\exp\frac{-\Delta^{\neq}E_0}{RT}[A][B]\cdots \end{aligned} \tag{10-26}$$

与基元反应速率方程 $r=k[A][B]\cdots$ 相比，得到

$$k = \frac{k_B T}{h}\frac{\dfrac{q^{\neq\prime}}{LV}}{\dfrac{q_A}{LV}\dfrac{q_B}{LV}\cdots}\exp\frac{-\Delta^{\neq}E_0}{RT} \tag{10-27}$$

式(10-27)就是理想气体基元反应速率常数的活化络合物理论的统计力学表达式。

由式(10-27)可知，原则上讲，只要知道分子性质，应用统计热力学方法求出分子的配分函数，即可计算出速率常数 k 的理论值而不依赖于化学动力学的数据，这就是过渡状态理论又被称为绝对反应速率理论的缘故。为了计算 $q^{\neq\prime}=q_t^{\neq}q_r^{\neq}q_v^{\neq}q_e^{\neq}$，需要知道活化络合物的质量(为了计算 $q_t^{\neq}$)、平衡结构(为了计算 $q_r^{\neq}$ 中的转动惯量)、振动频率和基态电子能级上的简并度，但目前还不可能获得过渡状态的光谱数据。如果已知活化络合物区的势能面，就可以由鞍点位置求得平衡结构。由势能 V 对振动坐标的二阶导数求出力常数，即可求得振动频率。由势垒高 ε_b 和振动频率(为校正零点振动能)即可求出 $\Delta^{\neq}\varepsilon_0$。但是目前准确计算势能面还是比较困难的。

对于某些特殊类型的反应，式(10-27)需加以修正，即式中(需乘)一系数 κ，κ 称为过渡系数(transmission coefficient)或传递系数。此时，式(10-27)变为

$$k = \kappa \frac{k_B T}{h} \frac{\dfrac{q^{\neq\prime}}{LV}}{\dfrac{q_A}{LV}\dfrac{q_B}{LV}\cdots} \exp\frac{-\Delta^{\neq} E_0}{RT} \tag{10-28}$$

κ 一般小于 1，有时也可以大于 1，通常为 0～1，在动力学处理中一般都近似取 $\kappa=1$。κ 小于 1 是由于势能面的特殊形状决定的，由于一些复杂因素，偶尔会使沿反应坐标方向的某次不对称伸缩振动不能分解为产物。对于无第三体参加的自由原子复合反应，因为能量传不出去而易于返回，其 κ 很小。κ 大于 1 是由于量子力学中的隧道效应，即粒子的能量低于势垒时也可能出现在势垒另一边，对于轻原子为 H 参加的反应，隧道效应较为显著。

10.2.3　过渡状态理论与刚球碰撞理论的比较

知识点讲解视频

过渡状态理论与刚球碰撞理论的比较（朱志昂）

1. 与碰撞理论公式的比较

对于双分子反应 A+B ⟶ 产物来说，假定不考虑碰撞分子的内部结构，将它们当作半径为 r_A 和 r_B 的刚球处理，则反应物 A 和 B 的配分函数分别为

$$q_A = q_{t,A} \qquad q_A/V = (2\pi m_A k_B T/h^2)^{3/2}$$

$$q_B = q_{t,B} \qquad q_B/V = (2\pi m_B k_B T/h^2)^{3/2}$$

过渡状态的最合理选取是两个刚球的接触状态。一个普通双原子分子具有一个振动自由度，所以“双原子”活化络合物的振动自由度为零，因为反应坐标取代了一个振动。质量为 m_A 和 m_B 的刚球在过渡状态中的球心距离为 (r_A+r_B)，惯性动量 $I=\mu(r_A+r_B)^2$，这里折合质量 $\mu\equiv\dfrac{m_A m_B}{m_B+m_A}$。活化络合物的配分函数为

$$\frac{q^{\neq}}{V}=\frac{q_t^{\neq}}{V}q_r^{\neq}=\left[\frac{2\pi(m_A+m_B)k_B T}{h^2}\right]^{3/2} 8\pi^2 \frac{m_A m_B}{m_A+m_B}(r_A+r_B)^2 \frac{k_B T}{h^2} \tag{10-29}$$

将式(10-29)代入式(10-27)得

$$k = L\pi(r_A+r_B)^2\left[\frac{8k_B T}{\pi}\left(\frac{m_A+m_B}{m_A m_B}\right)\right]^{1/2}\exp\frac{-\Delta^{\neq}\varepsilon_0}{k_B T} \tag{10-30}$$

如果用阈能 $\varepsilon_{thr}=E_{thr}/L$ 代替 $\Delta^{\neq}\varepsilon_0$，则式(10-30)与刚球碰撞理论公式[式(10-10)]相当。因此，当不考虑分子结构时，活化络合物理论就成为刚球碰撞理论。

2. E_b、$\Delta^{\neq}E_0$、E_c、E_a 之间的关系

为了研究温度对速率常数的影响，必须考虑配分函数与温度的关系。根据分子配分函数的表达式知

$$q_t \propto T^{3/2} \qquad q_{r,lin} \propto T \qquad q_{r,nonlin} \propto T^{3/2} \qquad q_e \propto T^0$$

振动配分函数 q_v 与温度的关系没有这样简单。当温度为 $k_B T \ll h\nu$ 时，$q_v=1=T^0$。当温度为 $k_B T \gg h\nu$ 时，$q_v \propto T^s$（s 是分子的振动自由度的数目）。当温度在中等温度范围内时，$q_v \propto T^b$（b 为 0～s）。对于大多数振动来说，只有当温度十分高时，才能满足 ν 很大时 $k_B T \gg h\nu$ 条件。对于中等温度来说

$$q_v \propto T^{\alpha} \qquad \left(0 < \alpha < \frac{1}{2}s\right)$$

在一定温度范围内,式(10-27)中的每一个 q_v 将有一个近于常数的 α 值。因此

$$k \approx CT^m \exp\frac{-\Delta^{\neq} E_0}{RT} \tag{10-31}$$

式中,C 和 m 是常数,$\Delta^{\neq} E_0 = L\Delta^{\neq}\varepsilon_0$。利用式(10-27)中的各配分函数与温度的关系因子,可以确定 m 值的范围。对原子和分子间的双分子气相反应来说,m 值一般为 $-0.5\sim0.5$;对两个分子间的双分子气相反应来说,m 值一般为 $-2\sim0.5$。

$$E_a \equiv RT^2 \mathrm{d}\ln k/\mathrm{d}T$$

式(10-31)取对数并微分,可得

$$E_a = \Delta^{\neq} E_0 + mRT \tag{10-32}$$

因为 m 可以小于、等于或大于零,所以 E_a 也可以小于、等于或大于 $\Delta^{\neq} E_0$。$\Delta^{\neq} E_0$ 与势垒高之差(ΔZPE)是活化络合物形成时零点振动能的改变。因为 ΔZPE 可以小于、等于或大于零,所以 E_a 也可以小于、等于或大于 E_b。

阿伦尼乌斯指前因子 $A \equiv k\exp(E_a/RT)$,利用式(10-32)、式(10-31)和式(10-27),可得

$$A = \frac{k_B T e^m}{h} \frac{\dfrac{q^{\neq\prime}}{LV}}{\dfrac{q_A}{LV}\dfrac{q_B}{LV}\cdots} \approx Ce^m T^m \tag{10-33}$$

如果 $q^{\neq\prime}$ 为已知,则可求算 m。

综上所述,我们共有四个物理量,即活化能 E_a、阈能 E_{thr}(或称临界能 E_c)、势垒高 E_b 和 $\Delta^{\neq} E_0$(也有人称之为"零点活化能")。这四个物理量并非完全等同。E_a 是宏观量,具有统计平均含意,是两种平均能量之差,与温度有关。E_{thr} 是刚球碰撞理论提出来的分子水平的微观量,是 1mol 能发生反应的分子的最低能量,不是能量的差值,它与温度无关。

$$E_a = \langle E_T^* \rangle - \langle E_T \rangle = E_{thr} + \frac{1}{2}RT$$

E_b 和 $\Delta^{\neq} E_0$ 都是活化络合物理论提出来的分子水平的微观量,是势能面上沿着最低势能途径上过渡状态与反应物分子之间的势能差,两者的区别在于,E_b 不考虑零点振动能的改变,而 $\Delta^{\neq} E_0$ 考虑零点振动能的改变,它们都与温度无关。

$$\Delta^{\neq} E_0 - E_b = \Delta ZPE = L\left(\frac{1}{2}h\nu_0^{\neq} - \frac{1}{2}h\nu_0\right)$$

$$E_a = \Delta^{\neq} E_0 + mRT \tag{10-34}$$

只有当 $E_{thr} \gg \frac{1}{2}RT$ 或 $\Delta^{\neq} E_0 \gg mRT$ 时,RT 项才可忽略不计,$E_a \approx E_{thr}$,$E_a \approx \Delta^{\neq} E_0$;也只有在此时,才可认为 E_a 与温度无关。

3. 由过渡状态理论估算指前因子和方位因子

根据式(10-33),若能准确求出 m 值及反应物分子、活化络合物分子的配分函数,就能求得指前因子 A,但这样做十分困难,通常是进行粗略的估算。

对于双分子气相反应，可以近似地认为 $m=0$，则式(10-33)可表示为

$$A \approx \frac{k_B T}{h} \frac{\dfrac{q^{\neq\prime}}{LV}}{\dfrac{q_A}{LV}\dfrac{q_B}{LV}} \tag{10-35}$$

以反应 A+B ⟶ $AB^{\neq}$ ⟶ 产物为例。设 A 与 B 各为含有 N_A 与 N_B 个原子的非线形理想气体分子，$AB^{\neq}$ 为含有(N_A+N_B)个原子的非线形络合物分子。以 f'_t 表示每一个平动自由度上单位体积的配分函数，在电子运动都在基态且电子基态 $g_{e,0}=1$ 的条件下，式(10-35)变为

$$A \approx \frac{Lk_B T}{h} \frac{[f_t'^3 f_r^3 f_v^{3(N_A+N_B)-7}]^{\neq}}{(f_{t_1}'^3 f_r^3 f_v^{3N_A-6})_A (f_t'^3 f_r^3 f_v^{3N_B-6})_B} \tag{10-36}$$

由于不同的分子的 f'_t、f_r、f_v 的数量级分别相同，故可以略去分子的不同。式(10-36)变为

$$A \approx \frac{Lk_B T}{h} \frac{f_v^5}{f_t'^3 f_r^3} = 10^3 LP(r_A + r_B)^2 \left(\frac{8\pi k_B T}{\mu}\right)^{1/2} = PA' \tag{10-37}$$

若不考虑分子的内部结构，把 A、B 当作硬球，只有平动，活化络合物分子为双原子分子，仅有的一个振动自由度沿反应坐标方向使活化络合物分解，此时过渡状态理论的结果与碰撞理论结果相同，方位因子 $P=1$，式(10-35)变为

$$A' \approx \frac{Lk_B T}{h} \frac{f_t'^3 f_r^2 f_v^0}{f_t'^3 f_t'^3} = \frac{Lk_B T}{h} \frac{f_r^2}{f_t'^3} = 10^3 L(r_A + r_B)^2 \left(\frac{8\pi k_B T}{\mu}\right)^{1/2} \tag{10-38}$$

这样，考虑分子结构的式(10-37)与硬球模型的式(10-38)之比即为方位因子 P

$$P = \frac{A}{A'} \approx \left(\frac{f_v}{f_r}\right)^5$$

在常温时，f_v 的数量级为 10，f_r 的数量级为 100，则 P 的数量级为 10^{-5}。这个结果与实验结果符合。由上可看出，在活化能相同的情况下，两个复杂分子的反应要比两个简单分子的慢得多。此外，过渡状态理论关于方位因子 P 的引入要比刚球碰撞理论自然。

10.2.4　过渡状态理论速率常数的热力学表达式

知识点讲解视频

过渡状态理论 k 的热力学表达式（朱志昂）

1. 速率常数的热力学表达式

由统计力学可导出理想气体反应的浓度平衡常数为

$$K_c \equiv \prod_B (c_B)^{\nu_B} = \exp\left[\frac{-\Delta_r U_m^{\ominus}(0K)}{RT}\right] \prod_B \left(\frac{q_B}{LV}\right)^{\nu_B} \tag{10-39}$$

速率常数的统计力学表达式(10-27)中除去 $k_B T/h$ 的其余部分与平衡常数相似，唯一差别是 $q^{\neq\prime}$ 不是活化络合物的全配分函数，而是不包含反应坐标方向的振动配分函数 f_{rc}。因此，习惯上定义 $K_c^{\neq}$ 为

$$K_c^{\neq} \equiv \frac{\dfrac{q^{\neq\prime}}{LV}}{\dfrac{q_A}{LV}\dfrac{q_B}{LV}\cdots} \exp\frac{-\Delta^{\neq} E_0}{RT} \tag{10-40}$$

与式(10-19)相比可知，$K_c^{\neq} \neq [X_f^{\neq}]/[A][B]\cdots$。将式(10-40)与式(10-26)相比可得 $K_c^{\neq}=(h\nu/k_B T)K_f$。将式(10-40)代入式(10-27)得

$$k=\frac{k_B T}{h}K_c^{\neq} \tag{10-41}$$

从第7章已知

$$\Delta_r G_{m,c}^{\ominus}=-RT\ln K_c^{\ominus}=-RT\ln\prod_B\left(\frac{c_B}{c^{\ominus}}\right)^{\nu_B} \tag{10-42}$$

与式(10-39)相比得

$$K_c=K_c^{\ominus}(c^{\ominus})^{\sum_B \nu_B} \tag{10-43}$$

对于过程 $A+B+\cdots \longrightarrow [X^{\neq}]$，$\nu_{X^{\neq}}=1$，$\nu_A+\nu_B=-n$，则 $\sum_B \nu_B=1-n$，这里 n 为反应分子数。与 $\Delta_r G_{m,c}^{\ominus}$ 相似，定义标准活化吉布斯自由能 $\Delta^{\neq} G_{m,c}^{\ominus}$ 为

$$\Delta^{\neq} G_{m,c}^{\ominus}=-RT\ln K_c^{\ominus\neq} \tag{10-44}$$

将式(10-43)和式(10-44)代入式(10-41)得

$$k=\frac{k_B T}{h}(c^{\ominus})^{1-n}\exp\frac{-\Delta^{\neq} G_{m,c}^{\ominus}}{RT} \tag{10-45}$$

式(10-45)就是活化络合物理论速率常数的热力学公式。

同样定义理想气体反应的 $K_p^{\ominus\neq}$ 和 $\Delta^{\neq} H_c^{\ominus}$ 为

$$K_p^{\ominus\neq}\equiv K_c^{\ominus\neq}\frac{RTc^{\ominus 1-n}}{p^{\ominus}} \tag{10-46}$$

$$\Delta^{\neq} H_c^{\ominus}=\Delta^{\neq} H_{m,c}^{\ominus}\equiv RT^2 \mathrm{d}\ln K_c^{\ominus\neq}/\mathrm{d}T \tag{10-47}$$

因为理想气体的焓 H 只与 T 有关，所以标准活化焓 $\Delta^{\neq} H_m^{\ominus}$ 与标准态是 $p^{\ominus}=10^5\,\mathrm{Pa}$ 或 $c^{\ominus}=1\mathrm{mol\cdot dm^{-3}}$ 无关，即 $\Delta^{\neq} H^{\ominus}=\Delta^{\neq} H_{m,c}^{\ominus}=\Delta^{\neq} H_p^{\ominus}$。又根据

$$\Delta^{\neq} G_{m,c}^{\ominus}=\Delta^{\neq} H_{m,c}^{\ominus}-T\Delta^{\neq} S_{m,c}^{\ominus} \tag{10-48}$$

将式(10-48)代入式(10-45)得

$$k=\frac{k_B T}{h}(c^{\ominus})^{1-n}\exp\frac{\Delta^{\neq} S_{m,c}^{\ominus}}{R}\exp\frac{-\Delta^{\neq} H_{m,c}^{\ominus}}{RT} \tag{10-49}$$

式(10-49)就是人们经常用来求活化参数的艾林公式。以 $\ln(k/T)$ 对 $1/T$ 作图即可求得活化参数 $\Delta^{\neq} H_{m,c}^{\ominus}$ 和 $\Delta^{\neq} S_{m,c}^{\ominus}$(将 $\Delta^{\neq} H_{m,c}^{\ominus}$ 和 $\Delta^{\neq} S_{m,c}^{\ominus}$ 视为与温度无关的常数)。

$\Delta^{\neq} G_{m,c}^{\ominus}$、$\Delta^{\neq} H_{m,c}^{\ominus}$ 和 $\Delta^{\neq} S_{m,c}^{\ominus}$ 的物理意义是温度为 T，处于其标准态($c^{\ominus}=1\mathrm{mol\cdot dm^{-3}}$)的 1mol 活化络合物 $X_f^{\neq}$，由温度为 T 单独处于其标准态($c^{\ominus}=1\mathrm{mol\cdot dm^{-3}}$)的纯反应物形成时的 G、H 和 S 的改变，即分别是由反应物生成活化络合物时的标准摩尔吉布斯函数变、标准摩尔焓变和标准摩尔熵变，常分别简称为活化吉布斯函数、活化焓和活化熵，并分别以符号 $\Delta^{\neq} G_m$、$\Delta^{\neq} H_m$ 和 $\Delta^{\neq} S_m$ 表示。

专题讲座视频

化学动力学中不同标准态的艾林公式(朱志昂)

要特别指出，$K_c^{\neq}$、$\Delta^{\neq} G_m$、$\Delta^{\neq} H_m$ 和 $\Delta^{\neq} S_m$ 并不是通常的热力学量，因为在活化过程中去掉了一个自由度。在用统计力学计算这些物理量时，要用配分函数 $q^{\neq\prime}$ 代替 $q^{\neq}$ ($q^{\neq\prime}=q^{\neq}/q_{rc}$)。

从式(10-49)还可看出，反应速率不仅取决于活化焓，还与活化熵有关，而这两者对速率常数的影响刚好相反。这就是为什么有的反应虽然活化焓很大却能以较快的速率进行，因为其活化熵很大。当然，也有些反应虽然活化焓很小，但只要活化熵是一个很小的负数，其反应速率也可能很小。式

(10-49)适用于气体、液体、固体及溶液中任何形式的基元反应。

2. 阿伦尼乌斯活化能 E_a 与活化焓 $\Delta^{\neq} H^{\ominus}_{m,c}$ 及活化热力学能 $\Delta^{\neq} U^{\ominus}_{m,c}$ 之间的关系

应用式(10-41)和式(10-43)可得

$$k = \frac{k_B T}{h}(c^{\ominus})^{1-n} K_c^{\ominus\neq} \tag{10-50}$$

$$(E_a)_V = RT^2\left(\frac{\partial \ln k}{\partial T}\right)_V = RT^2\left[\left(\frac{\partial \ln K_c^{\ominus\neq}}{\partial T}\right)_V + \frac{1}{T}\right]$$

根据平衡常数与温度的范特霍夫公式，应有

$$\left(\frac{\partial \ln K_c^{\ominus\neq}}{\partial T}\right)_V = \frac{\Delta^{\neq} U^{\ominus}_{m,c}}{RT^2}$$

代入上式得

$$(E_a)_V = \Delta^{\neq} U^{\ominus}_{m,c} + RT \tag{10-51}$$

将 $\Delta^{\neq} H^{\ominus}_{m,c} = \Delta^{\neq} U^{\ominus}_{m,c} + \sum_B \nu_B RT = \Delta^{\neq} U^{\ominus}_{m,c} + (1-n)RT$ 代入式(10-51)得

$$(E_a)_V = \Delta^{\neq} H^{\ominus}_{m,c} + nRT \tag{10-52}$$

式中，$(E_a)_V$ 是恒容反应的实验活化能；n 是理想气体基元反应的反应分子数。

对于液相或固相反应

$$\Delta^{\neq} U^{\ominus}_{m,c} = \Delta^{\neq} H^{\ominus}_{m,c} - \Delta(p^{\ominus}V) \approx \Delta^{\neq} H^{\ominus}_{m,c}$$

$$(E_a)_V = \Delta^{\neq} H^{\ominus}_{m,c} + RT \tag{10-53}$$

如果是压力速率常数，则实验活化能 $(E_a)_p$ 为

$$(E_a)_p = RT^2\left(\frac{\partial \ln k_p}{\partial T}\right) \tag{10-54}$$

$(E_a)_p$ 是用压力 p 表示浓度的实验活化能，不能称为恒压活化能。

对于理想气体基元反应，压力速率常数 k_p 的表达式如下：

$$r = \frac{1}{\nu_B}\frac{dc_B}{dt} = \frac{1}{\nu_B}\frac{1}{RT}\frac{dp_B}{dt} = kc_B^n = k(RT)^{-n}p_B^n$$

令

$$r' = \frac{1}{\nu_B}\frac{dp_B}{dt} = k(RT)^{1-n}p_B{}^n = k_p p_B^n$$

则

$$k_p = k(RT)^{1-n} = \frac{k_B T}{h}K_c^{\neq}(RT)^{1-n} \tag{10-55}$$

而

$$K_c^{\neq} = K_p^{\neq}(RT)^{-\sum_B \nu_B} = K_p^{\neq}(RT)^{-(1-n)} \tag{10-56}$$

$$K_p^{\neq} = K_p^{\ominus\neq}(p^{\ominus})^{\sum_B \nu_B} = K_p^{\ominus\neq}(p^{\ominus})^{1-n} \tag{10-57}$$

将式(10-56)和式(10-57)代入式(10-55)得

$$k_p = \frac{k_B T}{h}(p^{\ominus})^{1-n}K_p^{\ominus\neq} \tag{10-58}$$

同理有

$$\Delta^{\neq} G^{\ominus}_{m,p} = -RT\ln K_p^{\ominus\neq}$$

$$\Delta^{\neq} G^{\ominus}_{m,p} = \Delta^{\neq} H^{\ominus}_{m,p} - T\Delta^{\neq} S^{\ominus}_{m,p}$$

代入式(10-58)得

$$k_p = \frac{k_B T}{h}(p^\ominus)^{1-n} \exp\frac{\Delta^{\neq} S^\ominus_{m,p}}{R} \exp\frac{-\Delta^{\neq} H^\ominus_{m,p}}{RT} \tag{10-59}$$

式中,所选取的标准态为 $p^\ominus = 10^5\,Pa$。

将式(10-59)代入式(10-54)得

$$(E_a)_p = \Delta^{\neq} H^\ominus_{m,p} + RT \tag{10-60}$$

从式(10-52)和式(10-60)可看出,阿伦尼乌斯活化能与活化焓有关,而活化焓又与形成活化络合物过程中旧化学键破坏及新的化学键形成密切相关。而且在反应温度不是太高时,将 E_a 与 $\Delta^{\neq} H^\ominus_m$ 看作近似相等,不致引起很大的误差。

3. 指前因子与活化熵的关系

对于理想气体基元反应,将式(10-52)代入式(10-49)得

$$k = e^n \frac{k_B T}{h}(c^\ominus)^{1-n} \exp\frac{\Delta^{\neq} S^\ominus_{m,c}}{R} \exp\frac{-E_a}{RT} \tag{10-61}$$

与阿伦尼乌斯公式相比可得到指前因子 A 的表达式

$$A = e^n \frac{k_B T}{h}(c^\ominus)^{1-n} \exp\frac{\Delta^{\neq} S^\ominus_{m,c}}{R} \tag{10-62}$$

对于液相或固相的基元反应,将式(10-53)代入式(10-49)得

$$k = e \frac{k_B T}{h}(c^\ominus)^{1-n} \exp\frac{\Delta^{\neq} S^\ominus_{m,c}}{R} \exp\frac{-E_a}{RT} \tag{10-63}$$

同理,与阿伦尼乌斯公式相比得

$$A = e \frac{k_B T}{h}(c^\ominus)^{1-n} \exp\frac{\Delta^{\neq} S^\ominus_{m,c}}{R} \tag{10-64}$$

从上可看出,指前因子 A 与生成活化络合物时的熵效应密切相关,即与生成活化络合物过程的构型变化和空间因素有关。根据实验测得不同温度下的速率常数 k_{obs} 的表达式,根据经验规则可推测某一反应机理,求得不同温度下的速控步的速率常数 k,利用艾林公式求出速控步的活化焓和活化熵。$\Delta^{\neq} H^\ominus_m$、$\Delta^{\neq} S^\ominus_m$ 的数值大小和符号可以帮助我们验证推测的反应机理是否合理。在有机反应的动力学研究中,S_N2 缔合机理的速控步是缔合,速控步的活化焓比较小,这是因为形成过渡态时旧的化学键不需要完全破坏。而活化熵一般为较大的负值,这是因为过渡态比反应物更为有序,同时物种数减少。当空间因素越大过渡态越拥挤时,活化熵越负。对 S_N1 解离机理,因速控步是反应物的解离,需打断化学键,所以活化焓较大。由于反应物的解离,过渡态比反应物更无序,因此活化熵往往是正值。对于单分子反应,过渡态的构型与反应物类似,故其活化熵值趋于零。

用式(10-62)和式(10-64)作理论的定量计算,首先必须知道过渡态的构型,这就要求有准确、真实的反应势能面。前已提到,对大多数反应来说,在当前还不能完全做到。另一个办法是根据可能的过渡态构型计算 $\Delta^{\neq} S^\ominus_m$ 并与实验测得的 A 值进行比较。近年来发展的热化学动力学利用大量的官能团的热力学数据,根据推测的过渡态构型,用统计热力学的方法计算 $\Delta^{\neq} S^\ominus_m$,再结合活化能的估算值来计算基元反应的速率常数。这种方法在某些复杂反应(如煤的燃烧反应动力学)的处理中获得了一定的成功。

■ 10.3 单分子反应和三分子反应的速率理论 ■

虽然上述过渡状态理论是以双分子反应为例子展开的,但应指出,这个理论能够推广到单分子反应和三分子反应。

10.3.1 单分子反应

单分子反应有单分子热分解反应 A ──→ P＋Q。例如

$$C_2H_5F \longrightarrow C_2H_4 + HF$$

还有异构化反应。例如

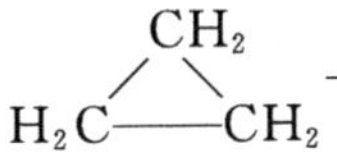

$$\begin{array}{c} CH_2 \\ \diagup \quad \diagdown \\ H_2C \!\!-\!\!-\!\! CH_2 \end{array} \longrightarrow CH_3\!-\!CH\!=\!CH_2$$

$$CH_3NC \longrightarrow CH_3CN$$

$$C_2H_6 \longrightarrow 2CH_3$$

实验事实表明,在浓度(或压力)较高时,单分子反应遵守一级反应规律

$$r = -\frac{d[A]}{dt} = k_u[A] \tag{10-65}$$

并服从阿伦尼乌斯公式

$$k_u = k_\infty = A_\infty \exp\frac{-E_\infty}{RT} \tag{10-66}$$

式中,k_∞、A_∞、E_∞ 分别表示高压极限(或高浓度)条件下的速率常数、指前因子、活化能。实验得到 $A_\infty \approx 10^{13} \, s^{-1}$,$E_\infty \approx 100 \sim 200 kJ \cdot mol^{-1}$。随着压力降低,速率常数减小,在低压时反应级数由一级变为二级。如何解释这些实验事实呢? 1922 年林德曼(Lindemann)提出了单分子反应理论。1927～1928 年由赖斯(Rice)、雷姆斯伯格(Ramsperger)、卡塞尔(Kassel)三个人修正了林德曼理论而提出 RRK 理论。1952 年,马库斯(Marcus)改进了 RRK 理论,把它纳入过渡状态理论的范畴,成为当前与实验事实符合得最好的单分子反应理论,称为 RRKM 理论,下面作简单的介绍。

林德曼提出单分子反应 A ──→ P 机理如下:

$$A + A \xrightarrow{k_1} A^* + A \tag{i}$$

$$A^* + A \xrightarrow{k_{-1}} A + A \tag{ii}$$

$$A^* \xrightarrow{k_2} P \tag{iii}$$

首先,反应物分子相互碰撞,一个 A 分子的部分动能传给另一个 A 分子,生成高能分子(或称活化分子)A^*,这不是活化络合物,而是处于高振动能级的 A 分子。高能分子 A^* 有两条可能的出路,或者它与另一个 A 分子相碰撞而失去已获得的能量,或者它进行单分子反应生成产物,因此按照步骤(iii)及总包反应,则有

$$r = -\frac{d[A]}{dt} = \frac{d[P]}{dt} = k_2[A^*] \tag{10-67}$$

由于高能分子 A^* 的反应能力很强,可以认为,产生及消失 A^* 的过程速率基本相等,即可按稳定态近似处理,则

$$\frac{d[A^*]}{dt}=k_1[A]^2-k_{-1}[A^*][A]-k_2[A^*]=0$$

由此得到$[A^*]$的稳定浓度为

$$[A^*]=\frac{k_1[A]^2}{k_{-1}[A]+k_2} \tag{10-68}$$

将式(10-68)代入式(10-67)得

$$r=-\frac{d[A]}{dt}=\frac{k_1k_2[A]^2}{k_{-1}[A]+k_2} \tag{10-69}$$

式(10-69)表明,单分子反应没有简单的级数。下面讨论几种情况:

(1) 当浓度或压力较高时,$k_{-1}[A]\gg k_2$,则

$$r=\frac{k_1k_2}{k_{-1}}[A]$$

表现为一级反应。与式(10-65)相比得

$$k_u=k_\infty=\frac{k_1k_2}{k_{-1}}=\text{常数} \tag{10-70}$$

对于某些气相反应,在高压下,[A]值很大,分子相互碰撞机会多,去活化反应(ii)的速率很快,可以认为活化反应(i)与去活化反应(ii)基本上处于平衡情况。这时反应(iii)决定了单分子反应的速率,因而反应表现为一级。

(2) 在压力或浓度非常低的极限情况下,可以认为$k_2\gg k_{-1}[A]$,则

$$r=k_1[A]^2$$

此时单分子反应表现为二级反应,这也可以理解。低压下分子的浓度很低,相互碰撞不容易,因而活化过程成了控制步骤,表现为二级反应。

(3) 在高压(或高浓度)极限和低压(或低浓度)极限之间。若将单分子反应速率常数k_u定义为$k_u=-\frac{d[A]}{[A]dt}$,将式(10-69)代入得

$$k_u=\frac{k_1k_2[A]}{k_{-1}[A]+k_2} \tag{10-71}$$

利用式(10-70)可将式(10-71)表示为

$$\frac{k_u}{k_\infty}=\frac{1}{1+\frac{k_2}{k_{-1}[A]}} \quad \text{或} \quad \frac{1}{k_u}=\frac{1}{k_\infty}+\frac{1}{k_1[A]} \tag{10-72}$$

可看出k_u不是常数,k_u随压力或浓度的减少而降低,反应级数处于一级和二级的转变过程。这种现象称为单分子反应速率的降变(falling-off)。降变区的存在是林德曼机理的特征,这已被后来(约在20世纪50年代初)的实验所证实。

林德曼单分子理论在定性说明上是成功的,但是在定量上与实验仍有偏差。后来经过不少学者进行修正,目前与实验符合得较好的单分子理论是RRKM理论。RRKM理论把林德曼机理修正为

$$A+A \underset{k_{-1}}{\overset{k_1}{\rightleftharpoons}} A^*+A \tag{i}$$

$$A^* \xrightarrow{k_a} A^{\neq} \xrightarrow{k_b} P \tag{ii}$$

其中A、A^*与$A^{\neq}$分别是反应物的一般分子、富能的活化分子与过渡状态活化络合物,P是产物。这机理表示富能分子A^*不一定会发生反应,它必须通过分子热力学能量的重新分布成活化络合物分子$A^{\neq}$,才可能反应。在活化

过程中，为了克服势垒 E_0，消耗了 $E^* - E^{\neq} = E_0$ 的能量。E^* 为富能的活化分子的能量，$E^{\neq}$ 为过渡态活化络合物分子 $A^{\neq}$ 的能量。

RRKM 理论的核心是计算富能的活化分子 A^* 的反应速率常数 k_a。认为 k_a 是 E^* 的函数，A^* 的能量 E^* 越大，能量集中到某一键上的概率越大，反应速率就越快，即 $E^* < E_0$ 时，$k_a = 0$；$E^* > E_0$ 时，$k_a = k_a(E^*)$。在反应(ii)达到稳定态时

$$\frac{d[A^{\neq}]}{dt} = k_a(E^*)[A^*] - k_b[A^{\neq}] = 0$$

则

$$k_a(E^*) = \frac{k_b[A^{\neq}]}{[A^*]}$$

RRKM 理论假设 $k_a(E^*)$ 与时间及活化方式无关，即只要分子获至能量 E^*，它的分解概率是相同的。并假设能量在分子内部自由度上的传递比 A^* 的分解速率快得多，而且认为这种传递是随机的。在这些假设下，应用统计力学方法得到单分子反应速率常数 k_{uni} 的表达式

$$k_{uni} = \frac{q_r^{\neq} \exp \dfrac{-E_0}{RT}}{h q_r^* q_v^*} \int_0^{\infty} \frac{\left[\int E_0 N_{vr}^{\neq}(E_{vr}^{\neq}) dE_{ur}^{\neq}\right] \exp \dfrac{-E_0}{RT}}{1 + \dfrac{k_a}{k_{-1}}} dE^{\neq} \quad (10\text{-}73)$$

式中，$N_{vr}^{\neq}(E_{vr}^{\neq})$ 是过渡态活化络合物分子的振转态密度；$q_r^{\neq}$ 是活化络合物分子 $A^{\neq}$ 的转动配分函数；q_r^*、q_v^* 分别是富能的活化分子 A^* 的转动、振动配分函数。

*10.3.2　三分子反应

按定义，三分子反应应是一次基元化学物理过程中三个分子同时碰撞并直接生成产物的过程

$$A + B + C \longrightarrow P + Q$$

由于三分子同时碰撞的概率很小，因此三分子基元反应是不常见的。迄今在气相反应中只发现有两类可能属于此类反应。

(1) 涉及一氧化氮的反应。例如

$$2NO + O_2 \longrightarrow 2NO_2$$
$$2NO + Cl_2 \longrightarrow 2NOCl$$
$$2NO + Br_2 \longrightarrow 2NOBr$$

它们的速率方程符合

$$-\frac{1}{2}\frac{d[NO]}{dt} = k[NO]^2[X_2]$$

式中，X_2 是 O_2、Cl_2、Br_2。若用阿伦尼乌斯公式来描述上述动力学行为，其指前因子 A 很小，为 $10^3 \sim 10^4\ dm^6 \cdot mol^{-2} \cdot s^{-1}$，活化能 E_a 几乎是零或甚至为负值。

(2) 原子复合反应。例如

$$Cl + Cl + M \longrightarrow Cl_2 + M$$
$$I + I + M \longrightarrow I_2 + M$$

式中，M 可以是任何原子或分子，称为第三体。这类反应符合下列三级速率方程：

$$-\frac{1}{2}\frac{d[I]}{dt} = k[I]^2[M]$$

反应的指前因子 A 值在 $10^8 \sim 10^9\ dm^6 \cdot mol^{-2} \cdot s^{-1}$，活化能 E_a 为负值。原子复合反应需

第三体参加是因为原子复合后放出来的能量变成双原子分子的振动能,若不及时被第三体M传走,就不能形成稳定分子,而在其第一次振动时就分解回复到原子状态。此外,原子复合速率常数 k 往往随第三体M的不同而改变。例如,对原子I复合反应,当M是He或 I_2 时,293K时的速率常数分别为 $3\times10^{7}\,dm^{6}\cdot mol^{-2}\cdot s^{-1}$ 和 $2.7\times10^{10}\,dm^{6}\cdot mol^{-2}\cdot s^{-1}$。对于多原子的自由基复合反应,如 $CH_3+CH_3 \longrightarrow C_2H_6$,则不需要第三体参加,因为在 C_2H_6 分子形成时所获得的额外振动能可以分散到各个键的振动能中而不会导致任何键的断裂。

为解释上述反应 E_a 为负值的实验现象,提出三分子反应是由两个双分子反应连续组成的。其中一个解释称为传能机理。例如

$$I+I \underset{k_{-1}}{\overset{k_1}{\rightleftharpoons}} I_2^* \qquad K=\frac{k_1}{k_{-1}}$$

$$I_2^*+M \xrightarrow{k_2} I_2+M$$

I_2^* 并非是稳定的处于化合状态的中间产物,而是一种富能的十分接近的碘原子对,称为"碰壁络合物"或称为"准分子"。M只起传能作用,按平衡近似处理,可得三级反应速率方程如下:

$$r=k_2[I_2^*][M]=k_2K[I]^2[M]$$

与实验速率方程相比得

$$k=k_2K$$

另一个解释称为媒介物机理,其中I与M首先生成媒介物MI,即

$$I+M \underset{k_{-1}}{\overset{k_1}{\rightleftharpoons}} MI \qquad K=\frac{k_1}{k_{-1}}$$

$$MI+I \xrightarrow{k_2} I_2+M$$

同理,按平衡近似处理,也能给出三级反应速率方程

$$r=k_2K[I]^2[M]$$

$$k=k_2K$$

这两个机理都可解释 E_a 的负值。按活化能定义

$$E_a \equiv RT^2\frac{d\ln k}{dT}=RT^2\frac{d\ln(k_2K)}{dT}=RT^2\left(\frac{d\ln k_2}{dT}+\frac{d\ln K}{dT}\right)=E_2+\Delta U \quad (10\text{-}74)$$

式中,$\Delta U=Q_V$ 是生成准分子 I_2^* 或媒介物MI的恒容热,由于缔合是放热过程,$\Delta U<0$,如果 $E_2<|\Delta U|$,则 E_a 为负值。因此,上述两种机理都可以对实验活化能为负值作出解释,但单纯用动力学方法无法断定上述两种机理何者更符合实际情况。

知识点讲解视频

分子反应动态学简介

(朱志昂)

*10.4 分子反应动态学简介

分子反应动态学是在分子水平上来研究一个基元化学反应。在第9章中所讨论的化学动力学方法是一种宏观动力学方法。例如,它可以告诉我们基元反应 $Cl+H_2 \longrightarrow HCl+H$ 的速率常数 $k=A\exp\dfrac{-E_a}{RT}$,$A=1.2\times10^{10}\,dm^{3}\cdot mol^{-1}\cdot s^{-1}$ 和 $E_a=18.0\,kJ\cdot mol^{-1}$(温度范围为250~450K),但是关于此基元反应的详细机理知识却很少。分子反应动态学考虑下列问题:①反应概率是怎样随着进入的Cl原子与H—H线的角度而变的;②反应概率是怎样随着反应物分子的相对平动能而变的;③产物HCl分子是怎样分布在它的各种平动、转动和振动状态的;④怎样用量子力学和统计力学来理论计算一定温度的速率常数。分子反应动态学起始于1930年的艾林、波拉尼和赫希菲尔德(Hirschfelder)的工作。但是直到1960年,随着新的实验技术和电子计算机的发展,才在理论计算中取得可靠的资料。利用这些新成就,化学家才真正开始了解基元反应中究竟发生了哪些情况。

分子反应动态学又称态-态化学,它是研究从一个量子状态的反应物到另一个量子状

态的产物的动力学。进行态-态反应的研究目的有两个，最主要的目的是想用最基本的力学原理来了解化学反应，希望用激光来控制一个分子，从而把握一些反应进行的方向。另外，为了发展电子跃迁的化学激光，或者为了发展其他新的工艺，也需要了解态-态反应。

10.4.1 激光的发展和应用

激光的发展和应用对化学的冲击很大，尤其在化学动力学方面取得了很大进展，我们常用激光来制备一些反应。反应物的制备往往是指定状态的，借以考察处在某个量子状态下的反应。有时用激光以光化学的方法来产生某种自由基，以便研究自由基反应。激光的另一个重要用途是产物及产物状态的检验，因为可以把激光脉冲调节得很短——皮秒或更短，以避免复杂的二次碰撞问题。例如，扎尔(Zare)等做了一个实验：Sr 和 HF 的反应。这个反应是吸热反应，在常温下是不会进行的。但是我们如果用激光把 HF 的振动由 $v=0$ 提高到 $v=1$ 的状态，反应就可以进行，生成产物 SrF。从这里知道反应速率与分子振动量子态的关系，还可以进一步用激光诱导荧光的方法去看产物分子 SrF 的振动态分布。

10.4.2 交叉分子束技术

当前在微观化学反应研究中极为有用的实验方法主要有交叉分子束、红外化学发光和激光诱导荧光三种。

交叉分子束(crossed molecular beam)技术是目前分子反应碰撞研究中最强有力的工具。它研究处于特定能态的反应物分子进行单一碰撞的过程。交叉分子束实验的示意图如图 10-10 所示。反应室预先抽空至压力为 10^{-5} Pa，两股低压的反应物分子束交叉地指向散射区 S。分子束通常是由加热炉中溢流出来的蒸气借助于特殊设备，从符合麦克斯韦速率分布的分子中选择指定速率的分子而产生的。分子束的流量极小，在达到 S 之前不发生任何碰撞，到 S 处则发生单一的反应碰撞和非反应碰撞。可以用质谱仪在各种角度上检查散射的反应物分子或产物分子，而产物的速率分布可用速率分析装置测量。

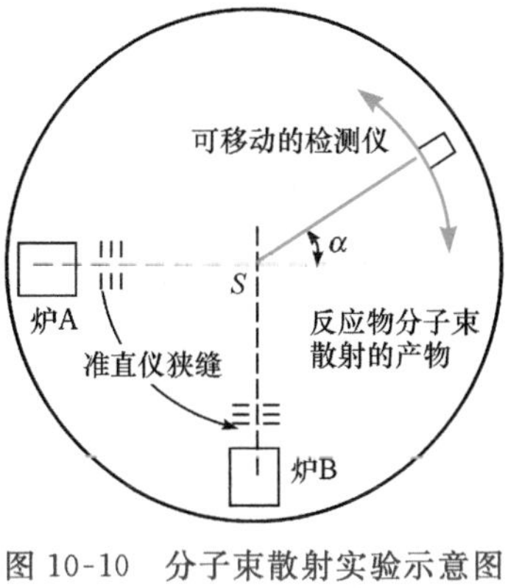

图 10-10　分子束散射实验示意图

例如，对于基元化学物理反应(或称态-态反应)

$$A(i) + BC(j) \longrightarrow AB(m) + C(n)$$

在交叉分子束实验装置中，调节一束准直、均速、选态、定向飞行的分子流(A)，使其与垂直方向的另一束分子流(BC)在散射中心发生单次碰撞，而一束分子流内的分子之间不会发生碰撞。单次碰撞是指处于某一量子态(如 i)的一个 A 分子与处于某一量子态(如 j)的一个 BC 分子发生碰撞，而不是大量的 A 分子与大量的 BC 分子之间的碰撞。

在交叉分子束实验中，最理想的情况是选出单一量子态的分子束，实际情况是制备有一定分布的一组量子态的分子束。这也是分子束实验可以测量微观态-态反应速率的基础。分别处于某一量子态的一对反应物分子在散射中心发生单次碰撞而生成某一量子态的产物分子，并离开散射中心。下一对各具有另一量子态的反应物分子在散射中心发生另一单次碰撞生成另一量子态的产物分子，依此类推。在这类反应中，某一态-态反应物分子的单次碰撞不会重复发生。检测器用来捕捉在散射室内碰撞后生成的产物的散射方向、产物的分布、有效碰撞的比例，以及态-态反应截面或态-态反应速率常数等一系列重要信息。态-态反应的速率常数(或反应截面)对应于某一选择的微观状态(包括分子内部的微观状态和分子间相对运动的速度和散射方向)。对于每一选定的态-态反应，它不是统计平均，而是确定的微观量，因此态-态反应是一个微观概念。测得的某一态-态反应的微观反应速率常数对产物分子所有量子态求和，再对反应物分子所有量子态求统计平均值，即得到由大量态-态反应构成的宏观基元反应的速率常数。每一基元反应由许多微观上彼此不同的态-态反应所组成。同一基元反应所拥有的各个态-态反应的反应分子数是相同的，不同量子态的同一种分子，其元素组成是相同的。

应该注意的是，经典碰撞理论中分子的碰撞和分子反应动力学中分子的碰撞是不同的。经典基元反应碰撞理论中反应物分子的碰撞是大量的反应物分子间无序的无数次碰撞。从碰撞理论推导出的速率常数是大量分子碰撞行为的统计平均值。分子反应动力学中研究的分子碰撞是指处于某一量子态的一个反应物分子与处于某一量子态的另一个反应物分子发生一次碰撞。交叉分子束实验装置测得的是某一态-态反应物分子单次碰撞的微观速率常数，这是微观量。

一般来说，通过分子束实验大致可获得以下一些重要的动力学参数与信息：

(1) 基元反应的反应起始能量。逐渐增加反应物分子束的相对速率，可以求得反应的起始能量 ε_0，并估算反应的活化能。

(2) 基元反应的反应速率常数。从测得的散射角分布求得反应截面，得到微观速率常数，再用统计力学方法即可求得基元反应速率常数。

(3) 产物的能量分布。根据产物的速率分布，可推算产物的平均平动能，反应总能量与它的差值应等于变为分子内部运动的能量。

(4) 反应能的选择性。分子束实验可选态，改变平动能 E_t、内部运动能 $E_{int}(v,j)$ 可以了解平动、振动和转动对克服活化能的影响。

(5) 了解平动能对反应通道的影响。

美籍华裔科学家李远哲教授在赫施巴克教授指导下创建了交叉分子束研究方法，并成功地建立起第一台检测器转动式交叉分子束实验装置，深入进行分子反应动力学领域的研究工作。他的研究工作对人类深入理解化学反应的微观机理，进而能够更好地控制化学反应和选择反应途径，使化学更好地为人类服务，起到了极为重要的作用。由于他对化学的卓越贡献，他与赫施巴克教授以及加拿大的波拉尼教授共同获得 1986 年诺贝尔化学奖。

10.4.3 碰撞截面和基元反应速率常数

近 30 多年来，分子束和激光技术应用于化学动力学研究，使碰撞理论获得新的活力。结合量子力学理论的应用，微观反应动力学获得迅速发展。本节在交叉分子束散射实验的基础上介绍碰撞参数、散射角和碰撞截面等基本参数的意义，以及反应截面与反应速率常数之间的关系。

刚球碰撞理论把分子当作刚球，不考虑分子间的相互作用，当两个分子间的联心线等于两个分子半径之和 $\left(\dfrac{d_1+d_2}{2}\right)$ 时，即发生弹性碰撞。分子碰撞前后遵守平动能、动量守恒，并据此计算碰撞频率。这种刚球模型过于简化。实际上，在反应碰撞时，发生旧化学键的破坏、新化学键的形成以及化学键的重排。在分子互相靠近时，由于分子间各种力的作用，特别是短程斥力的作用，它们并不一定能碰撞在一起，而是发生分子散射。只要一个分子能为另一个分子所散射，就能发生碰撞，分子散射实验正是基于这样的构思设计的。

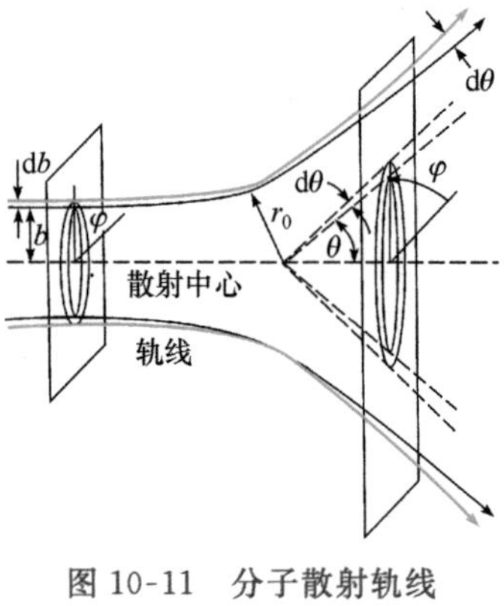

图 10-11 分子散射轨线

图 10-11 表示分子束入射散射中心被散射的情况。把分子 1 当作静止的散射中心，当分子 2 以相对速率 v 靠近分子 1 时，由于分子间的作用，分子 2 将会偏离原来的方向而发生散射。为了描述两个分子靠近的程度，引入碰撞参数(impact parameter)b。定义碰撞参数 b 为分子 2 没有发生散射而沿原来入射方向时，其质心到散射中心之间的垂直距离。分子散射的程度可由两个参数来描述：①分子散射轨线到散射中心之间的最近距离 r_0；②散射角 θ。在碰撞参数 $b\sim b+\mathrm{d}b$ 的入射分子被散射时，其散射角为 $\theta\sim\theta+\mathrm{d}\theta$。$b$ 值越小，θ 值越大，b_{max} 对应于 $\theta=0$，b_{min} 对应于 $\theta=\pi$。

$\theta\neq0$ 的每一次碰撞相当于入射分子的一次散射。定义微分碰撞截面 $\mathrm{d}\sigma$ 为

$$\mathrm{d}\sigma = 2\pi b(\theta)\,\mathrm{d}b \tag{10-75}$$

总碰撞截面 σ 为

$$\sigma = \int_{b_{min}}^{b_{max}} 2\pi b(\theta)\,\mathrm{d}b \tag{10-76}$$

碰撞截面 σ 反映了两分子间接近的程度，它与分子间相互作用有关。分子间势能函数的模型不同，σ 值也不同。简单刚球碰撞模型认为分子间相互作用能为零，$b_{\min}=0$，$b_{\max}=d_{12}=\dfrac{d_1+d_2}{2}$，则有 $\sigma=\pi d_{12}^2$。若考虑到分子间的势能，则根据所用势能函数形式，可具体计算碰撞截面 σ，其值可大于或小于刚球碰撞情况。

在真实分子所有可能的碰撞中，既有弹性碰撞(只有平动能交换而没有内部电子能、转动能和振动能的交换)，又有非弹性碰撞(分子的总动能转变为分子的内部能)和反应碰撞(不仅是非弹性碰撞，还可以发生化学反应)，并分别有它自己的碰撞截面 σ_e、σ_{ie} 和 σ_r，总碰撞截面 σ 是三者之和，即

$$\sigma=\sigma_e+\sigma_{ie}+\sigma_r$$

σ_r 又称为反应截面(reaction cross section)，它是碰撞过程中化学反应发生的概率大小的量度。设有反应 A+B⟶C+D，若分子 A 以相对速率 v 靠近分子 B，则单位体积的反应速率可表示为

$$-\frac{\mathrm{d}c_A}{\mathrm{d}t}=\sigma_r(v)vc_Ac_B \tag{10-77}$$

式中，c 是单位体积内的分子数目。从质量作用定理有

$$-\frac{\mathrm{d}c_A}{\mathrm{d}t}=k_2c_Ac_B \tag{10-78}$$

比较式(10-77)和式(10-78)可得

$$k_2(v)=v\sigma_r(v) \tag{10-79}$$

$k_2(v)$ 是具有相对速率 v 的双分子反应速率常数，是一微观量。对于宏观反应体系，基元反应速率常数应是各种碰撞的平均值。反应体系虽不是平衡体系，但碰撞理论认为其分布函数 $f(v)$ 遵守麦克斯韦-玻尔兹曼分布。因此，气体混合物中基元反应速率常数 k_2 可表示为

$$k_2=\int_0^{\infty}f(v)\sigma_r(v)v\mathrm{d}v \tag{10-80}$$

k_2 是一宏观量，式中 $f(v)$ 也可以不遵守麦克斯韦分布。

若以相对动能 $\varepsilon=\frac{1}{2}\mu v^2$ (μ 为折合质量)代替相对速率 v，则

$$k_2=\frac{1}{\mu}\int_0^{\infty}f(\varepsilon)\sigma_r(\varepsilon)\mathrm{d}\varepsilon \tag{10-81}$$

只要知道分布函数 $f(\varepsilon)$ 和反应截面 σ_r，根据式(10-81)就可计算 k_2。碰撞理论的进一步发展是根据各种理论模型求 $f(\varepsilon)$ 和 $\sigma_r(\varepsilon)$。对于简单的刚球碰撞模型，有

$$\begin{aligned}&\text{在 }\varepsilon<\varepsilon_\alpha\text{ 时，}\sigma_r=0;\\&\text{在 }\varepsilon>\varepsilon_\alpha\text{ 时，}\sigma_r=\pi d_{12}^2。\end{aligned} \tag{10-82}$$

分子具有三维平动自由度的麦克斯韦能量分布 $f(\varepsilon)$ 为

$$f_3(\varepsilon)=\left(\frac{\mu}{\pi}\right)^{1/2}\left(\frac{2}{k_BT}\right)^{3/2}\varepsilon\exp\frac{-\varepsilon}{k_BT} \tag{10-83}$$

分子具有二维平动自由度的麦克斯韦能量分布函数 $f(\varepsilon)$ 为

$$f_2(\varepsilon)=\left(\frac{1}{k_BT}\right)\exp\frac{-\varepsilon}{k_BT} \tag{10-84}$$

将式(10-82)和式(10-83)代入式(10-81)得

$$k_2=\left(\frac{1}{\pi\mu}\right)^{1/2}\left(\frac{2}{k_BT}\right)^{3/2}(\pi d_{12}^2)\int_{\varepsilon_\alpha}^{\infty}\varepsilon\exp\frac{-\varepsilon}{k_BT}\mathrm{d}\varepsilon$$

积分得

$$k_2=\left(\frac{8k_BT}{\pi\mu}\right)^{1/2}(\pi d_{12}^2)\left(1+\frac{\varepsilon_\alpha}{k_BT}\right)\exp\frac{-\varepsilon_\alpha}{k_BT} \tag{10-85}$$

将式(10-82)和式(10-84)代入式(10-81)并积分得

$$k_2=\left(\frac{8k_BT}{\pi\mu}\right)^{1/2}(\pi d_{12}^2)\exp\frac{-\varepsilon_\alpha}{k_BT} \tag{10-86}$$

这就得到与式(10-30)完全相同的结果,但应乘上阿伏伽德罗常量 L,因为式(10-86)是基于浓度单位为单位体积内的分子数导出的。

当代化学科学的发展趋势有三大特点:由描述性走向推理性,由定性走向定量,由宏观走向微观。分子反应动态学走在当代化学发展趋势的前沿。分子反应动态学正在向深度和广度多方面发展。深度发展是指反应动态学本身。当前许多科学家正在与化学家齐心协力,运用更精细的、高分辨的实验技术,制备指定量子态的反应物,检测指定量子态的产物,观察分子碰撞方位效应,研究过渡态化学,构建更完好的势能面,发展新的计算方法等。这些研究工作极大地更新、深化和丰富了人们对化学过程的认识。广度发展有两层含义:①研究范围从原子、分子扩大到自由基和离子,从振动激发扩大到电子和转动激发态,从气相扩大到液相和固相;②研究成果正在"催化"和推动科学分支的发展。例如,量子化学和分子反应动力学是相互促进的,今后量子化学将扮演更重要的角色。在化学反应过程中,一个化学键的断裂和新的化学键的形成,电子与电子之间的相关性很重要,所以不是用简单的、半经验的方法便可以得到很多信息的。有些反应生成过渡态时是吸热还是放热呢?只差几千焦·摩尔$^{-1}$,得到的结论就完全不一样。因此这种比较精确的、大规模的量子力学从头计算会变得更重要,这就需要算得很快。计算方法也在不断改进、不断发展。另一个问题就是化学模拟计算的问题,很多化学现象涉及大量分子。例如,液态中分子局部的转动就是一个异构化问题。溶液中的分子与其他分子之间的相互作用是怎样进行的,可以用模拟的方法来了解。我们做实验常常只能了解到一个点,但量子力学的结果可以让我们掌握一个面。

习 题

10-1 乙醛气相热分解为二级反应。活化能为 190.4kJ·mol^{-1},乙醛分子直径为5×10^{-10}m。试计算:(1) 101 325Pa、800K 下的分子碰撞总数;(2) 800K 时以乙醛浓度变化表示的速率常数。

〔答案:(1) 2.9×10^{34} 次·m^{-3}·s^{-1};(2) 0.126dm^3·mol^{-1}·s^{-1}〕

10-2 试估算下列气相反应的方位因子 P 的数量级:

AB + 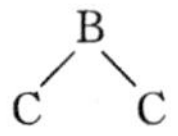 ⟶ 非直线形 $X^{\neq}$ ⟶ 产物

式中,A、B 和 C 是三种原子。

〔答案:10^{-4}〕

10-3 利用刚球碰撞理论计算基元反应

$$NO + O_3 \longrightarrow NO_2 + O_2$$

的指前因子 A,已知分子半径分别为 NO:1.4Å,O_3:2.0Å,T=500K。此反应的 A 实验值为8×10^{11}cm^3·mol^{-1}·s^{-1},试计算方位因子 P。

〔答案:2.79×10^{11}dm^3·mol^{-1}·s^{-1},0.003〕

10-4 (1) 实验测得反应 $H^{\alpha} + H^{\beta}—H^{\gamma} \longrightarrow H^{\alpha}—H^{\beta} + H^{\gamma}$ 的活化能 E_a=31.4kJ·mol^{-1},$A=8.45\times10^{13}$cm^3·mol^{-1}·s^{-1},试计算此反应在 T=300K 时的速率常数 k;

(2) 已知 H 的碰撞直径 σ_H=0.74Å,H_2 的碰撞直径 σ_{H_2}=2.5Å,试用碰撞理论计算此反应在 300K 时速率常数 k 的理论值。

〔答案:(1) 2.88×10^{8}cm^3·mol^{-1}·s^{-1};(2) 8.61×10^{8}cm^3·mol^{-1}·s^{-1}〕

10-5 反应 2A ⟶ 3B,有

$$r = -\frac{1}{2}\frac{dc_A}{dt} = \frac{1}{3}\frac{dc_B}{dt} = kc_A^2$$

$$-\frac{dc_A}{dt} = k_A c_A^2 \qquad \frac{dc_B}{dt} = k_B c_A^2$$

阿伦尼乌斯公式中的速率常数是指上面的哪一个?

〔答案:k〕

10-6　若不考虑方位因子 P,对习题 10-5 反应

(1) $r=-\frac{1}{2}\frac{dc_A}{dt}=Z_{AA}e^{-\frac{E_c}{RT}}=Z_{AA}^0e^{-\frac{E_c}{RT}}c_A^2=kc_A^2=Ae^{-\frac{E_c}{RT}}c_A^2$,所以 $A=Z_{AA}^0$;

(2) $r=-\frac{1}{2}\frac{dc_A}{dt}=2Z_{AA}e^{-\frac{E_c}{RT}}$,所以 $A=2Z_{AA}^0$;

(3) $-\frac{dc_A}{dt}=2Z_{AA}e^{\frac{-E_a}{RT}}=k_Ac_A^2=A'e^{\frac{E_c}{RT}}c_A^2$,所以$A'=2Z_{AA}^0$;

(4) $-\frac{dc_A}{dt}=4Z_{AA}e^{\frac{-E_c}{RT}}$,所以 $A'=4Z_{AA}^0$。

以上四个式子哪些是正确的?

〔答案:(1),(3)正确〕

10-7　(1) 设有基元气相反应

$$O_3+NO\longrightarrow NO_2+O_2$$

已知在 220～320K,$E_a=10.46kJ\cdot mol^{-1}$,$A=6\times10^8dm^3\cdot mol^{-1}\cdot s^{-1}$,计算在 270K 时的$\Delta^{\neq}G_{m,c}^{\ominus}$、$\Delta^{\neq}H_{m,c}^{\ominus}$ 和 $\Delta^{\neq}S_{m,c}^{\ominus}$;

(2) 计算基元气相反应 $CO+O_2\longrightarrow CO_2+O$ 在 2700K 时的 $\Delta^{\neq}G_{m,c}^{\ominus}$、$\Delta^{\neq}H_{m,c}^{\ominus}$和 $\Delta^{\neq}S_{m,c}^{\ominus}$,已知在 2400～3000K,$E_a=213.38kJ\cdot mol^{-1}$,$A=3.5\times10^9dm^3\cdot mol^{-1}\cdot s^{-1}$。

〔答案:(1) $31kJ\cdot mol^{-1}$,$5.97kJ\cdot mol^{-1}$,$-92.67J\cdot mol^{-1}\cdot K^{-1}$;
(2) $430.76kJ\cdot mol^{-1}$,$168.48kJ\cdot mol^{-1}$,$-97.14J\cdot mol^{-1}\cdot K^{-1}$〕

10-8　设有基元反应 $CH_3Br+Cl^-\longrightarrow CH_3Cl+Br^-$ 在 300K 时的 $A=2\times10^9dm^3\cdot mol^{-1}\cdot s^{-1}$,$E_a=65.69kJ\cdot mol^{-1}$,计算此反应在 300K 时的 $\Delta^{\neq}H_{m,c}^{\ominus}$、$\Delta^{\neq}S_{m,c}^{\ominus}$和 $\Delta^{\neq}G_{m,c}^{\ominus}$。

〔答案:$63.2kJ\cdot mol^{-1}$,$-75.22J\cdot mol^{-1}\cdot K^{-1}$,$85.76kJ\cdot mol^{-1}$〕

10-9　某气相中双分子反应 $2A\longrightarrow$产物,其活化能为 $100kJ\cdot mol^{-1}$,A 的摩尔质量为$60g\cdot mol^{-1}$,A 分子直径为 $3.5\times10^{-8}cm$。试用简单碰撞理论计算在 27℃时的反应速率常数。

〔答案:$3.5\times10^{-10}m^3\cdot mol^{-1}\cdot s^{-1}$〕

10-10　丁二烯的二聚反应 $2C_4H_6\longrightarrow C_8H_{12}$是一个双分子反应。已知该反应在 400～660K 的活化能 $E_a=99.12kJ\cdot mol^{-1}$,指前因子 $A=9.2\times10^6dm^3\cdot mol^{-1}\cdot s^{-1}$。试计算温度为 600K 时反应的标准活化焓 $\Delta^{\neq}H_{m,c}^{\ominus}$和标准活化熵 $\Delta^{\neq}S_{m,c}^{\ominus}$,并估算方位因子 P。

〔答案:$89.14kJ\cdot mol^{-1}$,$-134.0J\cdot mol^{-1}\cdot K^{-1}$,$8.6\times10^{-4}$〕

10-11　已知某双分子反应在 440～660K 有

$$\lg[k/(cm^3\cdot mol^{-1}\cdot s^{-1})]=9.96-\frac{43.04kJ\cdot mol^{-1}}{RT}$$

设 $\Delta^{\neq}H_{m,c}^{\ominus}\approx E_a$,估算 600K 时的活化熵 $\Delta^{\neq}S_{m,c}^{\ominus}$。

〔答案:$-117.5J\cdot mol^{-1}\cdot K^{-1}$〕

10-12　某单分子反应的速率常数为

$$k=(3.8\times10^4s^{-1})\exp(-230kJ\cdot mol^{-1}/RT)$$

试计算 500℃时反应的活化焓 $\Delta^{\neq}H_{m,c}^{\ominus}$。

〔答案:$223.6kJ\cdot mol^{-1}$〕

10-13　实验测得丁二烯气相二聚反应的速率常数为

$$k=9.2\times10^9\exp(-12\ 058J\cdot mol^{-1}/RT)cm^3\cdot mol^{-1}\cdot s^{-1}$$

(1) 已知此反应 $\Delta^{\neq}S_{m,c}^{\ominus}=-60.79J\cdot mol^{-1}\cdot K^{-1}$,试用过渡态理论求算此反应在 600K 时的指前因子 A,并与实验值比较;(2) 已知丁二烯的碰撞直径 $d=0.5nm$,试用碰撞理论求算此反应在 600K 时的 A 值。解释二者计算的结果。

〔答案:(1) $6.17\times10^{10}cm^3\cdot mol^{-1}\cdot s^{-1}$;(2) $2.67\times10^{14}cm^3\cdot mol^{-1}\cdot s^{-1}$〕

10-14 NH_2SO_2OH 在 363K 时的水解反应速率常数 $k=1.16\times10^{-3}\,m^3\cdot mol^{-1}\cdot s^{-1}$，活化能 $E_a=127.6kJ\cdot mol^{-1}$。试由过渡态理论计算该水解反应的 $\Delta^{\neq}G^{\ominus}_{m,c}$、$\Delta^{\neq}H^{\ominus}_{m,c}$ 和 $\Delta^{\neq}S^{\ominus}_{m,c}$。

〔答案：$109.9kJ\cdot mol^{-1}$，$124.6kJ\cdot mol^{-1}$，$40.5J\cdot mol^{-1}\cdot K^{-1}$〕

10-15 对于乙酰胆碱、乙酸乙酯在水溶液中的碱性水解反应，298K 下实验测得其活化焓分别为 $48.5kJ\cdot mol^{-1}$、$49.0kJ\cdot mol^{-1}$，活化熵分别为 $-85.8J\cdot mol^{-1}\cdot K^{-1}$、$-109.6J\cdot mol^{-1}\cdot K^{-1}$。何者水解速率更大？大多少倍？由此说明什么问题？

〔答案：$k_1/k_2=21.4$〕

10-16 气相双分子反应 $NO+ClNO_2 \longrightarrow NO_2+ClNO$ 的实验数据如下：

T/K	300	311	323	334	344
$k/(10^7cm^3\cdot mol^{-1}\cdot s^{-1})$	0.70	1.25	1.64	2.56	3.40

分别按下列公式处理表中数据，求算活化能和指前因子，并分析所得结果有何差别。

(1) $k=A\exp(-E_a/RT)$

(2) $k=A'T^{1/2}\exp(-E_a/RT)$

(3) $k=A''T\exp(-E_a/RT)$

〔答案：(1) $30.0kJ\cdot mol^{-1}$，$1.25\times10^{12}cm^3\cdot mol^{-1}\cdot s^{-1}$；(2) $28.7kJ\cdot mol^{-1}$，$4.3\times10^{10}cm^3\cdot mol^{-1}\cdot s^{-1}$；(3) $27.4kJ\cdot mol^{-1}$，$1.4\times10^{9}cm^3\cdot mol^{-1}\cdot s^{-1}$〕

10-17 下列反应的指前因子 A 的实验值为

反应	$\lg[A/(dm^3\cdot mol^{-1}\cdot s^{-1})]$
(1) $H_2+Cl \longrightarrow HCl+H$	9.9
(2) $H+C_2H_4 \longrightarrow C_2H_5$	9.4
(3) $OH+CO \longrightarrow CO_2+H$	7.6
(4) $CH_3CH_2Cl \longrightarrow C_2H_4+HCl$	13.5～14.6

若分子配分函数 $f_t^3\approx10^{30}\sim10^{33}$，$f_r\approx10$，$f_v\approx1$，$k_BT/h\approx10^{13}$，根据过渡态理论估算上述反应的 A 值，并由此估算方位因子 P 的数量级。

〔答案：(1) 10^{10}，1；(2) 10^{10}，1；(3) 10^8，1；(4) 10^{18}，10^{-4}〕

10-18 根据习题 10-16 的实验结果，当用 $k=A''T\exp(-E_a/RT)$ 处理，可得活化熵 $\Delta^{\neq}S^{\ominus}_m$。(1) 指出该熵值的标准态；(2) 若以 $1mol\cdot dm^{-3}$ 为标准态，则 $\Delta^{\neq}S^{\ominus}_m$ 又将为何值？(3) 若气体体积由 $1cm^3$ 膨胀到 $1dm^3$ 时，熵值增加多少？与 $\Delta^{\neq}S^{\ominus}_m$ 是否一致？为什么？

〔答案：(1) $-38.9J\cdot mol^{-1}\cdot K^{-1}$，标准态为 $1mol\cdot cm^{-3}$；(2) $-96.3J\cdot mol^{-1}\cdot K^{-1}$；(3) $57.4J\cdot mol^{-1}\cdot K^{-1}$〕

10-19 设有环丙烷⟶丙烯的单分子异构化反应，在 470℃ 时 k_u 与起始压力 p_0 的关系如下：

$p_0/133.32Pa$	110	211	388	760
$k_u/10^{-5}s^{-1}$	9.58	10.4	10.8	11.1

试用作图法求 k_∞、k_1 和 k_{-1}/k_2 的值。

〔答案：$1.14\times10^{-4}s^{-1}$，$4.11\times10^{-8}Pa^{-1}\cdot s^{-1}$，$3.60\times10^{-4}Pa^{-1}$〕

课外参考读物

曹建如. 1987. 分子反应动力学和 1986 年诺贝尔化学奖获得者. 化学通报，6：25

陈嘉相，秦启宗. 1982. 单分子反应理论——RRKM 理论. 化学通报，10：32

冯光瑛，卢锦梭，王淑萍. 1989. 从单分子反应理论的历史发展看科学研究的方法. 化学通报，1：57

高盘良,赵新生.1993.过渡态实验研究的进展.大学化学,8(4):1

韩德刚,李远哲.1987.对分子反应动力学的贡献概述.大学化学,5:4

韩世纲.1991.过渡态速率理论中的标准态.化学通报,4:42

金松寿.1982.反应活化能与结构适应性.郑州大学学报(自然科学版),1:63

孔繁敖,熊轶嘉,吴成印.2000.飞秒化学的先驱者——1999 年诺贝尔化学奖简介.大学化学,15(3):5

李远哲.1978.反应动力学交叉分子束研究(摘要).化学通报,6:18

刘国杰,张贤俊,吕瑞东.1985.过渡状态理论的基本公式推导.化学通报,6:53

刘若庄,于建国.1985.化学反应势能面理论研究及其新发展(Ⅰ).化学通报,6:63

刘若庄,于建国.1985.化学反应势能面理论研究及其新发展(Ⅱ).化学通报,7:60

刘若庄,于建国.1987.化学反应理论发展概要.百科知识,6:68

楼南泉.1982.谈谈气相分子反应动力学.化学通报,9:22

罗渝然.1979.化学反应分子动态学.自然杂志,6:355

罗渝然.1983.过渡态理论的进展.化学通报,10:8

罗渝然,高盘良.1986.从微观到宏观.化学通报,10:53

罗渝然,高盘良.1986.关于反应机理.化学通报,10:50

罗渝然,高盘良.1986.化学动力学进入微观层次.化学通报,8:56

罗渝然,高盘良.1986.态-态反应的动态特征.化学通报,9:58

邱元武.1986.分子束反应动力学.化学通报,2:1

沈文霞.1991.过渡状态理论的发展过程.物理化学教学文集(二).北京:高等教育出版社

土屋庄次.1982.分子动力学的化学反应导论.化学物理通讯,3:5

王贵昌,赵学庄.1997.一种估算置换反应活化能的简便方法.大学化学,12(1):24

张棣.1982.低浓度三分子反应模型.科学通报,21:1281

赵学庄,罗渝然,臧雅茹,等.1990.化学反应动力学原理(下册).北京:高等教育出版社

朱起鹤.1987.分子反应动力学.百科知识,5:49

朱如曾.1982.化学反应速率的微观理论.中国科学,3:44

朱武生,赵新生.1995.相干激光控制反应.大学化学,10(1):1

Brooks P R.1988.Spectroscopy of transition region species.Chem Rev,88:407

Lqidler K J.1988.Just what is a transition state? J Chem Educ,65:540

Zare R N.1981.态-态反应动力学.世界科学,11:1

第11章　几类特殊反应的动力学

本章重点、难点

(1) 溶液中反应的特点和溶剂、离子强度对反应的影响。

(2) 催化剂的基本特征。催化剂的最重要特征之一是改变反应速率而不改变反应的吉布斯自由能,不改变反应的始、末态。

(3) 由酶催化反应机理推导速率方程,并求算米氏常数。

(4) 光化学反应特征。

(5) 光化学基本定律,光化学初级过程和次级过程。凡含有激发态分子的过程称为光化学初级过程,光化学第二定律只适用于初级过程。

(6) 光激发和激发态分子能量衰减的雅布隆斯基图。

(7) 初级过程的量子产率及总包反应量子效率的求算。

(8) 由光化学反应机理推导速率方程。

本章实际应用

(1) 溶液中的反应是科研和生产中最常见的反应体系,量大面广,且是化学动力学研究的最早的反应类型。

(2) 研究速率常数随离子强度变化的规律为探讨反应机理提供有用的信息。

(3) 催化作用几乎遍及整个化学领域,在纺织品、食品、燃料、药品等的制造过程中发挥着巨大作用。工业上大多重要的过程,如合成氨、硫酸和硝酸的制备、石油化工过程(催化裂化、催化加氢、催化脱硫)、聚烯烃等高分子材料的合成、手性药物的合成等均离不开催化作用。据统计,当今化学品生产的60%和化工过程的90%是基于催化作用的合成过程,因此可以说催化是现代化学工业的基石。

(4) 催化作用是生命过程的基本特征之一,酶是生命活动与生物体内的催化剂,酶催化过程的研究对于揭示生命现象、人工合成蛋白质、化学模拟酶催化过程等具有重要意义。

(5) 催化作用是环境保护的重要方法之一,如汽车尾气净化催化剂对保证城市空气质量起到不可或缺的作用。此外,合适的催化剂可以提高目标反应的选择性或构建副产物少的“绿色化学”过程,从而提高资源利用效率、减少废物的排放。

(6) 光化学对于人类社会具有十分重要的意义。在人类尚未出现以前,地球上已经发生由太阳光引发的各种光化学过程,生命的起源离不开光化学反应。

(7) 大气中的许多反应(如臭氧层的形成与破坏)均与光化学反应有关。自然界植物的光合作用就是利用太阳光将 CO_2 和 H_2O 转变为碳水

化合物和 O_2，是人类和其他生物赖以生存的基础。

(8) 利用光化学反应解决环境问题（如污染物的光降解、转化 CO_2 等）和能源问题（如光解水制氢气）的研究近年来蓬勃兴起，为光化学注入了新的发展动力。

11.1　溶液中反应

前面介绍的有关动力学的大多数概念对气相和液相反应均适用。但溶液中的反应与气相反应相比，一个很大的不同就在于溶剂分子的存在。因此，研究溶剂对化学反应的影响就成为溶液反应动力学的主要内容。

11.1.1　溶剂对速率常数的影响

研究溶剂对反应的影响的方法通常是将溶液中反应与气相同一反应进行比较，从而观察溶剂效应。但同一反应既能在溶液中进行又能在气相中进行是不常见的。另一方法是在不同溶剂中比较同一反应的速率，研究溶剂影响，这是常用的一种研究方法。

溶剂的影响可分为物理效应和化学效应两大类。最重要的溶剂物理效应是对溶质分子的解离作用，这时溶剂化往往起重要作用；其次是传能与传质的作用，这种作用与溶剂的动力学性质（如黏度）有关；第三是溶剂的介电性质对离子反应物间的相互作用的影响。溶剂的化学效应有两种：①溶剂分子的催化作用，如均相酸碱催化，溶剂分子的消耗与再生速率一样快；②溶剂分子作为反应物或产物出现在计量方程中，因而溶剂分子总是被消耗或产生。当溶剂是反应物时，通常不可能确定对溶剂的级数。

溶剂对反应速率的影响是一个极其复杂的问题，一般说来可表现为下列几个方面：

(1) 溶剂介电常数的影响。对于有离子参加的反应，溶剂介电常数越大，离子间引力越弱，所以介电常数比较大的溶剂常不利于离子间化合反应，而有利于解离为正、负离子的反应。

(2) 溶剂极性影响。如果生成物极性比反应物大，则在极性溶剂中反应速率较大。如果反应物极性比生成物大，则在极性溶剂中反应速率较小。

(3) 溶剂化影响。一般来说，反应物、产物在溶液中都能与溶剂形成溶剂化物，这些溶剂化物中的任何一种若生成不稳定的中间化合物而使活化能降低，则反应速率加快。若溶剂分子与反应物生成比较稳定的化合物，则一般常使活化能增高，而减慢反应速率。如果活化络合物溶剂化后的能量降低而降低了活化能，就会使反应速率加快。

(4) 氢键影响。某些质子溶剂如 H_2O、ROH 等可与反应物、产物生成氢键而影响反应速率。例如，25℃时二级取代反应 $CH_3I+Cl^- \longrightarrow CH_3Cl+I^-$ 在三种不同溶剂中的速率常数如下：

溶　剂	$k/(dm^3 \cdot mol^{-1} \cdot s^{-1})$	溶　剂	$k/(dm^3 \cdot mol^{-1} \cdot s^{-1})$
H—C—NH$_2$ （O）	5.0×10^{-5}	H—C—N（O）（CH$_3$）（CH$_3$）	4.0×10^{-1}
H—C—N（O）（H）（CH$_3$）	1.4×10^{-4}		

　　从以上数据可看出，三种同一类型溶剂，仅在 N 上取代基不同，而速率常数相差 4 个数量级。在此氢键的作用是主要的，由于酰胺中 N 上的 H 与亲核试剂 Cl$^-$ 形成氢键使其亲核能力大大降低，速率常数大大减小。

　　(5) 溶剂黏度的影响。溶剂的黏度对扩散控制的快速反应有显著影响。

　　溶剂不仅对反应速率有影响，对具有两个以上机理竞争发生的反应来说，各种机理的反应速率因溶剂的不同而有很大差异。因此，在不同的溶剂中可以有不同的反应机理。某些非极性反应物之间的单分子反应和双分子反应的速率常数基本上不受溶剂种类的影响。例如，50℃时环戊二烯的双分子二聚反应 $2C_5H_6 \longrightarrow C_{10}H_{12}$ 在气相和三种溶剂中的 k 值如下：

介　质	$k/(dm^3 \cdot mol^{-1} \cdot s^{-1})$	介　质	$k/(dm^3 \cdot mol^{-1} \cdot s^{-1})$
气相	6×10^{-6}	C_6H_6	10×10^{-6}
CS_2	6×10^{-6}	C_2H_5OH	20×10^{-6}

11.1.2　笼效应

　　液体中分子相对运动遇到两个复杂因素。首先，在液相中，三分子或更多分子同时碰撞的概率相当高；其次，液体分子间相互作用非常强，这使液体中碰撞详细计算非常困难，但可定性描述液体中分子的碰撞行为。

1. 定义

　　在液体中，分子间距离比较近，分子间自由运动空间比较小。某一个分子可以看作被其他分子形成的笼所包围。溶质分子被溶剂分子的笼所包围。这个分子在笼内不停地来回振动并和笼壁碰撞，如果某次振动积累了足够的能量，这个分子就要冲破笼子扩散到别处去，但它立即陷入另一个笼子中而重新开始在笼中振动。液体分子由于这种笼中运动所产生的效应称为笼效应。

2. 遭遇

　　两个溶质分子(A 分子和 B 分子)扩散到同一个笼子中成为相邻分子的过程称为遭遇(encounter)。相邻的分子对 A：B 称为遭遇对。每次遭遇包含 A 分子和 B 分子在溶剂笼内停留时的千百万次的碰撞。每个遭遇对在笼中停留 $10^{-12} \sim 10^{-11}$ s，进行 $100 \sim 1000$ 次碰撞，或者以产物分子或者以原来分子再挤出旧笼子进入新笼子。由于笼效应限制了反应物分子与远距离分子碰撞机会，但增加了在笼内近距离反应物分子的碰撞次数，溶液中的碰撞次数大致等于气体中的碰撞次数。上述 C_5H_6 二聚反应的动力学数据证明，同

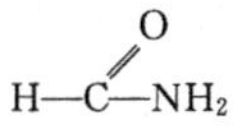

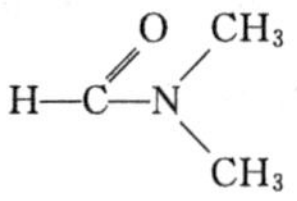

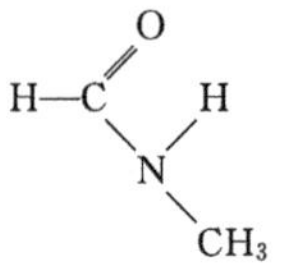

一非极性反应在气相中和在液相中有相同的速率常数 k，表明这个论点是符合事实的。虽然气体中和溶液中的碰撞次数是大致相同的，但是两者在概念上是完全不同的。溶液中的碰撞是以“遭遇”而论的。1961 年 Yon 和利维(Levy)用实验证实溶液中笼效应的存在。

3. 溶液中化学反应的步骤

一般说来，溶液中化学反应要经过以下步骤：①反应物分子 A 和 B 扩散到同一溶剂笼中形成遭遇对 A∶B；②A∶B 遭遇对发生反应变为产物，A∶B 也可能不发生反应而重新分离，遭遇对能维持一定时间，可把它当作一种暂态的中间物；③产物从笼中挤出。这样，A 和 B 的溶液化学反应可描述如下：

$$\mathrm{A}+\mathrm{B}\underset{k_{-\mathrm{D}}}{\overset{k_\mathrm{D}}{\rightleftharpoons}}\mathrm{A}:\mathrm{B}$$

$$\mathrm{A}:\mathrm{B}\xrightarrow{k_\mathrm{r}}\mathrm{P}$$

式中，k_D 是扩散过程的速率常数；$k_{-\mathrm{D}}$是遭遇对分离过程的速率常数；k_r 是遭遇对发生反应的速率常数。假设经过一定的时间，遭遇对浓度达到了稳态，则

$$\frac{\mathrm{d}[\mathrm{A}:\mathrm{B}]}{\mathrm{d}t}=k_\mathrm{D}[\mathrm{A}][\mathrm{B}]-k_{-\mathrm{D}}[\mathrm{A}:\mathrm{B}]-k_\mathrm{r}[\mathrm{A}:\mathrm{B}]=0$$

$$[\mathrm{A}:\mathrm{B}]=\frac{k_\mathrm{D}[\mathrm{A}][\mathrm{B}]}{k_{-\mathrm{D}}+k_\mathrm{r}}$$

反应速率是

$$r=k_\mathrm{r}[\mathrm{A}:\mathrm{B}]=\frac{k_\mathrm{r}k_\mathrm{D}}{k_{-\mathrm{D}}+k_\mathrm{r}}[\mathrm{A}][\mathrm{B}] \qquad (11\text{-}1)$$

则观测到的表观二级反应速率常数

$$k=\frac{k_\mathrm{D}k_\mathrm{r}}{k_{-\mathrm{D}}+k_\mathrm{r}} \qquad (11\text{-}2)$$

当 $k_\mathrm{r}\gg k_\mathrm{D}$，即化学反应很快时，一形成遭遇对立即发生反应。此时有 $k\approx k_\mathrm{D}$，反应速率方程为

$$r=k_\mathrm{D}[\mathrm{A}][\mathrm{B}]$$

在此情况下，称为扩散控制的反应。

当 $k_{-\mathrm{D}}\gg k_\mathrm{r}$，化学反应是较慢的，式(11-2)变为

$$k=\frac{k_\mathrm{D}k_\mathrm{r}}{k_{-\mathrm{D}}}=K_\mathrm{D}k_\mathrm{r}$$

式中，K_D 是遭遇对形成的平衡常数，遭遇对的平衡基本上不受化学反应的影响。总包反应速率取决于遭遇对的化学反应速率，称为活化控制的反应或动力学控制的反应。

*11.1.3　扩散控制反应

溶液中进行的一些快速反应，如离子间反应和自由基反应的扩散过程是速控步。溶液中的反应是在遭遇对之间进行的，受扩散控制的反应速率只与 A 和 B 通过溶剂扩散到一起的速率有关。A 和 B 遭遇后立即能发生的反应称为扩散控制反应，反应速率正比于每秒内 A 和 B 的遭遇数。可应用基元反应碰撞理论进行定量计算。下面分两种情况进行讨论：

前沿拓展：从溶剂笼到分子笼

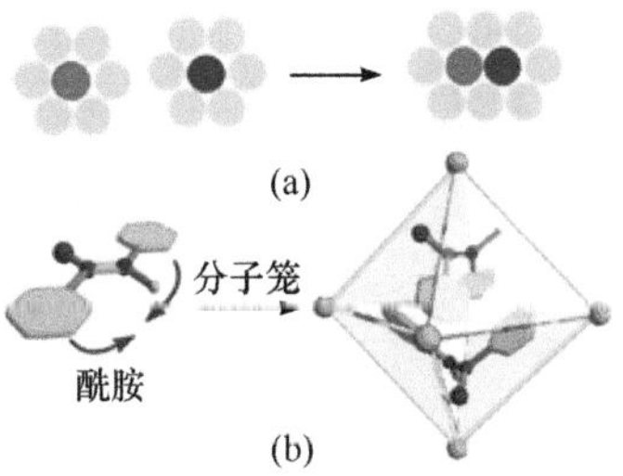

附图 11-1　柔性溶剂笼(a)与刚性分子笼(b)

在物理化学中，对溶液中的反应通常用笼效应来描述溶剂与反应物质间的关系。一般认为，溶质(反应物质)是被溶剂分子所构成的笼包围；溶剂笼是柔性的，其大小、形状取决于溶质分子；反应物分子会在出入溶剂笼的过程中遭遇、碰撞、发生反应[附图 11-1(a)]。随着合成技术的发展，人们合成出了以共价键、配位键连接的分子笼。相对于由范德华力所构筑的溶剂笼，分子笼表现出更高的刚性，因此其对化学反应可产生更为显著的影响[附图 11-1(b)；Nat Chem，2020，12(6)：574]。有别于传统催化剂的化学方式(与反应物、中间体等成键)，当化学反应在分子笼中进行时，分子笼可通过富集反应物、改变反应物构型、影响中间产物的结构以及限制产物尺寸等一系列物理方式对反应的速率、选择性产生影响[大学化学，2021，36(8)：2011027]。该领域的研究对于深入揭示化学反应机理、调控所进行的反应均具有重要意义。(阮文娟、李悦)

扫描右侧二维码观看视频

(1) A和B是两种不同的非离子型物质，即溶液中没有离子参加反应。1917年Smoluchouski根据菲克(Fick)第一扩散定律导出扩散控制的反应速率常数k_D的理论表达式

$$k_D = 4\pi L(r_A + r_B)(D_A + D_B) \tag{11-3}$$

式中，r_A和r_B分别是A、B的半径(为简单起见，将A和B视作球形分子)；D_A、D_B分别是A、B在溶剂中的扩散系数；L是阿伏伽德罗常量。再根据斯托克斯-爱因斯坦扩散系数方程

$$D = \frac{k_B T}{6\pi\eta r} \tag{11-4}$$

式中，η是溶剂黏度；r是溶质分子半径。将式(11-4)代入式(11-3)得

$$k_D = 4\pi L(r_A + r_B)\frac{k_B T}{6\pi\eta}\left(\frac{1}{r_A} + \frac{1}{r_B}\right) \tag{11-5}$$

当$r_A \approx r_B$时，式(11-5)变为

$$k_D = \frac{8RT}{3\eta} \tag{11-6}$$

在25℃时，对于水溶剂，$\eta=8.90\times10^{-4}\,\text{kg}\cdot\text{m}^{-1}\cdot\text{s}^{-1}$，代入式(11-5)可得当$A\neq B$时非离子型物质的扩散控制反应的$k_D\approx0.7\times10^{10}\,\text{dm}^3\cdot\text{mol}^{-1}\cdot\text{s}^{-1}$。

(2) 若溶液中反应有离子参加即A、B为离子时，扩散动力学就更为复杂，因为此时除浓度梯度外，还要考虑带电质点之间的吸引和排斥作用，这将会影响遭遇速率。1942年德拜导出在稀溶液中扩散控制的离子反应的k_D为

$$k_D = 4\pi L(D_A + D_B)(r_A + r_B)\frac{W}{e^W - 1} \tag{11-7}$$

$$W \equiv \frac{z_A z_B e^2}{4\pi\varepsilon_0 \varepsilon k_B T(r_A + r_B)}$$

式中，在W的定义式中用的单位是SI单位；ε是溶剂的介电常量；z_A和z_B分别是反应物种A和B的电荷数；k_B是玻尔兹曼常量；e是元电荷；ε_0是真空电容率($8.854\,19\times10^{12}\,\text{C}^2\cdot\text{N}^{-1}\cdot\text{m}^{-2}$)。$(r_A+r_B)=a$是德拜-休克尔极限公式中的平均离子直径，其值为3～8Å。将斯托克斯-爱因斯坦公式[式(11-4)]代入式(11-7)，并假设$r_A\approx r_B$，则

$$k_D = \frac{8RT}{3\eta}\frac{W}{e^W - 1} \tag{11-8}$$

对于25℃的水溶剂，异号离子间的$W/(e^W-1)$值为2～10，同号离子间的值为0.01～0.5，代入式(11-8)得k_D值$10^8\sim10^{11}\,\text{dm}^3\cdot\text{mol}^{-1}\cdot\text{s}^{-1}$。我们可以比较实测$k$和理论计算$k_D$，确定反应是否为扩散控制的。溶液中的许多快速反应的速率常数k已经用弛豫法测定过。H_3O^+与强碱(如OH^-、$C_2H_3O_2^-$等)的所有反应都是扩散控制反应。

反应$H_3O^+ + OH^- \longrightarrow 2H_2O$的$k=1.4\times10^{11}\,\text{m}^3\cdot\text{mol}^{-1}\cdot\text{s}^{-1}$(25℃)。如果$(r_A+r_B)$取为8Å，则利用式(11-7)在已知$D_A$和$D_B$情况下可得到一致的$k$值。$H_3O^+$和$OH^-$的半径远没有8Å，但是如果反应物质是$H_3O^+(H_2O)_3 = H_9O_4^+$和$OH^-(H_2O)_3 = H_7O_4^-$，则8Å的数值基本上是正确的。因为每个H原子可以与H_2O分子中的O原子形成氢键，所以H_3O^+与三个水分子溶剂化。在OH^-中有三对未共用电子对，所以可以与三个水分子形成氢键。$H_9O_4^+$和$H_7O_4^-$两种离子型物质已在质谱仪中检测到。质子从$H_9O_4^+$迁移到$H_7O_4^-$可能是在氢键中进行的。反应$H_3O^+ + OH^- \longrightarrow 2H_2O$是水溶液中已知最快的双分子反应，即使在冰中，此反应仍是迅速进行的。

扩散速率常数k_D是化学反应速率的极限(上限)，总包反应速率不可能超过扩散控制的速率。

由于溶剂黏度与温度的关系同样遵守类似阿伦尼乌斯公式，即

$$\eta = A\exp\frac{E_a}{RT} \tag{11-9}$$

式中，E_a是输运过程的活化能。于是对于非离子型物质扩散控制反应，有

$$k_D = \frac{8RT}{3A}\exp\frac{-E_a}{RT} \tag{11-10}$$

根据式(11-10)可计算当反应为扩散控制时的活化能。利用实验结果，计算所得扩散活化能对大多数有机溶剂约为 $10kJ \cdot mol^{-1}$，经验上可按溶剂气化热的 1/3 计算。对于 25℃ 水介质来说，$E_a \approx 18.8kJ \cdot mol^{-1}$。总之，低活化能是扩散控制反应的特点。

强烈搅拌反应溶液是消除扩散控制的有效方法。

11.1.4 活化控制反应

许多溶液中的反应是非扩散控制的，只有一小部分遭遇可以导致化学反应，称为化学控制反应(chemically controlled reaction)，或称活化控制反应，其速率取决于每个遭遇导致化学反应的概率。活化控制速率常数远远小于扩散控制速率常数。由于溶液中分子间的相互作用不能忽略不计，而且还相当强，因此不存在单个分子的配分函数，在应用过渡状态理论时，就不存在速率常数 k 的统计力学的简单表达式，只能应用过渡状态理论速率常数 k 的热力学表达式

$$k = \frac{k_B T}{h}(c^{\ominus})^{1-n} K_c^{\ominus\neq} \tag{11-11}$$

在溶液中常遇到的浓度范围内 $K_c^{\ominus\neq}$ 不是常数，$K_a^{\ominus\neq}$ 才是常数。对于溶液中的下列反应：

$$A + B \longrightarrow (AB)^{\neq} \longrightarrow P$$

$$K_a^{\ominus\neq} = \prod_B \left(\frac{\gamma_B c_B}{c^{\ominus}}\right)^{\nu_B} = \frac{\gamma^{\neq}}{\gamma_A \gamma_B} K_c^{\ominus\neq} = K_r^{\neq} K_c^{\ominus\neq} \tag{11-12}$$

$$K_c^{\ominus\neq} = \frac{K_a^{\ominus\neq}}{K_r^{\neq}} \tag{11-13}$$

将式(11-13)代入式(11-11)得

$$k = \frac{k_B T}{h}(c^{\ominus})^{1-n} \frac{K_a^{\ominus\neq}}{K_r^{\neq}} \tag{11-14}$$

根据 $\Delta^{\neq} G_{m,c}^{\ominus} = -RT\ln K_a^{\ominus\neq} = \Delta^{\neq} H_{m,c}^{\ominus} - T\Delta^{\neq} S_{m,c}^{\ominus}$，则有

$$k = \frac{k_B T}{hK_r^{\neq}}(c^{\ominus})^{1-n} \exp\frac{\Delta^{\neq} S_{m,c}^{\ominus}}{R} \exp\frac{-\Delta^{\neq} H_{m,c}^{\ominus}}{RT} \tag{11-15}$$

对溶液中反应，将式(10-53)

$$E_a = \Delta^{\neq} H_{m,c}^{\ominus} + RT$$

代入得

$$k = \frac{k_B T}{h} \frac{e}{K_r^{\neq}}(c^{\ominus})^{1-n} \exp\frac{\Delta^{\neq} S_{m,c}^{\ominus}}{R} \exp\frac{-E_a}{RT} \tag{11-16}$$

与

$$k = A\exp\frac{-E_a}{RT}$$

相比得

$$A = \frac{k_B T}{h} \frac{e}{K_r^{\neq}}(c^{\ominus})^{1-n} \exp\frac{\Delta^{\neq} S_{m,c}^{\ominus}}{R} = \frac{k_B T}{h} e (c^{\ominus})^{1-n} \frac{\gamma_A \gamma_B}{\gamma^{\neq}} \exp\frac{\Delta^{\neq} S_{m,c}^{\ominus}}{R} \tag{11-17}$$

对于溶液中的反应，常选取无限稀溶液为参考态。在无限稀溶液中，$\gamma^{\neq}=1$，$\gamma_A=1$，$\gamma_B=1$，则 $K_r^{\neq}=1$，式(11-14)变为

$$k^{\infty} = \frac{k_B T}{h}(c^{\ominus})^{1-n} K_a^{\ominus\neq} \tag{11-18}$$

与一般浓度溶液中 k 的表达式[式(11-14)]相比得

$$k = \frac{k^{\infty}}{K_{\mathrm{r}}^{\neq}} = k^{\infty}\frac{\gamma_{\mathrm{A}}\gamma_{\mathrm{B}}}{\gamma^{\neq}} \tag{11-19}$$

$$\lg\frac{k}{k^{\infty}} = \lg\gamma_{\mathrm{A}} + \lg\gamma_{\mathrm{B}} - \lg\gamma^{\neq} \tag{11-20}$$

作为参考态的反应速率常数可由实验测定。对于过渡态的活度系数 $\gamma^{\neq}$ 的定义与普通物种相同,但对一个反应有一个特定的过渡态,所以在一个反应中的 $\gamma^{\neq}$ 不能在另一个反应中应用,当然也不能用一般的方法来测定,它的值往往是通过与相同的分子比较而估计出来的。

知识点讲解视频

离子强度
对速率常数的影响
(朱志昂)

11.1.5 离子强度对速率常数的影响

设有双分子离子反应

$$A^{z_A} + B^{z_B} \longrightarrow \{(AB)^{z_A+z_B}\}^{\neq} \longrightarrow P$$

在稀溶液(离子强度 $I<0.01\mathrm{mol\cdot kg^{-1}}$)中,由德拜-休克尔公式

$$\lg\gamma_i = -Az_i^2\sqrt{I} \tag{11-21}$$

式中,A(不是指前因子)是与温度、溶剂有关的常数,对于水,25℃ 时 $A = 0.509(\mathrm{kg\cdot mol^{-1}})^{1/2}$;$I$ 是离子强度,$I = \frac{1}{2}\sum_{\mathrm{B}} m_{\mathrm{B}}z_{\mathrm{B}}^2$。将式(11-21)代入式(11-20)得

$$\lg\frac{k}{k^{\infty}} = -Az_{\mathrm{A}}^2\sqrt{I} - Az_{\mathrm{B}}^2\sqrt{I} + A(z_{\mathrm{A}}+z_{\mathrm{B}})^2\sqrt{I} = 2Az_{\mathrm{A}}z_{\mathrm{B}}\sqrt{I} \tag{11-22}$$

稀溶液中,离子强度对反应速率的影响称为原盐效应。从式(11-22)可看出 I 对 k 的具体影响:

(1) 当 z_{A} 与 z_{B} 同号时,$z_{\mathrm{A}}z_{\mathrm{B}}>0$,$\lg(k/k^{\infty})>0$,$k$ 随 I 增大而增大,称为正原盐效应。

(2) 当 z_{A} 与 z_{B} 异号时,$z_{\mathrm{A}}z_{\mathrm{B}}<0$,$\lg(k/k^{\infty})<0$,$k$ 随 I 增大而减小,称为负原盐效应。

(3) 当 z_{A} 与 z_{B} 其中之一为零时,即对有中性分子参加的反应物,$z_{\mathrm{A}}z_{\mathrm{B}}=0$,$\lg(k/k^{\infty})=0$,离子强度对反应无影响,即原盐效应等于零。

在较浓的溶液($I<0.1\mathrm{mol\cdot kg^{-1}}$)中,德拜-休克尔公式为

$$\lg\gamma_i = -Az_i^2\left(\frac{\sqrt{I}}{1+\sqrt{I}} - 0.30I\right) \tag{11-23}$$

将式(11-23)代入式(11-19)得

$$\lg\frac{k}{k^{\infty}} = 2Az_{\mathrm{A}}z_{\mathrm{B}}\left(\frac{\sqrt{I}}{1+\sqrt{I}} - 0.30I\right) \tag{11-24}$$

当产物与反应物所带的电荷不同时,则溶液中离子强度在反应进程中可以发生明显的变化,此时第(1)、(2)类型的反应其速率常数将随反应进程而变化。另外,需改变反应物浓度做多次实验时,每次实验离子强度不同也使 k 值不同。为了避免以上情况的出现,通常在反应体系中加入大量的惰性盐如 $NaClO_4$、KNO_3 等,以保持离子强度在反应进程中或在多次实验中基本恒定。所得表观速率常数与离子强度有关,故实验所得的动力学数据需注明加入什么惰性盐及在什么离子强度下获得的。对于未知反应机理的反应来说,研究

速率常数 k 随离子强度的变化可以确定 $z_A z_B$，为探讨反应机理提供有用的信息。

11.2　催化反应

11.2.1　催化作用和催化剂

当体系中加入少量反应物种以外的其他组分时，引起反应速率的显著改变，而这些外加物质在反应终了时，不因反应而改变其数量和化学性质，这类作用称为催化作用(catalysis)，而此种外加物质称为催化剂(catalyst)。1996 年 IUPAC 定义催化剂是一类增加反应速率但不改变反应总标准吉布斯自由能的物质，相关过程称为催化作用。催化剂既是反应的反应物也是反应的产物。这意味着催化剂参加反应，在反应过程中不断循环再生，但不改变反应总标准吉布斯自由能。根据 $\Delta_r G_m^{\ominus} = -RT\ln K^{\ominus}$，不改变 $\Delta_r G_m^{\ominus}$，即不改变平衡性质。国内也有学者将催化剂定义为可以改变反应途径，增加反应速率而不影响反应总的吉布斯自由能变化的物质。

催化剂可分为正催化剂和负催化剂，助催化剂和自身催化剂。正催化剂是指加入催化剂后使反应加快。负催化剂是指加入催化剂后使反应减慢。如少量外加物质使催化剂作用加强，而该外加物质单独存在(无催化剂)时不能加速反应，此外加物质称为助催化剂。自身催化剂是反应产物就是催化剂，称此为自催化作用。例如，高锰酸钾滴定乙二酸，最初几滴并不立即褪色，滴定至后阶段，褪色很快，这就是由于 Mn^{2+} 对 $KMnO_4$ 还原反应有催化作用。此外，能够减慢反应速率的物质称为抑制剂，有关过程称为抑制作用。抑制剂有时也称为“负催化剂”。然而，抑制剂会在反应过程中消耗，这与催化剂在反应中能够不断循环再生的本质不同，因此 IUPAC 在新定义中摒弃了“负催化剂”概念而使用抑制剂概念。德国人齐格勒(Ziegler)、意大利人纳塔(Natta)因发明齐格勒-纳塔催化剂，首次合成了定向有规高聚物而获得 1963 年诺贝尔化学奖。

催化反应可分为：①均相催化反应(homogeneous catalysis)，催化剂和反应物、产物均在同一相中，如酸碱催化、均相络合催化等；②非均相催化反应(heterogeneous catalysis)，又称复相催化反应或接触催化反应，反应发生在两相界面上，如气-固催化反应，催化剂为固相，反应物为气相，这部分内容将在第 13 章讨论；③酶催化反应(enzyme catalysis)，介于上述两者之间。

11.2.2　催化剂的基本特征

知识点讲解视频

催化剂的特征

(朱志昂)

(1) 催化剂参与催化反应，但与反应物之间不存在计量关系。在催化剂循环再生失活之前，催化剂的化学组成和数量不发生变化。

(2) 催化剂只能加速热力学所允许的反应而不能引起热力学所不允许的反应实现，即只能缩短达到平衡的时间，而不能改变平衡态。

(3) 催化剂不改变反应体系的始、末态，当然不会改变反应热。

(4) 催化剂的作用根本上是改变反应的途径，其宏观表现是活化能降低，导致反应速率增加。

(5) 催化剂活性。催化剂的活性是衡量催化剂效能的重要指标。催化剂活性可用催化反应速率表示,如果忽略非催化反应的速率,则催化反应的速率 r 可以定义为

$$r = \frac{1}{Q}\frac{\mathrm{d}\xi}{\mathrm{d}t} = \frac{1}{Q}\frac{1}{\nu_B}\frac{\mathrm{d}n_B}{\mathrm{d}t} = \frac{\dot{\xi}}{Q} \tag{11-25}$$

式中,Q 表示催化剂的数量。

如果 Q 用质量 m 来表示,则

$$r_m = \frac{\dot{\xi}}{m} \tag{11-26}$$

此时 r_m 称为比反应速率(specific rate of reaction),也称指定条件下催化剂的比活性(specific activity of the catalyst)。r_m 的 SI 单位为$\mathrm{mol \cdot kg^{-1} \cdot s^{-1}}$。

如果 Q 用体积 V 来表示,则

$$r_V = \frac{\dot{\xi}}{V} \tag{11-27}$$

式中,V 是催化剂的体积,它包括粒子之间的空间。此时 r_V 称为每单位体积催化剂的反应速率(rate of reaction per unit volume of catalyst)。r_V 的 SI 单位为$\mathrm{mol \cdot m^{-3} \cdot s^{-1}}$。

如果 Q 用面积 A 来表示,则

$$r_A = \frac{\dot{\xi}}{A} \tag{11-28}$$

式中,A 是催化剂的表面积。IUPAC 建议将 r_A 暂时称为表面反应速率(areal rate of reaction)。r_A 的 SI 单位为 $\mathrm{mol \cdot m^{-2} \cdot s^{-1}}$。

(6) 催化剂有特殊的选择性,某一类反应只能用某些催化剂来进行催化反应。用选择率 S 来定量描述催化剂的选择性。选择率 S 是表示在催化剂上的两个或者两个以上的竞争反应的相对速率。这种竞争反应包括不同反应物进行的联立反应,或者一种反应物参加到两个或两个以上的反应。对于后一种情况,选择率 S 可以用两种方法来定义。第一种方法是按式(11-29)对每一种产物规定一个分选择率(fractional selectivity)S_F。

$$S_F = \frac{\dot{\xi}_i}{\sum_i \dot{\xi}_i} \tag{11-29}$$

第二种方法是按式(11-30)对每一对产物规定一个相对选择率(relative selectivity)S_R。

$$S_R = \frac{\dot{\xi}_i}{\dot{\xi}_j} \tag{11-30}$$

按照上面的定义,S 是量纲为 1 的量。

(7) 在催化剂或反应体系内加入少量的杂质,常常可以强烈地影响催化剂的作用,这些杂质可以起助催化剂或毒物的作用。

在催化研究中,需要对催化剂的稳定性、活性等进行定量表示。因为催化反应是在催化剂中的活性中心(活性位点)上进行的,所以分析单位活性位点的催化性能更易于从分子水平了解催化反应的真实机理。下面介绍一些常用概念。

(1) 催化循环。催化循环是指催化剂分子(或活性位点)通过一组基元反应使反应物分子转化为产物分子,而自身又回到其原始状态的一系列反应形

成的闭合循环过程。

(2) 转换数(turnover number，TON)。转换数是指单位物质的量的催化剂(或活性位点)在失效前所能转化的底物的物质的量或生成的产物的物质的量，或理解为单个催化剂活性位点转化的反应物分子数。转换数表示单个活性位点平均能够完成的催化循环的次数，用于表征催化剂的稳定性(寿命)。从该定义可知，转换数是量纲为 1 的纯数。只有 TON＞1(通常需要大于 10)才能说明反应为催化反应(区别于计量反应)。

(3) 转换频率(turnover frequency，TOF)。转换频率是指单个催化剂分子(或活性位点)在单位时间内转化的底物分子数(或生成的产物分子数)的最大值。根据该定义，TOF＝TON/失活所需时间。TOF 的单位为时间$^{-1}$，它所表征的是催化剂的最佳效率。

要确定催化反应的 TON 和 TOF，就要确定催化剂具有的活性位点数以及催化循环进行的次数。在均相催化反应体系中，一般一个催化剂分子就是一个活性位点。在多相催化反应体系中，测量固体催化剂表面活性位点的数目是比较困难的。对于负载金属催化剂，一般以暴露的金属原子为活性中心，因此可使用化学吸附法测量暴露的金属面积，从而确定表面金属原子数。对于硅铝分子筛等固体酸(碱)催化剂，可使用液相滴定、气相吸附的方法确定酸(碱)中心的强度以及数量。对于氧化还原型的金属氧化物催化剂，反应往往在表面缺陷处进行，其活性位点数的测量还没有公认的可靠方法，但可使用某些模型反应测算。

实际工作中，在测定催化剂表面活性位点数之后，在催化剂失活前的一段时间内测量生成的产物的分子数，求算 TOF，再求 TON。实际上催化剂表面的活性随着时间是逐渐降低的，TOF 也是逐渐降低的。因此，TOF 与 TON 之间更为确切的关系为

$$\mathrm{TOF} \times t \geqslant \mathrm{TON}$$

式中，t 是催化剂失活所需要的时间。

中国科学院大连化学物理研究所包信和院士带领团队经过 20 余年探索，系统创建了具有普适性的“纳米限域催化”概念，打开了一扇认识催化过程、精准调控化学反应的大门。该成果荣获 2020 年度国家自然科学奖一等奖。包信和及其研究团队发现，将催化剂置于碳纳米管内，会使其表现出更好的活性和性能。进一步研究发现，除碳纳米管外，金属与氧化物界面形成的限域环境也能稳定配位不饱和金属活性中心。在此基础上，将催化反应限制在纳米尺度的孔道中，可大幅度提高化学反应的精准度和效率。目前，“纳米限域催化”概念已在多个重要催化体系中得到验证，为精准调控化学反应的性能和反应路径打下了基础，丰富和完善了催化基础理论，相关领域已成为当今催化基础研究和应用实践的热点之一。

11.2.3　均相酸碱催化

溶液中的反应普遍存在质子传递步骤，所以研究酸碱催化反应具有特别意义。以酸作为催化剂的溶液反应有蔗糖水解、乙烯水合为乙醇、缩醛水解、环氧乙烷水解为乙二醇、贝克曼(Beckmann)重排反应等。以碱为催化剂的例子有醇醛缩合、环氧丙烷水解为甘油等。同时受酸、碱催化的反应有乙醛水

合、$RCONH_2$(R 为烃基)和 RCN 的水解等。

1. 酸碱定义

按阿伦尼乌斯定义，在水溶液中产生 H^+ 或(H_3O^+)的物种称为酸，产生 OH^- 的物种称为碱。按布朗斯特广义酸碱定义，凡能给出质子的物质称为酸(HA)，如 NH_4^+；凡能接受质子的物质称为碱(A^-)，如 NH_3。按路易斯酸碱定义，凡能接受电子(或电子对)的物质称为酸，如 BF_3；凡能给出电子(或电子对)的物质称为碱，如吡啶等。

2. 氢离子与氢氧根离子催化

酸碱催化的实质是质子或电子的转移，一些有质子转移的反应如水合与脱水、酯化与水解、烷基化与脱烷基化等，一些有电子转移的反应如亲核或亲电取代反应等一般均可采用酸碱催化。酸与碱的关系可用下列化学方程式表示：

$$酸(\mathrm{I}) + 碱(\mathrm{II}) \longrightarrow 酸(\mathrm{II}) + 碱(\mathrm{I})$$

例如

$$CH_3COOH + H_2O \longrightarrow H_3O^+ + CH_3COO^-$$

$$NH_4^+ + H_2O \longrightarrow H_3O^+ + NH_3$$

$$H_2O + CN^- \longrightarrow HCN + OH^-$$

$$C_6H_5NH_3^+ + H_2O \longrightarrow H_3O^+ + C_6H_5NH_2$$

$$H_2O + H_2O \longrightarrow H_3O^+ + OH^-$$

可见同一种物质可以是酸，也可以是碱，这取决于与它作用的另一种物质。水在酸溶液中是碱，在碱溶液中是酸。一般地说，在广义酸的催化作用中，反应物是碱；在广义碱的催化作用中，反应物是酸。

在均相酸碱催化反应中，常引用赫茨菲尔德(Herzfeld)-莱德勒(Laidler)机理

$$S + C \underset{k_{-1}}{\overset{k_1}{\rightleftharpoons}} X + Y$$

$$X + W \xrightarrow{k_2} P + Z$$

式中，S 是底物(substrate)，即反应物；C 是催化剂；X 是中间物；P 是产物；Y 与 W 是其他组元，可以不存在；Z 可以是催化剂或不止一种组元。对不稳定中间物 X 可采用稳定态近似法或平衡态近似法处理，视具体反应而定。

例如，酯化反应用酸催化，其可能机理如下：

$$\underset{(S)}{CH_3OH} + \underset{(C)}{H^+} \underset{k_{-1}}{\overset{k_1}{\rightleftharpoons}} \underset{(X)}{CH_3OH_2^+}(质子化物)$$

$$\underset{(X)}{CH_3OH_2^+} + \underset{(W)}{CH_3COOH} \xrightarrow{k_2} \underset{(P)}{CH_3COOCH_3} + H_2O + \underset{(Z)}{H^+}$$

$$r_c(催化) = k_2[CH_3OH_2^+][CH_3COOH]$$

对质子化反应按平衡态近似处理

$$[CH_3OH_2^+] = \frac{k_1}{k_{-1}}[H^+][CH_3OH]$$

代入上式得

$$r_c(\text{催化}) = k_2 \frac{k_1}{k_{-1}}[H^+][CH_3OH][CH_3COOH]$$
$$= k_{H^+}[H^+][CH_3OH][CH_3COOH]$$

式中

$$k_{H^+} = k_2 \frac{k_1}{k_{-1}}$$

若同时考虑非催化反应

$$CH_3OH + CH_3COOH \xrightarrow{k_0} CH_3COOCH_3 + H_2O$$
$$r_0(\text{非催化}) = k_0[CH_2OH][CH_3COOH]$$

则总反应速率为

$$r = r_0 + r_c = (k_0 + k_{H^+}[H^+])[CH_3OH][CH_3COOH]$$
$$= k_{obs}[CH_3OH][CH_3COOH] \quad (11\text{-}31)$$

表观速率常数 k_{obs} 为

$$k_{obs} = k_0 + k_{H^+}[H^+] \quad (11\text{-}32)$$

以 k_{obs} 对 $[H^+]$ 作图为一直线，其斜率为 k_{H^+}，截距为 k_0。

在水溶液中进行的反应，若同时存在非催化反应、酸（H_3O^+）催化及碱（OH^-）催化反应时，则此反应的表观速率常数为

$$k_{obs} = k_0 + k_{H^+}[H^+] + k_{OH^-}[OH^-] = k_0 + k_{H^+}[H^+] + \frac{k_{OH^-}K_w}{[H^+]} \quad (11\text{-}33)$$

式中

$$K_w = [H^+][OH^-]$$

以 k_{obs} 对 $[H^+]$ 作图应为一上凹曲线，在最低点有

$$\frac{dk_{obs}}{d[H^+]} = k_{H^+} - \frac{k_{OH^-}K_w}{[H^+]^2} = 0$$

$$[H^+]_{min} = \left(\frac{k_{OH^-}K_w}{k_{H^+}}\right)^{1/2}$$

$$(k_{obs})_{min} = k_0 + 2(k_{H^+}k_{OH^-}K_w)^{1/2} \quad (11\text{-}34)$$

当只有非催化反应时，$k_{obs} = k_0$，$\lg k_{obs} = \lg k_0$；

当以 H_3O^+ 催化为主时，$k_{obs} = k_{H^+}[H^+]$，$\lg k_{obs} = \lg k_{H^+} - pH$；

当以 OH^- 催化为主时，$k_{obs} = k_{OH^-}K_w/[H^+]$，$\lg k_{obs} = \lg(k_{OH^-}K_w) + pH$。

可看出，H_3O^+ 催化和 OH^- 催化反应的 $\lg k_{obs}$ 与 pH 之间存在线性关系。

3. 布朗斯特酸碱催化

除 H_3O^+、OH^- 起到酸碱催化作用外，布朗斯特广义的酸或碱同样能起催化作用。例如，硝胺的分解反应

$$H_2NNO_2 \longrightarrow H_2O + N_2O$$

当加入苯甲酸或苯甲酸钠盐的缓冲溶液时，虽然其中 H_3O^+ 与 OH^- 浓度变化不大，但反应的 k_{obs} 及苯甲酸钠盐浓度有明显变化，这是由于 $C_6H_5COO^-$ 为广义碱，起催化作用。

酸碱催化反应速率常数的测定一般是在保持离子强度不变的条件下，使反应在具有不同 pH 的一系列缓冲溶液中进行。因为作为催化剂的酸（或碱）

存在解离平衡：$HA \rightleftharpoons H^+ + A^-$，$H_2O \rightleftharpoons H^+ + OH^-$，所以溶液中$[H^+]$、$[OH^-]$、$[HA]$及$[A^-]$之间保持一定的关系。正因为这种解离平衡关系的存在，所以可以把酸碱催化反应速率常数与酸(或碱)解离平衡常数关联起来。早在19世纪20年代，布朗斯特从大量实验总结出，对于一给定反应，在以不同酸(或碱)作用下，其催化反应速率常数(比催化活性)k_a(或k_b)的对数与酸(或碱)的解离平衡常数K_a(或K_b)的对数之间存在线性关系。a代表广义酸，b代表广义碱。

$$\lg k_a = \alpha_a - \beta_a \lg K_a \qquad \lg k_a = \alpha_a + \beta_a \mathrm{p}K_a \tag{11-35}$$

$$\lg k_b = \alpha_b - \beta_b \lg K_b \qquad \lg k_b = \alpha_b + \beta_b \mathrm{p}K_b \tag{11-36}$$

式中，α_a、α_b、β_a、β_b是由反应的本性决定而与催化剂的选择无关的常数。这一关系称为布朗斯特关系，或称布朗斯特均相酸催化定律。

*11.2.4 哈米特方程

哈米特(Hammett)对1924年布朗斯特和佩德森(Pedersen)发表的关于均相酸碱催化的论文很感兴趣，在大量实验数据总结的基础上，于1935年提出取代基对苯衍生物反应的速率常数k和平衡常数K的影响存在以下经验关系式：

$$\lg k = \lg k_0 + \rho\sigma$$

$$\lg K = \lg K_0 + \rho\sigma$$

式中，k_0和K_0分别是未取代的反应物的速率常数和平衡常数；取代常数σ是测量基团在苯环的对位或间位上取代H的极性(电子)效应，其值与反应的性质无关，一般可从文献查到。上述两式就是人们熟悉的哈米特方程。哈米特选择苯甲酸在25℃时在水溶液中的解离反应为标准，在此条件下令$\rho=1.00$，对某一取代基的σ值则定义为$\lg(K/K_0)$，K是取代苯甲酸的解离常数，K_0是苯甲酸的解离常数。而反应常数ρ则与反应的性质(包括溶剂、温度因素等)有关，其值是测量反应对极性效应的敏感度。

在哈米特的原始工作之后最重要的贡献是1953年塔夫(Taffe)的总结性论文，他引入统计力学方法并收集了200多个反应系列的实验数据。他认为σ值包含诱导效应和共轭效应[有些作者称为中介效应(meso-meric effect)或共振效应(resonance effect)]，二者可以定量地加以分开，并提出以下关系式：

$$\sigma_m = \sigma_I + \alpha\sigma_R$$

$$\sigma_p = \sigma_I + \sigma_R$$

σ_I表示诱导效应，而共轭效应σ_R在间位取代却有不同，多一项α值，称为接替系数(relay coefficient)，塔夫方程可以用下式表示：

$$\lg(k/k_0) = \rho_I\sigma_I + \rho_R\sigma_R$$

这个方程可以应用于脂肪族和脂环族化合物的取代反应，文献上已列出一些常用的σ_I和σ_R值。

知识点讲解视频

直线自由能关系

(朱志昂)

11.2.5 直线自由能关系

根据过渡状态理论

$$k = \frac{k_B T}{h}(c^\ominus)^{1-n}\exp\frac{-\Delta^{\neq} G_{m,c}^\ominus}{RT}$$

则有

$$\ln k \propto -\Delta^{\neq} G_{m,c}^\ominus$$

根据热力学关系

$$\ln K_c^\ominus = -\frac{\Delta_r G_{m,c}^\ominus}{RT}$$

这样可将布朗斯特关系表示为

$$\Delta^{\neq} G^{\ominus}_{m,c} = \alpha' + \beta' \Delta_r G^{\ominus}_{m,c} \tag{11-37}$$

式(11-37)表明酸(或碱)催化反应的活化吉布斯自由能 $\Delta^{\neq} G^{\ominus}_{m,c}$ 与相应酸(或碱)在水中解离的标准吉布斯自由能 $\Delta_r G^{\ominus}_{m,c}$ 之间存在线性关系，这种线性关系称为直线自由能关系(linear free energy relationship)，这种关系有其更广泛的意义，布朗斯特关系仅是直线自由能关系的一种特例。我国化学家陈荣悌教授在这方面进行了长期的有创造性的工作。早在 20 世纪 50 年代初，陈荣悌教授就认为配位化学领域也应存在直线自由能关系。经过总结大量的文献资料中实验数据，他推导出配合物的稳定性与配体的酸碱强度之间存在直线自由能关系的定量关系式，并从理论上预测配合物的生成焓与配体的质子化焓(或中和热)之间也应存在线性关系，即直线焓关系(linear enthalpy relationship)。经过多年的实验结果，证明配位化学中确实存在直线焓关系，而且相当普遍。根据热力学第二定律，一个体系如果存在直线自由能关系和直线焓关系，也应存在直线熵关系(linear entropy relationship)。这一线性关系被许多实验所证实。因此，可以将直线自由能关系、直线焓关系和直线熵关系三者归纳为线性热力学函数关系(linear thermodynamic function relationship)。此外，由于反应的焓变 ΔH 和熵变 ΔS 之间是相互补偿的能量参数，故 ΔH 和 ΔS 之间的线性关系也曾称为反应的补偿定律(law of compensation)或补偿效应(compensation effect)。更普遍的名词为等动力学关系(isokinetic relationship)。这种线性关系也应包括在线性热力学函数关系之内，因而可将所有热力学函数之间的线性关系总称为线性热力学函数关系。这些线性关系和所有能量之间的线性关系均称为相关分析(correlation analysis)。

11.2.6　络合催化

络合催化的含义是泛指在反应过程中，催化剂与反应基团直接构成配键，形成中间络合物，使反应基团活化(所以又称为配位催化)。如果反应基团与催化剂无络合能力，或不直接参与配键的形成，则催化剂的作用就不属于络合机理的范畴。络合催化包括均相络合催化和以固体物质为催化剂的多相络合催化。

溶液中的催化，近几十年来有较大发展的是均相络合催化。由于这种催化具有速率高、选择性好等优点，目前已在聚合、氧化、还原、异构化、环化、羟基化等反应中得到广泛应用。利用过渡金属元素的络合物作催化剂，近年来有了很大的发展。例如，乙烯在 $PdCl_2$ 和 $CuCl_2$ 水溶液中氧化为乙醛已经实现了工业化。主要反应为

$$C_2H_4 + PdCl_2 + H_2O \longrightarrow CH_3CHO + Pd + 2HCl \tag{i}$$

然后 $CuCl_2$ 将 Pd 氧化为 $PdCl_2$，而生成的 CuCl 可以较快地被氧化为 $CuCl_2$，即

$$2CuCl_2 + Pd \longrightarrow 2CuCl + PdCl_2 \tag{ii}$$

$$2CuCl + 2HCl + \frac{1}{2}O_2 \longrightarrow 2CuCl_2 + H_2O \tag{iii}$$

总反应式为

$$C_2H_4 + \frac{1}{2}O_2 \longrightarrow CH_3CHO$$

当溶液中 H_3O^+ 和 Cl^- 的浓度适中时,测得该反应的动力学方程为

$$r = k_{obs} \frac{[PdCl_4^{2-}][C_2H_4]}{[H_3O^+][Cl^-]^2} \tag{11-38}$$

反应(i)的络合催化机理可能是,$PdCl_2$ 在盐酸溶液中以络离子 $[PdCl_4]^{2-}$ 存在,即

$$PdCl_2 + 2Cl^- \longrightarrow \begin{bmatrix} & Cl & \\ & | & \\ Cl\!-\!&Pd&\!-\!Cl \\ & | & \\ & Cl & \end{bmatrix}^{2-}$$

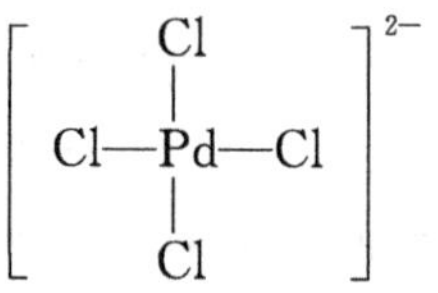

它能强烈地吸引乙烯生成 $[C_2H_4PdCl_3]^-$,反应为

$$[PdCl_4]^{2-} + C_2H_4 \underset{K_1}{\rightleftharpoons} [C_2H_4PdCl_3]^- + Cl^- \tag{1}$$

然后络离子与水作用,发生配位基的置换,即

$$[C_2H_4PdCl_3]^- + H_2O \underset{K_2}{\rightleftharpoons} [PdCl_2(H_2O)C_2H_4] + Cl^- \tag{2}$$

$$[PdCl_2(H_2O)C_2H_4] + H_2O \underset{K_3}{\rightleftharpoons} [PdCl_2(OH)C_2H_4]^- + H_3O^+ \tag{3}$$

最后经过络离子内部重排,生成乙醛

$$[PdCl_2(OH)C_2H_4]^- \xrightarrow[k]{慢} Cl\!-\!Pd\!-\!CH_2\!-\!CH_2\!-\!OH + Cl^- \tag{4}$$

$$Cl\!-\!Pd\!-\!CH_2\!-\!CH_2\!-\!OH \xrightarrow{快} HCl + Pd + CH_3CHO \tag{5}$$

反应(1)~(3)都是对峙反应,接近平衡,因此整个反应由最慢的反应(4)控制,由平衡态近似法可以推导出动力学方程为

$$r = kK_1K_2K_3 \frac{[PdCl_4^{2-}][C_2H_4]}{[H_3O^+][Cl^-]^2} \tag{11-39}$$

与实验的动力学方程式(11-38)一致。但是几个反应中间物未能直接检验出来,只是在无水的条件下制得了二聚物 $[C_2H_3PdCl_4]_2$,研究了它的性质和结构,发现它遇水能很快生成乙醛。

在络合催化过程中,或者催化剂本身是络合物,或者是反应机理中催化剂与反应物生成络合物。因此,在研究此类催化反应时,除了用前面介绍过的催化作用基本规律外,还需应用络合物化学的理论和方法。

知识点讲解视频

酶催化反应
(朱志昂)

11.2.7 酶催化

在生物体中发生的化学反应大多能被称为酶(enzyme)的分子所催化。酶是一种蛋白质分子,其相对分子质量为 $10^4 \sim 10^6$。酶的催化作用是有选择性的,一种酶只能使特定的反应物转化成特定的产物,另一种酶只能催化某一类反应(如酯水解)。酶能在很大程度上降低反应活化能。如果没有酶的存在,则许多生化反应的速率可小到忽略不计的程度。被酶作用的分子称为底物。底物与酶上的特定活性中心结合,形成酶-底物络合物。底物与酶结合后转化为产物,然后从酶上释放出。某些生理毒物与酶的活性中心结合后

抑制酶的作用。抑制剂的结构与酶底物的结构相似，如氰化物抑制细胞色素氧化酶。

酶催化的机理可有许多种，我们只考虑其中最简单的一种机理，即

$$E + S \underset{k_{-1}}{\overset{k_1}{\rightleftharpoons}} ES \underset{k_{-2}}{\overset{k_2}{\rightleftharpoons}} E + P$$

式中，E 是(自由)酶；S 是底物；ES 是酶-底物络合物；P 是产物。总反应是 $S \longrightarrow P$。酶在第 1 步中消耗，但在第 2 步中再生。

在大多数酶反应动力学的实验研究中，酶的浓度比底物浓度小很多：$[E] \ll [S]$，因此$[ES] \ll [S]$，可以采用稳定态近似法处理 ES。

$$\frac{d[ES]}{dt} = 0 = k_1[E][S] - k_{-1}[ES] - k_2[ES] + k_{-2}[E][P]$$

如果$[E]_0$ 是酶的起始浓度，则$[E]_0 = [E] + [ES]$。因为反应过程中酶的浓度$[E]$一般不知道，而$[E]_0$ 却是已知的，所以用$[E]_0 - [ES]$代替$[E]$。

$$0 = ([E]_0 - [ES])(k_1[S] + k_{-2}[P]) - (k_{-1} + k_2)[ES]$$

$$[ES] = \frac{k_1[S] + k_{-2}[P]}{k_{-1} + k_2 + k_1[S] + k_{-2}[P]}[E]_0 \tag{11-40}$$

$$r = -\frac{d[S]}{dt} = k_1[E][S] - k_{-1}[ES]$$

$$= k_1([E]_0 - [ES])[S] - k_{-1}[ES]$$

$$= k_1[E]_0[S] - (k_1[S] + k_{-1})[ES] \tag{11-41}$$

因为中间物 ES 的浓度很小，所以$-\frac{d[S]}{dt} = \frac{d[P]}{dt}$。

将式(11-40)代入式(11-41)可得

$$r = \frac{k_1 k_2[S] - k_{-1}k_{-2}[P]}{k_1[S] + k_{-2}[P] + k_{-1} + k_2}[E]_0$$

通常反应完成的百分数较低，且取决于反应的起始速率。令$[P]=0$，$[S] = [S]_0$，则反应的起始速率 r_0 为

$$r_0 = \frac{k_1 k_2 [S]_0 [E]_0}{k_1[S]_0 + k_{-1} + k_2} = \frac{k_2[E]_0[S]_0}{K_M + [S]_0} \tag{11-42}$$

式中，$K_M \equiv \frac{k_{-1} + k_2}{k_1}$，称为米凯利斯(Michaelis)常量($K_M$ 不是平衡常数)，简称米氏常量。式(11-42)的倒数是

$$\frac{1}{r_0} = \frac{K_M}{k_2[E]_0}\frac{1}{[S]_0} + \frac{1}{k_2[E]_0} \tag{11-43}$$

式(11-42)称为米凯利斯-门藤(Menten)公式，式(11-43)称为莱恩威弗(Lineweaver)-伯克(Burk)公式。保持$[E]_0$ 不变，测定几个$[S]_0$ 的 r_0 值，以$\frac{1}{r_0}$对$\frac{1}{[S]_0}$作图，应得一条直线，从直线的斜率和截距可求出 k_2 和 K_M(因为$[E]_0$ 是已知的)。严格地说，r_0 不是 $t=0$ 时的速率，因为在稳态条件建立前有一个很短促的诱导期，但是诱导期一般很短，不易检测出。

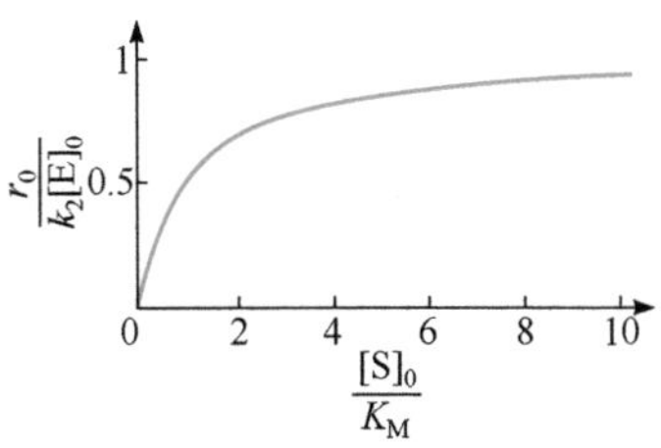

图 11-1 米凯利斯-门藤机理的$\frac{r_0}{k_2[E]_0}$-$\frac{[S]_0}{K_M}$图

在$[E]_0$ 恒定情况下，以 r_0 对$[S]_0$ 作图(图 11-1)。在底物浓度很高的极限情况下，事实上所有酶都变成 ES 络合物，反应速率变为最大，与底物浓度无关。由式(11-42)可知，当$[S]_0 \gg K_M$ 时，$r_m = k_2[E]_0$，r_m 是最大反应速率。在低底物浓度情况下，由式(11-42)得

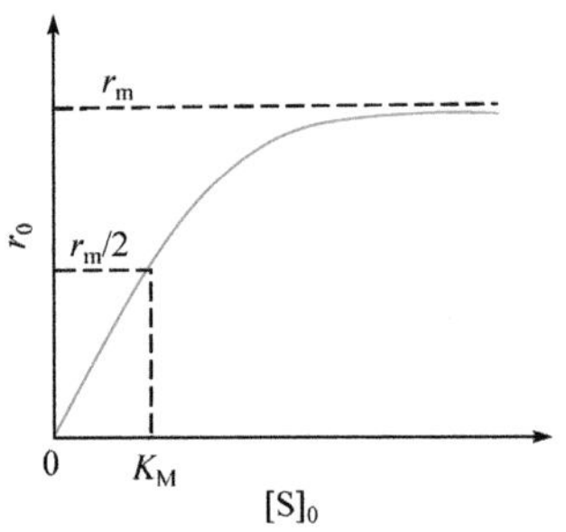

图 11-2　K_M 值

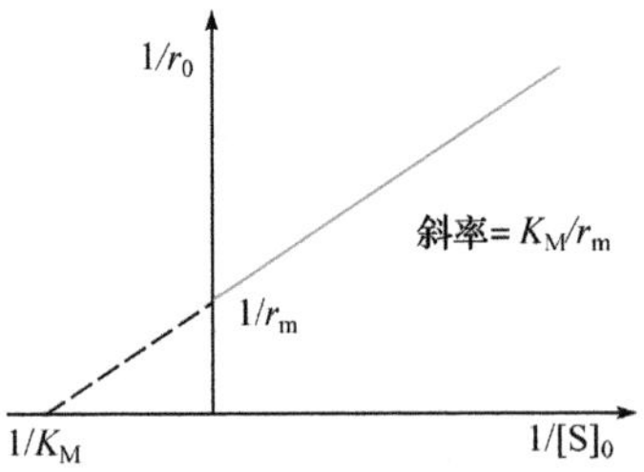

图 11-3　K_M 值的求算

$$r_0 = \left(\frac{k_2}{K_M}\right)[E]_0[S]_0$$

反应是二级反应。由式(11-42)知,在$[E]_0 \ll [S]_0$ 情况下,r_0 总是正比于$[E]_0$,所以稳态条件成立。K_M 的量纲是浓度,当 $K_M = [S]_0$ 时,则 $r_0 = \frac{1}{2} r_m$,即米氏常量 K_M 等于反应速率达到最大反应速率的一半时的底物浓度,如图 11-2 所示。式(11-43)可写成下列形式:

$$\frac{1}{r_0} = \frac{K_M}{r_m}\frac{1}{[S]_0} + \frac{1}{r_m} \tag{11-44}$$

在$[E]_0$ 恒定情况下,以$\frac{1}{r_0}$对$\frac{1}{[S]_0}$作图应得一条直线,直线外推至横坐标轴$\left(\frac{1}{r_0}=0 \text{ 处}\right)$上,可得 K_M 值,如图 11-3 所示。

$\frac{r_m}{[E]_0}$称为酶变率(turnover frequency of the enzyme)。酶变率是单位时间内 1mol 酶所形成产物的最大物质的量,也是单位时间内一个酶分子所形成产物的最多分子数。根据所设想的上述最简单酶反应机理,酶变率等于 k_2。酶变率一般为 $10^{-2} \sim 10^6 \text{s}^{-1}$,通常为 10^3s^{-1}。一个碳酸酐酶分子能每秒脱水 600 000 个 H_2CO_3 分子(从肺毛细管中排泄出 CO_2 时,$H_2CO_3 \rightleftharpoons H_2O + CO_2$的平衡是很重要的)。

例 11-1　苯酯基甘氨酰-L-色氨酸被胰肽酶的催化水解按下列反应进行:

$$\text{苯酯基甘氨酰-L-色氨酸} + H_2O \longrightarrow \text{苯酯基甘氨酸} + \text{L-色氨酸}$$

25℃时 pH=7.5 的色氨酸的生成速率数据如下:

$[S]_0/(\text{mmol} \cdot \text{dm}^{-3})$	2.5	5.0	10.0	15.0	20.0
$r_0/(\text{mmol} \cdot \text{dm}^{-3} \cdot \text{s}^{-1})$	0.024	0.036	0.053	0.060	0.064

根据莱恩威弗-伯克公式作图,试求 K_M 和 r_m 值。

解　为了作图,将原始数据变成以下所列形式:

$[S]_0/(\text{mmol} \cdot \text{dm}^{-3})$	2.5	5.0	10.0	15.0	20.0
$\frac{1}{r_0}/(\text{mmol}^{-1} \cdot \text{dm}^{-3} \cdot \text{s})$	41.7	27.8	18.9	16.7	15.6
$\frac{1}{[S]_0}/(\text{mol}^{-1} \cdot \text{dm}^3)$	400	200	100	66.7	50

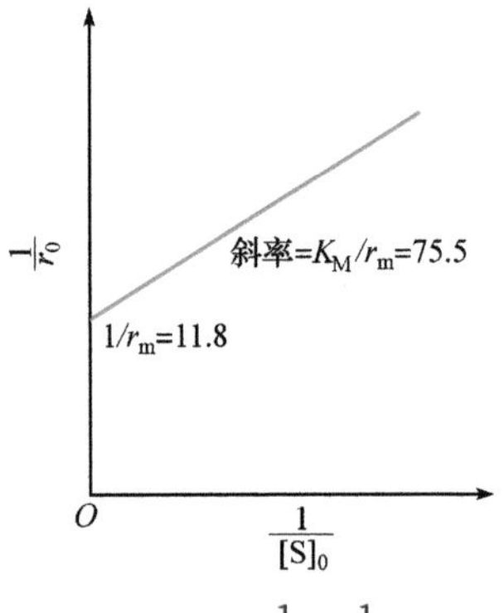

图 11-4　$\frac{1}{r_0}$-$\frac{1}{[S]_0}$图

以$\frac{1}{r_0}$对$\frac{1}{[S]_0}$作图,得如图 11-4 所示的直线,由直线的斜率和截距可求出 $K_M = 6.39\text{mmol} \cdot \text{dm}^{-3}$,$r_m = 0.0847\text{mmol} \cdot \text{dm}^{-3} \cdot \text{s}^{-1}$。

研究酶的抑制机理对于了解生理过程和药物作用有重要的意义。抑制作用有许多种,其中之一称为竞争性抑制。竞争性抑制剂与底物分子在结构上很相似,它也可以占据酶上的活性中心,但是几乎不发生化学反应,却与底物发生了竞争占据酶上的活性中心。以 I 代表抑制剂,则反应机理可写成

$$E + S \underset{k_{-1}}{\overset{k_1}{\rightleftharpoons}} ES \underset{k_{-2}}{\overset{k_2}{\rightleftharpoons}} E + P$$

$$E + I \underset{k_{-3}}{\overset{k_3}{\rightleftharpoons}} EI$$

$$[E]_0 = [E] + [ES] + [EI]$$

令

$$K_M = \frac{[E][S]}{[ES]} \qquad K_I = \frac{[E][I]}{[EI]}$$

$$[E]_0 = \frac{K_M[ES]}{[S]} + [ES] + \frac{[E][I]}{K_I} = \frac{K_M[ES]}{[S]} + [ES] + \frac{K_M[I]}{K_I[S]}[ES]$$

$$[ES] = \frac{[E]_0}{\dfrac{K_M}{[S]} + 1 + \dfrac{K_M[I]}{K_I[S]}}$$

$$r = k_2[ES] = \frac{k_2[E]_0}{\dfrac{K_M}{[S]} + 1 + \dfrac{K_M[I]}{K_I[S]}} \qquad (11\text{-}45)$$

当 [S] 很大时，$r_m = k_2[E]_0 \left(\text{因为} \dfrac{K_M}{[S]} \ll 1, \dfrac{K_M[I]}{K_I[S]} \ll 1\right)$，这与没有抑制剂的情况相同。式 (11-45) 也可写成

$$r = \frac{r_m[S]}{[S] + K_M\left(1 + \dfrac{[I]}{K_I}\right)} \qquad (11\text{-}46)$$

或

$$\frac{1}{r} = \frac{K_M}{r_m}\left(1 + \frac{[I]}{K_I}\right)\frac{1}{[S]} + \frac{1}{r_m} \qquad (11\text{-}47)$$

以 $\dfrac{1}{r}$ 对 $\dfrac{1}{[S]}$ 作图，所得直线的截距与没有抑制剂的情况相同，但其斜率却不同 [式 (11-44)]。图 11-5 表示竞争性抑制剂对 r 和 K_M 的影响。比较式 (11-44) 和式 (11-47) 可得

$$K'_M = K_M\left(1 + \frac{[I]}{K_I}\right) \qquad (11\text{-}48)$$

式中，K'_M 和 K_M 分别代表有和没有抑制剂时的米氏常量。

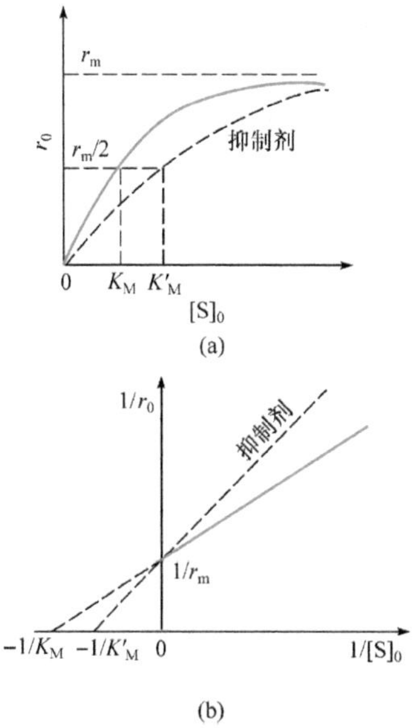

图 11-5　竞争性抑制剂对 r 和 K_M 的影响

竞争性抑制作用的经典例子是琥珀酸脱氢酶的情况。这种酶的正常底物是琥珀酸，酶催化氧化成富马酸

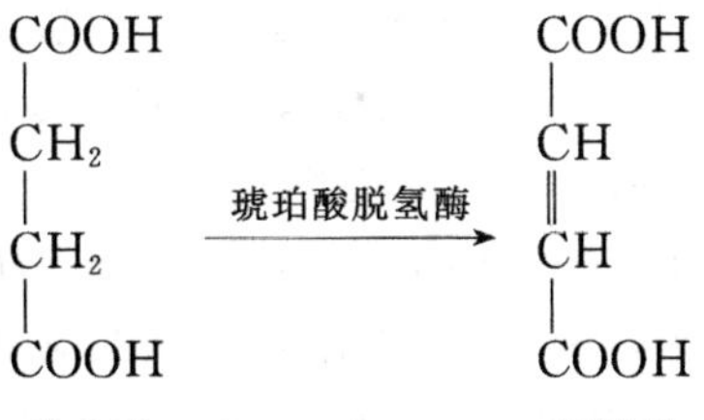

丙二酸的结构为

$$\begin{array}{c} \text{COOH} \\ | \\ \text{CH}_2 \\ | \\ \text{COOH} \end{array}$$

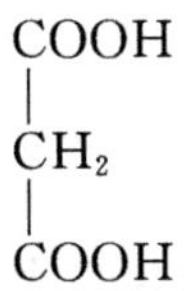

它是琥珀酸脱氢酶的竞争性抑制剂。琥珀酸与丙二酸之间只差一个 CH_2 基，彼此分子结构相似。因为丙二酸分子没有氧化型，所以它不能作为另一种底物。丙二酸盐的 $K_I = 1 \times 10^{-5}$，这意味着丙二酸盐的浓度为 1×10^{-5} mol·dm^{-3} 就能使琥珀酸脱氢酶的活性降低一半（$K'_M = 2K_M$）。

竞争性抑制作用是可逆的,稀释抑制剂或加入过量底物可以防止抑制作用发生。另一种抑制作用是非竞争性抑制,它是不可逆的,加入大量底物不能防止抑制作用发生。最简单的非竞争性抑制作用是 r_m 降低,K_M 不变的情况,如图 11-6 所示。也有 r_m 和 K_M 同时受影响的非竞争性抑制作用。

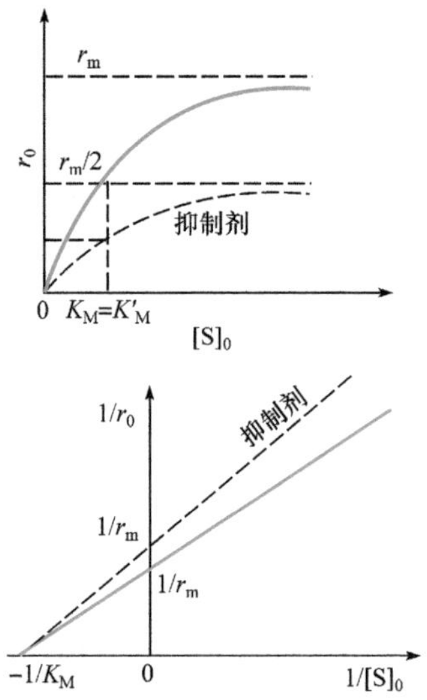

图 11-6 非竞争性抑制剂对 r 和 K_M 的影响

*11.2.8 不对称催化

一个化合物的分子与其镜像不能互相叠合,必然存在一个与镜像相应的化合物,这两个化合物之间的关系相当于右手与左手,即互相对映,这种异构体称为对映异构体。左旋或右旋的异构体称为手性化合物。等量的左旋体和右旋体的混合物称为外消旋体。一对纯的光学活性的对映体,其物理性质相同,但旋光方向和生理作用有很大差别。例如,在有些药物成分里只有一种对映体有治疗作用,而另一种对映体没有药效甚至有毒副作用。*S*,*S* 构型的乙醇丁胺是抗结核的良药,而其对映体 *R*,*R* 构型却可导致失明。另一个有名的例子是"畸形胎儿悲剧"。1959～1963 年,世界范围内由于孕妇服用"反应停"(消除妊娠反应)而诞生了 12 000 多名畸形婴儿。化学家对此进行深入研究后发现:市场上销售的反应停为外消旋体,其中起镇静作用的是 *R* 构型的对映体,而 *S* 构型的对映体则是此悲剧的罪魁祸首。为此人们希望得到单一构型的异构体。

通常化学合成得到的是外消旋体,要通过拆分才能得到光学纯品,这样成本既高又容易污染环境。不对称催化(asymmetric catalysis)是指使用一种对映体试剂或手性催化剂,把外消旋分子的左右旋体分开,得到所需要的一种对映体,又称为不对称合成。这是化学合成方法的一大突破。手性催化剂有含旋光性配体如磷、碳等的过渡金属络合物、手性金属卟啉、手性聚合物、生物酶等。

瑞典皇家科学院将 2001 年诺贝尔化学奖授予在不对称催化反应领域做出突出贡献的三位科学家:美国孟山都公司的研究人员诺尔斯博士、日本名古屋大学的野依良治教授和美国斯克利普斯研究所的沙普利斯教授。其中,诺尔斯与野依良治由于在不对称催化氢化反应领域的杰出成就而获得总奖金的一半,沙普利斯由于在不对称催化氧化反应领域的出色工作而独享总奖金的另一半。

1. 不对称催化氢化反应的"拓荒者"——诺尔斯

诺尔斯于 1917 年出生于美国,1942 年获得美国哥伦比亚大学博士学位。1966 年,威尔金森等发现了可用于均相催化氢化的威尔金森催化剂——三(三苯基膦)氯化铑。1968 年,当时在孟山都公司(圣路易斯)工作的诺尔斯用(−)-甲基正丙基苯基膦替代威尔金森催化剂中的三苯基膦,催化氢化 α-苯基丙烯酸,得到一种对映体过量 15% 的氢化产物。虽然对映体过量相对于目前水平还较低,但却是突破性的进展。

在提高催化剂的催化效率的过程中,诺尔斯采用$[Rh(R,R)\text{-DiPAMP}]COD^+BF_4^-$为催化剂,从非手性的烯胺出发,经过一步不对称催化氢化反应和一步简单的酸性水解反应得到 L-Dopa (治疗帕金森综合征的有效药物),如图 11-7 所示,从而解决了工业上制备 L-Dopa 的关键步骤。此合成路线于 1974 年投入生产,这是第一个通过不对称催化反应合成的商品药物。

2. 不对称催化氢化反应的另一位开拓者——野依良治

野依良治于 1938 年出生于日本神户,1967 年取得日本京都大学博士学位。1980 年,他与合作者发现一种手性双膦配体——BINAP(图 11-8),其中任何一个对映体与铑的配合物比其他不对称催化氢化反应的催化剂具有更强的活性。他最大的贡献是将 BINAP-Ru(Ⅱ)配合物引入不对称催化氢化反应。这些手性钌配合物可用于立体选择性地催化氢化一系列不饱和羧酸。其立体选择性要比铑催化剂高得多。另外,含卤素的 BINAP-

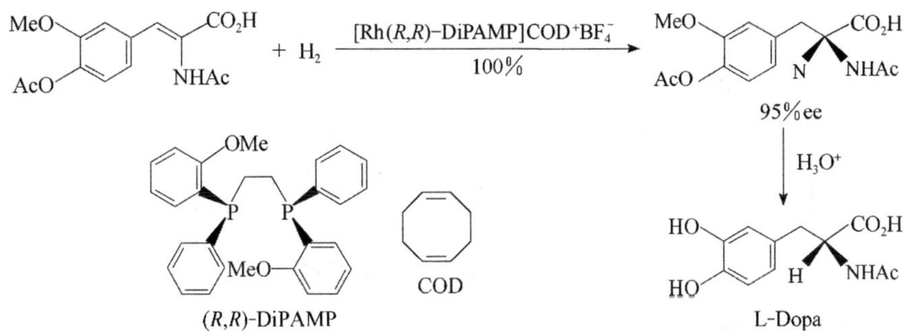

图 11-7 孟山都公司生产 L-Dopa 路线中的关键步骤

Ru(Ⅱ)配合物催化剂能够高立体选择性地催化氢化酮羰基，而其他官能团保持不变。例如，BINAP-Ru(Ⅱ)配合物催化剂催化氢化 β-酮酸酯可以得到光学纯的 β-羟基羧酸酯(对映体过量达到 100%)，其结果甚至优于许多生物催化剂。由于此系列催化剂具有高效性，在一些反应中可以达到1∶10^6的效率，使得反应过程更经济，同时也大大减少了有害废弃物的产生，有利于环境保护。从 20 世纪 80 年代初期开始，日本高砂公司就利用此系列催化剂生产 L-薄荷醇。目前高砂公司的薄荷醇产量居世界之冠。

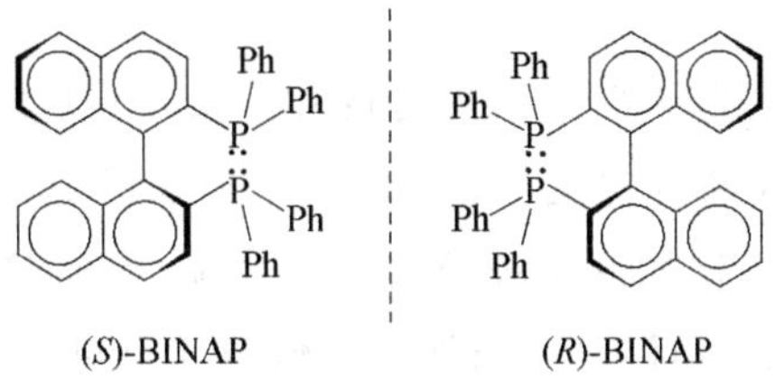

图 11-8 BINAP 的一对对映体结构

3. 不对称催化氧化反应的开拓者——沙普利斯

在不对称催化氢化反应研究得如火如荼的时候，沙普利斯教授却独辟蹊径，开创了不对称催化氧化反应的研究。沙普利斯教授于 1941 年出生于美国费城，1968 年获得斯坦福大学博士学位。1980 年，沙普利斯及其合作者发现：在少量四异丙氧基钛(Ⅳ)和光学纯的酒石酸二烷基酯存在下，叔丁基过氧化氢能够高立体选择性地将烯丙醇中的碳碳双键环氧化，得到环氧醇(一类活泼的手性中间体)。沙普利斯反应极富规律性(图 11-9)，可以用于预测反应的主要产物，并且能用分子筛控制。沙普利斯反应出现后不久就用于工业生产。经典的二羟基化反应是用催化剂量的 OsO_4 和化学配比剂量的氧化剂氧化碳碳双键得到顺式邻位二醇。加入胺可以加速此反应。沙普利斯等将光学纯的金鸡纳碱引入二醇化反应，得到产率及对映体过量比较满意的反式邻位二醇，从而开创了不对称催化二醇化反应的先河。

目前世界上还有许多研究小组正在研究其他类型的不对称催化反应，如不对称催化环氧化反应、不对称催化环丙烷化反应、不对称催化氮杂环丙烷化反应、环氧化物不对称催化开环反应、外消旋环氧化物的不对称催化动力学拆分等。不对称催化反应的研究仅仅只是一个开始，还有更多的领域尚待开拓。例如，现在常用的药物约为 1850 种，其中 525 种为天然及半合成药物，除 6 种非手性药物和 8 种外消旋体外，其余都是单一对映体。另外，在全化学合成的 1327 种药物中，手性药物有 528 种(占 40%)，而以单一对映体出售的仅有 61 种；在总数为 550 种的农药杀虫剂中，仅 13 种天然杀虫剂为单一对映体；在 537 种合成杀虫剂中，只有 90 种为手性化合物，而这其中仅有 7 种以单一对映体出售。因此，不对称催化反应还可以发挥更加重要的作用。在未来相当长的一段时间内，不对称催化反应仍将是化学中的一个非常活跃的研究领域，新的成果必将不断涌现，人类也将受益无穷。

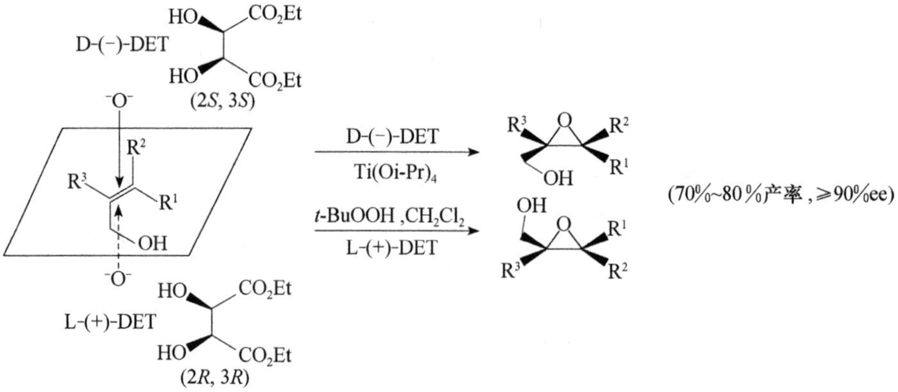

图 11-9　沙普利斯反应的立体选择性规律

11.3　光化学反应

知识点讲解视频

光化学反应特征

（朱志昂）

11.3.1　光化学反应特征

光化学是研究在光的作用下进行的化学反应，这类反应称为光化学反应。普通化学反应(可称为热反应，thermal reaction)是通过分子间碰撞后活化而引起的，反应的活化能源于环境提供的热能，所有热反应的特点是只有当反应体系的自由能在恒温恒压条件下降低时才有可能自动发生，在不存在有用功的条件下不可能发生自由能增加的热反应。但是，热活化(thermal activation)不是使原子和分子的能量升高至使它发生反应的唯一手段。我们已观察到原子和分子可以吸收辐射能。事实上，当分子吸收足够量辐射能时可以被破坏。原子或分子吸收了足够能量的光子后变成激发态原子或分子。在高能量激发态下，分子就比在基态下更容易进行化学反应。在光化学反应中，分子的活化能来自光吸收。吸收光可以影响化学反应速率，可以在热反应不能发生的条件下引起化学变化。

非催化热反应速率在固定浓度下只受温度变化的影响。但是，光化学反应速率也可以受光强度变化的控制。在光化学反应中，被活化的分子数与光强度有关。因此，活化分子的浓度正比于照射反应物的光强度。在足够强的光照下，在常温下就能引起在高温下才能进行的反应。因为光化学活化与温度毫无关系，所以活化速率通常与温度无关，即使在液氮或液氦下冻成固体时，也可以光解。

不仅自发反应可以被光照后发生，许多反应也可以在自由能增加的情况下进行。在自发反应中光照起加速热反应的作用，即起催化剂的作用。在非自发反应中，将辐射能供给反应体系，可以增加反应物的自由能，从而使 ΔG 变成负值。这类过程的典型例子是光合成(photosynthesis)，植物的叶绿素利用日光将 CO_2 和 H_2O 合成碳水化合物和氧气，反应的 $\Delta_r G_m^\ominus = 2878.6 kJ \cdot mol^{-1}$，所以在没有光照的情况下反应平衡位置处在极左边，反应几乎不能向右进行。但是，在光的作用下，叶绿素吸收可见光后，可以使反应向右进行。这种使热力学自发反应逆向进行的其他例子有大气中氧气转变成臭氧和 HCl 分解成氢和氯。

光化学反应比热反应更具有选择性。利用单色光可以使混合物中某一组分激发成高能量状态。相反地，加热混合物使其中所有组分的平动能都增加。在有机合成中已利用光化学反应的高度选择性的特征，可以根据人们的意愿来设计特定化学反应，即“分子裁剪”，这是激光在化学反应中的应用。

11.3.2　光化学基本定律

1. 光化学第一定律

“只有被分子吸收的光才能引起分子的光化学反应。”这是 19 世纪由格鲁西斯(Grothus)和特拉帕(Draper)总结的第一个光化学定律。但是，这并不意味着吸收的光一定能引起化学反应。将格鲁西斯-特拉帕定律应用于光化学反应，必须知道初吸收的能量。**光化学过程包括光化学初级过程及光化学次级过程。波特(Porter)及乔利(Jolley)等定义光化学初级过程包括一系列步骤，它以分子吸收光子生成激发态分子开始，以激发态分子消失或以该激发态分子的活性转变为不大于周围同类分子而告终。光化学次级过程是继初级过程后进行的一系列反应，这是热反应。**

专题讲座视频

光化学的初级过程和次级过程
(朱志昂)

2. 光化学第二定律

20 世纪初斯塔克(Stark)和爱因斯坦提出，“在光化学初级过程中，体系每吸收一个光子则活化一个分子(或原子)。”这又称为斯塔克-爱因斯坦定律。它描述被吸收的光子与被活化的分子之间的定量关系，有时又称为光化当量定律。也就是光激发过程只与吸收光的强度 I_a 有关，而与反应物种的性质、浓度无关，这只是一种近似，不是绝对的。I_a 是单位体积、单位时间内吸收的光子的物质的量。严格地说，光化学第二定律只适用于光化学初级过程光的吸收激发过程。但是在激光问世后，发现有的分子可以进行多光子反应，也有一个光子激发两个分子的。在光强度更高、激发态分子寿命较长，浓度又较高的情况下，就不遵循此定律了。

一个光子的能量 ε 与光的频率有关，$\varepsilon=h\nu=hc/\lambda$。1mol 光子的能量称为 1 爱因斯坦(E)，即

$$1\mathrm{E}=Lh\nu=Lhc/\lambda=0.1196/(\lambda/\mathrm{m})\ \mathrm{J\cdot mol^{-1}}$$

在光化学中使用的能量单位除 J 外，还有电子伏特(eV)和波数($\mathrm{cm^{-1}}$)，它们之间有以下关系：

$$1\mathrm{eV}=96.49\mathrm{kJ\cdot mol^{-1}}=8065.7\mathrm{cm^{-1}}$$

$$1\mathrm{cm^{-1}}=0.0119\mathrm{kJ\cdot mol^{-1}}=1.2398\times10^{-4}\mathrm{eV}$$

知识点讲解视频

光化学第二定律的近似性
(朱志昂)

3. 朗伯-比尔定律

设有一束平行的光通过纯物质 B 或 B 溶于不吸收光和不与 B 强烈作用的溶剂中的溶液。光束可以包含连续不同的波长，但是我们只注意从 $\lambda\sim\lambda+\mathrm{d}\lambda$ 范围很窄的波长的光辐射(λ 是真空中或空气中测得的波长，而不是吸收样品中的波长)。光强度 I 的定义是单位时间内落到垂直于光束的单位面积上的能量。光强度正比于单位时间内射在单位面积上的光子数。令 $I_{\lambda,0}$ 为入射到样品上波长为 $\lambda\sim\lambda+\mathrm{d}\lambda$ 的光强度，I_λ 为通过长度为 x 的样品的透过光的强度；令 N_λ 为波长在 $\lambda\sim\lambda+\mathrm{d}\lambda$ 的单位时间内射在单位面积样品上的光子数，

dN_λ 为被厚度为 dx 样品吸收的光子数。在厚度为 dx 样品中一定光子被吸收的概率是 dN_λ/N_λ，此概率正比于 dx 中的 B 分子数，也正比于此层溶液中 B 的物质的量 dn_B。dn_B 正比于 B 的物质的量浓度 c_B 和液层厚度 dx。因此，$dN_\lambda/N_\lambda \propto c_B dx$。

令 dI_λ 为波长为 λ 的光通过厚度为 dx 的液层后光强度的变化，则 $dI_\lambda \propto -dN_\lambda$（负号是由于 dN_λ 是正的，dI_λ 必是负的）。由于 $I_\lambda \propto N_\lambda$，因此 $dI_\lambda/I_\lambda \propto -dN_\lambda/N_\lambda$，$dI_\lambda/I_\lambda \propto -c_B dx$。令 α_λ 为比例系数，称为吸收系数（absorption coefficient），则

$$dI_\lambda/I_\lambda = -\alpha_\lambda c_B dx$$

$$\int_{I_{\lambda,0}}^{I_\lambda} \frac{dI_\lambda}{I_\lambda} = -\alpha_\lambda c_B \int_0^x dx$$

$$\ln \frac{I_\lambda}{I_{\lambda,0}} = 2.303 \lg \frac{I_\lambda}{I_{\lambda,0}} = -\alpha_\lambda c_B x \tag{11-49}$$

令 $\varepsilon_\lambda \equiv \alpha_\lambda/2.303$，并定义吸收率（absorbance）$A$ 为 $\lg(I_{\lambda,0}/I_\lambda)$，因此

$$A \equiv \lg \frac{I_{\lambda,0}}{I_\lambda} = \varepsilon_\lambda c_B x \tag{11-50}$$

式(11-49)和式(11-50)就是朗伯(Lambert)-比尔(Beer)定律。式(11-49)和式(11-50)也可写成

$$I_\lambda = I_{\lambda,0}\exp(-\alpha_\lambda c_B x) = I_{\lambda,0} 10^{-\varepsilon c_B x} \tag{11-51}$$

透射率（transmittance）T 的定义为

$$T \equiv I_\lambda/I_{\lambda,0}$$

ε_λ 称为摩尔吸收系数（molar absorption coefficient）。在大多数情况下，c_B 的单位是 $mol \cdot dm^{-3}$，x 的单位是 cm，因此 ε_λ 的单位是 $dm^3 \cdot mol^{-1} \cdot cm^{-1}$。当溶液中含数种不同吸收组分 B、C、…并且没有相互作用时，应有

$$dI_\lambda/I_\lambda = -(\alpha_B c_B + \alpha_C c_C + \cdots)dx$$

$$A \equiv \lg(I_{\lambda,0}/I_\lambda) = (\varepsilon_B c_B + \varepsilon_C c_C + \cdots)x$$

如果已知几个波长上的 B、C、…的摩尔吸收系数 ε_λ，则测定几个波长上的 $I_{\lambda,0}/I_\lambda$，就可以分析未知组成的溶液。

4. 电子跃迁规则

分子吸收光子，电子跃迁至高能态，产生电子激发态分子。但需进一步知道电子被激发至什么能态以及激发态分子的能量是多少。

电子跃迁时分子光谱项中的电子自旋多重度（multiplicity）M 起重要作用，按定义

$$M = 2S + 1$$

式中，S 是分子中电子的总自旋量子数；M 是分子中电子的总自旋角动量在 z 轴方向上的分量的可能值。如果分子中的电子自旋都是成对的，$S=0$，则 $M=1$，这种态称为单重态（singlet state）或 S 态。对大多数分子（O_2 和 S_2 例外），特别是绝大多数的有机化合物分子而言，基态分子中电子自旋总是成对的，因此分子的基态大都为单重态或 S 态（以 S_0 表示）。在考虑电子跃迁时，我们只考虑激发时涉及的那一对电子，假设其他电子状态在激发时不变，这将出现以下两种可能的情况：

前沿拓展：双光子光化学反应实现微加工

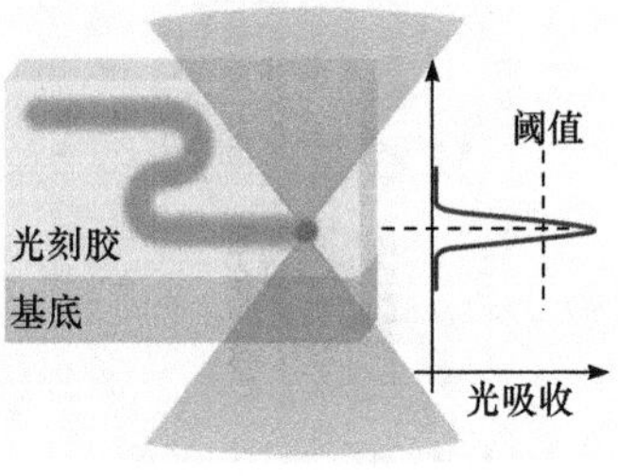

附图 11-2 双光子微加工示意图

光化学第二定律指出，在光化学初级过程中，体系每吸收一个光子则活化一个分子。随着 20 世纪激光技术的发展，人们发现该定律并不总是成立。在光强度足够大时，分子可能会被两个光子同时激发，产生双光子吸收，并由所产生的激发态进行反应。双光子反应对光强的要求很高，一般需要通过激光聚焦的方法实现。由于反应只发生在焦点附近，该技术可实现对光照区域的三维分辨（附图 11-2），因此在荧光成像、信息存储、微加工等领域具有广泛应用。佩里(Perry)教授以 D-π-D 型分子作为引发剂，通过对其的双光子激发引发丙烯酸酯的聚合，获得一系列不同结构的聚合物材料(Nature，1999，398：51)。(李悦、阮文娟)

扫描右侧二维码观看视频

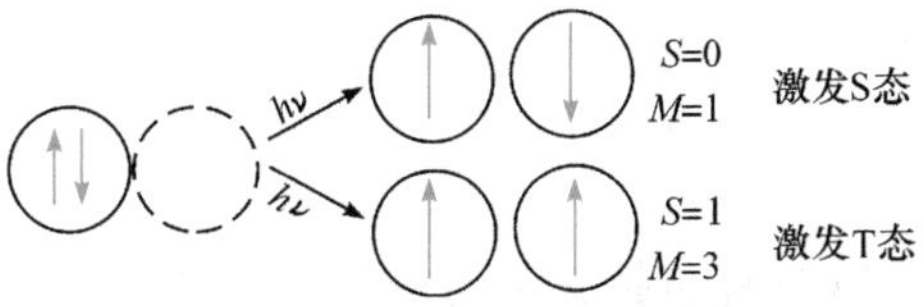

如果被激发至空轨道的电子的自旋与原先在基态轨道的方向相同，则激发态的$S=0$，$M=1$，此种电子激发态为 S 态，按其能量的高低可用 S_1、S_2、…表示。如果受激电子的自旋方向与原在基态的方向相反，产生了在两个轨道中的自旋方向平行的两个电子，则 $S=1$，$M=3$，此种电子激发态称为三重态(triplet state)，以 T 表示，按能量高低可有 T_1、T_2、…激发 T 态。由于在三重态中，两个处于不同轨道的电子的自旋平行，两个电子轨道在空间的交盖较少，电子间的平均距变长，互相排斥的作用减低，因此 T 态的能量总比相应的 S 态低。

在两个能态之间的电子跃迁中，概率大的称为允许跃迁，电子光谱中有强的谱带。概率小的称为禁阻跃迁，电子光谱中有弱的谱带。支配它们的是电子跃迁选律。从量子力学可得到电子跃迁规则是 $\Delta S=0$ 为允许跃迁，$\Delta S\neq 0$ 为禁阻跃迁。按电子跃迁规则，单重态↔单重态或三重态↔三重态之间的电子跃迁是允许的，单重态↔三重态(S↔T)之间的电子跃迁是禁阻的。

5. 弗兰克-康登原理

分子中的电子跃迁时伴随有转动和振动能级的变化，这种变化构成了吸收光谱的振动精细结构。与电子跃迁不同，从分子中的一个电子态至另一个电子态时，对振动能级的变化没有选择，因而从基态 S_0 的 $v=0$ 振动能级至 S_1 态中任何一个振动能级的跃迁均为可能，但振动精细结构中各谱线的相对强度都可以由弗兰克(Franck)-康登(Condon)原理来决定。

弗兰克-康登原理认为，相对于双原子分子的振动周期(约为 10^{-13} s)而言，电子跃迁所需的时间是极短的(约为 10^{-15} s)。因此，在电子跃迁的瞬间内，原子核间距没有变化。

图 11-10 给出了双原子分子的基态和第一激发态的势能曲线。按照弗兰克-康登原理，分子由基态激发至第一激发态时，必然沿着垂直于核间距坐标的线跃迁。图 11-10(a) 中，根据弗兰克-康登原理，只有从基态的 $v=0$ 振动能级至激发态的 $v'=0$ 振动跃迁(0→0 跃迁)概率最大，振动谱线以 0→0 跃迁最强，如图 11-10(b)所示。在图 11-10(c)中，按弗兰克-康登原理可以预言，不是0→0跃迁，而是 0→1 跃迁谱线的强度最大，如图 11-10(d)所示。

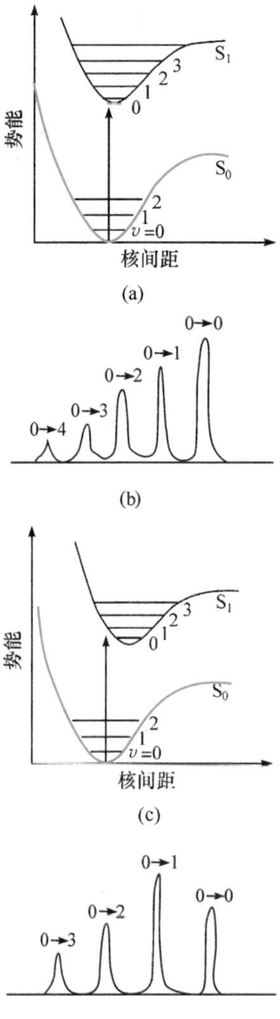

图 11-10　双原子分子电子跃迁势能曲线相应的振动精细谱带

11.3.3　电子激发态的单分子能量衰减过程

知识点讲解视频

光化学初级过程定义
(朱志昂)

分子 A 吸收光子后变为电子激发态的分子 A^*

$$A+h\nu \longrightarrow A^*$$

根据光能量的大小，可以从基态 S_0 跃迁到电子激发态 S_1，S_2，…，T_1，T_2，…。在大多数情况下，基态的所有电子是成对的，为单重态，根据电子跃迁规则，激发态分子 A^* 也是单重态。激发态的 A^* 具有高的能量，它是极不稳定的，可以通过光物理过程或光化学过程使能量衰减。在所有的光物理过程或光化学过程中，凡含有激发态分子 A^* 的过程均称为初级过程，而初级过程的生成物可进一步反应，这些后续的反应称为次级过程，次级过程属于热反应过程。

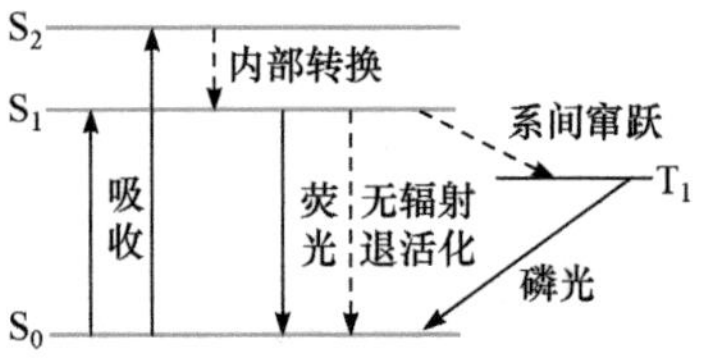

图 11-11 光物理过程

图中虚线箭头表示无辐射跃迁

S_0 是单重电子基态，S_1 和 S_2 是单重激发态，T_1 是第一三重态

1. 光物理过程

光物理的能量衰减过程包括分子内的传能过程和分子间的传能过程，而分子内的传能又可分为辐射跃迁和无辐射跃迁。光物理过程如图 11-11 所示。

1) 辐射跃迁

辐射跃迁是指激发态分子通过放射光子而退活化至基态的过程

$$A + h\nu \longrightarrow A^* \text{（活化）}$$

$$A^* \longrightarrow A + h\nu' \text{（辐射跃迁）}$$

由于高激发态的弛豫过程极快，来不及发射光子，因此发射光子总是从第一激发态(S_1，T_1)的 $v'=0$ 的振动能级向基态 S_0 进行的，所发射出的辐射强度和时间长短可以用实验测量。

如果发射是从激发分子的第一单重态 S_1 态的$v'=0$振动能级回到电子基态 S_0 的任一振动能级

$$S_1(v'=0) \longrightarrow S_0(v=n) + h\nu_F$$

这种辐射称为荧光(fluorescence)，荧光是没有重度改变的辐射跃迁。

如果发射是从激发分子的第一三重态(T_1)的振动基态($v'=0$)回到电子基态(S_0)的任一振动能级

$$T_1(v'=0) \longrightarrow S_0(v=n) + h\nu_p$$

这种辐射称为磷光(phosphorescence)，磷光有多重度改变，电子跃迁是禁阻的。因此，荧光波长比磷光短，而且谱带强度也强。

2) 无辐射跃迁

无辐射跃迁(radiationless transition)是指发生在激发态分子内部的不发射光子的能量衰变过程。这里也包括三种能量衰变过程：

(1) 内转变(internal convertion，IC)。内转变是重度不改变的电子态之间的无辐射跃迁。

$$S_2(v'=0) \xrightarrow{\text{IC}} S_1(v=n)$$

(2) 系间窜跃(intersystem crossing，ISC)。这是不同重度的电子态间的无辐射跃迁。

$$S_2(v'=0) \xrightarrow{\text{ISC}} T_1(v=n)$$

(3) 振动弛豫(vibrational relaxation，VR)。在同一能级中处于激发态的高振动能级的活化分子将振动能转变为平动能(热能)或其他形式的能量，迅速回到振动基态称为振动弛豫。无辐射跃迁如图 11-12 所示。

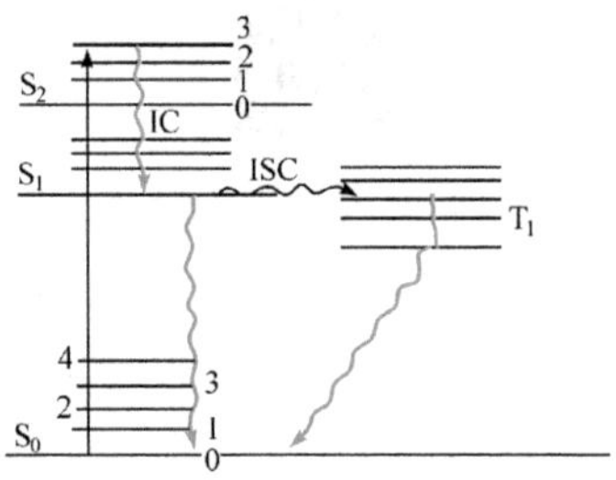

图 11-12 无辐射跃迁示意图

3) 分子间传能

激发态分子 A^* 与其他分子或器壁的碰撞把能量传给其他分子

$$A^* + B \longrightarrow A + B$$

此过程又称为无辐射退活化。此时，A、B 具有额外的平动能、转动能和振动能。这一分子间传能过程又称为猝灭(quenching)，使 A^* 分子失活的物质 B 称为猝灭剂。以上讨论的光物理过程可用雅布隆斯基(Jablonski)图(图 11-13)表示。在光物理过程中均包含激发态分子的能量衰变，因此均为

初级过程。分子内传能是单分子过程，而分子间传能则是双分子过程。

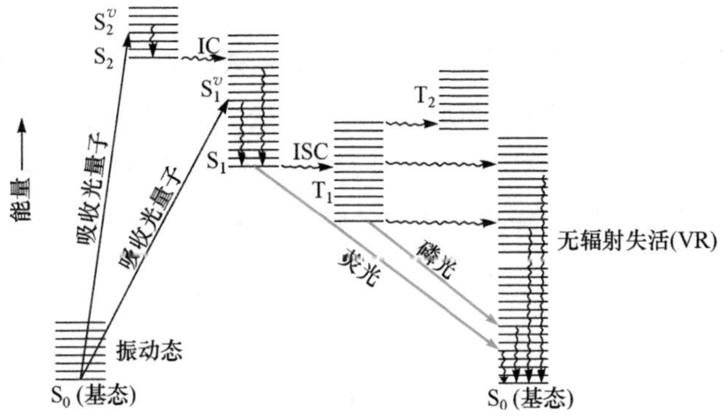

图 11-13　光激发及电子激发态的各种光物理过程——雅布隆斯基图

2. 光化学过程

激发态分子 A^* 可以通过下列化学过程使能量衰减：

(1) 解离

$$A^* \longrightarrow R + S$$

(2) 异构化

$$A^* \longrightarrow A'$$

(3) 双分子反应

$$A^* + B \longrightarrow E + P$$

以上三过程均含激发态分子 A^*，故均为初级过程。但初级过程的生成物可进一步反应，出现次级过程

$$E + D \longrightarrow P$$

例如

$$H_2 + Cl_2 + h\nu \longrightarrow 2HCl$$

反应机理为

$$\left.\begin{aligned} Cl_2 + h\nu &\longrightarrow Cl_2^* \\ Cl_2^* &\longrightarrow 2Cl \end{aligned}\right\}\text{初级过程}$$

$$\left.\begin{aligned} Cl + H_2 &\longrightarrow HCl + H \\ H + Cl_2 &\longrightarrow HCl + Cl \\ &\cdots \\ 2Cl + M &\longrightarrow Cl_2 + M \end{aligned}\right\}\text{次级过程}$$

光化学初级过程包括光吸收过程和激发态分子能量衰变的光物理过程和光化学过程。因此，分子吸光后成为激发态分子，但能否发生光化学反应取决于激发态分子发生化学过程和发生能量衰减的物理过程的相对速率。

11.3.4　量子产率

为了表达光化学反应的效率，引入量子产率的概念，这是对于探讨光化学反应机理非常有用的一个基本量。量子产率的大小及实验条件对它的影响可以提供有关反应性质的重要信息。

1. *初级过程的量子产率 ϕ*

初级过程是由一系列光物理和光化学步骤共同组成，某一步骤的量子产率为 ϕ_i。根据光化当量定律，初级过程中光吸收后的激发态分子的失活过程包含光物理过程和光化学过程时，初级过程的量子产率并非总等于 1，通常为 0～1。只有在没有光物理能量衰减的条件下，初级过程的量子效率才等于 1，即有

$$\phi = \sum_i \phi_i = 1 \tag{11-52}$$

式中的每一个 ϕ_i 必须指明是哪一个步骤的。例如，下列反应：

$$\underbrace{M + h\nu \xrightarrow{k} M^* \begin{cases} \xrightarrow{1} A + B \\ \xrightarrow{2} C + D \end{cases}}_{\text{初级过程}} \longrightarrow X + Y$$

ϕ_i 的定义为

$$\phi_i = \frac{\text{指定过程指定物质的生成速率}}{\text{吸收光子的速率}} \tag{11-53}$$

按此定义，步骤 1 的产物 A 的量子产率为

$$\begin{aligned} \phi_{1,A} &= \frac{d[A]/dt}{kI_a} = \frac{r_A}{I_a} = \frac{\text{生成的 A 分子数}}{\text{M 所吸收的光子数}} \\ &= \frac{\text{一定时间内生成 A 的分子数}}{\text{同一时间内 M 所吸收的光子数}} \\ &= \frac{\text{一定时间内生成 A 的物质的量}}{\text{同一时间内 M 所吸收的爱因斯坦数}} \end{aligned} \tag{11-54}$$

式中，I_a 是单位体积、单位时间内吸收光子的物质的量。根据光化当量定律，活化过程只与光强度有关，而与反应物种性质无关，故式中 k 为 1。

$$\text{爱因斯坦数} = \frac{\text{吸收的光能量}[I \times \text{时间(s)}]}{\text{1 爱因斯坦能量}} \tag{11-55}$$

$$\phi_{2,C} = \frac{d[C]/dt}{I_a} = \frac{\text{一定时间内生成的 C 的物质的量}}{\text{同一时间内 M 所吸收的爱因斯坦数}} \tag{11-56}$$

I_a 可以通过露光计等实验测得，如若能测得初级过程的产物的浓度，即可求得 ϕ_i。

步骤 1 的量子产率

$$\phi_1 = \frac{r_1}{I_a} = \frac{1}{\nu_A}\frac{d[A]}{dt}\Big/ I_a$$

步骤 2 的量子产率

$$\phi_2 = \frac{r_2}{I_a} = \frac{1}{\nu_C}\frac{d[C]}{dt}\Big/ I_a$$

根据光化学当量定律，在没有光物理能量衰减的初级过程中应有

$$\phi_1+\phi_2=1$$

2. 总包反应的量子产率 Φ

初级过程的量子产率在理论上具有重要意义，但当初级过程的产物是不稳定的中间物、自由基或自由原子时，其浓度难以测定，因此更常用的是产物的总量子产率 Φ。这是因为稳定的最终产物无论它们是由初级过程还是由次级过程生成，其浓度都可以测定。因此，对上述反应中最终产物 X 来说，其量子产率 Φ_X 为

$$\Phi_X=\frac{d[X]/dt}{I_a}=\frac{\text{生成的 X 的分子数}}{\text{M 吸收的光子数}}=\frac{\text{一定时间内生成的 X 的物质的量}}{\text{同一时间内 M 吸收的爱因斯坦数}} \tag{11-57}$$

总包反应的量子产率 Φ_{yield} 为

$$\Phi_{yield}=\frac{r}{I_a}=\frac{d[X]/dt}{\nu_X I_a} \tag{11-58}$$

产物量子产率与总包反应量子产率之间关系为

$$\Phi_X=|\nu_X|\Phi_{yield} \tag{11-59}$$

3. 总包反应的量子效率

总包反应中反应物 M 的量子效率 Φ_M 定义为

$$\Phi_M=\frac{-d[M]/dt}{I_a}=\frac{\text{一定时间内发生反应的 M 分子的物质的量}}{\text{同一时间内 M 吸收的爱因斯坦数}} \tag{11-60}$$

总包反应的量子效率 Φ_{eff} 定义为

$$\Phi_{eff}=\frac{r}{I_a}=\frac{-d[M]/dt}{\nu_M I_a} \tag{11-61}$$

按此定义有

$$\Phi_{yield}=\Phi_{eff}$$

在讨论问题时应注明是量子效率还是量子产率，是产物的量子产率还是总包反应的量子产率。

4. 总包反应量子产率与反应机理关系

由于初级过程产生的自由原子或自由基在次级过程中可引起一系列化学反应(如链反应)，故 Φ_X、Φ_{yield}、Φ_M、Φ_{eff} 可小于 1，可大于 1 也可等于 1，从其数值可得到一些反应机理的信息。

(1) $\Phi \ll 1$ 时，表示反应中退活化、荧光或其他光物理过程是重要的，这些步骤抑制了纯化学反应。

(2) $\Phi \gg 1$ 时，可能发生链反应，如 $H_2+Cl_2 \xrightarrow{h\nu} 2HCl$，其总量子产率可达 $10^6 \sim 10^7$。

(3) 若产物的 Φ_X 是一个定值，且不随实验条件的改变而变化，这意味着

该产物在初级过程中生成。还有其他一些经验规则可参考相关著作。

一般来说,同一光化学反应在液相中进行时的总量子产率比在气相中进行时要低,这是因为激发分子在液相中易与溶剂或其他分子碰撞而去活化。

11.3.5 光化学反应动力学

知识点讲解视频

光化学反应从机理推速率方程

(朱志昂)

1. 光化学反应机理及速率方程

光化学反应的速率方程较热反应复杂一些,它的激发过程只与入射光的强度有关,而与反应物浓度无关,所以光激发过程是零级反应。根据光化当量定律,则激发过程的速率就等于吸收光子的速率 I_a(单位时间内单位体积中吸收光子的数目或爱因斯坦数)。若入射光强度 I_0 没有被全部吸收,有部分变成了透射(或反射)光,设吸收光占入射光的分数为α($\alpha=I_a/I_0$),则 $I_a=\alpha I_0$。对一光化学反应确定反应机理后,可利用热反应的处理方法推导出速率方程,对激发态分子可用稳定态近似法。推得速率方程后即可求得某一过程的量子产率 ϕ 和总包反应的量子产率。

以简单反应 $A_2 \longrightarrow 2A$ 为例,设其机理为

(1) $A_2 + h\nu \xrightarrow{I_a} A_2^*$	(激发活化)	初级过程
(2) $A_2^* \xrightarrow{k_2} 2A$	(解离)	初级过程
(3) $A_2^* + A_2 \xrightarrow{k_3} 2A_2$	(能量转移而失活)	初级过程

产物 A 的生成速率 r_A 为

$$r_A = \frac{d[A]}{dt} = 2k_2[A_2^*] \tag{11-62}$$

对 A_2^* 作稳定态近似

$$\frac{d[A_2^*]}{dt} = I_a - k_2[A_2^*] - k_3[A_2^*][A_2] = 0$$

$$[A_2^*] = \frac{I_a}{k_2 + k_3[A_2]} \tag{11-63}$$

将式(11-63)代入式(11-62)得

$$r_A = \frac{d[A]}{dt} = \frac{2k_2 I_a}{k_2 + k_3[A_2]} \tag{11-64}$$

该反应的总量子产率 Φ_{yield} 为

$$\Phi_{yield} = \frac{r}{I_a} = \frac{\frac{1}{2}\frac{d[A]}{dt}}{I_a} = \frac{k_2}{k_2 + k_3[A_2]} \tag{11-65}$$

例如,不包含次级过程的光化学反应。

光异构化反应

$$S_0 + h\nu \longrightarrow S_0' + 热$$

光吸收后可能的光物理及光化学能量衰变过程如下:

过程	名称	速率
$S_0 + h\nu \longrightarrow S_1$	光吸收	$r_1 = I_a$
$S_1 \longrightarrow S_0 + 热$	内部转换(IC)	$r_{IC} = k_{IC}[S_1]$

$S_1 \longrightarrow T_1 + 热$　　系间窜跃(ST)　　$r_{ST} = k_{ST}[S_1]$

$T_1 \longrightarrow S_0 + 热$　　系间窜跃(TS)　　$r_{TS} = k_{TS}[T_1]$

$T_1 \longrightarrow S_0 + h\nu_P$　　发射磷光(P)　　$r_P = k_P[T_1]$

$S_1 \longrightarrow S_0 + h\nu_F$　　发射荧光(F)　　$r_F = k_F[S_1]$

$S_1 \longrightarrow S_0' + 热$　　光异构化(R)　　$r_R = k_R[S_1]$

总包反应速率方程

$$r = \frac{d[S_0']}{dt} = k_R[S_1] \tag{11-66}$$

对第一激发单重态 S_1 作稳定态近似

$$\frac{d[S_1]}{dt} = I_a - k_{IC}[S_1] - k_{ST}[S_1] - k_F[S_1] - k_R[S_1] = 0$$

$$[S_1] = \frac{I_a}{k_{IC} + k_{ST} + k_F + k_R} = \frac{I_a}{k} \tag{11-67}$$

对第一激发态三重态作稳定态近似

$$\frac{d[T_1]}{dt} = k_{ST}[S_1] - k_{TS}[T_1] - k_P[T_1] = 0$$

$$[T_1] = \frac{k_{ST}[S_1]}{k_{TS} + k_P} \tag{11-68}$$

将式(11-67)代入式(11-66)得

$$r = \frac{d[S_0']}{dt} = \frac{k_R I_a}{k} \tag{11-69}$$

总包反应量子产率 $\Phi_{yield} = \frac{r}{I_a} = \frac{k_R}{k} < 1$。

各过程的量子产率分别如下：

$$\phi_F = \frac{r_F}{I_a} = \frac{k_F[S_1]}{I_a} = \frac{k_F}{k} < 1$$

$$\phi_P = \frac{r_P}{I_a} = \frac{k_P[T_1]}{I_a} = \frac{k_P k_{ST}}{(k_{TS} + k_P)k} < 1$$

$$\phi_{IC} = \frac{r_{IC}}{I_a} = \frac{k_{IC}}{k} < 1$$

$$\phi_{ST} = \frac{r_{ST}}{I_a} = \frac{k_{ST}}{k} < 1$$

$$\phi_R = \frac{r_R}{I_a} = \frac{k_R}{k} < 1$$

$$\phi_{TS} = \frac{r_{TS}}{I_a} = \frac{k_{TS} k_{ST}}{(k_{TS} + k_P)k} < 1$$

应有 $\phi_F + \phi_P + \phi_{IC} + \phi_{ST} + \phi_R + \phi_{TS} < 1$。

若没有光物理失活过程，只有光化学异构化过程，则有

$$\frac{d[S_1]}{dt} = I_a - k_R[S_1] = 0$$

$$[S_1] = \frac{I_a}{k_R}$$

$$\phi_R = \frac{r_R}{I_a} = \frac{k_R[S_1]}{I_a} = 1$$

总包反应速率 $r = k_R[S_1] = I_a$，总包反应的量子产率为 1。

量子产率可从实验求得，此外从荧光寿命及磷光寿命的实验测定可求得

k_F、k_P、k_{ST}、k_{TS}、k_{IC}、k_R。

例如，有猝灭剂参加的反应，设总包反应为$M \longrightarrow P$，有猝灭剂 Q 参加，设反应机理如下：

光吸收 $$M + h\nu \longrightarrow M^*$$
$$r_1 = I_a$$

无辐射跃迁 $$M^* \longrightarrow M + 热$$
$$r_2 = (k_{IC} + k_{ST})[M^*] = k_d[M^*]$$

分子间转能 $$M^* + Q \longrightarrow M + Q$$
$$r_3 = k_Q[M^*][Q]$$

光化学过程 $$M^* \longrightarrow P$$
$$r_4 = k_R[M^*]$$

对激发态分子 M^* 作稳定态近似

$$\frac{d[M^*]}{dt} = I_a - k_d[M^*] - k_Q[M^*][Q] - k_R[M^*] = 0$$

$$[M^*] = \frac{I_a}{k_d + k_R + k_Q[Q]}$$

总包反应速率方程为

$$r = \frac{d[P]}{dt} = k_R[M^*] = \frac{k_R I_a}{k_d + k_R + k_Q[Q]} \tag{11-70}$$

总包反应的量子产率

$$\Phi_{yield} = \frac{r}{I_a} = \frac{k_R}{k_d + k_R + k_Q[Q]} < 1$$

无辐射过程的量子产率

$$\phi_d = \frac{r_2}{I_a} = \frac{k_d}{k_d + k_R + k_Q[Q]} < 1$$

分子间内转能量子产率

$$\phi_Q = \frac{r_3}{I_a} = \frac{k_Q[Q]}{k_d + k_R + k_Q[Q]} < 1$$

光化学过程量子产率

$$\phi_R = \frac{r_4}{I_a} = \frac{k_R}{k_d + k_R + k_Q[Q]} < 1$$

例如，蒽在苯溶液中的光二聚反应

$$2C_{14}H_{10} \xrightarrow{h\nu} (C_{14}H_{10})_2$$

简写为

$$2A \xrightarrow{h\nu} A_2$$

设反应机理如下：

初级过程
- 光吸收(1) $A + h\nu \longrightarrow A^*$ $\quad r_1 = \frac{d[A^*]}{dt} = I_a$
- 二聚反应(2) $A^* + A \xrightarrow{k_2} A_2$ $\quad r_2 = k_2[A^*][A]$
- 发射荧光(3) $A^* \xrightarrow{k_F} A + h\nu_F$ $\quad r_3 = k_F[A^*]$

次级过程 单分子分解(4) $A_2 \xrightarrow{k_4} 2A$ $\quad r_4 = k_4[A_2]$

总包反应速率

$$r=\frac{d[A_2]}{dt}=k_2[A^*][A]-k_4[A_2]$$

对 A^* 作稳定态近似

$$\frac{d[A^*]}{dt}=I_a-k_2[A^*][A]-k_F[A^*]=0$$

$$[A^*]=\frac{I_a}{k_2[A]+k_F} \tag{11-71}$$

$$r=\frac{d[A_2]}{dt}=\frac{k_2[A]I_a}{k_2[A]+k_F}-k_4[A_2] \tag{11-72}$$

二聚过程(2)的量子产率

$$\phi_2=\frac{r_2}{I_a}=\frac{k_2[A]}{k_2[A]+k_F}<1$$

荧光过程(3)的量子产率

$$\phi_F=\frac{r_3}{I_a}=\frac{k_F}{k_2[A]+k_F}<1$$

产物 A_2 的总量子产率

$$\Phi_{A_2}=\frac{d[A_2]/dt}{I_a}=\frac{k_2[A]}{k_2[A]+k_F}-\frac{k_4[A_2]}{I_a}=\frac{k_2}{k_2+\dfrac{k_F}{[A]}}-\frac{k_4[A_2]}{I_a}$$

从上式可看出，随[A]的增加 Φ_{A_2} 应增大，这与实验结果是一致的。一般情况下，此反应的 Φ_{A_2} 为 0.2 左右，当 $k_F=0,k_4=0$ 时，$\Phi_{A_2}=1$。

例如，光引发反应——氯仿气相光化学氯化反应。

总包反应

$$Cl_2+CHCl_3+h\nu\longrightarrow CCl_4+HCl$$

设反应机理如下：

初级过程(1)　$Cl_2+h\nu\xrightarrow{k_1}2Cl$　　$r_1=\frac{1}{2}\frac{d[Cl]}{dt}=k_1I_a$

次级过程

(2) $Cl+CHCl_3\xrightarrow{k_2}CCl_3+HCl$　　$r_2=\frac{d[CCl_3]}{dt}=k_2[Cl][CHCl_3]$

(3) $CCl_3+Cl_2\xrightarrow{k_3}CCl_4+Cl$　　$r_3=\frac{d[CCl_4]}{dt}=k_3[CCl_3][Cl_2]$

(4) $2CCl_3+Cl_2\xrightarrow{k_4}2CCl_4$　　$r_4=\frac{1}{2}\frac{d[CCl_4]}{dt}=k_4[CCl_3]^2[Cl_2]$

对初级过程(1)$Cl_2+h\nu\xrightarrow{k_1}2Cl$，它可能包含下列过程：

光吸收　$Cl_2+h\nu\longrightarrow Cl_2^*$　$r_{1,0}=I_a$

光物理过程　$Cl_2^*\xrightarrow{k_d}Cl_2+$热　$r_{1,1}=\frac{d[Cl_2]}{dt}=k_d[Cl_2^*]$

光化学过程　$Cl_2^*\xrightarrow{k_R}2Cl$　$r_{1,2}=\frac{1}{2}\frac{d[Cl]}{dt}=k_R[Cl_2^*]$

对$[Cl_2^*]$作稳定态近似

$$\frac{d[Cl_2^*]}{dt}=I_a-k_d[Cl_2^*]-k_R[Cl_2^*]=0$$

$$[Cl_2^*]=\frac{I_a}{k_d+k_R}$$

则

$$r_{1,2}=\frac{1}{2}\frac{d[Cl]}{dt}=\frac{k_R I_a}{k_d+k_R}$$

对整个初级过程

$$r_1=\frac{1}{2}\frac{d[Cl]}{dt}=\frac{k_R}{k_d+k_R}I_a=k_1 I_a \tag{11-73}$$

从式(11-73)可看出 $k_1<1$，当只有光化学过程 $Cl_2^* \xrightarrow{k_B} 2Cl$，而没有光物理过程($k_d=0$)时，$k_1=1$，$r_1=I_a$。此时，初级过程量子产率为 1。

总包反应 CCl_4 的生成速率为

$$r_{CCl_4}=\frac{d[CCl_4]}{dt}=k_3[CCl_3][Cl_2]+2k_4[CCl_3]^2[Cl_2]$$

为了求得自由基浓度$[CCl_3]$，对自由基 CCl_3、Cl 作稳定态近似

$$\frac{d[CCl_3]}{dt}=k_2[Cl][CHCl_3]-k_3[CCl_3][Cl_2]-2k_4[CCl_3]^2[Cl_2]=0$$

$$\frac{d[Cl]}{dt}=2k_1 I_a+k_3[CCl_3][Cl_2]-k_2[Cl][CHCl_3]=0$$

解方程得

$$[CCl_3]=\left(\frac{k_1 I_a}{k_4[Cl_2]}\right)^{1/2}$$

则有

$$r_{CCl_4}=\frac{d[CCl_4]}{dt}=k_3\left(\frac{k_1 I_a}{k_4[Cl_2]}\right)^{1/2}[Cl_2]+2k_4\left(\frac{k_1 I_a}{k_4[Cl_2]}\right)[Cl_2]$$

$$=k_3\left(\frac{k_1}{k_4}\right)^{1/2}I_a^{1/2}[Cl_2]^{1/2}+2k_1 I_a=kI_a^{1/2}[Cl_2]^{1/2}+2k_1 I_a \tag{11-74}$$

当 Cl_2 压力不是很低时，$2k_1 I_a$ 项可忽略不计，则

$$r_{CCl_4}=kI_a^{1/2}[Cl_2]^{1/2} \tag{11-75}$$

此结果与实验速率方程相符。产物 CCl_4 的总量子产率为

$$\Phi_{CCl_4}=\frac{d[CCl_4]/dt}{I_a}=k[Cl_2]^{1/2}I_a^{-1/2}+2k_1$$

2. 光敏、猝灭和化学发光

1）光敏

当一个反应混合物放在光照下，若反应物对光不敏感，不吸收，则不发生反应。但可以引入能吸收光的分子或原子，使它变为激发态，然后再将能量传给反应物，使反应物活化，这种过程称为光敏(photosensitization)，或称感光反应，这种能吸收光的物质称为光敏剂(photosensitizer)。例如，叶绿素就是光合作用中的光敏剂。又如，Hg 蒸气光的波长为 253.7nm，若用汞灯照射 H_2 并不发生反应，但如果在 H_2 中加入少量汞蒸气，再用汞灯照射，则 H_2 分子立即解离为 H 原子，这里 Hg 蒸气就是光敏剂。原因是 Hg 原子很容易吸收波长为 253.7nm 的光，而 H_2 不能吸收，Hg 原子吸收光激发后，将能量传给 H_2 分子而使它解离。

例如，光敏气相反应

$$H_2+CO \xrightarrow[h\nu]{Hg} HCHO$$

反应机理如下：

$$Hg + h\nu \longrightarrow Hg^*$$

$$Hg^* + H_2 \xrightarrow{k_1} 2H + Hg$$

$$H + CO \xrightarrow{k_2} HCO$$

$$HCO + H_2 \xrightarrow{k_3} HCHO + H$$

$$2HCO \xrightarrow{k_4} HCHO + CO$$

对 Hg^*、H、HCO 作稳定态近似处理

$$\frac{d[Hg^*]}{dt} = I_a - k_1[Hg^*][H_2] = 0$$

$$[Hg^*] = I_a/k_1[H_2]$$

$$\frac{d[H]}{dt} = 2k_1[Hg^*][H_2] - k_2[H][CO] + k_3[HCO][H_2] = 0$$

$$\frac{d[HCO]}{dt} = k_2[H][CO] - k_3[HCO][H_2] - 2k_4[HCO]^2 = 0$$

上两式相加得

$$k_1[Hg^*][H_2] = k_4[HCO]^2$$

$$[HCO] = (I_a/k_4)^{1/2}$$

总包反应速率

$$r = \frac{d[HCHO]}{dt} = k_3[HCO][H_2] + k_4[HCO]^2 = k_3\ (I_a/k_4)^{1/2}[H_2] + I_a \tag{11-76}$$

已研究过许多汞光敏化反应，如 H_2、NH_3、H_2O、PH_3、AsH_3、醇、醚、酸和胺的分解，乙烯、丙烯和丁烯的氢化，氢和氧化合成水，氧变为臭氧，氢和氮化合成氨等。氙气也是氢分解的光敏剂。镉蒸气是乙烯聚合，乙烷和丙烷分解的光敏剂。卤素也常作为光敏剂，如氯、溴、碘是臭氧分解的光敏剂。

2) 猝灭

能使处于激发态的分子失活而回复到平衡态的分子称为猝灭剂(quencher)，该现象称为猝灭。激发态分子失活可通过能量转移、电子转移或某种化学途径实现。当基态荧光分子与荧光猝灭剂之间通过弱相互作用生成复合物，该复合物使荧光完全猝灭的现象称为静态猝灭。如果激发态荧光分子与荧光猝灭剂碰撞使其荧光猝灭则称为动态猝灭。荧光分子本身浓度增大使其荧光猝灭的现象称为浓度猝灭或自猝灭。由于荧光的再吸收、荧光物质发生化学变化而观察不到荧光的现象一般不称为荧光猝灭。在利用荧光进行定量、液体闪击计数等包含荧光过程的测定方法中，一定要注意溶剂、共存杂质、氧气等猝灭剂的影响。

*3) 化学发光

一些化学反应在进行时会发射出光，称为化学发光(chemiluminescence)。它可以看作是光化学反应的逆过程，光化学反应是分子吸收光子变为激发态后再进行化学反应，而化学发光是由于化学反应中产生激发态分子，激发态分子跃迁回到基态时以光的形式释放出能量。光化学反应是将光能转变为化学能，而化学发光是将化学能转变为光能。由于产生化学发光的温度一般在 800K 以下，故有时又称化学冷光(cold light)。任何一个化学发光反应都包括两个关键步骤，即化学激发和发光。因此，一个化学反应要成为发光反应，必须满足两个条件：①反应必须提供足够的能量(170～300kJ・mol^{-1})；②这些化学能

前沿拓展：抑制光物理弛豫实现高效光催化产氢

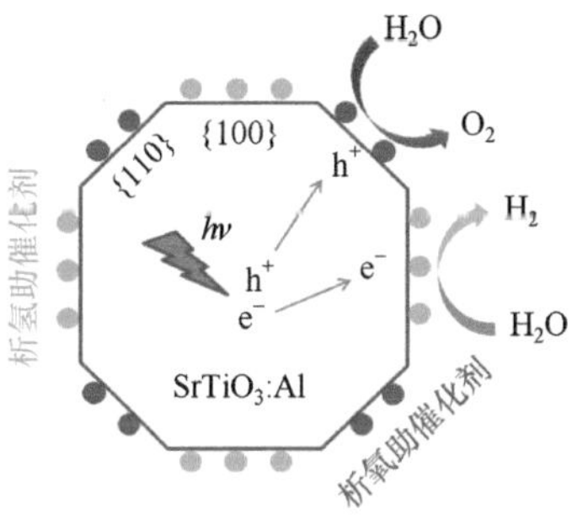

附图 11-3　$SrTiO_3$:Al 光催化产氢机理

在光化学反应中，体系通过吸收光子获得额外能量，从而使一些热化学中禁阻的反应得以进行，如 CO_2 还原和光解水产氢。这些反应对于解决当前的能源和环境问题具有重要意义。光激发后产生的激发态同时参与光化学反应和光物理的弛豫过程，两者相互竞争。因此，抑制光物理过程可以起到提高光化学效率的作用。在半导体光催化中，初始激发的是半导体颗粒，其激发态以电子-空穴对形式存在。因此，抑制电子和空穴的复合可起到提高光催化效率的作用。近期，Domen课题组设计了一个光催化效率可达 100% 的光解水催化剂(Nature，2020，581：411)。该催化剂利用 $SrTiO_3$:Al 晶体的不同晶面能级差异，使光生电子和空穴分别向不同晶面迁移，从而达到抑制其复合的目的(附图 11-3)。据此，通过在不同晶面上分别负载产氢和产氧催化剂，实现了对水的全分解反应。(李悦、阮文娟)

扫描右侧二维码观看视频

必须能被某种物质分子吸收而产生电子激发态，并且有足够的量子产率。到目前为止，所研究的化学发光反应大多为氧化还原反应。例如，Na 蒸气与氯气的反应，其步骤为

$$Na + Cl_2 \longrightarrow NaCl + Cl$$

$$Cl + Na_2 \longrightarrow NaCl^* + Na$$

$$NaCl^* + Na \longrightarrow NaCl + Na^*$$

$$Na^* \longrightarrow Na + h\nu$$

因此，反应过程中可观察到黄色的钠 D 线。化学发光的频率取决于反应中产生的发光分子的激发态与基态之间的能级差。有些反应发射出的光为可见光，有的为红外光。化学发光反应的发光效率是指发光剂在反应中的发光分子数与参加反应的分子数之比。对于一般化学发光反应，其值约为 10^{-6}，发光效率大于 0.01 的发光反应极为少见。

3. 光稳态

假设有一个处于平衡的热反应体系受固定光强度的一束单色光的作用后，反应物之一吸收该波长的光子，正反应的速率将增加，体系的平衡即被破坏。当正反应速率又等于逆反应速率时，体系重新恢复"平衡"，此时"平衡"组成不同于原始平衡组成。新的"平衡"态是光稳态，因为停止光的作用后，体系的性质将起变化，所以它不是真正的热力学平衡态。大气层中的臭氧层是光稳态。在蒽的二聚反应 $2A \rightleftharpoons A_2$ 的例子中，如果没有光的作用，则正反应速率可以忽略不计。假定在没有光的作用下，此正反应速率常数是 k_5，则

(5) $$2A \longrightarrow A_2 \qquad r_5 = k_5[A]^2$$

在光的作用下，诸反应一起发生，总反应速率 r 为

$$r = k_2[A^*][A] - k_4[A_2] + k_5[A]^2$$

因为反应(5)不包含 A^*，所以式(11-71)仍成立。因此

$$r = \frac{k_2[A]I_a}{k_2[A] + k_3}k_4[A_2] + k_5[A]^2 \tag{11-77}$$

在光稳态时，$r=0$，由式(11-77)得

$$[A_2] = \frac{k_2[A]I_a}{k_4k_2[A] + k_3k_4} + \frac{k_5[A]^2}{k_4} \tag{11-78}$$

在没有光的作用下，$I_a=0$，式(11-78)变为

$$[A_2]_{eq} = \frac{k_5[A]_{eq}^2}{k_4} \tag{11-79}$$

或$[A_2]_{eq}/[A]_{eq}^2 = k_5/k_4 = K_c$，这里 K_c 是热反应平衡常数。在 $r=0$ 时，A_2 的浓度在有光作用和没有光作用的两种情况中是不相同的，而且在有光作用的情况中，A_2 的浓度还随光强度而变。由此可知，热反应平衡常数与光化学"平衡"常数是不相等的。例如，热反应平衡计算表明，在 101 325Pa 下欲得到 30% SO_3 的分解，必须把温度升至 630℃。但是，在光化学分解中，45℃时就可以分解 35%SO_3。此外，温度对热反应平衡常数的影响很大，但在固定光强度下，温度几乎对光化学"平衡"常数不起影响。

*4. 温度对光化学反应的影响

温度对光化学反应的影响完全不同于对热反应的影响。对热反应来说，温度每增加 10℃，反应速率增加 2～4 倍；而对光化学反应来说，增加相同的温度，对反应速率产生很小的影响。但是也有一些光化学反应，如乙二酸钾和碘的反应，其温度系数也很大，接近

普通热反应。另外，某些光化学反应，如苯的氯化反应，其温度系数是负值。

为了解释观察到的光化学反应的不寻常温度系数，必须分别考虑温度对初级和次级反应的影响。初级光吸收过程基本上是与温度无关的，但次级反应的温度系数接近热反应的温度系数。然而大多数次级反应是原子或自由基之间或它们与分子之间的碰撞，对这些反应来说，活化能一般都很小，甚至为零。因为反应速率的温度系数取决于活化能的大小，所以可以认为次级反应的温度系数一般也是不大的。

当在光化学反应中观察到很大的反应速率温度系数时，通常表明其中间步骤具有较大的活化能。另一种可能性是反应机理中的某一步是一平衡步骤，其平衡常数与温度的关系中包含一个相当大的正值反应热。假定总反应速率常数 k 是速率常数 k_1 和平衡常数 K 的乘积，即

$$k = k_1 K$$

取对数，并对温度微分得

$$\frac{\mathrm{dln}k}{\mathrm{d}T} = \frac{\mathrm{dln}k_1}{\mathrm{d}T} + \frac{\mathrm{dln}K}{\mathrm{d}T} = \frac{E_a}{RT^2} + \frac{\Delta H}{RT^2} = \frac{E_a + \Delta H}{RT^2}$$

式中，E_a 是含 k_1 的步骤的活化能；ΔH 是平衡常数为 K 的反应热。即使 E_a 很小，大的正值 ΔH 也能使反应温度系数很大。相反，如果 ΔH 为负值，且其绝对值大于 E_a，则反应温度系数 $\mathrm{dln}k/\mathrm{d}T$ 为负值，这就是增加温度反应速率反而降低的原因。

11.3.6　激光化学

激光的英文名称“laser”是“受激辐射而强化的光”(light amplification by stimulated emission of radiation)一词的简写。我们已经知道，原子或分子被激发到高能级，高能级的平均寿命约 10^{-8} s，所以它能自发地跃迁到低能级而辐射出一个光子(荧光或磷光)，这称为自发辐射。处于高能级的粒子在未自发辐射以前若被适当频率的光照射，则有可能提前由高能级跃迁到低能级而辐射出光子，这称为受激辐射。受激辐射所产生的光子与原始光子的频率、方向、相位以及偏振方向等方面均完全相同。受激辐射的光子在谐振腔中反复反射、强化，使工作物质产生新的光子，引起更多的受激辐射，产生更多的光子，因此在一瞬间，频率、方向、相位完全相同的光子增加到极高的强度，从反射镜输出极强的光，称为激光。激光具有高亮度、高方向性、高单色性和高相干性等四大特性。

激光化学(laser chemistry)是激光应用于化学领域而产生的一门新的边缘学科，始于 20 世纪 70 年代初，它包括激光诱导化学反应和激光光谱学等内容，主要研究激光与物质相互作用而引起的激发、电离、解离、能量传递等化学过程。激光化学在化学合成、分离提纯、原子或分子的检测、光助催化工程和在生物学、医学、军事等方面得到广泛应用，为研制新材料、开发新能源、揭示某些生命过程的奥秘提供科学启示，前景十分诱人。

传统的化学过程一般是把反应物混合在一起，然后往往需要加热(或者还需加压)。加热的缺点在于分子因增加能量而产生不规则运动，这种运动破坏原有的化学键，结合成新的键，而这种不规则运动同时也会阻碍预期的化学反应的进行。但是如果用激光来指挥化学反应，不仅能克服上述不规则运动，而且还具有更大的优点。这是因为激光携带着高度集中而均匀的能量，可精确地打在分子的键上。例如，在分解硫化氢的反应中，可以利用不同波长的紫外激光打在硫化氢分子上，通过改变两激光束的相位差，控制该分

子的断裂过程。也可利用改变激光脉冲波形的方法，十分精确和有效地触发某种预期的反应。

为了能有效地引发各种化学反应，并达到一定的规模，首先必须具备从真空紫外到红外波段的一系列相应的多种可调谐的激光器。这些激光器要求具有足够高的能量与功率、频率稳定以及窄频带输出。重要的激光器有：

(1) 固体激光器。此类激光器以晶体为工作物质，如红宝石激光器(Cr^{3+}-Al_2O_3)等。波长为 0.8～50μm，功率很低，只能用于分析，很难引发化学反应。

(2) 气体激光器。在可见光区常用的有 He-Ne 激光器，He-Cd 激光器和 Ar^+ 激光器等；在紫外区常用的有准分子激光器，如 ArF、KrF、XeCl 和 F_2 激光器；在红外区常用的是电子激发的分子激光器，主要有 CO_2 激光器和 CO 激光器。

(3) 化学激光器。这是一类特殊的气体激光器，其泵浦源为化学反应所释放的能量。这类激光器大部分以分子跃迁方式工作，典型波长范围为近红外到中红外谱区。常见的有 I_2 光解离激光器，氯化氢(HCl)激光器。目前最主要的有氟化氢(HF)和氟化氘(DF)两种化学激光器。

(4) 染料激光器。它是以染料溶液为工作物质的液体激光器。波长范围为 308.5～1850nm。

总之，激光化学反应的研究有着巨大的意义，它既能成为混合物选择性分离的全新技术手段，也能按照人们的需要选择性合成某种化合物，从而引起化学及化工业的全面革命。

*11.4 化学振荡反应

化学振荡反映一种周期现象，即化学体系中某些状态量(如物质浓度等)周期变化的现象。早在 17 世纪就发现了振荡现象，波义耳就观察到磷放置在一瓶口松松塞住的烧瓶中时会发生周期性的闪亮现象。这是由于磷与氧的反应是一支链反应，自由基累积到一定程度就发生自燃，瓶中氧气迅速耗尽，反应停止，随后氧气由瓶塞缝隙扩散进入，一定时间后又发生自燃。1873 年李普曼(Lippmann)报道了汞心实验：把汞放在玻璃杯的中央，先把硫酸和重铬酸钾溶液注入杯中，然后将一颗铁钉放在紧靠汞附近的溶液中，汞一开始振荡就像心脏的跳动，这是一种周期现象。直到 1921 年，布雷(Bray)在一次偶然的机会发现 H_2O_2 与 KIO_3 在硫酸稀溶液中反应时，释放出 O_2 的速率及 I_2 的浓度会随时间周期性地变化。虽然在化学中早有这些周期现象被发现，但由于受经典热力学的限制，在 20 世纪 50 年代以前并未引起化学家们的足够重视。因为化学热力学的传统观点是化学反应应该单向、不可逆地趋于平衡态。所以化学家们认为，在均相封闭体系中，任何浓度振荡是不可能的。因此，当时布雷反应被认为是由于尘埃或杂质引起的假象未曾受到重视。人们每天都能见到生物体在各级水平(分子、细胞、组织、个体、群体等)上所显现的有序现象，生物有序不仅表现在空间特征上，还表现在时间特征上。这类生物体是趋于更加有序、更加有组织，而不像经典热力学所预言的那样总是趋于平衡和趋于无序。这种与经典热力学观点完全背道而驰的事实被那种认为生命科学与生命科学可能受不同规律支配的猜想所回避，直到 20 世纪非生命体系中越来越多的自发形成宏观结构的现象被发现，才使科学家不得不面对这一挑战。众多宏观有序现象中最引起科学家兴趣的是 1959 年苏联化学家贝洛索夫(Belousov)报道了均相振荡反应的又一实例，即在铈离子催化下，溴酸钾氧化柠檬酸。该反应比布雷反应有明显的优点：它在室温下就能进行，而且当铈从黄色的高氧化态（Ⅳ）到无色的低氧化态（Ⅲ）来回变化时振荡过程很明显。后来，原苏联生物化学家恰鲍廷斯基（Zhabotinskii）对该反应进行了进一步的研究，得到了铈催化剂可用锰或邻菲咯啉离子代替，柠檬酸可用其他具有亚甲基或者氧化时易形成这种基团的有机化合物（如丙二酸）代替。该反应称为贝洛索夫-恰鲍廷斯基反应，简称 B-Z 反应。B-Z 反应的总化学式为

$$3H^+ + 3BrO_3^- + 5CH_2(COOH)_2 \xrightarrow{Ce^{3+}} 3BrCH(COOH)_2 + 2HCOOH + 4CO_2 + 5H_2O$$

图 11-14 是此反应在一充分搅拌的间歇釜式反应器中进行时，实验观察到的 $\lg(c_{Br^-})$ 和 $\lg(c_{Ce^{4+}}/c_{Ce^{3+}})$ 随时间的振荡曲线。其中 Ce^{3+} 是催化剂，Br^- 和 Ce^{4+} 是反应中间物。当在反应体系中加入氧化还原指示剂邻菲咯啉时，这种振荡能够显示红色（Ce^{3+}）和蓝色（Ce^{4+}）的周期性变化。如果该反应只是在试管中进行，则颜色的变化在持续一段时间（大约几分钟）后就会停止。如果将反应安排在特制的反应器中进行，不断注入反应物、移出产物，可使颜色的变化维持下去，形成“化学钟”。

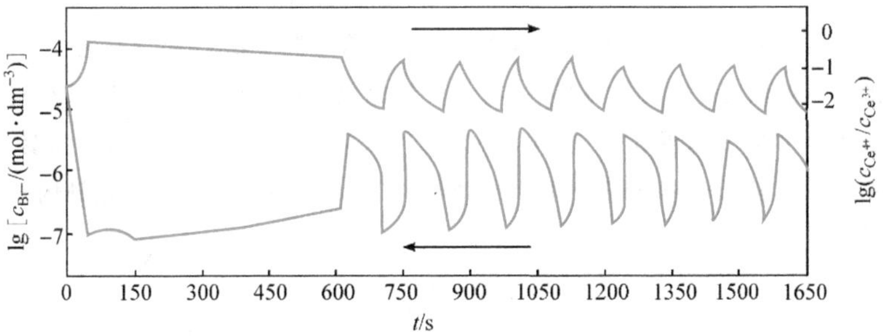

图 11-14　B-Z 反应中 $c_{Ce^{4+}}/c_{Ce^{3+}}$ 和 c_{Br^-} 随时间的振荡

初始浓度 $c_{CH_2(COOH)_2}=0.032mol\cdot dm^{-3}$，$c_{KBrO_3}=0.063mol\cdot dm^{-3}$，$c_{KBr}=1.5\times10^{-5}mol\cdot dm^{-3}$，$c_{Ce^{3+}}=1\times10^{-3}mol\cdot dm^{-3}$，$c_{H_2SO_4}=0.8mol\cdot dm^{-3}$

20 世纪 60 年代末，普里高津耗散结构理论的建立为振荡反应提供了理论基础，从此振荡反应赢得了重视，它的研究得到了迅速发展。在过去的三四十年里，人们对化学振荡反应进行了大量研究，其中反应机理的探讨和化学振荡器的系统设计是两个主要领域。

11.4.1　化学振荡的基本条件

化学振荡有三个基本条件：

(1) 远离平衡。化学振荡和某些机械振荡不同，后者如钟摆的摆动是在平衡位置附近围绕平衡点的周期性运动。化学反应在平衡态时，正、逆反应的速率必须相等，而且不可能越过平衡态。化学振荡反应是体系远离平衡态下出现的自组织现象，普里高津已经证明：体系远离平衡态对出现自组织现象是必不可少的，不可逆程度很大时化学振荡才能发生。连续流动搅拌反应器可以方便地提供体系远离平衡态这一条件。

(2) 存在反馈。体系中必须含有反馈步骤，产物能加速反应，即自催化反应。

(3) 存在双稳定性。在同样条件下存在两个可能的稳定状态。

以上三个条件特别是后面两个和非线性紧密相关。奥尔班（Orban）等基于上述理论，根据从双稳定性到化学振荡的分析，成功地设计出了溴酸型振荡器、亚氯酸盐振荡器等。

11.4.2　B-Z 振荡反应

自从 B-Z 振荡反应发现以来，人们对它进行了广泛的研究。B-Z 振荡反应的实验监测一般用铂电极监测体系的电势变化，用光度法监测体系的光吸收变化，用溴离子电极监测体系的溴离子变化以及用量热技术测量该振荡反应的热效应等。1972 年，菲尔德（Field）、寇罗斯（Körös）和诺伊斯（Noyes）基于实验事实，通过分析得到著名的 FKN 机理。

该机理认为反应由以下三个过程组成：

过程Ⅰ (1) $BrO_3^- + Br^- + 2H^+ \longrightarrow HBrO_2 + HOBr$

(2) $HBrO_2 + Br^- + H^+ \longrightarrow 2HOBr$

特点是大量消耗 Br^-，产生能进一步反应的 HOBr、$HBrO_2$ 为中间体。

过程Ⅱ (3) $BrO_3^- + HBrO_2 + H^+ \rightleftharpoons 2BrO_2 \cdot + H_2O$

(4) $2BrO_2 \cdot + 2Ce^{3+} + 2H^+ \longrightarrow 2HBrO_2 + 2Ce^{4+}$

这是一个自催化过程，在 Br^- 消耗到一定程度后，$HBrO_2$ 才转到按以上两式进行反应，并使反应不断加速，与此同时，催化剂 Ce^{3+} 氧化为 Ce^{4+}。$HBrO_2$ 的累积还受到下列歧化反应的制约：

(5) $2HBrO_2 \longrightarrow BrO_3^- + HOBr + H^+$

过程Ⅲ 有机化合物 MA 如丙二酸被 HOBr 溴化为BrMA，MA 和 BrMA 又和 Ce^{4+} 反应产生 Br^- 和其他产物，Ce^{4+} 则还原为 Ce^{3+}。反应为

(6) $2Ce^{4+} + MA + BrMA \longrightarrow fBr^- + 2Ce^{3+} +$ 其他产物

式中，f 是系数，随不同条件而异。过程Ⅲ对化学振荡非常重要，如果只有过程Ⅰ和Ⅱ，那就是一般的自催化反应或时钟反应，进行一次就完成。正是由于过程Ⅲ，以有机化合物 MA 的消耗为代价，重新得到 Br^- 和 Ce^{3+}，反应得以重新启动，形成周期性的振荡。

根据上述机理，菲尔德和诺伊斯提出俄勒冈(Oregon)模型(在美国俄勒冈州提出)。模型如下：

$$A + Y \longrightarrow X + P$$
$$X + Y \longrightarrow 2P$$
$$A + X \longrightarrow 2X + Z$$
$$2X \longrightarrow A + P$$
$$Z \longrightarrow fY$$

式中，X、Y 和 Z 分别代表 $HBrO_2$、Br^- 和 Ce^{4+}；A 代表 $KBrO_3$ 为常量；P 代表 HOBr 是惰性产物。该模型是仅含有单分子和双分子反应的三变量模型。该模型的计算机模拟与实验结果基本一致。

11.4.3 复杂振荡、多重定态及混沌现象

与化学振荡现象一样，体系在远离平衡态下会出现许多其他复杂的现象，如多重定态复杂振荡和混沌等。对这些现象的研究有助于了解化学振荡体系的本质。

1. 多重定态和振荡

定态是指在一组约束条件下其所有的状态变量不随时间变化的状态。平衡态是定态的一种特殊情况。多重定态则是指在一组约束条件下，体系的定态多于一个。目前通过实验，特别是利用连续流动搅拌反应器技术，发现了许多多重定态体系。例如，AsO_3^{3-}-O_3^- 体系，$HClO_2$-I^- 体系，BrO_3^--I^- 体系，$KMnO_4$-$H_2C_2O_4$ 体系以及 $HClO_2$-$S_2O_3^{2-}$ 体系等都是双重定态体系；而 ClO_2^--I^--IO_3^--AsO_3^{3-} 体系是三重定态体系。ClO_2^--I^- 体系是由一个定态和一个振荡态构成的双重定态体系。根据 Boissonade 等的工作可知：由两个定态组成的双重定态体系可产生振荡，而由一个定态和一个振荡态组成的双重定态体系可产生复杂振荡。

2. 混沌现象

简单地说，混沌现象就是指非周期振荡现象。它最突出的特点就是体系的变量随时间的变化不具有任何的周期或准周期性。数学分析表明，B-Z 体系通过双周期序列、间歇等可以由简单的周期振荡过渡到混沌状态。实验表明，$HClO_2$-$S_2O_3^{2-}$ 体系除有复杂振荡

外，还存在混沌性振荡。

化学振荡的意义在于它是一种从无序到有序的现象，周期性就是有序的一种表现。在应用经典热力学原理时，总是说过程的方向是从有序到无序，孤立体系的熵只能单方向地增大。然而在自然界，特别是生命体系中，存在许多从无序向有序的变化，生物进化就是一个突出的例子。化学振荡则说明，在无生命的体系中也能出现从无序到有序的变化。按照不可逆过程热力学的观点，熵随时间的变化由熵流和熵产生两部分组成，对于不可逆过程熵产生只能大于零。对于封闭体系的振荡反应，就振荡而言是有序的，但它以消耗有机化合物(如丙二酸等)作为代价，总体熵仍增大，并且振荡最终必然衰减而消失。对于敞开体系，要实现持续的有序振荡，必须有足够大的负熵流，这可以是环境对体系做功，也可以是不断地补充消耗掉的物质。普里高津将这种为了形成有序而必须流出足够的熵的结构称为耗散结构，又称为自组织现象。普里高津采用下列机理来表示振荡反应：

$$A + X \longrightarrow 2X \tag{i}$$

$$X + Y \longrightarrow 2Y \tag{ii}$$

$$Y \longrightarrow P \tag{iii}$$

其中(i)与(ii)都是具有反馈作用的自催化反应。普里高津发展的耗散结构和非线性不可逆过程热力学理论是研究有序及混沌现象的有力武器。现在我们知道，由于速率方程的非线性，特别是反馈和双稳定性，再加上远离平衡，我们能从稳定态的反应领域进入非稳定的反应领域，进入振荡的领域，并且进一步进入混沌的领域。我们更接近了自然界的本来面貌，它是无序和有序、简单和复杂、确定性和随机性交织在一起的丰富多彩的世界。

习　题

11-1　若增加溶液中的离子强度，是否会影响下述反应的反应速率常数？并指出速率常数是增大、减小、还是不变。

(1) $CH_3COOC_2H_5 + OH^- \longrightarrow CH_3COO^- + C_2H_5OH$

(2) $NH_4^+ + CNO^- \longrightarrow CO(NH_2)_2$

(3) $S_2O_8^{2-} + 2I^- \longrightarrow I_2 + 2SO_4^{2-}$

(4) $2[Co(NH_3)_5Br]^{2+} + Hg^{2+} + 2H_2O \longrightarrow 2[Co(NH_3)_5H_2O]^{3+} + HgBr_2$

〔答案：(1) 不变；(2) 减小；(3) 增大；(4) 增大〕

11-2　298K 时，反应$[Co(NH_3)_5(H_2O)]^{3+} + Br^- \underset{k_{-2}}{\overset{k_2}{\rightleftharpoons}} [Co(NH_3)_5Br]^{2+} + H_2O$的平衡常数$K=0.37$，$k_{-2}=6.3\times10^{-6}\,s^{-1}$。计算：(1) 在低离子强度介质中正向反应速率常数k_2；(2) 在 $0.1mol\cdot dm^{-3}$ $NaClO_4$溶液中，正向反应速率常数k'_2。

〔答案：(1) $2.3\times10^{-6}\,s^{-1}$；(2) $2.5\times10^{-7}\,s^{-1}$〕

11-3　以 $PdCl_2$ 为催化剂，乙烯氧化制乙醛的反应机理如 11.2.6 小节所示，试由此机理推导出速率方程为

$$r = k_{obs}\frac{[PdCl_4^{2-}][C_2H_4]}{[H_3O^+][Cl^-]^2}$$

〔答案：略〕

11-4　用停流法研究酶催化反应

$$CO_2(aq) + H_2O \longrightarrow H^+ + HCO_3^-$$

反应介质的 pH=7.1，温度为 0.5℃。酶的起始浓度$[E]_0=2.8\times10^{-9}\,mol\cdot dm^{-3}$，起始反应速率 r_0 与$[CO_2]_0$的函数关系如下：

$[CO_2]_0$/(mmol·dm^{-3})	r_0/(mmol·dm^{-3}·s^{-1})	$[CO_2]_0$/(mmol·dm^{-3})	r_0/(mmol·dm^{-3}·s^{-1})
1.25	0.028	5.00	0.080
2.50	0.048	20.0	0.155

试用莱恩威弗-伯克公式作图求出 k_2 和 K_M。

〔答案：$7.54\times10^4 s^{-1}$，$8.23\times10^{-3} mol\cdot dm^{-3}$〕

11-5 试计算 1mol 波长为 85nm 的光所具有的能量。

〔答案：$1.41\times10^6 J$〕

11-6 在波长为 214nm 的光照射下，发生下列反应：

$$HN_3 + H_2O + h\nu \longrightarrow N_2 + NH_2OH$$

当吸收光的强度 $I_a=1.00\times10^{-7} E\cdot dm^{-3}\cdot s^{-1}$，照射 39.38min 后，测得$[N_2]=[NH_2OH]=24.1\times10^{-5} mol\cdot dm^{-3}$。试求量子产率 Φ。

〔答案：1.02〕

11-7 在 $H_2(g)+Cl_2(g)$的光化反应中，用 480nm 的光照射，量子产率约为 1×10^6，试估算每吸收 4.184J 辐射能将产生多少 HCl(g)。

〔答案：33.6mol〕

11-8 气态丙酮的样品被一波长为 313nm 的单色光照射，这个波长的光可使丙酮按下式分解：

$$(CH_3)_2CO + h\nu \longrightarrow C_2H_6 + CO$$

实验时反应池体积为 $59cm^3$，丙酮蒸气吸收入射光的 91.5%，实验测得入射光能 $E=4.81\times10^{-3} J\cdot s^{-1}$，始压 $p_1=102.1kPa$，终压 $p_t=104.4kPa$，反应温度为 330.0K，照射 7h。试计算该反应的量子产率。

〔答案：0.171〕

11-9 用汞灯照射溶解在 CCl_4 溶液中的氯气和正庚烷(C_7H_{16})。由于 Cl_2 吸收了 I_a(单位为 mol·dm^{-3}·s^{-1})的辐射，引起链反应如下：

链引发　$Cl_2 + h\nu \xrightarrow{k_1} 2Cl\cdot$

链增长　$Cl\cdot + C_7H_{16} \xrightarrow{k_2} HCl + C_7H_{15}\cdot$

$C_7H_{15}\cdot + Cl_2 \xrightarrow{k_3} C_7H_{15}Cl + Cl\cdot$

链终止　$C_7H_{15}\cdot \xrightarrow{k_4}$ 链中断

试写出$-\dfrac{d[Cl_2]}{dt}$的速率表达式。

〔答案：$-\dfrac{d[Cl_2]}{dt}=I_a(1+2k_3k_4^{-1}[Cl_2])$〕

11-10 设有如下光化学过程：

$$S_0 + h\nu \longrightarrow S_1$$

$$S_1 \xrightarrow{k_f} S_0 + h\nu_f$$

$$S_1 \xrightarrow{k_d} S_0$$

$$S_1 + Q \xrightarrow{k_Q} S_0 + Q$$

请推导

$$\frac{1}{\phi_f}=\frac{k_f+k_d}{k_f}+\frac{k_Q}{k_f}[Q]$$

式中，Q 是猝灭剂；ϕ_f 是荧光量子产率。若令上式右边第一项为 $1/\phi_f^0$，显然 ϕ_f^0 为猝灭剂$[Q]=0$ 时的荧光量子产率。

〔答案：略〕

11-11　乙醛的光解机理拟定如下：

$$CH_3CHO+h\nu \xrightarrow{k_1} CH_3+CHO \qquad \text{(i)}$$

$$CH_3+CH_3CHO \xrightarrow{k_2} CH_4+CH_3CO \qquad \text{(ii)}$$

$$CH_3CO \xrightarrow{k_3} CO+CH_3 \qquad \text{(iii)}$$

$$CH_3+CH_3 \xrightarrow{k_4} C_2H_6 \qquad \text{(iv)}$$

试推导 CO 的生成速率表达式和 CO 的量子产率表达式(式中，CHO 是反应形成的少量的各种物质)。

$$\left[\text{答案：}\frac{d[CO]}{dt}=k_2\left(\frac{k_1I_a}{2k_4}\right)^{1/2}[CH_3CHO],\ \Phi_{CO}=\frac{k_2[CH_3CHO]}{(2k_4I_a)^{1/2}}\right]$$

11-12　设有对峙反应 $A+B \rightleftharpoons 2D$，其正反应在光作用下的速率为

$$\frac{1}{2}\frac{d[D]_f}{dt}=kI_a[A][B]$$

其逆反应为双分子热反应，其速率常数为 k'。推导光稳态时 D 的浓度表示式。

$$\left[\text{答案：}[D]=\left(\frac{kI_a[A][B]}{k'}\right)^{1/2}\right]$$

11-13　顺式丁烯的碘化反应的机理拟定如下：

$$I_2+h\nu \xrightarrow{k_1} 2I \qquad \text{(i)}$$

$$I+C_4H_8 \underset{k_{-2}}{\overset{k_2}{\rightleftharpoons}} C_4H_8I \qquad \text{(ii)}$$

$$C_4H_8I+I_2 \xrightarrow{k_3} C_4H_8I_2+I \qquad \text{(iii)}$$

$$C_4H_8I_2+I \xrightarrow{k_{-3}} C_4H_8I+I_2 \qquad \text{(iv)}$$

$$I \xrightarrow{k_4} \frac{1}{2}I_2 \qquad \text{(v)}$$

试推导 $C_4H_8I_2$ 的生成速率表达式。

$$\left[\text{答案：}\frac{d[C_4H_8I_2]}{dt}=\frac{2I_a}{k_4}\frac{k_2k_3[C_4H_8][I_2]-k_{-2}k_{-3}[C_4H_8I_2]}{k_{-2}+k_3[I_2]}\right]$$

11-14　生产聚氯乙烯的原料氯乙烯是以 $HgCl_2$ 为催化剂，由乙炔和 HCl 进行加成反应而合成，其反应式为

$$C_2H_2+HCl \longrightarrow C_2H_3Cl$$

反应机理如下：

$$HCl+HgCl_2 \underset{k_{-1}}{\overset{k_1}{\rightleftharpoons}} HgCl_2\cdot HCl \qquad \text{(i)}$$

$$C_2H_2+HgCl_2\cdot HCl \xrightarrow{k_2} HgCl_2\cdot C_2H_3Cl \qquad \text{(ii)}$$

$$HgCl_2C_2H_3Cl \xrightarrow{k_3} HgCl_2+C_2H_3Cl \qquad \text{(iii)}$$

若(ii)为速控步，同时 C_2H_2 在气相中与被吸附的 HCl 反应，请推导出此催化反应速率方程。

$$\left[\text{答案：}r=\frac{k_1k_2[C_2H_2][HCl][HgCl_2]}{k_{-1}+k_2[C_2H_2]}\right]$$

课外参考读物

包信和.2009.纳米限域体系的催化特性.中国科学(B辑):化学,39(10):1125
柴向东.1988.超微粒子及其催化研究.大学化学,3:6
陈达明.1987.激光在化学中的应用.百科知识,3:61
陈庆德,李久强.2002.基础研究与工业生产的“亲密接触”——2001年诺贝尔化学奖简介.大学化学,17(1):47
陈荣悌.1994.配位化学中的相关分析.合肥:安徽教育出版社
邓景发.1984.催化作用原理导论.长春:吉林科学技术出版社
邓景发.1989.用表面能谱技术研究合成氨的反应机理.化学通报,8:1
杜梅西克 J A.1998.多相催化微观动力学.沈俭一译.北京:国防工业出版社
傅克坚.1985.激光与催化.百科知识,9:46
高月英.1997.耗散结构论简介中的几个要点.大学化学,12(2):13
何玉萼,袁永明,童冬梅,等.2006.物理化学.北京:化学工业出版社
洪祖培.1983.电导法用于催化研究.自然杂志,10:768
侯恩鉴.1986.浅谈化学振荡.化学教育,2:18
黄绍基.1987.紫外激光化学.化学通报,1:17
黄振炎.1990.Belousov-Zhabotinskii 反应.化学通报,8:52
霍俊红,贺占博.2003.可逆性化学振荡器.化学进展,15(2):92
李大东.1995.基础研究在炼油工业和加氢精制催化剂开发中的应用.大学化学,10(2):6
李妙贞,康红,王尔鉴.1982.光化学反应中照射光强的测定.化学通报,5:42
李鹏九.1994.浅谈耗散结构和非平衡态热力学.现代地质,01:88
李如生.1984.非平衡非线性现象和涨落化学——物理化学新课题.化学通报,5:41
李如生.1986.非平衡态热力学和耗散结构.北京:清华大学出版社
李如生.1988.化学混沌.化学通报,5:7
李祥云.1986.化学振荡反应的研究简史.化学通报,1:56
廖世健,徐筠.1984.齐格勒型催化剂的某些进展.化学通报,9:7
凌晨,张树永.2021.催化剂相关概念的辨析.大学化学,36(2):2002046
刘君利.1987.化学振荡反应研究进展.化学通报,11:1
刘君利.1989.化学混沌及其复杂现象的差异及关系.大学化学,2:30
陆志刚.1986.光化学.物理化学教学文集.北京:高等教育出版社
路洪,韩德刚,林秋竹,等.1988.循环伏安法用于化学振荡的研究.物理化学学报,1:84
孟继华.1981.红外激光化学.化学通报,3:44
彭少方,张昭.2006.线性和非线性非平衡态热力学展望和应用.北京:化学工业出版社
邱明新.1985.激光化学中的若干问题.自然杂志,11:787
任新民.1982.感光化学浅谈.化学通报,9:21
沈小峰,胡岗,姜璐.1987.耗散结构论.上海:上海人民出版社
宋心琦.1986.光化学原理及其应用.大学化学,1:2
宋毅,何国祥.1986.耗散结构论.北京:中国展望出版社
汪海有,蔡启瑞.1997.同位素方法在催化反应研究中的应用.化学通报,9:1
王开辉,万惠林.1983.催化原理.北京:科学出版社
王彰九,成志远.1986.用热导式量热计研究溶液反应动力学.化学通报,3:42
魏俊发,俞贤达,金道森.1997.锰超氧化物歧化酶及其化学模拟研究.化学进展,9(1):14
吴越.1981.酶和催化.化学通报,8:486
吴越,杨向光.2003.在非平衡态热力学的基础上探索建立催化理论的新途径.化学进展,15(2):1
夏炽中,姚庆伟.1989.几种酶催化作用的模拟.化学通报,2:1
鲜于玉琼.1986.扩散对溶液反应动力学的影响.化学通报,9:17
鲜于玉琼.1989.同位素平衡交换动力学——研究酶催化机理的重要方法.化学通报,1:7

肖良质.1984.太阳能催化合成氨.自然杂志,11:846

徐启阳.1980.激光是怎样产生的.物理,5:476

许海涵.1984.化学振荡.化学通报,1:26

许松岩.1989.配位催化与精细合成.化学通报,3:25

野依良治.2002.不对称催化:科学与机遇.化学通报,6:363

虞群,叶退平,寿涵森.1989.激光闪光光解技术简介.化学通报,5:51

张纯喜.1997.固氮酶的固氮机理和其人工模拟问题的探讨.化学进展,9(2):131

张大煜,蔡启瑞,余祖熙,等.1982.我国催化工作五十年.自然杂志,11:07

郑重知.1987.不可逆热力学及现代反应动力学导论.北京:高等教育出版社

钟文士,张启衍.1988.量子产率与量子效应.大学化学,2:39

朱秀昌.1983.光解水制氢研究的新进展.自然杂志,6:473

第12章 电 化 学

本章重点、难点

(1) 法拉第电解定律及其应用。

(2) 电导、电导率和摩尔电导率。

(3) 离子独立移动定律及其应用。

(4) 电导测定的应用。

(5) 电池的图式表示及书写电极反应、电池反应的规定。

(6) 将化学反应设计成可逆电池。

(7) 可逆电极及可逆电池的特征。

(8) 可逆电极电势及可逆电池电动势的能斯特公式。

(9) 标准电极电势及其应用。

(10) 电池电动势的测定及其应用。

(11) 电化学反应速率、电流密度和电极电势的相互关系。

(12) 电解池与分解电压。

(13) 极化和超电势的定义及物理意义。

(14) 原电池与电解池的异同点,电解池与原电池极化的差异。

(15) 超电势的测定及其应用。

(16) 塔费尔方程中各项的物理意义。

(17) 几种金属离子共存时电沉积的顺序。

本章实际应用

(1) 电导测定可用于测定水质纯度、水中含盐量及在化学动力学中作为反应进程的指示剂;在胶体化学中用于测定临界胶束浓度等。电导滴定是确定浑浊或有色溶液滴定终点的有效方法。基于电导原理发明了电化学离子色谱抑制柱,可用于导电物质的分离检测。

(2) 电化学是研究化学能与电能之间相互转化及其规律的科学。一方面,化学能可以转化为电能,并以电池的形式提供便捷的电能;另一方面,可以通过电解池将电能转化为化学能,电解制备所需的物质和材料。

(3) 从可逆电池不仅可以获得最大输出电功,通过实验测得的可逆电池电动势还可用于计算化学反应的热力学数据,如反应的吉布斯自由能变化、焓变和熵变以及电解质的平均活度系数、反应的平衡常数和溶液的 pH 等。

(4) 从手机的可充电电池到宇宙飞船上使用的燃料电池,从电渗析法自海水中获得饮用水到环境的“三废”治理,从电泳分离技术和心、脑电图检测技术到各种电化学传感器,无不展现了电化学在能源、材料、环境、生命和信息领域的广泛应用。

(5) 电解是氯碱工业的理论基础。氯碱工业是最基本的化学工业之一,它的产品除应用于化学工业本身外,还广泛应用于轻工业、纺织工业、冶金工业、石油化学工业以及公用事业。

(6) 电沉积广泛应用于电解冶金、电解精炼、电镀、生产复制品和再生艺术品及印刷电路等。

(7) 电化学现象在自然界中普遍存在。例如,处于潮湿大气中的金属本身也可构成微电池,造成金属腐蚀;生物体内细胞膜电势驱动肌肉运动等。这些现象无不涉及电化学问题。这种普遍存在的电化学现象注定了电化学具有强大的生命力。

12.1 引 言

电化学是研究化学能和电能之间以及电能与物质之间的相互转换及其规律的一门学科。化学反应通常伴随着热的吸收和放出(反应热效应),并不涉及电能。而电化学则讨论在消耗外电能的情况下进行的反应或作为电能来源的反应。这样的反应称为电化学反应。

我们首先应该了解电化学反应和化学反应之间的区别,并说明化学变化的能量效应在电化学反应中采取电能形式而在一般化学反应中采取热能形式的原因。化学反应的特点如下:

(1) 反应物必须接触、碰撞才能发生化学反应。

(2) 在碰撞的一瞬间,当反应质点相互紧密靠近时,电子从一个质点转移到另一质点成为可能,电子所经过的路径是非常小的。

(3) 反应质点间碰撞的混乱性以及由此引起的电子混乱运动构成化学反应的第三个特点.

知识点讲解视频

电化学反应特征

(朱志昂)

发生一个电化学过程,反应条件必须改变。电能的获得和损失总是与电流的通过有关,而电流是电子在一个方向上的流动。因此,电化学反应有以下特征:

(1) 电子运动是有规则的定向运动。只有当电子通过的途径与原子大小相比很大时,电能利用才有可能。因此,在电化学反应中,电子从一种参加反应的物质转移到另一种物质必须经过足够长的路径。

(2) 反应物在空间上彼此分开是电化学过程的必要条件。如果反应质点进行接触,电子运动的路径就不可能是长的。在电化学反应中是每一种参加反应的物质与电极接触。这两个电极再用金属导体连接,就能实现电化学反应。

(3) 电化学反应的活化能不仅取决于反应物和电极本性,还取决于电极电势。所以,电化学反应速率不仅依赖于温度、反应物性质和催化剂材料,还依赖于电极电势。电化学反应可以定义为其速率是电势函数的化学反应。

因此,无论从热力学(过程的能量效应)的观点来看,还是从动力学(活化能)的观点来看,电化学反应和化学反应都是有区别的。

化学能和电能的相互转变只有在电化学体系中才是可能的。电化学体系由下面几部分组成:

(1) 电解质溶液。它作为离子导体,提供了电流的通路。

(2) 电极。它们是与电解质溶液相接触的两块金属板,和反应物发生电

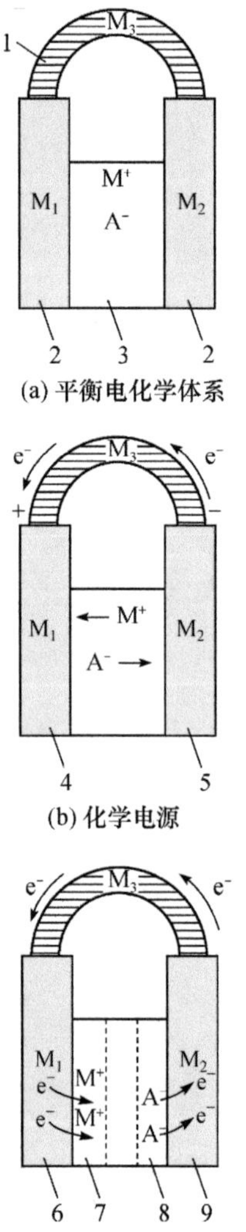

(a) 平衡电化学体系

(b) 化学电源

(c) 电解池

图 12-1　电化学体系

1. 外电路；2. 电极；3. 电解液；4. 正极；5. 负极；6. 阴极；7. 阴极电解液；8. 阳极电解液；9. 阳极

子交换，并把电子转移到外电路，或从外电路转移电子进来，这些金属板称为电极。

(3) 外电路。它是连接电极并保证电流在两极间通过的金属导体(第一类导体)。

一个电化学体系可能处于平衡态[图 12-1(a)]或非平衡态[图 12-1(b)和(c)]。由于化学变化而产生电能的体系称为化学电源，或称原电池。在这种情形下，给出电子到外电路的电极称为电池的负极，从外电路接受电子的电极称为电池的正极。由外电能引起电化学反应的体系称为电解池[图 12-1(c)]。在这里，从反应物接受电子的电极称为阳极，把电子给予反应物的电极称为阴极。直接靠近阳极的那部分溶液是阳极电解液，同样，阴极周围的电解液称为阴极电解液。因为失去电子是氧化作用，接受电子是还原作用，我们可以说，阳极是发生氧化反应的电极，而阴极是发生还原反应的电极。因此，原电池的负极也是阳极，其正极也是阴极。

电化学研究的主要内容有电解质溶液、原电池和不可逆电极过程。下面将分别予以讨论。

12.2　电迁移现象

电解质可分为真正电解质(true electrolyte)和潜在电解质(potential electrolyte)。真正电解质与溶剂接触前，在晶体状态下以离子形式存在，而潜在电解质在与溶剂接触前以分子形式存在，在溶剂中发生电离。真正电解质通常称为强电解质，潜在电解质称为弱电解质。电解质溶液的性质包括平衡性质和非平衡性质。电解质溶液的平衡性质在第 6 章和第 8 章已经讨论过。本章讨论电解质溶液的非平衡性质，包括扩散和有电流通过电解质溶液的电迁移现象，主要讨论后者。

12.2.1　法拉第定律

法拉第定律由法拉第(Faraday)于 1834 年提出。法拉第是英国著名的物理学家、化学家，其发现奠定了电化学和电磁学的基础，被誉为电学之父。法拉第是世界著名的自学成才的科学家，他出身贫困，先后做过报童和书店学徒，没有受过正规教育。但他不放过任何学习机会，依靠自己不懈的努力，20 岁成为当时著名科学家戴维的助手，开始科学生涯。法拉第一生热爱科学，淡泊名利，曾拒绝政府年金和贵族称号，以生为平民为荣，是一位来自人民又造福人民的平民科学家。

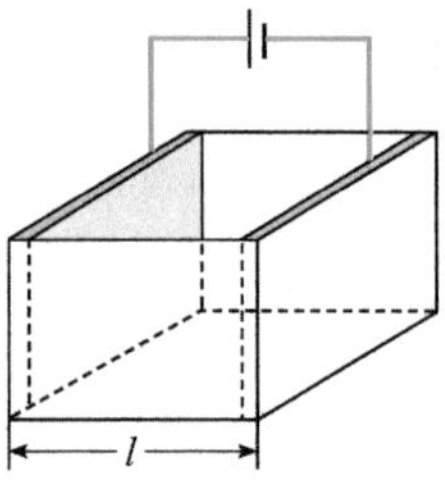

图 12-2　电解池

图 12-2 表示一个电解池，两极之间含有电解质溶液。当电解池的两极与蓄电池的两端相连时，在两极上就有电势差。电子定向运动形成电流通过金属导线和金属电极，离子定向运动形成电流通过溶液。在每一个电极与溶液的界面上发生电化学反应，电子在电极上流出或流入。例如，若两个电极都是 Cu，电解质溶液是 $CuSO_4$，则两个电极上电化学反应分别为

阳极　　　$Cu \longrightarrow Cu^{2+}(aq) + 2e^-$

阴极　$Cu^{2+}(aq) + 2e^- \longrightarrow Cu$

从电解质溶液中每析出 1mol 铜，必须有 2mol 电子流过电路。如果电流

I 保持不变，则通过的电荷量 $Q=It$。实验表明，析出 1mol 铜需要 192 970C 的电荷流经电路，所以 1mol 电子的总电荷为 96 485C，称为法拉第常量，$F=$ 96 485C · mol^{-1}。从含有 M^{z+} 的溶液中析出 1mol 金属 M 需要 z_+ mol 的电子，所以 Q 库仑的电荷能析出 m 质量的金属 M：

$$m=\frac{Q}{z_+ F}M \tag{12-1}$$

式中，M 是金属 M 的摩尔质量。式(12-1)就是法拉第电解定律。

如果电流 I 不是固定不变的，则在时间 t 内通过电路的总电荷为 $Q=\int_0^t I\mathrm{d}t$。由于 I 难以保持不变，故最好的方法是测定电解池中电极上析出金属的质量，利用式(12-1)计算出 Q。这样的电解池称为库仑计(coulometer)，银是库仑计中常用的金属。

在实际电解时，电极上常发生副反应或次级反应。因此要析出一定数量的某一物质时，实际上所消耗的电量要比按照法拉第定律计算所需的理论电量多一些。此两者之比称为电流效率，通常用百分数来表示。当析出一定数量的某物质时

$$\text{电流效率}=\frac{\text{按法拉第定律计算所需理论电量}}{\text{实际所消耗的电量}}\times 100\%$$

或者当通过一定电量后

$$\text{电流效率}=\frac{\text{电极上产物的实际质量}}{\text{按法拉第定律计算应获得的产物质量}}\times 100\%$$

12.2.2 电解质溶液的导电能力

根据导电的特征和大小，所有的物质可以分为以下五类：

(1) 非导体或绝缘体。即使在较高的电场下，也看不到电流在这些物体中流过。电阻率 ρ 超过 $10^8\Omega\cdot cm$ 的物质通常列为绝缘体一类。

(2) 第一类导体或电子导体。这些导体包括各种金属、碳质材料和某些氧化物。第一类导体是由电子来传导电流的，其电阻率为 $10^{-8}\sim10^{-6}\Omega\cdot cm$。

(3) 半导体。这是一些由电子和空穴来传导电流的物质(某些半金属、金属间化合物、盐类、有机化合物)。

(4) 第二类导体或离子导体。它们是靠离子来传输电流的物质，包括许多固态盐、离子熔融物和电解质溶液。

(5) 混合型导体。这类导体是电子和离子联合导电的一些材料，如碱金属和碱土金属溶在液氨中所形成的一些溶液以及某些固态盐类。下面将主要讨论离子导体——电解质溶液的导电问题。

1. 电导、电导率

物体的导电能力可用电导 G 来表示，它定义为电阻的倒数，其单位是西门子，用 S 或 Ω^{-1} 表示。根据欧姆定律

$$R=\frac{\Delta\varphi}{I}$$

则

$$G=\frac{1}{R}=\frac{I}{\Delta\varphi} \tag{12-2}$$

式中，$\Delta\varphi$ 是外加电压(单位为伏特，用 V 表示)；I 是电流强度(单位为安培，用 A 表示)。

导体的电阻与其长度 l 成正比，而与其截面积 $\mathscr{A}$ 成反比，用公式表示为

$$R=\rho\frac{l}{\mathscr{A}} \tag{12-3}$$

式中，比例系数 ρ 称为电阻率，是指长为 1m、截面积为 $1m^2$ 的导体(或电解质溶液液柱)所具有的电阻，单位是 Ω · m。电阻率的倒数就是电导率 κ。

$$\kappa=\frac{1}{\rho}=G\frac{l}{\mathscr{A}}=\frac{1}{R}\frac{l}{\mathscr{A}} \tag{12-4}$$

κ 是指长为 1m、截面积为 $1m^2$ 的导体(或电解液液柱)的电导，其单位是 $S\cdot m^{-1}$(或 $\Omega^{-1}\cdot m^{-1}$)。将式(12-2)代入式(12-4)得

$$\kappa=\frac{I}{\mathscr{A}}\frac{1}{\frac{\Delta\varphi}{l}}=\frac{i}{E} \tag{12-5}$$

式中，i 是电流密度，单位为 $A\cdot m^{-2}$；E 是电场强度，单位为 $V\cdot m^{-1}$。

2. 电导的测定

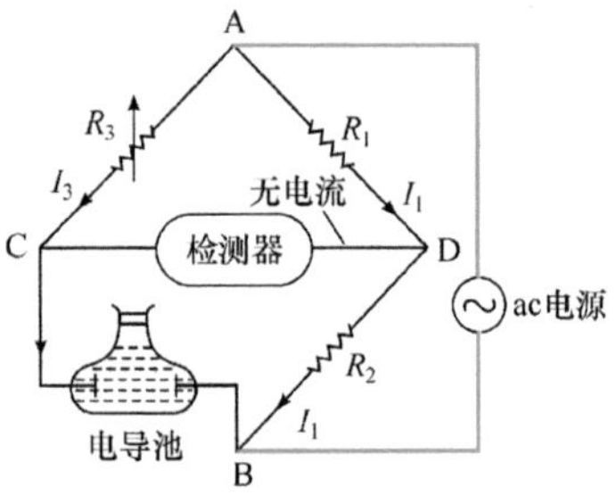

图 12-3 电解质溶液电导的测定

测定电解质溶液的电阻不能用直流电流，因为在电极上形成电解产物，导致电解质浓度的改变和溶液电阻的改变。为了消除这些影响，人们改用交流电，将镀有铂黑的铂作为电极材料，浸在恒温浴中的电导池作为惠斯通电桥(Wheatstone bridge)的一臂(图 12-3)。调节电阻 R_3 直至 C 和 D 两端之间的检测器中没有电流通过，表明 C 和 D 两端的电位相等。根据式(12-2)，$|\Delta\varphi|_{AD}=I_1R_1$，$|\Delta\varphi|_{AC}=I_3R_3$，$|\Delta\varphi|_{DB}=I_1R_2$ 及 $|\Delta\varphi|_{CB}=I_3R$。因为 $\varphi_C=\varphi_D$，所以

$$|\Delta\varphi|_{AC}=|\Delta\varphi|_{AD} \qquad |\Delta\varphi|_{CB}=|\Delta\varphi|_{DB}$$

则

$$I_3R_3=I_1R_1 \qquad I_3R=I_1R_2 \qquad \frac{R}{R_3}=\frac{R_2}{R_1}$$

已知 R_1、R_2 和 R_3，可求出 R。实验表明，R 值与所用交流电位差的大小无关，所以服从式(12-2)。测出电解质溶液的 R 值后，利用 $\kappa=\frac{1}{\rho}=\frac{l}{\mathscr{A}R}$ 可求算电导率 κ，这里 $\mathscr{A}$ 是电极面积，l 是两电极间的距离。电导池常数(cell constant)K 的定义是 $K\equiv l/\mathscr{A}$，$\kappa=K/R$。将已知电导率的 KCl 水溶液作为电导池中的电解质溶液，测定 R 值后，求算该电导池的常数 K，以备待测溶液用。各种浓度的 KCl 水溶液的电导率已在准确知道 K 值的电导池中测出，可从化学手册中查到。在电导测定中必须应用极纯溶剂，微量杂质对 κ 值有很大的影响。纯溶剂的电导率必须从溶液的电导率减去，以求得电解质的电导率。

3. 摩尔电导率

因为单位体积中的电荷载体(离子)的数目通常随电解质浓度的增加而增加，所以电导率通常也随电解质浓度的增加而增大。为了取得一定量电解

质的导电能力的量度，定义电解质的摩尔电导率为

$$\Lambda_m \equiv \frac{\kappa}{c} \tag{12-6}$$

式中，c 是电解质的物质的量浓度。例如，20℃时，$1mol \cdot dm^{-3}$ KCl 水溶液的 $\kappa=0.1\Omega^{-1} \cdot cm^{-1}$，所以溶液的 Λ_m 为

$$\begin{aligned}\Lambda_m(KCl) &= \frac{0.1\Omega^{-1} \cdot cm^{-1}}{1mol \cdot dm^{-3}} = \frac{0.1\Omega^{-1}(10^{-2}m)^{-1}}{1mol(10^{-1}m)^{-3}} \\ &= 0.01\Omega^{-1} \cdot m^2 \cdot mol^{-1} \\ &= 1 \times 10^2 \Omega^{-1} \cdot cm^2 \cdot mol^{-1}\end{aligned}$$

摩尔电导率的文字定义可表示为：在相距单位距离（1m）的两个电导池的平行电极之间盛放含有 1mol 电解质（指定电解质的基本单元）的溶液时的电导。这与式（12-6）是等价的。摩尔电导率有时简称为摩尔电导，它不同于电导率之处在于它指定了电解质的含量为 1mol，而不限定电导池极板的两极以及相应的溶液体积，它只限定两极板间距离为 1m。电导率则限定极板面积为 $1m^2$，相应溶液体积为 $1m^3$，电解质含量却随浓度而异。

摩尔电导率中的形容词“摩尔”是除以物质的量浓度的意思。在应用这个量时，应将浓度为 c 的物质的基本单元置于 Λ_m 后的括号中指明。例如

$$\Lambda_m(KCl) \qquad \Lambda_m(MgCl_2) \qquad \Lambda_m\left(\frac{1}{2}MgCl_2\right) \qquad \Lambda_m\left(\frac{2}{3}AlCl_3+\frac{1}{3}KCl\right)$$

以前符号 Λ 用来代表量 $\frac{\kappa}{\nu_+ z_+ c}$，其中 ν_+ 为给定形式的盐“分子”在解离中所产生的电荷数 z_+ 的正离子的数目，并将此量称为“当量电导（率）”。IUPAC 建议停止使用“当量电导”。对于离子价数高于 1 的电解质，基本单元的选择最好是使之与 1 价离子相当。对于上述氯化镁来说，即选择 $\frac{1}{2}MgCl_2$。这样会给计算带来许多方便。这种选择的摩尔电导率相当于过去习惯使用的当量电导。

4. 浓度、温度和压力对电解质溶液电导的影响

电解质溶液的摩尔电导率不仅与电解质性质、溶剂性质有关，而且与浓度、温度、压力有关。

1）浓度影响

电解质水溶液的摩尔电导率随浓度的增大而减小，如图 12-4 所示。当浓度为 0 时，摩尔电导率达到最大值，称为无限稀释时的摩尔电导率，用 Λ_m^∞ 表示。

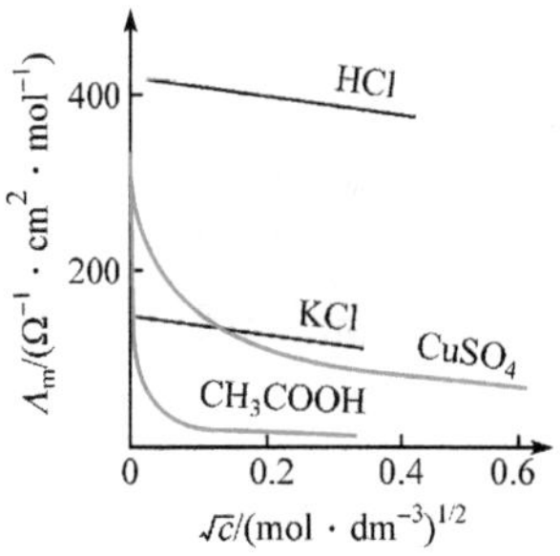

图 12-4 摩尔电导率与浓度的关系

科尔劳乌施（Kohlrausch）在实验中发现，在低浓度区域，强电解质的摩尔电导率按以下经验方程随浓度而改变：

$$\Lambda_m = \Lambda_m^\infty - A\sqrt{c} \tag{12-7}$$

这一规律称为平方根定律（A 是一个经验常数）。

在浓度稍高一些的强电解质溶液中，与实验更为一致的方程是

$$\Lambda_m = \Lambda_m^\infty - A\sqrt[3]{c} \tag{12-8}$$

式(12-8)称为立方根定律。

对于弱电解质的稀溶液来说,则下列方程是正确的:

$$\lg\Lambda_m = 常数 - \frac{1}{2}\lg c \tag{12-9}$$

对于 Λ_m,由于电解质的总量已规定为 1mol,因此强电解质的 Λ_m 随浓度的增大而减小完全归因于离子间相互作用的增强。而对于弱电解质来说,这种减小主要归因于解离度的减小。因此,CH_3COOH 的 Λ_m 随 c 的变化与强电解质有明显的不同,当浓度很小时,由于解离度随 c 的增大很快减小,使 Λ_m 急剧下降。

强电解质的 Λ_m^∞ 可用外推法求出。但弱电解的 Λ_m^∞ 不能从外推法求得,所以从实验值直接求弱电解质的 Λ_m^∞ 遇到了困难。科尔劳乌施的独立移动定律解决了这个问题。

2) 温度的影响

对于一个窄的温度范围来说,摩尔电导率对温度的依赖关系可用以下方程表示:

$$\Lambda_{m,t} = \Lambda_{m,t=0}(1+\alpha t) \tag{12-10}$$

而对较大的温度范围则为

$$\Lambda_{m,t} = \Lambda_{m,t=0}(1+\alpha t-\beta t^2) \tag{12-11}$$

式中,$\Lambda_{m,t}$ 和 $\Lambda_{m,t=0}$ 分别是 t 和 0℃的摩尔电导率;α 和 β 是经验系数。

稀溶液的电导率与温度的关系可用科尔劳乌施公式加以描述,此公式与式(12-11)相似

$$\kappa_t = \kappa_{t=25}[1+\alpha'(t-25)+\beta'(t-25)^2] \tag{12-12}$$

仅有的差别是标准温度取 25℃。系数 α'、β' 是与电解质本性有关的常数。

3) 压力影响

弱电解质和强电解质的电导都还与溶液的压力有关。例如,实验已经证明在低温(截至 20℃)时乙酸溶液的电导随压力增大而降低。在较高温度下,同一溶液当压力升高时电导有一定的增加。当压力从101 325Pa增加到 $5\times10^6\sim1\times10^7$ Pa 时,发现大多数强电解质的摩尔电导率都增加(取决于电解质本性)。压力的进一步增加则会使电导减小,以致低于 101 325Pa 压力下的那些电导值。

12.2.3 离子的电迁移现象

知识点讲解视频

无限稀溶液中离子摩尔电导率的求算

(朱志昂)

1. 离子的电迁移率

通电于电解质溶液后,溶液中承担导电任务的正、负离子分别向阴、阳两极移动,在相应的两极界面上又发生还原或氧化反应,使两极旁溶液的浓度也发生变化。离子在溶液中的迁移速率 v 除与离子的本性(包括离子半径、离子水化程度、所带电荷等)有关外,还与电场强度 E(又称电势梯度)成正比。单位电场强度下离子的迁移速率称为离子的电迁移率(electric mobility),用符号 u_B 表示

$$u_B = \frac{v}{E} \tag{12-13}$$

v 与 E 的单位分别为 $m\cdot s^{-1}$ 与 $V\cdot m^{-1}$,因此 u_B 的单位为 $m^2\cdot V^{-1}\cdot s^{-1}$。

1）电解质溶液的电导率 κ 与电迁移率 u_B 的关系

假定溶液中有 N_+ 个正离子，在时间 dt 内正离子迁移了 $v_+ dt$ 距离，在距负极的这个距离（$v_+ dt$）内的所有正离子在时间 dt 内都能到达负极上。这个距离内正离子数目是（$v_+ dt/l$）N_+（这里 l 是正、负电极间距离）。在时间 dt 内，通过平行于电极的平面上的正电荷 $dQ_+ = (z_+ ev_+ N_+/l)dt$（这里 e 是质子电荷）。正离子的电流密度 $i_+ \equiv I_+/\mathscr{A} = (dQ_+/dt)\mathscr{A}^{-1} = z_+ ev_+(N_+/V)$，这里 $V = \mathscr{A}l$ 是两极间所含溶液的体积。同样，负离子的电流密度 $i_- = |z_-|ev_-(N_-/V)$。这里将 v_+ 和 v_- 均取为正值。

$$\frac{eN_+}{V} = \frac{en_+ L}{V} = ec_+ L = c_+ F$$

式中，n_+ 是正离子 M^{z+} 的物质的量；$c_+ = n_+/V$ 是 M^{z+} 的物质的量浓度。因此

$$i_+ = z_+ F v_+ c_+$$

同理

$$i_- = |z_-| F v_- c_-$$

实验测得的电流密度 i 为

$$i = i_+ + i_- = z_+ F v_+ c_+ + |z_-| F v_- c_-$$

如果溶液中含不止两种离子，则离子 B 的电流密度 i_B 和总电流密度 i 分别为

$$i_B = |z_B| F v_B c_B \tag{12-14}$$

$$i = \sum_B i_B = \sum_B |z_B| F v_B c_B \tag{12-15}$$

根据式（12-15），电解质溶液的电导率 κ 为

$$\kappa = \frac{i}{E} = \sum_B |z_B| F \frac{v_B}{E} c_B = \sum_B |z_B| F u_B c_B \tag{12-16}$$

对于只含正、负两种离子的溶液来说

$$\kappa = z_+ F u_+ c_+ + |z_-| F u_- c_-$$

由于溶液的各部分必须保持电中性，因此

$$z_+ ec_+ + z_- ec_- = 0$$

$$z_+ c_+ = |z_-| c_-$$

$$\kappa = z_+ F c_+ (u_+ + u_-) \tag{12-17}$$

$$i = z_+ F c_+ (v_+ + v_-) \tag{12-18}$$

2）离子电迁移率的实验测定

离子电迁移率可以用移动界面法（moving-boundary method）测定。图 12-5表示截面积 $\mathscr{A}$ 均匀一致的电解管内有两层溶液，上层为 KCl 水溶液，下层为 $CdCl_2$ 水溶液，两种溶液必须含有一种共同离子（如 Cl^-）。当电流通过溶液时，K^+ 和 Cd^{2+} 向上迁移到负极。为达到实验目的，下层溶液中的正离子必须比上层溶液中的正离子具有较小的电迁移率，即 $u(Cd^{2+}) < u(K^+)$。

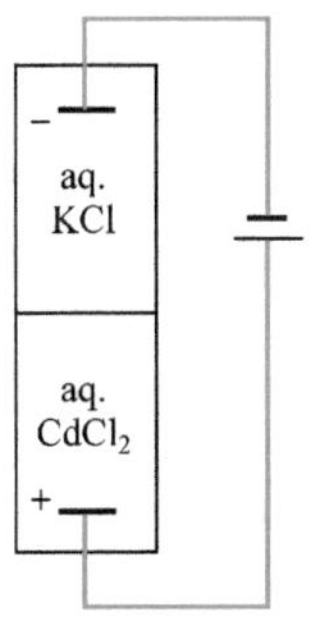

图 12-5　移动界面法装置

测量在时间 t 内，界面移动的距离 x，以求出 K^+ 的迁移速率 $v(K^+)$。

$$v(K^+) = \frac{x}{t}$$

$$u(K^+) = \frac{v(K^+)}{E}$$

$$E=\frac{i}{\kappa}=\frac{I}{\mathscr{A}\kappa}$$

因此

$$u(K^+)=\frac{x\mathscr{A}\kappa}{It} \tag{12-19}$$

式中,κ 是 KCl 溶液的电导率;It 等于通过的总电荷量 Q,可由库仑计测得。

在实验中两层溶液的分界面能保持清晰且实验只能测定 $u(K^+)$,而不能测定 $u(Cd^{2+})$。由式(12-13)可知

$$v(Cd^{2+})=u(Cd^{2+})E(CdCl_2)$$

$$v(K^+)=u(K^+)E(KCl) \tag{12-20}$$

式中,$E(CdCl_2)$和 $E(KCl)$分别是 $CdCl_2$ 和 KCl 溶液中的电场强度。由式(12-19)可知

$$E\propto\frac{1}{\kappa}$$

所以

$$v\propto\frac{1}{\kappa}$$

式中,κ 是每一种溶液的电导率,取决于 KCl 或 $CdCl_2$ 的浓度。根据假定,$u(Cd^{2+})<u(K^+)$。假定 $CdCl_2$ 溶液的 κ 足够小,使 $v(Cd^{2+})>v(K^+)$。根据式(12-20)可知

$$E(CdCl_2)>E(KCl)$$

因为 $v(Cd^{2+})>v(K^+)$,所以 Cd^{2+} 开始进入 KCl 溶液中。但是,Cd^{2+} 进入电场强度较低的 KCl 溶液后,其速率变为 $v(Cd^{2+})=u(Cd^{2+})E(KCl)$。因为 $u(Cd^{2+})<u(K^+)$,所以 Cd^{2+} 的速率降低至小于 K^+ 的速率,落在 K^+ 的后面,变成 $CdCl_2$ 溶液的一部分,这就增加了分界面下侧区中 $CdCl_2$ 浓度,相应地使该区的 κ 增加,E 降低。因此,分界面下侧区中的$v(Cd^{2+})$降低。分界面下侧区中 Cd^{2+} 浓度一直增加到 $v(Cd^{2+})$降低至等于分界面上侧区中的 $v(K^+)$为止。这样,分界面上侧区中 K^+ 的迁移速率与分界面下侧区中 Cd^{2+} 的速率始终保持相等,分界面也能始终保持清晰。分界面下侧区中 Cd^{2+} 浓度能自动调节在使 $v(Cd^{2+})=v(K^+)$所需之值。因此,在 $CdCl_2$ 溶液中存在着一个浓度梯度。因为分界面下侧区中 $CdCl_2$ 浓度和 κ 均为未知,所以实验只能测定 $u(K^+)$。

相反地,如果 $CdCl_2$ 溶液的开始浓度(κ)导致$v(Cd^{2+})<v(K^+)$,则 Cd^{2+} 将落在 K^+ 的后面,这就降低了分界面下侧区中 $CdCl_2$ 浓度,相应地使该区的 κ 减小,E 升高。因此,分界面下侧区中的 $v(Cd^{2+})$增加。分界面下侧区中 Cd^{2+} 浓度一直降低到 $v(Cd^{2+})$增加至等于分界面上侧区中的 $v(K^+)$为止。这样,分界面又能保持清晰。

如果 $u(Cd^{2+})>u(K^+)$,则不会发生 $v(Cd^{2+})$的自动调节,分界面也不可能保持清晰。

欲测定 $u(Cl^-)$,我们可以应用 KCl 和 KNO_3 两种溶液。为了防止液体对流,下层溶液密度应该大于上层溶液密度。

25℃和 101 325Pa 下不同浓度 KCl 水溶液中 K^+ 和 Cl^- 的电迁移率如下:

$c/(\mathrm{mol\cdot dm^{-3}})$	0	0.01	0.10	0.20	1.0
$10^5u(K^+)/(\mathrm{cm^2\cdot V^{-1}\cdot s^{-1}})$	(76.2)	71.8	65.4	62.9	56.6
$10^5u(Cl^-)/(\mathrm{cm^2\cdot V^{-1}\cdot s^{-1}})$	(79.1)	74.6	68.2	65.6	59.3

$c=0$ 时的数值是外推值。u 值随 c 的增加而降低。每一个离子的周围被异号离子占多数的离子氛所包围，此离子氛使离子的电迁移率降低。离子氛的密度随 c 的增加而增大。

25℃和 101 325Pa 时水中各种离子的电迁移率的实测值外推至无限稀($c=0$)的 u^{∞} 值列于表 12-1。

表 12-1 25℃时无限稀释的各种离子的电迁移率

阳离子	$u_+^{\infty}\times10^8/(\mathrm{m^2\cdot V^{-1}\cdot s^{-1}})$	阴离子	$u_-^{\infty}\times10^8/(\mathrm{m^2\cdot V^{-1}\cdot s^{-1}})$
H^+	36.25	OH^-	20.55
Li^+	4.01	F^-	5.74
NH_4^+	7.61	Cl^-	7.92
Na^+	5.19	Br^-	8.09
K^+	7.62	I^-	7.96
Ag^+	6.42	NO_3^-	7.40
Ca^{2+}	6.17	CH_3COO^-	4.24
La^{3+}	7.21	CO_3^{2-}	7.18
		SO_4^{2-}	8.27

因为无限稀时离子间的相互作用消失，所以 $u^{\infty}(Na^+)$ 在 $NaCl$、Na_2SO_4 等水溶液中都是相同的，与负离子的性质无关。

2. 离子的迁移数

由于正、负离子移动的速率不同，所带电荷不等，因此它们在迁移电量时所分担的分数也不同。为了表示电解质溶液中离子的特征以及它们对导电贡献的大小，引入离子迁移数概念。B 离子的迁移数(transference number)t_B 的定义是该离子分担导电任务的分数，即

$$t_B \equiv \frac{i_B}{i} \tag{12-21}$$

t_B 是量纲为 1 的量。由式(12-14)有

$$i_B = |z_B| F v_B c_B$$

根据式(12-15)有

$$i = \kappa E$$

代入式(12-21)得

$$t_B = \frac{|z_B| F_B v_B c_B}{\kappa E} = \frac{|z_B| F u_B c_B}{\kappa} \tag{12-22}$$

因此，离子的迁移数可从它的电迁移率求算出。溶液中所有正、负离子的迁移数的总和必定是 1。对于只含正、负两种离子的溶液来说，由于溶液必须保持电中性，$z_+c_+ = |z_-|c_-$，因此

$$t_+ = \frac{i_+}{i_+ + i_-} = \frac{v_+}{v_+ + v_-} = \frac{u_+}{u_+ + u_-} \tag{12-23}$$

$$t_- = 1 - t_+ = \frac{u_-}{u_+ + u_-} \tag{12-24}$$

离子迁移数还可表示为

正离子迁移数 $$t_+ = \frac{\text{正离子输送的电量}}{\text{总电量}}$$

负离子迁移数 $$t_- = \frac{\text{负离子输送的电量}}{\text{总电量}} \tag{12-25}$$

$$t_+ + t_- = 1 \tag{12-26}$$

迁移数的实验测定最常用的方法是希托夫(Hittorff)法和界面移动法。

1) 希托夫法

图 12-6 及图 12-7 是希托夫法的实验装置示意图。在三根玻璃管中装入 $Cu(NO_3)_2$ 水溶液,阳极是 Cu 极,阴极是惰性极。接通电源,使很小的电流通过电解质溶液,这时正、负离子分别向阴、阳极迁移,同时在电极上发生反应,致使电极附近的溶液浓度不断改变,而中部 M 的溶液浓度基本不变。通电一定时间后,把阴极部(或阳极部)的溶液小心放出,进行称量和分析,根据阴极部(或阳极部)溶液中电解质含量的变化及串联在电路中的库仑计上测出的通过的总电量,就可以计算离子的迁移数。

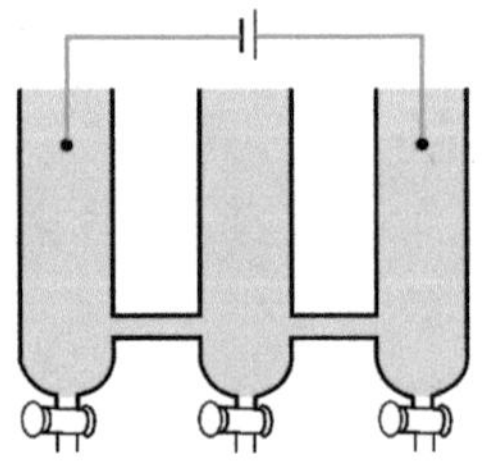

图 12-6　希托夫法装置

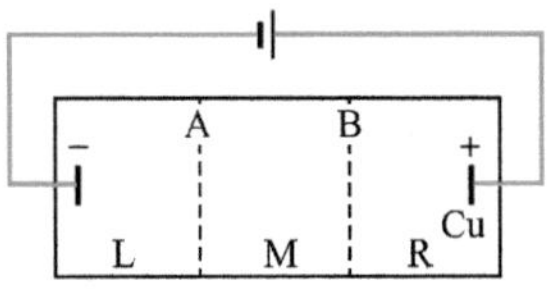

图 12-7　$Cu(NO_3)_2$ 的电解

在阴极区,Cu^{2+} 浓度的变化是由于 Cu^{2+} 的迁入,另一是由于 Cu^{2+} 在阴极上发生还原反应

$$\frac{1}{2}Cu^{2+} + e^- \longrightarrow \frac{1}{2}Cu(s)$$

Cu^{2+} 浓度的变化为

$$n_{终了} = n_{起始} + n_{迁移} - n_{电解}$$

$n_{起始}$ 和 $n_{终了}$ 可用化学方法分析出阴极区电解液通电前和通电一定时间后 Cu^{2+} 的含量,$n_{电解}$ 可根据银库仑计用法拉第定律求出,则 $n_{迁移}$ 可求出

$$n_{迁移} = n_{终了} + n_{电解} - n_{起始}$$

则

$$t_+ = \frac{n_{迁移}}{n_{电解}}$$

$$t_- = 1 - t_+$$

如果考虑阴极区 NO_3^- 浓度变化先求 t_-,则结果是一样的。阴极区 NO_3^- 浓度的变化仅是由于 NO_3^- 迁出而造成的,故 NO_3^- 浓度变化为

$$n_{终了} = n_{起始} - n_{迁移}$$

用化学方法分析出阴极区 NO_3^- 的 $n_{终了}$ 和 $n_{起始}$,有

$$n_{迁移} = n_{起始} - n_{终了}$$

则

$$t_- = \frac{n_{迁移}}{n_{电解}}$$

这里的 $n_{电解}$ 仍从银库仑计求得

$$t_+ = 1 - t_-$$

由上面分析可知,阴极区 L 中 $Cu(NO_3)_2$ 浓度是降低的,阳极区 R 中增加,中间区 M 中不变。最后在溶液中形成浓度梯度,导致离子的扩散,这将影响实验结果,但一般溶液中的扩散速度是较慢的。实验误差的另一个来源是

电流通过溶液产生热效应和浓度改变而引起的密度改变，这些效应都会造成液体对流混合。另外，离子的水化也会引起各区间的浓度差异。只要小心地避免上述引起实验误差的现象，希托夫法还是能给出较准确的结果。

2）界面移动法

利用图 12-5 的装置，结合式(12-19)和式(12-22)得到

$$t(K^+)=\frac{Fx\mathscr{A}c_B}{It}$$

$$t(Cl^-)=1-t(K^+)$$

根据管子的横截面积、在通电时间内界面移动的距离及通过该电解池的电量就可计算出离子的迁移数。相对说来，界面移动法能获得更为精确的结果。

3. 离子的摩尔电导率

在相距为 1m 的电导池两块极板间盛放电解质溶液，其中 1mol 某离子对电导的贡献称为该离子的摩尔电导率，用符号 λ_m 表示。B 离子的摩尔电导率 $\lambda_{m,B}$ 的定义是

$$\lambda_{m,B}\equiv\frac{\kappa_B}{c_B} \tag{12-27}$$

式中，κ_B 是 B 离子的电导率；c_B 是溶液中 B 离子的真正浓度(注意：c 是电解质的计量浓度！)。

使用 λ_m 与 Λ_m 一样，必须指示所表示离子的基本单位的化学式，如 $\lambda_m(Na^+)$，$\lambda_m(Cl^-)$，$\lambda_m(Cu^{2+})$，$\lambda_m\left(\frac{1}{2}Cu^{2+}\right)$，$\lambda_m(Al^{3+})$，$\lambda_m\left(\frac{1}{3}Al^{3+}\right)$，$\lambda_m(SO^{2-})$，$\lambda_m\left(\frac{1}{2}SO_4^{2-}\right)$等，显然

$$\lambda_m(Cu^{2+})=2\lambda_m\left(\frac{1}{2}Cu^{2+}\right)\quad \lambda_m(Al^{3+})=3\lambda_m\left(\frac{1}{3}Al^{3+}\right)$$

离子的摩尔电导率可由它的电迁移率求得。由式(12-16)可得到

$$\kappa_B=|z_B|Fu_Bc_B \tag{12-28}$$

将式(12-28)代入式(12-27)得

$$\lambda_{m,B}=|z_B|Fu_B \tag{12-29}$$

由于电解质溶液的导电完全由离子所承担，溶液中电解质的电导率 κ 为

$$\kappa=\sum_B\kappa_B \tag{12-30}$$

电解质的摩尔电导率可表示为相应离子的摩尔电导率之和

$$\Lambda_m=\frac{1}{c}\sum_B\kappa_B=\frac{1}{c}\sum_B c_B\lambda_{m,B} \tag{12-31}$$

对于强电解质 $M_{\nu+}X_{\nu-}$ 来说，如果是完全电离的，而且不形成离子对，则

$$\Lambda_m=\frac{1}{c}(c_+\lambda_{m,+}+c_-\lambda_{m,-})=\frac{1}{c}(\nu_+c\lambda_{m,+}+\nu_-c\lambda_{m,-})=\nu_+\lambda_{m,+}+\nu_-\lambda_{m,-}$$

例如

$$\Lambda_m(MgCl_2)=\lambda_m(Mg^{2+})+2\lambda_m(Cl^-)$$

对于弱酸 HX 来说，假定它的解离度为 α，则

$$\Lambda_m=\frac{1}{c}(c_+\lambda_{m,+}+c_-\lambda_{m,-})=\frac{1}{c}(\alpha c\lambda_{m,+}+\alpha c\lambda_{m,-})$$

$$= \alpha(\lambda_{m,+} + \lambda_{m,-}) \qquad \text{(1-1 型弱电解质)}$$

对于弱电解质水溶液，$\alpha^\infty \neq 1$，所以在无限稀时，弱电解质水溶液

$$\Lambda_m^\infty \neq \lambda_{m,+}^\infty + \lambda_{m,-}^\infty$$

若弱电解质为 $M_{\nu+}X_{\nu-}$，则有

$$\Lambda_m(M_{\nu+}X_{\nu-}) = \alpha[\nu_+\lambda_m(M^{z+}) + \nu_-\lambda_m(X^{z-})] \tag{12-32}$$

例如

$$\Lambda_m[Al_2(SO_4)_3] = \alpha[2\lambda_m(Al^{3+}) + 3\lambda_m(SO_4^{2-})]$$

如果对电解质和离子的基本单元的选择都是使其与 1 价离子相当，则式(12-32)可简化为

$$\Lambda_m\left(\frac{1}{\nu_+ z_+}M_{\nu+}X_{\nu-}\right) = \alpha\left[\lambda_m\left(\frac{1}{z_+}M^{z+}\right) + \lambda_m\left(\frac{1}{|z_-|}X^{z-}\right)\right] = \alpha(\lambda_{m,+} + \lambda_{m,-}) \tag{12-33}$$

式中，$\lambda_{m,+}$ 和 $\lambda_{m,-}$ 分别是 $\lambda_m\left(\frac{1}{z_+}M^{z+}\right)$ 和 $\lambda_m\left(\frac{1}{|z_-|}X^{z-}\right)$ 的简写。这样选择的离子摩尔电导率相当于过去习惯使用的当量电导(注意：由于溶液是电中性的，$\nu_+ z_+ = \nu_- |z_-|$)。

离子摩尔电导率的单位也是 $S \cdot m^2 \cdot mol^{-1}$，它不仅取决于电解质溶液的浓度，也与共存的其他离子的种类有关。例如，NaCl 水溶液中的 $u(Cl^-)$ 不同于 KCl 水溶液中的 $u(Cl^-)$，因此两种溶液中的 $\lambda_m(Cl^-)$ 也不相同。25℃ 和 101 325Pa 时，KCl(aq) 和 NaCl(aq) 中的 $\lambda_m(Cl^-)$ 如下：

$c/(mol \cdot dm^{-3})$	0	0.02	0.05	0.10	0.20
$\lambda_m(Cl^-)[KCl(aq)]/(10^{-4}S \cdot m^2 \cdot mol^{-1})$	76.3	70.5	68.0	65.8	63.3
$\lambda_m(Cl^-)[NaCl(aq)]/(10^{-4}S \cdot m^2 \cdot mol^{-1})$	76.3	70.5	67.9	65.6	62.8

最后，我们讨论如何通过实验可测的物理量求得不能直接从实验测量的无限稀水溶液中离子的摩尔电导率 $\lambda_{m,+}^\infty$、$\lambda_{m,-}^\infty$。

方法一

根据式(12-29)

$$\lambda_{m,B} = \frac{\kappa_B}{c_B} = |z_B| F u_B$$

用界面移动法测量 B 离子在不同浓度时的电迁移率 u_B，代入上式求得相应的 $\lambda_{m,B}$。以 $\lambda_{m,B}$ 对 c_B 作图，采用外推法，外推至 c_B 为零，即可得到 B 离子的 $\lambda_{m,+}^\infty$ 或 $\lambda_{m,-}^\infty$。

方法二

因为电解质的摩尔电导率是溶液中阴、阳离子摩尔电导率贡献的总和，故离子的迁移数也可以看作是某种离子的摩尔电导率占电解质总摩尔电导率的分数。当溶液无限稀释时，有

$$t_+^\infty = \frac{\nu_+ \lambda_{m,+}^\infty}{\Lambda_m^\infty}, \quad t_-^\infty = \frac{\nu_- \lambda_{m,-}^\infty}{\Lambda_m^\infty}$$

用交流电桥测出电解质溶液的电导率 κ，求得摩尔电导率 Λ_m。用希托夫法或界面移动法测出离子的迁移数 t_+、t_-，再用外推法求出无限稀释时的 Λ_m^∞、t_+^∞、t_-^∞，利用上式即可求出电解质中离子的 $\lambda_{m,+}^\infty$ 和 $\lambda_{m,-}^\infty$。

4. 离子独立迁移定律

科尔劳乌施根据大量的实验数据发现了一个规律，即在无限稀溶液中，每一种离子是独立移动的，不受其他离子的影响，每一种离子对电解质 Λ_m^∞ 都有恒定的贡献。例如，所有氯化物 $\lambda_m^\infty(Cl^-)$ 都是相同的。则有

$$\Lambda_m^\infty = \nu_+ \lambda_{m,+}^\infty + \nu_- \lambda_{m,-}^\infty \tag{12-34}$$

式(12-34)称为科尔劳乌施离子独立迁移定律。

离子独立迁移定律严格适用于强电解质的无限稀溶液。对于弱电解质的无限稀溶液，$\alpha^\infty \neq 1$，所以式(12-34)不能严格成立，只能近似适用。

根据离子独立迁移定律，在极稀的 HCl 溶液和极稀的 HAc 溶液中，氢离子的无限稀释摩尔电导率 $\lambda_m^\infty(H^+)$ 是相同的，也就是说，凡在一定的温度和一定的溶剂中，只要是极稀溶液，同一种离子的摩尔电导率有一定的数值，无论另一种离子是何种离子。表 12-2 列出了一些离子在无限稀释水溶液中的离子摩尔电导率。

表 12-2　25℃时在无限稀释的水溶液中正、负离子摩尔电导率

阳离子	$\lambda_{m,+}^\infty \times 10^4/(S \cdot m^2 \cdot mol^{-1})$	阴离子	$\lambda_{m,-}^\infty \times 10^4/(S \cdot m^2 \cdot mol^{-1})$
H^+	349.8	OH^-	198.3
Li^+	38.7	F^-	55.4
NH_4^+	73.4	Cl	76.4
Na^+	50.1	Br^-	78.1
K^+	73.5	I^-	76.8
Ag^+	61.9	HCO_3^-	44.5
Tl^+	74.7	CN^-	82
$1/2Mg^{2+}$	53.1	NO_3^-	71.4
$1/2Ca^{2+}$	59.5	HSO_4^-	52
$1/2Fe^{2+}$	54	ClO_3^-	64.6
$1/2Ni^{2+}$	53	ClO_4^-	67.4
$1/2Cu^{2+}$	53.6	MnO_4^-	61
$1/2Zn^{2+}$	52.8	$HCOO^-$	54.6
$1/2Ba^{2+}$	63.6	CH_3COO^-	40.9
$1/2Hg^{2+}$	63.6	$C_2H_5COO^-$	35.8
$1/2Pb^{2+}$	59.4	$1/2CO_3^{2-}$	69.3
$1/3Al^{3+}$	63.0	$1/2SO_4^{2-}$	79.8
$1/3Fe^{3+}$	68.4	$1/3PO_4^{3-}$	80
$1/3La^{3+}$	69.6	$1/3Fe(CN)_6^{3-}$	101.0
		$1/4Fe(CN)_6^{4-}$	110.5

由于弱电解质稀溶液的摩尔电导率与浓度的关系不服从式(12-7)，它们的无限稀释摩尔电导率不能用外推法得到，但可由离子独立移动定律间接计算。例如，HAc 的无限稀释摩尔电导率应为

$$\begin{aligned}\Lambda_m^\infty(HAc) &= \lambda_m^\infty(H^+) + \lambda_m^\infty(Ac^-)\\ &= \lambda_m^\infty(Na^+) + \lambda_m^\infty(Ac^-) + \lambda_m^\infty(H^+) + \lambda_m^\infty(Cl^-) - \lambda_m^\infty(Na^+) - \lambda_m^\infty(Cl^-)\\ &= \Lambda_m^\infty(NaAc) + \Lambda_m^\infty(HCl) - \Lambda_m^\infty(NaCl)\end{aligned}$$

式中，强电解质 NaAc、HCl 和 NaCl 的无限稀释摩尔电导率可用外推法求得。

知识点讲解视频

电导测定的应用

(朱志昂)

12.2.4 电导测定的应用

电导测定不仅有助于了解电解质溶液的导电能力，还有许多其他应用。

1. 检验水的纯度

普通蒸馏水的电导率 κ 约为 $1\times10^{-3}S\cdot m^{-1}$，重新蒸馏一两次的蒸馏水和去离子水的 κ 值可小于 $1\times10^{-4}S\cdot m^{-1}$。由于水本身有微弱的解离

$$H_2O \rightleftharpoons H^+ + OH^-$$

虽经反复蒸馏，仍有一定的电导。理论计算纯水的 κ 应为 $5.5\times10^{-6}S\cdot m^{-1}$。有时需要高纯度的水，即“电导水”，要求水的 κ 值在 $1\times10^{-4}S\cdot m^{-1}$以下。所以我们只要测定水的电导 κ 就可知道其纯度是否符合要求。

2. 计算弱电解质的电离度和解离常数

对于弱电解质(潜在电解质)，浓度为 c 时，摩尔电导率为 Λ_m，由于部分解离，其电离度为 α。当弱电解质完全解离时，摩尔电导率为 Λ'_m。则有

$$\Lambda_m = \alpha\Lambda'_m \tag{12-35}$$

式(12-35)称为奥斯特瓦尔德稀释定律。对于弱电解质溶液，在无限稀释时，近似地认为

$$\Lambda_m^\infty = \Lambda'_m$$

则有

$$\alpha = \frac{\Lambda_m}{\Lambda_m^\infty} = \frac{\Lambda_m}{\nu_+\lambda_{m,+}^\infty + \nu_-\lambda_{m,-}^\infty} \tag{12-36}$$

实验测得 Λ_m，从表册数据查得 $\lambda_{m,+}^\infty$、$\lambda_{m,-}^\infty$，或从离子独立移动定律即可求得弱电解质的电离度 α。奥斯特瓦尔德因在电化学、化学反应动力学催化研究的杰出成就而获得 1909 年诺贝尔化学奖。

例 12-1 25℃时将电导率为 $0.141\Omega^{-1}\cdot m^{-1}$的 KCl 溶液装入一电导池中，测得其电阻为 525Ω。在同一电导池中装入 $0.1mol\cdot dm^{-3}$ 的 NH_4OH 溶液，测得其电阻为 2030Ω。计算 NH_4OH 的电离度 α 及电离常数 K。已知 $\lambda_m^\infty(NH_4^+)=73.4\times10^{-4}\Omega^{-1}\cdot m^2\cdot mol^{-1}$，$\lambda_m^\infty(OH^-)=198.0\times10^{-4}\Omega^{-1}\cdot m^2\cdot mol^{-1}$。

解 电导池常数为

$$\frac{l}{A}=\kappa(\text{KCl})R=0.141\times525=74.025(\text{m}^{-1})$$

NH_4OH 溶液的电导率为

$$\kappa=\frac{l}{A}\frac{1}{R}=74.025\times\frac{1}{2030}=0.03647(\Omega^{-1}\cdot\text{m}^{-1})$$

NH_4OH 溶液的摩尔电导率为

$$\Lambda_{\text{m}}=\kappa\frac{10^{-3}}{c}=0.03647\times\frac{10^{-3}}{0.1}=3.647\times10^{-4}(\Omega^{-1}\cdot\text{m}^2\cdot\text{mol}^{-1})$$

$$\begin{aligned}\Lambda_{\text{m}}^{\infty}(\text{NH}_4\text{OH})&=\lambda_{\text{m}}^{\infty}(\text{NH}_4^+)+\lambda_{\text{m}}^{\infty}(\text{OH}^-)=(73.4+198.0)\times10^{-4}\\&=271.4\times10^{-4}(\Omega^{-1}\cdot\text{m}^2\cdot\text{mol}^{-1})\end{aligned}$$

$$\alpha=\frac{\Lambda_{\text{m}}}{\Lambda_{\text{m}}^{\infty}}=\frac{3.647\times10^{-4}}{271.4\times10^{-4}}=0.01344$$

$$\begin{array}{llcll} & \text{NH}_4\text{OH} & \rightleftharpoons & \text{NH}_4^+ & + \quad \text{OH}^- \\ t=0 & 0.1\text{mol}\cdot\text{dm}^{-3} & & 0 & \quad 0 \\ t=\text{平衡} & 0.1(1-\alpha)\text{mol}\cdot\text{dm}^{-3} & & 0.1\alpha\text{mol}\cdot\text{dm}^{-3} & \quad 0.1\alpha\text{mol}\cdot\text{dm}^{-3}\end{array}$$

$$K_c=\frac{0.1\alpha^2}{1-\alpha}=\frac{0.1\times0.01344^2}{1-0.01344}=1.831\times10^{-4}(\text{mol}\cdot\text{dm}^{-3})$$

3. 测定难溶盐的溶解度和溶度积

一些难溶盐(如 $BaSO_4$、AgCl 等)在水中溶解度很小,其浓度很难用普通方法测定,但可用电导法测定。

由式(12-6)可得这些盐在水中的溶解度与摩尔电导率的关系为

$$c=\frac{\kappa}{\Lambda_{\text{m}}} \tag{12-37}$$

由于溶解度很小,故可近似认为摩尔电导率即为无限稀释时的摩尔电导率,由式(12-34)可得

$$\Lambda_{\text{m}}\approx\Lambda_{\text{m}}^{\infty}(\text{M}_{\nu+}\text{X}_{\nu-})=\nu_+\lambda_{\text{m}}^{\infty}(\text{M}^{z+})+\nu_-\lambda_{\text{m}}^{\infty}(\text{X}^{z-}) \tag{12-38}$$

此外,考虑到所用水也有电导,故难溶盐对电导率的贡献应是实验测得的电导率减去同温度下所用水的电导率,即

$$\kappa=\kappa_{\text{实验}}-\kappa_{\text{水}} \tag{12-39}$$

将式(12-38)和式(12-39)代入式(12-37),即得难溶盐在水中的溶解度

$$c(\text{M}_{\nu+}\text{X}_{\nu-})=\frac{\kappa_{\text{实验}}-\kappa_{\text{水}}}{\nu_+\lambda_{\text{m}}^{\infty}(\text{M}^{z+})+\nu_-\lambda_{\text{m}}^{\infty}(\text{X}^{z-})} \tag{12-40}$$

于是,对于 1-1 价型的难溶盐,其溶度积

$$K_{\text{sp}}=c_+c_-=c^2 \tag{12-41}$$

对于其他价型的难溶盐

$$K_{\text{sp}}=(c_{\text{Mz+}}^{\nu+})(c_{\text{Xz-}}^{\nu-})=(\nu_+c)^{\nu+}(\nu_-c)^{\nu-} \tag{12-42}$$

例 12-2 在 25℃时，测得氯化银饱和溶液的电导率为 $3.41\times10^{-4}\,\mathrm{S\cdot m^{-1}}$，而在同温度下所用水的电导率为 $1.60\times10^{-4}\,\mathrm{S\cdot m^{-1}}$。应用表 12-2 中离子摩尔电导率的数值计算氯化银的溶度积。

解 根据式(12-40)，氯化银在水中的溶解度为

$$c=\frac{\kappa_{实验}-\kappa_{水}}{\nu_+\lambda_m^\infty(\mathrm{Ag^+})+\nu_-\lambda_m^\infty(\mathrm{Cl})}=\frac{3.41\times10^{-4}-1.60\times10^{-4}}{0.006\,19+0.0076}$$

$$=1.31\times10^{-2}(\mathrm{mol\cdot m^{-3}})=1.31\times10^{-5}(\mathrm{mol\cdot dm^{-3}})$$

因此

$$K_{sp}=c_{\mathrm{Ag^+}}\,c_{\mathrm{Cl^-}}=c^2=(1.31\times10^{-5})^2=1.72\times10^{-10}(\mathrm{mol\cdot dm^{-3}})^2$$

4. 电导滴定

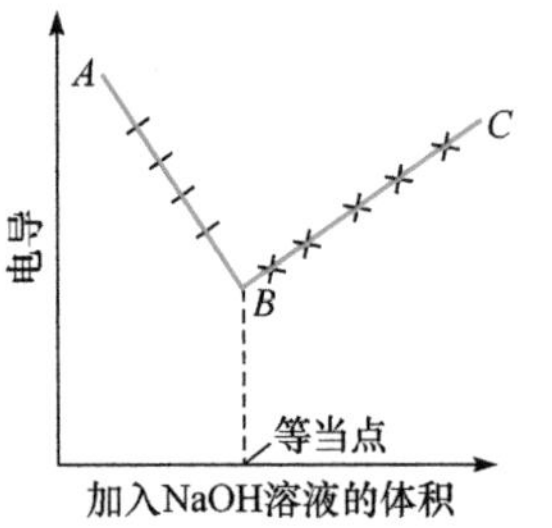

图 12-8 强酸强碱的电导滴定

利用滴定过程中溶液电导变化的转折来确定滴定终点称为电导滴定。当溶液浑浊或有颜色而不能应用指示剂时，这个方法就显得有用。例如，用 NaOH 滴定 HCl 时，溶液电导很大的 H^+ 被电导较小的 Na^+ 代替，因此溶液的电导随着 NaOH 溶液的加入而减小。当 HCl 被中和后，再加入 NaOH，则等于单纯增加溶液中的 Na^+ 及 OH^-，且由于 OH^- 的电导也很大，所以溶液的电导骤增。如果将电导与所加 NaOH 溶液的体积作图，则可得 AB 和 BC 两条直线，它们的交点就是等当点，如图 12-8 所示。

除上述应用外，电导测定还可用来求水的离子积常数、离子对的形成常数、液体接界电势等。在化学反应动力学研究中，也常通过测定反应体系的电导随时间的变化数据来建立反应的动力学方程。

12.3 原 电 池

原电池简称为电池，它是物理变化或化学变化的自由能变化直接转换为电能的装置。这一部分主要讨论电池的图式表示，电池电动势产生机理，电池电动势与反应物及产物活度的关系，以及电池电动势测定的某些应用等。

12.3.1 电池的图解式

知识点讲解视频

电池图式表示的规定（朱志昂）

丹尼尔(Daniel)电池是原电池中的一种，如图 12-9 所示。在此电池中有一块多孔性隔板，它将插有 Zn 棒的 $ZnSO_4$ 水溶液与插有 Cu 棒的 $CuSO_4$ 水溶液分隔开，这样可以防止两种溶液在通过电流时彼此混合，但是多孔性隔板可以容许离子自由通过。Zn 棒和 Cu 棒作为电池的两个电极，它们分别与作为电池两端的 Cu′和 Cu″接触。根据 IUPAC 1953 年"斯德哥尔摩协约(Stockholm Conventions)"，原电池是用图式来表示的。例如，丹尼尔电池可表示为

$$\mathrm{Cu'\,|\,Zn\,|\,ZnSO_4(aq)\,\vdots\,CuSO_4(aq)\,|\,Cu} \qquad (12\text{-}43)$$

单根垂线(|)表示相的界面；单根虚垂线(┆)表示可(熔)混液体之间的接界，双重虚线(┆┆)表示假设液接电势已经消除的液体之间的接界；逗号表示两种物质处于同一相中。有时 Cu′端在图解式中被略写。$ZnSO_4$ 和 $CuSO_4$浓度写在括号内。此外还规定：

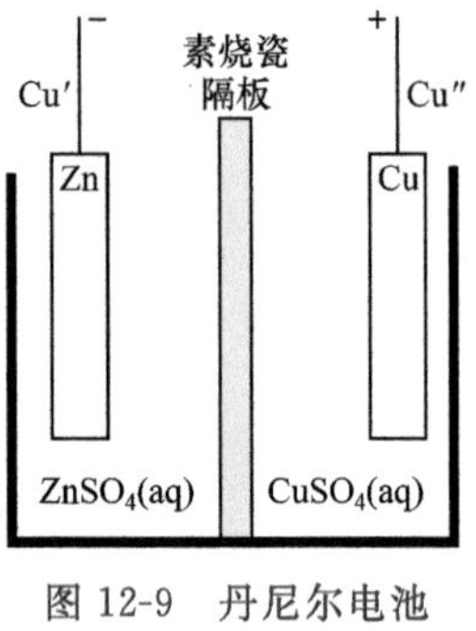

图 12-9 丹尼尔电池

(1) 电池图式中左边电极是负极，在左边电极上发生氧化反应；右边电极

是正极，发生还原反应；电池反应是两电极反应之和。式(12-43)的电极反应和电池反应表示如下：

负极　　$Zn = Zn^{2+}(aq) + 2e^-$

正极　　$Cu^{2+}(aq) + 2e^- = Cu$

电池反应　　$Zn + Cu^{2+}(aq) = Zn^{2+}(aq) + Cu$

若指明为放电反应，则用单箭头“$\longrightarrow$”表示，若未指明为放电反应，则用“$=$”或“$\rightleftharpoons$”均可。

(2) 电池电动势 E 为

$$E = \varphi_R - \varphi_L \tag{12-44}$$

式中，φ_R 和 φ_L 分别代表电池图解式中右边和左边两端上的开路电势。电池电动势是通过电池外电路的电流为零时的电势差的极限值，SI 单位为伏特(V)。

12.3.2 电池电动势产生的机理

电池的构造中包括金属-溶液、金属-金属、两种电解质溶液之间的两相界面，因而就有界面电势差，电池电动势就是这些界面电势差之和。

1. 电极电势

一般电极都是由金属构成的。当一个金属棒 M 插入含有其离子 M^{z+} 的溶液中后，可能产生两种不同的情况，这取决于溶液和金属的性质和浓度。若金属的晶格能较小，而金属离子的水化能较大，离子就容易脱离金属晶格而进入溶液，把电子留在金属上而使金属带负电荷，由于静电吸引，进入溶液中的正离子大部分在金属电极表面附近运动。这样，在两相界面上电极带负电，溶液带正电。溶液带正电后，对金属离子产生排斥作用，阻碍了金属的继续溶解，已进入溶液中的正离子还可再沉积到金属表面上，当达到动态平衡时

$$M \rightleftharpoons M^{z+} + ze^-$$

就形成双电层结构(图 12-10)，如 $Zn|Zn^{2+}(aq)$。双电层是由两部分组成，贴近界面的是紧密层，扩散在溶液中的是扩散层，紧密层(图中虚线)的厚度一般为 $10^{-10} \sim 10^{-6}$ m。由于形成双电层，在电极与溶液间就产生电势差 $\Delta\varphi$，称为电极电势。

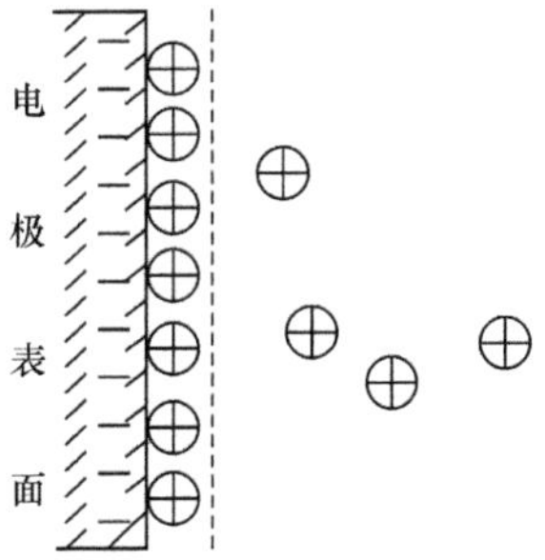

图 12-10　双电层结构

另一种情况是，离子在水溶液中的水化能小于它在金属中的晶格能。平衡时，过剩的正离子沉积在电极上，使金属带正电，溶液中有电荷数量相当的负离子，两者形成双电层，如 $Cu|Cu^{2+}(aq)$。

电极与溶液间产生界面电势差还有其他复杂的原因。例如，电极表面因吸附表面活性粒子、有机分子等，也会形成双电层，产生电势差。

总之，这类界面上的电势差主要是由电化学作用引起的。它是电池电动势的主要贡献者。

2. 接触电势

接触电势发生在两种不同金属的接界处，如$Cu'|Zn$。这是因为不同金属的电子逸出功不同，故在接触时相互逸入的电子数不相等，缺少电子的一面

带正电，过剩的一面带负电，在接触界面上就形成双电层结构，由此产生的电势差称为接触电势。这类界面上的电势差是由物理作用引起的，它通常很小，一般情况下可以略去。

3. 液体接界电势

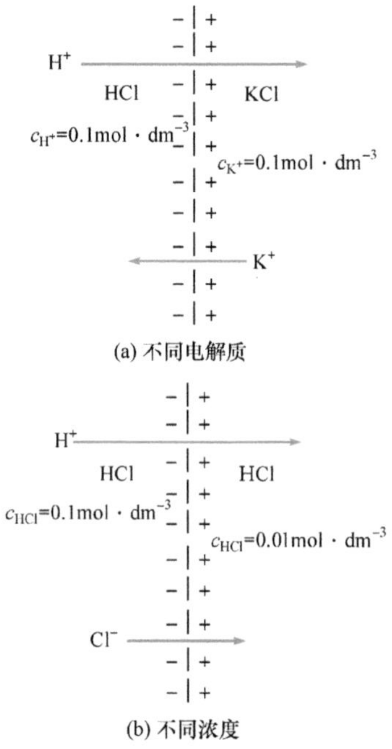

图 12-11 液体接界电势

在两种含有不同溶质的溶液界面或溶质相同但浓度不同的溶液界面上，由于离子的电迁移率不同，存在微小的电势差，称为液体接界电势或扩散电势，它的大小一般不超过 0.03V。图 12-11(a)表示由两种浓度相同而电解质不同的溶液间产生的液接电势。图中虚线表示让离子迁移通过的多孔隔膜，隔膜左方是 $0.1mol\cdot dm^{-3}$ 的盐酸溶液，右方是 $0.1mol\cdot dm^{-3}$ KCl 溶液。在界面上 H^+ 自左向右迁移，K^+ 自右向左迁移。由于 H^+ 迁移速率要比 K^+ 快得多，右边有过剩正电荷，左边有过剩负电荷，这种过剩电荷的产生将使 H^+ 迁移减慢，使 K^+ 迁移速率加快。当两种离子迁移速率相等时，界面上形成稳定的双电层结构，这时的电势差称为液接电势。类似的情况对于浓度不同的同种电解质溶液的界面上也存在，如图 12-11(b)所示。不同点在于此时由于溶液两边浓度不同，扩散自左向右单向进行，界面上的双电层结构是由于 H^+ 的迁移速率比 Cl^- 快得多。

由于离子迁移(扩散)是不可逆过程，界面上的双电层是稳定态而不是热力学平衡态，在实验测定时难以获得重复性数据。人们总是力图消除液接电势。消除的方法有以下两种：①避免使用有液接电势的原电池，但此方法并非任何情况都能实现；②使用盐桥，使两种溶液不直接接触。通常盐桥是一个装有饱和 KCl 或 NH_4NO_3 溶液的 U 形玻璃管，为防止溶液倒出，可冻结在琼脂制备的冻胶中。高浓度的 KCl 的 K^+ 和 Cl^- 向两侧溶液迁移，由于 K^+ 和 Cl^- 迁移速率相近，因此盐桥能把液接电势减小到 1 或 2mV，一般可忽略不计。盐桥的表示符号为“┆┆”。例如，丹尼尔电池若使用盐桥，则表示为

$$Cu|'Zn|ZnSO_4(aq) ┆┆ CuSO_4(aq)|Cu$$

电池电动势是上述三部分电势差之和。对丹尼尔电池，式(12-43)的电动势 E 为

$$\begin{aligned} E &= [\varphi(Cu)-\varphi(CuSO_4,aq)]+[\varphi(CuSO_4,aq)-\varphi(ZnSO_4,aq)] \\ &\quad +[\varphi(ZnSO_4,aq)-\varphi(Zn)]+[\varphi(Zn)-\varphi(Cu)] \\ &= \varphi_{Cu^{2+}|Cu}+\Delta\varphi_{液接}+(-\varphi_{Zn^{2+}|Zn})+\Delta\varphi_{接触} \end{aligned}$$

$\Delta\varphi_{接触}$ 通常很小，可忽略不计，用盐桥可基本消除 $\Delta\varphi_{液接}$。则有

$$E=\varphi_{Cu^{2+}|Cu}-\varphi_{Zn^{2+}|Zn}=\varphi_R-\varphi_L$$

12.3.3 原电池的分类

根据组成电池的电极反应的性质，可将电池分成三种主要类型。

1. 物理电池

物理电池是由具有相同电极反应的两个化学上等同的电极所组成，但两电极的物理性质不同，在给定条件下，通常有一个电极比较稳定，另一个电极则处于较不稳定的状态。电能的来源就是电极从较不稳定的状态转变到比较稳定的状态时自由能变化。它包括重力电池和同素异形电池。

1）重力电池

通常这些电池是由同样金属制成的两个高度不同的液体电极组成的。电极浸在给定金属的盐溶液中。具有高度分别为 h_1 和 h_2（$h_1>h_2$）并浸入汞盐 HgA 溶液的两个汞电极组成的电池是这种类型的一个电池，可表示为

$$\mathrm{Hg}(h_1)|\mathrm{HgA}|\mathrm{Hg}(h_2)$$

较高的（h_1）电极具有较大的自由能，因此它溶解生成汞离子

$$\mathrm{Hg}(h_1)\longrightarrow\frac{1}{2}\mathrm{Hg}_2^{2+}+\mathrm{e}^-$$

而在右边的电极上，汞离子放电，金属汞沉积

$$\frac{1}{2}\mathrm{Hg}_2^{2+}+\mathrm{e}^-\longrightarrow\mathrm{Hg}(h_2)$$

因此，电池中的全部过程是汞从较高电极转移到较低电极

$$\mathrm{Hg}(h_1)\longrightarrow\mathrm{Hg}(h_2)$$

这种自发过程一直进行到两个电极的高度相等为止。因此，重力电池是由于电极重力不同而产生的机械能转变为电能的电化学体系，这种转变是由于其中发生电化学反应的结果。通常这类电池的电动势是很小的。例如，对汞来说，电极高度差 $\Delta h=100\mathrm{cm}$ 时，电动势仅约为$20\times10^{-6}\mathrm{V}$。

2）同素异形电池

在这类电池中，电极材料是同一金属的两个变体（M_α 和 M_β），浸在该金属离子导体化合物的溶液（或熔融盐）中。在给定温度（除两种变体平衡共存的相变温度外）下，只有一种变体对于给定金属来说是稳定的，而另一种变体则处于介稳状态。一个由介稳状态金属（如 M_β）制成的电极将具有较大的自由能，起负极作用

$$\mathrm{M}_\beta\longrightarrow\mathrm{M}^{z+}+z\mathrm{e}^-$$

在由稳定的 α 变体制备的电极上，金属离子放电

$$\mathrm{M}^{z+}+z\mathrm{e}^-\longrightarrow\mathrm{M}_\alpha$$

因此，在电池

$$\mathrm{M}_\beta|\mathrm{MA}|\mathrm{M}_\alpha$$

中进行的全部反应是金属从介稳状态转变为稳定变体

$$\mathrm{M}_\beta\longrightarrow\mathrm{M}_\alpha$$

同素异形电池的电动势通常是很小的，然而在某些电化学反应如腐蚀过程中，还是应该加以考虑。

2. 浓差电池

浓差电池分为两类：第一类浓差电池和第二类浓差电池。

1）第一类浓差电池

第一类浓差电池又称为电极浓差电池，它是由化学性质相同而活度不同的两个电极组成的，两个电极都浸在相同的溶液中。汞齐电池是第一类浓差电池的一个典型例子，其中两个电极的差别仅在于溶解在汞齐中的金属活度不同

$$\mathrm{M\text{-}Hg}(a_{\mathrm{I}})|\mathrm{MA}|\mathrm{M\text{-}Hg}(a_{\mathrm{II}})$$

如果 $a_{\mathrm{I}}>a_{\mathrm{II}}$，则左边电极上的金属溶解

$$M\text{-}Hg(a_{\mathrm{I}}) \longrightarrow M^{z+} + ze^- + Hg$$

在右边电极发生同样反应,但方向相反

$$M^{z+} + ze^- + Hg \longrightarrow M\text{-}Hg(a_{\mathrm{II}})$$

电池全部过程就在于金属从浓汞剂转移到稀汞剂

$$M\text{-}Hg(a_{\mathrm{I}}) \longrightarrow M\text{-}Hg(a_{\mathrm{II}}) \tag{12-45}$$

2) 第二类浓差电池

第二类浓差电池又称为电解质浓差电池。这类电池是由两个相同电极浸到活度不同的相同电解质溶液中所组成的。根据电极对什么离子可逆第二类浓差电池可分为阳离子浓差电池,如

$$K\text{-}Hg|KCl(a_{\mathrm{I}})|KCl(a_{\mathrm{II}})|K\text{-}Hg$$

和阴离子浓差电池,如

$$Ag|AgCl|HCl(a_{\mathrm{I}})|HCl(a_{\mathrm{II}})|AgCl|Hg$$

在这类电池中,产生电动势的过程就是电解质从浓溶液向稀溶液转移的过程。

3. 化学电池

化学反应的自由能变化是化学电池电动势的来源。化学电池可分为以下三种。

1) 简单化学电池

在简单化学电池中,一个电极对电解质阳离子可逆,另一个电极对电解质阴离子可逆。

简单化学电池的一个典型例子是标准韦斯顿(Weston)电池

$$Cd(Hg)|CdSO_4 \cdot \frac{8}{3}H_2O(\text{饱和溶液})|Hg_2SO_4(s)|Hg$$

左边电极是对镉离子可逆的

$$Cd(s) \Longrightarrow Cd^{2+} + 2e^-$$

而右边电极则对硫酸根离子可逆

$$Hg_2SO_4(s) + 2e^- \Longrightarrow 2Hg + SO_4^{2-}$$

电池总反应为

$$Cd(s) + Hg_2SO_4(s) \Longrightarrow Cd^{2+} + SO_4^{2-} + 2Hg$$

此电池可逆性好,电动势十分稳定,温度系数小

$$E_t = \{1.018\,646 - [40.6(t-20) + 0.95(t-20)^2 - 0.01(t-20)^3] \times 10^{-6}\}\mathrm{V} \tag{12-46}$$

常作为标准电池,应用于电池电动势测定。

简单化学电池的另一个例子是铅酸蓄电池,或称酸性蓄电池。

$$Pb|PbSO_4(s)|H_2SO_4(aq)|PbO_2(s)|Pb$$

该电池由两个电极所组成:一个是铅-硫酸铅电极,这个电极是对硫酸根离子可逆;另一个是铅-二氧化铅电极,对氢氧离子可逆,因而也是对氢离子可逆。在电池中发生的反应可表示如下:

(1) 在铅-硫酸铅电极上

$$Pb + SO_4^{2-} \Longrightarrow PbSO_4(s) + 2e^-$$

(2) 在铅-二氧化铅电极上

$$PbO_2(s)+4H^++SO_4^{2-}+2e^-=\!=\!=PbSO_4(s)+2H_2O$$

(3) 电池总反应

$$Pb+PbO_2(s)+4H^++2SO_4^{2-}=\!=\!=2PbSO_4(s)+2H_2O$$

铅蓄电池是 1859 年由 Planté 根据雅各比(Jakobi)提出的想法设计的。后来,在 20 世纪又设计了碱性蓄电池,也就是镍-铁电池[爱迪生(Edison)]、镍-镉电池(Jungner)和银-锌电池(André)。

2) 复杂化学电池

复杂化学电池是不遵守简单化学电池条件的。丹尼尔电池就是复杂化学电池的一例。丹尼尔电池可以图式表示为

$$Zn|ZnSO_4(aq)\,\vdots\,CuSO_4(aq)|Cu$$

电池反应为

$$Zn+Cu^{2+}=\!=\!=Zn^{2+}+Cu$$

左边的电极是负极,对锌离子可逆;右边电极是正极,对铜离子可逆。

3) 双重化学电池

在双重化学电池中,两个具有不同电解质活度的相同简单电池有一个公共的电极,连接成为一个电池。例如,两个由银-氯化银电极和氢电极组成的简单电池可以连接成具有公共氢电极的双重电池

$$Ag|AgCl(s)|HCl(aq)|H_2|Pt\text{-}Pt|$$
$$H_2|HCl(aq)|AgCl(s)|Ag$$

12.3.4 可逆电池

知识点讲解视频

可逆电池与不可逆电池

(朱志昂)

1. 可逆电池与不可逆电池

1) 可逆电池的特征

在电化学中研究可逆电池是十分重要的,因为它一方面能揭示一个反应的化学能转变为电能的最高限度是多少;另一方面可利用可逆电池电动势的实验测定研究热力学问题。可逆电池必须满足下列条件:

(1) 电极反应和电池反应必须可以正、逆两个方向进行。

(2) 通过电极的电流必须无限小,电极反应是在接近电化学平衡条件下进行的。此外,电池中所进行的其他过程也必须可逆。电池可逆放电时所放出的电能恰好等于充电时所需的电能,没有任何能量损失。例如,电池 $Zn|ZnCl_2(aq)|AgCl(s)|Ag$ 与外电源并联,当电池电动势稍大于外电压时,电池可逆放电反应为

(一)极 $Zn\longrightarrow Zn^{2+}(aq)+2e^-$

(+)极 $2AgCl(s)+2e^-\longrightarrow 2Ag+2Cl^-(aq)$

电池反应 $Zn+2AgCl(s)\longrightarrow Zn^{2+}(aq)+2Cl^-(aq)+2Ag$

当外电压稍大于电池电动势时,对电池可逆充电

(一)极 $Zn^{2+}(aq)+2e^-\longrightarrow Zn$

(+)极 $2Ag+2Cl^-(aq)\longrightarrow 2AgCl(s)+2e^-$

电池反应 $Zn^{2+}(aq)+2Cl^-(aq)+2Ag\longrightarrow Zn+2AgCl(s)$

可见可逆充电时电池反应是可逆放电时的逆反应。

2）不可逆电池的特征

不满足上述任一条件的为不可逆电池。有下列任一情况者即为不可逆电池：

(1) 有一个有限电流通过电极。

(2) 放电与充电时，电池反应不同。

(3) 其他过程为不可逆过程，如离子扩散过程为不可逆过程。

例如，丹尼尔电池是不可逆电池，其电极反应和电池反应都可以可逆地进行，但液体接界处有不可逆的离子迁移：

电池放电时　　$Zn^{2+} \xrightarrow{\text{进入}} CuSO_4$ 溶液

电池充电时　　$Cu^{2+} \xrightarrow{\text{进入}} ZnSO_4$ 溶液

两液体界面上这两个迁移过程互不可逆，故电池反应是不可逆的。严格地说，凡有两个不同电解质溶液接界的电池都是热力学不可逆的。但两溶液中插入盐桥时，可以近似地当作可逆电池处理。我们在此仅讨论可逆电池。

2. 可逆电池的热力学

1）可逆电池电动势的能斯特公式

可逆电池电动势是指电池开路时两端的电势差。可根据电化学反应体系的电化学势判据推导出可逆电池电动势与电池化学反应中物种的活度的定量关系。

在电化学体系的 β 相中，物质粒子 B 的电化学势(electrochemical potential) $\tilde{\mu}_B^\beta$ 定义为

$$\tilde{\mu}_B^\beta \equiv \mu_B^\beta + z_B F \varphi^\beta \tag{12-47}$$

式中，z_B 是物质粒子 B 的电荷数，是量纲为 1 的纯数；$z_B F$ 是物质粒子 B 的摩尔电荷，单位为 $C \cdot mol^{-1}$；φ 是物质粒子所在 β 相的电势；μ_B^β 是 β 相中物质粒子 B 的化学势。当 $\varphi^\beta = 0$ 时，$\tilde{\mu}_B^\beta = \mu_B^\beta$。对于不带电的物质粒子 B，$z_B = 0$，所以 $\tilde{\mu}_B^\beta = \mu_B^\beta$。

对于电化学体系中的多相化学反应

$$0 = \sum_B \nu_B B \tag{12-48}$$

电化学平衡条件为

$$\sum \nu_B \tilde{\mu}_B = 0 \tag{12-49}$$

式中，每一个 $\tilde{\mu}_B$ 都含有物质 B 所在相的电势，而且各相电势是不相等的。若参加反应的所有带电物质都处在同一相(如 β 相)中，则根据式(12-49)有

$$\sum_B \nu_B (\mu_B^\beta + z_B F \varphi^\beta) = 0$$

$$\sum_B \nu_B \mu_B^\beta + F\varphi^\beta \sum_B \nu_B z_B = 0 \tag{12-50}$$

在电化学反应中，总电荷应该保持不变，即 $\sum_B \nu_B z_B = 0$。则式(12-49)就变为 $\sum_B \nu_B \mu_B^\beta = 0$。这就是说，当所有参加反应的带电物质都处于同一相时，φ^β 就不起作用了，电化学反应的平衡条件与一般化学反应平衡条件相同。所以通常在讨论电解质溶液中的化学势和化学平衡时，可以不引出电化学势的概

念。但在电池反应体系中，带电物质粒子处于不同的相，而且各相的电势 φ 是不相等的，因此必须应用电化学势概念，才能使概念清楚。

设有一可逆电池

$$Pt_L | H_2(g) | HCl(aq) | AgCl(s) | Ag | Pt_R$$

下标 L、R 分别表示电池的左、右端。电极反应和电池反应为

（一）极　　$(L)\ H_2(g) \rightleftharpoons 2H^+(aq) + 2e^-(Pt_L)$

（十）极　　$(R)\ 2AgCl(s) + 2e^-(Pt_R) \rightleftharpoons 2Ag + 2Cl^-(aq)$

电池反应

$$2AgCl(s) + H_2(g) + 2e^-(Pt_R) \rightleftharpoons 2Ag + 2H^+(aq) + 2Cl^-(aq) + 2e^-(Pt_L) \tag{12-51}$$

由于是可逆电池，外电路电流接近零，即电池两端处于开路状态，电子不能从 Pt(L)流到Pt(R)，因此电子包含在电池反应中。式(12-51)称为可逆电池的电化学反应，以区别于可逆电池的化学反应

$$2AgCl(s) + H_2(g) \rightleftharpoons 2Ag + 2HCl(aq)$$

对于上述开路可逆电池的电化学反应[式(12-51)]，在电化学平衡时应有平衡条件式(12-49)。将电子的电化学势 $\tilde{\mu}_{e^-}$ 从求和号中分出，则有

$$\sum_{e^-} \nu_{e^-} \tilde{\mu}_{e^-} + \sum_{B \neq e^-}{}' \nu_B \tilde{\mu}_B = 0 \tag{12-52}$$

式中，$\sum\limits_{B \neq e^-}{}' \nu_B \tilde{\mu}_B$ 表示除电子以外的其他组分求和。

求 $\sum\limits_{e^-} \nu_{e^-} \tilde{\mu}_{e^-}$

对电池电化学反应式(12-51)应有

$$\sum_{e^-} \nu_{e^-} \tilde{\mu}_{e^-} = z\tilde{\mu}(e^-, Pt_L) - z\tilde{\mu}(e^-, Pt_R) \tag{12-53}$$

式中，z 是电池反应的电荷数，即电池电化学反应中所含的电子数[如式(12-51)中，$z=2$]，它是一个无因次的正数。根据式(12-47)，电子的电化学势为

$$\tilde{\mu}_{e^-}^{\beta} = \mu_{e^-}^{\beta} + z_{e^-}^{\beta} F\varphi^{\beta} = \mu_{e^-}^{\beta} - F\varphi^{\beta} \tag{12-54}$$

式中，z_{e^-} 是电子电荷数，$z_{e^-} = -1$。将式(12-54)代入式(12-53)得

$$\sum_{e^-} \nu_{e^-} \tilde{\mu}_{e^-} = z[\mu(e^-, Pt_L) - \mu(e^-, Pt_R)] + zF(\varphi_R - \varphi_L) \tag{12-55}$$

因为电池左、右两端的化学组成、物理状态相同，所以

$$\mu(e^-, Pt_L) = \mu(e^-, Pt_R) \tag{12-56}$$

式(12-56)正是要求可逆电池两端导电材料相同的原因。将式(12-56)代入式(12-55)得

$$\sum_{e^-} \nu_{e^-} \tilde{\mu}_{e^-} = zF(\varphi_R - \varphi_L) \tag{12-57}$$

根据规定，可逆电池电动势 $E = \varphi_R - \varphi_L$，则得到

$$\sum_{e^-} \nu_{e^-} \tilde{\mu}_{e^-} = zFE \tag{12-58}$$

求 $\sum\limits_{B}{}' \nu_B \tilde{\mu}_B$

对于可逆电池电化学反应[式(12-51)]，不带电物质粒子 $AgCl(s)$、Ag、$H_2(g)$，因 $z_B = 0$，所以 $\tilde{\mu}_B = \mu_B$。而对于离子 H^+、Cl^-，由于是可逆电池，不允

许有两种液体的接界（严格地说，凡是具有两种溶液接界的电池都是不可逆电池），所有离子都在同一相中（如在 HCl 溶液中），因此离子的电化学势与化学势相等。则对可逆电池的电化学反应，应有

$$\sum_{B\neq e^-}{}' \nu_B \tilde{\mu}_B = \sum_{B\neq e^-}{}' \nu_B \mu_B \tag{12-59}$$

将式(12-58)和式(12-59)代入式(12-53)得

$$\sum_{B\neq e^-}{}' \nu_B \mu_B = -zFE \tag{12-60}$$

式中，$\sum_{B\neq e^-}{}' \nu_B \mu_B$ 是除电子以外的（不考虑电功情况下）电池反应中纯化学反应在一定 T、p、组成条件下的各组分化学势之和。

知识点讲解视频

可逆电池电动势能斯特公式（朱志昂）

能斯特公式

将物质 B 的化学势表达式

$$\mu_B = \mu_B^\ominus(T) + RT\ln a_B$$

代入式(12-60)得

$$\sum_{B\neq e^-}{}'\nu_B\mu_B = \sum_{B\neq e^-}{}'\nu_B\mu_B^\ominus + RT\sum_{B\neq e^-}{}'\nu_B\ln a_B = -zFE = \Delta_r G_m^\ominus(T) + RT\ln\left(\prod_{B\neq e^-} a_B^{\nu_B}\right)$$

$$E = -\frac{\Delta_r G_m^\ominus(T)}{zF} - \frac{RT}{zF}\ln\prod_{B\neq e^-} a_B^{\nu_B} \tag{12-61}$$

定义

$$-\frac{\Delta_r G_m^\ominus(T)}{zF} \equiv E^\ominus \tag{12-62}$$

$E^\ominus$称为电池的标准电动势。将式(12-62)代入式(12-61)得

$$E = E^\ominus - \frac{RT}{zF}\ln\left(\prod_{B\neq e^-} a_B^{\nu_B}\right) \tag{12-63}$$

式(12-63)就是可逆电池电动势的能斯特(Nernst)公式。

知识点讲解视频

由可逆电池电动势求电池反应的热力学函数（朱志昂）

2）由可逆电池电动势计算电池化学反应的热力学函数

(1) 求$\left(\frac{\partial G}{\partial \xi}\right)_{T,p}$（或 $\Delta_r G_m^\infty$）。根据 7.1 节，式(12-60)中的 $\sum_{B\neq e^-}{}' \nu_B \mu_B$ 就是化学反应等温式中的势函数$\left(\frac{\partial G}{\partial \xi}\right)_{T,p}$，则有

$$\left(\frac{\partial G}{\partial \xi}\right)_{T,p} = \sum_{B\neq e^-}{}' \nu_B \mu_B = -zFE \tag{12-64}$$

从式(12-64)可看出，某一有限量的化学反应体系在指定温度、压力、组成条件下欲求势函数$\left(\frac{\partial G}{\partial \xi}\right)_{T,p}$，可将此反应设计成可逆电池中的电池反应，测出可逆电池 E，即可求得$\left(\frac{\partial G}{\partial \xi}\right)_{T,p}$。求得的势函数$\left(\frac{\partial G}{\partial \xi}\right)_{T,p}$还可理解为在指定温度、压力、组成下的无限大量的化学反应体系中，反应进度进行了 $\Delta\xi = 1\text{mol}$ 时反应体系吉布斯自由能的变化值 $\Delta_r G_m^\infty$，通常用 ΔG（或 $\Delta_r G_m$）表示

$$\Delta G = \left(\frac{\partial G}{\partial \xi}\right)_{T,p} = \Delta_r G_m^\infty = -zFE \tag{12-65}$$

前已述及，式(12-64)中的 $\sum_{B\neq e^-}{}' \nu_B \mu_B$ 是除电子以外，即不考虑电功的。因此，从式(12-65)求得的 ΔG 是电池反应中不考虑电功、没有电子参加的化学反应的 ΔG，亦即 $W'=0$ 情况下化学反应的 ΔG。仅仅在数值上，它与将此反

应设计成可逆电池时的电动势 E 之间存在式(12-65)的关系。因此，电池中化学反应的判据仍为

$$\Delta G = \left(\frac{\partial G}{\partial \xi}\right)_{T,p} = -zFE \leqslant 0 \tag{12-66}$$

式(12-66)仍然满足恒温、恒压、$W'=0$ 的适用条件。若可逆电池电动势 $E>0$，则 $\Delta G<0$，表示此化学反应体系能发生一个按电池反应方向进行的反应，即具有自发地由化学能转变为电能的能力。若 $E<0$，则 $\Delta G>0$，表示此化学反应体系不能发生一个按电池反应方向进行的反应，但能发生一个按电池反应方向逆向进行的反应。若 $E=0$，表明此化学反应体系已达平衡，没有将化学能转变为电能的能力。

E 和 $E^{\ominus}$ 是强度性质，而且与电池反应计量方程的写法无关。$\left(\frac{\partial G}{\partial \xi}\right)_{T,p}$ 也是强度性质，但与电池反应的计量方程有关。

例如，有一电池

$$\mathrm{Pt_L}\,|\,\mathrm{H_2(g)}\,|\,\mathrm{HCl(aq)}\,|\,\mathrm{AgCl(s)}\,|\,\mathrm{Ag}$$

电池反应写法(1)

$$2\mathrm{AgCl(s)} + \mathrm{H_2(g)} \rightleftharpoons 2\mathrm{Ag} + 2\mathrm{HCl(aq)}$$

$$E = E^{\ominus} - \frac{RT}{2F}\ln\frac{(a_{\mathrm{Ag}})^2(a_{\mathrm{HCl}})^2}{(a_{\mathrm{H_2}})(a_{\mathrm{AgCl}})^2} = E^{\ominus} - \frac{RT}{2F}\ln\frac{(a_{\mathrm{HCl}})^2}{p_{\mathrm{H_2}}} = E^{\ominus} - \frac{RT}{F}\ln\frac{a_{\mathrm{HCl}}}{p_{\mathrm{H_2}}^{1/2}}$$

$$\Delta G_1 = \left(\frac{\partial G}{\partial \xi}\right)_{T,p} = -2FE$$

电池反应写法(2)

$$\mathrm{AgCl(s)} + \frac{1}{2}\mathrm{H_2(g)} \rightleftharpoons \mathrm{Ag} + \mathrm{HCl(aq)}$$

$$E = E^{\ominus} - \frac{RT}{F}\ln\frac{a_{\mathrm{HCl}}}{p_{\mathrm{H_2}}^{1/2}}$$

$$\Delta G_2 = \left(\frac{\partial G}{\partial \xi}\right)_{T,p} = -FE = \frac{1}{2}\Delta G_1$$

因此，在计算电池反应的热力学函数时，必须指明电池反应的计量方程。

(2) 从电动势 E 及其温度系数求反应的 ΔH 和 ΔS。根据吉布斯-亥姆霍兹公式

$$\left[\frac{\partial\left(\frac{\Delta G}{T}\right)}{\partial T}\right]_p = -\frac{\Delta H}{T^2}$$

$$\frac{T\left(\frac{\partial \Delta G}{\partial T}\right)_p - \Delta G}{T^2} = -\frac{\Delta H}{T^2}$$

$$\left(\frac{\partial \Delta G}{\partial T}\right)_p = \frac{\Delta G - \Delta H}{T} = -\Delta S \tag{12-67}$$

将式(12-65)代入式(12-67)得

$$\Delta S = zF\left(\frac{\partial E}{\partial T}\right)_p \tag{12-68}$$

将 $\Delta_r G_m^{\ominus} = -zFE^{\ominus}$ 代入式(12-67)得

$$\Delta_r S_m^\ominus = zF\left(\frac{\partial E^\ominus}{\partial T}\right)_p \tag{12-69}$$

式中，$\left(\frac{\partial E}{\partial T}\right)_p$ 称为电池的温度系数，可从实验上测定。根据 $\Delta H=\Delta G+T\Delta S$ 得

$$\Delta H=-zFE+zFT\left(\frac{\partial E}{\partial T}\right)_p \tag{12-70}$$

同理有

$$\Delta_r H_m^\ominus=-zFE^\ominus+zFT\left(\frac{\partial E^\ominus}{\partial T}\right)_p \tag{12-71}$$

用式(12-68)和式(12-70)求得的 ΔS 和 ΔH，其物理意义是：指定温度、压力、组成条件下无限大量的电池的化学反应体系中，反应进度进行 $\Delta\xi=1\text{mol}$ 时体系的熵变或焓变。由于电动势能够测得很准确，故从式(12-70)所得到的 ΔH 比用化学方法得到的 ΔH 值还要可靠。

(3) 求电池的热效应。

(i) 可逆电池在短路即 $W'=0$ 的情况下放电，即外电路不经过负载而直接将正、负极用导线连接的电池工作状态，这种途径不做电功，相当于直接发生恒压下的化学反应，其焓变全部转化为热。此时，电池反应具有最大的热效应，体系向环境放出最大的热 $|Q_p|$。电池中化学反应的热效应为

$$Q_p=\Delta H=-zFE+zFT\left(\frac{\partial E}{\partial T}\right)_p$$

(ii) 可逆电池在 $W'=-zFE(W'\neq 0)$ 情况下以无限小电流可逆放电，电池中化学反应的热效应 Q_R 为

$$Q_R=T\Delta S=zFT\left(\frac{\partial E}{\partial T}\right)_p=\Delta H+zFE=\Delta H-W' \tag{12-72}$$

可见，此时 $Q_R\neq\Delta H$。若 $\left(\frac{\partial E}{\partial T}\right)_p>0$，则 $Q_R>0$，说明电池恒温恒压可逆放电是吸热反应。此情况下，可逆电池反应焓变的减少小于体系对外所做的可逆电功，不足部分来自从环境吸收的热。若 $\left(\frac{\partial E}{\partial T}\right)_p=0$，则 $Q_R=0$，即可逆电池反应焓变的减少全部转变为体系对外所做的可逆电功。若 $\left(\frac{\partial E}{\partial T}\right)_p<0$，则 $Q_R<0$，说明电池在恒温、恒压可逆放电是放热反应。此情况下，可逆电池反应焓变的减少大于体系对外所做的可逆电功，多出部分以热的形式放出。

(iii) 若电池在电压 V 下恒温、恒压不可逆放电，则热效应为 Q_{IR}。根据 $\Delta U=Q_{IR}+(W+W')=Q_{IR}+(-p\Delta V-zFV)$，则有

$$\Delta H=Q_{IR}-zFV \tag{12-73}$$

此时电路接有负载，电池处于以一定电流工作的状态，这是电池最常见的工作状态，电池反应的焓变一部分用于对外做电功，另一部分向环境释放热。

H(焓)是状态函数，若始、末态相同，不可逆放电的焓变与可逆放电的焓变是相同的。将式(12-72)代入式(12-73)得

$$Q_{IR}=Q_R-zF(E-V) \tag{12-74}$$

若始、末态相同，放电条件不同，其热效应不同，但状态函数的变化值是相同的。

可以看到，电池在恒温恒压下放电时，其热效应顺序为$|Q_p|>|Q_{IR}|>|Q_R|$。电池可逆放电对外做的电功最大。

此外，可逆电池在开路(断路)情况下是不对外做电功的，即 $W'=0$。我们的基本方法是将化学反应设计成可逆电池的电池反应，通过测定可逆电池的电动势及温度系数，可求得化学反应的热力学函数的变化值，并判别化学反应的方向。

例 12-3 在 25℃和 101 325Pa 时，饱和韦斯顿标准电池的 $E=1.018\ 32\text{V}$，$\left(\frac{\partial E}{\partial T}\right)_p=-5.00\times10^{-5}\ \text{V}\cdot\text{K}^{-1}$，求电池反应 $Cd(s)+Hg_2SO_4(s)=\!=\!=Cd^{2+}+SO_4^{2-}+2Hg$ 在 25℃和 101 325Pa 时的 ΔG、ΔS 和 ΔH。

解 $\Delta G=-zFE=-2\times96\ 485\times1.018\ 32=-196.509(\text{kJ}\cdot\text{mol}^{-1})$

$$\Delta S=zF\left(\frac{\partial E}{\partial T}\right)_p=2\times96\ 485\times(-5.00\times10^{-5})=-9.65(\text{J}\cdot\text{mol}^{-1}\cdot\text{K}^{-1})$$

$$\Delta H=\Delta G+T\Delta S=-196\ 509+298.15\times(-9.65)=-199\ 385(\text{J}\cdot\text{mol}^{-1})$$

$$Q_R=T\Delta S=298.15\times(-9.65)=-2876(\text{J}\cdot\text{mol}^{-1})$$

12.3.5 可逆电极

组成可逆电池的电极称为可逆电极，所发生的反应也必须是热力学可逆反应。

1. 可逆电极电势 φ

对于可逆电池反应

$$a\text{A}+b\text{B}\xrightleftharpoons[\text{还原}]{\text{氧化}}g\text{G}+h\text{H}$$

根据可逆电池电动势能斯特公式[式(12-63)]，有

$$E=E^{\ominus}-\frac{RT}{zF}\ln\frac{a_G^g a_H^h}{a_A^a a_B^b}=(\varphi_R^{\ominus}-\varphi_L^{\ominus})-\frac{RT}{zF}\ln\frac{a_H^h}{a_B^b}+\frac{RT}{zF}\ln\frac{a_A^a}{a_G^g}$$

$$=\left(\varphi_R^{\ominus}-\frac{RT}{zF}\ln\frac{a_H^h}{a_B^b}\right)-\left(\varphi_L^{\ominus}-\frac{RT}{zF}\ln\frac{a_A^a}{a_G^g}\right)=\varphi_R-\varphi_L$$

则

$$\varphi=\varphi^{\ominus}-\frac{RT}{zF}\ln\frac{a_{\text{还原态}}}{a_{\text{氧化态}}} \tag{12-75}$$

式(12-75)就是可逆电极电势的能斯特公式。同理可知，可逆电极电势的数值与电极反应的计量方程写法无关。

2. 可逆电极的类型

1) 第一类电极

这类电极由金属(或非金属)浸入含有该金属离子(或非金属离子)的溶液中构成。

(1) 第一类金属电极 $M^{z+}|M$ 或 $M|M^{z+}$。

电极反应

$$M^{z+}+ze^- \rightleftharpoons M$$

电极电势

$$\varphi_{M^{z+}|M}=\varphi^{\ominus}_{M^{z+}|M}-\frac{RT}{zF}\ln\frac{a_M}{a_{M^{z+}}}$$

金属 M 与含有该金属离子 M^{z+} 的溶液成电化学平衡。这类电极的电势与金属性质和金属离子浓度有关。属于这类可逆电极的有 $Cu|Cu^{2+}$，$Zn|Zn^{2+}$，$Ag|Ag^+$，$Hg|Hg_2^{2+}$，$Pb|Pb^{2+}$ 等。与溶剂发生化学反应的金属不能作为电极，如 Na、K、Ca 等与水发生反应。

(2) 第一类非金属电极 $Me^{z-}|Me$(如 $Se^{2-}|Se$)。

电极反应

$$Me+ze^- \rightleftharpoons Me^{z-}$$

电极电势

$$\varphi_{Me^{z-}|Me}=\varphi^{\ominus}_{Me^{z-}|Me}-\frac{RT}{zF}\ln\frac{a_{Me^{z-}}}{a_{Me}}$$

2) 第二类电极

第二类电极是由金属为其难溶化合物之一(盐、氧化物或氢氧化物)所覆盖，并浸在与电极金属难溶化合物有相同阴离子的溶液中所组成的半电池。

电极表示

$$A^{z-}|MA|M$$

电极反应

$$MA+ze^- \rightleftharpoons M+A^{z-}$$

电极电势

$$\varphi_{A^{z-}|MA|M}=\varphi^{\ominus}_{A^{z-}|MA|M}-\frac{RT}{zF}\ln\frac{a_{A^{z-}}a_M}{a_{MA}}=\varphi^{\ominus}_{A^{z-}|MA|M}-\frac{RT}{zF}\ln a_{A^{z-}}$$

它包括以下几种：

(1) 甘汞电极。甘汞电极的装置如图 12-12 所示。在仪器的底部装入少量汞，然后装入汞、甘汞(Hg_2Cl_2)和氯化钾溶液制成的糊状物，再注入 KCl 溶液。导线为铂丝，装入玻璃管中，插到仪器底部。甘汞电极可表示为

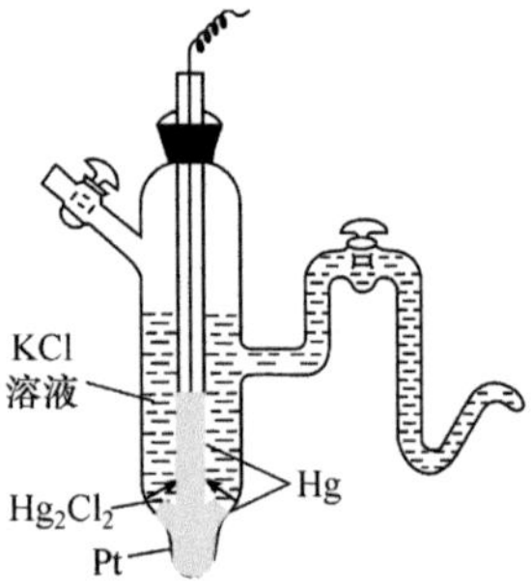

图 12-12 甘汞电极

$$Cl^-(aq)|Hg_2Cl_2(s)|Hg$$

电极反应 $Hg_2Cl_2(s) \rightleftharpoons Hg_2^{2+}(aq)+2Cl^-(aq)$

$Hg_2^{2+}(aq)+2e^- \rightleftharpoons 2Hg(l)$

电池反应 $Hg_2Cl_2(s)+2e^- \rightleftharpoons 2Hg(l)+2Cl^-(aq)$

电极电势

$$\varphi_{Cl^-|Hg_2Cl_2(s)|Hg}=\varphi^{\ominus}_{Cl^-|Hg_2Cl_2(s)|Hg}-\frac{RT}{2F}\ln a^2_{Cl^-}=\varphi^{\ominus}_{Cl^-|Hg_2Cl_2(s)|Hg}-\frac{RT}{F}\ln a_{Cl^-}$$

由于所用 KCl 溶液的浓度不同，甘汞电极的电势也不同，常用的有以下三种，见表 12-3。

表 12-3 甘汞电极的电极电势

c_{KCl}/(mol·dm^{-3})	φ 与摄氏温度 t 的关系/V	25℃时 φ/V
0.1	$0.3337-8.75\times10^{-5}(t-25)-3\times10^{-6}(t-25)^2$	0.3337
1.0	$0.2801-2.75\times10^{-4}(t-25)-2.5\times10^{-6}(t-25)^2-4\times10^{-9}(t-25)^3$	0.2801
饱和	$0.2412-6.61\times10^{-4}(t-25)-1.75\times10^{-6}(t-25)^2-9.0\times10^{-16}(t-25)^3$	0.2412

(2) 银-氯化银电极(图 12-13)。制取银-氯化银电极的方法之一是将 Ag 层电沉积在 Pt 上，然后部分 Ag 电解成 AgCl(s)。

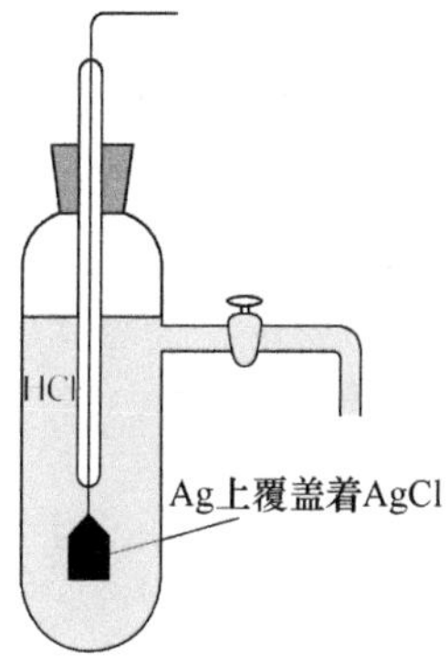

图 12-13 银-氯化银电极

电极可表示为

$$Cl^-(aq)|AgCl(s)|Ag$$

电极反应

$$AgCl(s)+e^- \rightleftharpoons Ag+Cl^-(aq)$$

电极电势

$$\varphi_{Cl^-|AgCl(s)|Ag}=\varphi^\ominus_{Cl^-|AgCl(s)|Ag}-\frac{RT}{F}\ln a_{Cl^-}$$

(3) 铅-硫酸铅电极 $SO_4^{2-}(aq)|PbSO_4(s)|Pb$。

电极反应

$$PbSO_4(s)+2e^- \rightleftharpoons Pb+SO_4^{2-}(aq)$$

(4) 汞-硫酸亚汞电极 $SO_4^{2-}(aq)|Hg_2SO_4(s)|Hg$。

$$Hg_2SO_4(s)+2e^- \rightleftharpoons 2Hg+SO_4^{2-}(aq)$$

(5) 金属-金属氧化物电极。

例如，汞-氧化汞电极

$$OH^-(aq)|HgO(s)|Hg$$

电极反应

$$HgO(s)+H_2O+2e^- \rightleftharpoons Hg(l)+2OH^-(aq)$$

电极电势

$$\varphi_{OH^-|HgO|Hg}=\varphi^\ominus_{OH^-|HgO|Hg}-\frac{RT}{F}\ln a_{OH^-}$$

又有

$$K_w=a_{H^+}a_{OH^-}$$

则有

$$\varphi_{OH^-|HgO|Hg}=\varphi^\ominus_{OH^-|HgO|Hg}-\frac{RT}{F}\ln K_w+\frac{RT}{F}\ln a_{H^+}$$

此类电极不仅对 OH^- 可逆，而且对 H^+ 可逆，可用作任何酸或碱溶液的参考电极。

3) 气体电极

这类电极是由浸在溶液中的惰性金属或非金属(如铂或石墨)构成的。气体泡围绕惰性电极通过溶液，同溶液中与气体可逆的离子成电化学平衡。气体电极中的金属电极作用如下：①造成气体与含有其离子的溶液之间的电接触；②促进达到电极平衡，是电极反应的催化剂。

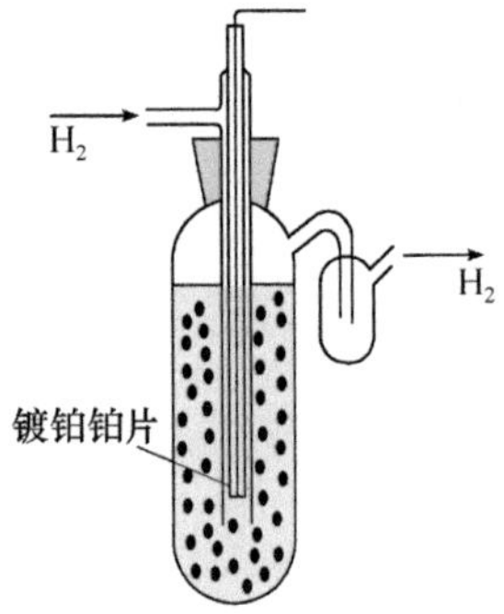

图 12-14 氢电极

(1) 氢电极。氢电极的装置示意图如图 12-14 所示，电极图解式为 $Pt|H_2(g)|H^+(aq)$，电极反应是 $H_2(g) \rightleftharpoons 2H^+(aq)+2e^-$。电极电势为 $\varphi_{H^+|H_2}=\varphi^{\ominus}_{H^+|H_2}-\frac{RT}{2F}\ln\frac{p_{H_2}/p^{\ominus}}{a^2_{H^+}}$。镀上一层铂黑的铂片浸入酸性溶液中，然后 H_2 气泡围绕铂黑表面通过溶液。H_2 分子解离成 H 原子被化学吸附在铂黑表面上，发生氧化反应

$$H_2(g) \longrightarrow 2H(Pt) \rightleftharpoons 2H^+(aq)+2e^-(Pt)$$

铂黑对该反应起催化作用，铂片起供给电子的作用。

(2) 氧电极。

$$OH^-(aq)|O_2(g)|Pt$$

电极反应

$$O_2+2H_2O+4e^- \rightleftharpoons 4OH^-$$

电极电势

$$\varphi_{OH^-|O_2}=\varphi^{\ominus}_{OH^-|O_2}-\frac{RT}{4F}\ln\frac{a^4_{OH^-}}{\frac{p_{O_2}}{p^{\ominus}}}$$

(3) 氯电极。

$$Cl^-(aq)|Cl_2(g)|Pt$$

$$Cl_2(g)+2e^- \rightleftharpoons 2Cl^-(aq)$$

$$\varphi_{Cl^-|Cl_2}=\varphi^{\ominus}_{Cl^-|Cl_2}-\frac{RT}{2F}\ln\frac{a^2_{Cl^-}}{\frac{p_{Cl_2}}{p^{\ominus}}}$$

这类电极的电势取决于气体的性质和压力，以及与气体可逆的溶液中的离子浓度。

4) 汞齐电极

$$M^{z+}|M(Hg)$$

电极反应

$$M^{z+}+ze^- \rightleftharpoons M(Hg)$$

电极电势

$$\varphi_{M^{z+}|M(Hg)}=\varphi^{\ominus}_{M^{z+}|M(Hg)}-\frac{RT}{zF}\ln\frac{a_{M(Hg)}}{a_{M^{z+}}}$$

这里 M(Hg)代表金属 M 溶于汞中所形成的金属汞齐。含金属 M 的汞齐与含金属离子 M^{z+} 的溶液成电化学平衡，汞不参与电极反应。碱金属和碱土金属可以用于汞齐电极。韦斯顿标准电池中的镉电极就是汞齐电极。

$$Cd^{2+}(aq)|Cd(Hg)$$

$$Cd^{2+}(aq)+2e^- \rightleftharpoons Cd(Hg)$$

$$\varphi_{Cd^{2+}|Cd(Hg)}=\varphi^{\ominus}_{Cd^{2+}|Cd(Hg)}-\frac{RT}{2F}\ln\frac{a_{Cd(Hg)}}{a_{Cd^{2+}}}$$

这类电极的电势不仅与金属性质和溶液中金属离子浓度有关，而且也与汞齐中金属含量有关。

5）氧化-还原电极

$M^{z'+}$，$M^{z+}|Pt$，图式中“，”表示两种物质处于同一相中。在电极上发生氧化或还原的两种物质处于同一相中，浸在溶液中的惰性金属（如 Pt）不参与电极反应，只起供给或接受电子的作用。这类电极的电势是由溶液中离子氧化态的改变而造成的，取决于不同氧化态的离子浓度，而与惰性金属的性质无关。例如

$$Fe^{2+},Pc^{3+}|Pt$$

$$Fe^{3+}+e^- \rightleftharpoons Fe^{2+}$$

$$\varphi_{Fe^{3+},Fe^{2+}}=\varphi^{\ominus}_{Fe^{3+},Fe^{2+}}-\frac{RT}{F}\ln\frac{a_{Fe^{2+}}}{a_{Fe^{3+}}}$$

如果金属 M 在溶液中可能存在高价离子 M^{h+} 和低价离子 M^{n+} 的形式，此时可构成两个第一类电极和一个氧化还原电极，即 $M^{h+}|M$、$M^{n+}|M$ 和 $M^{n+},M^{h+}|M$。它们的标准电极电势分别为 $\varphi^{\ominus}_{M^{h+}|M}$，$\varphi^{\ominus}_{M^{n+}|M}$ 和 $\varphi^{\ominus}_{M^{h+},M^{n+}|M}$，它们之间遵守以下关系：

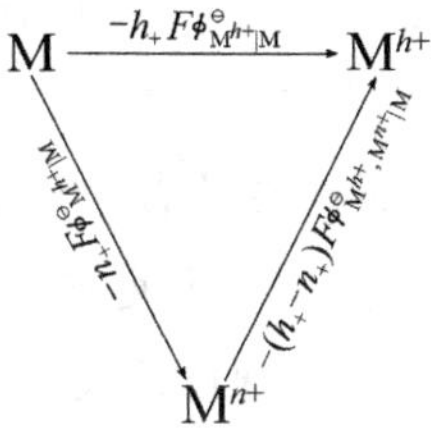

则有

$$h_+\varphi^{\ominus}_{M^{h+}|M}=n_+\varphi^{\ominus}_{M^{n+}|M}+(h_+-n_+)\varphi^{\ominus}_{M^{h+},M^{n+}|M} \qquad (12\text{-}76)$$

式(12-76)称为卢瑟(Luther)规则。如果有两个电极的标准电势值是已知的，则另一电极的标准电势就能计算出来。式(12-76)用于确定很难或根本不可能直接测定的电极的标准电势。例如，第一类电极 $Fe^{3+}|Fe$ 的电极电势是不能直接测量的，因为在这种情况下 Fe^{3+} 不稳定，但它能够由实验可以得到的第一类电极 $Fe^{2+}|Fe$ 和简单氧化还原电极 $Fe^{2+},Fe^{3+}|Pt$ 的标准电极电势求得。

$$\varphi^{\ominus}_{Fe^{3+}|Fe}=\frac{2}{3}\varphi^{\ominus}_{Fe^{2+}|Fe}+\frac{1}{3}\varphi^{\ominus}_{Fe^{3+},Fe^{2+}|Pt}$$

氧化还原电极的另一例子是醌氢醌电极：H^+，醌氢醌|Pt。它是对 H^+ 可逆的氧化还原电极。这种电极制备简单，不易中毒，常用于测量溶液的 pH，只需在待测 pH 的溶液中加入少许醌氢醌，使溶液饱和后，插入 Pt 丝即可。但它不能用于含氧化剂或还原剂的溶液，也不能用于 pH>8 的溶液。

醌氢醌是等分子比的醌和氢醌的复合物，它在水溶液中按下式分解：

$$C_6H_4O_2\cdot C_6H_4(OH)_2 \rightleftharpoons C_6H_4O_2+C_6H_4(OH)_2$$

醌氢醌	醌	氢醌
$Q\cdot QH_2$	Q	QH_2

电极反应

$$C_6H_4O_2+2H^++2e^- \rightleftharpoons C_6H_4(OH)_2$$

电极电势

$$\varphi_{Q,QH_2|Pt}=\varphi^{\ominus}_{Q,QH_2|Pt}-\frac{RT}{2F}\ln\frac{a_{QH_2}}{a_Q a^2_{H^+}}$$

Q·QH_2 在水中溶解度小，Q 和 QH_2 浓度相等且很低，可认为 $a_Q = a_{QH_2}$，则有

$$\varphi_{Q,QH_2|Pt} = \varphi^{\ominus}_{Q,QH_2|Pt} + \frac{RT}{F}\ln a_{H^+}$$

在 25℃时，$\varphi_{Q,QH_2|Pt} = (0.6995 - 0.059\ 17\text{pH})\text{V}$。

6）非金属非气体电极

例如，溴电极 $Br^-(aq)|Br_2(l)|Pt$ 和碘电极 $I^-(aq)|I_2(s)|Pt$ 属于此类电极。在这类电极中，溶液中饱和了 Br_2 和 I_2。电极反应分别为 $Br_2(l) + 2e^- \rightleftharpoons 2Br^-(aq)$ 和 $I_2(s) + 2e^- \rightleftharpoons 2I^-(aq)$。惰性金属 Pt 不参与电极反应，只是起供给或接受电子的作用。这类电极的电势取决于非金属非气体的性质和溶液中可逆负离子的浓度。

7）离子选择性膜电极

离子选择性膜电极包含一种玻璃、晶体或液体膜的隔膜，其特性膜与其接触的电解质溶液之间的电势差只取决于某一特定离子的活度。玻璃电极是一种最早出现的膜电极，它的隔膜是由特殊组成的玻璃薄膜构成的。玻璃的结构中含有共价键合的 Si 和 O 原子组成的网状结构，带负电荷，在网状结构的空间内有正离子。例如，Na^+、Li^+、Ca^{2+} 等碱金属或碱土金属离子可以自由通过玻璃，玻璃对这些正离子来说有很弱的导电性。玻璃膜的厚度在 0.005cm 以下，以降低玻璃的电阻。即使如此，玻璃膜的电阻也为 $10^7 \sim 10^9\ \Omega$。高电阻造成电动势测定的准确度降低。为此，必须用电子管伏特计，以检测通过电池的很小的电流。图 12-15(a)在左边电极表示玻璃电极，它与右边电极——甘汞电极组成一个电池，以测定溶液的 pH。

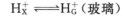

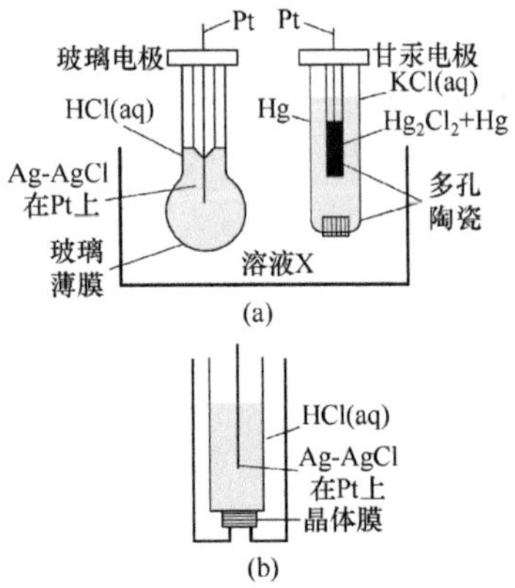

图 12-15 pH 测定装置示意图(a)和晶体膜电极(b)

Ag-AgCl 电极加上 HCl 水溶液作为玻璃电极的一部分(有时也用甘汞电极代替 Ag-AgCl 电极)。玻璃电极用来测定 X 溶液的 pH 时可组成下列电池：

$$Pt|Ag|AgCl(s)|HCl(aq)|\text{玻璃膜}|X(aq)|KCl(sat)|Hg_2Cl_2(s)|Hg|Pt'$$

在玻璃电极未用之前，将它浸泡在纯水中数小时，使玻璃膜上的正离子(如 Na^+)被水中的 H^+ 置换出来。当浸泡过的玻璃电极插入 X 溶液中时，在玻璃表面上建立起表面上的 H^+ 与 X 溶液中的 H^+ 之间的平衡

$$H^+_X \rightleftharpoons H^+_G(\text{玻璃})$$

两相平衡时

$$\tilde{\mu}_{H^+}(X) = \tilde{\mu}_{H^+}(G)$$

$$\mu^X_{H^+} + F\varphi(X) = \mu^G_{H^+} + F\varphi(G)$$

$$\varphi(X) - \varphi(G) = (\mu^G_{H^+} - \mu^X_{H^+})/F$$

将 $\mu_{H^+} = \mu^{\ominus}_{H^+} + RT\ln a_{H^+}$ 代入得

$$\varphi(X) - \varphi(G) = \frac{\mu^{\ominus G}_{H^+} - \mu^{\ominus X}_{H^+}}{F} + \frac{RT}{F}(\ln a^G_{H^+} - \ln a^X_{H^+})$$

电池电动势 E_X 为

$$E_X = \varphi_{\text{甘汞}} - [\varphi(X) - \varphi(G)] + E_{j,X}$$

将上述两电极插入已知 pH 的标准溶液 S 中，则有

$$\varphi(S) - \varphi(G) = \frac{\mu^{\ominus G}_{H^+} - \mu^{\ominus S}_{H^+}}{F} + \frac{RT}{F}(\ln a^G_{H^+} - \ln a^S_{H^+})$$

电池电动势 E_S 为

$$E_S=\varphi_{甘汞}-[\varphi(S)-\varphi(G)]+E_{j,s}$$

设液接电势 $E_{j,X}=E_{j,s}$，并有 $\mu_{H^+}^{\ominus X}=\mu_{H^+}^{\ominus S}$，则有

$$E_X-E_S=\frac{RT}{F}(\ln a_{H^+}^S-\ln a_{H^+}^X)=\frac{2.303RT}{F}(\lg a_{H^+}^S-\lg a_{H^+}^X)$$

$$\mathrm{pH}(X)=\mathrm{pH}(S)+\frac{E_X-E_S}{2.303RTF^{-1}} \tag{12-77}$$

在 25℃时

$$\mathrm{pH}(X)=\mathrm{pH}(S)+\frac{E_X-E_S}{0.059\ 17\mathrm{V}}$$

实测时，先将玻璃电极和甘汞电极插入已知 pH 的标准溶液 S 中，测出 E_S 值，再插入待测溶液 X 中，测出 E_X 值，即可求得溶液的 pH(X)。

通常认为玻璃电极的作用是让 H^+ 通过玻璃膜，但是放射性示踪原子的研究证明，H^+ 不能通过玻璃膜，而是在玻璃膜的表面上发生离子交换吸附作用。玻璃是由 SiO_2 和金属氧化物的熔化物冷却形成的。人们可以制造对各种离子具有选择性吸附的玻璃，如 72%（摩尔分数，下同）SiO_2、21.5%Na_2O 和 6.5%CaO 组成的玻璃对 H^+ 具有选择性吸附。由 SiO_2、Al_2O_3 和 Li_2O 组成的玻璃可对 Na^+ 选择性吸附，这样将上述公式中 H^+ 的活度变成 Na^+ 的活度，公式照样可以选用。现在已经制造出对下列单价阳离子具有选择性吸附的各种组成的玻璃电极：H^+、Na^+、K^+、Li^+、Cs^+、Rb^+、Ag^+、NH_4^+、Cu^+ 和 Tl^+ 等。

玻璃膜也可用不溶于水中的盐晶体来代替。这种盐晶体在室温下有很高的离子导电性。例如，LaF_3 晶体对 F^- 具有选择性吸附，在吸附于晶体表面上的 F^- 与溶液中的 F^- 之间建立起平衡。将上述公式中 H^+ 的活度用 F^- 的活度代替，公式仍能应用。Ag_2S 晶体可以用来测定溶液中 S^{2-} 的活度。AgX（X=Cl、Br 或 I）与 Ag_2S 混合晶体可用于卤素离子活度的测定。图 12-15(b) 表示晶体膜电极。

液体膜电极是将有机盐溶液浸渍在惰性多孔性固体上制造成的。例如，对 Ca^{2+} 具有选择性吸附的液体膜电极是将 $Ca[(C_{10}H_{21}O)PO_2]_2$（磷酸二酯的钙盐）溶于适当溶剂中形成的溶液浸渍在惰性多孔性固体上制成的。

与 pH 的定义相似，pNa、pCa、pF、…的数值非常接近 $-\lg a_{Na^+}$、$-\lg a_{Ca^{2+}}$、$-\lg a_{F^-}$、…。指定 pNa、pCa、pF、…的标准溶液可从相关文献中查到。

离子选择性电极可用于测定常规化学分析方法难以测定的一些离子的活度，如 Na^+、K^+、Ca^{2+}、NH_4^+、Mg^{2+}、F^-、NO_3^- 和 ClO_4^- 等。

12.3.6 标准电极电势

电池由两个半电池组成，每个半电池的电极反应有

$$\varphi=\varphi^{\ominus}-\frac{RT}{zF}\ln\frac{a_{还原态}}{a_{氧化态}}$$

若能测得 $\varphi^{\ominus}$ 即可求得 φ，但半电池的 $\varphi^{\ominus}$ 无法从实验测得，只能求其相对值。人们选取标准氢电极 $H^+(a_{H^+}=1)\,|\,H_2(p^{\ominus})\,|\,Pt$ 为参考电极，并人为规定 25℃时，$\varphi_{H^+|H_2}^{\ominus}=0$。将标准氢电极作为发生氧化作用的阳极（负极），给定电极作为发生还原反应的阴极（正极），组成下列电池：

$$Pt|H_2(p^\ominus)|H^+(a_{H^+}=1) \parallel \text{给定电极}$$

或

$$\text{标准氢电极} \parallel \text{给定电极}$$

此电池的电动势E即为给定电极的电极电势φ。当给定电极中各组分均处于标准态时，其电极电势称为标准电极电势$\varphi^\ominus$，由于给定电极放在电池右方，进行还原反应，故$\varphi^\ominus$称为标准还原电极电势。各种电极在25℃和$p^\ominus$时，水溶液中的标准还原电极电势$\varphi^\ominus$已列成表，在各种化学手册中都可查到。

例如，电池

$$Pt|H_2(p^\ominus)|H^+(a_{H^+}=1) \parallel Cu^{2+}(a_{Cu^{2+}})|Cu$$

(－)极 $H_2(p^\ominus) \rightleftharpoons 2H^+(a_{H^+}=1)+2e^-$

(＋)极 $Cu^{2+}(a_{Cu^{2+}})+2e^- \rightleftharpoons Cu$

电池反应 $H_2(p^\ominus)+Cu^{2+}(a_{Cu^{2+}}) \rightleftharpoons Cu+2H^+(a_{H^+}=1)$

$$E=\varphi_{Cu^{2+}|Cu}-\varphi^\ominus_{H^+|H_2}=E^\ominus-\frac{RT}{2F}\ln\frac{a^2_{H^+}a_{Cu}}{a_{H_2}a_{Cu^{2+}}}$$

$$=(\varphi^\ominus_{Cu^{2+}|Cu}-\varphi^\ominus_{H^+|H_2})-\frac{RT}{2F}\ln\frac{1}{a_{Cu^{2+}}}$$

由于规定$\varphi^\ominus_{H^+|H_2}=0$，因此$E^\ominus=\varphi^\ominus_{Cu^{2+}|Cu}$，$E=\varphi_{Cu^{2+}|Cu}=\varphi^\ominus_{Cu^{2+}|Cu}-\frac{RT}{2F}\ln\frac{1}{a_{Cu^{2+}}}$。

必须强调指出，$\varphi^\ominus$是相应电池的$E^\ominus$，而不是单个电极两相界面的电势差，因为$E^\ominus$包括了测量导体与电极间的接触电势差。标准还原电极电势的表示方法为

$$\varphi^\ominus_{\text{离子}|\text{电极}}，\quad \varphi^\ominus_{\text{氧化态离子,还原态离子}|\text{电极}}$$

利用附录十五中标准还原电极电势的数据，根据能斯特方程可以计算由任意两个电极构成的电池之电动势。可用下面两种方法中的任何一种计算：①从两个电极的电极电势计算：先写出电极反应和电池反应，根据式(12-75)分别计算出φ_R和φ_L，再根据式(12-44)计算出电池电动势；②根据整个电池的化学反应直接应用能斯特公式[式(12-63)]，计算出电池电动势E，其中$E^\ominus=\varphi^\ominus_R-\varphi^\ominus_L$。这两种方法是等效的。

例12-4 试计算25℃时下列电池的电动势：

$$Zn|ZnSO_4(m=0.001mol\cdot kg^{-1}) \parallel CuSO_4(m=1mol\cdot kg^{-1})|Cu$$

解 应用上述方法①

左边电极反应 $Zn-2e^- \rightleftharpoons Zn^{2+}(m=0.001)$

右边电极反应 $Cu^{2+}(m=1)+2e^- \rightleftharpoons Cu$

电池反应 $Zn+Cu^{2+}(m=1) \rightleftharpoons Zn^{2+}(m=0.001)+Cu$

根据式(12-75)

$$\varphi_L=\varphi_{Zn^{2+}|Zn}=\varphi^\ominus_{Zn^{2+}|Zn}-\frac{RT}{2F}\ln\frac{a_{Zn}}{a_{Zn^{2+}}}$$

纯固体的活度为1，即 $a_{Zn}=1$。$a_{Zn^{2+}}=\gamma_{Zn^{2+}}\left(\frac{m_{Zn^{2+}}}{m^{\ominus}}\right)$，因单独离子的活度是无法测定的数量，故需作近似处理，假定 $ZnSO_4$ 溶液中有 $\gamma_+=\gamma_-=\gamma_\pm$ 的关系。平均活度系数可用实验方法测定，表 12-4 列出 25℃时水溶液中一些电解质平均活度系数值。由表查出 0.001mol·kg^{-1} $ZnSO_4$ 溶液中 $\gamma_\pm=0.734$，故 $a_{Zn^{2+}}=\gamma_\pm(m_{Zn^{2+}}/m^{\ominus})=0.734\times(0.001\text{mol}\cdot\text{kg}^{-1}/1\text{mol}\cdot\text{kg}^{-1})=0.001\times0.734$，由附录十五查得 $\varphi^{\ominus}_{Zn^{2+}|Zn}=-0.763\text{V}$，故

$$\varphi_L=\varphi_{Zn^{2+}|Zn}=-0.763-\frac{0.059\ 17}{2}\lg\frac{1}{0.001\times0.734}$$

同理

$$\varphi_R=\varphi_{Cu^{2+}|Cu}=\varphi^{\ominus}_{Cu^{2+}|Cu}-\frac{RT}{2F}\ln\frac{a_{Cu}}{a_{Cu^{2+}}}$$

$a_{Cu}=1$。$a_{Cu^{2+}}=\gamma_{Cu^{2+}}(m_{Cu^{2+}}/m^{\ominus})$，假定 $CuSO_4$ 溶液中有 $\gamma_+=\gamma_-=\gamma_\pm$ 的关系，由表 12-4 查 1mol·kg^{-1} $CuSO_4$ 溶液中 $\gamma_\pm=0.047$，$a_{Cu^{2+}}=\gamma_\pm(m_{Cu^{2+}}/m^{\ominus})=0.047\times1.0$，查表得 $\varphi^{\ominus}_{Cu^{2+}|Cu}=0.340\text{V}$，故

$$\varphi_R=\varphi_{Cu^{2+}|Cu}=\left(0.340-\frac{0.059\ 17}{2}\lg\frac{1}{0.047\times1.0}\right)\text{V}$$

$$E=\varphi_R-\varphi_L=\left(0.340-\frac{0.059\ 17}{2}\lg\frac{1}{0.047\times1.0}\right)$$

$$-\left(-0.763-\frac{0.059\ 17}{2}\lg\frac{1}{0.734\times0.001}\right)$$

$$=1.1564(\text{V})$$

表 12-4　25℃时水溶液中电解质的平均活度系数 $\gamma_\pm$

$m/(\text{mol}\cdot\text{kg}^{-1})$	0.001	0.005	0.01	0.05	0.10	0.50	1.0	2.0	4.0
HCl	0.965	0.928	0.904	0.830	0.796	0.757	0.809	1.009	1.762
NaCl	0.966	0.929	0.904	0.823	0.778	0.682	0.658	0.671	0.783
KCl	0.965	0.927	0.901	0.815	0.769	0.650	0.605	0.575	0.582
HNO_3	0.965	0.927	0.902	0.823	0.785	0.715	0.720	0.783	0.982
NaOH			0.899	0.818	0.766	0.693	0.679	0.700	0.890
$CaCl_2$	0.887	0.783	0.724	0.574	0.518	0.448	0.500	0.792	2.934
K_2SO_4	0.89	0.78	0.71	0.52	0.43				
H_2SO_4	0.830	0.639	0.544	0.340	0.265	0.154	0.130	0.124	0.171
$CdCl_2$	0.819	0.623	0.524	0.304	0.228	0.100	0.066	0.044	
$BaCl_2$	0.88	0.77	0.72	0.56	0.49	0.39	0.39		
$CuSO_4$	0.74	0.53	0.41	0.21	0.16	0.068	0.047		
$ZnSO_4$	0.734	0.477	0.387	0.202	0.148	0.063	0.043	0.035	

应用上述方法②

$$E=E^{\ominus}-\frac{RT}{2F}\ln\frac{a_{Zn^{2+}}a_{Cu}}{a_{Cu^{2+}}a_{Zn}}=(\varphi^{\ominus}_R-\varphi^{\ominus}_L)-\frac{RT}{2F}\ln\frac{a_{Zn^{2+}}}{a_{Cu^{2+}}}$$

可看出两种方法得到的结果是一致的。

标准还原电极电势的高低表征氧化、还原能力的大小。标准还原电极电势越负，还原能力越小。标准还原电极电势越正，表示越容易还原。根据标准还原电极电势的顺序可以解释金属活动顺序，同时也是接触电镀的依据。例如，$\varphi^{\ominus}_{Fe^{3+}|Fe}=-0.036\text{V}$，$\varphi^{\ominus}_{Cu^{2+}|Cu}=0.340\text{V}$，若将铁件放入 $CuSO_4$ 溶液，将发生化学镀 $Cu^{2+}+2e^-\longrightarrow Cu$，这是电镀行业应该避免的，通常加入配位剂使 Cu^{2+} 配位，提高 Cu^{2+} 还原的超电势。

12.3.7 浓差电池及液体接界电势

若两个半电池中的电化学反应是相同的，但是物质 i 在每一个半电池中处在不同的浓度，电池的电动势不等于零，电池的总反应是一物理过程，物质 i 从一个浓度区迁移到另一个浓度区，这种电池称为浓差电池。

1. 电极浓差电池

电极浓差电池是在同一溶液中插入物质种类相同但浓度不同的两个电极构成的电池。

1）由两个氢气压力不同的氢电极置于同一盐酸溶液中所构成的电池

$$\mathrm{Pt}|\mathrm{H_2}(p_1)|\mathrm{HCl}|(a)|\mathrm{H_2}(p_2)|\mathrm{Pt}$$

(－)极 $\frac{1}{2}\mathrm{H_2}(p_1) \rightleftharpoons \mathrm{H^+}(a_{\mathrm{H^+}})+\mathrm{e^-}$

(＋)极 $\mathrm{H^+}(a_{\mathrm{H^+}})+\mathrm{e^-} \rightleftharpoons \frac{1}{2}\mathrm{H_2}(p_2)$

电池反应 $\frac{1}{2}\mathrm{H_2}(p_1) \rightleftharpoons \frac{1}{2}\mathrm{H_2}(p_2)$

$$E=E^{\ominus}-\frac{RT}{F}\ln\frac{p_2^{1/2}}{p_1^{1/2}}=(\varphi^{\ominus}_{\mathrm{H^+}|\mathrm{H_2}}-\varphi^{\ominus}_{\mathrm{H^+}|\mathrm{H_2}})-\frac{RT}{2F}\ln\frac{p_2}{p_1}=\frac{RT}{2F}\ln\frac{p_1}{p_2}$$

可看出电极浓差电池电动势仅取决于氢气压力，与溶液活度无关。若 $p_1>p_2$，$E>0$，则 $\Delta G=\left(\frac{\partial G}{\partial \xi}\right)_{T,p}<0$，表明正向电池反应能自发发生；若 $p_1<p_2$，$E<0$，则 $\Delta G=\left(\frac{\partial G}{\partial \xi}\right)_{T,p}>0$，表明正向电池反应不能自发发生，逆向电池反应能自发发生，此时若要构成电池，应将电池的(－)极、(＋)极的位置调换一下。

2）由两个浓度不同的汞齐电极置于同一溶液中

$$\mathrm{Cd\text{-}Hg}(a_1)|\mathrm{CdSO_4}(m)|\mathrm{Cd\text{-}Hg}(a_2)$$

(－)极 $\mathrm{Cd\text{-}Hg}(a_1) \rightleftharpoons \mathrm{Cd^{2+}}(m)+2\mathrm{e^-}$

(＋)极 $\mathrm{Cd^{2+}}(m)+2\mathrm{e^-} \rightleftharpoons \mathrm{Cd\text{-}Hg}(a_2)$

电池反应 $\mathrm{Cd\text{-}Hg}(a_1) \rightleftharpoons \mathrm{Cd\text{-}Hg}(a_2)$

$$E=E^{\ominus}-\frac{RT}{2F}\ln\frac{a_2}{a_1}=\frac{RT}{2F}\ln\frac{a_1}{a_2}$$

若 $a_1>a_2$，$E>0$，则 $\left(\frac{\partial G}{\partial \xi}\right)_{T,p}<0$，正向电池反应能自发发生，电动势来源于 Cd 由高浓度向低浓度扩散。若 $a_1<a_2$，$E<0$，则 $\left(\frac{\partial G}{\partial \xi}\right)_{T,p}>0$，正向电池反应不能自发发生，应将(－)极、(＋)极调换，以保证 $E>0$。

2. 电解质浓差电池

此类浓差电池是由两个电极相同但电解质溶液的种类相同而浓度不同

的两个电解质溶液所组成。

例如，$Ag|AgNO_3(m')\,\vdots\vdots\,AgNO_3(m'')|Ag$

(－)极 $Ag \rightleftharpoons Ag^+(a'_{Ag^+})+e^-$

(＋)极 $Ag^+(a''_{Ag^+})+e^- \rightleftharpoons Ag$

电池反应 $Ag^+(a''_{Ag^+}) \rightleftharpoons Ag^+(a'_{Ag^+})$

$$E=E^\ominus-\frac{RT}{F}\ln\frac{a'_{Ag^+}}{a''_{Ag^+}}=-\frac{RT}{F}\ln\frac{a''_{Ag^+}}{a'_{Ag^+}}$$

若 $a''_{Ag^+}>a'_{Ag^+}$，$E>0$，则 $\left(\frac{\partial G}{\partial \xi}\right)_{T,p}<0$，正向电池反应能自发发生，电动势来源于银离子从高浓度向低浓度扩散。

3. 液体接界电势 E_j

1）液体接界电势

电池中两液体接界处的液接电势 E_j 可从实验上测定，也可由公式计算。由电池电动势测定求算 E_j。例如，对浓差电池

$$Ag|AgCl(s)|LiCl(m)\,\vdots\,NaCl(m)|AgCl(s)|Ag$$

这里 $m(LiCl)=m(NaCl)$。电极反应和电池反应为

(－)极 $Ag+Cl^-(LiCl) \rightleftharpoons AgCl(s)+e^-$

(＋)极 $AgCl(s)+e^- \rightleftharpoons Ag+Cl^-(NaCl)$

电池反应 $Cl^-(LiCl) \rightleftharpoons Cl^-(NaCl)$

电池电动势

$$E=E^\ominus-\frac{RT}{F}\ln\frac{\gamma_{Cl^-}(NaCl)\dfrac{m_{Cl^-}(NaCl)}{m^\ominus}}{\gamma_{Cl^-}(LiCl)\dfrac{m_{Cl^-}(LiCl)}{m^\ominus}}+E_j$$

因为 $E^\ominus=0$，$m_{Cl^-}(NaCl)=m_{Cl^-}(LiCl)$，在稀溶液中，$\gamma_{Cl^-}$ 在 NaCl 和 LiCl 溶液中近似相同，所以 $E=E_j$，测量了 E，就能求得 E_j。

在两种 1-1 价型电解质溶液组成相同、浓度不同的最简单情况下，其液接电势 E_j 的计算公式推导如下：

设计电池

$$(-)Pt|H_2(p)|HCl(a_1)\,\vdots\,HCl(a_2)|H_2(p)|Pt(+) \tag{12-78}$$

当电池可逆地放电 1F 电量时，有 t_+ mol 的 H^+ 从浓度为 a_1 的溶液迁移到浓度为 a_2 的溶液，同时有 t_- mol的 Cl^- 由溶液 a_2 迁移到浓度为 a_1 的溶液。迁移过程的吉布斯自由能变化为

$$\Delta G_j=t_+RT\ln\frac{(a_+)_2}{(a_+)_1}+t_-RT\ln\frac{(a_-)_1}{(a_-)_2} \tag{12-79}$$

此外有

$$\Delta G_j=-zFE_j \tag{12-80}$$

则

$$E_j = -t_+ \frac{RT}{zF}\ln\frac{(a_+)_2}{(a_+)_1} - t_- \frac{RT}{zF}\ln\frac{(a_-)_1}{(a_-)_2} \tag{12-81}$$

对 1-1 价电解质，$m_+ = m_- = m_\pm$，并假设 $\gamma_+ = \gamma_- = \gamma_\pm$，则式(12-81)变为

$$E_j = (t_- - t_+)\frac{RT}{F}\ln\frac{(a_\pm)_2}{(a_\pm)_1} \tag{12-82}$$

从式(12-82)可看出，盐桥中的电解质选取原则是该盐的正、负离子的迁移数尽可能接近，即 $t_+ \approx t_-$，这时的液接电势接近于零。因此，KCl 是比较理想的制作盐桥的电解质(但不能和 Ag^+ 接触)。盐桥只能降低液接电势，而不能完全消除液接电势。

对于高价型电解质，或两电解质溶液的浓度、组成均不相同时，液接电势 E_j 的计算公式比较复杂，在此不作讨论，仅给出下列亨德森(Henderson)近似公式：

$$E_j = \frac{RT}{F}\frac{\sum_B \lambda_{m,B} z_B^{-1}(m_{B,2} - m_{B,1})}{\sum_B \lambda_{m,B}(m_{B,2} - m_{B,1})}\ln\frac{\sum_B \lambda_{m,B} m_{B,1}}{\sum_B \lambda_{m,B} m_{B,2}} \tag{12-83}$$

式中，$m_{B,1}$ 和 $m_{B,2}$ 分别是溶液 1 和 2 中离子 B 的质量摩尔浓度；$\lambda_{m,B}$ 是在 $m_{B,1}$ 和 $m_{B,2}$ 之间离子 B 的平均摩尔电导率。

2) 有迁移电池

根据电池有无液接电势可将电池分为有迁移电池(或称有液接电池)与无迁移电池(或称无液接电池)。丹尼尔电池是有迁移化学电池，下列电池也是有迁移浓差电池：

$$Cu_L | CuSO_4(aq, m_L) \vdots CuSO_4(aq, m_R) | Cu_R$$

3) 无迁移电池

没有液体接界的电池称为无迁移电池。韦斯顿标准电池和下列电池等是无迁移化学电池：

$$Pt_L | H_2(g) | HCl(aq) | AgCl(s) | Ag | Pt_R$$

下列电池是无迁移浓差电池：

$$Pt_L | Cl_2(p_L) | HCl(aq) | Cl_2(p_R) | Pt_R$$

下列电池是一个复合电池，也是无迁移浓差电池，其装置示意图如图 12-16 所示。

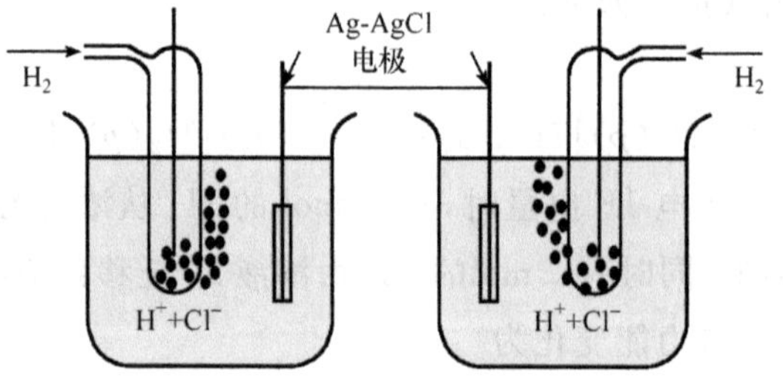

图 12-16 复合电池

此复合电池图解式为

$$Pt_L | H_2(p^\ominus) | HCl(a_L) | AgCl(s) | Ag\text{-}Ag | AgCl(s) | HCl(a_R) | H_2(p^\ominus) | Pt_R$$

左边电池反应

$$\frac{1}{2}H_2(p^\ominus)+AgCl(s)\rightleftharpoons H^+(a_L)+Cl^-(a_L)+Ag$$

右边电池反应

$$Ag+H^+(a_R)+Cl^-(a_R)\rightleftharpoons\frac{1}{2}H_2(p^\ominus)+AgCl(s)$$

复合电池反应

$$H^+(a_R)+Cl^-(a_R)\rightleftharpoons H^+(a_L)+Cl^-(a_L)$$

电池电动势

$$E=-\frac{RT}{F}\ln\frac{a_L(HCl)}{a_R(HCl)}$$

如果 $a_R>a_L$，$E>0$，则 $\left(\frac{\partial G}{\partial\xi}\right)_{T,p}<0$，正向电池反应能自发进行，即 HCl 电解质从右边溶液迁移到左边溶液，不是通过界面而是依靠电池反应完成。复合电池的功用是将有迁移电池变为无迁移电池。

12.3.8 可逆电池电动势的测定及其应用

1. 可逆电池电动势的测定

原电池的电动势可以用电位差计(potentiometer)准确地测量(图 12-17)。电池 X 的电动势 E_X 被一个方向相反、大小相等的电位差 $\Delta\varphi$ 抵消，这样在电池中没有电流通过。准确地测量 $\Delta\varphi$，就可以求得 E_X。

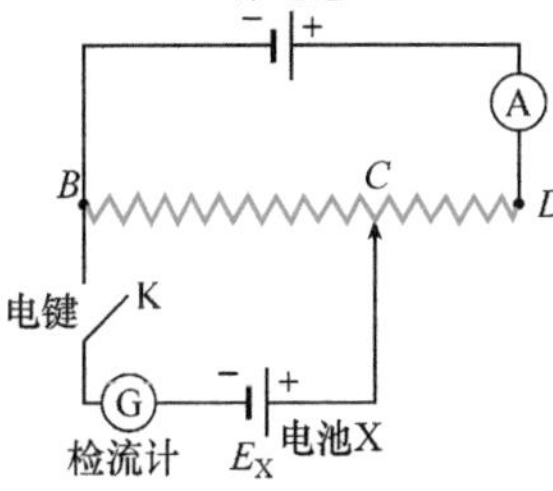

图 12-17 电位差计

B 与 D 之间的电阻是一个总电阻为 R 的均匀滑线电阻。移动接触点 C，直至按下电键 K 时，检流计 G 不偏转，此时表明没有电流通过电池 X。电池 X 的正极电位与 C 点的电位相同，因为电池 X 与 C 点之间连接导线的电阻可忽略不计。当电键 K 按下时，检流计不偏转，表明没有电流通过电池 X，也表明电池 X 的负极电位与 B 点的电位相同。此时电阻 CB 两点间的电位差等于电池两端的零电流电位差，即电池的电动势。根据欧姆(Ohm)定律，$E_X=|\Delta\varphi|=IR_X$，R_X 是 B 与 C 之间的滑线电阻，I 是通过上部电路的电流。因为滑线电阻是均匀的，所以电阻与长度成正比

$$R_X=\frac{\overline{BC}}{\overline{BD}}R$$

测量了 I 和 R_X，就可求得 E_X。

当图 12-17 的电位差计偏离平衡无限小时，就有无限小电流通过电池 X。若电池 X 中的各相界面上处于平衡态，则电池反应是热力学可逆过程，其速率无限慢，进行的时间无限长。如果有一有限电流通过电池，则电池反应是一个热力学不可逆过程。

上述测量电池电动势的方法称为**对消法**(compensation method)，是由 Poggendorff 设计的。在用对消法测量电池 X 的电动势时，为了求得电阻 CB 两点间的电位差，也可以用一个电动势已知并且稳定不变的电池，此电池称为标准电池。常用的标准电池是韦斯顿电池，其装置如图 12-18 所示，电池的图解式为

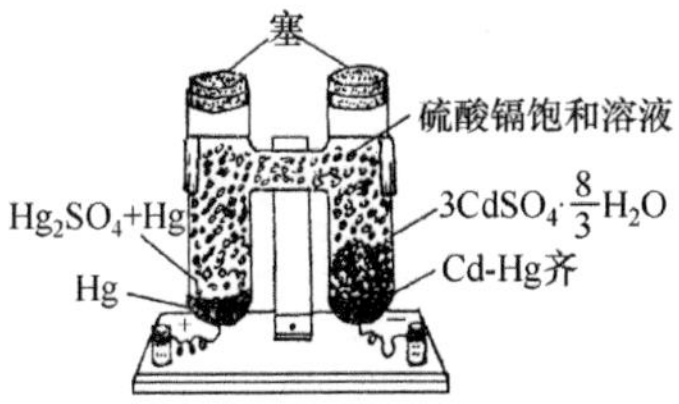

图 12-18 韦斯顿标准电池

$$Cd(Hg)|CdSO_4\cdot\frac{8}{3}H_2O(饱和溶液)|Hg_2SO_4(s)|Hg$$

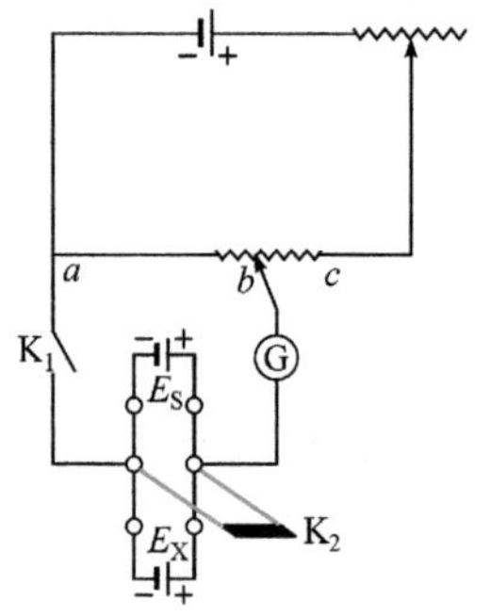

图 12-19 对消法装置示意图

电池的负极为镉汞齐(12.5%Cd),正极为 $Hg+Hg_2SO_4(s)$ 的糊状物,在糊状物和汞齐上面都放有 $CdSO_4\cdot\frac{8}{3}H_2O$ 晶体及其饱和溶液。为了使引入的导线与糊状物紧密接触,在糊状物下面放少许汞。

使用标准电池 S 测量电池 X 的电动势的对消法装置示意图如图 12-19 所示。当双掷电闸 K_2 向上按时,标准电池 S 进入电路中,按上述操作方法,找到零电流电位差,即标准电池 S 的电动势 E_S。然后把 K_2 向下按,电池 X 进入电路中,同样地找到零电流电位差,即电池 X 的电动势 E_X。因为电位差与电阻线的长度成正比,所以

$$E_X=E_S\frac{\overline{ab}_X}{\overline{ab}_S}$$

知识点讲解视频

可逆电池电动势测定的应用

(朱志昂)

2. 可逆电池电动势测定的应用

1) 计算电池化学反应的热力学函数变化

参阅 12.3.4。

2) 判断氧化还原反应的方向

例 12-5 铁在酸性介质中腐蚀反应为

$$Fe+2H^++\frac{1}{2}O_2\longrightarrow Fe^{2+}+H_2O$$

当 $a_{H^+}=1, a_{Fe^{2+}}=1, p_{O_2}=p^\ominus=100kPa$ 时,反应向哪个方向进行?

解 首先将反应设计成电池反应,将氧化反应放在电池负极,将还原反应放在电池正极。

氧化

$$Fe+2H^++\frac{1}{2}O_2\longrightarrow Fe^{2+}+H_2O$$

还原

(-)极 $Fe\longrightarrow Fe^{2+}+2e^-$

(+)极 $2H^++\frac{1}{2}O_2+2e^-\longrightarrow H_2O$

电池反应 $Fe+2H^++\frac{1}{2}O_2\longrightarrow Fe^{2+}+H_2O$

按此电池反应设计成电池

$$Fe|Fe^{2+}(a)\ \vdots\ H^+(aq)|O_2(g)|Pt$$

电池电动势

$$E=E^\ominus-\frac{RT}{2F}\ln\frac{a_{Fe^{2+}}a_{H_2O}}{a_{Fe}a_{H^+}^2a_{O_2}^{1/2}}$$

已知 $a_{H^+}=1, a_{Fe^{2+}}=1$。纯固体 $a_{Fe}=1, a_{H_2O}\approx1, a_{O_2}=\frac{p_{O_2}}{p^\ominus}=1$,则上式变为

$$E=E^\ominus=\varphi^\ominus_{H^+|O_2|H_2O}-\varphi^\ominus_{Fe^{2+}|Fe}$$

查表得 $E=E^\ominus=1.229V-(-0.440V)=1.669V>0$,则

$$\Delta G=\left(\frac{\partial G}{\partial\xi}\right)_{T,p}=-2FE<0$$

表明室温下 Fe 在上述介质中的腐蚀能自发进行。

3）求氧化还原反应的标准平衡常数

将化学反应设计成电池反应，求 $E^\ominus$。根据

$$\Delta_r G_m^\ominus = -zFE^\ominus = -RT\ln K_a^\ominus$$

$$\ln K_a^\ominus = \frac{zFE^\ominus}{RT}$$

例 12-6 在 298K 时，求反应 $Sn+Pb^{2+} \rightleftharpoons Pb+Sn^{2+}$ 的标准平衡常数。

解 将此反应设计成电池反应并写出电极反应

(－)极 $Sn \rightleftharpoons Sn^{2+}(a_1)+2e^-$

(＋)极 $Pb^{2+}(a_2)+2e^- \rightleftharpoons Pb$

电池反应 $Sn+Pb^{2+}(a_2) \rightleftharpoons Pb+Sn^{2+}(a_1)$

$$E^\ominus = \varphi^\ominus_{Pb^{2+}|Pb} - \varphi^\ominus_{Sn^{2+}|Sn} = -0.216V-(-0.136V)=0.010V$$

$$\lg K_a^\ominus = \frac{2\times 96\,485\times 0.010}{2.303\times 298.15\times 8.314}$$

$$K_a^\ominus = 2.97$$

即将 Sn 插入 Pb^{2+} 溶液中，平衡时 $a_{Sn^{2+}}/a_{Pb^{2+}}$ 为 2.97。

4）求难溶盐的溶度积和配离子的不稳定常数

例 12-7 试设计电池计算 25℃时 AgBr 的溶度积。

解 AgBr 的溶解反应为

$$AgBr(s) \rightleftharpoons Ag^+(a_{Ag^+})+Br^-(a_{Br^-})$$

为设计电池，将此反应分解为氧化和还原两部分

负极氧化 $Ag(s) \rightleftharpoons Ag^+(a_{Ag^+})+e^-$

正极还原 $AgBr(s)+e^- \rightleftharpoons Ag(s)+Br^-(a_{Br^-})$

构成下列电池：

$$(-)Ag|Ag^+(a_{Ag^+}) \| Br^-(a_{Br^-})|AgBr(s)|Ag(+)$$

溶解平衡时

$$\ln K_a^\ominus = \ln K_{sp}^\ominus = \frac{E^\ominus}{RT/F} = \frac{\varphi^\ominus_{Br^-|AgBr|Ag} - \varphi^\ominus_{Ag^+|Ag}}{RT/F}$$

查表得 $\varphi^\ominus_{Br^-|AgBr|Ag}=0.0711V$，$\varphi^\ominus_{Ag^+|Ag}=0.799V$，则

$$\lg K_{sp}^\ominus = \frac{0.0711-0.799}{0.059\,17} = -12.31$$

$$K_{sp}^\ominus = 4.9\times 10^{-13}$$

例 12-8 Cu^{2+} 与 NH_3 在水溶液中按下式生成 $Cu(NH_3)_4^{2+}$：

$$Cu^{2+}+4NH_3 \rightleftharpoons Cu(NH_3)_4^{2+}$$

试设计电池计算该配位反应的 $K_{不稳}$。

解 问题归结于如何求溶液中残留的 Cu^{2+} 浓度。现设计以下电池：

$$Cu|Cu^{2+}(m_{Cu^{2+}}),NH_3(m_{NH_3}) \| 甘汞电极(c_{KCl}=1mol\cdot dm^{-3})$$

由于该甘汞电极与标准氢电极所组成的电池

$$Pt|H_2(p^\ominus)|H^+(a_{H^+}=1) \| 甘汞电极(c_{KCl}=1mol\cdot dm^{-3})$$

其电动势 E 即为甘汞电极电势 $\varphi_{甘汞}(c_{KCl}=1mol\cdot dm^{-3})$，其值可由表 12-3 查得。将上述两电池相减，得电池

$$Pt|H_2(p^\ominus)|H^+(a_{H^+}=1) \| Cu^{2+}(m_{Cu^{2+}}),NH_3(m_{NH_3})|Cu$$

其电动势[电极 $Cu^{2+}(m_{Cu^{2+}})$，$NH_3(m_{NH_3})|Cu$ 的电极电势]应为 $\varphi_{甘汞}(c_{KCl}=1mol\cdot dm^{-3})-E$，电池反应为

$$H_2(p^\ominus)+Cu^{2+}(a_{Cu^{2+}})\longrightarrow 2H^+(a_{H^+}=1)+Cu$$

根据能斯特公式，该电池电动势与活度的关系为

$$\varphi_{甘汞}(c_{KCl}=1mol\cdot dm^{-3})-E=(\varphi^\ominus_{Cu^{2+}|Cu}-\varphi^\ominus_{H^+|H_2})-\frac{RT}{2F}\ln\frac{1}{a_{Cu^{2+}}}$$

式中，$\varphi^\ominus_{H^+|H_2}=0$，$\varphi^\ominus_{Cu^{2+}|Cu}$由表可查，由此可计算 $a_{Cu^{2+}}$。若近似 $\gamma=1$，则

$$a_{Cu^{2+}}\approx m_{残留Cu^{2+}}$$

$$a_{Cu(NH_3)_4^{2+}}\approx m_{Cu(NH_3)_4^{2+}}=m_{Cu^{2+}}-m_{残留Cu^{2+}}$$

$$a_{NH_3}\approx m_{残留NH_3}=m_{NH_3}-4m_{Cu(NH_3)_4^{2+}}$$

即得

$$K_{不稳}=\frac{a_{Cu^{2+}}a^4_{NH_3}}{a_{Cu(NH_3)_4^{2+}}}$$

25℃时，一次典型的测定为 $m_{Cu^{2+}}=0.020mol\cdot kg^{-1}$，$m_{NH_3}=0.50mol\cdot kg^{-1}$，$E=0.260V$。已知 $\varphi_{甘汞}(c_{KCl}=1mol\cdot dm^{-3})=0.2801V$，$\varphi^\ominus_{Cu^{2+}|Cu}=0.337V$，求得 $a_{Cu^{2+}}=1.9\times10^{-11}$，说明绝大部分 Cu^{2+} 已配位，则

$$K_{不稳}=\frac{1.9\times10^{-11}\times(0.50-4\times0.020)^4}{0.020}=2.9\times10^{-11}$$

5）确定标准电极电势，计算平均活度系数

例如，为了确定氯化银电极在25℃时的标准电极电势，并计算不同浓度HCl溶液的 $\gamma_\pm$，可以设计下列电池：

$$Pt|H_2(p^\ominus)|HCl(m)|AgCl(s)|Ag$$

这一电池的标准电动势即 $Cl^-|AgCl(s)|Ag$ 电极的标准电极电势 $\varphi^\ominus_{Cl^-|AgCl(s)|Ag}$。电池反应为

$$H_2(p^\ominus)+2AgCl(s)\rightleftharpoons 2Ag(s)+2H^+(a_{H^+})+2Cl^-(a_{Cl^-})$$

电动势可表达为

$$E=E^\ominus-\frac{RT}{2F}\ln(a_{H^+}a_{Cl^-})^2=E^\ominus-\frac{RT}{F}\ln(a_{H^+}a_{Cl^-})$$

$$=E^\ominus-\frac{RT}{F}\ln(a_\pm)^2=E^\ominus-\frac{RT}{F}\ln\left(\gamma_\pm\frac{m_\pm}{m^\ominus}\right)^2$$

对1-1型电解质，$m_\pm=m$，上式可整理为

$$E+0.1183\lg\frac{m}{m^\ominus}=E^\ominus-0.1183\lg\gamma_\pm \qquad (12\text{-}84)$$

由此可见，$E+0.1183\lg(m/m^\ominus)$与 $\lg\gamma_\pm$ 间应有线性关系。按德拜-休克尔极限公式，在HCl的浓度很稀时

$$\lg\gamma_\pm=-0.509|z_+z_-|\sqrt{I}=-0.509\sqrt{m}$$

将上式代入式(12-84)得

$$E+0.1183\lg\frac{m}{m^\ominus}=E^\ominus+0.0602\sqrt{m} \qquad (12\text{-}85)$$

因此，若以 $E+0.1183\lg(m/m^\ominus)$为纵坐标，$\sqrt{m}$为横坐标作图，在稀溶液范围内应是一条直线，直线的截距亦即$(E+0.1183\lg m/m^\ominus)_{m\to0}$就是 $E^\ominus$。由不同 m 时实验测得的电动势按上法作图，所得 $E^\ominus$ 即为$\varphi^\ominus_{Cl^-|AgCl|Ag}$。此法被广泛用

于确定各种电极的标准电极电势。

将式(12-84)重新整理得

$$\lg\gamma_{\pm}=\frac{1}{0.1183}(E^{\ominus}-E)-\lg\frac{m}{m^{\ominus}}$$

在一定 m 值,实验测得 $E^{\ominus}$和 E,即可求得 $\gamma_{\pm}$。

6) 测定溶液的 pH

pH 定义为

$$\mathrm{pH}\equiv-\lg a_{\mathrm{H^+}} \tag{12-86}$$

原则上说,电极反应中有 H^+参加的任何电极都可用来测定溶液的 pH,如氢电极,但它极易被沾污而失效,实际上很少应用。一般常用的电极是玻璃电极、锑电极和氢醌电极。选取其中一个与参比电极(常用的是甘汞电极、银-氯化银电极)插在被测溶液中组成下列电池:

测 pH 的电极|被测溶液($a_{\mathrm{H^+}}$)┊┊参比电极

测定其电动势 E 就可以计算被测溶液的 pH[参阅式(12-77)]。通过溶液 pH 的测定,可测量布朗斯特广义酸、广义碱在水中的解离平衡常数 pK_a、pK_b 值以及配合物生成平衡常数。

7) 电势滴定

在滴定中,溶液中离子浓度随试剂的加入而变化。插入一个能与该离子进行可逆反应的指示电极,再放一个参比电极,组成电池。测定电池电动势 E 随加入试剂量变化的曲线,曲线上斜率最大处即为滴定终点。在终点附近,浓度的微小变化会引起电池电动势 E 突变。

12.3.9 化学电源

化学电源就是实用的原电池,电能来源于化学反应,即化学反应在设计的电池中发生,使化学能直接转变为电能,以提高能量的利用效率。按其使用的特点可分为三类:①一次电池(primary cell),这类电池中的反应物质在进行一次电化学反应放电后全部消耗尽,不能再使用而被废弃;②二次电池(secondary cell),也称蓄电池(storage cell),这类电池可以多次反复使用,放电后可以充电使反应物复原;③连续电池(continuous cell),也称燃料电池(fuel cell),这类电池因其中的反应物质是连续不断地从电池外供给,所以可以不断地放电使用。

1. 一次电池

1) 锌-锰电池

锌-锰电池俗称干电池(dry cell),属于一次电池,它是由负极 Zn 电极和正极碳电极插入二氧化锰、氯化铵和氯化锌配制成的糊状物中构成的。电池的

(一)极 $\mathrm{Zn \rightleftharpoons Zn^{2+}(aq)+2e^-}$

(+)极 $\mathrm{2MnO_2(s)+H_2O(l)+2e^- \rightleftharpoons Mn_2O_3(s)+2OH^-(aq)}$

电池反应 $\mathrm{Zn+2MnO_2(s)+H_2O(l) \rightleftharpoons Zn^{2+}+2OH^-(aq)+Mn_2O_3(s)}$

电池图式 $\mathrm{Zn|ZnCl_2(aq)+NH_4Cl(aq)|MnO_2|C}$

反应放出的 OH^- 与 NH_4Cl 反应生成 NH_3，NH_3 与 Zn^{2+} 反应生成难溶盐 $Zn(NH_3)_2Cl_2$，即

$$2NH_4Cl + 2OH^- \rightleftharpoons 2NH_3 + 2Cl^- + 2H_2O$$

$$Zn^{2+} + 2NH_3 + 2Cl^- \rightleftharpoons Zn(NH_3)_2Cl_2$$

但是上述两反应并不是发生在电极上，不能当作电极反应，对电池电动势也不产生影响。干电池的开路电压一般为 1.5V，但其电容量较小，使用寿命不长。

2）锌-空气电池

锌-空气电池也是一次电池，电池图式为

$$Zn|KOH(30\%)|O_2|C$$

负极的主要材料是锌粉；正极的主要材料是活性炭，疏水剂（如聚乙烯、聚四氟乙烯），催化剂（如银）；电解液是氢氧化钾水溶液；隔膜材料常用玻璃纸、维尼龙纸、水化纤维素纸等；外壳由塑料制成。电极及电池反应为

(－)极　　$Zn + 2OH^- \rightleftharpoons ZnO + H_2O + 2e^-$

(＋)极　　$\frac{1}{2}O_2 + H_2O + 2e^- \rightleftharpoons 2OH^-$

电池反应　　$Zn + \frac{1}{2}O_2 \rightleftharpoons ZnO$

锌-空气电池的工作电压一般为 1.0～1.2V。它的最大优点是比能量较高，可以在不同电流密度下工作而保持电压平稳，特别是在高电流密度下工作。因此，锌-空气电池在国防工业、交通运输以及一般国民经济中都有广阔的应用前景。

3）锂一次电池

锂是金属中最轻的元素，且标准电极电势为 −3.045V，是金属元素中最负的一个元素。自 20 世纪 70 年代以来，以金属锂为负极的各种高比能量锂原电池分别问世，并得以广泛应用。其中，由层状化合物 γ、β-二氧化锰作正极、锂作负极和有机电解液构成的锂原电池获得了最为广泛的应用，它是照相机、电子手表、计算器、各种具有存储功能电子器件或装置的理想电源。

目前商品化的锂一次电池（简称锂电池）已有 $Li\text{-}I_2$，$Li\text{-}Ag_2CrO_4$ $Li\text{-}(CF_x)_n$，$Li\text{-}MnO_2$，$Li\text{-}SO_2$，$Li\text{-}SOCl_2$ 等。锂电池的特点有：①电池电压高，开路电压达到 3～4V；②实际比能量大于其他所有电池；③放电电压平稳等。但锂电池也存在安全隐患，如短路、强迫过放电、充电时有可能引起爆炸。

锂电池的正极材料有：①固态活性物质，如聚氟化碳 $(CF_x)_n$、CuO、MnO_2、FeS；②可溶性活性物质，如 SO_2 溶解在电解质溶液中；③液态活性物质，如亚硫酰氯 $SOCl_2$、硫酰氯 SO_2Cl_2。

锂电池的电解质溶液不能使用水作溶剂，必须使用非质子的溶剂，如乙腈、乙二醇二甲醚、二甲基甲酰胺、二甲亚砜、二乙基碳酸酯、甲酸甲酯、碳酸丙烯酯、四氢呋喃等。

以 $Li\text{-}MnO_2$ 锂电池为例。该电池的负极是金属锂，正极是 MnO_2、炭粉与合成树脂黏合剂的混合物，电解液采用 $1mol \cdot dm^{-3}$ 的 $LiClO_4$ 在碳酸丙烯酯(PC)加乙二醇二甲醚(DME)（体积比为 1∶1）的溶液。其电池的表达式和

前沿拓展：有机羰基类电极材料的分子设计

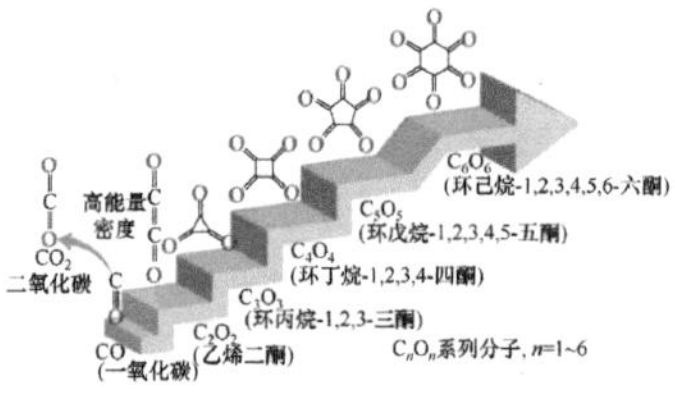

附图 12-1　几类共轭羰基化合物的结构

有机电极材料由碳、氢、氧、氮等元素组成，具有绿色环保、原材料廉价易得、结构多变等优点。其中，共轭羰基化合物的氧化还原可逆性高、充放电电压稳定，是目前研究最多的一类电极材料（附图 12-1）。以对苯醌为例：放电时，羰基中的碳氧双键得电子，形成碳氧单键，同时吸附锂离子补偿羰基还原产生的负电荷；充电时，该过程正好相反。因此，研究者可以利用有机化合物的结构设计灵活性，优化分子结构，增加活性羰基数目，调控电极材料能带结构，即从分子、原子角度出发，“自下而上”提升电极材料的电化学活性。近期，南开大学陈军教授设计合成了一种具有高容量的锂离子电池正极材料——环己六酮，展现了目前所报道的锂离子电池最高容量[Angew Chem Int Ed, 2019, 58(21): 7020]。（李福军）

扫描右侧二维码观看视频

反应为

$$(-)\ Li(s) \mid LiClO_4, PC—DME \mid MnO_2(s)\ (+)$$

(−)极　　　　　　　　$Li(s) = Li^+ + e^-$

(+)极 $MnO_2(s) + Li^+ + e^- = MnOO\ Li(s)$

电池反应　$Li(s) + MnO_2(s) = MnOO\ Li(s)$

2. 二次电池

1) 酸性蓄电池

酸性蓄电池俗称铅酸蓄电池，属于二次电池，其图解式为

$$Pb \mid PbSO_4(s) \mid H_2SO_4(aq) \mid PbSO_4(s) \mid PbO_2(s) \mid Pb'$$

此电池的负极是 Pb-$PbSO_4$ 电极，电极反应为

$$Pb + SO_4^{2-} \rightleftharpoons PbSO_4(s) + 2e^-$$

正极是氧化-还原电极 $Pb \mid PbO_2, PbSO_4 \mid SO_4^{2-}, H^+$，电极反应为

$$PbO_2(s) + 4H^+ + SO_4^{2-} + 2e^- \rightleftharpoons PbSO_4(s) + 2H_2O(l)$$

电池反应为

$$Pb + PbO_2(s) + 4H^+ + 2SO_4^{2-} \rightleftharpoons 2PbSO_4(s) + 2H_2O(l)$$

由电池反应式可知，此电池的电动势只与硫酸的活度有关。例如，25℃、21.4%硫酸时为 2V。

铅酸蓄电池的生产已有 100 多年的历史，其特点是电池电动势较高、结构简单、使用范围大、电容量大，而且原料来源丰富、价格低廉，但也存在比较笨重、防震性差、自放电较强、有 H_2 放出，如不注意易引起爆炸等缺点。铅酸蓄电池主要用于汽车启动电源、拖拉机、小型运输车和实验室中。目前使用的铅酸蓄电池都已实现了免维护密封式结构，这是铅酸蓄电池在原理和工艺最大的改进。传统的铅酸蓄电池由于反复充电使水分有一定的消耗，使用者需要补充蒸馏水加以维护。同时在充电后期或过充电时会造成正极析氧和负极析氢，因而电池不能密封，给使用的方式带来不便。现今采用负极活性物质(Pb)过量，在充电后期，只是正极析氧而负极不产生氢气。同时，产生的氧气通过多孔膜、电池内部上层空间等位置到达负极，氧化海绵状的铅，反应式为

$$Pb(s) + \frac{1}{2}O_2(g) + H_2SO_4(aq) \longrightarrow PbSO_4(s) + H_2O(l)$$

$$PbSO_4(s) + 2e^- \longrightarrow Pb(s) + SO_4^{2-}(aq)$$

这样可以减少维护或免维护，同时负极过量而发生氧再复合过程，不会使气体溢出，铅酸蓄电池制成密封式。此外，在电极材料上由原来的铅锑合金更新为超电势较高的铅钙合金，使负极活性物质的量大于正极活性物质的量，电解液减少到致使电极露出液面的程度，并选择透气好的隔板，氧气在负极被吸收，以达到密封的目的。

2) 碱性蓄电池

以 KOH、NaOH 水溶液作为电解质的蓄电池统称为碱性蓄电池，包括

铁-镍、镉-镍、氢-镍、氢化物-镍以及锌-银蓄电池。

(1) 镉-镍电池。

$$Cd(s)|KOH(aq)|NiOOH(s)$$

或

$$Cd(s)|Cd(OH)(s)|KOH(aq)|Ni(OH)_2(s)|NiOOH(s)$$

(一)极 $Cd(aq)+2OH^-(s) = Cd(OH)_2(s)+2e^-$

(+)极 $2NiOOH(aq)+2H_2O(l)+2e^- = 2Ni(OH)_2(s)+2OH^-(aq)$

电池反应 $2NiOOH(s)+Cd(s)+2H_2O(l) = 2Ni(OH)_2(s)+Cd(OH)_2(s)$

镉-镍蓄电池与铅酸蓄电池相比有许多优越之处,它的寿命长、自放电小、低温性能好、耐过充放电能力强、电池能任何方位使用、无需维护。其缺点是在高温和浮充使用时不如铅酸蓄电池好,有记忆效应,成本比铅酸蓄电池高。镉-镍电池是使用最广泛的化学电源之一,小至电子手表、电子计算器、电动玩具、电动工具、电子计算机的不间断电源等,大至矿灯、航标灯乃至行星探测器、大型逆变器等。密封式镉-镍电池最初用于飞机启动、火箭和导弹上,从而开创了这种碱性蓄电池在空间应用的领域。我国科学实验卫星就是卫星表面有 28 块太阳能电池方阵与镉-镍电池组配对,卫星处在阴影期间由镉-镍电池组供电,两者共同作为卫星的工作电源。应该指出,由于镉电极的污染,镉-镍电池的研制和生产受到很大限制,代之而起的是氢-镍电池等。

(2) 锌-银电池。

$$Zn(s)|KOH(aq)|Ag_2O(s)|Ag(s)$$

(一)极 $Zn(s)+2OH^- = Zn(OH)_2(s)+2e^-$

(+)极 $Ag_2O(s)+H_2O+2e^- = Ag(s)+2OH^-$

电池反应 $Ag_2O(s)+Zn(s)+H_2O = Ag(s)+Zn(OH)_2(s)$

锌-银电池轻而小,又适于大功率放电,但由于使用贵金属而价格高。

(3) 金属氢化物-镍电池。

$$MH(s)|KOH(aq)|NiOOH(s)\text{或}$$

$$MH(s)|KOH(aq)|Ni(OH)_2(s)|NiOOH(s)$$

(一)极 $MH(s)+OH^- = M(s)+H_2O+e^-$

(+)极 $NiOOH(s)+H_2O+e^- = Ni(OH)_2(s)+OH^-$

电池反应 $MH(s)+NiOOH(s) = M(s)+Ni(OH)_2(s)$

式中,MH(s)代表 $LaNi_5H_6$,这种储氢材料主要是某些过渡金属、合金、金属间化合物。由于其特殊的晶格结构等原因,氢原子比较容易透入金属晶格的四面体或八面体间隙位中,并形成金属氢化物。与至今还在广泛应用的镉-镍电池相比,Ni-MH 电池具有以下显著优点:①能量密度高,同尺寸电池,其容量是 Ni-Cd 电池的 1.5~2 倍;②无镉污染,所以 Ni-MH 电池又称为绿色电池;③可大电流快速充放电;④电池工作电压也为 1.2V,与 Ni-Cd 电池有互换性。由于以上特点,Ni-MH 电池在小型便携电子器件中获得了广泛应用,已占有较大的市场份额,随着研究工作的深入和技术的不断发展,Ni-MH 电池在电动工具、电动车辆和混合动力车上也逐步得到应用,形成新的发展动力。20 世纪 90 年代，Ni-MH 电池已进入产业化阶段，日本居于世界前列，美国、德国在其后。我国稀土资源丰富，近来也有一定数量的 Ni-MH 电池投入市场。

3）锂二次电池

锂二次电池又称锂离子电池，它实际上是一种锂离子浓度差电池，正、负两极由两种锂离子嵌入化合物组成。充电时，锂离子从正极脱嵌经过电解质嵌入负极，负极处于富锂态，正极处于贫锂态，同时电子的补偿电荷从外电路供给到碳负极，保证负极的电荷平衡，放电时则相反，锂离子从负极脱嵌，经电解质嵌入正极（这种循环被形象地称为摇椅式机制）。

根据所用电解质材料不同，锂离子电池可以分为液态锂离子电池（LIB）和聚合物锂离子电池（LIP）两大类。两者所用的正负极材料是相同的，电池的工作原理也基本一致。一般正极使用 $LiCoO_2$，负极使用各种碳材料如石墨，同时使用铝、铜作集流体。它们的主要区别在于电解质的不同，液态锂离子电池使用的是液体电解质，而聚合物锂离子电池则以聚合物电解质来代替，这种聚合物可以是“干态”的，也可以是“胶态”的，目前大部分采用聚合物胶体电解质。

1990 年，日本索尼公司宣称，采用可以使锂离子嵌入和脱嵌的碳材料代替金属锂，采用可以脱嵌和可逆嵌入锂离子的高电位氧化钴锂作正极材料，以与正、负极能相容的 $LiPF_6+EC+DMC$ 作为电解质溶液（EC：碳酸乙烯酯，DMC：二甲基碳酸酯），终于研制出新一代实用化的新型锂离子蓄电池。这种新型蓄电池具有高的工作电压（平均工作电压 3.6～3.7V）和高的比能量（100Wh · kg^{-1} 以上）；此外还具有低的自放电（约 6%/月）、长循环寿命（71 000 次）、无记忆效应和无污染等特点。

$$LiC_6(s)|LiPF_6+EC+DMC|LiCoO_2(s)$$

（－）极　$$LiC_6(s) \underset{充电}{\overset{放电}{\rightleftharpoons}} Li^+ + C_6(s) + e^-$$

（＋）极　$$CoO_2(s) + Li^+ + e^- \underset{充电}{\overset{放电}{\rightleftharpoons}} LiCoO_2(s)$$

电池反应　$$LiC_6(s) + CoO_2(s) \underset{充电}{\overset{放电}{\rightleftharpoons}} LiCoO_2(s) + C_6(s)$$

2019 年诺贝尔化学奖授予美国科学家古迪纳夫、惠廷厄姆和日本科学家吉野彰，以表彰他们在锂离子电池研发领域作出的贡献。其中，古迪纳夫获奖时已 97 岁，成为史上年龄最大的诺贝尔奖获得者。古迪纳夫虽然半生坎坷，54 岁才开始与锂离子电池相关的研究，但是他怀抱着对该领域崇高的使命感，坚持不懈，一直奋斗在科研一线。古迪纳夫专注于研究新的电池概念，其取得的一系列研究成果为锂离子电池的发展起到奠基作用，被誉为“锂离子电池之父”。

3. 燃料电池

燃料电池是一种将存在于燃料与氧化剂中的化学能直接转化为电能的发电装置，是通过连续供给燃料从而连续获得电力的绿色能源。它具有发电效率高、适应多种燃料和环境特性好等优点，近年来已在积极地进行开发、应

前沿拓展：法拉第定律与锂离子电池

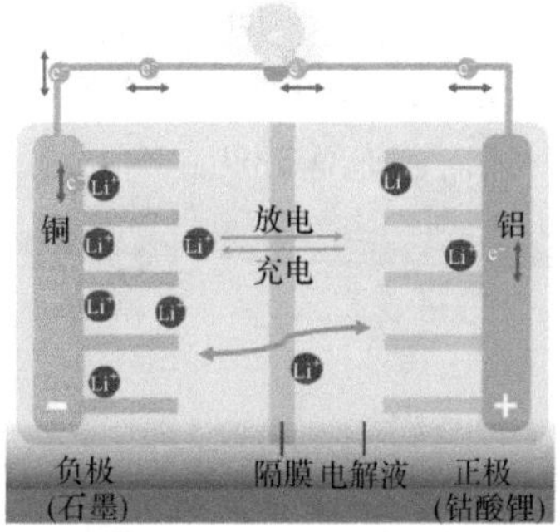

附图 12-2　锂离子电池的工作原理

锂离子电池是一种二次充电电池，它主要依靠锂离子在正极和负极之间移动来工作（附图 12-2）。在充放电过程中，锂离子在两个电极之间往返嵌入和脱嵌，即充电时，锂离子从正极脱嵌，经过电解质嵌入负极，负极处于富锂状态；放电时，锂离子运动方向则相反。2019 年诺贝尔化学奖分别授予古迪纳夫、惠廷厄姆和吉野彰，以表彰他们在锂离子电池研发领域作出的贡献。锂离子电池的正极一般使用含锂和过渡金属氧化物或磷酸盐的活性材料，而石墨等通常用作负极活性材料。基于法拉第定律开发的锂离子电池具有循环寿命长、续航能力强、比能量高、绿色环保等优点，已经进入人们的生活并广泛使用。（张瀛溟）

扫描右侧二维码观看视频

用。目前，燃料电池按电解质划分已有 6 个种类得到了发展，即碱性燃料电池(AFC)、磷酸盐型燃料电池(PAFC)、熔融碳酸盐型燃料电池(MCFC)、固体氧化物型燃料电池(SOFC)、固体聚合物燃料电池(SPFC，又称为质子交换膜燃料电池，PEMFC)及生物燃料电池(BEFC)。按工作温度它们又分为高、中、低温型燃料电池。工作温度从室温～373K(100℃)的为常温燃料电池，如SPFC；工作温度在 373(100℃)～573K(300℃)的为中温燃料电池，如 PAFC；工作温度在 873K(600℃)以上的为高温燃料电池，如 MCFC 和 SOFC。按燃料的聚集状态可分为气态燃料电池(如氢-氧燃料电池)和液态燃料电池(如甲醇直接氧化燃料电池、水合肼-氧燃料电池)。

以氢-氧燃料电池为例，电池的装置示意图如图 12-20 所示，其图解式为

$$C|H_2(g)|NaOH(aq)|O_2(g)|C'$$

两电极为多孔性石墨，H_2 气和 O_2 气连续不断地通入电极并扩散到电极孔中，电解质溶液也有一部分扩散到电极孔中。每一个电极起催化电极反应的作用。在阳极上发生 H_2 氧化成 H^+ 反应：$H_2 \longrightarrow 2H^+ + 2e^-$，$H^+$ 又被 OH^- 中和：$2H^+ + 2OH^- \longrightarrow 2H_2O$，所以净反应是：$H_2 + 2OH^- \longrightarrow 2H_2O + 2e^-$。在阴极上发生 O_2 还原成 OH^- 的反应：$O_2 + 2H_2O + 4e^- \longrightarrow 4OH^-$。电池反应为 $2H_2 + O_2 \longrightarrow 2H_2O$。在电极的催化作用下，$H_2$ 和 O_2 反应生成水，从电池内排出，电池的电压约为 1V。

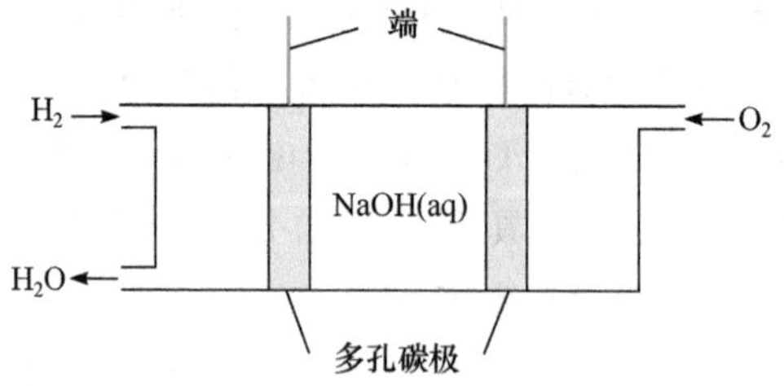

图 12-20 燃料电池

利用碳氢化合物(如 CH_4、C_2H_6、C_3H_8 等)作为燃料代替氢也是一种燃料电池。例如，以 C_3H_8 作为阳极气体代替氢气，其电极反应为 $C_3H_8 + 6H_2O \longrightarrow 3CO_2 + 20H^+ + 20e^-$，电池反应为 $C_3H_8 + 5O_2 \longrightarrow 3CO_2 + 4H_2O$。催化碳氢化合物的阳极氧化反应的电极材料需用铂，从价格上来说比较昂贵，目前研究的进展是降低贵金属用量或采用非贵金属催化剂。

燃料电池与热机不同，它是将化学能直接转变为电能的装置，没有中间热步骤，所以能量利用率不受卡诺定理限制。在理论上，能量利用率可达 100%，而环境污染少，故制造一个价格低廉、优质的燃料电池具有重大的实际意义。

20 世纪 70 年代，燃料电池成功地用来给阿波罗(Apollo)登月飞船提供电力。目前，燃料电池已作为美国“天空实验室”“哥伦比亚号”航天飞机的主要电源。从几瓦到几千瓦小功率燃料电池早已在潜艇、灯塔、无线电台等方面应用。现在，人们又把电动汽车的动力寄希望于燃料电池。

12.4 不可逆电极过程

无论是原电池还是电解池，在工作时都有一定的电流通过，因而实际发

前沿拓展：高性能氧还原非贵金属催化剂

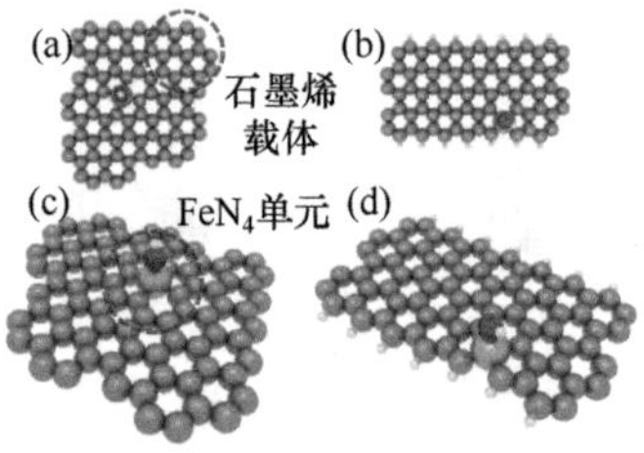

附图 12-3 Fe-N-C 催化剂结构示意图

氧还原反应(ORR)是燃料电池和金属-空气电池的阴极反应，主要经历 O_2扩散、化学吸附与解离三个过程，涉及多电子转移。然而，ORR 动力学缓慢，常需铂(Pt)等贵金属催化剂，以降低反应超电势，提高反应速率。目前，主要通过动力学模拟研究各基元步骤的过渡态和活化能，确定速率控制步骤，从而指导设计低成本、高效非 Pt 电催化剂。美国 Zelenay 教授通过引入两种氮前驱体，合成出具有分层空隙结构的 Fe-N-C 催化剂(附图 12-3)，其在反应动力学控制区内获得的电流密度与 Pt 相当。利用球差电子显微镜确认催化活性中心为嵌入的 FeN_4单元。此成果有助于开发廉价的非贵金属催化剂[Science，2017，357(6350)：479]。(李福军)

扫描右侧二维码观看视频

知识点讲解视频

不可逆电极过程特征

(朱志昂)

生在电极表面上的电化学反应都是不可逆过程。可逆电池是实现电化学过程的理想标准。

不可逆电极过程的特征如下：①电极反应只有在电场作用下才能发生；②对整个电化学过程，电极反应只完成了半反应；③电极反应速率不仅与电极附近反应物浓度、产物浓度、电极材料、电极表面状态有关，在很大程度上还与电极所处电势有关。研究电极过程主要是寻找电极反应的动力学规律以及影响电极反应速率的各种因素。

电极反应速率的表示。根据反应速率的定义，有

$$J=\dot{\xi}=\frac{\mathrm{d}\xi}{\mathrm{d}t}=\frac{1}{\nu_{\mathrm{B}}}\frac{\mathrm{d}n_{\mathrm{B}}}{\mathrm{d}t} \tag{12-87}$$

法拉第定律指出：电极上发生反应的析出物质 B 的物质的量为

$$n_{\mathrm{B}}=\frac{It}{zF} \tag{12-88}$$

将式(12-88)代入式(12-87)得

$$J=\frac{1}{\nu_{\mathrm{B}}}\frac{I}{zF} \tag{12-89}$$

若电极表面积为 S，则单位电极表面的反应速率 r 为

$$r=\frac{1}{\nu_{\mathrm{B}}zF}\frac{I}{S}=\frac{i}{\nu_{\mathrm{B}}zF} \tag{12-90}$$

式中，i 是电流密度。式(12-90)可表示为

$$i=\nu_{\mathrm{B}}zFr=zFr_{\mathrm{B}} \tag{12-91}$$

式中，r 是反应速率；r_{B} 是物质 B 的生成速率。这正是以电流密度 i 代替 r 描述电极反应速率的依据。

12.4.1　电解与分解电压

电流通入电解质溶液而引起化学变化的过程称为电解。它是化工、冶金的重要生产手段之一。实现电解过程的装置称为电解池。在原电池中进行的反应是吉布斯函数减小的反应，而在电解池中进行的反应是吉布斯函数增大的反应。电解与相应原电池进行的过程正好相反。例如，图 12-21 是电解食盐水的电解池。电解池的阳极是涂有钛、钌等氧化物的金属钛网，阴极是涂有镍涂层的碳钢网。只允许阳离子通过的阳离子交换膜把电解槽隔成阴极室和阳极室。

电解反应为

阴极　$2H_2O(l)+2e^- \longrightarrow H_2(g)+2OH^-(aq)$

阳极　$2Cl^-(aq) \longrightarrow Cl_2(g)+2e^-$

总电解反应　$2H_2O(l)+2NaCl(aq) \longrightarrow H_2(g)+Cl_2(g)+2NaOH(aq)$

工业上利用这一反应原理，电解饱和食盐水制取烧碱、氯气和氢气，称为氯碱工业。电解刚开始时，阴极产生的微量的氢气和阳极产生的微量氯气组成下列原电池：

$$(-)\mathrm{Fe}|H_2(p^\ominus)|\mathrm{NaCl(aq)}+\mathrm{NaOH(aq)}|Cl_2(p^\ominus)|\mathrm{Ti}(+)$$

前沿拓展：反应 $CO_2+NaCl \longrightarrow CO+NaClO$ 能发生吗？

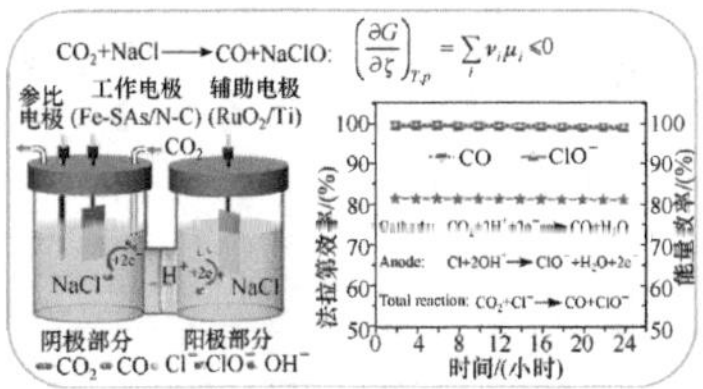

附图 12-4　电解池中的反应：$CO_2+NaCl \longrightarrow CO+NaClO$

根据吉布斯自由能判据，在恒温、恒压且非体积功为零的条件下，化学反应会向着吉布斯自由能减小的方向进行。然而，在恒温、恒压且非体积功不为零的条件下，有些反应可以向着吉布斯自由能增大的方向进行，如在电解池中发生的电化学反应。近期，华中师范大学张礼知课题组将阳极电解食盐水氧化生成次氯酸盐与阴极二氧化碳还原生成一氧化碳的反应相耦合(附图 12-4)，不仅实现了低电位下高效电催化还原 CO_2，也解决了电能利用率低的问题(Green Chem，2019，21：3256)。该反应的方程式为 $CO_2+NaCl \longrightarrow CO+NaClO$，该反应在电解池装置中发生时也是向着吉布斯自由能增大的方向进行的。由此可见，物理化学中的任何结论都有一定的适用条件。学习过程中要深入思考，养成良好的思维习惯，以充分发挥创造性。(许秀芳)

扫描右侧二维码观看视频

前沿拓展：超电势与电解水

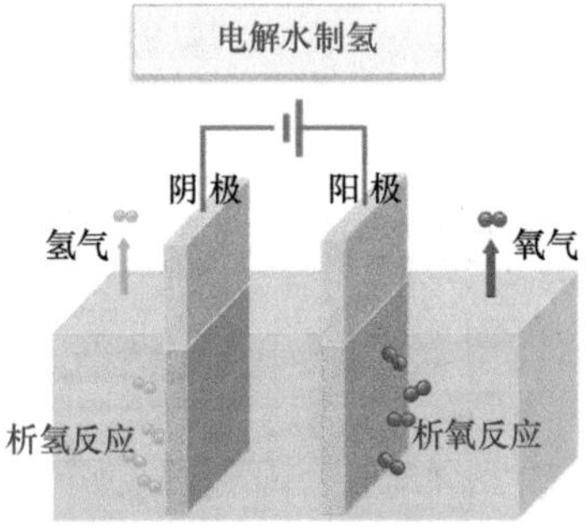

附图 12-5 电解水制氢的反应原理

在电解水制氢反应中，当可逆氢电极处于平衡电势条件下，水的理论分解电压为1.23V。但由于阴极、阳极分别发生析氢、析氧反应时均存在超电势，故电解水反应所需的实际电压远高于理论分解电压。如果使用电化学催化剂则能够改变反应机理，显著降低反应所需的活化能，相应地析氢及析氧反应的超电势也会降低，从而使电解水制氢过程更加高效(附图 12-5；Adv Energy Mater，2020，10：1902104)。通过优化催化剂的结构和组成来调控其电子结构，构建同时具有析氢和析氧活性的双功能异质结构催化剂，有效降低了电解水的超电势(Nano Energy，2019，63：103821)。(焦丽芳)

扫描右侧二维码观看视频

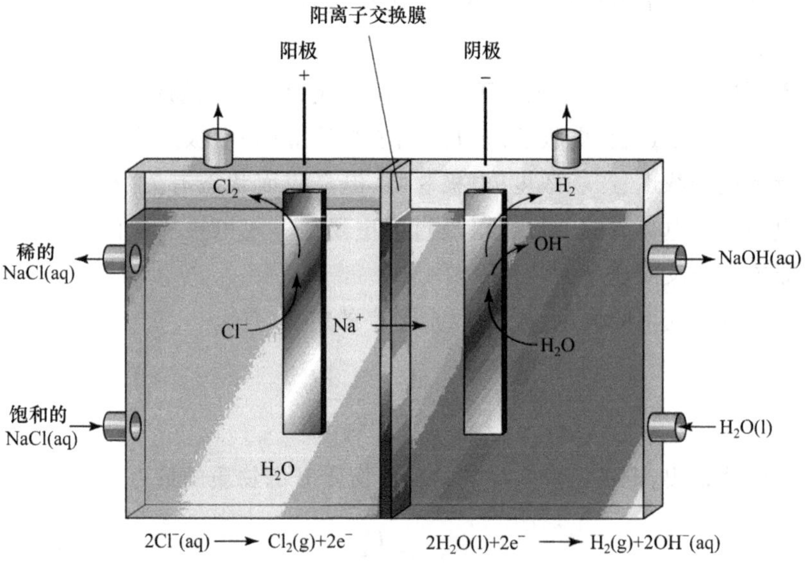

图 12-21 电解食盐水的电解池

该原电池的反应恰好是电解池反应的逆反应。因此，要使电解发生，施加在两极上的外电压不能小于相应原电池的可逆电动势。使电解质溶液发生电解所必需的最小电压称为分解电压。分解电压可以由实验测得，如食盐水的电解，可测得电流 I 随外加电压 V 的变化曲线，如图 12-22所示。由曲线可见，当开始增加电压时，电流增加极慢，这时在电极上观察不到有电解发生。这是由于开始通电时，两个电极上分别产生的处于吸附状态的微量氢气和氯气组成了一个原电池，它的电动势与外加电压相反，阻碍了电解的进行。照理电流应该是等于零的，然而由于电极上产物的扩散，还是造成有极微小的电流通过。随着电压的进一步增加，电极上产物饱和的程度加大，当产物氢气和氯气以气泡逸出时，电流就直线上升，这表明电解开始发生。将这直线延长与 V 轴相交，这一交点的电压即为电解食盐水所需的最小电压，称为分解电压。这是理论分解电压，它应等于相应的可逆原电池的电动势 E。实际分解电压均大于理论分解分压，这是电极极化所致。

当外加电压等于分解电压时，两电极的电势分别称为氢气和氯气的析出电势。

12.4.2 极化和超电势

1. 电极极化

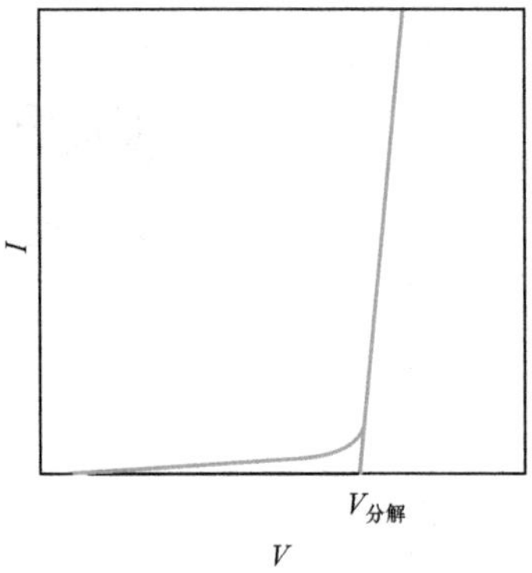

图 12-22 分解电压对电流的曲线

当电极上无电流通过时，电极处于平衡状态，与之相对应的电势称为平衡电极电势，即可逆电极电势，用 φ_e 表示，遵守能斯特电极电势公式。随着电极上电流密度的增加，电极的不可逆程度越来越大，电极电势对平衡电极电势的偏离也越来越大。电流通过电极时，电极电势偏离平衡电极电势的现象称为电极的极化。有电流流过电极时，此时电极称为极化电极，相应的电势称为极化电极电势或不可逆电极电势。阳极极化时，电极电势偏离可逆电极电势向正方向移动，阳极电极电势用 φ_a 表示。阴极极化时，电极电势向负方向移动，阴极极化电势用 φ_c 表示。

2. 超电势

1）定义

在某一电流密度下的电极电势与平衡电极电势的差值的绝对值称为超电势或过电位，用符号 η 表示。η 的大小表示极化的程度。

阳极超电势　　$\eta_a = \varphi_a - \varphi_{a,0}$　　(12-92)

阴极超电势　　$\eta_c = \varphi_{c,0} - \varphi_c$　　(12-93)

这样，电解池在不可逆情况（通过电流时）下进行时，实际分解电压（外加电压）可表示为

$$V_{外加} = E_{理分} + IR + \Delta E_{不可逆} = E_{可逆} + IR + \eta_a + \eta_c \tag{12-94}$$

$E_{可逆}$ 是相应原电池的电动势，即理论分解电压。IR 是电池内溶液、导线和接触点等的电阻（不包括电极表面电阻）引起的电势降（当电流通过时，相当于把 I^2R 的电能转化为热）。$\Delta E_{不可逆}$ 是电极极化所致。将式(12-92)和式(12-93)代入式(12-94)，并在忽略 IR 的条件下，则有

$$V_{外加} = \varphi_a - \varphi_c = \varphi_a + |\varphi_c| \tag{12-95}$$

2）超电势产生的原因

根据极化产生的不同原因，超电势可分为以下三类：

(1) 浓差超电势。由于电解过程中电极附近溶液的浓度和本体溶液（指离开电极较远、浓度均匀的溶液）浓度不同所造成的反电动势称为浓差超电势，此种极化称为浓差极化。

(2) 电阻超电势。当电流通过电极时，在电极表面或电极与溶液的界面上往往形成高电阻的一薄层或其他物质膜，从而产生表面电阻电势降，称为电阻超电势，此极化称为电阻极化。

(3) 活化超电势。由于参加电极反应的某些粒子缺少足够的能量来完成电子的转移，因此需要提高电极电势，这部分提高的电势称为活化超电势。它与电极反应中某一个最缓慢步骤的反应活化能有关，此种极化称为电化学极化。

3）超电势的测定

电极过程区别于一般化学过程就在于它的速率受电极电势的直接影响。当电流密度增大即电极反应速率增大时，阴极电势向负方向移动（阳极电势向正方向移动），也就是阴极超电势增加，因此电极反应速率与电极电势有着十分密切的关系。采用电极电势 $\varphi_{不可逆}$（或 η）与电流密度 i 的关系来描述电极反应的动力学规律性是电极过程动力学的主要内容。η-i 或 $\varphi_{不可逆}$-i 的关系称为极化曲线，测量 η 即测量极化曲线。测量超电势的装置如图 12-23 所示。甘汞电极的末端以直径 1mm 的鲁金毛细管贴近被测电极 1，电极 2 是辅助电极（如 Pt 电极）。强烈搅拌以消除浓差极化。在这种情况下，当通过研究电极的电流密度不大时，测得的超电势就是活化超电势。测量步骤如下：

(1) 测量不通过电流时电极的稳定电势值 $\varphi_{稳定}(i=0)$。

(2) 电流由小到大，每次读取相应的稳定电势值（15min 内，电势变化不超过1mV）。

(3) 在某一 i 时，$\varphi_{不可逆} = \varphi_{稳定}(i) - \varphi_{稳定}(i=0)$，根据能斯特公式计算出

知识点讲解视频

不可逆电极过程研究方法（朱志昂）

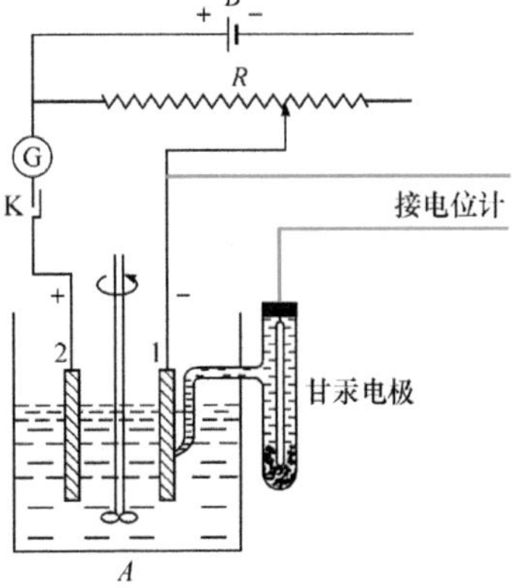

图 12-23　测定极化曲线的装置

$\varphi_{可逆}$，则在某一 i 时的超电势为

$$\eta_a=\varphi_{不可逆}-\varphi_{可逆}$$

$$\eta_c=\varphi_{可逆}-\varphi_{不可逆}$$

应强调指出，在某一电流密度 i 下，实验测得的是被测电极相对于参比电极的电势差(Ⅰ)，此值加上参比电极的电极电势，就得到相对于标准氢电极的极化电极电势 $\varphi_{稳定}(i)$。在 $i=0$ 时，极化电极电势 $\varphi_{稳定}(i)$ 应为零，但实际上往往不为零，是一较小的数值。所以在求 $\varphi_{不可逆}$ 时，要从 $\varphi_{稳定}(i)$ 值中减去 $\varphi_{稳定}(i=0)$ 的值。在测量 $\varphi_{稳定}(i=0)$ 的值时，测得的同样是相对于参比电极的电势差(Ⅱ)。实际上，$\varphi_{不可逆}=\varphi_{稳定}(i)-\varphi_{稳定}(i=0)$ 就是测得的上述两个电势差的差值。当然，$\varphi_{不可逆}$ 仍然是相对于标准氢电极的电势差。

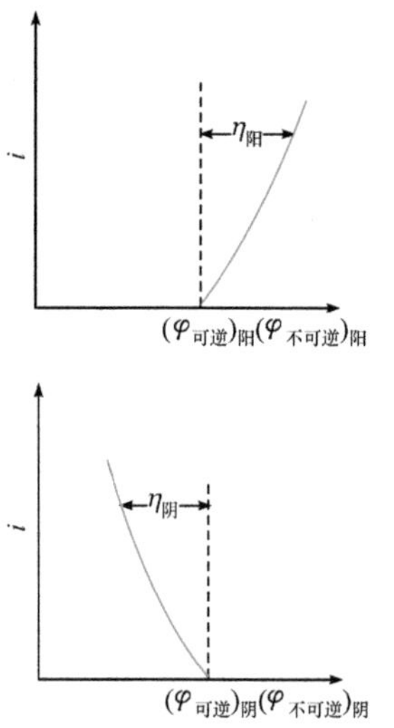

图 12-24　电极的极化曲线示意图

测得的极化曲线如图 12-24 所示。从图 12-24 可见，实验测得的阴极和阳极的极化曲线是不同的。极化曲线常用来推测、验证电极反应的机理。影响超电势的因素很多，如电极材料，电极的表面状态，电流密度，温度，电解质的性质、浓度及溶液中的杂质等，因此超电势测定的重现性不好。一般来说，析出金属的超电势较小，而析出气体特别是析出氢气、氧气的超电势很大。

4) 电解池与原电池极化的差别

对单个电极来说，阴极极化的结果电极电势变得更负，阳极极化的结果电极电势变得更正。

当两个电极组成电解池时，由于电解池的阳极是正极，阴极是负极，阳极电势的数值大于阴极电势的数值，因此在电流密度对电极电势的图中，阳极极化曲线位于阴极极化曲线右方，如图 12-25 所示。随着电流密度的增加，电解池端电压增大，也就是说，在电解时电流若增加，则消耗的能量也增多。

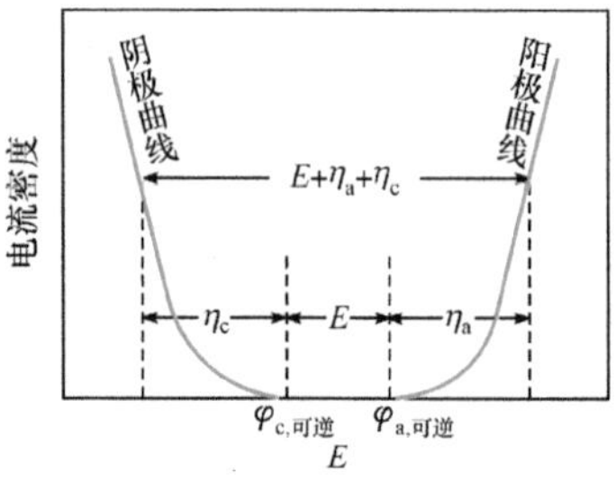

图 12-25　电解池的电流密度与电极和参比电极组成的原电池电动势的关系

在原电池中恰恰相反。原电池的阳极是负极，阴极是正极，阳极电势数值比阴极小，因而在电流密度对电极电势的图中，阳极极化曲线位于阴极极化曲线左方，如图 12-26 所示。因此，原电池端点的电势差随着电流密度的增大而减小，即随着电池放电电流密度的增大，原电池做的电功减小。

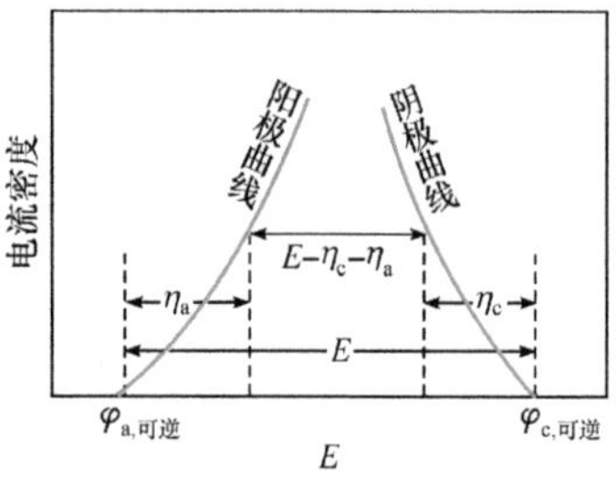

图 12-26　原电池的电流密度与电极和参比电极组成的原电池电动势的关系

3. 电化学极化

电极反应属于复相催化反应一类。作为一般规律，反应粒子在电极上的放电过程，大体可想象经历以下几个步骤：

(1) 反应物从溶液中部扩散、迁移到电极附近的界面层。

(2) 反应物在界面层进行反应前的转化步骤，或称前置转化步骤(如反应物在电极表面上的吸附)。

(3) 电极上的氧化还原反应，即电化学步骤。

(4) 生成物转化为稳定的产物形态，或者扩散离开电极表面，或者在电极表面上形成沉积层(结晶)。

不言而喻，以上各步都有可能成为电极过程的控制步骤。而要分析每一个电极过程的动力学规律性也必须搞清楚究竟哪一步是控制电极过程的最慢步骤。但应指出，即使对同一电极反应，由于反应条件变化，也容易引起控制步骤的变化。如果电极上的化学反应即电化学步骤成为电极过程的控制

步骤，当电极电势偏离其平衡值时，电化学极化就上升为主导地位。这样，电极电势的任何变化对于电化学步骤乃至电极反应进行的速率将发生直接的影响。实践证明，许多气体电极反应以及金属的电沉积过程都表现出电化学极化的特征，其中以氢的析出反应研究得最深刻。

1）氢的析出反应

(1) 实验结果。在以各种金属材料制成的电极上，氢离子在阴极上还原为氢气的过程

$$2H^+ + 2e^- \longrightarrow H_2$$

都表现出较高的超电势，当消除浓差极化以后，超电势的产生归结为电化学极化所引起。根据氢析出超电势的大小，可把金属分为三大类(表 12-5)。

表 12-5　金属上氢析出超电势

分类		$i/(A \cdot cm^{-2})$	η/V
低超电势金属	镀铂黑的铂	5×10^{-5}	0.01
		0.005	0.035
中超电势金属	金	0.02	0.77
	铁	0.08	0.82
	银	0.15	0.90
	镍	0.21	0.89
	铜	0.23	0.82
高超电势金属	铅	0.64	1.09
	锌	0.70	0.75
	汞	0.78	1.10

(2) 经验规律。1905 年塔费尔(Tafel)根据实验总结出具有普遍意义的塔费尔方程，在高极化区(电流密度较大)有

$$\eta = a + b\lg i \tag{12-96}$$

或

$$\eta = a + b\ln i \tag{12-97}$$

式中，a 称为塔费尔常量，是 $i=1A\cdot cm^{-2}$ 时的超电势值，它与电极材料、电极表面状态、溶液组成以及实验温度有关。根据 a 值的大小可将金属材料对氢的超电势分成高、中、低三等。易吸附氢的金属如铂和钯的超电势较低，弱吸附氢的金属如汞、锌的超电势较高。a 的大小基本上决定了超电势 η 的大小。a 越大，则 η 越大，表明反应不可逆程度越大。式(12-97)中的 b 称为塔费尔斜率，b 值取决于反应机理。在常温下，对高超电势的金属，式(12-96)中的 b 为 0.118V，对低超电势金属 b 为 0.030V。

当电流密度很低时，η 与 i 的关系为

$$\eta = \frac{RI}{i^0 F} i \tag{12-98}$$

式中，i^0 称为交换电流密度。

(3) 阴极析氢反应机理。关于阴极析氢机理，从 20 世纪 30 年代起有很大发展，但不同的学派有不同的观点。大家共同认为氢的阴极析出过程可用下列图式表示：

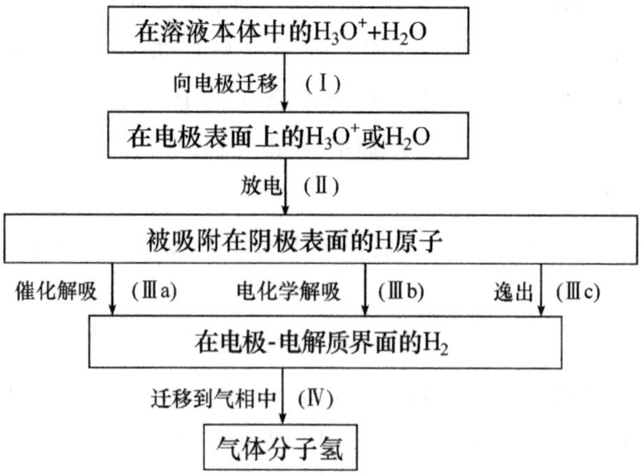

这四个步骤中的任何一个步骤都可以是速率控制步骤，并引起超电势。在电化学极化的条件下，有关物质迁移障碍不是主要的。为了阐明氢析出的可能方式，排除同时发生的一些步骤的叠加，而只考虑缓慢步骤和析氢步骤。令A表示缓慢步骤，B表示吸附原子氢脱除的最有效步骤，则这两个步骤最可能的结合方式如表12-6所示。

表12-6 氢阴极析出的缓慢步骤(A)和快速步骤(B)可能的结合

机理	放电	复合	电化学吸附	溶解氢的脱除
福尔默(Volmer)-塔费尔	A	B	—	—
福尔默-海洛夫斯基	A	—	B	—
塔费尔-堀内寿郎	—	AB	—	—
海洛夫斯基-堀内寿郎	—	—	AB	—
扩散	—	—	—	AB

福尔默-塔费尔机理：放电步骤缓慢进行，$H_{吸}$ 脱除以复合完成。

福尔默-海洛夫斯基机理：放电步骤缓慢进行，$H_{吸}$ 脱除以电化学解吸完成。上述两机理均称为迟缓放电理论。

塔费尔-堀内寿郎机理：放电步骤快速进行，$H_{吸}$ 复合是速控步。

海洛夫斯基-堀内寿郎机理：放电步骤快速进行，$H_{吸}$ 的电化学解吸是速控步。上述的两个机理称为复合理论。

扩散机理：所有步骤都比电极表面邻近电解质层中溶解的分子氢脱出进行得快。

除去列举的机理以外，氢阴极析出反应的其他动力学步骤也是可能的。当反应发生的条件变化时，一个机理可能被另一个机理所代替。即使在同一电极上条件保持不变时，由于电极表面的不均匀性，可能出现一些部位，其氢析出反应以不同的方式进行。下面从不同机理推导电极过程动力学方程。

*(4) 迟缓放电理论。迟缓放电理论提出的氢阴极析出反应机理为

$$H_3O^+ + e^- \longrightarrow H_{吸} + H_2O \qquad 速控步$$

$$H_{吸} + H_{吸} \rightleftharpoons H_2 \qquad 快速平衡$$

或

$$H_{吸} + H_3O^+ + e^- \rightleftharpoons H_2 + H_2O$$

反应速率

$$r = \vec{k}[H_3O^+] = Ae^{-\frac{E_a}{RT}}[H_3O^+] \tag{12-99}$$

式中，E_a 是电极反应活化能。对于阴极还原过程，E_a 与超电势的关系为

$$E_a = E_0 - \alpha z F \eta \tag{12-100}$$

E_0 是 $\eta=0$ 时电极处于平衡时的反应活化能

$$E_0 = -\alpha z F \varphi_{可逆} \tag{12-101a}$$

α 是经验常数，为 0～1，对上述反应，$z=1$。将式(12-100)代入式(12-99)得

$$r = A[H_3O^+]\exp\frac{-(E_0-\alpha F\eta)}{RT} \tag{12-101b}$$

将式(12-101b)代入式(12-91)得

$$i = \nu_H zFr = FA[H_3O^+]e^{-\frac{E_0}{RT}}\exp\frac{\alpha F\eta}{RT} \tag{12-102}$$

当温度及溶液组成均被确定时，令

$$FA[H_3O^+]e^{-\frac{E_0}{RT}} \equiv i_0 \tag{12-103}$$

i_0 即为交换电流密度。将式(12-103)代入式(12-102)得

$$i = i_0\exp\frac{\alpha F\eta}{RT} \tag{12-104}$$

$$\eta = -\frac{RT}{\alpha F}\ln i_0 + \frac{RT}{\alpha F}\ln i = -\frac{2.303RT}{\alpha F}\lg i_0 + \frac{2.303RT}{\alpha F}\lg i \tag{12-105}$$

这就得到与塔费尔方程 $\eta=a+b\lg i$ 相同的形式。并有

$$a = -\frac{2.303RT}{\alpha F}\lg i_0 \tag{12-106}$$

$$b = \frac{2.303RT}{\alpha F} \tag{12-107}$$

当取 $a=0.5$，在 25℃时，$b=0.118\text{V}$，这与高超电势金属的实验值相吻合。

从式(12-104)可看出交换电流密度 i_0 相当于 $\eta=0$ 时的电流密度，其真实物理意义在于反映电极反应的可逆性。在 $\eta=0$ 时，在平衡电极电势下，任何电极上都同时进行着两个相反的过程

$$H_3O^+ + e^- \underset{\overleftarrow{k}}{\overset{\overrightarrow{k}}{\rightleftharpoons}} H_{吸} + H_2O$$

还原过程和氧化过程，只不过两个过程进行的速率相等。我们把平衡状态下单位时间单位表面上所交换的电流密度称为交换电流密度，并以 i_0 表示，即平衡时，$\overrightarrow{i}=\overleftarrow{i}=i_0$。由此可见，交换电流密度就是当电极处于平衡状态(不被极化)时，发生在同一电极上的还原反应的绝对电流密度(或氧化反应的绝对电流密度)，不是表观的净电流，此时表观净电流密度为 0，$\overrightarrow{i}-\overleftarrow{i}=i=0$。实验指出，在各种电极上氢析出反应的 i_0 很不相同。从式(12-106)可看出，i_0 越小，a 越大，电极越易被极化，η 越大，电极的不可逆程度越大。i_0 越大，a 越小，电极越难被极化，η 越小，电极的可逆程度越大。

*(5) 复合理论。复合理论提出的反应机理为

$$H_3O^+ + e^- \rightleftharpoons H_{吸} + H_2O \qquad 快速平衡$$

$$H_{吸} + H_{吸} \xrightarrow{\overrightarrow{k}} H_2 \qquad 速控步$$

$$r = \overrightarrow{k}a^2_{H_{吸}}$$

$$i = \nu_{H_2}zFr = F\overrightarrow{k}a^2_{H_{吸}} = ka^2_{H_{吸}} \tag{12-108}$$

第一步处于平衡，可用能斯特公式

$$\varphi_{H_3O^+|H_{吸}} = \varphi^{\ominus}_{H_3O^+|H_{吸}} - \frac{RT}{F}\ln\frac{a_{H_{吸}}}{a_{H_3O^+}}$$

将式(12-108)代入得

$$\varphi_{H_3O^+|H_吸}=\varphi^{\ominus}_{H_3O^+|H_吸}+\frac{RT}{F}\ln a_{H_3O^+}+\frac{RT}{2F}\ln k-\frac{RT}{2F}\ln i$$

阴极超电势为

$$\eta_c=\varphi_{平衡}-\varphi_{H_3O^+|H_吸}=\varphi_{平衡}-\varphi^{\ominus}_{H_3O^+|H_吸}-\frac{RT}{F}\ln a_{H_3O^+}-\frac{RT}{2F}\ln k+\frac{2.303RT}{2F}\lg i \tag{12-109}$$

与塔费尔方程相比得，在25℃时，$b=\frac{2.303RT}{2F}\approx 0.030\text{V}$。这与低超电势金属的实验结果一致。这说明在Pt、Pd等低超电势的金属上，氢析出反应是按照复合脱附机理进行的。

*(6) 电化学脱附机理。对于铁、钴、镍等一类中等超电势的金属，氢在这些电极上的析出机理比较复杂，很可能上述各步反应的速率相差不大，很难确切判断真实的控制步骤，或者说反应处于联合控制状态。在某些情况下，当电化学脱附上升为控制步骤时，其反应机理为

$$H_3O^+ + e^- \rightleftharpoons H_吸 + H_2O \qquad 快速平衡$$

$$H_吸 + H_3O^+ + e^- \longrightarrow H_2 + H_2O \qquad 速控步$$

从此机理可推导出

$$\eta=a+\frac{2.303RT}{(1+\alpha)F}\lg i \tag{12-110}$$

设$\alpha=0.5$，则$b=0.039\text{V}$(25℃时)。

(7) 氢超电势的实际应用。氢超电势的存在会使电解过程消耗更多的电能，从这个意义上说，应尽可能减小。例如，电解法制氢气，燃料电池等应采用低超电势的电极材料。但在某些生产中如湿法冶金、电解精炼金属等，应用高超电势的金属作阴极可抑制产生氢气的副反应，提高电流效率。

*2) 氧的电极过程

氧的电极过程十分复杂，无论是阴极还原还是阳极氧化(氧析出反应)都表现出高的超电势，塔费尔斜率b在0.12V左右。

(1) 氧的阴极还原。通常认为氧的阴极还原机理如下：

在碱性溶液中

$$O_2 + H_2O + 2e^- \longrightarrow HO_2^- + OH^-$$

$$HO_2^- + H_2O + 2e^- \longrightarrow 3OH^-$$

或

$$HO_2^- \longrightarrow \frac{1}{2}O_2 + OH^-$$

在酸性溶液中

$$O_2 + 2H^+ + 2e^- \longrightarrow H_2O_2$$

$$H_2O_2 + 2H^+ + 2e^- \longrightarrow 2H_2O$$

或

$$H_2O_2 \longrightarrow \frac{1}{2}O_2 + H_2O$$

氧阴极还原机理的研究对研究燃料电池十分重要。

(2) 氧的阳极析出反应。氧析出反应可能因为电解质溶液不同而以不同的途径进行。

在碱性溶液中

$$2OH^- \longrightarrow 2OH + 2e^-$$

$$2OH + 2OH^- \longrightarrow 2O^- + 2H_2O$$

$$2O^- \longrightarrow 2O + 2e^-$$

$$2O \longrightarrow O_2$$

在酸性溶液中其机理的研究更为复杂。

$$2H_2O \longrightarrow O_2 + 4H^+ + 4e^-$$

阐明阳极析氧反应的动力学机理是一项非常艰巨的任务，还有很多工作有待进一步研究。

*4. 浓差极化

1) $\eta_{浓差}$与 i 的关系

如果电化学反应步骤进行很快，而通过电解池的电流密度又相当大时，电极附近的溶液层中，其电解质浓度必与中部溶液有差别，产生浓差极化。在不考虑液体的对流传质时，离子输送到电极附近以下列两种方式进行：

(1) 电迁移。若 M^{z+} 的迁移数为 t_+，则单位时间内到达阴极区的 M^{z+} 的物质的量为$t_+ i/zF$。

(2) 浓差扩散。M^{z+} 在电极表面附近活度为 a_s，溶液中部为 a，扩散层厚度为 δ，M^{z+} 扩散系数为 D，则单位时间内扩散到界面层里的 M^{z+} 的物质的量为

$$\frac{dn}{dt}=\frac{D}{\delta}(a-a_s)$$

当电极反应达到稳定态时，电极上还原速率必等于电迁移速率和浓差扩散速率之和，即

$$r_M = r_{扩散} + r_{电迁移}$$

又根据 $r_M=\frac{i}{zF}$，则有

$$\frac{i}{zF}=\frac{D}{\delta}(a-a_s)+\frac{t_+ i}{zF}$$

$$i=\frac{DzF}{(1-t_+)}(a-a_s)=\frac{DzF}{t\delta}(a-a_s) \tag{12-111}$$

式中，$t=1-t_+$，代表除放电的 M^{z+} 以外，溶液中所有正、负离子的迁移数之和，若溶液中加入大量不参与电极反应的支持电解质，t 接近于 1，则式(12-111)化简为

$$i=\frac{DzF}{\delta}(a-a_s)=k(a-a_s) \tag{12-112}$$

式(12-112)为浓差极化时电流密度与界面层浓度以及中部溶液浓差的关系。在极限情况下，$a_s=0$，即离子一到电极界面立即被还原，此时电流密度增加到最大可能极限值

$$i_d=\frac{DzF}{\delta}a=ka \tag{12-113}$$

i_d 称为极限电流，可由实验测定，由此可算出扩散层厚度 δ

$$\delta=\frac{DzF}{i_d}a \tag{12-114}$$

在不搅拌时，δ 约有 0.05cm，强烈搅拌时，δ 迅速减小，但不会完全消失。

在扩散为控制步骤时，电极界面的电化学反应平衡不受破坏，可用能斯特公式计算出浓差极化时的电极电势，即

$$M_s^{z+} + ze^- \rightleftharpoons M$$

浓差极化时电极电势为

$$\varphi=\varphi^\ominus-\frac{RT}{zF}\ln\frac{1}{a_s} \tag{12-115}$$

在无电流流过时，$a_s=a$

$$\varphi_{平衡}=\varphi^\ominus-\frac{RT}{zF}\ln\frac{1}{a} \tag{12-116}$$

则

$$\eta_{浓差}=\varphi_{平衡}-\varphi=\frac{RT}{zF}\ln\frac{a}{a_s} \tag{12-117}$$

结合式(12-112)和式(12-113)有

$$\frac{a}{a_s}=\frac{i_d}{i_d-i}$$

代入式(12-117)得

$$\eta_{浓差}=\frac{RT}{2F}\ln\frac{i_d}{i_d-i}=\frac{RT}{zF}\ln\frac{ka}{ka-i} \tag{12-118}$$

可见在给定电流密度下，$\eta_{浓差}$ 随 i_d 增大而减小，而 i_d 又与 k 及 a 成正比。增大 k 的方法是加强搅拌以减小 δ 值。

2) 极谱分析的基本原理

极谱分析是利用滴汞电极上所形成的浓差极化来进行分析的一种方法。它是捷克化学家海洛夫斯基所创立。当滴汞阴极的还原反应完全由浓差极化控制，并达到稳定态时

$$M^{z+}+ze^- \rightleftharpoons M(Hg)$$

令 a_s 为界面溶液中 M^{z+} 的活度，$a_{s,M}$ 为 M 在汞齐中的表面活度。根据能斯特公式，阴极还原电极电势为

$$\varphi=\varphi^{\ominus}-\frac{RT}{zF}\ln\frac{a_{s,M}}{a_s} \tag{12-119}$$

结合式(12-112)和式(12-113)有

$$a_s=\frac{i_d-i}{k}$$

此外，汞齐浓度正比于电解电流密度的大小

$$a_{s,M}=k'i$$

代入式(12-119)得

$$\varphi=\varphi^{\ominus}-\frac{RT}{zF}\ln(k'k)+\frac{RT}{zF}\ln\frac{i_d-i}{i}=\varphi_{1/2}+\frac{RT}{zF}\ln\frac{i_d-i}{i} \tag{12-120}$$

$\varphi_{1/2}$是 $i=\frac{1}{2}i_d$ 时的极化电势，称为半波电势。它与离子浓度无关，在给定温度和支持电解质溶液时，$\varphi_{1/2}$完全由还原性质决定。对一定的物质，$\varphi_{1/2}$有一定值，对不同的物质，$\varphi_{1/2}$不同。因此，半波电势 $\varphi_{1/2}$值是极谱法对被测物定性的依据。又因 $i_d=ka$，实验测出 i_d 值就可分析溶液中还原物质的浓度，这是极谱法进行定量分析的基础。

5. *测量方法*

传统电极过程动力学的测量方法是基于电信号(电压、电流)激励和检测的方法，如稳态的极化曲线测量法、暂态的电流阶跃或电位阶跃法、循环伏安法、旋转圆盘电极法和交流阻抗法等测试技术。这些传统的测量方法仅能得到电极反应的统计平均值，局限于宏观和唯象认识，不具备分子和结构识别能力。电磁波谱是探测原子、分子和物质结构及其变化的重要方法。从二十世纪七八十年代开始，人们将电化学仪器和谱学仪器对接起来，建立了电化学原位谱学方法，如电化学原位红外光谱、电化学原位红外-可见光和频发生谱、电化学原位拉曼光谱、电化学原位 X 射线吸收谱、电化学原位磁共振谱、电化学原位扫描隧道显微镜和质谱等。

知识点讲解视频

金属电沉积

(朱志昂)

12.4.3 金属电沉积

金属离子或它们的络离子在阴极上还原为金属的过程称为金属的电沉积。电沉积广泛应用于电解冶金、电解精炼、电镀、生产复制品和再生艺术品以及印刷电路。电沉积过程的步骤一般如下：①水合金属离子在电极表面吸附，形成吸附离子；②吸附离子在电极上被还原，形成保留有部分水合层的吸

附原子

$$M^{z+}\cdot xH_2O+ze^-\longrightarrow M\cdot xH_2O$$

③吸附的原子继续失去剩余的水化层，并进入金属晶格稳定下来。我们仅从极化角度讨论金属离子的阴极还原过程。

1. 金属离子和氢离子共存时的电沉积

通常情况下，溶液中含有金属离子和 H^+。何种离子先在阴极上析出取决于阴极极化电势，阴极极化电极电势越正的优先在阴极上还原。对于氢析出，$\eta_{H_2}=\varphi_{H^+|H_2,可逆}-\varphi_{H^+|H_2,极化}$，则有

$$\varphi_{H^+|H_2,极化}=\varphi_{H^+|H_2,可逆}-\eta_{H_2} \tag{12-121}$$

对于 M^{z+} 阴极还原，$\eta_M=\varphi_{M^{z+}|M,可逆}-\varphi_{M^{z+}|M,极化}$，则

$$\varphi_{M^{z+}|M,极化}=\varphi_{M^{z+}|M,可逆}-\eta_M \tag{12-122}$$

可分四种情况：

(1) $\varphi_{M^{z+}|M,可逆}\gg\varphi_{H^+|H_2,可逆}$，且 η_M 很小时，在阴极上只发生 M^{z+} 沉积，无氢气析出，电流效率可达 100%。例如，铜在硫酸溶液中的电沉积。

(2) $\varphi_{M^{z+}|M,可逆}\ll\varphi_{H^+|H_2,可逆}$ 且 η_{H_2} 不大，η_M 较大时，则 $\varphi_{H^+|H_2,极化}\gg\varphi_{M^{z+}|M,极化}$，只有 H_2 析出，无金属沉积出来。例如，工业上无法从水溶液中沉积出钨和钼。

(3) $\varphi_{M^{z+}|M,可逆}\gg\varphi_{H^+|H_2,可逆}$，$\eta_M$ 很大，使 $\varphi_{M^{z+}|M,极化}$ 与 $\varphi_{H^+|H_2,极化}$ 相近，在金属离子还原沉积时有氢析出，在电镀中这是常见的。金属与 H_2 气同时析出的条件为 $\varphi_{H^+|H_2,极化}=\varphi_{M^{z+}|M,极化}$。

(4) $\varphi_{M^{z+}|M,可逆}\ll\varphi_{H^+|H_2,可逆}$，$\eta_M$ 不大，η_{H_2} 很高时，在一定 i 时，M 和 H_2 同时析出，在较大 i 时，M 比 H_2 优先析出。例如，酸性镀锌液中，$\varphi_{Zn^{2+}|Zn,可逆}=-0.8V$，$\varphi_{H^+|H_2,可逆}=-0.36V$，$\eta_{H_2}=0.8V$，$\eta_{Zn^{2+}}\approx0$，则 $\varphi_{Zn^{2+}|Zn,极化}=-0.8V$，$\varphi_{H^+|H_2,极化}=-0.36-0.8=-1.16(V)$，所以先析出 Zn，镀锌的电流效率可达 80%～90%。

金属沉积时，超电势的存在是不利的，因电解时多消耗电能。但超电势也有有利的一面，由于氢在一些金属上的超电势较高，因而使电化学序在氢以上的金属也能析出。因此，能用电解法得到锌、铬、镍等金属而不会有氢气析出。即使电极电势很负的 Na 也可用汞阴极使 Na^+ 从溶液中分离出来，生成钠-汞齐而不会析出氢气(氢在汞上的超电势很高)。又如，铅蓄电池在充电时，如果没有氢超电势，就不能使铅沉积到电极上，而只会放出氢气。

2. 几种金属离子共存时的电沉积

溶液中同时含有几种不同的金属离子时，阴极沉积金属的顺序取决于它们的阴极析出电势。阴极析出电势越正越先析出。

例 12-9 在 25℃时,用铜电极电解 0.1mol·dm^{-3} $CuSO_4$ 和 0.1mol·dm^{-3} $ZnSO_4$ 溶液,当 $i=0.01A\cdot cm^{-2}$ 时氢在铜上的超电势为 0.584V。而锌与铜的析出超电势可忽略不计,电解时阳极析出氧。(1) 阴极上析出物的顺序如何? (2) 当开始析出锌时,溶液中剩余铜的浓度为多少? 电解时控制电解液的 pH 维持在 7。

解 (1) 根据 $\varphi_c=\varphi_{可逆}-\eta_c$,求出各物质的极化电极电势。

对于氢:溶液pH=7,$\eta_{H_2}=0.584V$

$$\varphi_{H^+|H_2,可逆}=\varphi^{\ominus}_{H^+|H_2}-\frac{RT}{2F}\ln\frac{\frac{p_{H_2}}{p^{\ominus}}}{a^2_{H^+}}$$

$$=(-0.059\ 17pH)V=(-0.059\ 17\times 7)V=-0.4141V$$

$$\varphi_{c,H_2}=(-0.4141-0.584)V=-0.9981V$$

对于锌

$$Zn^{2+}+2e^-\longrightarrow Zn$$

$$\varphi_{Zn^{2+}|Zn,可逆}=\varphi^{\ominus}_{Zn^{2+}|Zn}-\frac{RT}{2F}\ln\frac{1}{a_{Zn^{2+}}}=\left(-0.7628+\frac{0.059\ 17}{2}\lg 0.1\right)V=-0.7924V$$

$$\eta_{c,Zn}\approx 0$$

$$\varphi_{c,Zn}=\varphi_{Zn^{2+}|Zn,可逆}-\eta_{c,Zn}=-0.7924V$$

对于铜

$$Cu^{2+}+2e^-\longrightarrow Cu$$

$$\varphi_{Cu^{2+}|Cu,可逆}=\varphi^{\ominus}_{Cu^{2+}|Cu}-\frac{RT}{2F}\ln\frac{1}{a_{Cu^{2+}}}=\left(0.3402+\frac{0.059\ 17}{2}\lg 0.1\right)V=0.3106V$$

$$\eta_{c,Cu}\approx 0$$

$$\varphi_{c,Cu}=\varphi_{Cu^{2+}|Cu,可逆}-\eta_{c,Cu}=0.3106V$$

因为 $\varphi_{c,Cu}>\varphi_{c,Zn}>\varphi_{c,H_2}$,所以析出顺序先铜后锌,最后析出氢。若控制阴极析出电势大于-0.9981V,就没有 H_2 析出。

(2) 开始析出锌时,阴极电极电势 $\varphi_{c,Zn}=-0.7924V$,此时应有

$$\varphi_{c,Cu}=\varphi_{c,Zn}=\left(\varphi^{\ominus}_{Cu^{2+}|Cu}-\frac{RT}{2F}\ln\frac{1}{a_{Cu^{2+}}}\right)-\eta_{c,Cu}$$

$$-0.7924V=0.3402V+\frac{0.059\ 17V}{2}\lg a_{Cu^{2+}}-0$$

$$a_{Cu^{2+}}=5.2\times 10^{-39}\ mol\cdot dm^{-3}$$

剩余铜离子浓度为 $5.2\times 10^{-39}\ mol\cdot dm^{-3}$。

3. 同时沉积的条件

溶液中有两种金属离子 A^{z+}、$B^{z+'}$在阴极上同时析出(合金电镀)的条件是阴极析出电势相等

$$\varphi_{c,A}=\varphi_{c,B}$$

$$\varphi_{A,可逆}-\eta_{c,A}=\varphi_{B,可逆}-\eta_{c,B}$$

或

$$\varphi^{\ominus}_{A}-\frac{RT}{zF}\ln\frac{1}{a_{A^{z+}}}-\eta_{c,A}=\varphi^{\ominus}_{B}-\frac{RT}{z'F}\ln\frac{1}{a_{B}^{z+'}}-\eta_{c,B}$$

下列三种情况可使两种金属离子的放电电势相等:

(1) 两个标准电极电势近乎相等而且超电势很小。例如

$$\varphi^{\ominus}_{Pb^{2+}|Pb} = -0.126V \qquad \varphi^{\ominus}_{Sn^{2+}|Sn} = -0.140V$$

(2) 两个标准电极电势不同，但两种金属离子放电超电势之差足以补偿两个电极电势之差。

(3) 可逆电极电势之差与超电势之差都由离子活度之差予以补偿。例如，铜和锌的 $\varphi^{\ominus}$、η 相差很大，但溶液中加入氰化钾生成配合物，使放电电势非常接近，铜与锌同时沉积，这就是镀黄铜的基本原理。

*12.4.4 金属的腐蚀与防腐

研究腐蚀具有重要的现实意义，据统计全世界每年因腐蚀而不能使用的金属制品的数量约为金属年产量的 20%，约 1 亿多吨。所以研究腐蚀的原因和采取有效的防腐措施是一项极其有意义的工作。

1. 金属的电化学腐蚀

金属的腐蚀有化学腐蚀和电化学腐蚀。化学腐蚀是金属表面与介质直接发生化学作用而引起的腐蚀。金属的电化学腐蚀是金属表面同外面的介质发生电化学作用而有电流产生所引起的腐蚀。引起电化学腐蚀的原因是金属器件的各组成部分之间形成电池，产生了电化学反应，使金属氧化。例如，一个铜制的器件上面打了铁铆钉，在它的表面有一层薄的水汽层，成为电解质溶液，在器件表面形成一个局部电池，负极为铁，正极为铜。

铁阳极(－) $\qquad 2Fe \longrightarrow 2Fe^{2+} + 4e^-$

铜阴极(＋) $\qquad O_2 + 4H^+ + 4e^- \longrightarrow 2H_2O$

由于两种金属紧密连接，形成短路，电池不断起作用，Fe 变为 Fe^{2+} 进入溶液。多余的电子移向铜极，在铜电极上氧气消耗，生成水。Fe^{2+} 与溶液中 OH^- 结合，生成氢氧化亚铁 $Fe(OH)_2$，再氧化成铁锈

$$4Fe(OH)_2 + 2H_2O + O_2 \longrightarrow 4Fe(OH)_3$$

这样铁就受到腐蚀。即使同一金属，由于含有杂质，也能形成局部电池，造成电化学腐蚀。

2. 金属的防腐

金属腐蚀的防腐方法有以下几种：

(1) 非金属保护层，如涂漆。

(2) 金属保护层，如电镀。

(3) 电化学保护。电化学保护有以下几种方法：

(i) 保护器保护。将电极电势更低的金属与被保护的金属连接起来，构成原电池。电极电势更低的金属作为阳极溶解，被保护的金属作为阴极就可以避免腐蚀。例如，在海上航行的船只在船体四周镶上锌块。

(ii) 阴极电保护。利用外加直流电，负极接到被保护的金属上，使它成为阴极，正极接到一些废钢铁上，作为牺牲阳极。

(iii) 阳极电保护。被保护的金属连接外电源的正极，使被保护的金属进行阳极极化，达到钝化状态。

习　　题

12-1　2A 电流通过 $CuSO_4$ 水溶液 30.0min，试计算 Cu 的析出质量。

〔答案：1.185g〕

12-2　25℃时，5.000mmol · dm^{-3} $SrCl_2$ 水溶液的电导率 κ 为 $1.242\times10^{-3}\Omega^{-1}\cdot cm^{-1}$。

试计算此溶液的摩尔电导率 $\Lambda_m(SrCl_2)$和 $\Lambda_m\left(\frac{1}{2}SrCl_2\right)$。

〔答案：0.024 84$\Omega^{-1}\cdot m^2\cdot mol^{-1}$，0.012 42$\Omega^{-1}\cdot m^2\cdot mol^{-1}$〕

12-3 在某电导池中装有 0.100mol·dm^{-3} KCl 水溶液，在 25℃时测得其电阻为 28.65Ω。在同一电导池中再装 0.100mol·dm^{-3} HAc 水溶液，在同样温度时测得其电阻为 703Ω。试计算 HAc 水溶液的电导率 κ 和摩尔电导率 Λ_m。已知 0.100mol·dm^{-3} KCl 水溶液在 25℃时的电导率为 1.288$\Omega^{-1}\cdot m^{-1}$。

〔答案：0.0525$\Omega^{-1}\cdot m^{-1}$，5.25×$10^{-4}\Omega^{-1}\cdot m^2\cdot mol^{-1}$〕

12-4 用界面移动法测定 25℃时 0.0200mol·dm^{-3} NaCl 水溶液中 Na^+ 电迁移率 $u(Na^+)$和迁移数 $t(Na^+)$，$CdCl_2$ 作为跟随溶液，电流恒定在 1.600mA。所用电解管的截面积 A 为 0.1115cm^2，经 3453s 后两种溶液间界面移动了 10.00cm。25℃时此 NaCl 水溶液的电导率为 2.313×$10^{-3}\Omega\cdot cm^{-1}$。试求此 NaCl 水溶液中的 $u(Na^+)$和 $t(Na^+)$。

〔答案：4.668×$10^{-4}cm^2\cdot V^{-1}\cdot s^{-1}$，0.3894〕

12-5 (1) 试证明迁移数 t_B 可利用下式由界面移动法测定数据求得：

$$t_B=|z_B|\frac{Fc_BAx}{Q}$$

式中，Q 是当界面移动了 x 距离时通过的总电荷量；

(2) 用界面移动法测定 25℃时 33.27mmol·dm^{-3} $GdCl_3$ 水溶液中离子的迁移数，LiCl 作为跟随溶液。电流恒定在 5.594mA，通电 4406s 后界面移动的距离相当于 1.111cm^3 溶液在电解管中所占的长度。试求 $t(Gd^{3+})$和 $t(Cl^-)$。

〔答案：(1) 略；(2) 0.434，0.566〕

12-6 在以银为两电极的希托夫装置中电解 25℃时每克水溶液含有 0.007 40g 的 $AgNO_3$ 水溶液。电解结束后，在阳极区的 25.02g 溶液中含 $AgNO_3$ 0.2553g。在与装置串联的银库仑计中析出了 0.0847g Ag。试计算 $AgNO_3$ 水溶液中的 $t(Ag^+)$和 $t(NO_3^-)$。

〔答案：0.46，0.54〕

12-7 LiCl 的无限稀摩尔电导率 Λ_m^∞ 为 115.03×$10^{-4}\Omega^{-1}\cdot m^2\cdot mol^{-1}$，$t^\infty(Cl^-)$= 0.663(25℃)。试计算 Li^+ 和 Cl^- 的无限稀离子摩尔电导率 Λ_m^∞ 和无限稀离子的电迁移率 u^∞。

〔答案：38.765×$10^{-4}\Omega^{-1}\cdot m^2\cdot mol^{-1}$，76.265×$10^{-4}\Omega^{-1}\cdot m^2\cdot mol^{-1}$，
4.018×$10^{-8}m^2\cdot s^{-1}\cdot V^{-1}$，7.904×$10^{-8}m^2\cdot s^{-1}\cdot V^{-1}$〕

12-8 (1) 25℃时，溶剂为甲醇的下列溶质的 Λ_m^∞ 值($\Omega^{-1}\cdot cm^2\cdot mol^{-1}$)：$KNO_3$，114.5；KCl，105.0；LiCl，90.9，试求 25℃时 $LiNO_3$ 的 Λ_m^∞；(2) 25℃时水溶液中下列溶质的 Λ_m^∞ 值($\Omega^{-1}\cdot cm^2\cdot mol^{-1}$)：HCl，426；NaCl，126；$NaC_2H_3O_2$，91，试求水中 25℃时 $HC_2H_3O_2$ 的 Λ_m^∞。

〔答案：(1) 100.4$\Omega^{-1}\cdot cm^2\cdot mol^{-1}$；(2) 391$\Omega^{-1}\cdot cm^2\cdot mol^{-1}$〕

12-9 在 25℃时，测得四种浓度的乙酸水溶液的电导率如下：

$c/(10^{-3}mol\cdot dm^{-3})$	0.1532	1.028	5.912	50.00
$\kappa/(10^{-3}\Omega^{-1}\cdot m^{-1})$	1.716	4.950	12.39	36.80

试计算各浓度乙酸的电离度和电离平衡常数。

〔答案：略〕

12-10 计算 25℃时与含有 0.050%(体积分数)CO_2 的压力为 101 325Pa 的空气成平衡的蒸馏水的电导率。计算时只需考虑 H^+ 与 HCO_3^- 的导电作用，它们在无限稀释时的离子摩尔电导率分别为 349.8×$10^{-4}\Omega^{-1}\cdot m^2\cdot mol^{-1}$与 44.5×$10^{-4}\Omega^{-1}\cdot m^2\cdot mol^{-1}$。已知 25℃、$CO_2$ 的分压为 101 325Pa 时，1dm^3 水中可溶解 0.8266dm^3(25℃、101 325Pa 下的体积)CO_2。H_2CO_3 的一级解离常数为 4.7×10^{-7}。

〔答案：$1.02\times10^{-4}\Omega^{-1}\cdot m^{-1}$〕

12-11　18℃时测得 CaF_2 饱和水溶液的电导率为 $38.6\times10^{-4}\Omega^{-1}\cdot m^{-1}$，水的电导率为 $1.5\times10^{-4}\Omega^{-1}\cdot m^{-1}$。已知无限稀释时的摩尔电导率 $\Lambda_m^\infty\left(\frac{1}{2}CaCl_2\right)=0.011\ 67\Omega^{-1}\cdot m^2\cdot mol^{-1}$，$\Lambda_m^\infty(NaCl)=0.010\ 89\Omega^{-1}\cdot m^2\cdot mol^{-1}$，$\Lambda_m^\infty(NaF)=0.009\ 02\Omega^{-1}\cdot m^2\cdot mol^{-1}$。求 18℃时 CaF_2 的溶度积。

〔答案：2.71×10^{-11}〕

12-12　写出下列电池的电极反应及电池反应。

(1) $Pt|H_2(g)|HCl(aq)|Cl_2(g)|Pt$

(2) $Ag|AgCl(s)|CuCl_2(aq)|Cu(s)$

(3) $Cd|Cd^{2+}(aq)\parallel HCl(aq)|H_2(g)|Pt$

(4) $Cd(s)|CdI_2(aq)|AgI(s)|Ag$

(5) $Pb|PbSO_4(s)|K_2SO_4(aq)\parallel KCl(aq)|PbCl_2(s)|Pb$

(6) $Ag|AgCl(s)|KCl(aq)|Hg_2Cl_2(s)|Hg$

(7) $Pt|Fe^{3+},Fe^{2+}(aq)\parallel Hg_2^{2+}|Hg$

(8) $Pt|H_2(g)|NaOH(aq)|HgO(s)|Hg$

(9) $Hg|Hg_2Cl_2(s)|KCl(aq)\parallel HCl(aq)|Cl_2(g)|Pt$

(10) $Zn|Zn(OH)_2(s)|OH^-(aq)|HgO(s)|Hg$

(11) $Sn(s)|SnSO_4(a)\parallel H_2SO_4(aq)|H_2(g)|Pt$

(12) $Pt|H_2(g)|OH^-(aq)|O_2(g)|Pt$

〔答案：略〕

12-13　25℃时电池 $Ag|AgCl|HCl(aq)|Cl_2(101.3kPa)|Pt$ 的电动势为 1.1362V，电动势的温度系数为 $-5.95\times10^{-4}V\cdot K^{-1}$。试计算电池反应

$$Ag(s)+\frac{1}{2}Cl_2(101.3kPa)\longrightarrow AgCl(s)$$

在 25℃时的 $\Delta_rG_m^\ominus$、$\Delta_rS_m^\ominus$、$\Delta_rH_m^\ominus$ 和标准平衡常数 $K^\ominus$。

〔答案：$-109.6kJ\cdot mol^{-1}$，$-57.4J\cdot mol^{-1}\cdot K^{-1}$，$-126.7kJ\cdot mol^{-1}$，$1.586\times10^{19}$〕

12-14　欲使下列电池在 25℃时的电动势 E 值为 $-1.00V$ 和 $+1.00V$，则活度商 Q_a 分别为多少？

$$Pt|H_2(g)|HCl(aq)|AgCl(s)|Ag|Pt$$

〔答案：2.03×10^{41}，5.22×10^{-27}〕

12-15　设有下列电池：

$$Cu|CuSO_4(1.00mol\cdot kg^{-1})|Hg_2SO_4(s)|Hg(l)|Cu$$

(1) 写出电极反应和电池反应；(2) 计算 25℃和101 325Pa时电池的电动势 E，$CuSO_4$ 的活度系数 $\gamma_m=0.043$；(3) 如果 $CuSO_4$ 的 γ_m 取为 1，则所得的 E 值的相对误差为多少？

〔答案：(1) 略；(2) 0.3195V；(3) 12.64%〕

12-16　设有下列电池：

$$Pt|Fe^{2+}(a=2.00),Fe^{3+}(a=1.20)\parallel I^-(a=0.100)|I_2(s)Pt'$$

(1) 写出电极反应和电池反应；(2) 计算 25℃时的电池电动势 E；(3) 哪一个电极电势较高？

〔答案：(1) 略；(2) $-0.163V$；(3) 略〕

12-17　利用标准电极电势表，计算 25℃时 Ag_2S 的溶度积 $K_{sp}^\ominus$。

〔答案：1.34×10^{-51}〕

12-18　设有下列电池：

$$Pt|Fe|Fe^{2+}\parallel Fe^{2+},Fe^{3+}|Pt$$

在 25℃时的 $\left(\frac{\partial E^\ominus}{\partial T}\right)_p=1.14mV\cdot K^{-1}$。(1) 写出电极反应和电池反应；(2) 计算 25℃ $z=1$

的电池反应的 $\Delta_r G_m^\ominus$、$\Delta_r S_m^\ominus$ 和 $\Delta_r H_m^\ominus$。

〔答案:(1) 略;(2) $-116.84\text{kJ}\cdot\text{mol}^{-1}$,$109.99\text{J}\cdot\text{mol}^{-1}\cdot\text{K}^{-1}$,$-84.05\text{kJ}\cdot\text{mol}^{-1}$〕

12-19 利用标准电极电势表,计算25℃时下列反应的 $\Delta_r G_m^\ominus$ 和 $K_a^\ominus$。

(1) $Cl_2(g)+2Br^-(aq)\rightleftharpoons 2Cl^-(aq)+Br_2(g)$

(2) $\frac{1}{2}Cl_2(g)+Br^-(aq)\rightleftharpoons Cl^-(aq)+\frac{1}{2}Br_2(g)$

(3) $2Ag+Cl_2(g)\rightleftharpoons 2AgCl(s)$

(4) $2AgCl(s)\rightleftharpoons 2Ag+Cl_2(g)$

(5) $3Fe^{2+}(aq)\rightleftharpoons Fe+2Fe^{3+}(aq)$

〔答案:(1) $-56\ 926.15\text{J}\cdot\text{mol}^{-1}$,$9.41\times10^{9}$;(2) $-284\ 63.08\text{J}\cdot\text{mol}^{-1}$,$9.70\times10^{4}$;
(3) $-219\ 541.96\text{J}\cdot\text{mol}^{-1}$,$2.91\times10^{38}$;(4) $219\ 541.96\text{J}\cdot\text{mol}^{-1}$,$3.44\times10^{-39}$;
(5) $233\ 686.7\text{J}\cdot\text{mol}^{-1}$,$1.14\times10^{-41}$〕

12-20 在25℃和101 325Pa时有下列电池:

$$Pt|Ag|AgCl(s)|HCl(aq)|Hg_2Cl_2(s)|Hg|Pt'$$

(1) 写出电极反应和电池反应;(2) 利用标准电极电势表求 $m_{HCl}=1.00\text{mol}\cdot\text{kg}^{-1}$ 的电池电动势 E 值;(3) 此电池 $\left(\frac{\partial E^\ominus}{\partial T}\right)_p=0.338\text{mV}\cdot\text{K}^{-1}$,求25℃时电池反应的 $\Delta_r G_m^\ominus$、$\Delta_r S_m^\ominus$ 和 $\Delta_r H_m^\ominus$。

〔答案:(1) 略;(2) 0.0456V;(3) $-4399.72\text{J}\cdot\text{mol}^{-1}$,
$32.61\text{J}\cdot\text{mol}^{-1}\cdot\text{K}^{-1}$,$5322.95\text{J}\cdot\text{mol}^{-1}$〕

12-21 若习题12-14中电池的 $a(HCl)=1.00$,则欲使电池在25℃时电动势 E 为 -0.500V和 $+0.500$V,$p(H_2)$ 应分别为多少?

〔答案:3.94×10^{-20}Pa,2.46×10^{14}Pa〕

12-22 对下列反应:

$$H_2(g)+2AgCl(s)\rightleftharpoons 2Ag+2HCl(aq)$$

在0~90℃和101 325Pa时测定电池的 $E^\ominus$,得到

$$E^\ominus=a+b(T-T_0)+c(T-T_0)^2+d(T-T_0)^3 \qquad (T_0=273.15\text{K})$$

式中的常数值如下:$a=0.236\ 59\text{V}$,$10^4 b=-4.8564\text{V}\cdot\text{K}^{-1}$,$10^6 c=-3.4205\text{V}\cdot\text{K}^{-2}$,$10^9 d=5.869\text{V}\cdot\text{K}^{-3}$。试求10℃和101 325Pa时该反应的 $\Delta_r G_m^\ominus$、$\Delta_r S_m^\ominus$、$\Delta_r H_m^\ominus$ 和 $\Delta_r C_p^\ominus$。

〔答案:$-44\ 576.07\text{J}\cdot\text{mol}^{-1}$,$-106.58\text{J}\cdot\text{mol}^{-1}\cdot\text{K}^{-1}$,
$-74\ 754.2\text{J}\cdot\text{mol}^{-1}$,$-324.55\text{J}\cdot\text{mol}^{-1}\cdot\text{K}^{-1}$〕

12-23 25℃时AgI的溶度积 $K_{sp}^\ominus=8.2\times10^{-17}$,试求25℃时 $Ag|AgI$ 电极的 $\varphi^\ominus$。

〔答案:-0.152V〕

12-24 利用标准电极电势表,分别计算 $HCl(aq)$ 和 $Cl^-(aq)$ 的 $\Delta_f G_m^\ominus(298.15\text{K})$。

〔答案:$-131\ 219.6\text{J}\cdot\text{mol}^{-1}$,$-131\ 219.6\text{J}\cdot\text{mol}^{-1}$〕

12-25 设计三种无迁移化学电池,其中电解质为 $HCl(aq)$。

〔答案:略〕

12-26 设计一种无迁移化学电池,其中电解质为 $KCl(aq)$。

〔答案:略〕

12-27 计算下列浓差电池在18℃时的电动势。

(1) $Zn|Zn^{2+}(a=0.1)\parallel Zn^{2+}(a=0.5)|Zn$

(2) $Pt|H_2(101.3\text{kPa})|HCl(0.1\text{mol}\cdot\text{kg}^{-1})|H_2(11.14\text{kPa})|Pt$

〔答案:(1) 0.0202V;(2) 0.0277V〕

12-28 将下列反应设计成电池,并计算25℃时的电动势。

(1) $2Cr^{2+}(a=0.2)+I_2(s)\longrightarrow 2Cr^{3+}(a=0.1)+2I^-(a=0.1)$

(2) $Pb(s)+H_2SO_4(a_\pm=1)\longrightarrow PbSO_4(s)+H_2(101.3\text{kPa})$

(3) $H_2(101.3kPa)+Ag_2O(s)\longrightarrow 2Ag(s)+H_2O(l)$

(4) $AgBr(s)\longrightarrow Ag^+(a=0.1)+Br^-(a=0.2)$

〔答案:(1) 1.020V;(2) 0.359V;(3) 1.173V;(4) −0.627V〕

12-29 25℃时反应 $H_2(g,101\ 325Pa)+Ag_2O(s)=\!=\!=2Ag(s)+H_2O(l)$ 的恒容反应热 $Q_V=-252.79kJ$,若将此反应设计成电池,25℃时,其电动势温度系数为 $-5.044\times 10^{-4}V\cdot K^{-1}$。试确定 $OH^-|Ag_2O|Ag$ 电极在25℃时的标准电极电势(25℃时,水的离子积常数 $K_w^{\ominus}=1.0\times10^{-14}$)。

〔答案.0.344V〕

12-30 对电池 $Pt|H_2(p_1)|H_2SO_4(m)|H_2(p_2)|Pt$,假定氢气遵守的状态方程为 $pV_m=RT+\alpha p$,式中,$\alpha=0.0148dm^3\cdot mol^{-1}$,且与温度、压力无关,当氢气压力 $p_1=20\times 101\ 325Pa$,$p_2=101\ 325Pa$ 时:(1) 计算以上电池在20℃时的电动势;(2) 当电池可逆放电时,是吸热还是放热?为什么?

〔答案:(1) 0.038V;(2) 吸热〕

12-31 已知电池 $Pt|H_2(1\ 013\ 250Pa)|KOH(aq)|Ni(OH)_2(s)|Ni$,$\varphi^{\ominus}_{Ni^{2+}|Ni}=-0.250V$,$Ni(OH)_2$ 活度积 $K_a^{\ominus}$(或 $K_{sp}^{\ominus}$)$=1.29\times10^{-16}$,H_2 近似当作理想气体,水的活度积 $K_w^{\ominus}=1\times10^{-14}$。(1) 写出电极反应和电池反应;(2) 计算此反应在25℃时的平衡常数;(3) 已知此电池的 $\left(\frac{\partial E}{\partial T}\right)_p=2\times10^{-4}V\cdot K^{-1}$,求此反应在25℃时的 Δ_rG_m、Δ_rH_m、Δ_rS_m;(4) 电池分别在可逆、短路及0.1V下放电1F电量,分别求此反应的热效应。

〔答案:(1) 略;(2) 4550.53;(3) $-26\ 591J\cdot mol^{-1}$,$-15\ 085J\cdot mol^{-1}$,$38.6J\cdot mol^{-1}\cdot K^{-1}$;(4) $5753J\cdot mol^{-1}$,$-7543J\cdot mol^{-1}$,$2106J\cdot mol^{-1}$〕

12-32 已知25℃时,$PbSO_4$ 的活度积 $K_{sp}^{\ominus}=1.67\times10^{-8}$,$\varphi^{\ominus}_{S_2O_8^{2-},SO_4^{2-}|Pt}=2.01V$,$\varphi^{\ominus}_{Pb^{2+}|Pb}=-0.126V$,若电池

$$Pb|PbSO_4(s)|SO_4^{2-}(a_1)\ \|\ SO_4^{2-}(a_1),S_2O_8^{2-}(a_2=1)|Pt$$

电动势温度系数 $\left(\frac{\partial E}{\partial T}\right)_p=-4.9\times10^{-4}V\cdot K^{-1}$,且已知电池在25℃以1V的工作电压不可逆放电(放电电量为1F)放热 $151.6kJ\cdot mol^{-1}$。试计算活度值 a_1。

〔答案:0.010〕

12-33 试由下列数据求出25℃时 Cu(s)、CuI(s)、HI(aq)及 $H_2(101\ 325Pa)$ 体系达平衡时HI的浓度,假设HI在水溶液中完全电离,其平均活度系数 $\gamma_\pm=\gamma_+=\gamma_-=1$,CuI的活度积 $K_{sp}^{\ominus}=5\times10^{-12}$,$\varphi^{\ominus}_{Cu^{2+}|Cu}=0.337V$,当 Cu^{2+}、Cu^+ 与金属铜成平衡时,$\frac{[Cu^{2+}]}{[Cu^+]^2}=1.19\times10^6 mol^{-1}\cdot dm^3$。

〔答案:$0.05mol\cdot dm^{-3}$〕

12-34 设计一个电池,使电池反应为

$$3Cu^{2+}+2Fe\rightleftharpoons 2Fe^{3+}+3Cu$$

求25℃时电池的 $E^{\ominus}$。

〔答案:0.373V〕

12-35 60℃时下列电池:

$$Pt|H_2(g,p^{\ominus})|HCl(aq)|AgCl(s)|Ag$$

电动势 E 与 HCl 的质量摩尔浓度 m 的关系如下:

$m/(mol\cdot kg^{-1})$	0.001	0.002	0.005	0.10
E/V	0.5953	0.5563	0.5052	0.3428

(1) 用图解法求60℃时电池的 $E^{\ominus}$ 值;(2) 求60℃时HCl的 $m=0.005mol\cdot kg^{-1}$ 和 $0.1mol\cdot kg^{-1}$ 的活度系数 $\gamma_\pm$。

〔答案:(1) 0.1977V;(2) 0.944,0.799〕

12-36 设有下列电池:

$$Pt|H_2(g,101\ 325Pa)|HX(m_1),NaX(m_2),NaCl(m_3)|AgCl(s)|Ag$$

式中,$X^- = C_2H_3O_2^-$。

(1) 求证:

$$E=E^{\ominus}-\frac{RT}{F}\ln\frac{\gamma_{Cl^-}m_{Cl^-}\gamma_{HX}m_{HX}K_a^{\ominus}}{\gamma_{X^-}m_{X^-}m^{\ominus}}$$

式中,$K_a^{\ominus}$ 是弱酸 HX 的电离常数;$m^{\ominus}=1mol\cdot kg^{-1}$;

(2) 在25℃时,当离子强度 $I\rightarrow 0$ 时,此电池的

$$E-E^{\ominus}+\frac{RT}{F}\ln\frac{m_{HX}m_{Cl^-}}{m_{X^-}m^{\ominus}}=0.2814V$$

试求25℃时乙酸的 $K_a^{\ominus}$ 值。

〔答案:(1) 略;(2) 1.75×10^{-5}〕

12-37 计算下列电池:

$$Pt|Cl_2(g,101\ 325Pa)|HCl(10mol\cdot kg^{-1})|O_2(g,101\ 325Pa)|Pt'$$

在25℃时的电动势 E 值。已知在25℃时下列理想气体反应:

$$4HCl(g)+O_2(g)\longrightarrow 2H_2O(g)+2Cl_2(g)$$

压力平衡常数 $K_p^{\ominus}=10^{18}$。电池中 HCl 水溶液上方的水蒸气分压 $p_{H_2O}=1253.23Pa$,$p_{HCl}=559.95Pa$。

〔答案:0.189V〕

12-38 在101 325Pa时,白锡与灰锡在18℃时成平衡,从白锡转变为灰锡的相变热为 $-2.01kJ\cdot mol^{-1}$。试写出下列电池:

$$Sn(s,白)|SnCl_2(aq)|Sn(s,灰)$$

的电极反应和电池反应,并分别计算0℃和25℃时的电池电动势 E 值。设在0~25℃,$\Delta_r H_m$、$\Delta_r S_m$ 为常数。

〔答案:$6.43\times10^{-4}V$,$-2.51\times10^{-4}V$〕

12-39 在25℃时要从某溶液中电沉积出 Zn,直到溶液中的 Zn^{2+} 含量不超过 $10^{-4}mol\cdot kg^{-1}$,同时在析出 Zn 的过程中又没有氢气逸出,电解液的 pH 至少应控制为多少?若在此工作电流密度下,氢在锌上的超电势为0.7V,锌的析出超电势可忽略不计,$\varphi^{\ominus}_{Zn^{2+}|Zn}=-0.763V$。

〔答案:pH≥3.06〕

12-40 已知25℃时,$\varphi^{\ominus}_{OH^-|Ag_2O|Ag}=0.344V$,$\varphi^{\ominus}_{OH^-|O_2|Pt}=0.401V$,$Ag_2O(s)$ 的标准生成热为 $-30.56kJ\cdot mol^{-1}$,试计算 $Ag_2O(s)$ 在空气中达到分解平衡时的温度。$Ag_2O(s)$ 的分解反应为

$$Ag_2O(s)\longrightarrow 2Ag(s)+\frac{1}{2}O_2(g)$$

空气的压力为101 325Pa,空气中氧的摩尔分数为0.21,假定分解反应的标准反应热 $\Delta_r H_m^{\ominus}$ 不随温度变化。

〔答案:424K〕

12-41 25℃时以铂为电极电解含有 $NiCl_2(0.01mol\cdot dm^{-3})$ 和 $CuCl_2(0.02mol\cdot dm^{-3})$ 的水溶液。若电解过程中不断搅拌溶液,且超电势可忽略不计,设活度可用浓度代替。(1) 阴极上何种金属先析出?(2) 第二种金属析出时,第一种金属在溶液中的浓度是多少?已知 $\varphi^{\ominus}_{Ni^{2+}|Ni}=-0.23V$,$\varphi^{\ominus}_{Cu^{2+}|Cu}=0.337V$。

〔答案:(1) Cu;(2) $6.75\times10^{-22}mol\cdot dm^{-3}$〕

12-42 当电流密度为 $1A\cdot cm^{-2}$ 时,H_2 及 O_2 在 Pt 电极上的超电势分别为0.47V及1.06V。今将两个 Pt 电极插入 $1mol\cdot dm^{-3}$ 的 H_2SO_4 溶液中,通电使发生电解反应,若电

流密度为 1A·cm^{-2}，电极上首先发生什么反应？此时外加电压是多少？

〔答案：2.76V〕

12-43 25℃时用汞阴极电解稀 H_2SO_4 溶液，测得阴极超电势随电流密度变化如下：

η/V	0.60	0.65	0.73	0.79	0.84	0.89	0.93	0.96
$i\times10^7$/(A·cm^{-2})	2.9	6.3	28	100	250	630	1050	3330

(1) 写出阴极反应式；(2) 求塔费尔常量 a 及 b；(3) 求 α 及 i_0。

〔答案：(1) 略；(2) 1.37V，0.118V；(3) 0.5，2.59×10^{-12} A·cm^{-2}〕

课外参考读物

包咏. 2003. 聚乙烯导电性介绍. 大学化学，5：21

蔡炳新. 1994. $C_6Cl_6H_6$ 正电性集团对其物理性质的影响. 大学化学，9(2)

陈敏元. 1982. 有机电解氧化合成. 化学通报，12：34

陈敏元. 1992. 有机合成型燃烧电池. 化学通报，6：5

陈延禧. 1993. 电解工程. 天津：天津科学技术出版社

陈彦彬，丁运长. 1993. 新一代电源——锂电池. 化学教育，6(5)：6

董绍俊，车广礼，谢远武. 1994. 化学修饰电极. 北京：科学出版社

方景礼，叶向荣，李莹. 1992. 缓蚀剂的作用机理. 化学通报，6：5

冯传启，张志立，孙聚堂. 2003. 锂离子电池正极材料尖晶石 $LiMn_2O_4$ 的研究现状. 化学研究与应用，15(2)：141

傅敏荣. 1988. 半导体离子传感器. 化学通报，5：13

高颖，邬冰. 2004. 电化学基础. 北京：化学工业出版社

顾登平，童汝亭. 1993. 化学电源. 北京：高等教育出版社

顾登平，童汝亭，张雪英. 2000. 有机电合成. 石家庄：河北教育出版社

郭永榔. 1988. pH 究竟等于什么？大学化学，5：35

胡英. 2003. 物理化学参考. 北京：高等教育出版社

胡志彬，刘知新. 1980. 电解质水溶液理论浅谈. 化学教育，3：11

江琳才. 1985. 电合成的某些新进展. 化学通报，10：1

江琳才. 1993. 电合成. 北京：高等教育出版社

江志韫. 1988. 过氧化还原液流电池发展概况. 自然杂志，10：739

金利通. 1987. 化学修饰电极的发展和应用. 自然杂志，7：498

李彬. 1981. 酸碱理论的由来和发展. 化学教育，3：10

李启隆. 1984. pH 及其测定. 化学教育，5：53

李启隆. 1988. 电导及其应用. 化学教育，1：40

李昭昭，丁友真. 1988. 电有机反应在有机合成中的应用. 化学通报，9：24

梁逸曾. 1988. 生物传感器. 化学通报，6：13

林启贤. 1985. 电极电位与介质 pH 值关系的配位化学解释. 化学通报，11：50

林清枝. 1997. 电极反应速率与电极电势的关系. 大学化学，12(1)：45

刘鲁美. 1980. 标准电极电位作为广义酸碱的定量标度的探讨. 化学教育，3：6

刘伟，童汝亭，王孟歌. 1997. 铅酸蓄电池的发展. 大学化学，12(3)：25

刘振琪，许越. 2003. 电极电势对电化学反应速率的影响. 大学化学，18(1)：46

马克·欧瑞姆，伯纳德·特瑞博勒特. 2014. 电化学阻抗谱. 雍兴跃，张学元等译. 北京：化学工业出版社

麦会 H. 1984. 金属腐蚀——物理化学原理和实际问题. 吴荫顺译. 北京：化学工业出版社

普莱彻 D. 2013. 电极过程简明教程. 肖利芬，杨汉西译. 北京：化学工业出版社

沈慕昭，胡志彬. 1985. 酸性锌锰电池反应的进一步探讨. 化学教育，6：16

史美伦. 1980. 化学修饰电极. 自然杂志，4：275

苏文煅.1994.电极/溶液界面双电层分子模型发展.大学化学,9(5):34
孙世刚等.2021.电化学测量原理和方法.厦门:厦门大学出版社
孙贤祥.1989.用热化学循环法计算 $\phi^{\ominus}$ 的两点讨论.教材通讯,6:41
谭超,阳华,刘鲁美.1984. Cu^{+} 和 Cu^{2+} 的相对稳定性与电极电位和离子构型的关系.化学通报,7:46
田心棣.1983.光电化学电池.化学通报,5:28
王光信,张积树.1997.有机电合成导论.北京:化学工业出版社
王敏明,王坚.2000.高能电池——当代化学电源.大学化学,13:2
吴浩清,李永舫.1998.电化学动力学.北京:化学工业出版社
吴辉煌.1990.电极电位的若干现行概念.化学通报,3:52
吴宇平,戴晓兵,马军旗,等.2004.锂离子电池——应用与实践.北京:化学工业出版社
吴忠达.1983.电动势的形成机理和电极电势的含义.化学教育,3:5
小泽昭弥.1995.现代电化学.吴继勋等译.北京:化学工业出版社
徐宝航.1993.电化学振荡.化学通报,1:13
徐丰.1987.什么是生物电化学.化学通报,3:60
徐国宪,李国铮,王士勋.1987.太阳能光电化学转换中的几个问题.化学通报,3:1
徐洪峰,衣宝廉,韩明.1996.固体聚合物电解质燃料电池.化学通报,7:10
杨左海.1995.细胞膜电势的几种电化学模型.大学化学,10(3):33
衣宝廉.1981.电催化与节能.自然杂志,12:905
衣宝廉.1986.立体电极及其应用.化学通报,2:40
衣宝廉.2000.燃料电池.北京:化学工业出版社
衣宝廉.2004.燃料电池:原理·技术·应用.北京:化学工业出版社
应礼文.1987.阿累尼乌斯与电离理论.大学化学,5:55
游效曾.1975.电位-pH 图及其应用.化学通报,2:60
禹芳.1982.电化学变色显示及其原理.化学通报,7:27
查全性.1982.我国电化学的发展.化学通报,9:32
查全性等.2002.电极过程动力学导论.3 版.北京:科学出版社
张道化.1987.相对电极电势与绝对电极电势简论.大学化学,6:26
张令芬.1988.物理化学教学中是否一定要定义 $a_{\pm}=$? 大学化学,4:29
张树永,牛林,努丽燕娜.2003.可逆电极分类刍议.大学化学,18(3):50
张天高,童汝亭.1993.半导体电池化学中的能量标度与溶液的费米能级.化学通报,8:34
张五昌.1986.关于标准氢电极.大学化学,1:32
赵保华,徐慧芳.1983.有机太阳能电池.化学通报,8:22
赵藻藩.1988.高尔登科学前沿研讨会——电化学(1988).大学化学,6:7
赵藻藩,吴邛聪.1986.打开生命过程大门的一把钥匙——生物化学传感器.百科知识,7:62
郑子山,张中太,唐子龙,等.2003.锂无机电解质.化学进展,15(2):101
周志华.1980.浅谈电极电位.化学教育,2:13
朱京,钱志浩.1986.电池电动势测定 Tl-Bi 液态金属溶液的热力学性质.物理化学教学文集.北京:高等教育出版社
朱文祥.1986.现代酸碱理论.化学教育,6:30
朱志昂,张智慧.1989.关于电池反应方向判据的讨论.教材通讯,1:39
庄全超,刘文元,武山,等.2003.锂及锂离子电池有机溶剂研究进展.化学研究与应用,15(1):25
卓克垒,王键古,夏志清,等.1995.电动势法在电解质溶液的热力学研究中的应用.化学通报,9:21

第13章 界面现象

本章重点、难点

(1) 表面张力及表面过剩自由能定义、物理意义及表面张力方向。

(2) 表面热力学基本方程。

(3) 润湿及毛细管现象，以及用杨氏方程求算接触角。

(4) 弯曲液面附加压力的拉普拉斯方程和弯曲液面饱和蒸气压的开尔文公式及其应用。

(5) 气体在固体表面吸附的三个吸附等温式，即朗缪尔吸附等温式、弗兰德里希吸附等温式和 BET 吸附等温式及其应用。

(6) 溶液界面吸附的吉布斯方程及其应用。

(7) 表面活性剂的特征及其应用，临界胶束浓度及亲水-亲油平衡值(HLB 值)。

(8) 表面反应质量作用定理。

(9) 气体在固体催化剂表面反应的机理及速率方程的推导。

本章实际应用

(1) 润湿是近代许多工业技术的基础。例如，机械润滑、矿物浮选、注水采油、施用农药、油漆、印染、焊接等都离不开润湿作用。

(2) 新相生成和亚稳状态是人工降雨的基本原理。

(3) 吸附是实验室和工业中重要的分离方法。例如，用活性炭脱除有机物；用硅胶或活性氧化铝脱除水蒸气；用分子筛分离烷烃和芳烃、氮气和氧气，从天然气中脱除二氧化碳和硫化物；用葡聚糖凝胶和琼脂糖凝胶分离蛋白质、干扰素等。

(4) LB 膜不仅应用于微电子集成电路、非线性光学材料，还应用于生物传感器等方面。湖泊、海洋表面覆盖的能延缓蒸发的天然糖蛋白膜、造成污染的油膜等大多是单分子层膜。

(5) 表面活性剂广泛应用于润湿、研磨、洗涤、乳化、消泡、注水采油、矿物浮选等领域。

(6) 在气相或液相中使用固体催化剂加速反应。大多数化学工业都使用多相催化技术，如合成某些化合物(氨、硫酸、乙酸乙烯和环氧乙烷的合成等)、油品的催化裂化和加氢裂化、水煤气转化等。

13.1 引　言

前面数章中讨论的热力学平衡体系，其中每一相都严格地认为相内各部分的强度性质是均匀一致的。事实上，作为一个相，其分布于表面层的分子

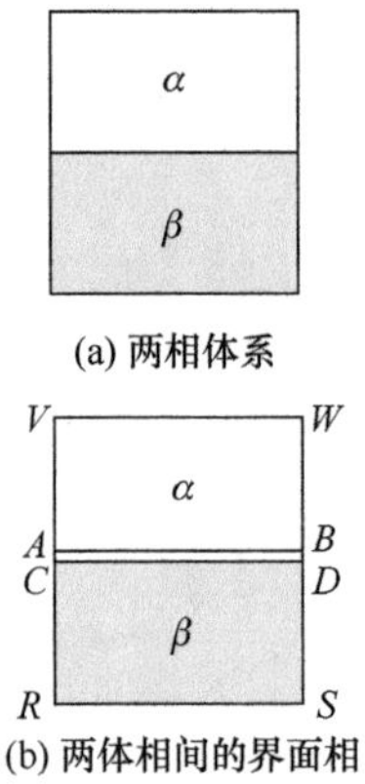

图 13-1　两相界面示意图

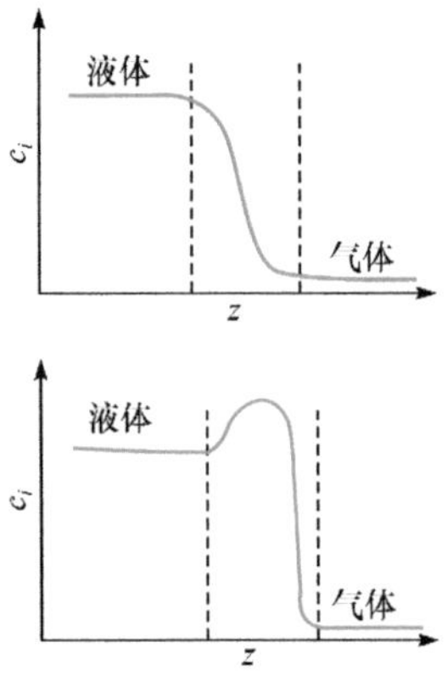

图 13-2　从液相到气相的组分 i 的浓度变化

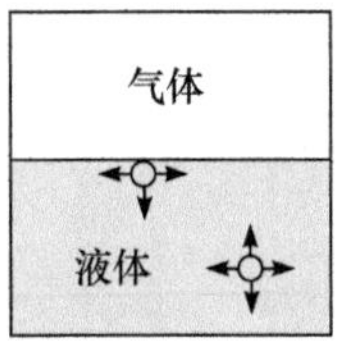

图 13-3　液体中分子间作用力

与相内部的分子，无论是组成、结构、能量状态或受力情况等方面都是有差别的。例如，设有一个由 α 相与 β 相组成的体系[图 13-1(a)]，分子在两相接触界面上或附近区域的周围环境不同于 α 相与 β 相的内部。我们把这种紧密接触的两相之间的区域称为界面。如果是凝聚相与气相接触的界面，则又称为表面。

13.1.1　界面相

界面是有一定厚度的(只有几个分子的厚度)三向度空间，通常称为界面相或界面层(interfacial layer)。图 13-1(b)表示两相体系中 α 相和 β 相之间的界面相。在平面 VW 和 AB 之间的所有分子都处于相同的周围环境，是 α 相；在平面 RS 和 CD 之间的所有分子也都处于相同的周围环境，是 β 相。平面 AB 和 CD 之间的区域是界面相，其厚度取决于其中分子的大小和分子间作用力的性质，一般为 10～100Å。

界面相是 α 相和 β 相之间的过渡区，它在垂直于 AB 和 CD 平面的方向上的性质不是均匀一致的，但平行于此两平面的界面相内的任一平面上的性质却是均匀一致的。界面相在垂直方向上的性质是从 α 相的特性逐渐过渡到 β 相的特性。例如，β 相是液态溶液，α 相是与溶液成平衡的蒸气，组分 i 的浓度 c_i 在垂直于界面的 z 方向上的变化如图 13-2 所示。图 13-2中垂直虚线表示界面相与 α 相和 β 相的边界线，相当于图 13-1(b)中的 AB 和 CD 平面。固-固、固-液和固-气界面相的性质转变通常要比液-气界面相突变一些。

13.1.2　界面分子的特殊性

处于界面层的分子与体相内的分子所处的环境不同。以液-气界面为例(图 13-3)，体相内部的分子受到周围分子的作用力是各向均等的，合力为零。在液体内部移动分子不做功。而液体表面层的分子一方面受到体相内物质分子的作用；另一方面又受到性质不同的另一相中物质分子的作用。所以，表面层的液体分子受到液体内部分子的作用力远大于上面稀疏的气体分子对它的作用力，表面层的分子受到一个指向液体内部的拉力，称为内聚力，此力力图将表面分子拉入液体内部。由于内聚力的作用，液体表面总有自动缩小表面积的趋势。处于界面上的分子具有较高的能量，如果把液体内部的分子移到表面上来，或者说增加液-气表面积，就需要克服内聚力而做功。因此，体系总是倾向处于最小表面状态。例如，一个孤立液滴总是呈球状，因为球状是表面积与体积比最小的三向度形状。另一方面，由于界面上不对称力场的存在，可使界面分子与外来分子发生化学的或物理的结合，以补偿这种力场的不对称性。许多重要现象，如毛细管现象、润湿、吸附作用、多相催化、胶体的稳定性都与上述这两种趋势有关。

13.1.3　比表面

对于高度分散的多相体系，表面积是很大的。例如，1g 水作为单个球状液滴存在时，表面积只有 $5cm^2$，如果把它分散成半径为 10^{-7} cm 的小球，总表面积为 $3\times10^7 cm^2$。为了比较多相体系表面积的大小，通常用比表面来描述其分散程度。

比表面是单位体积或单位质量的物质的表面积，以 A_o 表示

$$A_o = \frac{A}{V} \quad 或 \quad A_o = \frac{A}{m} = \frac{A}{\rho V}$$

式中，A 是指定物质的总表面积；V 是体积；ρ 是物质的密度；m 是物质的质量。

由于指定了物质的质量或体积，利用比表面可以比较物质的分散程度。

13.1.4　毛细体系

对于高度分散的体系而言，由于界面分子的特殊性，界面性质对整个体系的热力学性质的影响不容忽视。由于界面性质而产生的各种现象称为界面现象。表面效应相当大的多相平衡体系称为毛细体系(capillary system)(不要误以为毛细管中的体系)。

表面(或界面)现象的知识广泛地应用于生物学、环境学、地质学、气象学及农药、矿物浮选、催化、食品、石油、塑料、橡胶等各个领域。本章将应用热力学基本原理讨论毛细体系的界面现象。

表面化学也称界面化学，是研究在非均相体系中存在于异相界面间的物理和化学现象的一门学科。主要包括固-气、固-液、固-固、液-液和液-气等界面间的作用力、吸附现象、催化作用、润湿和润滑作用等。

13.2　表面自由能

13.2.1　比表面自由能

对于处于热力学平衡态的毛细体系，确定体系的状态除 T、p、n_i 外，还取决于表面积 $\mathscr{A}$。因此，吉布斯方程为

$$\left.\begin{aligned}
dU &= TdS - pdV + \left(\frac{\partial U}{\partial \mathscr{A}}\right)_{S,V,n_i} d\mathscr{A} + \sum_i \mu_i dn_i \\
dH &= TdS + Vdp + \left(\frac{\partial H}{\partial \mathscr{A}}\right)_{S,p,n_i} d\mathscr{A} + \sum_i \mu_i dn_i \\
dA &= -SdT - pdV + \left(\frac{\partial A}{\partial \mathscr{A}}\right)_{T,V,n_i} d\mathscr{A} + \sum_i \mu_i dn_i \\
dG &= -SdT + Vdp + \left(\frac{\partial G}{\partial \mathscr{A}}\right)_{T,p,n_i} d\mathscr{A} + \sum_i \mu_i dn_i
\end{aligned}\right\} \tag{13-1}$$

定义

$$\sigma = \left(\frac{\partial U}{\partial \mathscr{A}}\right)_{S,V,n_i} = \left(\frac{\partial H}{\partial \mathscr{A}}\right)_{S,p,n_i} = \left(\frac{\partial A}{\partial \mathscr{A}}\right)_{T,V,n_i} = \left(\frac{\partial G}{\partial \mathscr{A}}\right)_{T,p,n_i}$$

σ 称为比表面自由能，其物理意义是在恒定组成、T 及 p 的条件下，可逆地增加单位表面积所引起体系吉布斯自由能的变化。由于表面层分子受到指向液体内部的作用力，显然，若扩大液体表面积，即要把液体体相分子移到表面，外界必须反抗此作用力做功，所做的最小功即为可逆功。在恒温、恒压、

前沿拓展：液体门控技术

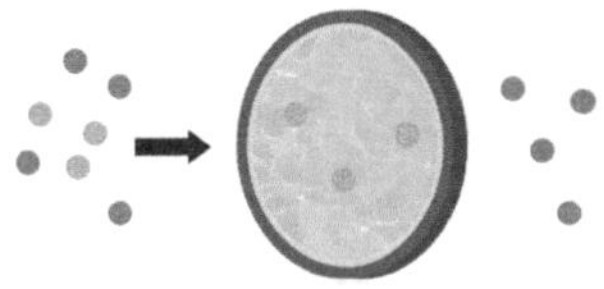

附图 13-1　液体门控技术概念图

科幻电影《星际之门》中，外星科技构建了流动态星际之门用于物质瞬间传送。那么现实生活中是否可以使用液体作为“门”材料？宏观上，液体具有很强的流动性，无法作为“门”材料。但是由于毛细现象的存在，在微观尺度上，液体可以填充并密封固体孔隙，形成比较稳定的界面，因此可以使用液体作为“门”材料，以控制物质交换(附图 13-1)。基于此原理，侯旭和 Aizenberg 教授在 2015 年提出了“液体门控机制”的概念[Nature，2015，519(7541)：70]。近几年，侯旭团队发展出液体门控技术，并开发了多种响应性液体门控膜材料[Acc Mater Res，2021，2(6)：407]。液体门控材料可以对所通过的物质，包括气体、液体及多相混合液体进行动态分离。液体门控技术应用广泛，在能源材料、环境治理、化学检测等领域具有巨大的开发前景。(郭东升)

扫描右侧二维码观看视频

知识点讲解视频

比表面自由能和表面张力

(朱志昂)

恒定组成的条件下，此可逆功为

$$dG=\delta W'=\sigma d\mathscr{A} \tag{13-2}$$

或

$$\Delta G=W'=\int \sigma d\mathscr{A} \tag{13-3}$$

称为表面功。环境对体系所做的功储藏在液体表面，成为表面能，称为表面自由能。所以，与体相相比，表面有过剩的自由能，这是不稳定的，有自动降低表面自由能的趋势。降低的方法有两种：①表面积收缩；②表面吸附其他物质。

13.2.2 表面张力

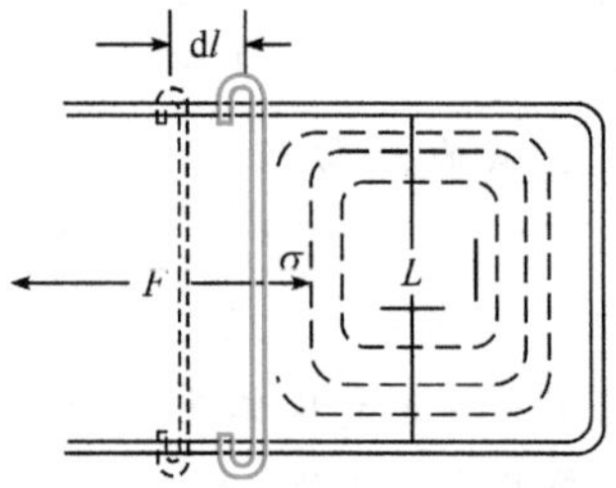

图 13-4 表面张力实验示意图

从另一角度，比表面自由能 σ 又称为表面张力。首先从量纲看，σ 的单位是 $J\cdot m^{-2}=N\cdot m\cdot m^{-2}=N\cdot m^{-1}$，这表明 σ 是单位长度上的力。其次，观察气-液表面现象，如图 13-4 所示。将金属框蘸上肥皂液，当外力 F 反抗表面张力 σ 使金属丝向左移动 dl 距离时，液膜两面(图中前面和背面)各增加面积 $d\mathscr{A}$。环境对体系所做的功为

$$\delta W'=Fdl$$

另一方面，根据式(13-2)有

$$\delta W'=\sigma(2d\mathscr{A})=\sigma(2Ldl)$$

比较两式可得

$$\sigma=\frac{F}{2L} \tag{13-4}$$

因此，比表面自由能 σ 可理解为，在液体的表面上，垂直作用于单位长度线段上的收缩力，故称为表面张力。对于平面液面，表面张力的方向总是平行于液面，指向液体内部。对于弯曲液面，σ 的方向在弯曲液面的切线方向，其合力指向曲率中心。

13.2.3 影响表面张力的因素

比表面能或表面张力是体系重要的热力学性质，它的大小与下列因素有关。

1. 与物质的本性有关

表面张力是分子间作用力的结果，因此，与分子的键型有关。表 13-1 列出了一些物质的表面张力数据。从表中数据可以看出，金属键的物质表面张力最大，离子键的物质次之，极性共价键的物质再次之，非极性共价键的液体表面张力最小。

表 13-1 一些物质的表面张力

金属键[1]			离子键[2]			共价键[1]		
物质	t/℃	$\sigma/(10^{-3}\mathrm{N \cdot m^{-1}})$	物质	t/℃	$\sigma/(10^{-3}\mathrm{N \cdot m^{-1}})$	物质	t/℃	$\sigma/(10^{-3}\mathrm{N \cdot m^{-1}})$
Fe	1560	1880	NaCl	1000	98	Cl_2	−30	25.4
Cu	1130	1268	KCl	900	90	O_2	−183	13.2
Zn	419.4	768	$CaCl_2$	772	77	N_2	−183	6.6
Mg	700	550	$BaCl_2$	962	96			

1) 引自 Weast R C. 1998. Handbook of Chemistry and Physics. 5th ed. Florida：CRC Press。

2) 引自 Reiss H. Mayer S W. 1961. J Chem Phys，34：2001。

2. 与所接触的相邻一相的性质有关

由于表面层分子与不同物质接触时所受的力不同，因此表面张力也就不同。表 13-2 是物质在常温下与不同相接触时的表面张力数据。

表 13-2 一些物质的表面张力与接触相的关系(20℃)

第一相	第二相	$\sigma/(10^{-3}\mathrm{N \cdot m^{-1}})$	第一相	第二相	$\sigma/(10^{-3}\mathrm{N \cdot m^{-1}})$
水	水蒸气	72.88	汞	汞蒸气	486.5
	正庚烷	50.2		水	415
	四氯化碳	45.0		乙醇	389
	苯	35.0		正己烷	378
	乙酸乙酯	6.8		正庚烷	378
	正丁醇	1.8		苯	357

注：引自 Adamson A W. 1982. Physical Chemistry of Surface. 4th ed. New York：John Wiley & Sons。

3. 与温度有关

物质的表面张力通常随着温度升高而降低。这是因为温度升高时液体体积膨胀，分子间距离增大，削弱了体相分子对表面层分子的作用力，同时温度升高，蒸气压变大，气相分子对液体表面层分子作用增强，从而使表面张力降低。当温度升至液体临界温度时，气-液界面消失，表面张力降低到零。拉姆齐(Ramsay)和希尔兹(Shields)提出了以下关系式：

$$\sigma V_{\mathrm{m}}^{\frac{2}{3}} = K(T_{\mathrm{c}} - T - 6.0) \tag{13-5}$$

式中，V_{m} 是液体的摩尔体积；T_{c} 是临界温度；K 是常数，对于非极性液体 K 约为 $2.2\times10^{-7}\mathrm{J \cdot K^{-1}}$。

影响物质表面张力的因素还有压力、溶液中的溶质等因素，不再一一详述。

13.2.4 表面热力学函数

由式(13-1)得出了比表面自由能 $\sigma = \left(\frac{\partial G}{\partial \mathscr{A}}\right)_{T,p,n_{\mathrm{B}}}$，由表面热力学基本关系式同样可得出比表面熵与比表面焓

$$\sigma=\left(\frac{\partial G}{\partial \mathscr{A}}\right)_{T,p,n_B}=\left(\frac{\partial H}{\partial \mathscr{A}}\right)_{T,p,n_B}-T\left(\frac{\partial S}{\partial \mathscr{A}}\right)_{T,p,n_B} \tag{13-6}$$

式中，$\left(\frac{\partial H}{\partial \mathscr{A}}\right)_{T,p,n_B}$ 称为比表面焓；$\left(\frac{\partial S}{\partial \mathscr{A}}\right)_{T,p,n_B}$ 称为比表面熵。由式(13-6)得

$$\left(\frac{\partial H}{\partial \mathscr{A}}\right)_{T,p,n_B}=\sigma+T\left(\frac{\partial S}{\partial \mathscr{A}}\right)_{T,p,n_B} \tag{13-7}$$

当组成恒定、压力不变时，由式(13-1)得

$$dG=-SdT+\sigma d\mathscr{A}$$

应用麦克斯韦转换得

$$\left(\frac{\partial S}{\partial \mathscr{A}}\right)_{T,p,n_B}=-\left(\frac{\partial \sigma}{\partial T}\right)_{p,\mathscr{A},n_B} \tag{13-8}$$

将式(13-8)代入式(13-7)得

$$\left(\frac{\partial H}{\partial \mathscr{A}}\right)_{T,p,n_B}=\sigma-T\left(\frac{\partial \sigma}{\partial T}\right)_{p,\mathscr{A},n_B} \tag{13-9}$$

同理，在恒温、恒容、组成不变的情况下，可以推出

$$\left(\frac{\partial U}{\partial \mathscr{A}}\right)_{T,V,n_B}=\sigma-T\left(\frac{\partial \sigma}{\partial T}\right)_{V,\mathscr{A},n_B} \tag{13-10}$$

式中，$\left(\frac{\partial \sigma}{\partial T}\right)_{p,\mathscr{A},n_B}$ 和 $\left(\frac{\partial \sigma}{\partial T}\right)_{V,\mathscr{A},n_B}$ 称为表面张力(或比表面能)的温度系数。式(13-9)和式(13-10)称为界面相吉布斯-亥姆霍兹公式。

*13.3 润湿现象

液体对固体表面的润湿作用是界面现象的一个重要方面，它主要是研究液体对固体表面的亲和情况。润湿是生产实践和日常生产中经常遇到的现象，润湿是近代很多工业技术的基础。例如，机械的润滑、矿物浮选、注水采油、施用农药、油漆、印染、洗涤、焊接等都离不开润湿作用。

13.3.1 润湿

润湿的热力学定义为：若固体与液体接触后，体系(固体＋液体)的自由能 G 降低，这称为润湿。润湿可分为黏附润湿、浸渍润湿和铺展润湿，如图 13-5 所示。

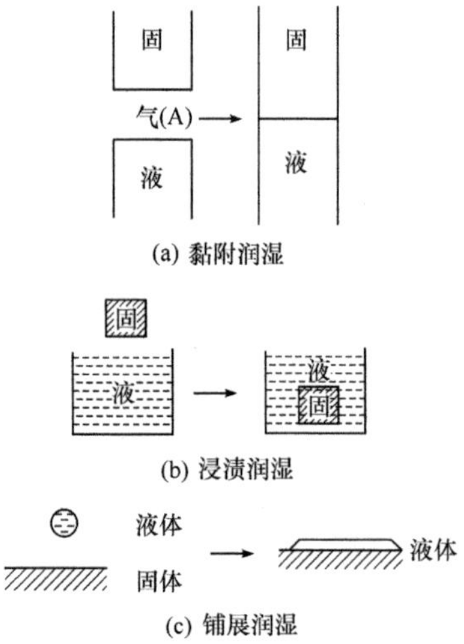

图 13-5 润湿的三种形式

1. 黏附润湿

这是指液体和固体接触后，液-气界面和固-气界面变为固-液界面。设三种界面的面积均为单位面积时，在恒温、恒压可逆条件下，上述过程的吉布斯自由能变化值为

$$\Delta G=\sigma_{l\text{-}s}-\sigma_{g\text{-}s}-\sigma_{g\text{-}l}=W_a \tag{13-11}$$

式中，$\sigma_{l\text{-}s}$、$\sigma_{g\text{-}s}$、$\sigma_{g\text{-}l}$ 分别表示液-固、气-固和气-液的界面张力。W_a 称为黏附功(work of adhesion)，它表示液-固黏附时体系对外所做的最大功，W_a 的绝对值越大，液-固界面结合得越牢固。发生黏附润湿的条件是

$$\Delta G=W_a=(\sigma_{l\text{-}s}-\sigma_{g\text{-}s}-\sigma_{g\text{-}l})\leqslant 0 \tag{13-12}$$

2. 浸渍润湿

这是指固体浸入液体的过程，在此过程中，固-气界面为固-液界面所代替，而液体表面

没有变化。在恒温、恒压下可逆地浸渍单位固体表面时，体系吉布斯自由能的变化值为

$$\Delta G=\sigma_{s\text{-}l}-\sigma_{s\text{-}g}=W_i \tag{13-13}$$

W_i 称为浸渍功，它反映了液体在固体表面取代气体的能力。液体浸润固体的条件是$W_i\leqslant 0$。

3．铺展润湿

液滴在固体表面完全铺开成薄膜。由图 13-5(c)可以看出，铺展过程是以固-液界面及液-气界面代替原来的固-气界面。在恒温、恒压可逆条件下铺展一单位面积时，体系吉布斯自由能的变化值为

$$\Delta G=\sigma_{s\text{-}l}+\sigma_{l\text{-}g}-\sigma_{s\text{-}g}=-\varphi \tag{13-14}$$

式中，φ 称为铺展系数。发生铺展润湿的条件是 $\varphi\geqslant 0$。

对于同一体系，$W_a<W_i<-\varphi$，若 $\varphi>0$，则 W_a 和 W_i 必小于 0，即若能铺展则必能浸润，更能黏附，故常以铺展系数的大小来衡量润湿性。

13.3.2 接触角

当铺展系数为负值时，铺展过程的 ΔG 则为正值，因此铺展不能发生。这时将发生黏附润湿或不润湿，如图 13-6 所示。由图 13-6 可见，在气、液、固三相交界处的 A 点，有三种表面张力在相互作用，其中 $\sigma_{s\text{-}g}$ 倾向于使液滴铺展开来，$\sigma_{s\text{-}l}$ 则倾向于使液滴收缩，至于 $\sigma_{l\text{-}g}$ 在黏附润湿时使液滴收缩，在不润湿时则使液滴铺开。定义接触角 θ 为 $\sigma_{l\text{-}g}$ 与 $\sigma_{s\text{-}l}$ 之间的夹角。平衡时这些界面张力在水平方向上的分力之和应等于零，即

$$\sigma_{s\text{-}g}=\sigma_{s\text{-}l}+\sigma_{l\text{-}g}\cos\theta \tag{13-15}$$

或

$$\cos\theta=\frac{\sigma_{s\text{-}g}-\sigma_{s\text{-}l}}{\sigma_{l\text{-}g}} \tag{13-16}$$

式(13-16)称为杨(Young)氏方程。对式(13-16)进行分析，有以下几种情况：

(1) 若 $\sigma_{s\text{-}g}-\sigma_{s\text{-}l}=\sigma_{l\text{-}g}$，则 $\cos\theta=1$，$\theta=0°$，则为完全润湿。

(2) 若 $\sigma_{l\text{-}g}>\sigma_{s\text{-}g}-\sigma_{s\text{-}l}$，则 $1>\cos\theta>0$，$\theta<90°$，这时产生黏附润湿，如图 13-6(a)所示。

(3) 若 $\sigma_{s\text{-}g}<\sigma_{s\text{-}l}$，$\cos\theta<0$，$\theta>90°$。这时产生不润湿，如图 13-6(b)所示。当 $\theta=180°$时，则为完全不润湿。

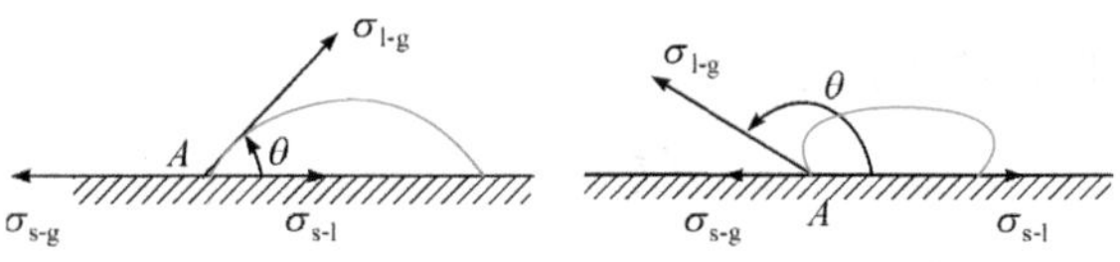

(a) 黏附润湿　　(b) 不润湿

图 13-6　润湿作用与接触角

这些经验规则更适用于光滑表面。将接触角 $\cos\theta$ 的表示式与 W_a、W_i、φ 的关系式相联系，可得到

$$W_a=-\sigma_{l\text{-}g}(1+\cos\theta) \tag{13-17}$$

$$W_i=-\sigma_{l\text{-}g}\cos\theta \tag{13-18}$$

$$\varphi=\sigma_{l\text{-}g}(\cos\theta-1) \tag{13-19}$$

因此，只要用实验测出 $\sigma_{l\text{-}g}$ 和接触角 θ，就能计算出黏附功 W_a、浸渍功 W_i 和铺展系数 φ ($\varphi<0$ 情况下)。

前沿拓展：超疏水材料与接触角

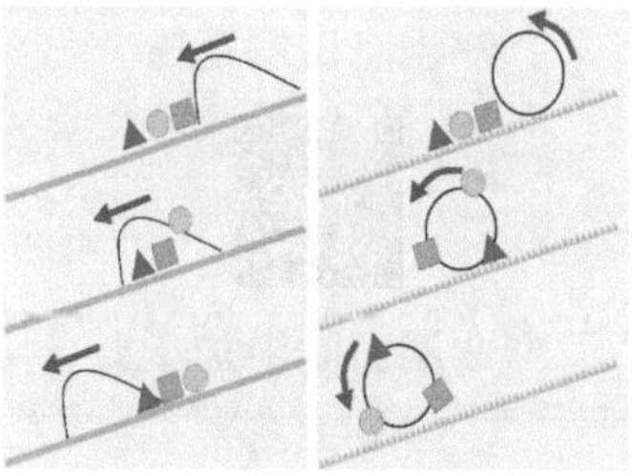

附图 13-2　超疏水材料的自清洁原理

在物理化学中，固-液界面与气-液界面的切线夹角称为接触角，用这一概念来表述材料与液体之间的浸润性，当接触角为 180°时则称材料处于完全不润湿状态。生活中，人们中观察到水滴在荷叶上是完全不润湿的，进行研究后发现荷叶表面均匀分布着密集排列的纳米级蜡质晶体和纳米级乳突。当水与荷叶接触时，固-液相界面存在残留的空气，而水在空气上的接触角为 180°，因此水滴在荷叶上呈现出完全不润湿的状态。这样的多级结构和低表面能的二元协同作用使材料呈现出超疏水自清洁的特性(Chem Soc Rev, 2007, 36: 1350)。人们基于此研究出了自清洁玻璃和自清洁涂层，当这些材料的表面稍微倾斜，滚动的水珠便会把一些灰尘、污泥的颗粒一起带走，达到自我洁净的效果(附图 13-2)。目前，超疏水材料已经在纺织品、建筑、输送管道内壁以及光伏和太阳能电池等领域得到广泛应用(Nature, 2020, 582: 55)。(焦丽芳)

扫描右侧二维码观看视频

13.4 弯曲界面

知识点讲解视频

弯曲液面的附加压力

(朱志昂)

13.4.1 弯曲液面的附加压力

在两相界面呈曲面，且曲面半径较表面层的厚度大得多的情况下，由于表面张力的作用，弯曲表面下的液体与平面下的情况不同，如图 13-7 所示。液体的表面张力是沿着液面方向作用的。若液面是水平的[图 13-7(a)]，液面上任一点受各个方向的表面张力互相抵消，合力为零，液体内部的压力等于液面上所受的外压 p_g。如果液面是弯曲的，则表面张力的合力将指向曲面的曲率中心。对凸液面[图13-7(b)]，其合力指向液体，好像液面紧压在液体上，使弯曲液面上的液体所承受的压力 p_l 大于液面外气体的压力 p_g。弯曲液面内外的压力差称为附加压力，以 Δp 表示。当凸液面保持平衡时，曲面内部的压力将大于外部的压力，Δp 为正值。对凹面液体[图 13-7(c)]，表面张力的合力指向气体空间，好像要把液面拉出来，当凹面保持平衡时，曲面内部的压力将小于外部的压力，Δp 为负值。

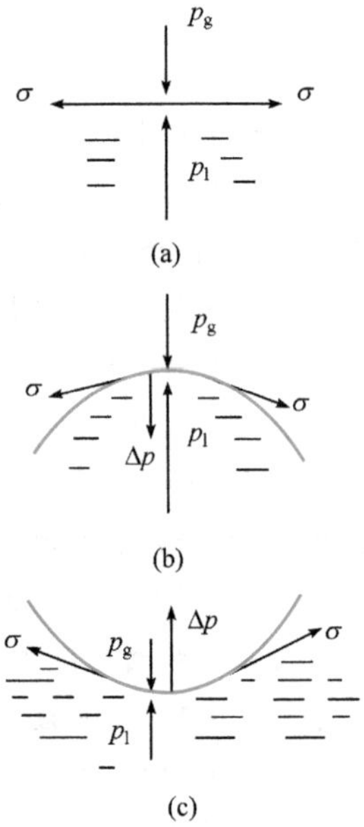

图 13-7 弯曲液面下的附加压力

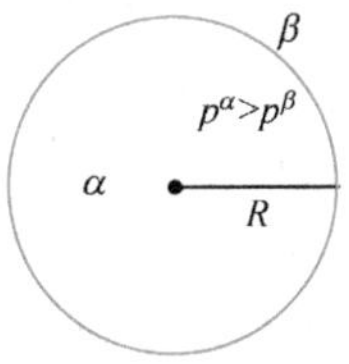

图 13-8 α 相在 β 相中

弯曲液面附加压力的大小与液体表面张力及液面曲率半径之间的关系可推导：以 α 和 β 两相分别代表液相和气相，由 β 相包围的是半径为 R 的 α 相，如图 13-8 所示。考虑表面亥姆霍兹自由能变化，应用热力学基本方程，其亥姆霍兹函数的微变式为

$$\mathrm{d}A = -S^\alpha \mathrm{d}T - p^\alpha \mathrm{d}V^\alpha - p^\beta \mathrm{d}V^\beta - S^\beta \mathrm{d}T + \sigma \mathrm{d}\mathscr{A}$$

在组成恒定、恒温条件下

$$\mathrm{d}A = -p^\alpha \mathrm{d}V^\alpha - p^\beta \mathrm{d}V^\beta + \sigma \mathrm{d}\mathscr{A}$$

当组成恒定、恒温、恒容条件下，体系体积不变，$\mathrm{d}V^\beta = -\mathrm{d}V^\alpha$，达平衡时，$\mathrm{d}A_{T,V} = 0$，则有

$$-p^\alpha \mathrm{d}V^\alpha + p^\beta \mathrm{d}V^\alpha + \sigma \mathrm{d}\mathscr{A} = 0$$

整理移项可得

$$p^\alpha - p^\beta = \sigma \frac{\mathrm{d}\mathscr{A}}{\mathrm{d}V^\alpha} \tag{13-20}$$

式(13-20)称为拉普拉斯方程。

$$p^\alpha - p^\beta = \Delta p$$

若 α 相是气体中半径为 R 的球形液滴，$V^\alpha = \frac{4}{3}\pi R^3$，$\mathrm{d}V^\alpha = 4\pi R^2 \mathrm{d}R$，$\mathscr{A} = 4\pi R^2$，$\mathrm{d}\mathscr{A} = 8\pi R \mathrm{d}R$，则

$$\frac{\mathrm{d}\mathscr{A}}{\mathrm{d}V^\alpha} = \frac{2}{R}$$

$$\Delta p = p^\alpha - p^\beta = p_{液} - p_{气} = \frac{2\sigma}{R} \tag{13-21}$$

若 α 相为液体，β 相是液体中半径为 R 的球形气泡，$V^\beta = \frac{4}{3}\pi R^3$，$\mathrm{d}V^\beta = 4\pi R^2 \mathrm{d}R$，$\mathscr{A} = 4\pi R^2$，$\mathrm{d}\mathscr{A} = 8\pi R \mathrm{d}R$

$$\frac{\mathrm{d}\mathscr{A}}{\mathrm{d}V^\alpha} = -\frac{\mathrm{d}\mathscr{A}}{\mathrm{d}V^\beta} = -\frac{2}{R}$$

则

$$\Delta p = p^{\alpha} - p^{\beta} = p_{液} - p_{气} = -\frac{2\sigma}{R} \tag{13-22}$$

式(13-21)和式(13-22)也称为拉普拉斯方程。

液面为凸面：$\Delta p > 0$，$p_{液} > p_{气}$；

液面为凹面：$\Delta p < 0$，$p_{液} < p_{气}$；

液面为平面：$R = \infty$，$\Delta p = 0$，$p_{液} = p_{气}$。

若液滴不是球形而是有两个主曲率半径 R_1 和 R_2 的椭球，则可以导出

$$\Delta p = \sigma\left(\frac{1}{R_1} + \frac{1}{R_2}\right) \tag{13-23}$$

当 $R_1 = R_2$ 时，式(13-23)即为式(13-21)。

如果不是液滴而是具有内外两层液膜的液泡(如肥皂泡)，而内外两个液面的曲率半径又近似相等，则附加压力为

$$\Delta p = \frac{4\sigma}{R} \tag{13-24}$$

13.4.2　测定表面张力的方法

毛细管上升法测定液体的表面张力是拉普拉斯方程的应用之一，其原理如下：将一根半径为 r 的毛细管的一端垂直插入能够润湿管壁的待测液体中，如图 13-9 所示。毛细管内形成凹液面。由于附加压力的作用，凹液面下液体所受的压力小于平面液体所受的压力，则管内液柱上升，达到平衡时，上升液柱产生的静压力 $(\rho_l - \rho_g)gh$ 与附加压力 Δp 在数值上相等，$\rho_l \gg \rho_g$，则

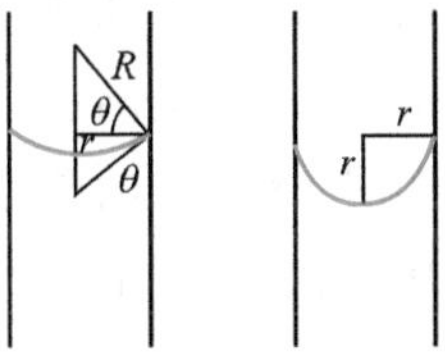

(a) $\theta \neq 0$　(b) $\theta = 0$

图 13-9　接触角

$$\frac{2\sigma}{R} = \rho_l gh \tag{13-25}$$

由图 13-9 可知，毛细管半径 r 与液面的曲率半径 R 及接触角 θ 的关系是

$$R = \frac{r}{\cos\theta}$$

代入式(13-25)得

$$\sigma = \frac{\rho_l ghr}{2\cos\theta}$$

或写为

$$h = \frac{2\sigma\cos\theta}{\rho_l gr} \tag{13-26}$$

式中，ρ_l 是液体的密度($kg \cdot m^{-3}$)；h 是液柱上升的高度；g 是重力加速度 $9.8 m \cdot s^{-2}$(或 $9.8 N \cdot kg^{-1}$)。

若 $\theta = 0$，$\cos\theta = 1$，即液体完全润湿管壁时，式(13-26)变为

$$\sigma = \frac{1}{2}\rho_l ghr \tag{13-27}$$

通常 θ 不易测准，故毛细管升高法测定液体的表面张力对 $\theta = 0$ 的液体较为准确。

若毛细管内液面呈凸形，如玻璃毛细管插入汞中，附加压 Δp 为正值，则

前沿拓展：液体亲疏界限与超亲(疏)液材料

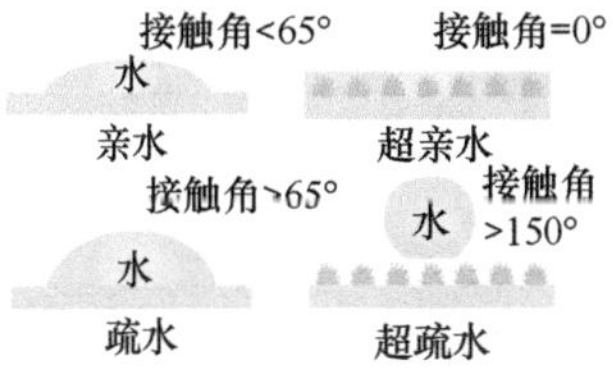

附图 13-3　粗糙度调节接触角示意图

润湿现象中杨氏方程给出了液体亲疏界限的接触角为 90°。但是杨氏方程仅适用于理想的光滑固体表面，并且由于表面自由能这一类参数应用混乱，因此液体亲疏界限并没有被广泛接受的参考标准。1998 年，沃格勒(Vogler)教授统计了此前 15 年水与固体表面相互作用的测量结果，认为 65°是固体表面亲疏水的临界点[Adv Colloid Interface Sci，1998，74(2)：69]。江雷院士提出了实验测定液体亲疏界限的方法，其原理是增加固体表面粗糙度可以调节液体的浸润性(接触角增大或减小)，并以此界定液体亲疏界限(附图 13-3)。基于此，江雷院士确定了水的亲疏界限为 65°(Nat Mater，2013，12：291)。该方法同样适用于测定其他液体的亲疏界限[Angew Chem Int Ed，2015，54(49)：14732]。江雷院士同时发展了多种具有独特功能的超亲(疏)液材料[Nat Rev Mater，2017，2(7)：17036]。(郭东升)

扫描右侧二维码观看视频

毛细管内液面低于管外液面，液面下降的高度也可用式(13-26)计算。这种毛细管内液面上升或下降的现象称为毛细管现象。由上述可知，表面张力的存在是弯曲液面产生附加压力的根本原因，而毛细管现象则是弯曲液面具有附加压力的必然结果。

除毛细管上升法外，表面张力的测定还有很多种方法。例如，目前商品化的表面张力仪根据其测定原理主要可分为测力法(吊片法和吊环法)、体积测定法和图像分析法(滴外形法和旋转液滴法)等。

吊片法和吊环法是将薄片或吊环从液体表面上拉出，测定拉破液面时所需的力，拉破液面所需的力与表面张力平衡。体积测定法是测定液体从一定半径毛细管口滴落时的液滴大小，表面张力越大，液滴越大。滴外形法是通过获得液体躺滴或悬滴的外形参数，计算液体的表面张力。旋转液滴法是通过旋转使液滴处于一定的离心力场之中，测定液滴的外形参数，计算液体的表面张力。

知识点讲解视频

弯曲液面的饱和蒸气压

(朱志昂)

13.4.3 弯曲液面上的饱和蒸气压

按第 8 章克拉佩龙-克劳修斯方程计算出的蒸气压只反映平表面液体蒸气压的数值，因在热力学推导时没有考虑表面的影响。当蒸气与高度分散的小液滴(液面呈凸状)成平衡，或者液体与高度分散蒸气气泡(液面呈凹面)成平衡时，蒸气压的数值并不一样，从图 13-10 可看出，与平面液面上的饱和蒸气压相比，凸面上的饱和蒸气压高，凹面上的低。

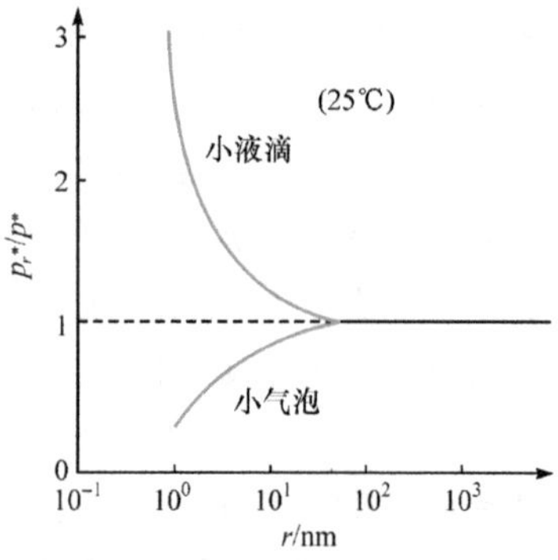

图 13-10 表面曲率半径对水的蒸气压的影响

下面推导液面曲率半径 r 对饱和蒸气压影响的定量关系式。

恒温下，当液体 i 处于平面液体时，达到气-液平衡时，按相平衡条件

$$\mu_i^l(T,p^*)=\mu_i^g(T,p^*)$$

若其分散为半径为 r 的液滴，达气-液平衡时

$$\mu_i^l\left(T,p_r^*+\frac{2\sigma}{r}\right)=\mu_i^g(T,p_r^*)$$

两式相减，得

$$\mu_i^l\left(T,p_r^*+\frac{2\sigma}{r}\right)-\mu_i^l(T,p^*)=\mu_i^g(T,p_r^*)-\mu_i^g(T,p^*)$$

即

$$\Delta\mu_i^l=\Delta\mu_i^g$$

由 $\left(\frac{\partial\mu}{\partial p}\right)_T=V_m$，恒温时 $d\mu=V_m dp$，则上式为

$$\int_{p^*}^{p_r^*+\frac{2\sigma}{r}}V_{m,i}^l dp^l=\int_{p^*}^{p_r^*}V_{m,i}^g dp^g$$

假设蒸气服从理想气体状态方程，液体不可压缩，则上式变为

$$V_{m,i}^l\left(p_r^*+\frac{2\sigma}{r}-p^*\right)=RT\ln\frac{p_r^*}{p^*}$$

一般情况下有 $\frac{2\sigma}{r}\gg(p_r^*-p^*)$，故

$$V_{m,i}^l\frac{2\sigma}{r}=\frac{M_i}{\rho_i}\frac{2\sigma}{r}=RT\ln\frac{p_r^*}{p^*}$$

即

$$\ln \frac{p_r^*}{p^*} = \frac{2\sigma M}{RTr\rho} \tag{13-28}$$

式中，$V_{m,i}^l = \frac{M_i}{\rho_i}$；$M$ 是纯液体的摩尔质量；ρ 是纯液体在温度 T 时的密度；p^* 是温度 T 时平面上纯液体的饱和蒸气压；p_r^* 是温度 T 时曲率半径为 r 的弯曲液面上纯液体的饱和蒸气压。

式(13-28)称为开尔文公式，它说明了液滴半径与蒸气压的关系。液滴半径越小，蒸气压越大。

对于平液面 $r=\infty, \frac{\ln p_r^*}{p^*}=0, p_r^*=p^*$

对于凸液面 $r>0, \frac{\ln p_r^*}{p^*}>0, p_r^*>p^*$

对于凹液面 $r<0, \frac{\ln p_r^*}{p^*}<0, p_r^*<p^*$

13.4.4 微小晶体的溶解度

开尔文公式也可应用于晶体物质，微小晶体的饱和蒸气压大于普通晶体的蒸气压，所以微小晶体的熔点低，溶解度大。用类似的方法可得开尔文公式的以下形式：

$$\ln \frac{c_r}{c_0} = \frac{2\sigma M}{RT\rho r} \tag{13-29}$$

式中，σ 是晶体-液界面张力；M 是微小晶体的摩尔质量；ρ 是微小晶体密度；r 是微小晶体半径；c_r 是微小晶体溶解度；c_0 是普通晶体溶解度。从式(13-29)可看出，微小晶体越小，其溶解度越大。

13.5 新相生成和亚稳状态

由于微小液滴、微小晶体有较高的饱和蒸气压，因此它们容易蒸发、溶解。在凝结、结晶的过程中，生成的新相——微小液滴、微小晶体难以存在。由于最初生成的颗粒是极其微小的，其比表面、比表面自由能都很大，体系处于不稳定状态。因此，在体系中要产生一个新相是比较困难的。由于新相难以生成，引起各种过饱和现象，如过饱和蒸气、过冷液体、过热液体以及过饱和溶液，这些都是亚稳状态。虽然是热力学不稳定的状态，但由于新相难以生成，这些亚稳状态仍可长期存在。

13.5.1 过饱和蒸气

过饱和蒸气之所以存在，是由于凝结时新生成的是极微小的液滴，而微小液滴的蒸气压比平面液面的蒸气压高。蒸气对平面液面已饱和，但对微小液滴尚未饱和，微小液滴既不能产生又不能存在。这种按相平衡条件应凝结而未凝结的蒸气称为过饱和蒸气。人工降雨的原理就是当云层中水蒸气达到饱和或过饱和状态时，在云层用飞机喷撒微小的 AgI 颗粒，此时 AgI 颗粒就成为水的凝结中心，使新相(水滴)生成时，所需要的过饱和程度大大降低，

前沿拓展：拉普拉斯压力与纳米发动机

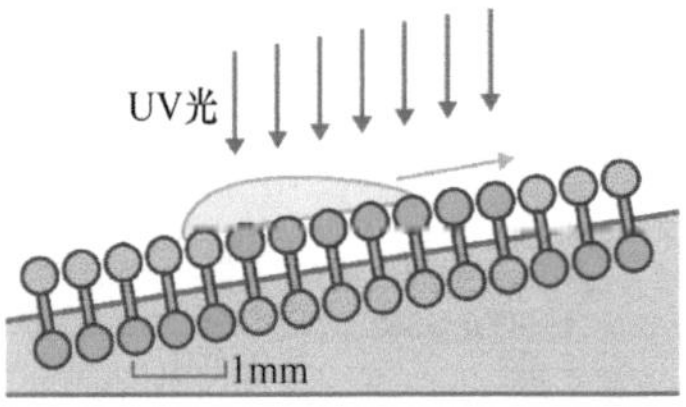

附图 13-4 基于拉普拉斯压力的光控纳米发动机示意图

本章学习了拉普拉斯压力，理解了毛细现象、水满却不溢等常见的界面现象。在前沿的科学研究中，拉普拉斯压力也扮演着重要的角色。英国爱丁堡大学的利(Leigh)教授利用物质表面的拉普拉斯压力成功构筑了一个光控的纳米发动机[Nat Mater，2005，4(9)：704]。虽然在生命体系中分子发动机已经普遍存在，但是设计和构筑人工纳米发动机仍然是一个巨大的挑战[J Am Chem Soc，2021，143(15)：5569]。利教授团队将轮烷固定在金表面，光照后轮烷滑动，使界面极性改变。若在界面上滴一滴小液滴，界面性质的改变会导致液滴两端压力失衡，小液滴便会向光照一端移动(附图 13-4)。拉普拉斯压力目前已经被广泛用于液体定向运输等领域。(郭东升)

扫描右侧二维码观看视频

知识点讲解视频

亚稳状态存在的原因
(朱志昂)

云层中的水蒸气就容易凝结成水滴而落向大地。

13.5.2 过热液体

若在液体中没有提供新相种子(气泡)的物质存在时,液体在沸腾温度时将难以沸腾。因为液体沸腾时不仅在液体表面气化,而且在液体内部要自动生成极微小的气泡(新相),但凹面液面的附加压力将使气泡难以形成。

例 13-1 在 101 325Pa、100℃的纯水中,在离液面 $h=0.02\text{m}$ 的深处,若能生成一个半径 $r=10^{-8}\text{m}$ 的小气泡,需克服多大压力?已知 100℃,纯水的表面张力 $\sigma=58.85\times10^{-3}\text{N}\cdot\text{m}^{-1}$,$\rho=958.1\text{kg}\cdot\text{m}^{-3}$。

解 由 $\ln\dfrac{p_r^*}{p^*}=\dfrac{2\sigma M}{RT\rho r}$ 求得小气泡内饱和水蒸气的压力 $p_r^*=94\ 343.7\text{Pa}$。由 $\Delta p=\dfrac{2\sigma}{r}$ 算出凹液面对小气泡的附加压力 $p_{附加}=117.7\times10^5\text{Pa}$。小气泡承受的静压力 $p_{静压}=\rho gh=187.76\text{Pa}$。因此,小气泡存在时,需要克服的压力为

$$p'=p_{大气}+p_{静压}+p_{附加}=118.6\times10^5\text{Pa}$$

从以上计算可知,100℃时小气泡内水的蒸气压为 94 343.7Pa,远小于小气泡存在时需克服的压力,因此小气泡不能存在。要使小气泡存在必须继续加热,使小气泡压力等于或超过它应克服的压力时,小气泡才可能产生,液体才开始沸腾,此时液体的温度必高于该液体的正常沸点。这种按相平衡条件应当沸腾而不沸腾的液体称为过热液体。从计算可看出,凹液面的附加压力是造成液体过热的主要原因。

在实验中,为防止液体过热,常加入一些素烧瓷片或毛细管,因为这些多孔性物质中的孔中储有气体,加热时这些气体成为新相种子,绕过了产生极小气泡的困难阶段,使液体的过热程度大大降低。

13.5.3 过冷液体

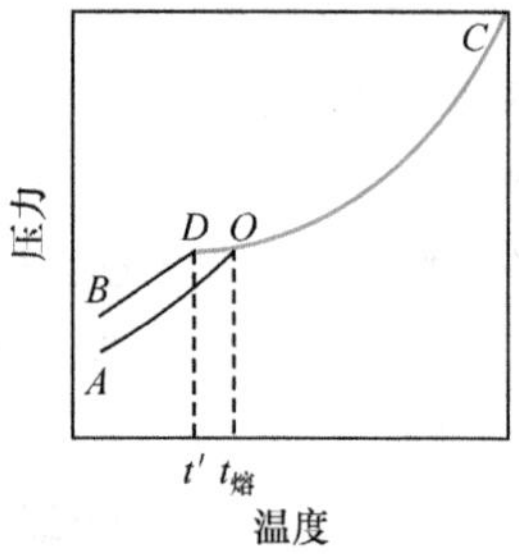

图 13-11 产生过冷液体示意图

在一定温度下,微小晶体的饱和蒸气压大于普通晶体,这是液体产生过冷现象的主要原因。微小晶体的熔点 t' 低于普通晶体的熔点 t。当液体冷却时,其饱和蒸气压沿图 13-11 中的 CD 线下降到 O 点,这时与普通晶体的蒸气压相等,按照相平衡条件应有晶体析出。但由于新生成的晶粒(新相)极微小,其熔点低,此时对微小晶体尚未达到饱和状态,因此不会有微小晶体析出。温度必须继续下降到正常熔点以下的 D 点,液体才能达到微小晶体的饱和状态而开始凝固,这种按相平衡条件应当凝固而未凝固的液体称为过冷液体。纯水可过冷到−40℃不结冰。在过冷液体中,若投入小晶体作为新相种子,则能使液体迅速凝固成晶体。

13.5.4 过饱和溶液

在一定条件下,晶体的颗粒越小,其溶解度越大,对普通晶体已饱和的溶液,对微小晶体仍未达到饱和,不可能有微小晶体析出。这种按相平衡条件应当有晶体析出而未有晶体析出的溶液称为过饱和溶液。在实验中常加入小晶体作为新相种子,防止过饱和浓度过高,可获得较大颗粒晶体。

13.5.5 分散度对物质化学活性的影响

物质的分散度增大，表面吉布斯自由能即增大，对于物质参加反应的能力即化学活性将会产生显著的影响。例如，某些金属如铁、钴、镍等分散成极细的粉末时，将具有很高的化学活性，以致在空气中发生自燃。

若以下式表示某体系吉布斯自由能变化的总和：

$$dG_{总}=dG_{体}+dG_{表}$$

式中，$dG_{总}$ 表示体系吉布斯自由能的总变化；$dG_{体}$ 是未考虑表面特性时体系吉布斯自由能变化；$dG_{表}$ 是体系中各组分表面吉布斯自由能变化的总和。以下列反应为例：

$$CaCO_3(s)=\!=\!=CaO(s)+CO_2(g)$$

设反应进程中体系各组分的比表面能（也称表面张力）σ 保持不变，则 $dG_{表}$ 仅取决于表面积的变化，即

$$dG_{表}=\sum \sigma_i d\mathscr{A}$$

对上述反应而言，则

$$dG_{总}=dG_{体}+\sigma_{CaO(s)}d\mathscr{A}_{CaO(s)}-\sigma_{CaCO_3(s)}d\mathscr{A}_{CaCO_3(s)}$$

上式表明，$CaCO_3$ 的分散度越高，$dG_{总}$ 越负，其化学活性越大，越有利于分解反应正向进行。

由此可知，物质的分散度对化学活性有一定的影响，反应物的分散度增高，其化学活性增大，有利于反应的正向进行。产物的分散度增大则不利于正向反应，而有利于逆向反应进行。

13.6 溶液的界面吸附

13.6.1 溶液的界面吸附与表面过剩量

溶剂中加入溶质后会使表面张力发生改变，因而溶质在溶液的界面层（表面层）有相对浓集和贫化的现象，这种现象称为溶液的界面吸附。溶质发生浓集的现象称为正吸附，溶质发生贫化的现象称为负吸附。讨论溶液界面层的吸附作用通常有两种方法：吉布斯表面热力学方法和古根海姆（Guggenheim）表面热力学方法。

1878 年，吉布斯将界面相视为一个二维的几何平面，并假定界面相只有面积而没有体积，但具有其他热力学性质，这就是吉布斯模型。1940 年，古根海姆将界面相视作一个三维热力学相，具有一定的体积、热力学能、熵等。与吉布斯模型相比，古根海姆处理界面相的方法更接近界面的真实物理状态。但是，吉布斯的方法较为简单，并被普遍采用。

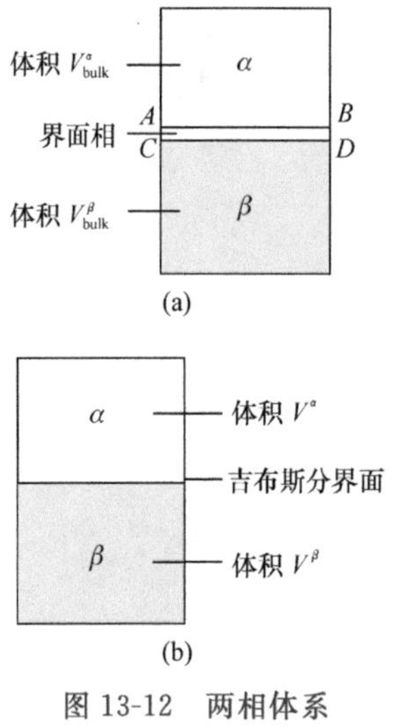

图 13-12 两相体系

假定一个实际体系由 α 和 β 两相组成，如图 13-12(a)所示。按吉布斯的方法，将两相的交界面视为一个没有厚度的几何平面，称为吉布斯分界面（dividing surface）。此分界面两侧的 α 相和 β 相的强度性质视为与实际体系中体相 α 和体相 β 的强度性质完全相同，以上标"σ"代表吉布斯分界面的任何热力学性质。因为吉布斯分界面没有体积，所以 $V^{\sigma}=0$。令 V 表示实际体系的体积，V^{α} 和 V^{β} 分别为假想体系中 α 相和 β 相的体积，如图 13-12(b)

所示，则有

$$V = V^\alpha + V^\beta + V^\sigma = V^\alpha + V^\beta$$

按照吉布斯的定义，吉布斯模型中分界面虽无体积，但有其他热力学性质，如热力学能 U^σ 和熵 S^σ 等，则吉布斯模型中体系的总热力学能 U 等于实际体系的总热力学能，即

$$U = U^\alpha + U^\beta + U^\sigma \quad 或 \quad U^\sigma = U - U^\alpha - U^\beta \tag{13-30}$$

同样，吉布斯模型中体系的总熵等于实际体系的总熵，即

$$S = S^\alpha + S^\beta + S^\sigma \quad 或 \quad S^\sigma = S - S^\alpha - S^\beta \tag{13-31}$$

设想在 V^α 范围内为均匀的 α 相，其中 i 组分的浓度等于其在 α 相本体中的实际浓度 c_i^α；同理，设想 V^β 范围内为均匀的 β 相，其中 i 组分的浓度等于其在 β 相本体中的实际浓度 c_i^β。则实际体系中组分 i 的物质的量 n_i 与该组分在吉布斯模型中假想体系的 α 相和 β 相中物质的量之和不一定相等，两者之差定义为组分 i 的表面过剩量(surface excess amount) n_i^σ，即

$$n_i^\sigma = n_i - (n_i^\alpha + n_i^\beta) = n_i - (c_i^\alpha V^\alpha + c_i^\beta V^\beta) \tag{13-32}$$

表面过剩量可以是正值、负值或零。

若吉布斯分界面面积为 $\mathscr{A}$，组分 i 的表面过剩浓度(surface excess concentration) Γ_i 的定义为

$$\Gamma_i \equiv \frac{n_i^\sigma}{\mathscr{A}} \tag{13-33}$$

需要说明的是，由于 n_i^σ 的值与 V^α 的值有关，而 V^α 的值与分界面的位置有关。吉布斯选取溶剂为参考组分，规定溶剂的表面过剩量 n_1^σ 与表面过剩浓度 Γ_1^σ 等于零的位置为分界面的位置。因此，溶质的表面过剩量与表面过剩浓度都是相对于参考组分溶剂而言，可以分别写为 $n_{i(1)}^\sigma$ 和 $\Gamma_{i(1)}$。

13.6.2 吉布斯吸附等温式

知识点讲解视频

吉布斯吸附等温式

(朱志昂)

下面推导表面吸附量与溶质在溶液中浓度、溶液表面张力、温度之间的定量关系。考虑到界面对体系性质的影响，其基本热力学方程为

$$dU = TdS - pdV + \sigma d\mathscr{A} + \sum_i \mu_i dn_i \tag{13-34}$$

由于考虑了表面效应，因此在 dU 的表达式中多了 $\sigma d\mathscr{A}$ 项。式(13-34)只适用于平衡体系，即只适用于可逆过程。

对于吉布斯模型中假想体系的 α 相和 β 相来说，应有

$$dU^\alpha = TdS^\alpha - pdV^\alpha + \sum_i \mu_i dn_i^\alpha$$

$$dU^\beta = TdS^\beta - pdV^\beta + \sum_i \mu_i dn_i^\beta$$

$$dU^\sigma = dU - dU^\alpha - dU^\beta$$

$$dS^\sigma = dS - dS^\alpha - dS^\beta$$

$$dV = dV^\alpha + dV^\beta$$

$$dn_i^\sigma = dn_i - dn_i^\alpha - dn_i^\beta$$

因此

$$dU^\sigma = TdS^\sigma + \sigma d\mathscr{A} + \sum_i \mu_i dn_i^\sigma \tag{13-35}$$

在恒温、恒压下，假想体系中的 σ 分界面从状态 1 可逆地变到状态 2，而强度性质 T、σ 和 μ_i 保持不变，只改变分界面的大小和浓度 c_i，积分式(13-35)得

$$\int_1^2 dU^\sigma = T\int_1^2 dS^\sigma + \sigma\int_1^2 d\mathscr{A} + \sum_i \mu_i \int_1^2 dn_i{}^\sigma$$

$$U_2^\sigma - U_1^\sigma = T(S_2^\sigma - S_1^\sigma) + \sigma(\mathscr{A}_2 - \mathscr{A}_1) + \sum_i \mu_i (n_{i,2}^\sigma - n_{i,1}^\sigma)$$

如果体系的始态 1 是没有界面的状态，则上式中始态 1 的所有广度性质为零，去掉下标“2”后，上式变为

$$U^\sigma = TS^\sigma + \sigma\mathscr{A} + \sum_i \mu_i n_i^\sigma \tag{13-36}$$

式(13-36)的全微分为

$$dU^\sigma = TdS^\sigma + S^\sigma dT + \sigma d\mathscr{A} + \mathscr{A}d\sigma + \sum_i \mu_i dn_i^\sigma + \sum_i n_i^\sigma d\mu_i \tag{13-37}$$

比较式(13-35)和式(13-37)得

$$S^\sigma dT + \mathscr{A}d\sigma + \sum_i n_i^\sigma d\mu_i = 0 \tag{13-38}$$

式(13-38)是吉布斯-杜安方程对吉布斯分界面的应用。在恒温条件下，$dT=0$，则式(13-38)变为

$$\mathscr{A}d\sigma + \sum_i n_i^\sigma d\mu_i = 0$$

或

$$\mathscr{A}d\sigma = -\sum_i n_i^\sigma d\mu_i \tag{13-39}$$

式(13-39)称为吉布斯吸附等温式(adsorption isotherm)。应用式(13-33)，吉布斯吸附等温式可写成

$$d\sigma = -\sum_i \Gamma_i^\sigma d\mu_i \tag{13-40}$$

对于 n_1^σ 和 Γ_1^σ 取为零的分界面来说，吉布斯吸附等温式可写成

$$d\sigma = -\sum_{i\neq 1} \Gamma_{i(1)} d\mu_i \tag{13-41}$$

式(13-41)中的所有物理量都是实验可测量。应该强调指出，式(13-41)只适用于恒温平衡体系。

对于二组分体系，式(13-41)可写成

$$d\sigma = -\Gamma_{2(1)} d\mu_2 \tag{13-42}$$

两个体相中至少有一个相是固体或液体，我们称此相为 α 相，对于凝聚相来说，在恒温条件下，有

$$d\mu_2 = RT d\ln a_2^\alpha$$

代入式(13-42)得

$$\mathrm{d}\sigma=-\Gamma_{2(1)}RT\mathrm{d}\ln a_2^{\alpha}$$

$$\Gamma_{2(1)}=-\frac{1}{RT}\left(\frac{\partial\sigma}{\partial\ln a_2^{\alpha}}\right)_T \tag{13-43}$$

如果 α 相是理想稀溶液，组分 2(溶质)的组成用物质的量浓度 c 表示，则 $a_2^{\alpha}=c_2^{\alpha}/c^{\ominus}$，这里 $c^{\ominus}=1\mathrm{mol}\cdot\mathrm{dm}^{-3}$，式(13-43)变成

$$\Gamma_{2(1)}=-\frac{1}{RT}\left(\frac{\partial\sigma}{\partial\ln\dfrac{c_2^{\alpha}}{c^{\ominus}}}\right)_T \tag{13-44}$$

即

$$\Gamma_{2(1)}=-\frac{c_2}{RT}\left(\frac{\partial\sigma}{\partial c_2}\right)_T \tag{13-45}$$

由式(13-45)可见，如果加入溶质能降低表面张力，$\frac{\mathrm{d}\sigma}{\mathrm{d}c_2}<0$，则 $\Gamma_{2(1)}>0$，发生正吸附；反之，若加入溶质能使表面张力增加，$\frac{\mathrm{d}\sigma}{\mathrm{d}c_2}>0$，则 $\Gamma_{2(1)}<0$，发生负吸附。

应用吉布斯等温式计算某溶质的表面吸附量 $\Gamma_{2(1)}$ 可采用下列两种方法：

(1) 在不同浓度下测得表面张力 σ，以 σ 对 c 作图。求得曲线上各指定浓度的斜率，则求得该浓度下的 $\frac{\mathrm{d}\sigma}{\mathrm{d}c_2}$ 值，代入式(13-45)，可求得表面吸附量。

(2) 利用经验公式计算。应用较为广泛的是希施柯夫斯基(Щишковский)经验公式。它较好地表征了有机同系物溶液的表面张力与溶液浓度 c 之间的关系：

$$\frac{\sigma_0-\sigma}{\sigma_0}=b\ln\left(1+\frac{\dfrac{c}{c^{\ominus}}}{a}\right) \tag{13-46}$$

式中，σ_0 和 σ 分别是纯溶剂和溶液的表面张力；c 是溶液的本体浓度；b 表示同系物中共用常数；a 表示同系物中不同化合物的特性常数。

将式(13-46)对浓度 c 求微分得

$$-\frac{\mathrm{d}\sigma}{\mathrm{d}c}=\frac{b\sigma_0}{a+\dfrac{c}{c^{\ominus}}}$$

将上式代入吉布斯吸附等温式，得到 Γ 与浓度 c 的关系式，即

$$\Gamma=\frac{b\sigma_0}{RT}\frac{\dfrac{c}{c^{\ominus}}\dfrac{1}{a}}{1+\dfrac{c}{c^{\ominus}}\dfrac{1}{a}} \tag{13-47}$$

恒温下，当 $c\gg a$ 时，从式(13-47)可得到

$$\Gamma=\frac{b\sigma_0}{RT}=\Gamma_{\infty}=\text{常数} \tag{13-48}$$

式中，Γ_{∞} 表示溶质在溶液表面饱和吸附量。令 $K=1/ac^{\ominus}$，为经验常数。将式(13-48)代入式(13-47)可得

$$\Gamma=\Gamma_{\infty}\frac{Kc}{1+Kc}\quad\text{或}\quad\frac{1}{\Gamma}=\frac{1}{\Gamma_{\infty}}+\frac{1}{\Gamma_{\infty}Kc} \tag{13-49}$$

Γ_{∞} 可从溶液表面张力与浓度的关系式(13-46)、式(13-48)求得，也可从式(13-

49)求得。从 Γ_∞ 可求得表面活性物质分子的截面积 A_m。

$$A_m=\frac{1}{\Gamma_\infty N_A}$$

在稀水溶液中，可以观察到三种类型的溶质的行为，如图 13-13所示。Ⅰ类溶质是使表面张力随溶质浓度的增加而升高，大多数无机盐类在水中的行为属于Ⅰ类。无机盐水溶液的 σ 的增加可以解释为带异号电荷的离子间相互作用的机会在体相中比在界面相中多，导致界面相中离子数量的减少，故产生负吸附。Ⅱ类溶质使表面张力随溶质浓度的增加而逐渐降低，大多数水溶性有机化合物通常属于Ⅱ类。水溶性有机化合物一般含极性部分（如—OH和—COOH）和非极性部分碳氢链。这类有机分子倾向于聚集在界面层中，它们的极性部分朝向体相中的极性水分子，而非极性部分倾向于离开体相溶液，在界面层中形成分子的定向排列，结果导致正吸附而降低表面张力。Ⅲ类溶质与Ⅱ类溶质相似，但表面张力在溶质浓度稍有增加时就迅速降低。长链有机酸的盐类（如肥皂、$RCOO^- Na^+$）、烷基硫酸盐（$ROSO_3^- Na^+$）、烷基磺酸盐（$RSO_3^- Na^+$）、季铵盐［$(CH_3)_3RN^+ Cl^-$］和聚氧乙烯化合物［$R(OCH_2CH_2)_nOH$，这里 n 为5～15］等均属于Ⅲ类。Ⅲ类溶质在界面上的吸附作用最强。能显著地降低表面张力的溶质称为表面活性剂（surface active agent）。应该指出，称为表面活性剂的物质是对一定溶剂而言，通常指水溶剂。

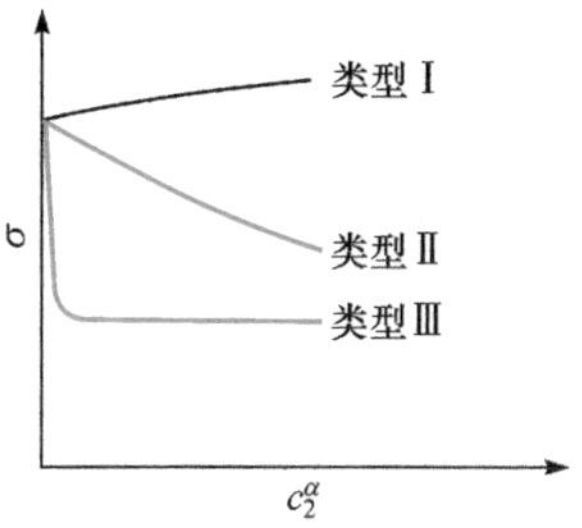

图 13-13　水溶液表面张力与浓度的关系

13.7　表面活性剂

13.7.1　表面活性剂的分类

表面活性剂可从用途、物理性质或化学结构方面进行分类，最常用的是按化学结构来分类，大体上可分为离子型和非离子型表面活性剂两大类。当表面活性物质溶于水时，凡能电离形成离子的称为离子型表面活性剂；凡不能电离形成离子的称为非离子型表面活性剂。离子型表面活性剂按离子所带电性，又可以分为阴离子型、阳离子型和两性型三种。这种分类方法便于正确选用表面活性剂。若某表面活性物质是阴离子型的，则它就不能与阳离子型的混合使用，否则就会产生沉淀等不良后果。阴离子型表面活性剂可作为染色过程的匀染剂，与酸性染料或直接染料一起使用时不会产生不良后果，因酸性染料或直接染料在水中也是阴离子型的。

表面活性剂的具体分类如下：

阴离子型
- $R—COO^- Na^+$　羧酸盐
- $R—OSO_3^- Na^+$　硫酸酯盐
- $R—SO_3^- Na^+$　磺酸盐
- $R—OPO_3^{2-} Na_2^{2+}$　膦酸酯盐

$$
\text{阳离子型}
\begin{cases}
\text{R—NH}_2\cdot\text{HCl} \qquad \text{伯胺盐} \\[1em]
\text{R—}\overset{\displaystyle\text{CH}_3}{\underset{\displaystyle\text{H}}{\text{N}}}\text{—H}\cdot\text{Cl} \qquad \text{仲胺盐} \\[1em]
\text{R—}\overset{\displaystyle\text{CH}_3}{\underset{\displaystyle\text{CH}_3}{\text{N}}}\text{—H}\cdot\text{Cl} \qquad \text{叔胺盐} \\[1em]
\text{R—}\overset{\displaystyle\text{CH}_3}{\underset{\displaystyle\text{CH}_3}{\text{N}}}\text{—CH}_3\cdot\text{Cl} \qquad \text{季铵盐}
\end{cases}
$$

$$
\text{两性型}
\begin{cases}
\text{R—NHCH}_2\text{—CH}_2\text{COOH} \qquad \text{氨基酸型} \\[1em]
\text{R—}\overset{\displaystyle\text{CH}_3}{\underset{\displaystyle\text{CH}_3}{\overset{+}{\text{N}}}}\text{—CH}_3\cdot\text{COO}^- \qquad \text{甜菜碱型}
\end{cases}
$$

$$
\text{非离子型}
\begin{cases}
\text{R—O—(CH}_2\text{CH}_2\text{O})_n\text{H} \qquad \text{聚氧乙烯型} \\[1em]
\text{R—COOCH}_2\overset{\displaystyle\text{CH}_2\text{OH}}{\underset{\displaystyle\text{CH}_2\text{OH}}{\text{C}}}\text{—CH}_2\text{OH} \qquad \text{多元醇型}
\end{cases}
$$

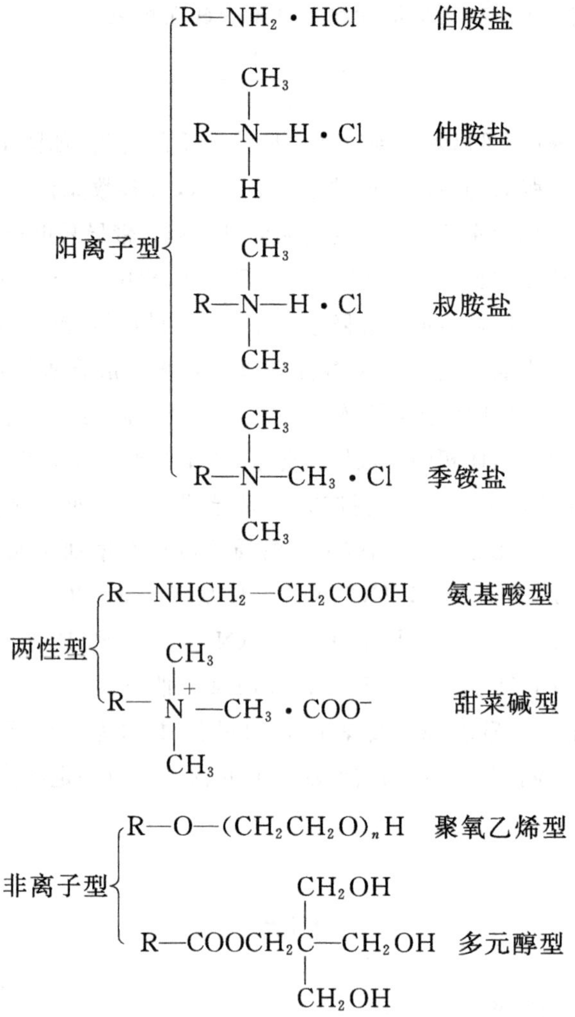

除按照表面活性剂头基的性质进行分类外,还可以根据表面活性剂的相对分子质量大小、表面活性剂的来源或表面活性剂的元素组成进行分类。

(1)相对分子质量大小分类法:按照表面活性剂的相对分子质量大小,可以将表面活性剂分为低分子表面活性剂和高分子表面活性剂。低分子表面活性剂的相对分子质量一般为几百克每摩尔,而高分子表面活性剂的相对分子质量一般为几千克每摩尔或以上。

(2)来源分类法:按照表面活性剂的来源,可以将表面活性剂分为天然表面活性剂和合成表面活性剂。天然表面活性剂是指自然界中由动物、植物或微生物产生的表面活性剂,而合成表面活性剂是指人类利用石油化工和天然油脂原料通过化学反应合成的表面活性剂。

(3)元素组成分类法:常规表面活性剂的亲油基都是由碳、氢元素组成的,当亲油基中的碳或氢被部分(或全部)其他元素取代时,所形成的表面活性剂称为元素表面活性剂。常见的有氟表面活性剂、硅表面活性剂和硼表面活性剂等。

13.7.2 表面活性剂的基本性质

表面活性剂分子结构具有不对称性,一般是由两部分组成,一端是具有亲水性的极性基,另一端是憎水性(或者说亲油性)烃基。图 13-14 以油酸为例,表示表面活性分子在结构上的共性。在两相界面上,极性基溶入极性溶

$$\text{CH}_3(\text{CH}_2)_7\text{CH}=\text{CH}(\text{CH}_2)_7 \;|\; \text{COO}^-\text{H}^+$$

憎水的非极性部分 | 亲水的极性基

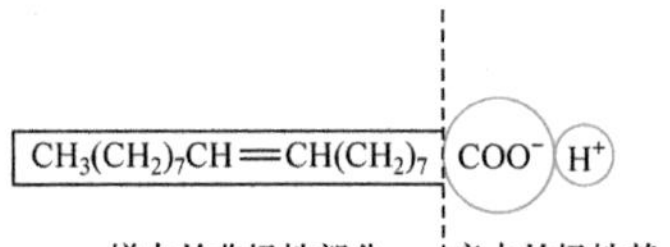

图 13-14 油酸分子按表面活性剂特点表示的模型

剂，非极性部分溶入非极性溶剂，在界面定向排列，使界面的不饱和力场得到某种程度的平衡，从而降低表面张力。表面张力对表面活性剂浓度的关系如图 13-15 所示。

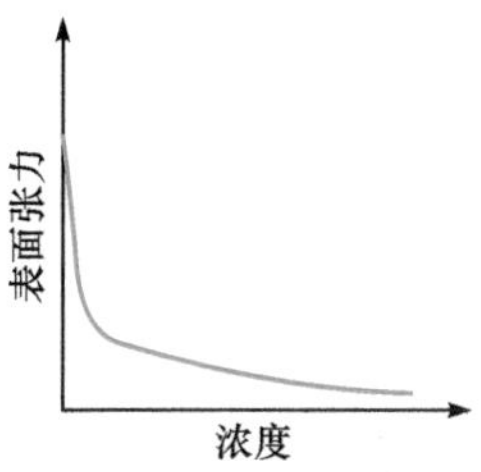

图 13-15 表面张力与浓度的关系

在表面活性剂浓度很稀时，若稍微增加表面活性剂的浓度，它的一部分很快地聚集在水面，使水和空气接触面减小，从而使表面张力急剧下降。它的另一部分则分散在水中，有的以单分子存在，有的三三两两地相互接触，把憎水基靠在一起开始形成最简单的胶束(micelle)。它是一种和胶体大小(1～1000nm)相当的粒子，如图 13-16(a)所示，这相当于图 13-15 中表面张力急剧下降部分。

当表面活性剂浓度足够大达到饱和时，液面刚刚排满一层定向排列的分子膜，若再增加浓度，只能使水溶液中的表面活性分子开始以几十或几百个聚集在一起，排列成憎水基向内、亲水基向外的胶束。如图 13-16(b)所示，这相当于图 13-15 中曲线的转折处。胶束形状可以是球状或层状。形成一定形状的胶束所需表面活性剂的最低浓度称为临界胶束浓度(critical micelle concentration)，以 CMC 表示。表面活性剂溶液的一些物理性质，如摩尔电导率、表面张力、渗透压、去污力、增溶量、吸附量等，随表面活性剂浓度变化会在 CMC 附近发生突变，由此可以测定 CMC。如图 13-15 所示，将 CMC 两侧溶液性质连续变化的曲线延长至相交，交点所对应的浓度即为 CMC。测定 CMC 的常用方法有电导法、表面张力法、光散射法、染料法、增溶法和荧光探针法等。

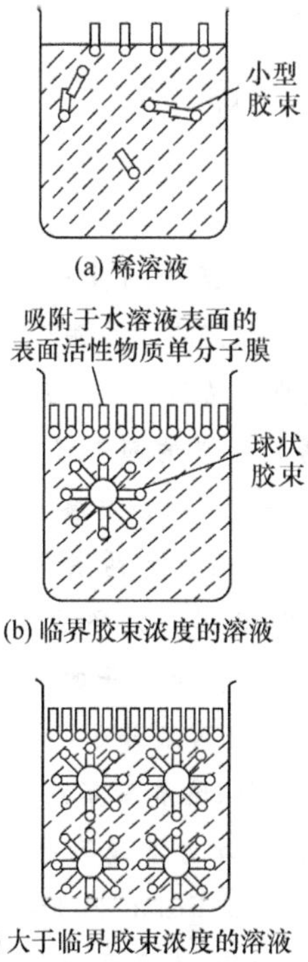

图 13-16 表面活性物质的活动情况和浓度关系示意图

当超过临界胶束浓度时，再增加表面活性剂浓度，只能增加胶束的个数(也有可能使每个胶束所包含的分子数增多)，如图 13-16(c)所示。由于胶束是亲水性的，它不具有表面活性，不能使表面张力进一步降低，这相当于图 13-15 中曲线上的平缓部分。

从图 13-15 可看出，要充分发挥表面活性剂的作用(如去污作用，增加可溶性，润湿作用等)，必须使表面活性剂浓度稍大于 CMC。

13.7.3 表面活性剂的应用

表面活性剂的种类繁多，应用广泛。对于一个指定的体系，如何选择最合适的表面活性剂才可达到预期的效果，目前还缺乏理论指导。为解决表面活性剂的选择问题，许多工作者曾提出不少方案，比较成功的是 1945 年格里芬(Griffin)所提出的 HLB 法。HLB(hydrophile-lipophile balance)代表亲水-亲油平衡。此法用数值的大小来表示每一种表面活性物质的亲水性，HLB 值越大，表示该表面活性剂的亲水性越强。根据表面活性剂的 HLB 值的大小，就可知道它适宜的用途。表 13-3 给出这种对应关系。例如，HLB 值为 2～6 的可作油包水型的乳化剂，而 HLB 值为 12～18 的可作水包油型的乳化剂等。

表 13-3　表面活性物质的 HLB 值与应用的对应关系

表面活性物加水后的性质	HLB 值	应用
不分散	0	
	2	
	4	W/O 乳化剂1)
分散得不好	6	
不稳定乳状分散体	8	润湿剂
稳定乳状分散体	10	
半透明至透明分散体	12	洗涤剂（O/W 乳化剂）
	14	
透明溶液	16	增溶剂2)（O/W 乳化剂）
	18	

1) 乳化剂分两种类型：一种是水油型(W/O，即水分散在油中)，另一种是油水型(O/W，即油分散在水中)。

2) 增溶剂是能增加微溶性或不溶性物质的溶解度的化学产品，生成的溶液具有热力学稳定性，与乳化或共溶现象不同。

离子型表面活性剂的 HLB 值可根据各官能团的 HLB 值(表 13-4)计算，只需把此化合物中各官能团的 HLB 值代数和再加上 7。例如，十六(烷)醇 $C_{16}H_{33}OH$ 的 HLB 值 $=7+1.9+16(-0.475)=1.3$。

表 13-4　官能团的 HLB 值

亲水官能团	HLB 值	憎水官能团	HLB 值
$—SO_4Na$	38.4	$—\overset{\vert}{C}H—$	
—COOK	21.1	$—CH_2—$	
—COONa	19.1	$—CH_3$	
磺酸盐	约 11.0	—CH═	−0.475
—N(叔胺 R_3N)	9.4		
酯(山梨糖醇酐环)	6.8	$—(CH_2—CH_2—CH_2—O—)$	−0.15
酯(自由的)	2.4		
—COOH	2.1		
—OH(自由的)	1.9		
—O—	1.3		
—OH(山梨糖醇酐环)	0.5		

非离子型表面活性剂的 HLB 值可用下法计算：

$$\text{非离子表面活性剂 HLB 值}=\frac{\text{亲水基部分的相对分子质量}}{\text{表面活性剂的相对分子质量}}\times\frac{100}{5}$$

$$=\frac{\text{亲水基质量}}{\text{憎水基质量}+\text{亲水基质量}}\times\frac{100}{5}$$

$$=(\text{亲水基质量分数}/\%)\times\frac{1}{5}$$

虽然 HLB 值对选择表面活性剂有一定的参考价值，但确定 HLB 值的方法还很粗糙，所以单靠 HLB 值来选定最合适的表面活性剂还是不够的。

不同的表面活性剂常具有不同的作用。概括地说，表面活性剂具有润湿、助磨、乳化、去乳、分散、增溶、发泡和消泡以及匀染、防锈、杀菌、消除静电

前沿拓展：当胶体化学遇到超分子化学

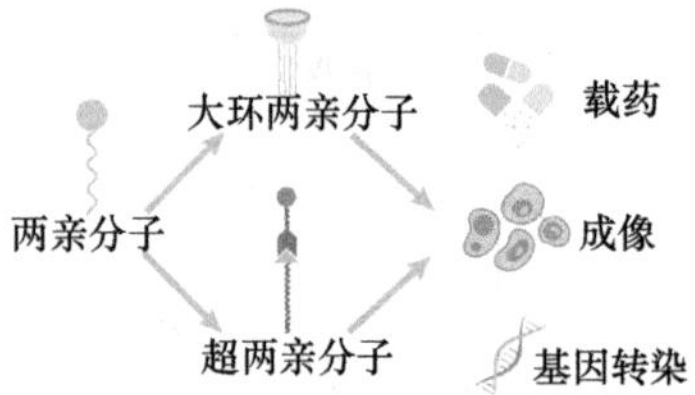

附图 13-5　大环两亲分子与超两亲分子及其应用

表面活性剂被誉为“工业味精”，已经广泛应用于生产生活的各个方面。当传统胶体化学遇到新兴的超分子化学，两个学科交叉融合发展出了新的两亲体系：大环两亲与超两亲(附图 13-5)。大环两亲分子，即通过对大环分子的适当修饰而形成的两亲分子，具有聚集稳定性好、临界聚集浓度低、组装致密、动力学慢等特点[Mater Chem Front，2020，4(1)：46]。此外，大环两亲分子区别于传统两亲分子的最大特性在于其表面具有特定的识别位点。超两亲分子的概念由张希院士提出[Acc Chem Res，2012，45(4)：608]。与基于共价键的两亲分子相对照，超两亲分子是指基于非共价键构筑的两亲分子，可用于制备各种功能的超分子组装体。目前大环两亲分子和超两亲分子已经广泛应用于载药、成像、基因转染等诸多领域。(郭东升)

扫描右侧二维码观看视频

等作用,因此在许多生产、科研和日常生活中被广泛地使用。有关这些具体应用,许多专著中有详细论述。

表面活性剂的有序组合体是一种超分子结构,有至少一维的纳米尺度,属于介于宏观与微观之间的介观世界。随着现代科学技术的发展,介观尺度物质的神奇特性逐渐被人们认识,并激起极大的科学热情。目前,新型表面活性剂在生命科学、能源科学、信息材料以及许多现代高新技术发展中发挥了重要作用,成为物理、化学、生物三大学科和许多技术部门共同关心的领域。经典的表面活性剂分子含有一个亲水基和一个疏水基[图 13-17(a)],人们对此类表面活性剂已有较多的认识;也有的表面活性剂分子含有一个亲水基和两个疏水基[图 13-17(b)],这类表面活性剂在形成囊泡等聚集体方面有其特殊的性质。最近,两类新型的表面活性剂——Bola 型表面活性剂与 Gemini 型表面活性剂成为表面活性剂研究的新方向。

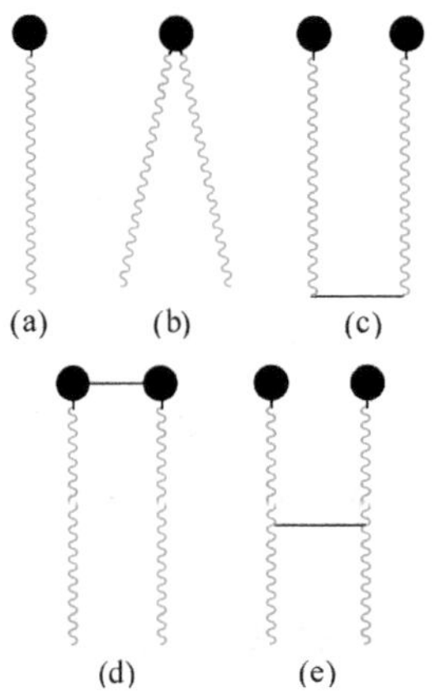

图 13-17　各类表面活性剂

1951 年,富斯(Fuoss)和埃德尔森(Edelson)把疏水链两端各连接一个离子基团的分子称为 bolaform electrolyte[图 13-17(c)],简写为 bolyt 或 bolion。Fuhrhop等在 20 世纪 80 年代首先使用了 Bola 两亲化合物(Bola-amphiphile)这一术语来表述。1979 年,Kunitaka 首次得到了由 Bola 化合物聚集形成的单层类脂膜。Bola 型表面活性剂由于其形成的 MLM 膜与囊泡具有优异的热稳定性,使其在生物膜模拟方面有着重要的应用前景。

Gemini 是双生子的意思。1991 年,Gemini 的概念被门格(Menger)等第一次提出。典型的 Gemini 表面活性剂结构如图 13-17(d)所示,它是两个经典单链的表面活性剂由一个连接基团将极性头连接起来形成的分子。图 13-17(e)是一个介于 Gemini 和 Bola 之间的分子,它是 Gemini 还是 Bola,一般没有准确的分界。研究得最多、最深入的是季铵盐型阳离子 Gemini 表面活性剂,如图 13-18 所示。Gemini 表面活性剂的优良表面活性一直是研究热点。另外,Gemini 连接基团的变化与其性质的关系也具有广阔的研究前景。

$$C_mH_{2m+1}—\overset{\displaystyle CH_3}{\underset{\displaystyle CH_3}{\overset{|}{\underset{|}{N^+}}}}—(CH_2)_x—Y—(CH_2)_y—\overset{\displaystyle CH_3}{\underset{\displaystyle CH_3}{\overset{|}{\underset{|}{N^+}}}}—C_{m'}H_{2m'+1}\cdot 2Br$$

图 13-18　季铵盐类 Gemini

2a: $m=m'$, $Y=CH_2$, $x+y+1=s(m-s-m)$; 2b: $m\neq m'$, $Y=CH_2$, $x+y+1=s(m-s-m')$;
2c: $m=m'$, $Y=(OCH_2CH_2)_z$, $x=2$, $y=0$; 2d: $m=m'$, $Y=CH_2$, O, S, $N(CH_3)$, $x=y=2$;
2e: $m=m'$, $Y=C\equiv C$, $x=y=1$; 2f: $m=m'$, $Y=0$, $x=y=1$, 疏水链有酯键,以 Cl^- 为反离子;
2g: $m=m'$, Y=苯乙烯基, $x=y=1$

13.8　液面上的不溶性表面膜

13.8.1　单分子层表面膜

1774 年富兰克林(Franklin)做了一个实验,他把不足一茶匙的橄榄油放入湖水面上,观察到油很快在水面上铺展开来。油覆盖在水面上的面积约有三亩,而且油面平滑如镜。经过估计,水面上油层的厚度约为 24Å,相当于一个橄榄油分子的长度。这表明在水面上形成了单个分子厚的不溶性表面膜,称为单分子表面膜(monomolecular surface film)。不仅橄榄油能在水面上形成单分子表面膜，许多不溶于水的有机化合物，只要分子由长碳氢链和一个极性基团构成，都能自动地在水面上铺展开来而形成单分子表面膜。例如，$CH_3(CH_2)_{16}COOH$(硬脂酸)、$CH_3(CH_2)_{11}OH$(月桂醇)、$CH_3(CH_2)_{14}COOC_2H_5$(棕榈酸乙酯)等分子中的长碳氢链使这些化合物在水中几乎不溶解。在室温下这类化合物大都是固体和高沸点液体，其饱和蒸气压都比较低，都能在水面上形成单分子表面膜。不过纯固体样品比液体铺展的速度要慢得多，所以通常把固体样品溶在适当易挥发有机溶剂中，靠有机溶剂的铺展和蒸发来形成表面膜。

因为形成单分子表面膜的有机物质不溶于水中，并且蒸气压又很低，所以体相 α(水)中和体相 β(空气)中物质 i 的物质的量与界面相中物质 i 的物质的量相比可忽略不计，即 $n_i^\alpha=0=n_i^\beta$，$n_i^\sigma\equiv n_i-n_i^\alpha-n_i^\beta=n_i$，这里 n_i 是体系中物质 i 的总物质的量，$\Gamma_i^\sigma\equiv n_i^\sigma/\mathscr{A}=n_i/\mathscr{A}$。在这种体系中 Γ_i^σ 与分界面的位置无关，具有明确的物理意义。$\Gamma_{i(1)}=\Gamma_i^\sigma$，而且总是正值，因此在表面膜的存在下，水的表面张力总是降低的。

通常用朗缪尔(Langmuir)表面膜天平(surface film balance)来研究表面膜，如图 13-19 所示。可扭动浮片将清洁水面与含单分子膜的水面分隔开。单分子膜中的有机物质分子具有二向度空间的热运动，对浮片产生压力，这种压力称为表面压 π，可用与浮片相连的扭力天平测定。令 σ^* 和 σ 分别代表纯水和覆盖有单分子膜的水的表面张力，纯水的表面张力 σ^* 是单位长度(浮片与表面膜接触线的长度)上施加在浮片上的力(方向向右)，σ 是水面上单分子膜在单位长度上施加在浮片上的力(方向向左)。由于 $\sigma<\sigma^*$，因此单位长度上施加在浮片上的净力为($\sigma^*-\sigma$)，把浮片向右扭动，此净力就是表面压 π，即 $\pi\equiv\sigma^*-\sigma$，其量纲为力·长度$^{-1}$。

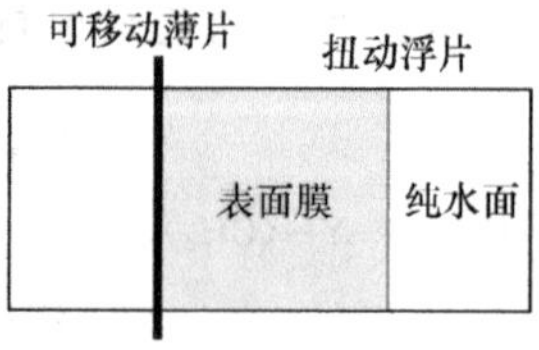

图 13-19 表面膜天平示意图

如果将图 13-19 中的可移动薄片向右移动，则缩小表面膜的面积 $\mathscr{A}$，增加它的吸附量 $\Gamma_i^\sigma=n_i/\mathscr{A}$。增加 Γ_i^σ，进一步降低 σ，同时也增加 π。因此，对于界面相中一定量物质 i 来说，在恒温条件下，表面压 π 与表面膜面积 $\mathscr{A}$ 成反比。图 13-20 表示一定温度下，表面压 π 与表面膜面积 $\mathscr{A}$ 的关系曲线。由图 13-20 可知，当表面膜面积 $\mathscr{A}$ 缩小至 $\mathscr{A}_0$(C 点)时，进一步压缩面积，表面压有显著升高。这表明界面相中的分子已经彼此完全靠拢，难以再进一步压缩，类似于三向度空间中的气体恒温压缩至液态。将 C 点所对应的面积 $\mathscr{A}_0$ 除以 $n_iL=N_i$(这里 L 是阿伏伽德罗常量，N_i 是表面膜中物质 i 的分子数)，即可求算出物质 i 的分子截面积 $\mathscr{A}_0/N_i$。朗缪尔发现，有机酸 $CH_3(CH_2)_{14}COOH$、$CH_3(CH_2)_{16}COOH$和 $CH_3(CH_2)_{24}COOH$ 分子截面积均为 20Å^2。这个数值与 X 射线衍射法所得数值基本相符，表明不溶性表面膜是单分子层的。分子截面积与碳氢链长度无关，表明在 C 点单分子层表面膜中的分子都是直立

前沿拓展：是谁让它们摇身一变成了会变形的磁性液滴?

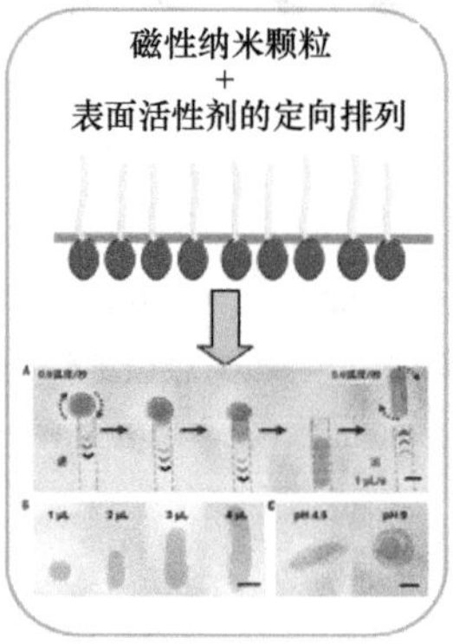

附图 13-6 可变形的磁性液滴

表面活性剂能够显著降低表面张力，当表面活性剂浓度达到饱和时，表面活性剂分子会在界面上规则地排列。表面活性剂应用广泛，如用作润湿剂、起泡剂、消泡剂、破乳剂、增溶剂等。利用表面活性剂可以在界面上规则排列的性质。近期，拉塞尔(Russell)课题组设计了可以变形的磁性液滴(Science，2019，365：264)，其原理是将羧基化的四氧化三铁形成的纳米颗粒吸附在一种表面活性剂上，表面活性剂使磁性纳米颗粒较为致密地排列在液体界面，相当于在液滴表面形成了铁磁层(附图 13-6)。这些铁磁性液滴可以很容易地重新配置成不同的形状，同时还具有固体铁磁体的南北极磁性。铁磁性液滴的平移和旋转运动还可以通过外部磁场远程精确驱动。这为设计能量耗散组装体和可编程液体结构等提供了一条新思路。(许秀芳)

扫描右侧二维码观看视频

的，极性基团 COOH 朝向水中，非极性碳氢长链朝向气相，如图 13-21 所示。分子的极性部分称为亲水的(hydrophilic)，非极性部分称为憎水的(hydrophobic)。

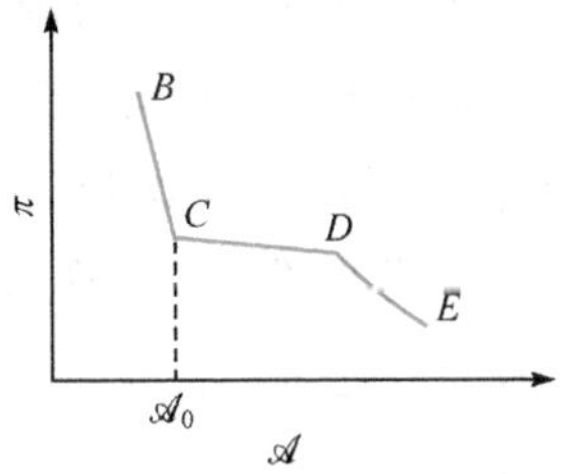

图 13-20　表面膜的 π-$\mathscr{A}$ 曲线

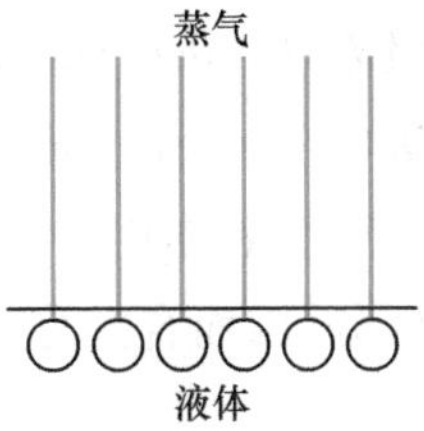

图13-21　单分子层中分子定向排列

图 13-20 中的 *DE* 线段表示分子处于低表面压下，彼此有一定距离。*DE* 线段上的分子状态相当于二维气态，类似于三向度空间中气体处于低压状态。在高表面压下，*CB* 线段上的分子彼此完全靠拢，它的状态相当于二维液态，类似于三向度空间中液体处于高压状态。近似水平的 *CD* 线段表示分子中一部分处于二维气态，另一部分处于二维液态，类似于三向度空间中气、液共存两相状态。利用电子显微镜观察 *CD* 线段上的表面膜状态，证实它是多相的。在此状态下，分子中的长碳氢链不是全部直立的，而是倾斜或平躺在水面上的。单分子表面膜的 π-$\mathscr{A}$ 曲线 *BCDE* 类似于临界温度下三向度流体(气体和液体)的等温线。单分子表面膜在实际应用中有应用价值，如可以降低储水库中水的表面蒸发速率。十六醇[$CH_3(CH_2)_{15}OH$]是常用的表面活性剂。

13.8.2　LB 膜

将不溶性单分子层表面膜转移到玻璃或金属表面，组建成单分子层或多分子层膜，称为朗缪尔-布洛杰特(Blodgett)膜，简称 LB 膜。

LB 膜具有以下特点：①膜的厚度可以从零点几纳米至几纳米；②有高度各向异性的层状结构；③具有完整无缺陷的单分子层膜。LB 膜根据制备方法的不同可以分为 X 型多分子层、Y 型多分子层和 Z 型多分子层膜。X 型膜是由亲油基团指向玻璃或金属板，亲水基团向外的多层单分子膜组成；Z 型膜是由亲水基团指向玻璃或金属板而亲油基团指向外面的多层单分子膜组成；如果是由 X 型单层膜和 Z 型单层膜交叉组成，这种多层膜称为 Y 型膜，如图 13-22 所示。

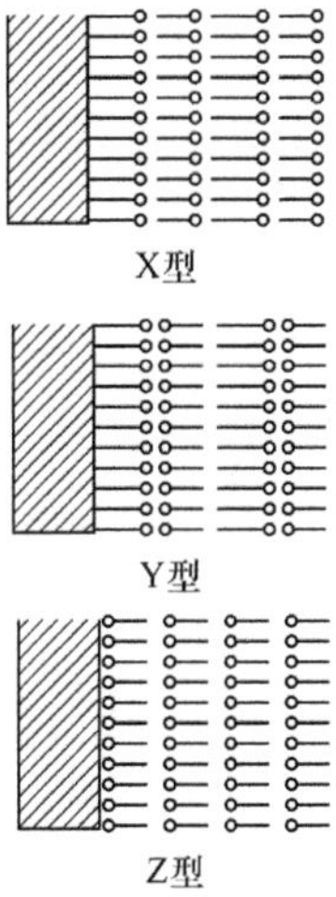

图 13-22　LB 膜的结构

圆圈代表亲水基团，棒代表亲油基团

近年来，LB 膜不仅在微电子材料和非线性光学材料的应用研究上引起人们广泛地关注，而且在生物传感器等方面的开发应用也取得了一定的进展。

13.9　气体在固体上的吸附

知识点讲解视频

气体在固体表面的吸附

(朱志昂)

13.9.1　固体表面的吸附

固体表面与液体表面一样，由于表面分子周围力场不平衡，固体表面也有表面张力和表面能。但固体表面不能像液体那样通过收缩表面积来降低体系的表面能,只能靠表面的剩余价力捕获停留在固体表面的气相中的分子来覆盖表面积,这就形成了气体分子在固体表面浓集的现象,这种现象称为固体对气体的吸附。被吸附的物质称为吸附质(adsorbate),吸附其他分子的固体称为吸附剂(adsorbent)。吸附是固体的界面现象,不同于渗入固体内部(体相)的吸收(absorption),吸收是整体现象。例如,$CaCl_2$ 吸收水分生成水合物就是一种吸收作用。在实际工作中有时吸附与吸收同时发生,在实验观察中难以区分,因而合并称为吸着(sorption)。

1. 吸附热

吸附过程也会有热效应,称为吸附热(heat of adsorption)。在给定的温度和压力下,吸附是自动进行的,因此吸附过程的吉布斯自由能 $\Delta G<0$。当气体分子被吸附在固体表面上时,气体分子由原来的三维空间运动转变为二维空间的运动,混乱度降低,因而过程的熵变 $\Delta S<0$,根据热力学公式 $\Delta G=\Delta H-T\Delta S$,必然有 $\Delta H<0$,即等温吸附为放热过程。

吸附热可以由量热法测量,也可以在保持吸附量不变的情况下测定压力和温度的关系曲线,按克劳修斯-克拉佩龙方程计算

$$\left(\frac{\partial \ln p}{\partial T}\right)_{V_{\rm ads}}=\frac{-\Delta_{\rm ads}H}{RT^2} \tag{13-50}$$

2. 物理吸附与化学吸附

按照固体表面分子对气体分子作用力性质的不同,吸附可分为两大类:物理吸附和化学吸附。在物理吸附中,气体分子与固体表面的结合是靠较弱的范德华力,相当于气体分子在固体表面的凝聚。而在化学吸附中,气体分子与固体表面的结合是靠较强的化学键力,相当于发生化学反应。在物理吸附中,吸附热类似于气体的液化热。例如,N_2 在铁表面上的积分物理吸附热为$-10\text{kJ}\cdot\text{mol}^{-1}$,而 N_2 的液化热为$-5.7\text{kJ}\cdot\text{mol}^{-1}$,两者具有相同的数量级。化学吸附热类似于化学反应热效应,其值大于物理吸附热。例如,N_2 在铁表面上的化学吸附热为$-150\text{kJ}\cdot\text{mol}^{-1}$。

在物理吸附中,当形成单分子吸附层时,被吸附的气体分子与气相中的气体分子之间有分子间吸引力(范德华力),所以还可以形成第二、第三等吸附层。这就是说,物理吸附除单分子层外,还可以是多分子层的。单分子层的物理吸附的焓变取决于气、固间的分子作用力,而第二、第三等多分子层的物理吸附的焓变取决于气体分子间的作用力。由于分子间作用力的性质不同,第一层分子的物理吸附热不同于第二、第三等层分子的物理吸附热,后者更接近气体的液化热。达成物理吸附平衡是较快的,因为不需要活化能,而且过程是可逆的。在气体或蒸气的饱和蒸气压下,多分子层的物理吸附将变成连续的气体液化过程,在多孔性固体中将发生毛细管凝结现象。

在化学吸附中,一旦在固体表面上形成单分子层的被吸附气体分子,气体与固体之间再也不能继续发生化学吸附。这就是说,化学吸附只能是单分子层的,不是多分子层的。化学吸附需要活化能,所以过程较慢,而且是不可逆的。虽然化学吸附是单分子层的,但在化学吸附层上有时也可以继续发生

多分子层的物理吸附。

物理吸附和化学吸附的本质区别可用如图 13-23 所示的势能曲线来表示。图 13-23 中曲线 P 表示固体金属 M 与双原子分子气体 X_2 之间的物理作用能。曲线 C 表示化学作用能，其中包括分子 X_2 解离成 2X 原子的解离能。由两条曲线可知，开始时物理吸附的存在对化学吸附产生很重要的促进作用。如果不存在物理吸附作用，则化学吸附的活化能将等于气体分子 X_2 的解离能。如果气体分子首先被物理吸附在固体表面上，则化学吸附将会沿着较低能量途径发生。从物理吸附转变成化学吸附发生在曲线 P 与 C 的相交点上，在此相交点上的能量等于化学吸附的活化能。此活化能的大小取决于曲线 P 和 C 的形状。氢气在大多数金属表面上的化学吸附的活化能较低。

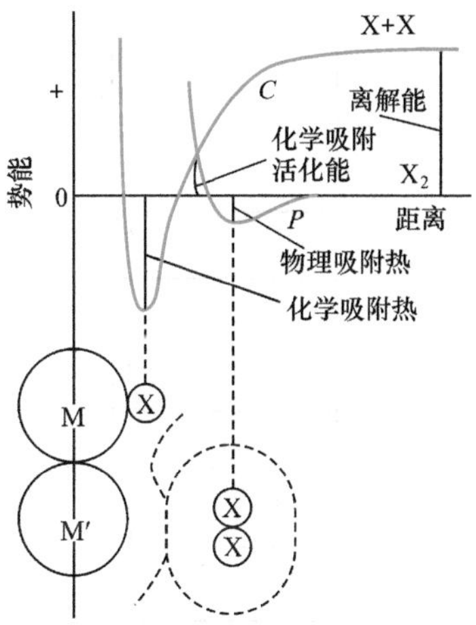

图 13-23 两类吸附的势能曲线

如果化学吸附的活化能很高，这意味着在低温下化学吸附的速率很慢，实际上只能观察到物理吸附。图 13-24 表示在一定压力下固体表面上气体的平衡吸附量与平衡温度的关系曲线，称为吸附等压线(adsorption isobar)，曲线(a)表示物理吸附平衡，曲线(b)表示化学吸附平衡，曲线(c)表示化学吸附速率较慢、但仍能发生的非平衡吸附。

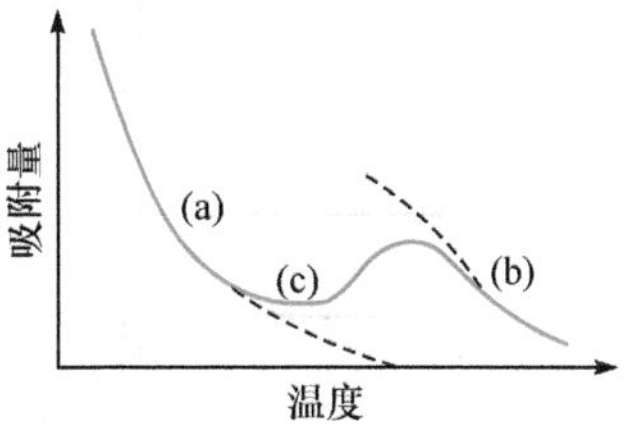

图 13-24 吸附等压线

3. 吸附曲线

考察固体对气体的定量吸附，通常采用吸附量这一术语。吸附量是指在一定温度和压力条件下，当吸附达平衡时(吸附速率等于脱附速率)，单位质量的固体吸附剂所吸附气体的物质的量，或单位质量的固体吸附剂所吸附的气体物质在标准态下的体积。

当吸附达到平衡时，表示吸附量与温度、压力三者之间关系的曲线为吸附曲线。吸附曲线分为三类：①在一定温度下，平衡吸附量与平衡压力的关系曲线称为吸附等温线(adsorption isotherm)；②在一定压力下，固体表面气体的平衡吸附量与平衡温度的关系曲线称为吸附等压线(adsorption isobar)；③在一定吸附量下，平衡压力与平衡温度的关系曲线，称为吸附等量线(adsorption isostere)。三种吸附曲线中，以吸附等温线最为重要。

13.9.2 吸附等温方程

1. 吸附等温线

由于吸附质与吸附剂之间的作用力不同，而且吸附剂的表面状态也具有差异性，吸附等温线的形式是多种多样的。根据实验结果，布鲁诺尔(Brunauer)把物理吸附等温线分为五种类型，如图 13-25 所示。类型Ⅰ吸附等温线(如氨在木炭或分子筛上的吸附)表现吸附量随压力的升高很快达到一个极限值 V_m。这种类型称为朗缪尔型，吸附是单分子层的。化学吸附等温线一般属于类型Ⅰ。均匀细孔结构的固体(如分子筛)上的气体物理吸附等温线也属于类型Ⅰ。

类型Ⅱ吸附等温线(如 77K 时氮在硅胶上的吸附)表现固体表面上的多分子层物理吸附，B 点表示单分子层物理吸附的形成。

类型Ⅳ吸附等温线(如 320K 时苯蒸气在氧化铁凝胶上的吸附)表现有毛细管凝结现象发生，吸附的上限主要取决于总孔体积及有效孔径。

类型Ⅲ(如 352K 时溴蒸气在硅胶上的吸附)和类型Ⅴ(如 373K 时水蒸气

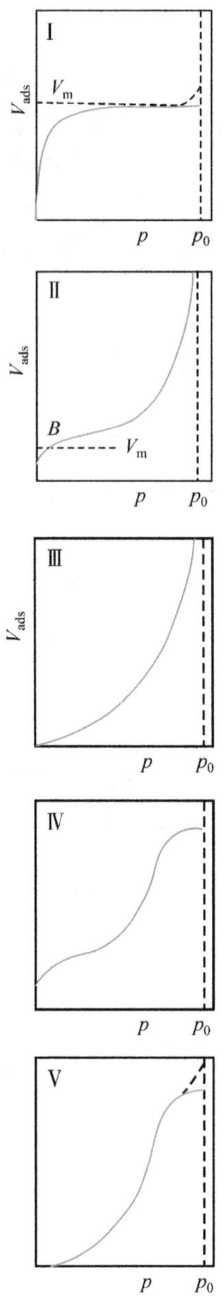

图 13-25　吸附等温线的类型(p_0=饱和蒸气压)

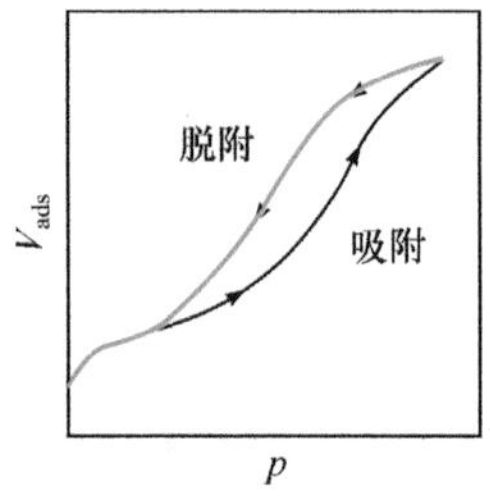

图 13-27　吸附滞后环

在木炭上的吸附)两种吸附等温线不表现出开始吸附的迅速增加,单分子层中的吸附力较弱,这两类吸附比较少见。

许多吸附等温线的形状是介于上述五种类型中的两种或三种之间,有的完全不能归属于其中任一种类型。例如,图 13-26 为氪气在 90K 时在炭黑上的逐级吸附等温线(stepwise adsorption isotherm)。逐级吸附一般发生在表面均匀的固体上,每一级吸附相当于单分子层吸附的完成。物理吸附除了发生单分子层吸附、多分子层吸附外,还包括毛细管凝结,通常这三种现象是重叠发生的。

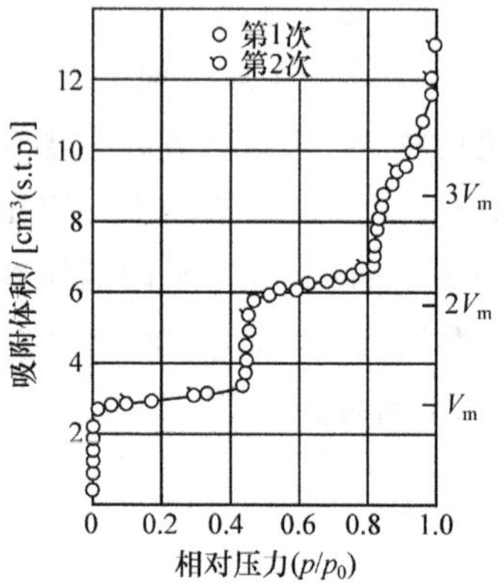

图 13-26　逐级吸附等温线

在 13.4 节中已介绍过,弯曲液面上的饱和蒸气压不同于平面液面上的蒸气压。如果液面是凹形的,则 $p_r^* < p^*$(因 r 是负值)。因此,根据开尔文公式:

$$RT\ln\frac{p_r^*}{p^*} = -\frac{2\sigma V_m\cos\theta}{r}$$

式中,r 是毛细管半径;θ 是液体与毛细管壁的接触角;V_m 是液体的摩尔体积。一个能润湿毛细管壁的液体在毛细管中其气-液界面呈凹形,具有较低的饱和蒸气压。

因此,在毛细管中,一个能润湿毛细管壁的液体的蒸气在低于其正常饱和蒸气压的压力下即能发生凝结现象。席格蒙迪(Zsigmondy)认为这种现象也能发生在多孔性固体中。孔中的毛细管升高能导致较细的孔中完全充满凝结液体,而较粗的孔中却是完全空的。在某一低于正常饱和蒸气压的压力下,某一大小及其以下的所有孔道均将充满液体,而超过此大小的所有孔道将是空的。根据毛细管凝结现象,我们可从吸附等温线获得多孔性固体的孔径分布知识。

毛细管凝结现象是多孔性固体的物理吸附的一个重要特征,它可以用来解释吸附滞后现象。吸附滞后(adsorption hysteresis)就是脱附(吸附的逆过程)等温线与吸附等温线不重合,如图 13-27 所示。对吸附滞后现象的一种解释是接触角滞后。液体在干燥固体表面上铺展时的吸附接触角一般大于液体在潮湿固体表面上脱离时的脱附接触角。显然,由开尔文公式可知,在相同的吸附量和脱附量下,脱附的平衡压力低于吸附的平衡压力,如图 13-27 所示,脱附等温线位于吸附等温线的左边。另一种解释吸附滞后是“墨水瓶”(ink-bottle)理论。孔的形状像一只墨水瓶,瓶颈细长,瓶体宽大。当 p_r^*/p^* 达到相应于内部粗孔值时,所有孔道都充满液体;但是一旦充满液体后,孔内液体当 p_r^*/p^* 减小到相应于细孔值时就能蒸发出来,这就是说,“进孔难,出孔易”。

2. 吸附等温式

常用的三个吸附等温式为朗缪尔公式、弗兰德里希(Freundlich)公式和BET 公式。

1) 朗缪尔吸附等温式

1918 年美国化学家朗缪尔提出一个简单的固体表面上的吸附模型，从而导出吸附等温式。朗缪尔吸附理论的基本假定如下：

(1) 气体分子在固体表面的吸附是单分子层的。只有当气体分子碰撞到固体的空白表面上才能被吸附，而对已被吸附分子的碰撞是弹性碰撞。

(2) 固体表面是均匀的，即表面上各部位的吸附能力相同。吸附热与表面覆盖度无关。

(3) 被吸附分子之间没有相互作用力。被吸附分子处在特定的固体吸附剂表面位置上(定域的)。

(4) 吸附平衡是一种动态平衡。当达到吸附平衡时，吸附速率等于脱附速率。

设 θ 为达吸附平衡时被吸附分子覆盖的表面积占固体总表面积的分数，称为覆盖度，而 $(1-\theta)$ 即为空白表面积的分数。吸附速率与气相中气体的压力 p 和空白表面积分数 $(1-\theta)$ 成正比，即

$$r_a = k_a p(1-\theta)$$

而脱附速率 r_d 应与表面覆盖度 θ 成正比，即

$$r_d = k_d\theta$$

式中，k_a 和 k_d 分别是吸附速率常数和脱附速率常数。达吸附平衡时，吸附速率等于脱附速率，即

$$k_a p(1-\theta) = k_d\theta$$

$$\theta = \frac{k_a p}{k_d + k_a p} = \frac{\frac{k_a}{k_d}p}{1+\frac{k_a}{k_d}p} = \frac{bp}{1+bp} \tag{13-51}$$

式中，$b \equiv \frac{k_a}{k_d}$，称为吸附系数(adsorption coefficient)，是与温度有关的常数；p 是平衡压力。式(13-51)即为朗缪尔吸附等温式。如以 V_m 表示固体表面盖满一层气体分子后的饱和吸附量，则表面覆盖度

$$\theta = \frac{V}{V_m} = \frac{bp}{1+bp} \tag{13-52}$$

将式(13-52)写为直线方程形式

$$\frac{1}{V} = \frac{1}{V_m} + \frac{1}{bV_m p} \tag{13-53}$$

若以 $1/V$ 对 $1/p$ 作图，得一直线，直线的斜率为 $1/bV_m$，截距为 $1/V_m$。

利用朗缪尔吸附等温式可以解释图 13-23 中Ⅰ类吸附等温线：

(1) 当压力较低或吸附很弱时，$bp \ll 1$，式(13-51)即为

$$\theta \approx bp \quad 或 \quad V = V_m bp$$

V 与 p 呈直线关系，即图中低压部分。

(2) 当压力足够高或吸附较强时，$bp \gg 1$，式(13-51)为

前沿拓展：气体在固体上的吸附

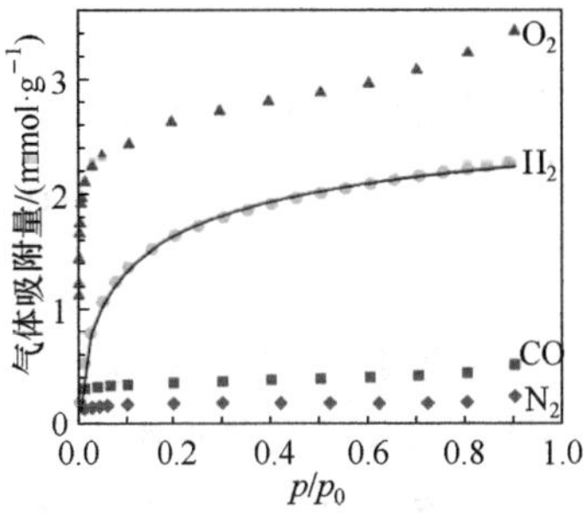

附图 13-7　77K 下不同气体在微孔材料 $Mg_3(NDC)_3$ 上的吸附曲线

固体表面上的原子或分子活动性小，处于热力学非平衡状态，具有表面能量不均匀、表面不完整、不规则等特性。固体表面吸附包括物理吸附和化学吸附，其中物理吸附常用于脱水、脱气、气体的净化与分离等。化学吸附是发生多相催化反应的前提，在许多学科中都有广泛的应用。在实际吸附过程中，两类吸附有时会交替或先后发生，吸附等温线可以反映出吸附剂的表面性质、孔分布以及吸附剂与吸附质之间的相互作用等相关信息。通过对一系列吸附等温线进行分析，可以更好地理解各种吸附机理并建立相应的理论模型。例如，在 77K 下，微孔材料 $Mg_3(NDC)_3$ 对 N_2 和 CO 几乎没有吸收，而对 O_2 和 H_2 的吸附量非常大(附图 13-7)。这种差异性吸附结果表明该材料具备潜在的储氢能力(J Am Chem Soc，2005，127：9376)。(李伟)

扫描右侧二维码观看视频

$$\theta \approx 1 \quad 或 \quad V \approx V_m$$

此时,达到了饱和吸附,表面已盖满一层,吸附量为定值,相当于图 13-23 中高压部分。

(3) 只有当压力适中或吸附作用适中时,吸附量与压力呈曲线关系。

如果是气体混合物在固体表面上发生竞争吸附,则朗缪尔吸附等温式可以写成通式如下:

$$\theta_i = \frac{V_i}{V_{m,i}} = \frac{b_i p_i}{1 + \sum_i b_i p_i} \tag{13-54}$$

例如,气体 A 和 B 混合物在固体表面上的混合吸附,对组分 A 来说,应有

$$\theta_A = \frac{V_A}{V_{m,A}} = \frac{b_A p_A}{1 + b_A p_A + b_B p_B}$$

对组分 B 来说,应有

$$\theta_B = \frac{V_B}{V_{m,B}} = \frac{b_B p_B}{1 + b_A p_A + b_B p_B}$$

式中,p_i(如 p_A 和 p_B)是组分 i 的平衡分压。

应指出,朗缪尔在导出吸附等温式中所作的假定大多数是不符合实际情况的。大多数固体表面是不均匀的,脱附速率与被吸附分子所处的位置有关。被吸附分子间的相互作用力一般是较大的,这表现在吸附热与覆盖度 θ 有关。大量实验事实证明,被吸附分子可以在固体表面上移动,特别是在高温下的物理吸附表现得更为明显。朗缪尔由于对表面化学研究的贡献而获得 1932 年诺贝尔化学奖。

2) 弗兰德里希吸附等温式

平衡吸附量与平衡压力的关系表示为以下形式:

$$V = kp^{1/n} \tag{13-55}$$

式中,k 和 n 是常数,$n>1$。取对数后得

$$\lg V = \lg k + \frac{1}{n}\lg p \tag{13-56}$$

即以 $\lg V$ 对 $\lg p$ 作图应得一条直线。

弗兰德里希公式本来是一个经验公式,但是可以从理论上推导出来。修正朗缪尔的固体表面绝对均匀的假定,而把固体表面上的吸附中心按不同吸附热分成若干种,每一种吸附中心具有一定的吸附热。吸附热是以指数形式随表面覆盖度而变的。实际上,弗兰德里希公式是朗缪尔公式分布的求和,但是每一个朗缪尔公式中的气体吸附量不达到极限值 V_m。弗兰德里希公式不适用于很高压力下的吸附,但是在中间压力下比朗缪尔公式更为准确。

3) BET 吸附等温式

朗缪尔公式和弗兰德里希公式只适用于类型Ⅰ吸附等温线。因为物理吸附中的分子间作用力类似于气体液化,即范德华力,所以物理吸附即使发生在平面和凸面上,也不只限于单分子吸附层,而是可以发生多分子吸附层。布鲁诺尔-埃米特-特勒(Brunauer-Emmett-Teller,BET)吸附理论是朗缪尔处理方法的推广,用来导出多分子吸附层的吸附等温式。在 BET 公式的推导中,分别处理不同吸附层的吸附平衡时吸附速率等于脱附速率,并假定第一吸附层的吸附热为 $\Delta_{ads}H_1$,第二和以后各吸附层的吸附热均等于气体的液化

前沿拓展:气体在固体表面吸附实例

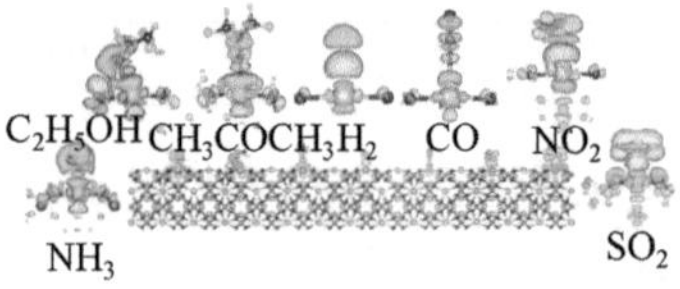

附图 13-8 差分电荷密度图

固体通过表面上未饱和的自由价来捕获气相中的分子,从而降低固体的表面能,这种现象称为固体对气体的吸附。物理吸附依靠较弱的范德华力结合,化学吸附则在气体分子与固体表面之间形成较强的化学键,同时伴有比较明显的电荷转移,进而改变固体表面的导电性能,因此特异性吸附可用于制作高选择性的气体传感器。本案例以磷酸银 Ag_3PO_4 固体表面为例,从实验测量和第一性原理计算两个方面研究对比了氨气(NH_3)、乙醇(C_2H_5OH)、丙酮(CH_3COCH_3)、氢气(H_2)、一氧化碳(CO)、二氧化硫(SO_2)和二氧化氮(NO_2)等气体分子的吸附性质。理论计算表明氨气分子与 Ag_3PO_4 表面原子之间存在显著的电荷转移(附图 13-8),从而解释了氨气的特异性吸附引起电导显著变化的原因(Appl Surf Sci, 2019, 479: 1141)。(张明涛)

扫描右侧二维码观看视频

热 $\Delta_g^l H$，这就是说，把第二和以后各吸附层的吸附视作气体的液化。BET 公式一般表示为以下形式：

$$\frac{p}{V(p_0-p)}=\frac{1}{V_m C}+\frac{C-1}{V_m C}\frac{p}{p_0} \tag{13-57}$$

式中，V 和 V_m 的意义同前；C 是常数，近似地等于$\exp[(\Delta_{ads}H_1-\Delta_g^l H)/RT]$；$p_0$ 是吸附平衡温度下吸附质的饱和蒸气压。以 $p/V(p_0-p)$ 对 p/p_0 作图应得一直线，从直线的斜率和截距可求出 C 和 V_m，即

$$V_m=\frac{1}{\text{斜率}+\text{截距}}$$

式(13-57)主要适用于类型Ⅱ吸附等温线，此外，在低压下变为朗缪尔公式。当常数$C<2$时，可以得到不常见的类型Ⅲ吸附等温线，不同 C 值的吸附等温线的类型如图 13-28 所示。

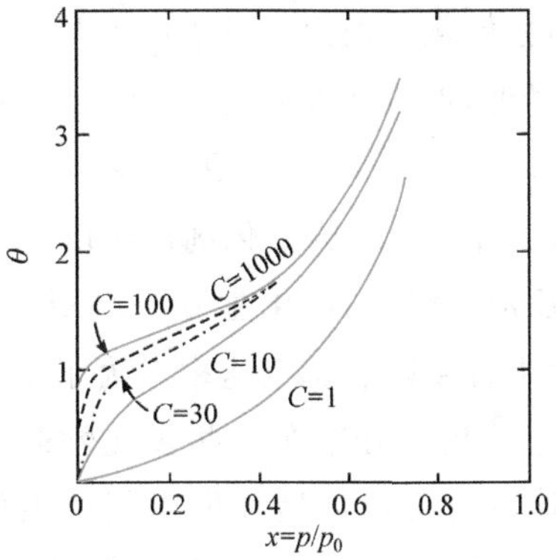

图 13-28 BET 等温线

BET 吸附理论也适用于多孔性固体中的吸附作用。如果吸附作用只限于 n 个分子层(n 与孔大小有关)，则 BET 公式为下列形式：

$$V=\frac{V_m Cx}{(1-x)}\frac{1-(n+1)x^n+nx^{n+1}}{1+(C-1)x-Cx^{n+1}} \tag{13-58}$$

式中，$x=p/p_0$。式(13-58)是 BET 公式的通式，当$n=1$时(单分子吸附层)变为朗缪尔公式；当 $n=\infty$时(自由平面上的吸附作用)变为式(13-57)。

平衡压力为 $0.05p_0 \sim 0.35p_0$ 的实验吸附等温线与 BET 公式的计算值能较好地符合。利用 BET 公式来测定固体表面积的吸附质气体，通常使用 77K (液氮温度)时的氮气(称为低温氮吸附法)。单分子吸附层中每一个被吸附的氮分子的有效截面积由液氮密度($0.81\,g\cdot cm^{-3}$)算得。埃米特和布鲁诺尔按式(13-59)算得液氮分子的有效截面积为 $16.2\times10^{-20}\,m^2$

$$A_m=f\left(\frac{M}{\rho L}\right)^{2/3}\times10^{14}\,nm^2 \tag{13-59}$$

式中，A_m 是吸附质分子的有效截面积；M 是吸附质的摩尔质量；ρ 是吸附质的密度；L 是阿伏伽德罗常量；f 是密堆积因子，与吸附相的几何结构有关，六方密堆积的 $f=1.091$。从 V_m 值和 A_m 值，按式(13-60)可求算固体表面积(单位质量固体的表面积，称为比表面)S：

$$S=\frac{A_m L V_m}{22\,400} \tag{13-60}$$

式中，V_m 的单位为标准状况下的 $cm^3\cdot g^{-1}$。

13.10 多相催化反应

多相催化反应是指反应物与催化剂不在同一相而在两相界面上进行的反应。

许多工业化学反应是在固体催化剂存在下进行的。例如,用铁催化剂使 N_2 和 H_2 反应合成 NH_3,用 SiO_2-Al_2O_3 催化裂化石油制汽油,用 Pt 或 V_2O_5 催化氧化 SO_2 制硫酸,用硅藻土负载 H_3PO_4 催化烯烃的聚合反应等。本节主要对气-固相表面催化反应作以简单介绍。

由于反应是在两相界面上进行的,因此气-固相催化反应的反应速率与界面性质紧密相关。固相催化剂的表面并不是均匀的,其中只有某些部位具有催化活性,称为活性中心,这种活性中心仅占催化剂表面积的一小部分。当一种或几种反应物在固相催化剂表面上发生吸附后,在活性中心生成活性中间物,使反应的活化能降低,改变了反应途径,使反应更容易正向进行,发生脱附后获得产物。例如,$2HI \longrightarrow H_2+I_2$ 反应,若为无催化剂的均相反应,其活化能为 $184.1kJ \cdot mol^{-1}$;若以 Au 为催化剂催化反应,其活化能为 $104.6kJ \cdot mol^{-1}$;若以 Pt 催化此反应,反应的活化能为 $58.6kJ \cdot mol^{-1}$。

催化剂表面积的大小直接影响反应速率。为了增加催化剂的表面积,提高催化活性,人们通常把催化剂分布在一些多孔性载体上,如硅胶、氧化铝、硅藻土、分子筛等。载体一方面可以增加催化剂的表面积,提高催化剂的机械强度,改善其导热点,防止催化剂因局部烧结而失活;另一方面,载体还有可能与催化剂的活性组分相互作用,改善催化剂的性能。

固体催化剂往往包括多种组分,其中包括起主要催化作用的主催化剂和起辅助催化作用的助催化剂。例如,合成氨铁催化剂中添加少量的 Al_2O_3 和 K_2O,可以提高 NH_3 的产率。研究认为 Al_2O_3 的加入使 Fe 的表面结构发生一定的改善,使由 Fe_3O_4 还原的 Fe 形成多孔微晶,大大地增加了比表面,提高了催化活性。少量某些物质也会成为"毒物",使催化剂完全失活,如 H_2S、CS_2、CO、PH_3 等化合物以及 Hg、Pb、As 等单质。这些"毒物"可能是反应体系中引进的杂质,也可能是反应的副产物。催化反应中应设法将其清除掉以保证反应的顺利进行。

吸附是气-固相催化反应的必要步骤,吸附的强弱对于产物的获得十分重要。如果催化剂对反应物的吸附太强,使反应物不易发生化学反应,甚至会由于占据了活性中心而导致催化剂失活,这种被强吸附的物质即成为"毒物"。如果反应物吸附太弱,被吸附的粒子数太少,也不利于产物的生成。因此,只有在催化剂表面上吸附强度适中的物质才有利于多相催化反应正向进行。2007 年诺贝尔化学奖授予德国埃特尔(Ertl)教授,以表彰他对固体表面化学研究的贡献。

知识点讲解视频

气体在固体表面的催化反应

(朱志昂)

13.10.1 气-固反应的基本步骤

非均相催化反应一般包括下列五个步骤:

(1) 反应物分子从体相扩散到固体表面上。

(2) 反应物分子在固体表面发生化学吸附。

（3）被吸附的分子在相界面上发生化学反应。

（4）产物分子从固体表面脱附。

（5）产物分子扩散到体相中。

如果以上五步的反应速率相差不大，应用稳定态近似处理方法，结合质量作用定理，可导出反应速率方程，但比较复杂。如果各步骤速率相差较大，按照动力学原理，总反应的反应速率由其中速率最小的一步控制。如果第（1）步和第（5）步速率最慢，称反应受扩散控制，或称总反应在扩散区内进行。如果第（2）步和第（4）步速率最慢，称总反应为吸附或脱附控制。如果第（3）步速率最慢，称总反应是表面反应控制，或称反应在动力学区进行。由扩散控制和吸附、脱附控制的反应可以通过加大气体流速、采取较小催化剂颗粒等方法进行消除。这里仅重点讲解表面反应为速率控制步骤的气-固相表面催化反应的动力学规律。

13.10.2　表面反应质量作用定理

非均相催化反应速率 J 的定义为

$$J \equiv \frac{1}{\nu_B}\frac{\mathrm{d}n_B}{\mathrm{d}t}$$

式中，ν_B 是任意反应物质 B 在总反应式中的化学计量数。因为化学反应是在固体催化剂表面上发生的，所以 J 正比于表面积 $\mathscr{A}$。令 r_S 为单位表面积的反应速率，则

$$r_S = \frac{J}{\mathscr{A}} = \frac{1}{\mathscr{A}}\frac{1}{\nu_B}\frac{\mathrm{d}n_B}{\mathrm{d}t} \tag{13-61}$$

如果 $\mathscr{A}$ 为未知，则用单位质量催化剂的反应速率表示

$$r_m = \frac{J}{m} = \frac{1}{m}\frac{1}{\nu_B}\frac{\mathrm{d}n_B}{\mathrm{d}t} \tag{13-62}$$

表面基元反应的反应速率正比于反应物的吸附量（覆盖度 θ），其指数等于相应的化学计量数，这就是表面反应质量作用定理。

例如，对表面过程基元反应

$$a A_{ad} + b B_{ad} \longrightarrow 产物$$

则有

$$r_m = k_m \theta_A^a \theta_B^b$$

13.10.3　一种气体在催化剂表面的反应

若反应 A $\longrightarrow$ B 的机理为

A + —S—　$\underset{k_{-1}}{\overset{k_1}{\rightleftharpoons}}$　$\overset{\text{A}}{\underset{|}{—\text{S}—}}$　　反应物吸附平衡

$\overset{\text{A}}{\underset{|}{—\text{S}—}}$　$\overset{k_2}{\longrightarrow}$　$\overset{\text{B}}{\underset{|}{—\text{S}—}}$　　表面反应

$\overset{\text{B}}{\underset{|}{—\text{S}—}}$　$\underset{k_{-3}}{\overset{k_3}{\rightleftharpoons}}$　—S— + B　　产物脱附平衡

设表面反应是速控步，则总反应速率由表面反应决定，所以

前沿拓展：气固相多相催化

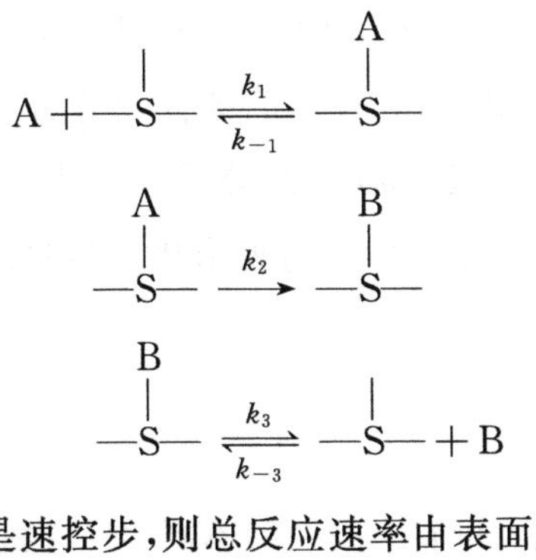

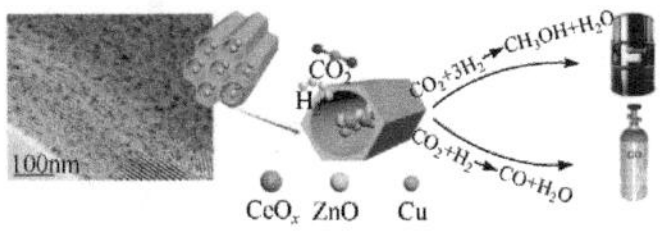

附图 13-9　SBA-15 分子筛负载的 Cu-ZnO-CeO$_x$ 催化剂表面 CO$_2$ 加氢反应示意图

多相催化反应是指反应物与催化剂不在同一相态，催化过程在两相界面上进行的反应。反应物为气态、催化剂为固态的反应体系即为气固相催化反应。气固相催化反应的本征动力学是研究不受扩散干扰条件下固体催化剂与其相接触的气体之间的反应动力学。气固相催化反应过程是反应组分由外扩散到内扩散，在催化剂表面的活性中心吸附并发生反应，随后反应产物在催化剂表面脱附，最后经内扩散再到外扩散。作为气固相反应的典型案例——二氧化碳热催化加氢制备有用化学品，目前研究主要集中于高比表面的多孔载体负载的金属和金属氧化物复合催化剂。最新研究发现，SBA-15 分子筛负载的 Cu-ZnO-CeO$_x$ 催化剂在二氧化碳热催化加氢制备甲醇和一氧化碳方面展现了非常优异的性能（附图 13-9）。二氧化碳和氢气会扩散到介孔分子筛 SBA-15 的孔道内发生反应，SBA-15 的有序介孔孔道不仅提高了金属的分散度和利用效率，还阻止了金属颗粒在高温反应过程中的烧结和团聚，从而大幅提升了催化剂的活性和稳定性（Inorg Chem Front，2019，6：1799）。（李伟）

$$r_S = -\frac{dp_A}{dt} = k_2\theta_A$$

近似认为吸附遵守朗缪尔吸附等温式

$$\theta_A = \frac{b_A p_A}{1 + b_A p_A + b_B p_B}$$

则有

$$r_S = -\frac{dp_A}{dt} = \frac{k_2 b_A p_A}{1 + b_A p_A + b_B p_B} \tag{13-63}$$

若产物 B 不吸附或弱吸附时

$$r_S = -\frac{dp_A}{dt} = \frac{k_2 b_A p_A}{1 + b_A p_A} \tag{13-64}$$

根据不同情况，式(13-64)可以再化简为下列各种形式：

(1) 低压时或反应物在催化剂上是弱吸附(b_A 很小)时，即 $b_A p_A \ll 1$，则式(13-64)变为

$$r_S = -\frac{dp_A}{dt} = k_2 b_A p_A = k p_A \tag{13-65}$$

此为一级反应。并有

$$k = k_2 b_A$$

将阿伦尼乌斯指数定律及 b_A 的统计力学表达式代入得

$$A\exp\frac{-E_a}{RT} = A'\left(\exp\frac{-E_2}{RT}\right)\frac{q_{a,in}}{kTf_g}\exp\frac{-L\varepsilon_a}{RT}$$

得到表观活化能 E_a 的表达式

$$E_a = E_2 + L\varepsilon_a = E_2 + \Delta_{ads}H_m \tag{13-66}$$

式中，$\Delta_{ads}H_m$ 是摩尔吸附热。

(2) 若压力很大或反应物被强吸附(b_A 很大)时，即 $b_A p_A \gg 1$，则式(13-64)变为

$$r_S = -\frac{dp_A}{dt} = k_2 \tag{13-67}$$

此为零级反应，相当于表面被全部覆盖。

(3) 若压力和吸附都适中，则

$$r_S = -\frac{dp_A}{dt} = \frac{k_2 b_A p_A}{1 + b_A p_A} \tag{13-68}$$

反应级数为 0～1 的分数。

700℃时 NH_3 的钨催化分解服从式(13-64)，在 1.3Pa 压力下反应是一级，在 133Pa 压力下反应是零级。NH_3 在 Pt 上的催化分解的实验速率方程是 $r_S = kp_{NH_3}/p_{H_2}$。如果 $b_{H_2}p_{H_2}$ 大于式(13-63)的分母中的其他各项，即可得到此反应速率方程。这说明产物 H_2 在 Pt 上的吸附比其他物质强，对 NH_3 的分解起抑制作用。

13.10.4 两种气体在催化剂表面反应

对于反应 A+B ⟶ C+D，这时可有下列两种不同的反应机理。

1. 朗缪尔-欣谢尔伍德机理

朗缪尔-欣谢尔伍德机理认为反应是固体表面上被吸附的 A 与 B 分子间进行,具体机理如下:

$$
\left.\begin{aligned}
&A+ -S- \rightleftharpoons \ \overset{A}{\underset{|}{-S-}} \\[2ex]
&B+ -S- \rightleftharpoons \ \overset{B}{\underset{|}{-S-}}
\end{aligned}\right\} \text{反应物吸附平衡}
$$

$$
\overset{A}{\underset{|}{-S-}} + \overset{B}{\underset{|}{-S-}} \xrightarrow{k_2} \overset{C}{\underset{|}{-S-}} + \overset{D}{\underset{|}{-S-}} \quad \text{表面反应(RCP)}
$$

$$
\left.\begin{aligned}
&\overset{C}{\underset{|}{-S-}} \rightleftharpoons -S- +C \\[2ex]
&\overset{D}{\underset{|}{-S-}} \rightleftharpoons -S- +D
\end{aligned}\right\} \text{产物脱附平衡}
$$

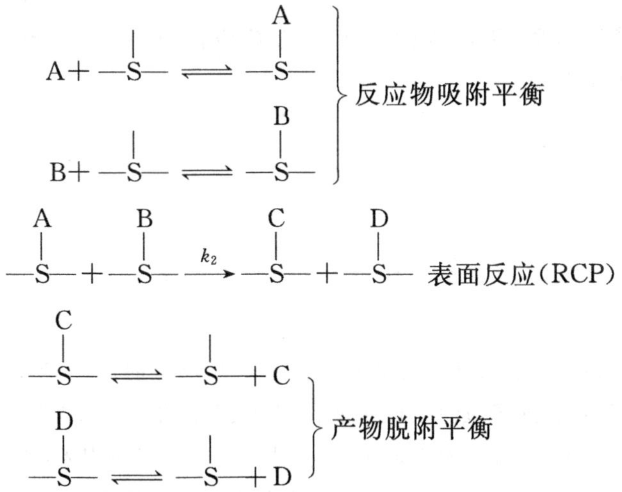

反应速率方程为

$$r_S = k_2 \theta_A \theta_B = k_2 \frac{b_A p_A b_B p_B}{(1+b_A p_A + b_B p_B + b_C p_C + b_D p_D)^2} \tag{13-69}$$

若产物不吸附或弱吸附,则

$$r_S = k_2 \frac{b_A p_A b_B p_B}{(1+b_A p_A + b_B p_B)^2} \tag{13-70}$$

式(13-70)可分三种情况讨论。

(1) A 和 B 都是弱吸附,即

$$1+b_A p_A + b_B p_B \approx 1$$

则 $r_S = k p_A p_B$,这是二级反应。

(2) A 是弱吸附,B 是中等吸附,即

$$1+b_A p_A + b_B p_B \approx 1+b_B p_B$$

则

$$r_S = \frac{k_2 b_A b_B p_A p_B}{(1+b_B p_B)^2}$$

若 p_B 维持不变,改变 p_A,反应对 A 而言是一级反应。若 p_A 维持不变,改变 p_B,反应速率先随 p_B 升高而增加,在 $p_B = \frac{1}{b_B}$ 时达最大值,然后随 p_B 继续升高而减慢,此时升高 p_B 反而阻滞反应。

(3) 气体 A 是弱吸附,气体 B 是强吸附,则

$$r_S = k_2 \frac{b_A p_A}{b_B p_B} = k' \frac{p_A}{p_B}$$

此时气体 B 阻滞了反应速率,与产物的阻滞作用类似。

2. 埃利-里迪尔机理

埃利-里迪尔(Eley-Rideal)机理如下:

假定表面反应是吸附在固体表面的分子与气态分子之间的反应。

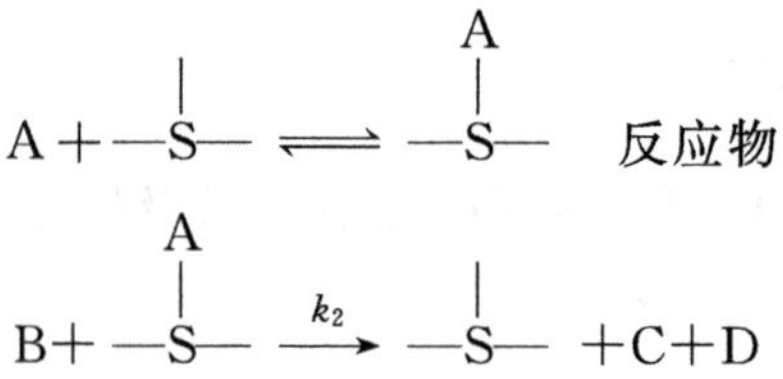

$$A+\underset{|}{\overset{|}{S}}\ \Longleftrightarrow\ \underset{|}{\overset{\overset{\textstyle A}{|}}{S}}\quad\text{反应物 A 的吸附平衡}$$

$$B+\underset{|}{\overset{\overset{\textstyle A}{|}}{S}}\ \overset{k_2}{\longrightarrow}\ \underset{|}{\overset{|}{S}}\ +C+D\quad\text{表面反应(RCP)}$$

反应物 B 也可吸附,但吸附的 B 不与 A 反应,产物 C 和 D 也可吸附或不吸附。反应速率为

$$r_S = k_2 p_B \theta_A = k_2 p_B \frac{b_A p_A}{1+\sum_i b_i p_i}$$

*13.11 表面分析技术

利用电子、光子、离子、原子、强电场、热能等与固体表面的相互作用,测量从表面散射或发射的电子、光子、离子、原子、分子的能谱、光谱、质谱、空间分布或衍射图像,得到表面成分、表面结构、表面电子态及表面物理化学过程等信息的各种技术,统称为表面分析技术(surface analysis techniques)。20 世纪 60 年代,在超高真空和高分辨高灵敏电子测量技术建立和发展的基础上,已开发了数十种表面分析技术,其中主要有场致发射显微技术、电子能谱、电子衍射、离子质谱、离子和原子散射以及各种脱附谱等。20 世纪 70 年代后期建立的同步辐射装置能提供能量从红外到硬 X 射线区域内连续可调的偏振度高和单色性好的强辐射源,又大大增强了光(致)发射电子能谱用于研究固体表面电子态的能力,开发了光电子衍射和表面 X 射线吸收边精细结构。此外,电子顺磁共振、红外反射、增强拉曼散射、穆斯堡尔谱、非弹性电子隧道谱、椭圆偏振等也用于某些表面分析场合。

表面分析技术多种多样,目的不一。各种分析手段的目的和灵敏度不同,常把几种分析手段配合使用。

常见的表面分析技术有以下 10 种。

13.11.1 低能电子衍射

将能量为 $10\sim500eV$ 的低能电子束入射到待研究表面,由于入射电子能量低,只有表面层内的原子才对入射电子起散射作用,而且散射截面很大。用荧光屏观察背向衍射束斑的分布,可得有关表面原胞的几何信息。另外,对任一衍射束,其束斑强度随电子束的能量(或电子波长)而变,这种变化关系可用 I-V 曲线表示出来(I 是表征衍射束强度的电流,V 是入射电子束的加速电压),该曲线称为低能电子衍射谱。低能电子衍射(LEED)谱与表面原子的种类及其空间结构有关。LEED 一直是最为有效的表面结构分析手段。

13.11.2 反射高能电子衍射

反射高能电子衍射(RHEED)用高能电子束($10^4 eV$ 数量级)向待研究表面入射,在其反射方向探测和分析衍射束,从而得到关于表面结构的几何信息。

13.11.3 俄歇电子谱

俄歇电子谱(AES)以能量约为数千电子伏特的电子束入射到晶体表面,使处于原子 K 壳层上的电子电离并留下一个空位。L 壳层上的电子向下跃迁填补这个空位,同时释放出多余能量。这个跃迁过程可能是无辐射跃迁,所释放出的能量使壳层 $L_{2,3}$ 上的电子激发成自由态,这种二次电子称为俄歇电子。上述过程称为俄歇过程,由法国物理学家俄歇于 1925 年发现。俄歇电子数按能量的统计分布称为俄歇电子谱,每种元素有各自的特

征俄歇电子谱，故可用来确定化学成分。俄歇电子谱常用于分析和鉴定固体表面的吸附层、杂质偏析及催化机理研究等。

13.11.4　光电子能谱

用 X 射线或紫外线入射到固体表面，表面原子的内层电子吸收入射光子的能量后逸出表面成为自由电子，这实际上是一种光电效应。光电子可来源于原子的不同壳层，其动能包含了原子内层电子所处能量状态的信息。光电子数按其动能的统计分布称为光电子能谱，它携带了原子内有关电子状态的丰富信息。利用光电子能谱可判别表面原子的种类，决定表面电子态。根据入射光子的波长可分为 X 射线光电子能谱(XPS)和紫外线光电子能谱(UPS)两类。自同步辐射源出现后，光电子能谱分析法更得到了迅速发展。

13.11.5　出现电势谱

以一定能量的电子束入射到固体表面，入射电子使原子的内层电子激发而出现空位，测量产生空位所需的最低能量(对应入射电子的最低加速电势)。空位的产生可通过填补这个空位所涉及的俄歇过程或发射软 X 射线过程来探测，前者称为俄歇出现电势谱，后者称为软 X 射线出现电势谱 。俄歇电子或软 X 光子的能量与原子的壳层结构有关，并因元素而异，故利用出现电势谱(APS)可鉴别原子种类。

13.11.6　电子能量损失谱

以数百电子伏特的电子束入射到表面，由于入射电子与表层内各种元激发(如声子、激子等各类准粒子)的相互作用而引起能量损失，这种能量损失携带了各种元激发的有关信息。利用电子能量损失谱(EELS)可获得关于表面原子振动模式、等离子振荡、能带间跃迁等多方面的固体表面结构信息。

13.11.7　高分辨电子能量损失谱

当低能电子接近表面时，会与固体表面振动的原子或分子发生相互作用，从反射回来的电子可得到固体表面结构或表面吸附物结构的信息。高分辨电子能量损失谱(HREELS)和红外光谱(IR)都是通过观察吸附原子和分子的振动频率来研究吸附，但 HREELS 比 IR 能给出更多更直接的信息，而且能观察到更低的振动频率，有更宽的谱线范围(小于 $100cm^{-1}$)。

13.11.8　离子中和谱

当正离子接近固体表面时，固体内的电子可借助隧道效应，穿越表面势垒跃入正离子的空电子态而使正离子中和。此过程所释放的能量可将固体中其他电子激发到自由空间。分析这些发射出来的电子的能量分布可了解表面电子态的分布，以及确定由于吸附外来原子而引起的表面电子态的变化等。隧道效应只发生在表面的单原子层，故离子中和谱(INS)是各种谱带中取样深度最浅的一种。

13.11.9　二次离子谱

以能量为 10^3 eV 的惰性气体离子轰击表面，再用质谱仪分析从表面溅射出来的二次离子，就可确定表面成分，二次离子谱(SINS)具有极高的分析灵敏度。

13.11.10　扫描隧道显微镜

以很细的金属探针接近固体表面时，固体中的电子借助隧道效应，克服表面势垒到达探针，从而形成隧道电流。隧道电流的大小取决于针尖至表面原子的距离，距离近时电流大,距离远时电流小。令探针在固体表面上扫描,扫描时针尖与表面间保持一极小的距离,根据隧道电流的变化就可显示出表面层中的原子排列情况 。扫描隧道显微镜(STM)的最大优点是不需任何外来粒子束或射线束,因而不会破坏样品表面,也不存在由于入射线的波动性而造成的对分辨率的限制。STM是新发展起来的能直接观察表面结构的新技术。

习 题

13-1 试计算在20℃时,可逆地将水的表面积由 $2.0cm^2$ 扩大到 $5.0cm^2$ 至少所需做的功。在20℃时水的表面张力是 $73\times10^{-3}N\cdot m^{-1}$。

〔答案:$2.19\times10^{-5}J$〕

13-2 20℃时,乙醚-水、汞-乙醚及汞-水的界面张力分别为 $0.0107N\cdot m^{-1}$、$0.379N\cdot m^{-1}$ 及 $0.375N\cdot m^{-1}$,若在乙醚与汞的界面上滴一滴水,试求其接触角。

〔答案:68.05°〕

13-3 试计算在20℃时,汞与空气接触面在内直径为0.350mm玻璃管内的毛细下降高度。汞-空气界面在玻璃上的接触角为140°。20℃时汞的 $\rho=13.59g\cdot cm^{-3}$,$\sigma=4.9\times10^{-3}N\cdot m^{-1}$。

〔答案:$-0.322\times10^{-3}m$〕

13-4 将内半径分别为0.600mm和0.400mm的两支毛细管同时插入与空气(密度为 $0.001g\cdot cm^{-3}$)接触的某液体(密度为 $0.901g\cdot cm^{-3}$)中。两支毛细管中的毛细升高高度之差为1.00cm。假定接触角为零,试求液体的表面张力。

〔答案:$53\times10^{-3}N\cdot m^{-1}$〕

13-5 如果水中有半径为 $10^{-3}mm$ 的空气泡,则这样的水开始沸腾的温度为多少?已知100℃时,水的 $\sigma=59\times10^{-3}N\cdot m^{-1}$,摩尔气化热为 $40.656kJ\cdot mol^{-1}$。

〔答案:396.5K〕

13-6 证明下列关系:

(1) $\left(\frac{\partial U}{\partial \mathscr{A}}\right)_{T,p}=\sigma-T\left(\frac{\partial \sigma}{\partial T}\right)_{p,\mathscr{A}}-p\left(\frac{\partial \sigma}{\partial p}\right)_{T,\mathscr{A}}$

(2) $\left(\frac{\partial H}{\partial \mathscr{A}}\right)_{T,p}=\sigma-T\left(\frac{\partial \sigma}{\partial T}\right)_{p,\mathscr{A}}$

(3) $\left(\frac{\partial A}{\partial \mathscr{A}}\right)_{T,p}=\sigma-p\left(\frac{\partial \sigma}{\partial p}\right)_{T,\mathscr{A}}$

〔答案:略〕

13-7 已知水的表面张力 $\sigma/(N\cdot m^{-1})=75.64\times10^{-3}-0.14\times10^{-3}t/℃$。

(1) 在10℃,101 325Pa下,可逆地使水的表面积增加 $1cm^2$(体积不变)时所必须做的功为多少?

(2) 计算过程中体系的 ΔU、ΔH、ΔS、ΔA、ΔG 及所吸收的热。

(3) 经过程(1)后,除去外力,体系自动收缩到原来表面积。在此过程中不做收缩功,计算 Q、ΔU、ΔH、ΔS、ΔA 和 ΔG。

〔答案:(1) $7.424\times10^{-6}J$;(2) $11.39\times10^{-6}J$,$11.39\times10^{-6}J$,$1.4\times10^{-8}J\cdot K^{-1}$,$7.424\times10^{-6}J$,$7.424\times10^{-6}J$;(3) $-11.39\times10^{-6}J$,$-11.39\times10^{-6}J$,$-11.39\times10^{-6}J$,$-1.4\times10^{-8}J\cdot K^{-1}$,$-7.424\times10^{-6}J$,$-7.424\times10^{-6}J$〕

13-8 20℃时,水的饱和蒸气压为2337.57Pa,密度为 $998.3kg\cdot m^{-3}$,表面张力为 $72.75\times10^{-3}N\cdot m^{-1}$。试求半径为 $1\times10^{-9}m$ 的水滴在20℃时的饱和蒸气压。

〔答案:6864.8Pa〕

13-9 已知 $CaCO_3$(s,大块)在500℃时的分解压力为101.325Pa,表面张力为1.210N·

m^{-1}，密度为 $3.9\times10^3 kg\cdot m^{-3}$。若将 $CaCO_3$(s，大块)研磨成半径为 30×10^{-9}m 的微粒，求在 500℃时 $CaCO_3$(s，微粒)的分解压力。

〔答案：139.83Pa〕

13-10　25℃时水的表面张力为 $72.0\times10^{-3}N\cdot m^{-1}$，在 101 325Pa 下，水中氧的溶解度为 $5\times10^{-6}mol\cdot dm^{-3}$(对于平面液体)。今若水中有空气泡存在，其半径为 1.0μm，则在与小气泡紧邻的水中氧的溶解度为多少(设氧在水中的溶解遵守亨利定律)？

〔答案：$12.1\times10^{-6}mol\cdot dm^{-3}$〕

13-11　试导出固体溶解度与固体颗粒大小的下列关系式(假设形成理想混合物)：

$$\ln\frac{x_r}{x}=\frac{2M\sigma}{RT\rho r}$$

式中，x_r 和 x 分别是半径为 r 的小颗粒固体和大块固体的溶解度(摩尔分数)；M 是固体的摩尔质量；ρ 是固体的密度；σ 是固-液界面张力。

〔答案：略〕

13-12　已知 25℃时大块固体 $CaSO_4$ 在水中的溶解度为 $15.33mmol\cdot dm^{-3}$，$r=3\times10^{-5}$cm 的小颗粒固体 $CaSO_4$ 的溶解度为 $18.2mmol\cdot dm^{-3}$，$CaSO_4$ 密度为 $2.96g\cdot cm^{-3}$。试求 $CaSO_4$ 与溶液的界面张力。

〔答案：$1.39N\cdot m^{-1}$〕

13-13　固体 HgO 在 25℃时密度为 $5\times10^3kg\cdot m^{-3}$，表面张力 $\sigma=2.2\times10^{-3}N\cdot m^{-1}$。若将 HgO 研磨成半径为 1nm 的粉末，求此粉末 HgO 在 25℃时的分解压力。已知 $M_{HgO}=216.6g\cdot mol^{-1}$，25℃时 $\varphi^{\ominus}_{OH^-|HgO|Hg}=0.098V$，$\varphi^{\ominus}_{OH^-|O_2}=0.401V$。

〔答案：3.84×10^{-16}Pa〕

13-14　18℃时，各种饱和脂肪酸水溶液的表面张力 σ 与浓度 c 的关系式可表示为

$$\frac{\sigma}{\sigma_0}=1-b\lg\left(\frac{c}{a}+1\right)$$

式中，σ_0 是水的表面张力，$72.85\times10^{-3}N\cdot m^{-1}$；常数 a 因不同酸而异，$b=0.411$。试求：(1) 服从上述方程的脂肪酸的吸附等温式；(2) 在表面的一个紧密层中($c\gg a$)，每个酸分子所占据的面积。

〔答案：(1) 略；(2) 30.9$Å^2$〕

13-15　对于稀溶液来说，溶液表面张力近似地与溶质浓度 c 呈线性关系，$\sigma=\sigma^*-bc$，这里 b 是常数。试证明在稀溶液情况中

$$\Gamma_{2(1)}=\frac{\sigma^*-\sigma}{RT}$$

〔答案：略〕

13-16　乙醇水溶液的 $\sigma(N\cdot m^{-1})$在 25℃时符合下式：

$$10^3\sigma=72-0.5c+0.2c^2$$

式中，c 是乙醇浓度($mol\cdot dm^{-3}$)。试计算 $0.5mol\cdot dm^{-3}$ 乙醇水溶液的表面过剩浓度 $\Gamma_{2(1)}$。

〔答案：$6.05\times10^{-8}mol\cdot m^{-2}$〕

13-17　200℃时测定氧气在某催化剂上的吸附作用。当平衡压力为 101 325Pa 和 1 013 250Pa 时，每克催化剂吸附氧气量分别为 $2.5cm^3$ 和 $4.2cm^3$(均已换算成标准状况)。设此吸附作用服从朗缪尔吸附等温式。试计算当氧气的吸附量为饱和值(V_m)的一半时的平衡压力。

〔答案：83 086.5Pa〕

13-18　已知在 0℃时，用活性炭吸附 $CHCl_3$，其饱和吸附量为 $93.8dm^3\cdot kg^{-1}$。若 $CHCl_3$ 的分压为 0.132×101 325Pa，其平衡吸附量为 $82.5dm^3\cdot kg^{-1}$。求：(1) 朗缪尔公式中的 b 值；(2) $CHCl_3$ 分压为 0.0658×101 325Pa 时的平衡吸附量。

〔答案：(1) $55.31\times(101\ 325\text{Pa})^{-1}$；(2) $73.58\text{dm}^3\cdot\text{kg}^{-1}$〕

13-19　在77.2K时，用微球型硅酸铝催化剂吸附N_2。在不同的平衡压力下，测得每千克催化剂吸附的N_2在标准状况下的体积如下：

$p/133.32\text{Pa}$	65.25	102.3	165.85	224.45	291.85
$V/(\text{dm}^3\cdot\text{kg}^{-1})$	115.58	126.3	150.69	166.38	184.42

已知77.2K时，N_2的饱和蒸气压为99.10kPa，N_2分子截面积$A_m=16.2\times10^{-20}\text{m}^2$。试用BET公式求该催化剂的比表面。

〔答案：$5.0\times10^5\text{m}^2\cdot\text{kg}^{-1}$〕

13-20　在Pt催化剂上，NO分解生成氧和氮的动力学方程为

$$\frac{-\text{d}p_{NO}}{\text{d}t}=\frac{kp_{NO}}{p_{O_2}}$$

假定NO在Pt表面上的反应机理是单分子分解，且各气体的吸附均服从朗缪尔方程。(1) 试导出上述动力学方程，并指出在推导中作出的补充假设；(2) 若在Pt上NO的吸附热为Q_A，O_2的吸附热为Q_B，表观活化能为E_a，求此表面反应的真正活化能E与Q_A、Q_B、E_a的关系式。

〔答案：略〕

13-21　恒容下氨在钨催化剂上分解反应的初始压力为26 664Pa，在856℃时反应经500s后压力改变7865.88Pa，1000s后压力改变14 931.84Pa。此反应是几级反应？为什么？

〔答案：零级〕

13-22　实验测得1100℃时氨在钨催化剂上分解反应$2NH_3(g)\longrightarrow N_2(g)+3H_2(g)$的半衰期与氨的初始压力间的关系如下：

$p_0/10^3\text{Pa}$	35.2	17.3	7.3
$t_{1/2}/\text{s}$	456	222	102

(1) 试确定该多相催化反应的级数；(2) 推测其反应机理；(3) 若在体积一定的容器中，氨的初始压力为20kPa，则6min后总压是多少？

〔答案：(1) 零级；(2) 略；(3) 32.78kPa〕

13-23　生产聚氯乙烯塑料的原料氯乙烯由乙炔与氯化氢气体在$HgCl_2(s)$催化下得到：

$$C_2H_2+HCl\longrightarrow C_2H_3Cl$$

已知反应机理为

$$HCl+HgCl_2\underset{k_{-1}}{\overset{k_1}{\rightleftharpoons}}HgCl_2\cdot HCl \qquad (\text{i})$$

$$C_2H_2+HgCl_2\cdot HCl\xrightarrow{k_2}HgCl_2\cdot C_2H_3Cl \qquad (\text{ii})$$

$$HgCl_2\cdot C_2H_3Cl\xrightarrow{k_3}HgCl_2+C_2H_3Cl \qquad (\text{iii})$$

其中(i)和(iii)进行得很快，即HCl在催化剂上的吸附和解吸保持平衡，产物C_2H_3Cl在催化剂上的解吸也很迅速。于是气相中的乙炔与吸附态HCl间的反应即(ii)是速控步。若HCl在$HgCl_2(s)$上的吸附服从朗缪尔吸附等温式：(1) 建立总包反应动力学方程；(2) 指出在什么条件下，该多相催化反应表现为一级反应。

〔答案：(1) $-\dfrac{\text{d}c_{C_2H_2}}{\text{d}t}=\dfrac{k_2(k_1/k_{-1})p_{HCl}p_{C_2H_2}}{1+(k_1/k_{-1})p_{HCl}}$；(2) HCl吸附很强或它的压力很高〕

13-24　25℃时，将少量的某表面活性物质溶解在水中，当溶液的表面吸附达到平衡后，实验测得该溶液的浓度为$0.20\text{mol}\cdot\text{m}^{-3}$。用一很薄的刀片快速刮去已知面积的该溶

液的表面薄层，测得在表面层中活性剂吸附量为 3×10^{-6} mol·m^{-2}。已知 25℃时纯水的表面张力为 72×10^{-3} N·m^{-1}。假设在很稀的浓度范围内，溶液的表面张力与溶液浓度呈线性关系。试计算上述溶液的表面张力。

〔答案：64.56×10^{-3} N·m^{-1}〕

课外参考读物

白春礼. 1989. 扫描隧道显微镜在表面化学中的应用. 大学化学，4(3)：1

包信和，邓景发. 1987. 表面化学. 大学化学，2：5

陈诵英，陈平，李永旺，等. 2007. 催化反应动力学. 北京：化学工业出版社

陈宗琪，王志信，徐桂英. 2001. 胶体与界面化学. 北京：高等教育出版社

程传煊. 1995. 表面物理化学. 北京：科学技术文献出版社

崔正刚. 2013. 表面活性剂、胶体与界面化学基础. 北京：化学工业出版社

戴闽光. 1981. 固体表面上吸附分子的截面积. 化学通报，7：46

段世铎，谭逸玲. 1989. 界面化学. 北京：高等教育出版社

顾惕人. 1982. 波拉尼吸附势理论及其在溶液吸附中的作用. 化学通报，1：1

顾惕人. 1984. BET 多分子层吸附理论在混合气体吸附中的推广. 化学通报，9：1

顾惕人. 1984. 表面过剩和吉布斯公式. 化学教育，4：20

顾惕人，朱玻瑶. 1999. 表面物理化学. 北京：科学出版社

顾惕人，朱玻瑶，李外郎，等. 1994. 表面化学. 北京：科学出版社

郭荣. 1988. 临界胶束浓度 c 和 c 与饱和吸附 $\Gamma'_{2\infty}$ 的关系. 大学化学，4：54

郭元恒. 1981. 研究表面吸附的两种脱附方法. 化学通报，8：24

黄波，杨宇. 2002. 溶液表面吸附实验数据的计算机非线性拟合法处理. 大学化学，17(3)：51

黄继昌. 1981. 分子物理学中一个值得讨论的基本理论问题——液体表面张力为什么因温度升高而减少？广西师范大学学报，1：70

黄建滨，韩峰. 2004. 新型表面活性剂研究进展——Bola 型表面活性剂与 Gemini 型表面活性剂. 大学化学，19(4)：2

黄汝显. 1981. 计算表面化学吸附能的变分方法. 华侨大学学报，1：44

李爱昌. 1996. 开尔文公式的应用及液体过热现象解释一些问题. 大学化学，11(3)：59

李望. 1995. 表面分析技术讲座(六). 电镀与精饰，4：44

李学良，林建新. 1995. 气体在固体表面吸附等温式的热力学理论. 化学通报，7：57

李智瑜，王益，沈俭一. 1998. 表面反应动力学机理研究进展. 化学通报，8：11

林巧云，葛虹. 1996. 表面活性剂基础及应用. 北京：中国石化出版社

刘云圻. 1988. LB 膜. 化学通报，8：13

刘忠范. 1998. 针尖化学——化学家的新挑战. 北京大学学报(自然科学版百年校庆纪念专刊)，34(2～3)：309

陆家和，陈长彦. 1987. 表面分析技术. 北京：电子工业出版社

吕瑞东，刘国杰. 1991. 关于开尔文公式的推导. 物理化学教学文集(二). 北京：高等教育出版社

罗伯特 L 帕克. 1981. 表面分析的新进展. 科技译丛，2：7

梅克力. 1994. 浅谈表面分析技术的发展. 云南大学学报(自然科学版)，S2：158

梅平. 1989. 三常数 BET 方程与 Langmuir 方程和二常数 BET 方程的关系. 教材通讯，3：35

钱锡兴，陈菊珍，胡振元，等. 1987. 用离子选择性电极测定表面活性剂的临界胶束浓度. 化学通报，2：35

沈钟，赵振国，王果庭. 2004. 胶体与表面化学. 北京：化学工业出版社

宋心琦. 1987. 膜模拟化学. 化学通报，7：5

郈子厚，梁映秋. 1997. 有序分子膜. 大学化学，12(3)：1

童祐嵩. 1984. 关于 Gibbs 吸附等温式的推导. 化学通报，8：36

童祐嵩. 1989. 颗粒粒度与比表面测量原理. 上海：上海科学技术文献出版社

王爱勤. 1988. 液膜分离的机理及其应用. 化学通报, 9: 20

王正刚. 1983. 表面张力及其测定公式 $\sigma=\frac{r}{2}p_0$ 的数学推证. 化学教育, 2: 25

吴金添, 苏文煅. 1995. 微小液滴化学势及其在界面化学中的应用. 大学化学, 10(1): 55

吴树森, 章燕豪. 1989. 界面化学——原理与应用. 上海: 华东化工学院出版社

辛颢, 黄春辉. 2002. 自组装超薄膜及其应用. 大学化学, 17(6): 2

熊晔. 2002. "亲水"材料未必"疏水". 大学化学, 17(2): 44

颜肖慈, 罗明道. 2005. 界面化学. 北京: 化学工业出版社

殷继组. 1986. 正确使用"表面现象"和"表面化学". 教材通讯, 2: 42

于军生, 唐季安. 1997. 表(界)面张力测定方法的进展. 化学通报, 11: 11

郁向荣. 1981. 固体表面的化学表征. 化学通报, 4: 6

曾桓兴. 1986. 表面活性剂溶液化学及其在分离科学中的应用概况. 化学通报, 3: 22

曾昭槐, 陈志行. 1991. 吸附量定义的探讨. 物理化学教学文集(二). 北京: 高等教育出版社

张虎成, 王健吉. 2001. 聚合物与表面活性剂的相互作用. 大学化学, 16(3): 40

张惠良, 徐桂英. 1986. 反相色谱法测定表面活性剂的 HLB 值. 物理化学教学文集. 北京: 高等教育出版社

张强基. 2000. 表面分析技术及其在材料科学中的应用. 理化检验, 物理分册, 3: 3

赵国玺, 朱玻瑶. 2003. 表面活性剂作用原理. 北京: 中国轻工业出版社

赵一雷, 甘良兵, 黄春辉. 1996. C_{60}的超薄有序膜. 大学化学, 11(4): 1

赵振国. 1999. Langmuir 方程在稀溶液吸附中的应用. 大学化学, 14(5): 7

赵振国. 2002. Gibbs 吸附公式在固-气和液-气界面吸附的应用. 大学化学, 17(2): 56

赵振国. 2004. 胶体与界面化学. 北京: 化学工业出版社

郑桂荣. 1986. 几个吸附理论的热力学处理. 物理化学教学文集. 北京: 高等教育出版社

周晴中, 何艳梅, 林垚. 1994. 模拟生物膜的聚合单层、双层和脂质体. 大学化学, 9(1): 25

朱玻瑶. 1987. 表面和表面自由能. 大学化学, 4: 23

朱玻瑶, 赵振国. 1996. 界面化学基础. 北京: 化学工业出版社

Fendler J H. 1991. Membrane Mimetic Chemistry. 程虎民, 高月英译. 北京: 科学出版社

Koopl L K, 顾惕人, 卢寿慈. 1995. 浮选物理化学原理的某些进展. 化学通报, 10: 19

Liu M, Wang S, Jiang L. 2017. Nature-inspired superwettability systems. Nat Rev Mater, 2(7): 17036

Tian Y, Jiang L. 2013. Intrinsically robust hydrophobicity. Nat Mater, 12: 291

Wang L, Zhao Y, Tian Y, et al. 2015. A general strategy for the separation of immiscible organic liquids by manipulating the surface tensions of nanofibrous membranes. Angew Chem Int Ed, 54(49): 14732

Vogler E A. 1998. Structure and reactivity of water at biomaterial surfaces. Adv Colloid Interface Sci, 74(2): 69

第14章 胶体化学

本章重点、难点

(1) 胶体体系的特性和分类。

(2) 溶胶的制备和净化。

(3) 溶胶的光学性质、动力学性质和电学性质。

(4) 法扬斯经验规则判断胶体带电情况及电泳、电渗方向。

(5) ζ电势定义及求算公式。

(6) 胶团结构的表示方式。

(7) 溶胶的稳定和聚沉,电解质聚沉作用的经验规律。

(8) 唐南平衡及唐南平衡时膜电势表达式。

本章实际应用

(1) 地球可视为一个胶体体系,利用胶体原理可识别矿物的性质及其在不同条件下发生的变化过程。

(2) 工业废水是广泛存在的胶体体系,为了保护水源,净化水质,提取贵重元素,变废为宝,则必须研究胶体的形成和破坏。

(3) 蔚蓝色天空中的大气层是由水滴和尘埃等物质分散在空气中构成的胶体体系,对它的研究在环境保护、耕种、人工降雨等方面具有重要意义。

(4) 电泳的应用相当广泛,如陶瓷工业中利用电泳使黏土与杂质分离,可得到高质量的黏土,这是制造高质量陶器的主要原料;在电镀工业上,利用电泳镀漆可得到均匀的油漆层(或橡胶层);生物化学中常用电泳技术分离各种氨基酸和蛋白质等。

(5) 医学上利用血清的"纸上电泳"可以协助诊断患者是否患有肝硬化。

(6) 电渗技术应用于海水淡化。一些难过滤的浆液可用电渗技术进行脱水。

(7) 人体各部分的组织都是含水的胶体,要了解生理机能、病理原因和药物疗效等,都要用到胶体的研究成果。

(8) 许多工艺过程(如沉淀、印染、洗涤、润滑、乳化、发泡、浮选、发酵等)均离不开胶体的基本原理。

(9) 胶体化学与石油化工的关系尤为密切,从油、气地质的勘探到钻井、采油、储运和炼制等各方面,都要用到大量胶体化学原理和方法。

(10) 纳米材料的出现引导人类进入一个新技术领域,给人们生活改善带来不可估量的前景。它的发展是吸取了胶体的制备和纯化方法,以致取得惊人成果。纳米技术发展也丰富和充实了胶体化学。

14.1 引　　言

“胶体”这个名词首先是由英国科学家格雷厄姆于1861年提出的。他在研究物质的扩散性和渗透性时发现，有些物质如蔗糖、食盐和无机盐类在水中扩散很快，能透过羊皮纸；而另一类物质如明胶、蛋白质和氢氧化铝等在水中扩散很慢，很难或甚至不能透过羊皮纸。前者在溶剂蒸发后成晶体析出，后者则不成晶体而成黏糊的胶状物质。因此，当时格雷厄姆根据这些现象，将物质分成两类，前者称为晶体(crystal)，后者称为胶体(colloid)。后来经过大量的实验，发现格雷厄姆将物质绝对地分成晶体和胶体两类的做法是不合适的。俄国科学家 Веймарн 于1905年先后用了200多种物质进行实验，结果证明任何典型的晶体物质在适当条件下，如降低其溶解度或选用适当介质，也能制得具有上述特性的胶体。例如，食盐是典型的晶体物质，溶在水中则成溶液，其中氯化钠分子(解离成钠离子和氯离子)具有扩散快、易透过羊皮纸的特性；但是食盐也可设法被分散在适当有机溶剂(如乙醇或苯等)中，则所形成的体系中的氯化钠粒子具有扩散慢、不能透过羊皮纸的特性。因此，实质上胶体只是物质以一定分散程度存在的一种状态，称为胶态(colloidal state)，就像气态、液态和固态，而不是一种特殊类型的物质。

胶体化学真正获得较大的发展始于1903年，随着超显微镜的发明，溶胶的多相性被确定下来。1907年，德国化学家奥斯特瓦尔德创办了第一个胶体化学的刊物——《胶体化学和工业杂志》。自此，胶体化学即成为一门独立的学科。近几十年来，超离心机、光散射以及多种电子显微镜及能谱仪的出现，使胶体化学的研究得到了迅速地发展。德国人席格蒙迪因其对胶体化学研究的卓越贡献获得1925年诺贝尔化学奖。瑞典人斯韦德贝里(Svedberg)因发明超速离心机并用于高分散胶体物质研究而获得1926年诺贝尔化学奖。

胶体化学与许多科学领域以及日常生活紧密相关。地球可视为一个胶体，地壳中物质的胶体学说成为现代地质学的一个重要分支。利用胶体的原理，可识别矿物的性质及其在不同条件下发生的变化过程。江河湖海中，工业废水是最广泛存在的胶体，为了保护水源，净化水质，提取贵重元素，变废为宝，就要研究胶体的形成和破坏。蔚蓝色天空中的大气层是由水滴和尘埃等物质分散在空气中的胶体构成的，对它的研究在环境保护、耕耘、人工降雨等方面具有重要的意义。

人体各部分的组织都是含水的胶体，所以要了解生理机能、病理原因和药物疗效等都要根据胶体的研究成果。人类赖以生存的不可缺少的衣(丝、棉、毛皮、合成纤维)、食(淀粉、脂肪、蛋白质)、住(木材、砖瓦、陶瓷、水泥)、行(合金、橡胶等制成的交通工具)无一不与胶体有关。因此，化学、纺织、塑料、橡胶、冶金、电子、食品、建材等工业的许多工艺过程，如沉淀、印染、洗涤、润湿、润滑、乳化、发泡、浮选、发酵等均离不开胶体的基本原理。胶体化学与石油化工的关系尤为密切，从油、气地质的勘探到钻井、采油、储运和炼制等各方面，都要用到大量胶体化学原理和方法。

目前研究胶体的科学——胶体科学(colloidal science)已成为自然科学中一门重要的科学分支，并与其他学科息息相关，互相渗透，共同发展。

14.2　胶体体系的基本特性和分类

知识点讲解视频

胶体粒子的粒径范围
（朱志昂）

专题讲座视频

胶体化学教学中的几个问题
（朱志昂）

一种或几种物质以一定分散程度分散在另一种物质中所形成的体系称为分散体系（dispersion system）。被分散的物质称为分散相（dispersed phase）。分散相所处的介质称为分散介质（dispersing medium）。例如，大气层中的尘埃、水滴称为分散相，空气称为分散介质。又如，工业废水中的杂质、泥沙等是分散相，水是分散介质。分散相与分散介质之间存在相界面，所以胶体是一个多相分散体系。除了胶体以外，溶液、悬浮液和乳状液也都是分散体系，只是溶液是一个均相分散体系（按照热力学中"相"的定义，单个溶质分子或离子不成为一个相。对溶液来说，不需要用分散相和分散介质的名称来描述其中所含的各种组分，有时为了与其他分散体系作比较而借用这种名称）。按照分散相粒子的大小，常将分散相粒子大小在 10^{-9}m（1nm）以下的称为分子分散体系（溶液），粒子大小约在 10^{-6}m（1μm）以上的称为粗分散体系（悬浮液），介于 1nm～1μm 的称为胶体分散体系（溶胶或胶体溶液）。这种按分散相粒子大小对分散体系的分类在胶体与非胶体之间没有明显的分界线，特别是粒子大小的上限。例如，乳状液中的液滴大小有时超过 1μm，为方便起见，人们也视作胶体来处理。

高分子化合物溶液中的溶质分子大小已属胶体范围，它既具有低分子溶液的均相性，又具有胶体的某些特性，所以有时也把它列入胶体的研究范围内。由于高分子化合物溶液在应用和理论上的重要性，随着科学的不断发展，目前高分子化合物溶液已逐渐发展成为一门独立的学科分支。从热力学观点来说，低分子和高分子溶液都是热力学稳定的均相体系，而胶体溶液和悬浮液都是热力学不稳定的多相体系，因为后者有巨大相界面、很高的表面自由能，并且粒子有自动趋于聚结而下沉的倾向。总之，高度分散的多相性、动力稳定性和热力学不稳定性是胶体体系的三大特性，也是胶体的其他特性的依据（表 14-1）。人们研究胶体的形成、稳定和破坏都是从这些基本特性出发的。下列各种因素对决定胶体体系的整个性质作用最大：①粒子大小；②粒子形状和柔性；③表面性质（包括电性质）；④粒子-粒子间相互作用；⑤粒子-溶剂间相互作用。

表 14-1　按分散相粒子大小对分散体系的分类

名　称	粒子大小	特　点	举　例
低分子溶液	$<10^{-9}$m	热力学稳定的均相体系，扩散快，能透过半透膜，光散射很弱	氯化钠、蔗糖等水溶液
高分子溶液和缔合胶体	10^{-9}～10^{-6}m	热力学稳定的均相体系，扩散慢，不能透过半透膜，有一定的光散射	聚苯乙烯溶液，高浓度肥皂水溶液
溶胶	10^{-9}～10^{-6}m	热力学不稳定但动力学稳定的多相体系，扩散慢，不能透过半透膜，光散射强	金溶胶、硫溶胶
悬浮体（液）、乳状液、泡沫	$>10^{-6}$m	热力学不稳定、动力学不稳定的多相体系，扩散慢，不能透过半透膜，光反射强	泥沙悬浮液，大气层中的尘埃和水滴，牛奶、豆浆、雾、烟、各种泡沫

胶体体系可以分为下列三大类：

(1) 溶胶。由于其巨大的表面自由能，因此它们是热力学不稳定的多相体系。又因为在相被分离后不易自动恢复成原来的分散体系，所以它们是不可逆体系。

(2) 高分子物质(天然的或合成的)溶液。因为没有界面，体系无界面能存在，所以它们是热力学稳定的均相体系。又因为在溶剂被分离后又能自动地溶解成原来的分散体系，所以它们是可逆体系。

(3) 缔合胶体(也称为胶体电解质)。它们也是热力学稳定的平衡体系。许多表面活性物质在高浓度下可形成缔合胶体。

按照分散相和分散介质的聚集状态来分类，可有如表 14-2 所列的八种溶胶(sol)，并以分散介质的聚集状态来分别命名。例如，分散介质为气态的称为气溶胶(aerosol)，液态的称为液溶胶(常简称为溶胶)，固态的称为固溶胶(solidsol)。液溶胶中分散相为液态的又特命名为乳状液(emulsion)，气态的命名为泡沫(foam)。气溶胶中分散相为液态的特命名为雾(fog)，固态的命名为烟(smoke)。

表 14-2　按分散相和分散介质的聚集状态对溶胶的分类

分散相	分散介质	名　称	实　例
气		泡沫	啤酒泡沫、灭火泡沫
液	液	乳状液	牛奶
固		溶胶	金溶胶、硫溶胶
气		固态泡沫	泡沫玻璃、泡沫塑料
液	固	固态乳状液	珍珠
固		固溶胶	有色玻璃、有色塑料
液	气	雾	水雾、油雾
固		烟	烟、尘

过去曾按分散相与分散介质之间的亲和性的强弱，将溶胶分为憎液溶胶(lyophobic sol)和亲液溶胶(lyophilic sol)。目前已将亲液溶胶改称为大(高)分子溶液，因为后者更能反映出体系是热力学稳定的均相体系的实际情况。这样，憎液溶胶就简称为溶胶；如果分散介质是水，则称为水溶胶。

14.3　溶胶的制备和净化

14.3.1　溶胶的制备

制备溶胶可采取两种基本方法：将大块固体分散成胶体大小粒度的分散法和将分子或离子凝聚成胶体粒子的凝聚法。制备理想的溶胶必须满足以下两个条件：

(1) 分散相在介质中的溶解度极小。这是形成溶胶的必要条件之一。在此前提下，还要具备反应物浓度很稀、生成的难溶物晶粒很小而又无长大的条件时才可以得到溶胶。例如，$FeCl_3$ 在水中溶解度较大，生成真溶液，但经水解后生成的$Fe(OH)_3$则微溶于水，因此用 $FeCl_3$ 水解可制得溶胶。

(2) 必须具有稳定剂。由于溶胶是高度分散的多相体系，有巨大的表面能，是热力学不稳定的体系。因此，如欲制得稳定的溶胶，必须加入稳定剂(stabilizing agent)，如电解质或表面活性剂。

下面具体介绍制备方法。

1. 分散法

分散法制备溶胶一般采取四种手段：研磨法、电弧法、胶溶法和超声波法。

研磨法使用的工具是胶体磨。用胶体磨将固体物质研磨成胶体大小的粒度。胶体磨有两片靠得很近的磨盘或磨刀，用坚硬的耐磨合金制成。当磨盘或磨刀以高速(转速为 10 000～20 000$r \cdot min^{-1}$)反向转动时，粗粒子即可被研磨成 1μm 左右。为防止小颗粒重新聚结，一般要加入电解质或表面活性剂作为稳定剂。

电弧法主要用于制备金属溶胶。将欲制备溶胶的金属作为电极，浸在冷却水中，加电压使两极在介质中接近，以形成电弧。在电弧的高温加热下金属发生气化，但立即被水冷却而凝聚成胶体大小的粒子。

胶溶法是将新生成的并经过洗涤的沉淀，加入少量的共离子电解质(稳定剂)，搅拌，使沉淀重新分散成溶胶。这种将沉淀重新分散成溶胶的过程称为胶溶(peptization)。例如，AgI 沉淀与 KI 稀水溶液或 $AgNO_3$ 稀水溶液一起搅动，使其自动胶溶成 AgI 溶胶。

超声波法多用于制备乳状液。其方法是用超声波(频率大于 16 000Hz)所产生的高频电流通过电极，使电极间的石英片发生相同频率的振荡，由此产生的高频波使分散相均匀分散而成为溶胶或乳状液。

2. 凝聚法

用凝聚法制备溶胶的第一步是制取过饱和溶液。由物质的晶化来消除溶液的过饱和。如果晶化过程的条件能仔细地控制，则可以得到大量晶种，最后晶种成长为胶体粒子。胶体粒子的形成过程包括两个阶段：成核和晶核成长。这两个阶段的相对速率决定胶体粒子大小的分布。过饱和溶液的制取可采用下列三种方法。

1) 化学反应

水解可用来制取铁、铝、铬和其他金属水合氧化物水溶胶。例如，把氯化铁水溶液倒入大量沸水中可得到水合氧化铁水溶胶，其水解反应如下：

$$2FeCl_3 + 6H_2O \longrightarrow Fe_2O_3 \cdot 3H_2O + 6HCl$$

如果把硫化氢水溶液和二氧化硫混合在一起，则发生氧化反应，形成硫溶胶

$$2H_2S + SO_2 \longrightarrow 2H_2O + 3S$$

还原反应可用于制取某些金属溶胶，如金、银和铂等。例如，用白磷还原氯化金水溶液制取金溶胶。

2) 离子平衡

如果把硝酸银水溶液加入氯化物稀水溶液中，则可得到氯化银水溶胶

$$Ag^+ + Cl^- \longrightarrow AgCl(s)$$

这里必须有少量过剩 Ag^+ 或 Cl^- 存在。

混合硫化氢和氧化砷(Ⅲ)水溶液可得到硫化砷(Ⅲ)水溶胶

$$2As^{3+} + 3S^{2-} \longrightarrow As_2S_3(s)$$

应该指出,上述两个反应往往被误认为"双分解反应",事实上没有化学变化发生。

3) 更换溶剂

硫微溶于乙醇中,但不溶于水中。把硫在乙醇中的饱和溶液倒入水中,则由于溶解度降低而形成硫水溶胶。所用的溶剂必须与水完全互溶。

凝聚法制备溶胶往往得到粒子大小不一的多分散溶胶,其主要原因是新核形成和晶核成长同时发生,所以最后形成的粒子是从不同时间形成的晶核成长而得到的。但是,在理论研究中往往需要粒子大小均匀一致的单分散溶胶。制备单分散溶胶需要条件,即晶核形成只限于溶胶形成的开始阶段的极短时间内完成。例如,1906 年席格蒙迪利用晶种技术制得近乎单分散的金的水溶胶。

14.3.2 溶胶的净化

溶胶在制备过程中往往残留其他物质,如水合氧化铁溶胶中留有盐酸。这些物质必须除去,特别是电解质,因为电解质会降低溶胶的稳定性。

常用的净化溶胶的方法是渗析(dialysis)法。此方法是利用胶粒不能通过半透膜,而小分子、小离子能够透过半透膜的原理,将溶胶中的过量电解质除去。将欲净化的溶胶置于半透膜内,然后将盛有溶胶的膜袋浸在蒸馏水中。由于膜内电解质离子能透过半透膜向膜外扩散,膜内小分子电解质浓度降低。若不断更换膜外的水,可逐渐降低膜内电解质或杂质的浓度,使溶胶得到净化。半透膜一般采用火棉胶、动物肠衣等。为了提高渗析速率,可稍微加热或在外加电场的作用下进行渗析(称为电渗析),以增加离子的扩散速率或迁移速率。

14.4 溶胶的光学性质

知识点讲解视频

憎液溶胶的光学性质
(朱志昂)

14.4.1 丁铎尔效应

当一束光通过溶胶时,在与光束前进方向相垂直的侧面观察,可以看到一个浑浊发亮的光柱,如图 14-1 所示。这种现象是首先被丁铎尔(Tyndall)在 1869 年发现的,称为丁铎尔效应。丁铎尔现象在日常生活中经常见到。例如,夜晚我们见到的探照灯所射出的光柱就是由于光线在通过空气中的灰尘微粒时所产生的丁铎尔现象。

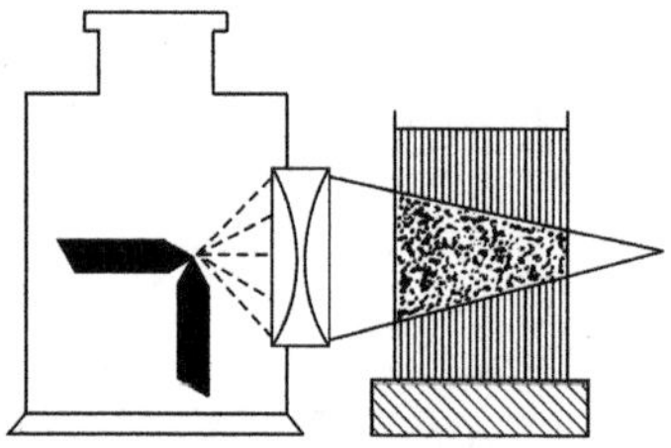

图 14-1　丁铎尔效应

当光线射入分散体系时,只有一部分光能自由通过,另一部分光会被吸收、散射或反射。我们所观察到的溶胶五彩缤纷的颜色是由于溶胶选择地吸收了一定波长范围的光波。对光的吸收取决于胶体本身的化学组成。丁铎尔现象则是由于溶胶对入射光发生了光散射(light scattering),散射出来的光称为乳光。质点大小属于胶体粒子范畴的分散体系会发生明显的散射现象。这是由于胶粒粒径小于入射光波长,而且胶体是不均匀的多相体系。而质点大小大于入射光的波长时，如悬浮液中的粒子，主要发生反射，使体系呈现浑浊。因此，发生明显的光散射是胶体体系的一个重要特征。

光波作用到溶胶粒子上时，溶胶粒子在入射光的作用下被迫做与入射光波频率相同的振动，成为二次光源，并向各个方向发射电磁波，这就是散射光波，也就是观察到的散射光，即乳光。

14.4.2 瑞利散射定律

1871 年英国人瑞利(Rayleigh)从光的电磁理论出发，发现了溶胶所表现的散射光强与溶胶粒子的大小、形状、单位体积中粒子的数目，入射光的波长、光强度以及分散相与分散介质的折射率等因素有关，得出了胶体体系散射光强度 I 的计算公式

$$I=\frac{9\pi^2\nu V^2}{2\lambda^4 r^2}\left(\frac{n_2^2-n_1^2}{n_2^2+2n_1^2}\right)^2 I_0(1+\cos^2\theta) \tag{14-1}$$

式中，I 是散射光强度；I_0 是入射光强度；λ 是入射光波长；θ 是散射角；r 是散射距离；ν 是单位体积中粒子数；V 是单个粒子的体积；n_1、n_2 分别是分散介质和分散相的折射率。式(14-1)称为瑞利散射定律的表达式。由此定律可得出以下结论：

(1) 散射光强度(乳光强度)与粒子的体积平方成正比，即与分散度有关。真溶液的分子很小，乳光很微弱。悬浮体粒子大于入射光波长，故无光散射，只有反射。因此，丁铎尔效应是鉴别是否为胶体的最简便的方法。

(2) 乳光强度与入射光波长的四次方成反比，故入射光波长越短，散射光越强。例如，白光中蓝光与紫光波长最短，故白光照射溶胶时，侧面的散射光呈现淡蓝色，而透过光呈现橙红色。

(3) 分散相与分散介质的折射率相差越大，粒子的散射光越强。

(4) 在相同条件下，比较两种不同浓度的溶胶，其乳光强度与粒子浓度成正比。若其中一个浓度已知，另一个浓度就可计算出来。乳光强度又称浊度，浊度计就是根据这一原理设计的。

14.4.3 超显微镜

应用光散射原理设计制造了超显微镜，应用超显微镜可以观察胶体粒子。超显微镜的光路及构造示意图如图 14-2 所示。

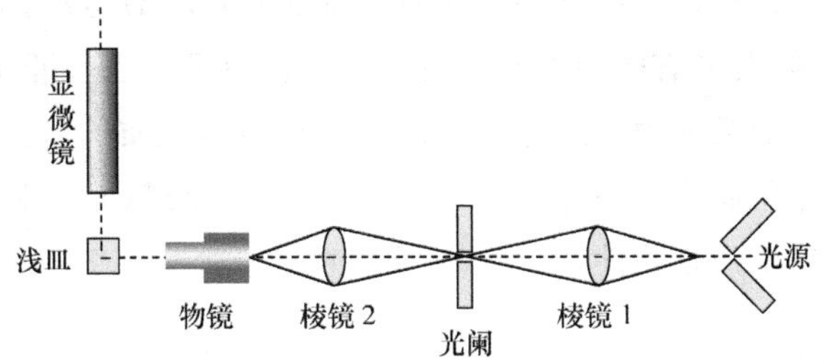

图 14-2 超显微镜及光路图

超显微镜是在普通显微镜的基础上，采用了特殊的聚光器，使光线不直接进入物镜。在黑暗的背景下由入射光垂直方向上用显微镜观察胶体粒子的运动情况，可以观察到胶体粒子因光散射而呈现的闪烁的亮点。根据超显

微镜下视野中粒子的运动，可以计算溶胶体系中单位体积粒子的个数，推断胶体粒子的形状。超显微镜在胶体化学的发展历史上曾起到很大的作用，在研究胶体分散体系的性质方面是十分有用的工具。

14.4.4 测定粒径和形貌的方法

(1) 动态光散射法(dynamic light scattering,DLS)。

当激光照射粒径小于激光波长(粒径<250 nm)的粒子时，光向各个方向发生散射，即瑞利散射。但是，即使激光的单色性和稳定性很好，其散射强度依然会随着时间波动。这是由于粒子在溶液中进行布朗运动，大的粒子运动慢，散射光强度涨落缓慢，小的粒子则相反。使用动态光散射仪收集散射光强度的动态信息，可以测定粒子的平移扩散系数 D，由此可计算溶液中粒子的粒径。用动态光散射测得的粒径称为流体力学半径(hydrodynamic radius) R_h，R_h与粒子所占空间大小相关，相当于等价体积的球形粒子的半径。

(2) 静态光散射法(static light scattering,SLS)。

静态光散射是通过测量散射光强的角度依赖性，可以获取大分子如聚合物或蛋白质的重均相对分子质量，也可以测定样品的尺寸。用静态光散射测得的粒径称为均方根回转半径(radius of gyration)R_g，R_g可以表示粒子的质量分布，相当于等价角动量球形粒子的半径。

(3) 利用形状因子判断溶液中粒子的形貌。

通过静态光散射和动态光散射可以分别测定粒子的均方根回旋半径 R_g 和流体力学半径 R_h。其中，R_g与质量分布有关，R_h与所占空间大小有关。可以根据公式 $\rho=R_g/R_h$，求算形状因子 ρ，通过形状因子可以估计粒子的形貌。例如，空心球壳的形状因子为 1.00，均匀实心球体的形状因子为 0.78。

除使用动态光散射和静态光散射的方法对粒子的粒径和形貌进行表征之外，透射电子显微镜、扫描电子显微镜、小角 X 射线衍射等也是表征粒子的粒径和形貌的常用方法。目前新兴的冷冻电子显微镜可以在不破坏样品结构的情况下对样品进行观察，被广泛应用于生物材料样品的研究。

14.5 溶胶的动力学性质

本节讨论胶体粒子在分散介质中的热运动和在重力场或离心力场作用下的运动。粒子的热运动在微观上表现为布朗(Brown)运动，而在宏观上表现为扩散和渗透，两者有密切的联系且与粒子的性质有关。重力或离心力作为粒子在沉降中的推动力。通过对胶体体系动力学性质的研究，可以说明胶粒不会因重力作用而聚沉下来的原因，也可以求得胶粒大小和形状，并科学地证明分子运动论的正确性。

14.5.1 布朗运动

利用超显微镜可以观察到溶胶中的粒子由于被快速运动的介质分子所碰撞而做不规则的运动，粒子运动的方向在不断地改变着，每一个粒子运动的途径是不规则的折线轨迹，这种不规则的运动称为布朗运动。布朗运动是分子热运动的直接结果，两者没有实质性的差别。也可以说，布朗运动是远较分子为大的粒子的热运动。1908 年佩林(Perrin)用实验证实了爱因斯坦基于分子运动论的下列公式：

$$\langle x\rangle=\left(\frac{RTt}{3\pi\eta rL}\right)^{1/2} \tag{14-2}$$

式中，$\langle x\rangle$是粒子的平均自由程；t 是粒子运动所经历的时间；η 是介质的黏度；r 是球状粒子的半径；L 是阿伏伽德罗常量。1911 年斯韦德贝里在超显微镜下用单分散金溶胶做实验，得出 $L=6.09\times10^{23}\,\text{mol}^{-1}$。由上述爱因斯坦公式可知，布朗运动的速率取决于粒子大小、温度和介质黏度，粒子越小，温度越高，介质黏度越小，则运动速率越快。这完全符合分子运动论的基本结论。

布朗运动是胶体体系动力学稳定性的一个原因。由于布朗运动存在，胶粒从周围介质分子不断获得动能，从而抗衡重力作用而不发生聚沉。另外，布朗运动同时有可能使胶粒因相互碰撞而聚集，颗粒由小变大而沉淀。如何克服布朗运动不利的一方面将在胶体电学性质中讨论。

14.5.2 扩散

扩散是粒子从高浓度区向低浓度区迁移的宏观现象，它是布朗运动的直接结果。

1905 年，爱因斯坦假设分散相的粒子为球形，导出了扩散系数 D 的表达式

$$D=\frac{RT}{L}\,\frac{1}{6\pi\eta r} \tag{14-3}$$

并有

$$D=\frac{\langle x\rangle^2}{2t} \tag{14-4}$$

从布朗运动的实验值$\langle x\rangle$求得 D，可计算出胶粒半径 r。

14.5.3 沉降和沉降平衡

由于重力作用，粒子下降而与流体分离的过程称为沉降。对高度分散的胶体体系，一方面粒子受到重力而下降；另一方面由于布朗运动而引起的扩散作用与沉降方向相反，所以扩散成了阻碍沉降的因素。质点越小，这种影响越显著。当沉降速率与扩散速率相等时，粒子的分布达到平衡，形成了一定的浓度梯度，这种状态称为沉降平衡。这是一种稳定状态而不是热力学平衡态。达到沉降平衡以后，溶胶浓度随高度分布的情况如图 14-3 所示，并遵守高度分布定律

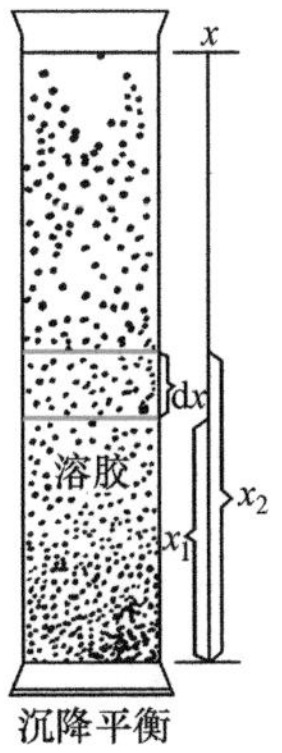

图 14-3 沉降平衡

$$n_2=n_1\exp\left[-\frac{4L\pi r^3}{3RT}(\rho-\rho_0)(x_2-x_1)g\right] \tag{14-5}$$

式中，ρ 是胶粒密度；ρ_0 是分散介质的密度；r 是粒子半径；g 是重力加速度。

胶体体系达到稳定态时，一定高度上的粒子浓度不再随时间而变化。达到稳定态时，这种粒子始终保持着分散状态而不向下沉降的稳定性，称为动力学稳定性，它是粒子的扩散作用和重力作用相互抗衡的结果，而粒子的大

小是分散体系的动力学稳定性的决定性因素。胶体在热力学上是不稳定的，不是处于热力学平衡态，但在动力学上是稳定的。

14.6 溶胶的电学性质

溶胶具有较高的表面能，是热力学不稳定体系，粒子有自动聚结变大的趋势，但事实上很多溶胶可以在相当长的时间内稳定存在而不聚凝，这与胶体粒子带电有直接关系，胶粒带电是溶胶稳定的重要原因。

14.6.1 电动现象

在外电场作用下，分散相与分散介质发生相对移动的现象，称为溶胶的电动现象。电动现象是溶胶粒子带电的最好证明。

1. 电泳

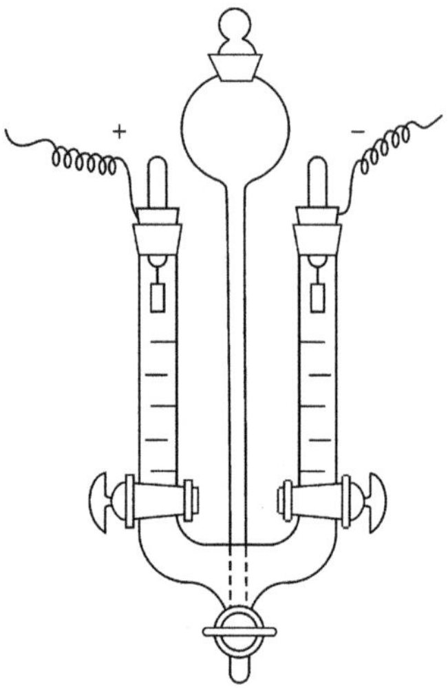

图 14-4 一种界面移动电泳仪

在外电场作用下，胶体粒子在分散介质中的定向移动称为电泳(electrophoresis)。电泳现象的存在说明胶体粒子是带电的。研究电泳的仪器称为电泳仪，常用的界面移动电泳仪如图 14-4所示。电泳仪由一 U 形管构成，底部有一活塞，顶部装有电极。将待测溶胶由漏斗经一带活塞的细管自底部装入 U 形管，直到样品的液面高过两臂上的活塞。关上活塞，用滴管吸掉活塞上的样品，然后在管的两臂中各放少许密度较溶胶小的某种电解质溶液，慢慢旋开两臂上的活塞。再加入溶胶，使溶胶液面上升直至上方的电解质溶液浸没电极。使溶胶与电解质溶液之间保持一清晰的界面。给电极接通 100～300V 直流电源，可观察溶胶液面的移动情况。若胶粒带正电，界面向负极移动，反之则向正极移动。胶体粒子的电泳速率与粒子所荷电量、外加电场的电势梯度成正比，与分散介质的黏度、粒子的大小成反比。

研究溶胶电泳有助于了解溶胶粒子的结构和带电性质。电泳技术在生产和科研中也有许多应用。例如，应用电泳技术进行蛋白质分子、核酸分子、大分子的分离，已成为生物化学中的一项重要实验技术。工业上利用电泳使橡胶电镀在金属模具上，可得到易于硫化、弹性及拉力均良好的产品，通常医用胶皮手套就是这样制成的。

2. 电渗

与电泳现象相反，在外电场作用下，分散介质通过多孔膜或极细的毛细管而移动，即固相不动而液相移动，这种现象称为电渗(electroosmosis)。电渗现象在工业上也有应用。例如，在电沉积法涂漆操作中，使漆膜内所含水分排到膜外以形成致密的漆膜，工业及工程中泥土或泥炭的脱水，都可借助电渗来实现。

3. 流动电势

在外加压的情况下使液体流经多孔膜时，在膜的两边会产生电势差，称为流动电势，它是电渗作用的反面现象。

4. 沉降电势

若使分散相粒子在分散介质中迅速下降，则在液体的表面层与底层之间会产生电势差，称为沉降电势，它是电泳作用的反面现象。

电泳、电渗是由外加电势差而引起固、液相之间的相对移动。流动电势、沉降电势是由固、液相之间的相对移动而产生的电势差。其电学性质均与固相、液相间相对移动有关，统称为电动现象。它对于了解胶体粒子结构及外加电解质对溶胶稳定性影响有很大作用。有关电动现象产生的原因直到双电层理论建立后才得到解释。

14.6.2 胶体粒子带电的原因

胶体粒子带电的原因主要有三种。

1. 吸附

胶体粒子有很大的比表面和表面能，所以很容易吸附杂质。如果溶液中有少量电解质存在，胶体粒子就会选择地吸附某些离子。当吸附了正离子，胶粒就带正电，若吸附了负离子则带负电。胶体粒子对被吸附离子的选择与胶粒的表面结构和被吸附离子的性质以及胶体形成的条件有关。法扬斯(Fajans)经验规则表明，“与胶核固体微粒有相同化学元素的离子能优先被吸附”。例如，用 $AgNO_3$ 和 KI 溶液制备 AgI 溶胶时，如果 KI 过量，则 AgI 胶核将优先吸附 I^- 而带负电，溶液中的 K^+ 称为反离子。如果 $AgNO_3$ 过量，则 AgI 胶核优先吸附 Ag^+ 而带正电，溶液中的 NO_3^- 称为反离子。若溶液中只有 KNO_3 时，无论是 K^+、NO_3^- 都不能吸附在胶粒表面使其带电。

2. 电离

当分散相固体与液体接触时，固体表面分子发生电离有一种离子进入液相，因而使胶体粒子带电。例如，SiO_2 形成的胶粒，由于表面分子水解生成了 H_2SiO_3，即

$$SiO_2 + H_2O = H_2SiO_3 = SiO_3^{2-} + 2H^+$$

这样硅胶粒子吸附了 SiO_3^{2-} 而带负电。

3. 晶格置换

晶格置换可使黏土带电。黏土晶格中的 Al^{3+} 有一部分若被 Mg^{2+} 或 Ca^{2+} 置换，可以使黏土晶格带负电。土壤由于晶格置换获得电荷，其电量和电性不受 pH、电解质浓度等因素的影响。为了维持电中性，带电的黏土表面吸附阳离子作为反离子而形成双电层。

14.6.3 胶体粒子的双电层结构

知识点讲解视频

双电层模型及电动电势

(朱志昂)

溶胶是电中性的。当胶体粒子表面由于吸附或电离带有电荷，分散介质必带有电性相反的电荷。与电极-溶液界面相似，在胶体粒子周围形成了双电层。在胶体聚结过程中，双电层的电势和电荷分布起着决定作用。关于双电层结构及电荷分布有以下几种模型，按其发展过程做简单介绍。

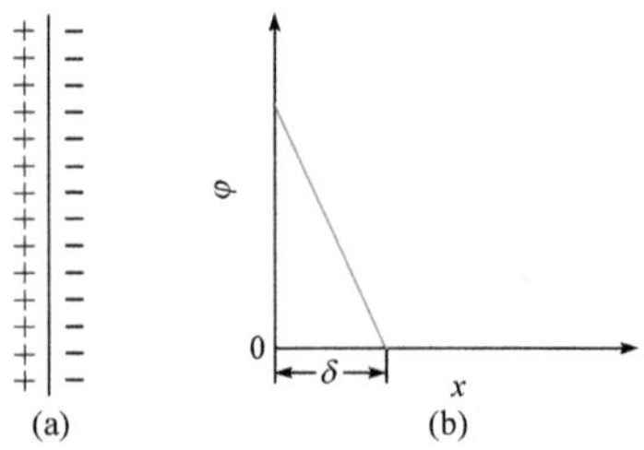

图 14-5　亥姆霍兹模型

1. 亥姆霍兹模型

1879 年亥姆霍兹首先引入了一个简单的平行板双电层模型，认为在固体与溶液接触的界面上形成双电层：带电的粒子表面是一个层面，反离子平行排列在介质中构成另一个层面，两层之间的距离约等于一个离子的厚度，如图 14-5(a)所示。溶液中电势分布如图 14-5(b)所示。此模型对于早期的电动现象给予了一定的解释。但它未考虑介质中的反离子由于受热运动而扩散的影响，与实际情况相差较大。

2. 古依和查普曼模型

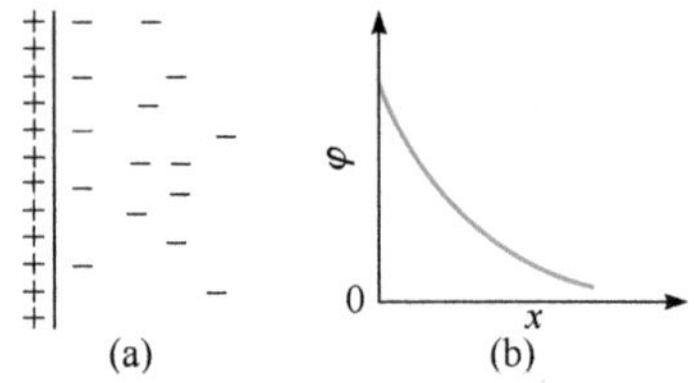

图 14-6　古依双电层模型

1910～1913 年古依(Gouy)和查普曼(Chapman)对亥姆霍兹模型提出修改意见，他们认为，溶液中的反离子一方面受到固体表面离子的吸引，力图把它们拉向表面；另一方面，离子本身的热运动使它们离开表面扩散到溶液中，两种效应的结果使得在紧靠界面处具有较大的反离子浓度，在距离界面较远处反离子浓度较小，这样形成一个扩散双电层，如图 14-6 所示。扩散层厚度远远大于一个分子的大小。

3. 斯特恩双电层模型

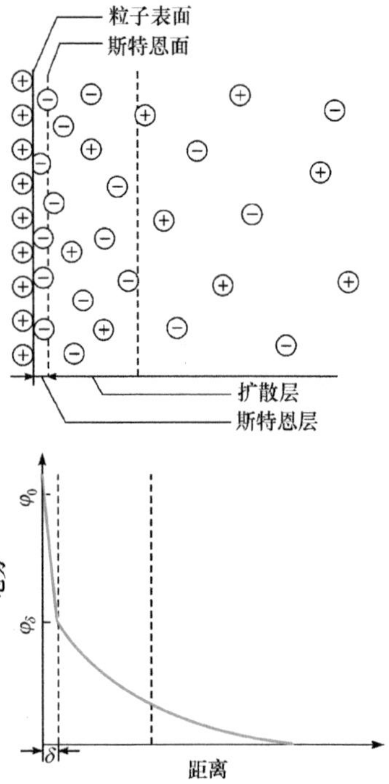

图 14-7　斯特恩双电层模型

1924 年斯特恩(Stern)提出了一个双电层理论模型，他将亥姆霍兹模型和古依-查普曼模型结合起来，提出溶液中的双电层由内外两层组成，内层在紧靠固体表面，其厚度约等于水合离子的半径，称为紧密层或斯特恩层；外层如古依模型描述的扩散层。紧密层中反离子中心构成的面称为斯特恩面，其电势分布与亥姆霍兹模型相似，呈直线下降。扩散层电势分布与古依-查普曼模型相同，呈指数下降，如图 14-7 所示。

4. 斯特恩-格雷姆双电层模型

1947 年格雷姆进一步发展了斯特恩的双电层概念，他将内层再分为两层，即内亥姆霍兹层和外亥姆霍兹层。他认为内亥姆霍兹层是由未溶剂化的离子组成的，并紧紧靠近界面，这一层也就相当于斯特恩模型中的内层；而外亥姆霍兹层是由一部分溶剂化的离子组成的，与界面吸附较紧密，可以随分散相一起运动，这一层也就是斯特恩模型的外层(扩散层)中反离子密度较大的一部分。外层就是扩散层，由溶剂化的离子组成，不随分散相一起运动。分散相与分散介质做相对运动时滑动面(shear surface)上的电势称为 ζ 电势(或电动电势)。格雷姆双电层模型如图 14-8所示。经分散相表面到分散介质中的电势分布，按格雷姆的观点认为，由分散相表面到内亥姆霍兹层，电势是呈直线状迅速下降的，由内亥姆霍兹层到外亥姆霍兹层，以及向外延伸到扩散层，电势分布是按指数关系下降的。这个理论至今仍是双电层理论中比较完善的一个基础理论，它的适应性较强，应用得也较多。双电层理论还在不断发展和完善，许多理论问题至今仍在争论中。

图 14-7 和图 14-8 中 δ 为紧密层(斯特恩层)厚度，约为距离胶粒表面一个离子的直径；$1/\kappa$ 是扩散层厚度，为 1～10nm。

14.6.4 电动电势 ζ

从胶粒固体表面到溶液本体存在三种电势，如图 14-8 所示，即胶粒固体表面上的电势 φ_0，称为“热力学电势”，φ_0 的值取决于溶液中离子的活度，但既不能求算也不能测定；斯特恩面上的电势 φ_δ，是紧密层与扩散层分界处的电势，称为斯特恩电势；相对滑动面与本体溶液的电势差，称为 ζ 电势，由于 ζ 电势与电动现象紧密相关，故称之为电动电势(electrokinetic potential)。ζ 电势略低于斯特恩电势。在足够稀的溶液中，由于扩散层厚度相当大，而固相束缚的溶剂化层厚度通常只有分子大小的数量级，因此 ζ 电势与 φ_δ 近似相等。ζ 电势的大小与斯特恩层中的离子以及扩散层厚度有关。受外加电解质的影响较大，少量外加电解质对 ζ 电势值有显著的影响。当外加电解质浓度增加时，更多的反离子将进入紧密层，从而使扩散层厚度减小，ζ 电势降低。当扩散层厚度为零时，ζ 电势降低到零，此状态称为等电状态。如果外加电解质中反离子被表面强烈吸附，如胶粒对高价反离子或表面活性剂离子发生强选择性吸附时，可能使 ζ 电势改变符号，如图 14-9 中的曲线 3 所示。同理，如果电解质中同号离子被表面强烈吸附，φ_δ 和 ζ 电势不仅与表面电势 φ_0 同号，而且其绝对值有可能大于 φ_0 的绝对值。

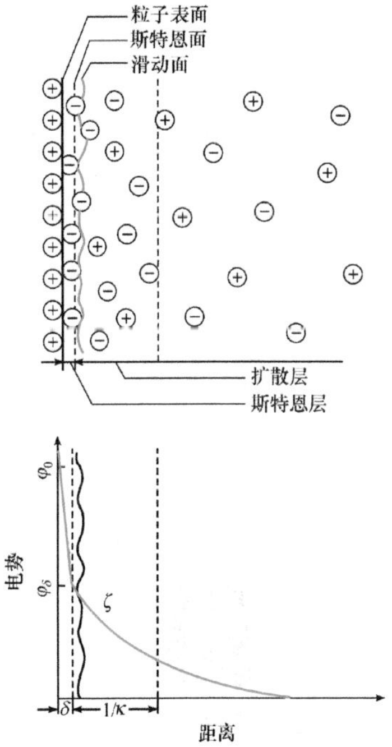

图 14-8 斯特恩-格雷姆双电层模型

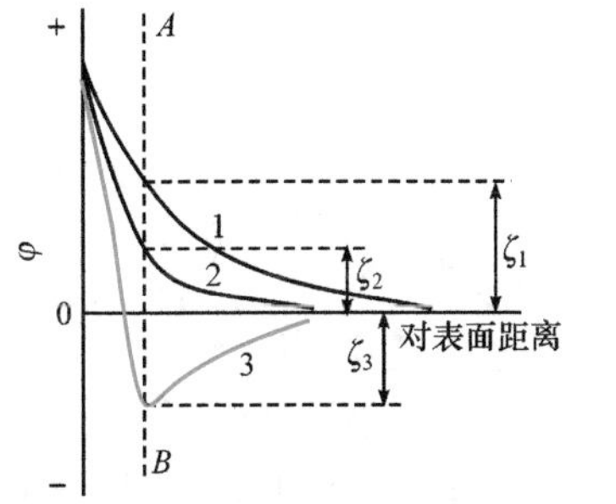

图 14-9 电解质对 ζ 电势的影响

ζ 电势可以通过电泳或电渗速率的测定来计算。

设胶体粒子为球形，其半径为 r，所带电量为 q。在电场强度为 E 的电场中泳动，一方面要受到电场力的作用：$f_{电}=q_E$；另一方面要受到介质的黏滞阻力 $f_{阻}$。由斯托克斯定律得

$$f_{阻}=6\pi\eta rv \tag{14-6}$$

当达到力平衡时，$f_{电}=f_{阻}$，$q_E=6\pi\eta rv$，则粒子的迁移速率为

$$v=\frac{q_E}{6\pi\eta r} \tag{14-7}$$

当胶粒半径远远小于扩散层厚度时，将胶粒视为点电荷，结合静电学知识，半径为 r 的胶粒的电势为

$$\zeta=\frac{q}{4\pi\varepsilon r} \tag{14-8}$$

将式(14-7)代入式(14-8)得

$$\zeta=\frac{1.5\eta v}{E\varepsilon} \tag{14-9}$$

若胶粒为棒状，由于电荷分布的不对称性，式(14-9)应乘以校正因子 2/3，则 ζ 电势的计算公式为

$$\zeta=\frac{\eta v}{E\varepsilon} \tag{14-10}$$

式中，η 是介质的黏度(Pa·s)；E 是电场强度($V \cdot m^{-1}$)；v 是胶粒的运动速率($m \cdot s^{-1}$)；ε 是介质的介电常数($F \cdot m^{-1}$)。式(14-9)和式(14-10)为 ζ 电势的计算公式。式中各物理量均采用 SI 单位制。若用相对介电常量 ε_r 表示，

$\varepsilon_r=\dfrac{\varepsilon}{\varepsilon_0}$，$\varepsilon_0$ 是真空介电常量($8.854\times10^{-12}\ F\cdot m^{-1}$)，式(14-9)和式(14-10)可以分别写为

$$\zeta=\frac{1.5\eta v}{\varepsilon_r\varepsilon_0 E}\qquad(\text{球形粒子})$$

和

$$\zeta=\frac{\eta v}{\varepsilon_r\varepsilon_0 E}\qquad(\text{棒状粒子})$$

根据实验测得的电泳速率，应用上式可以求算电动电势 ζ 值，ζ 的单位是 V。

知识点讲解视频

胶团与胶束的区别

(朱志昂)

14.6.5 溶胶的胶团结构

溶胶的电动现象和双电层结构理论可以帮助我们了解溶胶的胶团结构，并帮助我们解释电动现象。

在胶体粒子的最内层由多个分子或原子(或离子)所组成的聚集体称为胶核，它是胶体颗粒的核心。一般情况下胶核具有晶体结构，有很大的比表面，可吸附溶液中有相同化学组成的离子而带有电荷。当胶核在电场作用下发生运动时总是带着紧密层和部分扩散层的反离子，这运动着的独立单位称为胶粒。胶粒相对于本体溶液的电势差即为 ζ 电势。胶粒加扩散层所组成的整体称为胶团。整个胶团显然是电中性的。胶团是动力学稳定而热力学不稳定的多相体系。以 $AgNO_3$ 和 KI 溶液混合制备 AgI 溶胶为例，在 KI(为稳定剂)过量的情况下，胶团结构可表示为

$$\underbrace{\underbrace{[\overbrace{\underbrace{(AgI)_m}_{\text{胶核}}\,nI^-}^{\text{固相}},\ \overbrace{(n-x)K^+]^{x-}}^{\text{紧密层}}}_{\text{胶粒}}\ \overbrace{xK^+}^{\text{扩散层}}}_{\text{胶团}}\qquad \zeta\text{电势}$$

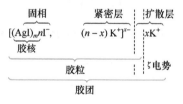

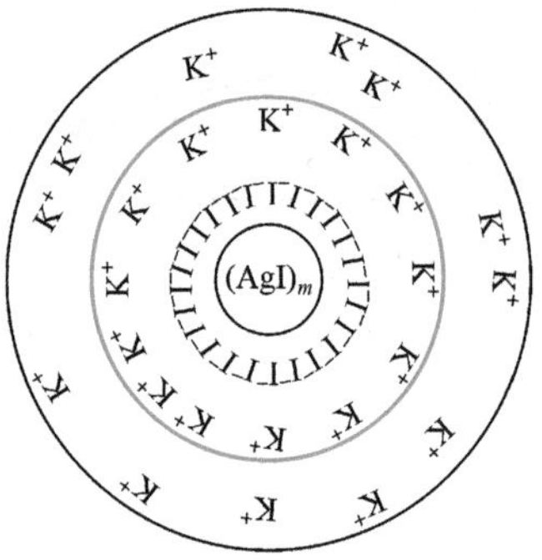

图 14-10 AgI 胶团结构示意图(KI 为稳定剂)

其中，m 是胶核中所含 AgI 的分子数；n 是胶核吸附 I^- 的离子数($n<m$)；x 是扩散层中 K^+ 的数目；$(n-x)$是包含在紧密层中的反离子数。这种胶团还可用图 14-10 表示。

14.7 溶胶的稳定和聚沉

14.7.1 溶胶的稳定性

溶胶是高度分散的热力学不稳定的多相体系，其不稳定性是绝对的。但经过净化后的溶胶在一定条件下能够稳定存在相当长的时间，其原因可归纳如下。

1. 溶胶的动力学稳定性

胶粒因颗粒很小，布朗运动较强，能够克服重力作用而不下沉，保持均匀分散。这种性质称为溶胶的动力学稳定性。动力学稳定作用是指布朗运动和扩散作用。影响动力学稳定性的主要因素是分散度，分散度越大，胶粒越

小，布朗运动越激烈，扩散能力越强，动力学稳定性越大，胶粒越不易下沉。此外，分散介质黏度越大，胶粒与分散介质密度差越小，胶粒越难下沉，溶胶的动力学稳定性越大。

2. 胶粒带电的稳定作用

由于胶粒带电，有一定的 ζ 电势。当两个胶粒相互接近使双电层部分重叠时，发生静电斥力，使两个胶粒相撞后又将分开，保持了溶胶的稳定性。因此，胶粒具有一定的 ζ 电势值是溶胶稳定的主要因素。胶粒带电多少还直接影响溶剂化层的厚度。

3. 溶剂化的稳定作用

物质与溶剂之间所起的化合作用称为溶剂化。溶剂若为水，则称为水化。憎液溶胶的胶核是憎水的，但它吸附的离子和反离子都是水化的，因此降低了胶粒的比表面自由能，增加了胶粒的稳定性。此外，由于紧密层和扩散层中的离子是水化的，这样在胶粒周围形成了水化层(或称水化外壳)。实践证明，水化层具有定向排列结构，当胶粒接近时，水化层被挤压变形，因有力图恢复原定向排列结构的能力，使水化层具有弹性，成为胶粒接近时的机械阻力，防止了溶胶的聚沉。胶粒的带电多少和溶剂化层厚度是影响 ζ 电势值的重要因素。ζ 电势的绝对值大小表明反离子在紧密层和扩散层中的分配比例。ζ 电势的绝对值大，说明反离子进入紧密层少而在扩散层多。这样，胶粒带电多，溶剂化层厚，溶胶就比较稳定，因而 ζ 电势的绝对值大小也是衡量胶体稳定性的尺度。

通过上述讨论，可以看到溶胶之所以能够暂时稳定，是溶胶的动力学稳定性对重力作用的反作用、胶粒带电产生的斥力以及溶剂化所引起的机械阻力所造成的。这三种因素中，带电因素最重要。这三种因素均可称为斥力因素，只有胶粒之间斥力占优势时，溶胶才能暂时得到稳定。然而，溶胶还存在聚结而沉降的因素，当溶胶聚沉时，这时胶粒之间的斥力因素占优势转化为引力因素占优势。因此，溶胶的稳定和聚沉，其本质是斥力和引力的相互转化。

14.7.2 溶胶的聚沉

溶胶能在相当长时间内保持稳定，是由于胶粒带电和溶剂化层的存在。一般 ζ 电势绝对值大于 0.03V 时，溶胶是稳定的。当小于此值时，静电斥力就不足以克服颗粒相互引力。颗粒由于碰撞而相互聚结，颗粒越来越大，胶粒越大，沉降速率也就越快，当颗粒聚结到足够大并达到粗分散状态时，在重力作用下，就会从分散介质中沉降下来，即发生聚沉。这种憎液溶胶中胶体粒子相互凝结，颗粒变大，以致最后发生沉降的现象称为憎液溶胶的聚沉。

造成憎液溶胶聚沉的因素很多，如温度、浓度、光的作用、搅拌和外加电解质等。其中溶胶浓度和温度的增加均使粒子的互碰更为频繁，因而降低其稳定性。在这些影响因素中，以外加电解质和溶胶的相互作用更为重要。

1. 电解质对溶胶聚沉作用的影响

少量的电解质是溶胶的稳定剂，但大量的加入电解质使胶粒的 ζ 电势降低，当 ζ 电势小于某一数值时，溶胶开始聚沉。ζ 电势越小，聚沉速率越快。ζ 电势等于零时，聚沉速率达到最大。在电解质作用下，溶胶开始聚沉时的 ζ 电势称为临界电势。多数溶胶的临界电势为25～30mV。

所有电解质达到某一浓度时，都能使溶胶聚沉。在指定条件下，引起溶胶明显聚沉所需电解质的最小浓度称为该电解质的聚沉值。应强调指出，在计算聚沉值时应使用溶液总体积。聚沉值的倒数定义为聚沉能力或称聚沉率。表 14-3 列出几种电解质对某些溶胶的聚沉值。

表 14-3　电解质对溶胶的聚沉值　　单位：$mmol \cdot dm^{-3}$

As_2S_3(负溶胶)		Au(负溶胶)		$Fe(OH)_3$(正溶胶)		Al_2O_3(正溶胶)	
LiCl	58	NaCl	24	NaCl	9.25	NaCl	43.5
NaCl	51	KNO_3	25	KCl	9.0	KCl	46
KCl	49.5	$1/2K_2SO_4$	23	KBr	12.5	KNO_3	60
KNO_3	50	—	—	KI	16	—	—
$CaCl_2$	0.65	$CaCl_2$	0.41	K_2SO_4	0.205	K_2SO_4	0.30
$MgCl_2$	0.72	$BaCl_2$	0.35			$K_2Cr_2O_7$	0.63
$MgSO_4$	0.81	—	—	$MgSO_4$	0.22		
$AlCl_3$	0.093	$1/2Al_2(SO_4)_3$	0.009			$K_3[Fe(CN)_6]$	0.08
$1/2Al_2(SO_4)_3$	0.096	$Ce(NO_3)_3$	0.003				

电解质的聚沉作用一般有以下一些规律：

(1) 聚沉能力主要取决于与溶胶带相反电荷的离子价数。反离子价数越高，聚沉能力越强。这就是舒尔策(Schulze)-哈代(Hardy)的价数规则。当反离子价数分别为 1、2、3 价时，以一价离子为比较标准，聚沉能力约有以下关系：

$$Me^{+} : Me^{2+} : Me^{3+} = 1^6 : 2^6 : 3^6 = 1 : 64 : 729$$

其聚沉值的比例为 100 : 1.6 : 0.14，即约为 $\left(\frac{1}{1}\right)^6 : \left(\frac{1}{2}\right)^6 : \left(\frac{1}{3}\right)^6$，这表示聚沉值与反离子价数的 6 次方成反比。

(2) 相同价数的反离子的聚沉能力依赖于反离子的大小。例如，同一阴离子(NO_3^-)的各种一价盐，其阳离子对带负电的溶胶的聚沉能力顺序为

$$H^+ > Cs^+ > Rb^+ > NH_4^+ > K^+ > Na^+ > Li^+$$

其中 H^+ 具有较强的聚沉能力是一例外。单个离子的半径从铯到锂依次减小。正离子的水化能力很强，而且离子半径越小，水化能力越强，水化层越厚，水合离子半径越大，越不容易被吸附，其进入斯特恩层的数量就越少，从而使聚沉能力减弱。因此，上述水合离子的半径依次增大，被吸附的能力依次减小，其聚沉能力依次减弱。同一种阳离子的各种盐，其阴离子对正电荷溶胶的聚沉能力顺序为

$$F^- > IO_3^- > H_2PO_4^- > BrO_3^- > Cl^- > ClO_3^- > Br^- > NO_3^- > I^- > CNS^-$$

这种将价数相同的阳离子或阴离子按聚沉能力排成的顺序称为感胶离子序。

(3) 在相同反离子的情况下，与溶胶同电性离子的价数越高，则电解质的聚沉能力越低，聚沉值越大。这可能与它更难在胶粒上吸附有关。例如，胶

粒带正电，反离子为 SO_4^{2-}，则聚沉能力为 $Na_2SO_4 > MgSO_4$。

(4) 有机化合物离子都具有较强的聚沉能力，这可能与其有很强的吸附能力有关。

2. 胶体体系的相互作用

将带相反电荷的溶胶互相混合，也会发生聚沉。明矾[$K_3Al(SO_4)_3 \cdot 12H_2O$]在水中形成 $Al(OH)_3$ 正溶胶，与水中微粒一起沉淀就是一例。然而与电解质的聚沉作用不同之处在于，两种溶胶用量应恰能使其所带的总电量相同时才会完全聚沉，否则可能不完全聚沉，甚至不聚沉。

3. 高分子化合物对溶胶稳定性影响

在溶胶中加入少量高分子化合物，有时会降低溶胶稳定性，甚至发生聚沉，这种现象称为敏化作用。这是由于胶粒附着在高分子化合物上，附着多了，质量变大而引起聚沉。但加入较多量的高分子化合物，高分子物质吸附在胶粒表面，包围胶粒，使胶粒对分散介质(如水)的亲和力增加，增加溶胶的稳定性，这种现象称为高分子化合物对溶胶的保护作用。

*14.7.3 胶体稳定性的 DLVO 理论

由于胶体粒子之间存在着吸引力和排斥力，胶体的稳定性就取决于胶粒之间吸引作用与排斥作用的相对大小。20 世纪 40 年代，苏联学者杰里亚金(Derjaguin)和兰多(Landau)与荷兰学者维韦(Verwey)和奥弗比克(Overbeek)分别提出了胶体稳定性理论，称为 DLVO 理论。这个理论综合考虑了胶粒之间的范德华引力和双电层的静电排斥力，导出了胶粒之间的势能曲线，从理论上解释了溶胶的稳定性。其理论要点如下：

(1) 溶胶粒子之间有吸引力，其本质与分子间的范德华引力相似，引力的大小与粒子间距离的 3 次方成反比，属于远程作用力。

(2) 当胶体粒子靠近到使双电层发生重叠时，重叠部分中的离子会由于重叠部分的离子浓度高而向低浓度处扩散，使粒子发生相互排斥。粒子间总作用能与距离的关系如图 14-11 所示。

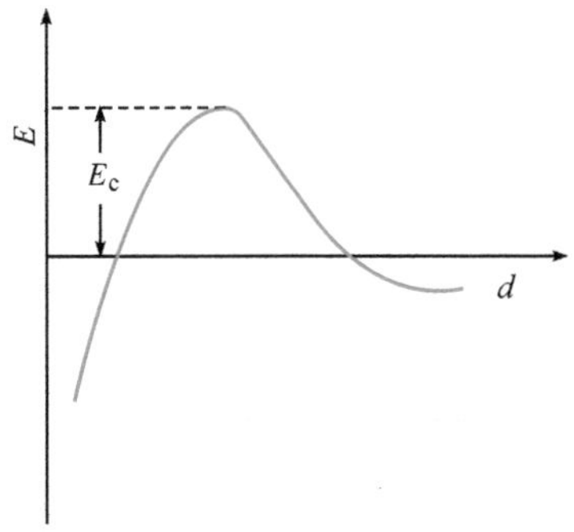

图 14-11 胶粒之间势能与距离的关系

当粒子间距离较大时，双电层未重叠，吸引力起主导作用，势能为负值。但当粒子靠近时，双电层逐渐重叠，排斥能起主要作用，势能为正值。而当粒子间距离缩短到一定程度后，吸引力又占优势。因此，胶粒要聚结在一起必须要通过一个势垒 E_c，如图 14-11 所示。这就从理论上解释了溶胶能在一定条件下稳定存在而不聚结的原因。

不仅如此，该理论还从理论上解释了聚沉现象，导出了聚沉值与电解质离子价态的定量关系，从理论上阐明了舒尔策-哈代规则，得到以下定量关系式：

$$\text{聚沉值}\ c = \frac{9.75B^2\varepsilon^3k^5T^5\gamma^4}{e^2LA^2z^6} \tag{14-11}$$

式中，B 是常数；ε 是介质绝对介电常量($\varepsilon=\varepsilon_r\varepsilon_0$)；$k$ 是玻尔兹曼常量；z 是电解质中反离子的电荷数；γ 是与斯特恩电势有关的函数；A 是哈梅克(Hamaker)常量；L 是阿伏伽德罗常量。从式(14-11)可看出，聚沉值与反离子价数的 6 次方成反比，这与舒尔策-哈代规则相符。

*14.8 缔合胶体

全国科学技术名词审定委员会 2016 年将缔合胶体定义为“由于分子或离子在溶液中自组装形成的聚集体构成的一类亲液胶体”。由于胶体科学的迅速发展，对一些经典名词

概念存在一些争议。根据目前一些学者的观点,缔合胶体是分子在给定溶剂中自发形成的具有胶体尺度的聚集体。其可能的形状有球状、短棒状、长线状及盘状(这些均称为胶束);还可能形成片状(或称层状)。若结构为中空的球,则称为囊泡(对生物膜又称为脂质体)。由于缔合胶体是自发形成的,通常具有较好的时间稳定性。目前胶体科学中用得较多的是分子聚集体或分子组装体这一名词。

构成缔合胶体的单个分子(有时误称为单体)是两亲分子。两亲分子的憎液部分溶解性差,通常称为"尾";亲液部分溶解性好,通常称为"头"。在给定溶剂中,亲液部分尽可能地与溶剂接触,而憎液部分则尽量与溶剂相分离。因此,缔合胶体的形成与相分离之间必然有一定的联系。

在胶体化学中,表面活性剂就是典型的两亲分子。传统的肥皂是具有代表性的阴离子表面活性剂。肥皂一类的表面活性剂的溶液具有反常的一些物理性质。在稀溶液中,它们是正常电解质,但在一定浓度以上的溶液中,却变成具有胶体性质的电解质溶液(所以有时也称为胶体电解质),某些物理性质发生突变,如渗透压、电导、浑浊度和表面张力等。用渗透压测定法测得的肥皂的表观相对分子质量大于实际值,渗透压随浓度的增加而升高的速率也变得低了,这表明肥皂分子缔合成较大的聚集体;同时溶液的电导仍维持相当高,分子的电离仍然存在。麦克贝恩(McBain)解释上述实验事实如下:当肥皂(如软脂酸钠 $C_{15}H_{31}COONa$)分子溶解在水中后,其负离子缔合成胶粒大小的带负电聚集体,称为胶束,离子的碳氢链部分处在胶束的内部,而电离部分处在胶束的表面上,如图 14-12 所示。带负电荷的胶束和正离子在电场中仍能自由移动,所以溶液有较高的电导。具有形成胶束能力的分子均有长的碳氢链部分和极性离子基团,除肥皂外,许多合成洗涤剂均具有形成胶束的能力。已形成胶束的溶液称为缔合胶体。

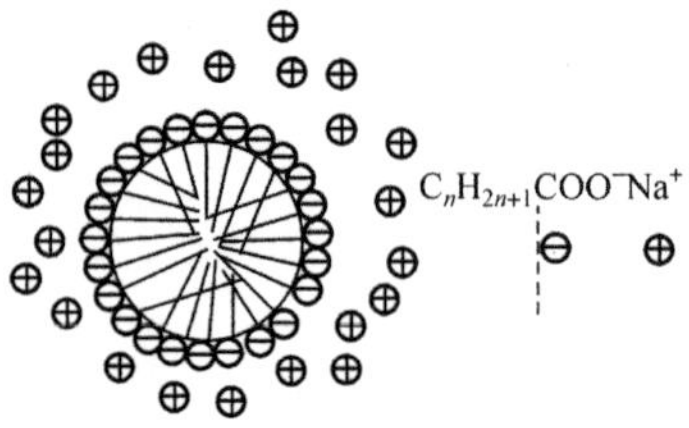

图 14-12 肥皂水溶液中的胶束

开始形成胶束的最低浓度称为临界胶束浓度。下列因素有利于得到低临界胶束浓度:

(1) 增长分子的憎水碳氢链部分。

(2) 降低温度。

(3) 加入简单盐类(如 KCl),可以减弱极性离子基团间的互斥力。

临界胶束浓度以上的表面活性剂溶液可以溶解如苯等不溶于水的有机物质。例如,二甲苯酚橙染料微溶于纯水中,但能溶于十二烷基硫酸钠水溶液中,使溶液染上深红色。这种现象称为加溶(solubilisation)作用,是碳氢化合物溶于胶束内憎水基团集中的地方。洗涤剂的去污作用是加溶作用的应用之一。染料的染色作用也是加溶作用的应用范例。加溶作用在生命过程中,有重要意义,人体吸收脂肪就是靠在胆汁中增溶而实现的。在石油开采的驱油过程中,就是靠表面活性剂、水、助剂配成胶束溶液,在岩层中将砂石上附着的原油冲洗驱赶下来,并增溶于表面活性剂的胶束之中。

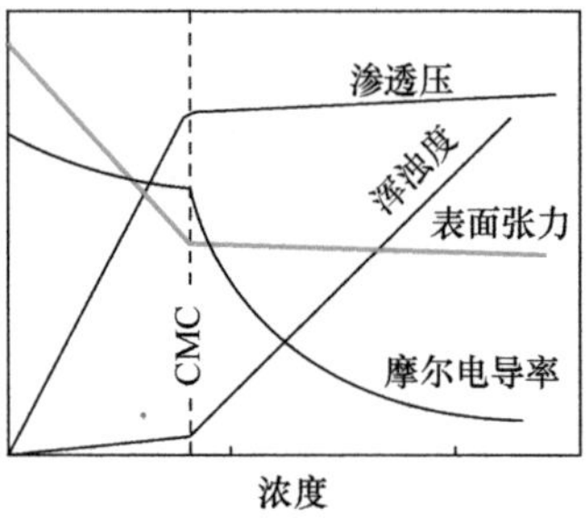

图 14-13 十二烷基硫酸钠溶液的性质

图 14-13 表示十二烷基硫酸钠即使在低浓度下,也能大大地降低水的表面张力。表面张力的突变发生在 CMC,在 CMC 以上碳氢链远离水面而进入胶束内部。因为胶束本身是非表面活性剂,所以表面张力近似地保持不变。

根据两亲分子的结构和性质可以预测聚集体的形貌。分子的形状由三个重要参数决定:亲水头基的横截面积 a_0(为了使斥力不至于太高,每个头基必须占有一定的空间)、疏水链的长度 l 和体积 V。Israelachvili 于 1976 年提出了临界堆积参数(critical packing parameter,CPP)的概念。CPP 值的计算公式为 $P=V/a_0l$。可以根据 P 值预测聚集体的形貌。不同 P 值对应的形貌见表 14-4。在该模型中,以上三个参数不仅与分子自身性质相关,还与溶液的性质相关,因此聚集体形貌同时受外界环境影响。

表 14-4 不同 P 值的两亲分子形成的聚集体形貌

P	聚集体形貌
$P<1/3$	球形胶束
$1/3<P<1/2$	柱形胶束
$1/2<P<1$	囊泡或双层胶束
$P>1$	反胶束

两亲分子的自组装是目前正兴起的生物纳米科技的重要组成部分。对缔合胶体大小和形状的控制，以及对其动力学的理解可能是胶体科学领域最具挑战性的课题之一。

*14.9 凝 胶

在一定条件下，溶胶或高分子溶液的分散相颗粒相互联结构成网状结构，分散介质充斥其间所形成的不流动的胶状物称为凝胶。凝胶是介于液态和固态之间的一种聚集状态，具有一定的几何形状、弹性等特性。形成凝胶的过程称为胶凝(gelatination)作用。

凝胶的存在极其普遍，如工业中的橡胶，日常生活中的豆腐、果冻，动物的肌肉、毛发等。

14.9.1 凝胶的分类

根据分散相颗粒的性质以及形成凝胶结构时粒子联结的特点，凝胶可以分为以下几种。

1. 弹性凝胶

由柔性的线型大分子如蛋白质、琼脂等形成的凝胶属弹性凝胶(elastic gel)。弹性凝胶对于溶剂或液体的吸收有明显的选择性，其吸液前后体积会发生明显的变化。高分子溶液形成的凝胶多为弹性凝胶。它们的形状可因外力的影响而改变，但当除去外力后又能恢复原状。

2. 非弹性凝胶

非弹性凝胶又称刚性凝胶。由刚性粒子(如 SiO_2、TiO_2、Fe_2O_3 等)的溶胶所形成的凝胶为刚性凝胶。这种凝胶对液体的吸收无选择性，且吸液前后体积基本不变。

凝胶也可以根据其含液体量的多少分为冻胶和干胶。冻胶是有结构的凝胶，含有大量的分散介质，如血块、肉冻、琼脂等。凝胶完全失去水分又称为干胶。

14.9.2 凝胶的结构

凝胶具有三维网状结构，根据粒子的形状和性质的不同，可以形成球形粒子互联的三维网架，棒状或片状搭成的网架以及线型大分子由化学交联而形成的交联结构。

在网状结构中，粒子间的联结性质不同可对凝胶性质有重要影响。

1. 由范德华力形成的结构

此类凝胶粒子间作用力较弱，结构容易被破坏，但破坏了的结构经静置又可以恢复，即在一定条件下可以发生溶胶$\rightleftharpoons$凝胶可逆变化。这种现象称为触变(thixotrope)作用，具有这种特性的凝胶称为触变凝胶(thixotropic gel)。

2. 以氢键为联结力形成的凝胶

此类凝胶结构较前者稳定，如明胶等。此类凝胶结构受温度影响大，当温度升高到一定值后，其氢键即被破坏，凝胶骨架解体而成为溶胶或溶液。

3. 以化学键力相连而形成的凝胶

此类凝胶其粒子间作用力最强、结构最稳定，如硅凝胶、橡胶等。

14.9.3 凝胶的制备

制备凝胶必须具备以下条件：①形成凝胶时所加电解质的量应该使胶粒局部去溶剂化；②不规则的分散相粒子的形状有利于形成网状结构；③所形成的网架结构足以包住全部液体介质，使体系失去流动性。

制备凝胶通常采取溶胀法。例如，将高分子物质浸入合适的液体介质中，使其吸收液体制得凝胶。也可以采取胶凝法，即将制得的高浓度溶胶局部去溶剂而制备凝胶。例如，制备纳米材料，纳米微粒是大小为0.1～100nm的原子簇或颗粒。由于纳米材料具有强的表面效应，特殊的力学、光学、磁性、催化等性质，目前纳米科学是研究的热门课题之一。在制备过程中为了防止颗粒尺寸因粒子聚结而超过纳米级，可以对微粒进行表面处理或改性。

凝胶在科学研究及生产生活中有广泛的应用。例如，凝胶色谱、凝胶电泳可用于生物化学中分离蛋白质及高分子物质。凝胶膜是一种半透膜，广泛用于食品、医药、环保、电子等领域。

*14.10 粗分散体系

乳状液、泡沫、悬浮液和气溶胶的分散度比典型的溶胶要低，粒子半径在1μm以上。其中泡沫和悬浮液的分散度更低，常用肉眼即可分辨出来，因此称为粗分散体系。但它们也属于热力学不稳定的分散体系，在动力学性质、表面带电以及聚沉不稳定性方面与胶体体系相似，在此，我们对乳状液、泡沫、气溶胶做简单讨论。

知识点讲解视频

乳状液和微乳状液的区别

(朱志昂)

14.10.1 乳状液

两种不互溶的液体混合在一起，其中任一液体分散在另一液体中所形成的分散体系称为乳状液。在大多数乳状液(如牛乳、原油等)中，一种液体是水；另一种液体是不溶于水的有机液体，可统称为“油”。若油为分散相而水为分散介质，则称为“水包油型乳状液”，以符号“O/W”表示，如牛奶就是奶油分散在水中所形成的O/W型乳状液；反之，若水为分散相而油为分散介质，则称为“油包水型乳状液”，以符号“W/O”表示，如新开采出的含水原油就是细小水珠分散在石油中所形成的W/O型乳状液。其他如农业上的杀虫乳剂(O/W型)和医药上的青霉素油剂(W/O型)等均是乳状液。

乳状液不能自动地由一种液体以细小液滴分散在另一液体中形成，必须有称为乳化剂(emulsifying agent)的第三种物质存在，以稳定作为分散相的细小液滴。例如，水与苯混合，经过激烈振荡后可看到轻度乳化现象，但不久就分层了；若添加一些肥皂水，再经激烈振荡，就可得到半乳状的乳状液，并能保持较长时间而不分层。这里肥皂就是乳化剂，它被吸附在液-液界面上，起防止液滴聚结的作用，增加体系的稳定性。常用乳化剂有三大类：①天然物质，如天然橡胶；②表面活性物质，如各种肥皂、蛋白质、有机酸等，它们在实际应用中是最重要的乳化剂；③固体粉末，可分为亲水性的(如白垩、石膏、玻璃等)和憎水性的(如石墨、汞和铅的硫化物等)。

乳化剂的性质不仅关系到乳状液的稳定性，也决定乳状液的类型。水溶性的一价金属皂即 Na、K 皂是 O/W 型乳化剂，因其亲水的极性基比亲油的非极性基在横截面上要大，有利于形成 O/W 型乳状液。反之，二价或三价金属皂即 Ca、Mg、Al 皂是 W/O 型乳化剂，有利于形成 W/O 型乳状液。类似地，亲水性固体粉末有利于形成 O/W 型乳状液，憎水性固体粉末则有利于形成 W/O 型乳状液。

乳化剂之所以能使乳状液稳定，一般来说，基于下列三个原因：①在分散相液滴的周围形成坚固的保护膜，如以蛋白质作为乳化剂的稳定体系，主要是由于蛋白质分子在液滴周围形成一层坚固的吸附膜；②降低界面张力，表面活性剂吸附在液-液界面上以降低界面张力；③形成双电层，产生电互斥力。

上述因素中形成坚固保护膜是主要的，因为一般来说表面活性剂至多只能使表面张力降低 20～25 倍，而形成乳状液后，体系的表面自由能的增加则可达百万倍，所以降低表面张力的因素对乳状液的形成不起主要作用。实际上，人们常发现如蛋白质一类乳化剂使体系的表面张力降低得并不多，但却能形成坚固的吸附膜，从而使体系获得相当高的稳定性。两相液体的相对体积对决定乳状液的类型不起主要作用，有时分散相液滴的体积可达体系总体积的 74%以上。对于形状不规则的或易于变形的液滴更可以紧密的堆积在一起，形成高浓度分散相的乳状液。

乳状液也有类似于溶胶的聚结过程，称为去乳化(demulsification)作用，主要起到破坏乳化剂的保护作用。去乳化是一个相当重要但又比较复杂的问题，目前还没有较好的理论说明和有效的普遍规律。常用的去乳化方法有以下几种：①顶替法，用不能形成坚固保护膜的表面活性物质来顶替原乳化剂，如戊醇因其碳氢链太短，无法形成坚固保护膜；②化学法，如加入无机酸来消除肥皂膜的保护作用，使肥皂变成脂肪酸析出；③加相反类型的乳化剂，使乳化液的类型转变。

此外，还可用加热法降低乳化剂的吸附性能、减小介质黏度、增加液滴相互碰撞机会，以达到去乳化的目的。机械搅拌、离心分离和电泳法等均可以使乳状液破坏。

14.10.2 微乳状液

微乳状液是 1942 年由霍尔(Hoar)和舒尔曼(Schulman)发现并提出的。它是将中等链长的醇(如戊醇或己醇)滴入乳状液中所得到的一种透明或半透明的液-液分散体系，或者说"它是由水、油和两亲性物质组成的光学上各向同性、热力学稳定的溶液体系"[丹尼尔森(Danielson)和 Lindman 的定义]。这种被加入的醇称为助表面活性剂。

微乳状液的液滴半径为 5～50nm，介于乳状液和胶束溶液之间。微乳状液与普通乳状液的区别主要有两个方面，即微乳状液是无色透明的和热力学稳定的。而乳状液是热力学不稳定的。微乳状液的形成依赖于组分分子和界面之间特殊的相互作用。如果这种相互作用不存在，做功或增加表面活性剂浓度都不会产生微乳状液。而做功或增加表面活性剂浓度通常可以提高乳状液的稳定性。另外，如果条件适当，微乳状液可自发形成。

微乳状液的配制过程关键在于乳化剂的选择，所形成的 O/W 或 W/O 体系和结构在很大程度上依赖于制备时使用的表面活性剂和助表面活性剂的结构和链长。例如，双(2-乙基己基)磺化琥珀酸酯(AOT)由于其结构上的特性，可以独立形成 W/O 微乳状液而不需要添加助表面活性剂。AOT 分子有体积/链长>0.7，此值正是 W/O 微乳状液形成所必需的分子在界面上的堆积条件。

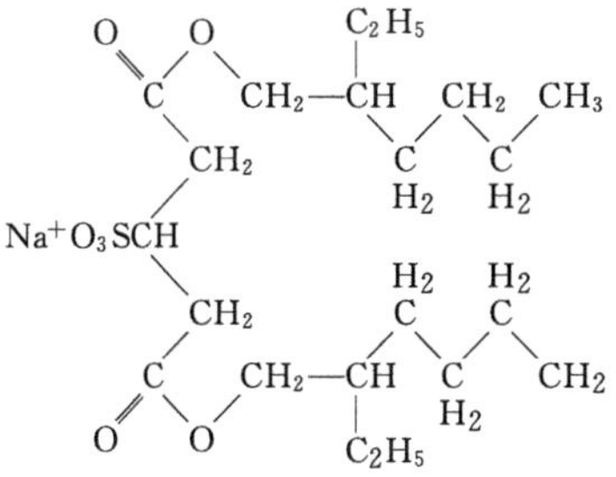

AOT 的结构

近年来，微乳状液的应用研究取得了较大的进展，一方面应用微乳状液制备纳米颗粒，在合成高性能材料(如超导材料、智能材料)、生物传感器等包层材料及生物医药工业上有着潜在的开发前景。另一方面，由于微乳状液在三次采油中能提高原油的采出率，因此也备受人们的关注。

14.10.3 泡沫

不溶性气体分散在液体介质或固体介质中所形成的分散体系为泡沫。肥皂、啤酒的泡沫等都是气体分散在液体中的泡沫，而泡沫塑料、泡沫橡胶、泡沫玻璃和泡沫金属等则是气体分散在熔融体中，冷却后形成的气体分散在固体中的泡沫。泡沫可以由液体膜与气体构成，也可以由液体膜、固体粉末和气体构成，前者称为二相泡沫，后者称为三相泡沫。泡沫(液体的和固体的)有稀泡沫与浓泡沫之分，前者含近于球状的气泡，被较厚的液(固)膜所隔开；而后者几乎都是气体分散相，含多面体气泡，被极薄的液(固)膜所隔开。人们感兴趣的不是稀泡沫，而是具有重要性质的浓泡沫。

泡沫的稳定性主要取决于下列两个因素：①液膜排气而变薄的倾向；②不规则的扰动导致液膜破坏的倾向。由于泡沫具有巨大的表面积和表面自由能，因此一切泡沫都是热力学不稳定的。但是，泡沫还可区分为不稳定的和亚稳定的。不稳定的泡沫是由短链脂肪酸或醇的水溶液形成的，这些中级表面活性物质的存在虽能在某种程度上阻碍排气灭泡和膜遭破坏，但不能完全阻止这些过程继续进行至泡沫被彻底破坏。亚稳定的泡沫是由肥皂、合成洗涤剂、蛋白质等水溶液形成的。力平衡使液体的排气灭泡在某一液膜厚度下停止，在没有干扰影响下，这些亚稳定的泡沫几乎能相当长久地存在下去。形成稳定的泡沫，必须加入称为发泡剂(foaming agent)的第三种组分，它的作用与乳化剂极相似，只不过分散相不是液体而是气体。泡沫稳定性与发泡剂的性质和浓度有关，在一定限度内泡沫存在的时间随起泡剂浓度的增加而延长。不易被液体润湿的固体粉末也可以充作发泡剂。例如，在水中加入烟炱粉末并剧烈振荡，即可形成泡沫，这就是三相泡沫。固体粉末发泡剂的作用原理与其对乳状液的乳化作用原理相同。

泡沫的应用很广，如在泡沫浮选、泡沫除尘、泡沫灭火剂、泡沫杀虫剂等工艺生产中均有应用。在上述各项应用中都希望形成稳定的或亚稳定的泡沫，但在某些工艺生产中，泡沫的存在会给生产操作带来不便，甚至无法进行。例如，发酵、蒸馏、造纸、污水处理、印花和锅炉用水等无法避免地会形成泡沫，所以必须设法破坏或极力防止其产生。通常的办法是加入消泡剂(antifoaming agent)，这些物质往往吸附性较强，表面活性较高，能顶替原来发泡剂，但因本身的碳氢链较短，无法形成坚固的液膜，致使泡沫破坏。消泡剂的作用原理还有由于与发泡剂发生化学反应，使起泡剂溶解，以及对抗作用等。常用的消泡剂有低碳或中碳饱和醇(如乙醇、辛醇、α-乙基己醇等)、脂肪酸及其酯、磺化油以及有机硅油等。例如，聚酰胺和有机硅油可用作锅炉用水的消泡剂；肥皂泡沫可通过加入乙醇、乙醚来破坏；用氢电极法测定蛋白质溶液或丹宁溶液的 pH 时，加入微量中碳醇(如辛醇)可以阻止泡沫的形成。

福克(Foulk)曾发现，硫酸钠和肥皂虽都是发泡剂，但在硫酸钠水溶液中加入微量肥皂时就可阻止泡沫的产生。从海水中提取钾盐就是利用这种对抗作用，在盐水浓缩过程中形成的泡沫可借加入少量肥皂使之消散(排气灭泡)。这种对抗作用具有普遍性，人们发现在表面活性物质中也有类似情况，单独一种表面活性物质能产生泡沫，但采用混合表面活性物质却可以防止泡沫的产生，如纺纱油剂、柔软剂等就是这样的。

泡沫的稳定性主要取决于液体膜反抗局部的过分变薄和在各种不规则干扰下遭到破裂的能力。在某种外界的干扰下，液体膜受到局部的伸张力，结果导致表面积增大，发泡剂的表面过剩浓度降低，所以表面张力局部增加，这称为吉布斯效应。因为表面活性物质(发泡剂)分子从体相扩散到表面相以恢复其原来的表面张力需要一定的时间，所以这种表面张力局部增加的状态，即变形的液体膜恢复其原来的液膜厚度的过程，将会持续较长的时间，这称为马拉高尼(Marangoni)效应。作为马拉高尼效应的延伸，尤尔斯(Ewers)和萨瑟兰(Sutherland)认为液体膜的局部变薄引起表面张力梯度，导致发泡剂沿着表面扩散，从而对抗液体膜的变薄过程。

液体表面膜的机械强度常常是影响泡沫稳定性的重要因素。表面弹性有利于维持液体膜的厚度均匀一致，而刚性凝结膜则不利于泡沫的稳定性，这是因为膜面积的变化极小，不呈现弹性，易遭破裂。如果范德华引力、双电层结构斥力、表面压力和结构扩张等的平衡力有利于平衡膜厚度，则在任何情况下膜厚度的不规则变化将被抵消，泡沫也将处于稳定状态。

14.10.4　气溶胶

液体或固体分散在气体介质中所形成的分散体系称为气溶胶。云、雾是液滴分散在空气中的气溶胶，而烟、尘是固体粉末分散在空气中的气溶胶。云和烟的分散度较高，一般为 0.01～1μm，而雾和尘的分散度较低，一般在 1μm 以上，已属于粗分散体系，所以两者之间的差异在于动力学稳定性的不同。

气溶胶在自然界和人类生活中起着重要的作用。例如，自然界中水的蒸发与凝结是通过水的蒸发形成云，而后水蒸气聚结而降雨或雪的过程完成的；许多植物的授粉是以花粉成为气溶胶由风传播的；医学和发酵工艺必须重视分散在空气中的微生物，很多传染病是由分散在空气中的细菌的传染而扩散的；矿石的开采、机械加工等都会产生大量粉尘，对人的健康极为有害。

大气中的有害粉尘还来自工业生产中的废弃物质，如煤燃烧后约有原质量的 10%以上的烟尘排放到空气中；石油燃烧后约有原质量的 1%的烟尘排入空气中；矿石烧结、水泥生产、钢铁冶炼等工业生产都有大量粉尘排放出，污染空气，危害人们的健康。因此，环境保护工作与对气溶胶的研究是极为有关的。根据分析，有些粉尘的表面有致癌性很强的芳香烃，有"杀人烟雾"之称。

另一方面，气溶胶在科学技术上的应用也极为广泛。例如，利用过冷水蒸气在气体离子上凝结时形成雾的现象，制成研究 α 射线、β 射线轨迹的近代物理仪器之一，即威尔逊(Wilson)雾室；液体燃料喷成雾状，固体燃料研磨成粉尘，对于充分燃烧、减少污染物都是有利的；另外，在军事技术上作掩护用的烟和雾等均是气溶胶在科学技术上的应用实例。

气溶胶与液溶胶一样，也存在着形成与破坏两方面的问题。一般以粉尘作为代表研究气溶胶的特性。粉尘按其不同性质，可有不同的分类法。例如，按其沉降性质，有尘埃、尘雾和尘云之分；按其化学性质，有无机粉尘、有机粉尘和混合粉尘之分等。粉尘的分散度对粉尘的特性有着决定性作用。例如，粉尘的分散度越高，燃烧时甚至会达到爆炸程度，煤粉、面粉的自燃即为一例；粉尘的分散度越高，其溶解度越大，吸附性能越强，润湿性能越低(甚至可由亲液的变成憎液的)，沉降速率越慢，布朗运动越强等。粉尘在其形成过程中，由于激烈撞击、摩擦、放射性照射以及高压静电场作用等，可以在表面带电。粉尘带有异性电荷后，聚结性增强，易于沉降和除尘。若粉尘带有同性电荷，则不易聚结。粉尘的荷电量与温度、湿度有关，温度越高，荷电量越大；若湿度加大，则荷电量减少。在给定的粉尘内，粒子的荷电符号和电量可以不同。表14-5 列出不同粉尘的带电符号及带电粒子相对量。

表 14-5　不同粉尘的带电符号及带电粒子相对量

观察场所	粉尘种类	带正电粒子/%	带负电粒子/%	不带电粒子/%
实验室	铁矿粉尘	54.3	36.4	9.3
	石英岩粉尘	42.5	53.1	4.4
	砂岩粉尘	54.7	40.2	5.1
矿井	干式钻孔	49.8	44.0	6.2
	湿式钻孔	46.7	43.3	10.0
	爆破作业	34.5	50.6	14.9

粉尘是一个高度分散的多相体系，具有巨大的表面积和表面自由能，在一定外界条件下，会自动引起燃烧和爆炸。例如，镁粉和碳化钙等粉尘遇水后，会自燃、爆炸。又如，铝粉、硫粉、煤粉等在空气中达到一定浓度时，在外界的高温、明火、摩擦、振动、放电等作用下，会引起爆炸。不同粉末互相接触或混合后也会引起爆炸。例如，溴与磷、锌、镁粉接触

混合后便能发生爆炸。粉尘在空气中,只有在一定浓度范围内才能引起爆炸。引起爆炸的最高浓度称为爆炸上限,最低浓度称为爆炸下限。粉尘的爆炸下限越低,能引起爆炸的温度越低,表明易引起爆炸,其危险性也越大。表 14-6 列出各种粉尘的爆炸下限。

表 14-6　各种粉尘的爆炸下限

名　称	爆炸下限/($10^3 kg \cdot m^{-3}$)	名　称	爆炸下限/($10^3 kg \cdot m^{-3}$)
煤末	114.0	铝粉	58.0
沥青	15.0	面粉	30.0
虫胶	15.0	奶粉	7.6
木屑	65.0	页岩粉	58.0
樟脑	10.1	泥炭粉	10.1
松香	5.0	茶叶末	32.6
染料	270.0	烟草末	68.0
萘	2.5	硬橡胶末	7.6
硫粉	13.9		

气溶胶的光学性质基本上服从瑞利公式,即散射光的强度与波长的 4 次方成反比。通过气溶胶的透射呈红黄色,侧面的散射光呈淡蓝色。例如,炊烟、海洋、天空均呈淡蓝色。污染大气的"光化学烟雾"(由汽车和工厂烟囱排放出的氮氧化合物和碳氢化合物等物质,在日光中的紫外线照射下形成的一种有毒烟雾,其主要成分为臭氧、醛类、过氧乙酰基硝酸酯、烷基硝酸盐、酮等物质)也呈淡蓝色。大气中存在着较大粒子时,光散射被浑浊所代替,烟和雾好像是乳白色的,不遵守瑞利公式。

气体除尘就是清除分散在气体中的粉尘,即破坏气溶胶。气体除尘除了满足工业生产的要求和环境保护外,还有回收有利用价值的物质的重要意义。目前在工业生产中除尘主要依靠静电除尘器[科特雷尔(Cottrell)除尘器],其基本原理是应用气体电离和尘粒放电作用。含尘气体通过高压静电场,由于阴极射出大量电子,气体电离,并使尘粒带负电荷,趋向阳极表面放电而沉积。经过一定时间后,利用机械振荡或刮离使阳极上的积尘落入容器中收集。高效率的静电除尘器的效率可高达 99%,剩余的粉尘通过烟囱排放到高空中扩散开后,可达到环境保护的允许指标以下。

*14.11　大分子溶液

我们把相对分子质量大于 10 000 的物质称为大分子化合物。大分子分散在介质(水)中形成的体系称为大分子溶液。由于单个大分子的大小就能达到胶体颗粒大小的范围,因此表现出一些胶体的性质,大分子溶液又称为亲液溶胶(lyophilic sol)。为此,研究大分子溶液的许多方法也和研究溶胶的许多方法相同。但大分子是单个分子,其结构与胶体粒子不同。所以它的性质又有与胶体不同的特殊性。大分子溶液是热力学稳定体系。它们的这种稳定性不是由于粒子的电性质,而是由于大分子化合物的亲液性质,即它们和溶剂之间的溶剂化作用。大分子溶液的这种性质使它们与憎液溶胶有根本区别。为了便于比较,将两者主要性质的异同归纳于表 14-7。

表 14-7 大分子化合物溶液和憎液溶胶性质的比较

	大分子化合物溶液	憎液溶胶
相同的性质	(1) 分子大小达到$(1\sim1000)\times10^{-9}$m (2) 扩散慢 (3) 不能透过半透膜	(1) 胶团大小达到$(1\sim1000)\times10^{-9}$m (2) 扩散慢 (3) 不能透过半透膜
不同的性质	(1) 溶质和溶剂间有强的亲和力(能自动分散成溶液),有一定的溶解度 (2) 稳定体系,不需要第三组分作稳定剂,稳定的原因是溶剂化 (3) 对电解质稳定性较大。将溶剂蒸发除去后,成为干燥的大分子化合物。再加入溶剂,又能自动成为大分子化合物溶液,即具有可逆性 (4) 平衡体系,可用热力学函数来描述 (5) 均相体系,丁铎尔效应微弱 (6) 黏度大	(1) 分散相和分散介质间没有或只有很弱的亲和力(不分散,需要分散法或凝聚法制备),没有一定的溶解度 (2) 不稳定体系,需要第三组分作稳定剂,稳定的主要原因是胶粒带电 (3) 加入微量电解质就会聚沉,沉淀物经过加热或加入溶剂等处理,不会复原成胶体溶液,为不可逆性 (4) 不平衡体系,只能进行动力学研究 (5) 多相体系,丁铎尔效应强 (6) 黏度小(和溶剂相似)

14.11.1 大分子溶液的渗透压和唐南平衡

1. 大分子溶液的渗透压

渗透压是大分子溶液的依数性之一,可用来测定大分子的摩尔质量。理想大分子稀溶液的渗透压与溶质浓度之间的关系为

$$\Pi_1 = cRT \tag{14-12}$$

式中,Π_1 是渗透压;c 是物质的物质的量浓度。若以 c'表示每升溶液中溶质的质量(g),则式(14-12)变为

$$\Pi_1 = \frac{c'RT}{M} \tag{14-13}$$

若已知浓度 c',测得 Π_1 ,从式(14-13)即可求得大分子的摩尔质量 M。但从实验发现,对非电离的大分子或在等电点的大分子(如蛋白质),式(14-13)可适用。但当蛋白质大分子不在等电点时,求得的摩尔质量往往偏低,这是由于电解质大分子对大分子溶液渗透平衡的影响所造成。唐南(Donnan)研究了这一问题,提出离子隔膜平衡理论,圆满地解释了许多实验结果。

知识点讲解视频

什么是唐南平衡

(朱志昂)

2. 唐南平衡

由于蛋白质一类的大分子或大离子不能透过半透膜,而溶剂分子、普通的小分子能自由透过半透膜,因此当有蛋白质一类的大分子电解质存在时,半透膜两边达到平衡时,膜两边电解质浓度并不相等,这称为唐南平衡。唐南平衡产生附加的渗透压,这就影响溶液渗透压的测定。因此,在用渗透压法测定大分子的摩尔质量时,应消除唐南平衡的影响。

下面定量讨论唐南平衡产生的附加渗透压。若蛋白质可视为强电解质,用 $Na_z^+ p^{z-}$ 表示。将蛋白质水溶液和溶剂(含有 Na^+、Cl^-)用半透膜隔开,如图 14-14 所示。

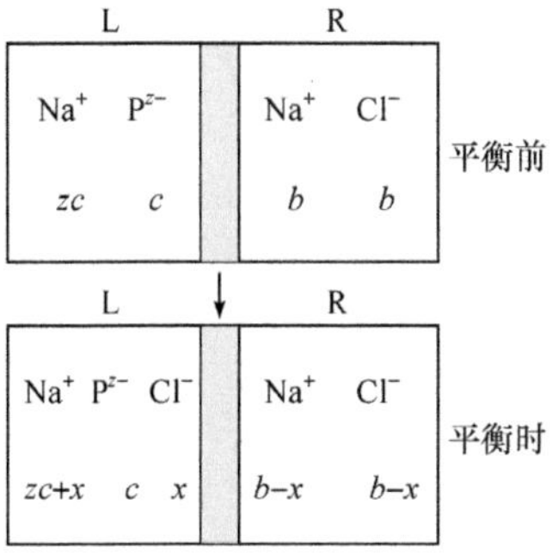

图 14-14 加盐(NaCl)后渗透压示意图

达平衡时应有

$$\mu_{NaCl,L} = \mu_{NaCl,R}$$

$$\mu^{\ominus} + RT\ln a_{NaCl,L} = \mu^{\ominus} + RT\ln a_{NaCl,R}$$

故

$$a_{NaCl,L} = a_{NaCl,R}$$

$$a_{Na^+}a_{Cl^-}(L)=a_{Na^+}a_{Cl^-}(R)$$

在稀溶液中有

$$[Na^+][Cl^-](L)=[Na^+][Cl^-](R)$$

$$(zc+x)(x)=(b-x)(b-x)$$

$$x=\frac{b^2}{zc+2b} \tag{14-14}$$

因为渗透压是半透膜两边溶液浓度差引起的，所以渗透压与膜两边浓度之差成比例，则得到

$$\Pi_2=[(c+zc+x+x)-(b-x+b-x)]RT$$

将式(14-14)代入得

$$\Pi_2=\left(\frac{zc^2+2cb+z^2c^2}{zc+2b}\right)RT \tag{14-15}$$

下面讨论式(14-15)的两种极限情况。

(1) 若 $b\ll zc$，即盐的浓度远远低于蛋白质浓度，则式(14-15)变为

$$\Pi_2\approx\frac{zc^2+z^2c^2}{zc}RT=(z+1)cRT \tag{14-16}$$

从而可看出唐南平衡产生的附加渗透压 $zcRT$。式(14-16)可表示为

$$\Pi_2=\frac{(z+1)c'RT}{M} \tag{14-17}$$

或

$$M=\frac{(z+1)c'RT}{\Pi_2} \tag{14-18}$$

若仍按 $M=\frac{c'RT}{\Pi_2}$ 计算，其结果就偏低。

(2) 若 $b\gg zc$，即加入盐的浓度大于大分子电解质浓度时，式(14-15)变为

$$\Pi_2=cRT=\frac{c'RT}{M}$$

因此加入足够的中性盐，就可以消除唐南平衡效应对大分子电解质摩尔质量测定的影响。唐南平衡时，膜两边的电势差为膜电势，$E_m=\frac{RT}{zF}\ln\frac{[Na^+]_{膜内}}{[Na^+]_{膜外}}$。

14.11.2 盐析、胶凝作用

1. 盐析作用

前面曾讨论过溶胶对电解质是十分敏感的，但对于大分子溶液来说，加入少量电解质时，它的稳定性并不会受到影响，到了等电点也不会聚沉，直到加入更多的电解质，才能使它发生聚沉。我们把大分子溶液的这种聚沉现象称为盐析。盐析能力的大小与离子种类有关。阴离子盐析能力顺序是

$$柠檬酸>酒石酸>SO_4^{2-}>乙酸>Cl^->NO_3^->ClO_3^-$$

阳离子盐析能力顺序是

$$Li^+>K^+>Na^+>NH_4^+>Mg^{2+}$$

也称为感胶离子序。

2. 胶凝作用

大分子溶液在一定条件下可失去流动性，整个体系变为弹性半固体状态，此状态下的体系称为凝胶。凝胶是胶体粒子或大分子化合物分子相互联结成骨架而形成空间网状结构，骨架结构中填满了液体，但网架间充满的液体不能自由流动，所以构成网架的大分子具有一定的柔顺性，表现出弹性半固体状态。凝胶中液体含量很多(95%以上)时称为冻

胶或软胶。液体含量较少时称为干凝胶，如明胶、阿拉伯胶等。

14.11.3　大分子溶液的黏度

大分子化合物溶液和同样浓度的低分子化合物溶液或水溶胶相比，一般大分子溶液黏度要大得多。大分子溶液的黏度不仅与溶液的浓度有关，还与溶质的大小、形状以及溶质与溶剂间的作用等都有关系。黏度的测定与研究在理论上和工业应用上都很重要。例如，利用它测定大分子的相对分子质量，推断其结构和性能，鉴定质量，控制反应进程等。

1. 黏度定义

纯液体或低分子化合物溶液的黏度符合牛顿定律，即液层流动的切向力 f 是与液层接触面 A 及流动时的速率梯度$\frac{\mathrm{d}u}{\mathrm{d}x}$成正比。

$$f=\eta A\frac{\mathrm{d}u}{\mathrm{d}x} \tag{14-19}$$

式中，η 是比例常数，称为黏度系数，简称黏度，即单位面积液层以单位速率梯度流动时所需的切向力，SI 单位是 Pa · s[1Pa · s=10P(泊)=10dyn · s · cm^{-2}]。这种黏度一般称为牛顿黏度。但大分子溶液的黏度只是在极稀的情况下才遵守牛顿定律，而在一般情况下是不符合的。这是由于大分子链之间互相联结形成结构网，因而黏度降低。这种由于结构而产生的黏度称为结构黏度，因此大分子化合物溶液黏度是牛顿黏度与结构黏度的总和，在相同浓度时大分子溶液的黏度要比普通溶液大得多。

在研究溶液的黏度时，常用以下几种黏度表示法：

(1) 相对黏度 $\eta_r=\frac{\eta}{\eta_0}$($\eta$ 是溶液的黏度，η_0 是溶剂的黏度)，表示溶液黏度比溶剂黏度大的倍数，为无因次量。

(2) 增比黏度 $\eta_{sp}=\frac{\eta-\eta_0}{\eta_0}=\eta_r-1$，表示溶液黏度较溶剂黏度增加的百分数，为无因次量。

(3) 比浓黏度$\frac{\eta_{sp}}{c}=\frac{1}{c}\frac{\eta-\eta_0}{\eta_0}=\frac{\eta_r-1}{c}$，表示单位浓度的增比黏度，其数值随浓度的增加而增加，因次是浓度单位的倒数。

(4) 特性黏度 $[\eta]=\lim\limits_{c\to 0}\left(\frac{1}{c}\frac{\eta-\eta_0}{\eta_0}\right)=\lim\limits_{c\to 0}\frac{\eta_{sp}}{c}=\lim\limits_{c\to 0}\frac{\ln\eta_r}{c}$，表示当 $c\to 0$ 时比浓黏度的极限值，其物理意义是在浓度 $c\to 0$ 的情况下单个大分子对溶液黏度的贡献，其数值不随浓度而变，一般常以此表示大分子溶液的黏度。

2. 大分子溶液的黏度和相对分子质量的关系

测定大分子相对分子质量的简便方法是基于特性黏度$[\eta]$和相对分子质量 M_r 之间存在以下经验关系式：

$$[\eta]=KM_r^{\alpha} \tag{14-20}$$

或

$$\lg[\eta]=\lg K+\alpha\lg M_r \tag{14-21}$$

式中，K 和 α 是一定的大分子化合物和溶剂的特征常数，都是根据实验确定的。一般先用其他方法(如渗透压法)测定大分子化合物的相对分子质量，并测定溶液的$[\eta]$，然后根据式(14-21)求 K 和 α。某些大分子溶液的 K 和 α 值列于表 14-8。

表 14-8　某些大分子溶液的 K 和 α 值

高分子化合物	溶　剂	温度/℃	相对分子质量范围	$K\times10^4$	α
聚苯乙烯	苯	25	32 000～1 300 000	1.03	0.74
聚苯乙烯	丁酮	25	2 500～1 700 000	3.9	0.58
聚异丁烯	环己烷	30	600～3 150 000	2.6	0.70
聚异丁烯	苯	24	1 000～3 150 000	8.3	0.50
醋酸纤维素	丙酮	25	11 000～130 000	0.19	1.03
天然橡胶	甲苯	25	40 000～1 500 000	5.0	0.67

关于特性黏度$[\eta]$的确定，可通过测定大分子化合物各级不同浓度 c 时的 η_r 而求得，因为

$$\frac{\ln\eta_r}{c}=\frac{\ln(1+\eta_{sp})}{c}=\frac{\eta_{sp}}{c}\left(1-\frac{1}{2}\eta_{sp}+\frac{1}{3}\eta_{sp}^2-\cdots\right)$$

当 $c\to0$ 时，略去 η_{sp} 的高次项，即

$$\lim_{c\to0}\frac{\ln\eta_r}{c}=\lim_{c\to0}\frac{\eta_{sp}}{c}=[\eta] \tag{14-22}$$

这样就可用$\frac{\ln\eta_r}{c}$或$\frac{\eta_{sp}}{c}$对 c 作图，外推到 $c\to0$ 时即得$[\eta]$。

用黏度法测得的相对分子质量称为黏均相对分子质量$\langle M_\eta\rangle$，其数值一般介于数均相对分子质量$\langle M_n\rangle$和质均相对分子质量$\langle M_w\rangle$之间。

数均相对分子质量$\langle M_n\rangle$的定义为

$$\langle M_n\rangle=\frac{\sum_i n_iM_i}{\sum_i n_i}=\sum_i x_iM_i \tag{14-23}$$

质均相对分子质量$\langle M_w\rangle$的定义为

$$\langle M_w\rangle=\frac{\sum_i n_iM_i^2}{\sum_i n_iM_i}=\frac{\sum_i W_iM_i}{\sum_i W_i}=\sum_i\langle W_i\rangle M_i \tag{14-24}$$

Z 均相对分子质量$\langle M_Z\rangle$的定义为

$$\langle M_Z\rangle=\frac{\sum_i (W_iM_i)M_i}{\sum_i W_iM_i}=\frac{\sum_i n_iM_i^3}{\sum_i n_iM_i^2} \tag{14-25}$$

根据式(14-22)可知

$$\lim_{c\to0}\eta_{sp}=Kc\langle M_\eta^\alpha\rangle=K\sum_i c_iM_{\eta i}^\alpha=Kc\frac{\sum_i c_iM_{\eta i}^\alpha}{c}$$

且 $c=\sum_i c_i$，所以 $n_i=\frac{c_i}{M_i}$；又因 $M_{\eta i}$ 即 M_i；因此上式可表示为

$$\langle M_\eta^\alpha\rangle=\frac{\sum_i c_iM_{\eta i}^\alpha}{c}=\frac{\sum_i c_iM_i^\alpha}{\sum_i c_i}=\frac{\sum_i n_iM_i^{\alpha+1}}{\sum_i n_iM_i}$$

故

$$\langle M_\eta \rangle = \left[\frac{\sum_i n_i M_i^{\alpha+1}}{\sum_i n_i M_i} \right]^{1/\alpha}$$

当 $\alpha=1$ 时，则 $\langle M_\eta \rangle = \langle M_w \rangle$；但一般 $\alpha<1$，所以 $\langle M_w \rangle > \langle M_\eta \rangle > \langle M_n \rangle$。

*14.12　纳米粒子

14.12.1　纳米技术的发展历程

纳米(nm)是英文 nanometer 的译音，又称毫微米。1nm 等于 10^{-9}m，相当于 4 倍原子大小，万分之一头发粗细。纳米粒子(nano particle)也称超微颗粒，一般是指尺寸为 1～100nm 的粒子，处在原子簇和宏观物体交界的过渡区域。从通常的关于微观和宏观的观点看，这样的体系既非典型的微观体系也非典型的宏观体系，是一种典型的介观体系。

1959 年，美国著名物理学家、诺贝尔奖获得者范曼(Feynman)指出："在设定的空间内人们可以用特定的技术一个一个地排列原子去制造物质"，这是关于纳米技术最早的梦想。20 世纪 70 年代，科学家开始从不同角度提出有关纳米科技的构想。1974 年，科学家唐尼古奇最早使用纳米技术一词描述精密机械加工。1981 年在丹麦举行的第二届国际冶金和材料科学会议上，德国凝聚态物理学家格莱特(Gleiter)报告他已经首次制备成功人工纳米材料。1982 年，科学家发明了研究纳米的重要工具——扫描隧道显微镜，揭示了一个可见的原子、分子世界，对纳米科技发展产生了积极的促进作用。1987 年，德国和美国同时报道：他们成功地制备出具有清洁界面的陶瓷二氧化钛。1990 年 7 月，第一届国际纳米科学技术会议在美国巴尔的摩举行，标志着纳米科学技术的正式诞生。1991 年，碳纳米管被人类发现，它的质量是相同体积钢的六分之一，强度却是钢的 10 倍，成为纳米技术研究的热点。诺贝尔化学奖得主斯莫利教授认为，纳米碳管将是未来最佳纤维的首选材料，也将被广泛用于超微导线、超微开关以及纳米级电子线路等。1989 年美国斯坦福大学搬动原子团"写"下斯坦福大学英文名字。1990 年美国国际商用机器公司在镍表面用 36 个氙原子排出"IBM"。1993 年中国科学院北京真空物理实验室自如地操纵原子成功写出"中国"二字，标志着我国开始在国际纳米科技领域占有一席之地。1992 年纳米材料学术会议在墨西哥召开。1994 年在德国斯图加特召开了第二届国际纳米材料学术会议；1996 年在美国夏威夷召开第三届国际纳米材料学术会议。1997 年，美国科学家首次成功地用单电子移动单电子，利用这种技术可望在 20 年后研制成功速度和存储容量比现在提高成千上万倍的量子计算机。1998 年在瑞典斯德哥尔摩召开了第四届纳米材料会议。1999 年，巴西和美国科学家在进行纳米碳管实验时发明了世界上最小的"秤"，它能称量 10^{-9}g 的物体，即相当于一个病毒的质量。此后不久，德国科学家研制出能称量单个原子质量的秤，打破了美国和巴西科学家联合创造的纪录。到 1999 年，纳米技术逐步走向市场。2000 年在日本仙台举行第五届国际纳米材料学术会议。

近年来，一些国家纷纷制订相关战略或者计划，投入巨资抢占纳米技术战略高地。日本设立纳米材料研究中心，把纳米技术列入新 5 年科技基本计划的研发重点。德国专门建立纳米技术研究网。美国将纳米计划视为下一次工业革命的核心。我国在纳米科技领域的研究起步较早，基本上与国际发展同步。经过近 20 年的努力，我国已经初步具备开展纳米科技的研究条件，形成了一支研究队伍。近年来，我国在纳米材料与技术的基础研究领域取得了一些国际领先的成果，这些都为实现跨越式发展提供了可能。2003 年 3 月由中国科学院纳米科技中心、北京大学和清华大学联合发起并组建了具有独立事业单位法人的科研机构——国家纳米科学中心(National Center for Nanoscience and Technology，NCNST)。

14.12.2 纳米粒子的奇异特性

当人们将宏观物体细分成超微颗粒(纳米级)后,它将显示出表面效应、小尺寸效应和宏观量子隧道效应等许多奇异的特性,它的光学、热学、电学、磁学、力学及化学方面的性质和大块固体相比有显著的不同。

1. 表面效应

球形颗粒的表面积与直径的平方成正比,其体积与直径的立方成正比,故其比表面积(表面积/体积)与直径成反比。随着颗粒直径的变小比表面积将会显著地增加。例如,粒径为10nm时,比表面积为90$m^2 \cdot g^{-1}$;粒径为5nm时,比表面积为180$m^2 \cdot g^{-1}$;粒径下降到2nm时,比表面积猛增到450$m^2 \cdot g^{-1}$。粒子直径减小到纳米级,不仅引起表面原子数的迅速增加,而且纳米粒子的表面积、表面能都会迅速增加。表面原子的活性不但引起纳米粒子表面原子输运和构型变化,同时也引起表面电子自旋构象和电子能谱的变化。超微颗粒的表面具有很高的活性,利用表面活性,金属超微颗粒可望成为新一代的高效催化剂和储气材料以及低熔点材料。

纳米粒子所具有的极高的比表面积、表面活性和奇异的物理化学特性是其获得广泛应用的前提。但也正是这些特性使纳米微粒不稳定,具有很高的表面能,易于相互作用,导致团聚,从而减小颗粒的比表面和体系吉布斯自由能,也降低了纳米粒子的活性。团聚的纳米粉体在实际使用过程中十分困难,使纳米材料应有的特性难以充分发挥。另一方面纳米粒子与表面能比较低的基体亲和性差,二者在相互混合时不能相溶,导致界面出现空隙,存在相分离现象。要从根本上解决这些问题,最有效的方法就是对纳米颗粒表面进行改性处理。经过适当表面改性的纳米粉体,其分散性和活性会大大提高,此外增加无机纳米粒子和有机基体间的相容性,减少表面。因此,纳米粒子的表面改性成为纳米材料研究的重要内容。

2. 体积效应

当纳米粒子的尺寸与传导电子的德布罗意波相当或更小时,周期性的边界条件将被破坏,磁性、内压、光吸收、热阻、化学活性、催化性能及熔点等都较普通粒子发生了很大的变化,这就是纳米粒子的体积效应(或称小尺寸效应)。随着颗粒尺寸的量变,在一定条件下会引起颗粒性质的质变。由于颗粒尺寸变小所引起的宏观物理性质的变化又称为小尺寸效应。对超微颗粒而言,尺寸变小,比表面积显著增加,从而产生以下一系列新奇的性质。

1) 特殊的光学性质

当黄金被细分到小于光波波长的尺寸时,即失去了原有的金属光泽而呈黑色。事实上,所有的金属在超微颗粒状态都呈现为黑色。尺寸越小,颜色越黑,银白色的铂(白金)变成铂黑,金属铬变成铬黑。由此可见,金属超微颗粒对光的反射率很低,通常可低于1%,大约几微米的厚度就能完全消光。利用这个特性可以作为高效率的光热、光电等转换材料,可以高效率地将太阳能转变为热能、电能。此外有可能应用于红外敏感元件、红外隐身技术等。

2) 特殊的热学性质

固态物质在其形态为大尺寸时,其熔点是固定的,超细微化后却发现其熔点将显著降低,当颗粒小于10nm时尤为显著。例如,金的常规熔点为1064℃,当颗粒尺寸减小到2nm时,其熔点仅为327℃左右。银的常规熔点为670℃,而超微银颗粒的熔点可低于100℃。因此,超细银粉制成的导电浆料可以进行低温烧结,此时元件的基片不必采用耐高温的陶瓷材料,甚至可用塑料。超微颗粒熔点下降的性质对粉末冶金工业具有很强的吸引力。

3）特殊的磁学性质

人们发现鸽子、海豚、蝴蝶、蜜蜂以及生活在水中的趋磁细菌等生物体中存在超微的磁性颗粒，使这类生物在地磁场导航下能辨别方向，具有回归的本领。磁性超微颗粒实质上是一个生物磁罗盘，生活在水中的趋磁细菌依靠它游向营养丰富的水底。通过电子显微镜的研究表明，在趋磁细菌体内通常含有直径约为 20nm 的磁性氧化物颗粒。小尺寸的超微颗粒磁性与大块材料显著的不同，大块纯铁的矫顽力约为 $80\mathrm{A \cdot m^{-1}}$，而当颗粒尺寸减小到 20nm 以下时，其矫顽力可增加 1 000 倍，若进一步减小其尺寸，大约小于 6nm 时，其矫顽力反而降低到零，呈现出超顺磁性。利用磁性超微颗粒具有高矫顽力的特性，已制备成高储存密度的磁记录磁粉，大量应用于磁带、磁盘、磁卡以及磁性钥匙等。利用超顺磁性，人们已将磁性超微颗粒制成用途广泛的磁性液体。

4）特殊的力学性质

陶瓷材料在通常情况下呈脆性，然而由纳米超微颗粒压制成的纳米陶瓷材料却具有良好的韧性。美国学者报道氟化钙纳米材料在室温下可以大幅度弯曲而不断裂。研究表明，人的牙齿之所以具有很高的强度，是因为它是由磷酸钙等纳米材料构成的。呈纳米晶粒的金属要比传统的粗晶粒金属硬 3～5 倍。

3. 量子尺寸效应

粒子尺寸下降到一定值时，与费米能级接近的电子能级由准连续能级变为分立能级的现象称为量子尺寸效应。早在 20 世纪 60 年代，库博（Kubo）采用一电子模型求得金属超微粒子的能级间距 δ 为

$$\delta = \frac{4E_{\mathrm{f}}}{3N}$$

式中，E_{f} 是费米势能；N 是微粒中的原子数。宏观物体的 N 趋向于无限大，因此能级间距 δ 趋向于零。纳米粒子因为原子数有限，N 值较小，导致 δ 有一定的值，即能级间距发生分裂。半导体纳米粒子的电子态由体相材料的连续能带随着尺寸的减小过渡到具有分立结构的能级，表现在吸收光谱上就是从没有结构的宽吸收带过渡到具有结构特性的吸收带。在纳米粒子中，处于分立的量子化能级中的电子的波动性带来了纳米粒子一系列特性，如高的光学非线性、特异的催化和光催化性质等。这一现象的出现导致纳米银与普通银的性质完全不同，普通银是导体，而粒径小于 20nm 的纳米银却是绝缘体。

4. 宏观量子隧道效应

微观粒子具有粒子性又具有波动性。微观粒子具有贯穿势垒的现象称为隧道效应。近年来，人们发现一些宏观量，如微颗粒的磁化强度、量子相干器件的磁通量以及电荷等也具有隧道效应，它们可以穿越宏观体系的势垒产生变化，故称为宏观量子隧道（macroscopic quantum tunneling，MQT）效应。用此概念可定性解释超细镍微粒在低温下可继续保持超顺磁性等。又如，具有铁磁性的磁铁，当粒子尺寸达到纳米级时，即由铁磁性转变为顺磁性。量子尺寸效应、宏观量子隧道效应将会成为未来纳电子、光电子器件的基础，它确立了现存微电子器件进一步微型化的极限，当微电子器件进一步微型化发展到纳电子器件时，必须要考虑上述量子隧道效应。例如，在制造半导体集成电路时，当电路的尺寸接近电子波长时，电子就通过隧道效应而溢出器件，使器件无法正常工作，经典电路的极限尺寸大概为 $0.25\mu\mathrm{m}$。目前研制的量子共振隧穿晶体管就是利用量子隧道效应制成的新一代器件。

14.12.3　纳米粒子的制备方法

纳米粒子的制备方法基本上与憎液溶胶制备方法相同，可分为物理方法和化学方法。

1. 物理方法

1) 真空冷凝法

真空冷凝法是用真空蒸发、加热、高频感应等方法使原料气化或形成等粒子体，然后骤冷。其特点是纯度高、结晶组织好、粒度可控，但技术设备要求高。

2) 物理粉碎法

物理粉碎法是通过机械粉碎、电火花爆炸等方法得到纳米粒子。其特点是操作简单、成本低，但产品纯度低，颗粒分布不均匀。

3) 机械球磨法

机械球磨法是采用球磨方法，控制适当的条件得到纯元素、合金或复合材料的纳米粒子。其特点是操作简单、成本低，但产品纯度低，颗粒分布不均匀。

2. 化学方法

1) 气相沉积法

气相沉积法是利用金属化合物蒸气的化学反应合成纳米材料。其特点是产品纯度高，粒度分布窄。

2) 沉淀法

沉淀法是把沉淀剂加入盐溶液中反应后，将沉淀热处理得到纳米材料。其特点是简单易行，但纯度低，颗粒半径大，适合制备氧化物。

3) 水热合成法

水热合成法是高温高压下在水溶液或蒸气等流体中合成，再经分离和热处理得纳米粒子。其特点纯度高，分散性好、粒度易控制。

4) 溶胶凝胶法

溶胶凝胶法是金属化合物经溶液、溶胶、凝胶而固化，再经低温热处理而生成纳米粒子。其特点是反应物种类多，产物颗粒均一，过程易控制，适用于氧化物和Ⅱ～Ⅵ主、副族化合物的制备。

5) 微乳液法

微乳液法是两种互不相溶的溶剂在表面活性剂的作用下形成乳液，在微泡中经成核、聚结、团聚、热处理后得纳米粒子。其特点是粒子的单分散和界面性好。Ⅱ～Ⅵ主、副族半导体纳米粒子多用此法制备。

14.12.4 纳米粒子的分析研究手段

对纳米粒子的研究主要集中在以下方面：粒子的成分、粒度与粒度分布、形貌观察、结构分析、表面特性、光学特性和磁结构及磁性能等。由于现代分析测试手段的不断发展和完善，人们能够从宏观到微观的不同角度对纳米粒子进行深入的研究，并取得了大量的成果。常规的测试手段包括：透射电子显微镜(TEM)、X射线衍射(XRD)、能量色散谱(EDS)、X射线光电子能谱(XPS)、X射线吸收精细结构(XAFS)谱、振动磁强计(VSM)、穆斯堡尔(Mossbauer)谱、示差扫描量热(DSC)等。对粒径小于10nm的纳米粒子，需采用更有效的测试手段，如高分辨电子显微镜(HREM)、中子(小角度)衍射(NS)、拉曼(Raman)光谱、核磁共振(NMR)、紫外光电子谱(UPS)、扩展X射线吸收精细结构(EXAFS)谱、扫描隧道显微镜(STM)等。表14-9给出了不同测试方法的应用。

表 14-9 纳米粒子的测试方法

项目	测试方法
成分分析(平均成分、表面及微区成分)	化学分析,光谱分析,EDS,EPMA
粒度及粒度分布	XRD,TEM,全息照相,NS
形貌观察	TEM,SEM,HREM
结构分析(内部结构,表面及微区结构)	XRD,TEM,HREM,XPS,EDS,UPS,NMR,STM,EXAFS,拉曼光谱
相变及热物性	穆斯堡尔谱,DSC,XRD
磁性与磁结构	VSM,NMR,NS,穆斯堡尔谱

14.12.5 纳米粒子的应用及其前景

1. 纳米技术在陶瓷领域的应用

所谓纳米陶瓷是指显微结构中的物相具有纳米级尺度的陶瓷材料,也就是说晶粒尺寸、晶界宽度、第二相分布、缺陷尺寸等都是在纳米量级的水平上,以此来克服陶瓷材料的脆性,使陶瓷具有像金属一样的柔韧性和可加工性。纳米陶瓷是解决陶瓷脆性的战略途径。如果多晶陶瓷是由大小为几个纳米的晶粒组成,则能够在低温下变为延性的,能够发生 100%的范性形变。研究发现,纳米 TiO_2 陶瓷材料在室温下具有优良的韧性,在 180℃经受弯曲而不产生裂纹。

2. 纳米技术在微电子学上的应用

纳米电子学(简称纳电子学)是纳米技术的重要组成部分,其主要思想是基于纳米粒子的量子效应来设计并制备纳米量子器件,它包括纳米有序(无序)阵列体系、纳米微粒与微孔固体组装体系、纳米超结构组装体系。纳米电子学的最终目标是将集成电路进一步减小,研制出由单原子或单分子构成的在室温能使用的各种器件。目前,利用纳米电子学已经研制成功各种纳米器件。单电子晶体管,红、绿、蓝三基色可调谐的纳米发光二极管以及利用纳米丝、巨磁阻效应制成的超微磁场探测器已经问世。具有奇特性能的碳纳米管的研制成功,对纳米电子学的发展起到了关键的作用。碳纳米管是由石墨碳原子层卷曲而成,径向尺层控制在 100nm 以下。电子在碳纳米管的运动在径向上受到限制,表现出典型的量子限制效应,而在轴向上则不受任何限制。以碳纳米管为模子来制备一维半导体量子材料,并不是凭空设想,已实现利用碳纳米管将气相反应限制在纳米管内进行,从而生长出半导体纳米线。在国际上已实现硅衬底上碳纳米管阵列的自组织生长,它将大大推进碳纳米管在场发射平面显示方面的应用,其独特的电学性能使碳纳米管可用于大规模集成电路,超导线材等领域。

科学家已经利用隧道扫描显微镜上的探针成功地移动了氙原子,并已成功研制出单个电子晶体管。它通过控制单个电子运动状态完成特定功能,即一个电子就是一个具有多种功能的器件。已经拥有制作 100nm 以下的精细量子线结构技术,并在 GaAs 衬底上成功制作了具有开关功能的量子点阵列。已研制成功尺寸只有 4nm 具有开关特性的纳米器件,由激光驱动,并且开、关速度很快。已制造出可容纳单个电子的量子点,在一个针尖上可容纳几十亿个这样的量子点。利用量子点可制成体积小、耗能少的单电子器件,在微电子和光电子领域将获得广泛应用。此外,若能将几十亿个量子点连接起来,每个量子点的功能相当于大脑中的神经细胞,再结合微电子机械系统(MEMS)方法,将为研制智能型微型计算机带来希望。

纳米电子学立足于最新的物理理论和最先进的工艺手段,按照全新的理念来构造电子系统,并开发物质潜在的储存和处理信息的能力,实现信息采集和处理能力的革命性突破,纳米电子学将成为21世纪信息时代的核心。

3. 纳米技术在生物工程上的应用

众所周知,分子是保持物质化学性质不变的最小单位。生物分子是很好的信息处理材料,每一个生物大分子本身就是一个微型处理器,分子在运动过程中以可预测方式进行状态变化,其原理类似于计算机的逻辑开关,利用该特性并结合纳米技术,可设计量子计算机。虽然分子计算机目前只是处于理想阶段,但科学家已经考虑应用几种生物分子制造计算机的组件,其中细菌视紫红质最具前景。科学家们认为,要想提高集成度,制造微型计算机,关键在于寻找具有开关功能的微型器件。科学家已经利用细菌视紫红质蛋白质制作出了光导“与”门,利用发光门制成蛋白质存储器。此外,还可利用细菌视紫红质蛋白质研制模拟人脑联想能力的中心网络和联想式存储装置。纳米计算机的问世将会使当今的信息时代发生质的飞跃。它将突破传统极限,使单位体积物质的储存和信息处理的能力提高上百万倍,从而实现电子学上的又一次革命。

4. 纳米技术在光电领域的应用

纳米技术的发展使微电子和光电子的结合更加紧密,在光电信息传输、存储、处理、运算和显示等方面都有很大发展,使光电器件的性能大大提高。将纳米技术用于现有雷达信息处理上,可使其能力提高十倍至几百倍,甚至可以将超高分辨率纳米孔径雷达放到卫星上进行高精度的对地侦察。科学家们发现,将光调制器和光探测器结合在一起的量子阱自电光效应器件,将为实现光学高速数学运算提供可能。纳米激光器实际上是一根弯曲成极薄的面包圈形状的光子导线,实验发现,纳米激光器的大小和形状能够有效控制它发射出的光子的量子行为,从而影响激光器的工作。纳米激光器工作时只需约100μA的电流。最近科学家们把光子导线缩小到体积只有$\frac{1}{5}\mu m^3$以内。在这一尺度上,此结构的光子状态数少于10个,接近无能量运行所要求的条件。除了能提高效率以外,还可以制造出速度极快的无能量阈的纳米激光器。由于只需要极少的能量就可以发射激光,这类装置可以实现瞬时开关。已经有一些激光器能够以快于每秒钟200亿次的速度开关,适用于光纤通信。随着纳米技术的迅速发展,这种无能量阈纳米激光器的实现将指日可待。

5. 纳米技术在化学化工领域的应用

纳米试管中的化学反应——模板合成技术,就是设计一个纳米尺寸的笼子,使成核和生长在该“纳米笼”中进行。在反应充分进行后,“纳米笼”的大小和形状就决定了作为产物的纳米颗粒的尺寸和形状。这些“纳米笼”就是模板合成技术中的模板。模板的类型可分为硬模板和软模板两大类。硬模板有分子筛、多孔氧化铝以及经过特殊处理的多孔高分子薄膜等。软模板则通常是由表面活性剂分子聚集而成的胶团、反胶团、囊泡等。二者的共性是都能提供一个有限大小的反应空间,区别在于前者提供的是静态的孔道,物质只能从开口处进入孔道内部;而后者提供的则是处于动态平衡的空腔,物质可以透过腔壁扩散进出。

研究发现,可以利用纳米碳管其独特的孔状结构、大的比表面(每克纳米碳管的表面积高达几百平方米)、较高的机械强度做成纳米反应器,该反应器能够使化学反应局限于一个很小的范围内进行。在纳米反应器中,反应物在分子水平上有一定的取向和有序排列,但同时限制了反应物分子和反应中间体的运动。这种取向、排列和限制作用将影响和决定反应的方向和速率。

高分子纳米结构材料在分离科学、涂料工业、微电子器件、药物控释以及生物体分子识别功能研究等方面具有重要理论意义和广阔应用前景。这一领域最重要的进展之一是在制备中成功地利用分子在一定条件下,通过弱相互作用自发形成纳米有序结构,进而运用化学处理，得到各种“永久”高分子纳米结构材料。

纳米粒子作为光催化剂有许多优点。首先是粒径小，比表面积大，光催化效率高。目前，工业上利用纳米二氧化钛-三氧化二铁作光催化剂，用于废水处理(含 SO_3^{2-} 或 $Cr_2O_7^{2-}$ 体系)，已经取得了很好的效果。

纳米静电屏蔽材料是纳米技术的另一重要应用。以往的静电屏蔽材料一般都是由树脂掺加炭黑喷涂而成，性能不是特别理想。利用具有半导体特性的纳米氧化物粒子如 Fe_2O_3、TiO_2、ZnO 等做成涂料，由于具有较高的导电特性，因而能起到静电屏蔽作用。此外，氧化物纳米微粒的颜色各种各样，因而可以通过复合控制静电屏蔽涂料的颜色，这种纳米静电屏蔽涂料不但有很好的静电屏蔽特性，而且也克服了炭黑静电屏蔽涂料只有单一颜色的单调性。

另外，若将纳米 TiO_2 粉体按一定比例加入化妆品中，则可以有效地遮蔽紫外线。一般认为，其体系中只需含纳米二氧化钛 0.5%～1%，即可充分屏蔽紫外线。例如，用添加 0.1%～0.5%的纳米二氧化钛制成的透明塑料包装材料包装食品，既可以防止紫外线对食品的破坏作用，又可以使食品保持新鲜。将金属纳米粒子掺杂到化纤制品或纸张中，可以大大降低静电作用。利用纳米微粒构成的海绵体状的烧结体，可用于气体同位素、混合稀有气体及有机化合物等的分离和浓缩，还可用于电池电极、化学成分探测器、热交换隔板材料、印刷油墨、固体润滑剂等。

6. 纳米技术在医学上的应用

随着纳米技术的发展，纳米技术在医学上也开始崭露头角。研究人员发现，生物体内的 RNA 蛋白质复合体，其线度在 15～20nm，并且生物体内的多种病毒也是纳米粒子。10nm 以下的粒子比血液中的红细胞还要小，因而可以在血管中自由流动。如果将超微粒子注入血液中，输送到人体的各个部位，可作为监测和诊断疾病的手段。科研人员已经成功利用纳米 SiO_2 微粒进行了细胞分离，用金的纳米粒子进行定位病变治疗，以减少副作用等。此外，利用纳米颗粒作为载体的病毒诱导物已经取得了突破性进展，现在已用于临床动物实验，估计不久的将来即可服务于人类。科学家们设想利用纳米技术制造出分子机器人，在血液中循环，对身体各部位进行检测、诊断，并实施特殊治疗，疏通脑血管中的血栓，清除心脏动脉脂肪沉积物，甚至可以用其吞噬病毒，杀死癌细胞。在不久的将来，被视为当今疑难病症的艾滋病、高血压、癌症等都将迎刃而解，从而将使医学研究发生一次革命。

7. 纳米技术在分子组装方面的应用

生物体具有自我识别、自我组织和自我复制的本领，将无生命的小分子装配成具有精确结构并具有特定功能的生命体。小到单细胞生物，大到复杂的人体都具有这种本领。生物体内许多结构单元其尺寸都在纳米的范畴。例如，血红蛋白的直径为 6.8nm，生物膜厚度为6～10nm，DNA 的直径约为 2nm，它们都是天然形成的纳米材料。科学家们尝试模拟生物界的这种自我识别和自我组装的过程。生物结构形成的基础是原子和分子之间具有范德华力、氢键、π-π相互作用和疏水作用等较弱的相互作用，这些作用力驱动了分子的自组装。其结构的稳定性和完整性是由这些因素的协同运作来维持的。基于这种思想产生了仿生纳米合成，从单个原子、多个分子或单个纳米结构单元出发，通过事先设计和利用它们之间的相互作用，使其按照人的意愿，凭借内在的弱相互作用，自发地组装成一维、二维或三维的纳米材料或纳米结构，这就是仿生纳米合成的思路。

在纳米材料的应用过程中，纳米团簇或纳米粒子的组装将是非常关键的一步。纳米团簇的超分子化学组装方法可分为两类，即胶态晶体法和模板法。胶态晶体法是利用胶体溶液的自组装特性将纳米团簇组装成超晶格，可得到二维或三维有序的超晶格。模板法是利用纳米团簇与组装模板间的识别作用来带动团簇的组装,可应用的模板有固体膜、单分子膜、有机分子、生物分子等。其中,单分子膜模板是研究最多也是最为成熟的一种,生物分子间严密的分子识别功能使其成为非常有发展前途的组装模板,而且用生物分子模板有可能实现不同纳米团簇间的组装。目前,纳米技术已发展到对单原子的操纵,正在成为组装与剪裁、实现分子手术的主要手段。

8. 纳米技术在其他方面的应用

利用先进的纳米技术,在不久的将来,可制成含有纳米计算机、可人机对话并具有自我复制能力的纳米装置,它能在几秒钟内完成数十亿个操作动作。在军事方面,利用昆虫作平台,把分子机器人植入昆虫的神经系统中,控制昆虫飞向敌方收集情报,使目标丧失功能。利用纳米技术还可制成各种分子传感器和探测器。利用纳米羟基磷酸钙为原料,可制作人的牙齿、关节等仿生纳米材料。将药物储存在碳纳米管中,并通过一定的机制来激发药剂的释放,可控药剂有希望变为现实。另外,还可利用碳纳米管来制作储氢材料,用作燃料汽车的燃料"储备箱"。利用纳米颗粒膜的巨磁阻效应研制高灵敏度的磁传感器,利用具有强红外吸收能力的纳米复合体系来制备红外隐身材料,这些都是具有应用前景的技术开发领域。

纳米技术是一门交叉性很强的综合学科,研究的内容涉及现代科技的广阔领域。纳米科学与技术主要包括:纳米体系物理学、纳米化学、纳米材料学、纳米生物学、纳米电子学、纳米加工学、纳米力学七个相对独立又相互渗透的学科,以及纳米材料、纳米器件、纳米尺度的检测与表征三个研究领域。其中,纳米物理学和纳米化学是纳米技术的理论基础,而纳米电子学是纳米技术最重要的内容。从包括微电子等在内的微米科技发展到纳米科技,人类正越来越向微观世界深入,人们认识、改造微观世界的水平提高到前所未有的高度。总之,纳米技术正成为各国科技界所关注的焦点,美国人甚至认为纳米科技会成为21世纪经济发展的发动机。正如我国著名科学家钱学森院士所预言的那样:"纳米左右和纳米以下的结构将是下一阶段科技发展的重点,会是一次技术革命,将引起21世纪的又一次产业革命。"

习 题

14-1 某粒子半径为 3×10^{-8}m 的金溶胶,25℃时,在重力场中达沉降平衡后,在高度差为 1×10^{-4}m的指定容积内粒子数分别为 277 个和 166 个,已知金的密度为 19.3×10^{3}kg·m^{-3},分散介质的密度为 1×10^{3}kg·m^{-3},试计算阿伏伽德罗常量。

〔答案:6.257×10^{23}〕

14-2 由电泳实验测得 Sb_2S_3 溶胶(设为球形粒子),在电压 210V 下(两极相距 38.5cm),通电时间为 36min 12s,引起溶液界面向正极移动 3.20cm,该溶胶分散介质的相对介电常数 $\varepsilon_r=18.1$,黏度系数 $\eta=1.03\times10^{-3}$Pa·s,试计算溶胶的 ζ 电势。

〔答案:0.26V〕

14-3 已知水和玻璃界面的 ζ 电势为-0.050V。25℃时,在直径为 1mm、长为 1m 的毛细管两端加 40V 的电压,则水通过该毛细管的电渗速率为多少(设 $\eta=0.001$kg·m^{-1}·s^{-1},$\varepsilon_r=80$)?

〔答案:-1.4×10^{-6}m·s^{-1}〕

14-4 写出由 $FeCl_3$ 水解制得的 $Fe(OH)_3$ 溶胶的胶团结构。已知稳定剂为 $FeCl_3$。

〔答案:略〕

14-5 在 H_3AsO_3 的稀溶液中通入 H_2S 气体,生成 As_2S_3 溶胶。已知 H_2S 能电离成 H^+ 和 HS^-。试写出 As_2S_3 胶团的结构。

〔答案：略〕

14-6 将 $10cm^3$ 0.02mol·dm^{-3}的 $AgNO_3$ 溶液和 $100cm^3$ 0.005mol·dm^{-3}的 KCl 溶液混合，以制备 AgCl 溶胶。写出这个溶胶的胶团结构，并指出胶粒的电泳方向。

〔答案：正极〕

14-7 欲制备 AgI 的正溶胶，则在 $25cm^3$ 0.016mol·dm^{-3} 的 $AgNO_3$ 溶液中最多加入多少 0.005mol·dm^{-3}的 KI 溶液？并写出该溶胶的胶团结构。若用 $MgSO_4$ 和 $K_3Fe(CN)_6$ 这两种电解质，哪一种电解质更容易使此溶胶聚沉？

〔答案：$80cm^3$，$K_3[Fe(CN)_6]$更易使溶胶聚沉〕

14-8 在三个烧瓶中分别盛有 $20cm^3$ $Fe(OH)_3$ 溶胶，分别加入 NaCl、Na_2SO_4、Na_3PO_4 溶液使其聚沉，最少需加电解质的数量为 1mol·dm^{-3} 的 NaCl $21cm^3$；0.005mol·dm^{-3}的 Na_2SO_4 $125cm^3$；0.0033mol·dm^{-3}的 Na_3PO_4 $7.4cm^3$。试计算各电解质的聚沉值和聚沉能力之比，并指出胶粒带电的符号。

〔答案：聚沉值之比为 NaCl∶Na_2SO_4∶Na_3PO_4 $=0.512:4.31\times10^{-3}:8.91\times10^{-4}$，
聚沉能力之比为 1∶119∶575，胶粒带正电〕

14-9 对于混合等体积的 0.08mol·dm^{-3}的 KI 和 0.1mol·dm^{-3}的 $AgNO_3$ 溶液所制得的溶胶而言，下列哪种电解质的聚沉能力最强？

(1) $CaCl_2$；(2) Na_2SO_4；(3) $MgSO_4$。

〔答案：(2)>(3)>(1)〕

14-10 如图所示，在 27℃时，膜内某大分子水溶液的浓度为 0.1mol·dm^{-3}，膜外 NaCl 浓度为 0.5mol·dm^{-3}，R^+代表不能透过膜的大分子正离子，平衡后溶液的渗透压为多少？

R^+	Cl^-	Na^+	Cl^-
0.1	0.1	0.5	0.5

〔答案：2.695×10^5 Pa〕

课外参考读物

白春礼. 1995. 纳米科学与技术. 昆明：云南科学技术出版社

陈龙武，甘礼华. 1997. 气凝胶. 化学通报，8：21

陈仁利，何平笙. 1997. C_{60}的 LB 膜和自组装膜. 化学通报，8：14

陈友强. 1983. 消泡剂及其在油气田开发中的应用. 化学通报，7：27

陈宗淇. 1986. 胶体的稳定性. 物理化学教学文集. 北京：高等教育出版社

陈宗淇. 1988. 胶体化学发展简史. 化学通报，6：56

陈宗淇，戴闽光. 1984. 胶体化学. 北京：高等教育出版社

陈宗淇，王光信，徐桂英. 2001. 胶体与界面化学. 北京：高等教育出版社

陈宗淇，王世权. 1989. 空位稳定性理论. 化学通报，4：19

崔正刚，殷福珊. 1999. 微乳化技术及应用. 北京：中国轻工业出版社

戴乐蓉. 1991. 在物理化学课程中有关胶体化学教学的一些看法. 物理化学教学文集(二). 北京：高等教育出版社

高春华. 2001. 纳米材料的基本效应及其应用. 江苏理工大学学报(自然科学版)，6

顾惕人，周乃扶. 1980. 胶体化学和表面化学家傅鹰教授. 化学通报，7：59

郭荣. 1988. 临界胶束浓度 c 和 c 与饱和吸附 Γ_∞ 的关系. 大学化学，13(4)：54

郭永，巩雄，杨宏秀. 1996. 纳米粒子的制备方法及其进展. 化学通报，3：1

何美玉. 2003. 生物大分子分析研究领域的重大突破——2002 诺贝尔化学奖(质谱部分)简介. 大学化学，18(1)：18

贺占博. 1998. 胶体及粗分散系统混合焓的来源和定义. 化学通报，4：54

侯万国，孙德军，张春先. 1998. 应用胶体化学. 北京：科学出版社

胡效亚，陈洪渊. 2002. 纳米团簇研究新进展及其在分析化学中的应用. 大学化学，17(2)：1

惠建斌，刘会洲，吴璜光. 1997. 沉淀反应与 Leisegang Ring. 化学通报，9：39

江龙. 2002. 胶体化学概论. 北京:科学出版社
李锦瑜,曾道刚. 1991. Rayleigh 散射公式讨论. 物理化学教学文集(二). 北京:高等教育出版社
李连之,周永治. 1998. 激光散射及在蛋白质溶液研究中的应用. 大学化学,13(3):26
李玲,向航. 2002. 功能材料与纳米技术. 北京:化学工业出版社
李泉,曾广赋,席时权. 1995. 纳米粒子. 化学通报,6:29
梁文平. 2001. 乳状液科学与技术基础. 北京:科学出版社
刘忠范,朱涛,张锦. 2001. 纳米化学. 大学化学,16(5):1
全国科学技术名词审定委员会. 2016. 化学名词. 2 版. 北京: 科学出版社
邵之. 1989. 流体场中分散体系的稳定性. 化学通报,2:25
沈钟,赵振国,康万利. 2012. 胶体与表面化学. 4 版. 北京:化学工业出版社
石士孝. 2001. 纳米材料的特性及其应用. 大学化学,16(2):39
苏良碧,官建国. 2002. 微乳液及其制备纳米材料的研究. 化工新型材料,30(9):17
王昌华,曹维孝. 1996. 温敏水凝胶. 化学通报,1:33
王亚明,黄若华,洪少波. 1996. 作为催化剂的超微粒子的制备及应用. 化学通报,5:20
吴树森. 1993. 应用物理学——界面化学与胶体化学. 北京:高等教育出版社
肖 D J. 1989. 胶体与表面化学导论. 3 版. 张中路,张仁佑译,徐克敏校. 北京:化学工业出版社
杨忠云. 1987. 胶束催化. 化学通报,5:17
杨左海. 1995. 细胞膜电势的几种电化学模型. 大学化学,10(3):33
于淑芳,何平笙. 1998. 由有机 LB 膜制备无机超薄膜. 化学通报,6:22
翟茂林,哈鸿飞. 2001. 水凝胶的合成、性质及应用. 大学化学,16(5):72
张立德,牟秀英. 1992. 开拓原子和物质的中间领域——纳米微粒和纳米固体. 物理,21(3):167
张智慧,杨秀樑,朱志昂. 1998. 关于电动电势(ζ 电势)计算公式的讨论. 大学化学,13(5):48
赵振国. 2004. 胶体与界面化学——概要、演算与习题. 北京:化学工业出版社
郑树亮,黑恩成. 1996. 应用胶体化学. 上海:华东理工大学出版社
郑忠. 1988. 胶体分散体的空缺稳定理论. 大学化学,4:10
郑忠. 1989. 胶体科学导论. 北京:高等教育出版社
郑忠,李宁. 1995. 分子力与胶体的稳定和聚沉. 北京:高等教育出版社
周晴中,文重. 1987. 胶束催化与胶束模拟酶研究. 化学通报,5:21
周祖康,顾惕人,马季铭. 1987. 胶体化学基础. 北京:北京大学出版社
诸平,张文根. 2003. 白川英树与导电聚合物的发现. 大学化学,18(1):60
朱永群,高珏书. 1988. 关于高聚物分子量测定方法的分类问题. 化学通报,2:36
Dickinson E. 1981. 有关溶胶和系综. 现代化学译丛,6:56
Israelachvili J N, Mitchell D J, Ninham B W. 1976. Theory of self-assembly of hydrocarbon amphiphiles into micelles and bilayers. J Chem Soc Faraday Trans 2, 72:1525
Kitahara A, Watanabe A. 1992. 界面电现象. 邓彤,赵学范译. 北京:北京大学出版社
Liu Y, Sun H, Guo D. 2018. Macrocyclic compounds as amphiphile adaptors. Curr Org Chem, 22(22):2127
Stuart M A C. 2012. 现代化学基础丛书 32: 胶体科学. 阎云,黄建滨译. 北京:科学出版社